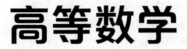

高等数学

第三版 下册

郑连存 苏永美 王 辉 朱 婧 编

高等教育出版社·北京

内容提要

本书根据多年教学实践,参照"工科类本科数学基础课程教学基本要求"和《全国硕士研究生招生考试数学考试大纲》,按照新形势下教材改革的精神编写而成。本书将数学软件 Mathematica 融入到教学实践环节中,对传统的高等数学教学内容和体系进行适当整合,力求严谨清晰,富于启发性和可读性。

全书分上、下两册。上册内容为函数与极限,导数与微分,微分中值定理与导数的应用,一元函数积分学及其应用和无穷级数。下册内容为向量代数与空间解析几何,多元函数微分学及其应用,重积分,曲线积分与曲面积分及常微分方程。书中还配备了丰富的例题和习题,分为 A(为一般基本要求)、B(有一定难度和深度)两类,便于分层次教学。

本书可作为高等学校理工科各类专业高等数学课程的教材。

图书在版编目(C I P)数据

高等数学. 下册 / 郑连存等编. --3 版. --北京:
高等教育出版社,2022.1
　　ISBN 978 - 7 - 04 - 057460 - 9

　　Ⅰ. ①高…　Ⅱ. ①郑…　Ⅲ. ①高等数学-高等学校-
教材　Ⅳ. ①O13

中国版本图书馆 CIP 数据核字(2021)第 258427 号

Gaodeng Shuxue

策划编辑　于丽娜	责任编辑　于丽娜	封面设计　王 鹏		版式设计　杜微言
插图绘制　黄云燕	责任校对　窦丽娜	责任印制　刁 毅		

出版发行	高等教育出版社	网　　址	http://www.hep.edu.cn
社　址	北京市西城区德外大街 4 号		http://www.hep.com.cn
邮政编码	100120	网上订购	http://www.hepmall.com.cn
印　刷	肥城新华印刷有限公司		http://www.hepmall.com
开　本	787mm×1092mm　1/16		http://www.hepmall.cn
印　张	23.25	版　次	2009 年 7 月第 1 版
字　数	580 千字		2022 年 1 月第 3 版
购书热线	010-58581118	印　次	2022 年 1 月第 1 次印刷
咨询电话	400-810-0598	定　价	47.00 元

目　　录

第六章 向量代数与空间解析几何

在平面解析几何中, 通过坐标法把平面上的点与一对有次序的数对应起来, 把平面上的图形和二元方程对应起来, 从而可以用代数方法来研究平面几何问题. 类似地, 也可以建立空间直角坐标系, 将空间的曲面 (线) 和三元方程 (组) 对应起来, 从而可以利用代数方法来研究空间几何问题.

本章首先引进在工程技术上具有广泛应用的向量, 介绍向量的线性运算, 建立空间直角坐标系, 然后用坐标表示向量, 讨论向量的数量积、向量的向量积及向量的混合积运算, 以向量为工具来研究空间的平面和直线及其方程, 最后介绍空间曲面、二次曲面及空间曲线. 这些内容不仅是学习后面的多元函数微积分学的重要基础, 而且它们在物理学、力学、其他科学及工程都有着重要和广泛的应用. 本章的知识结构框图如图 6–1 所示.

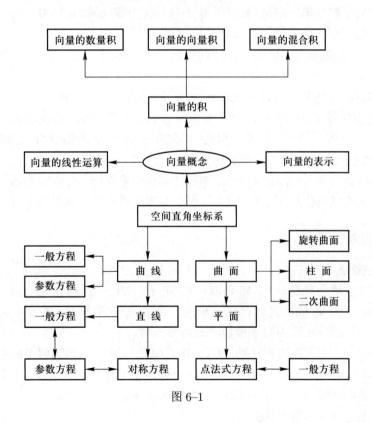

图 6–1

第一节　向量及其线性运算

本节介绍有关向量的概念、向量的加法、向量与数的乘法及向量在某轴上的投影.

一、向量概念

在研究力学、物理学以及其他应用科学时, 常会遇到这样一类量, 它们既有大小, 又有方向. 例如, 力、力矩、位移、速度等, 把这种既有大小又有方向的量称为**向量**.

在数学上, 常常用一条有方向的线段, 即有向线段来表示向量. 有向线段的长度表示向量大小, 有向线段的方向表示向量的方向. 以 M_1 为起点、 M_2 为终点的有向线段所表示的向量, 记作 $\overrightarrow{M_1M_2}$, 如图 6-2 所示. 也可用一个粗体字母或用一个书写体上面加箭头的字母来表示向量, 如向量 a, b, c, d, F 或 $\vec{a}, \vec{b}, \vec{c}, \vec{d}, \vec{F}$ 等.

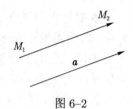

图 6-2

向量的大小称为**向量的模**, 向量 $\overrightarrow{M_1M_2}$, a 的模分别记作 $|\overrightarrow{M_1M_2}|$, $|a|$. 模等于 1 的向量称为**单位向量**, 模等于 0 的向量称为**零向量**, 记作 $\mathbf{0}$ 或 $\vec{0}$. 零向量的起点和终点重合, 它的方向可以看作是任意的.

以坐标原点 O 为起点, 以点 M 为终点的向量 $\overrightarrow{OM}$ 称为点 M 对于 O 的**向径**, 常用粗体字 r 表示.

由于所有向量的共性是它们都有大小和方向, 所以在数学上只研究与起点无关的向量, 并称这种向量为**自由向量** (简称**向量**), 即只考虑向量的大小和方向, 而不考虑它的起点在何处. 若两个向量 a 与 b 的大小相等, 且方向相同, 则称向量 a 与 b 是**相等的**, 记作 $a = b$. 这就是说, 经过平行移动后能完全重合的向量是相等的.

若两个非零向量的方向相同或者相反, 则称这两个**向量平行**. 向量 a 与 b 平行, 记作 $a /\!/ b$. 由于零向量的方向可以看作是任意的, 因此可以认为零向量与任何向量都平行.

二、向量的线性运算

1. 向量的加减法

定义 1.1　设有两个向量 a 与 b, 任取一点 A, 作 $\overrightarrow{AB} = a$, 再以 B 为起点, 作 $\overrightarrow{BC} = b$, 连接 AC, 如图 6-3 所示, 则向量 $\overrightarrow{AC} = c$ 称为向量 a 与 b 的和, 记作 $a + b$, 即 $c = a + b$. 这种作出两向量之和的方法称为向量相加的**三角形法则**.

力学上有求合力的平行四边形法则, 仿此, 也有向量相加的**平行四边形法则**. 当向量 a 与 b 不平行时, 作 $\overrightarrow{AB} = a, \overrightarrow{AD} = b$, 并以 AB, AD 为邻边作平行四边形 $ABCD$, 连接对角线 AC, 如图 6-4 所示, 显然向量 $\overrightarrow{AC}$ 等于向量 a 与 b 的和 $a + b$.

向量的加法满足下列运算规律:

(1) **交换律**　$a + b = b + a$;

(2) **结合律**　$(a + b) + c = a + (b + c)$.

由图 6-5 可知: 结合律成立.

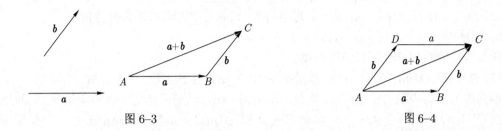

图 6-3　　　　　　　　　　　图 6-4

由于向量的加法符合交换律与结合律, 故 n 个向量 $\boldsymbol{a}_1, \boldsymbol{a}_2, \cdots, \boldsymbol{a}_n (n \geqslant 3)$ 相加可写成 $\boldsymbol{a}_1 + \boldsymbol{a}_2 + \cdots + \boldsymbol{a}_n$, 并按向量加法的三角形法则, 可得 n 个向量相加的法则如下: 使前一向量的终点作为后一向量的起点, 相继作出向量 $\boldsymbol{a}_1, \boldsymbol{a}_2, \cdots, \boldsymbol{a}_n$; 再以第一向量的起点为起点, 最后一个向量的终点为终点作一向量, 这一向量即为所求 n 个向量的和. 例如,

$$s = \boldsymbol{a}_1 + \boldsymbol{a}_2 + \boldsymbol{a}_3 + \boldsymbol{a}_4 + \boldsymbol{a}_5,$$

其和如图 6-6 所示.

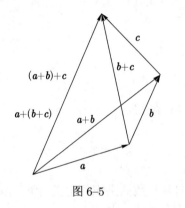

图 6-5

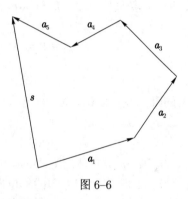

图 6-6

设 $\boldsymbol{a}$ 为一向量, 与 $\boldsymbol{a}$ 的模相同而方向相反的向量称为 $\boldsymbol{a}$ 的**负向量**, 记作 $-\boldsymbol{a}$. 把 $\boldsymbol{b} + (-\boldsymbol{a})$ 定义为向量 $\boldsymbol{b}$ 与 $\boldsymbol{a}$ 的差, 记作 $\boldsymbol{b} - \boldsymbol{a}$, 即 $\boldsymbol{b} - \boldsymbol{a} = \boldsymbol{b} + (-\boldsymbol{a})$, 如图 6-7 所示. 类似地, 把 $\boldsymbol{a}$ 与 $\boldsymbol{b}$ 的起点放在一起, 以 $\boldsymbol{a}$ 的终点为起点, 以 $\boldsymbol{b}$ 的终点为终点的向量即为 $\boldsymbol{b} - \boldsymbol{a}$. 特别地, 当 $\boldsymbol{b} = \boldsymbol{a}$ 时, 有 $\boldsymbol{a} - \boldsymbol{a} = \boldsymbol{a} + (-\boldsymbol{a}) = \boldsymbol{0}$.

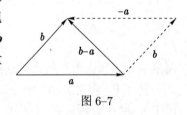

由于三角形两边之和大于第三边, 于是得到**三角形不等式**

图 6-7

$$|\boldsymbol{a} \pm \boldsymbol{b}| \leqslant |\boldsymbol{a}| + |\boldsymbol{b}|,$$

其中等号在 $\boldsymbol{a}$ 与 $\boldsymbol{b}$ 平行时成立.

2. 向量与数的乘法

定义 1.2　设 λ 是实数, $\boldsymbol{a}$ 是一个向量, λ 与 $\boldsymbol{a}$ 的**乘积**记作 $\lambda\boldsymbol{a}$, 其定义如下:

(1) $\lambda\boldsymbol{a}$ 是一个向量;

(2) 其模为 $|\lambda| \, |\boldsymbol{a}|$;

(3) 其方向为: 当 $\lambda > 0$ 时, $\lambda\boldsymbol{a}$ 与 $\boldsymbol{a}$ 方向相同; 当 $\lambda < 0$ 时, $\lambda\boldsymbol{a}$ 与 $\boldsymbol{a}$ 方向相反;

(4) 当 $\lambda = 0$ 时, $|\lambda a| = 0$, 即 λa 为零向量, 这时它的方向可以是任意的.

特别地, 当 $\lambda = \pm 1$ 时, 有 $1a = a, (-1)a = -a$.

向量与数的乘积符合下列运算规律:

(1) **结合律** $\lambda(\mu a) = \mu(\lambda a) = (\lambda \mu)a$, 其中 λ, μ 为任意实数, a 为向量.

由向量与数的乘积的定义可知, 向量 $\lambda(\mu a), \mu(\lambda a), (\lambda \mu)a$ 都是平行的向量, 它们的指向是相同的, 而且 $|\lambda(\mu a)| = |\mu(\lambda a)| = |(\lambda \mu)| |a|$, 所以 $\lambda(\mu a) = \mu(\lambda a) = (\lambda \mu)a$.

(2) **分配律** $\lambda(a + b) = \lambda a + \lambda b; (\lambda + \mu)a = \lambda a + \mu a,$

其中 λ, μ 为任意实数, a 为向量.

这个规律同样可以按向量与数的乘积的定义来证明, 这里从略.

定理 1.1   设向量 $a \neq 0$, 则向量 b 平行于向量 a 的充分必要条件是存在唯一的实数 λ, 使得 $b = \lambda a$.

证   条件的充分性是显然的, 下面证明条件的必要性.

设 $b // a$, 由于 $a \neq 0$, 所以 $|a| \neq 0$. 取 $\lambda = \pm \dfrac{|b|}{|a|}$, 当 b 与 a 方向相同时, λ 取正号; 当 b 与 a 方向相反时, λ 取负号, 此时 b 与 λa 方向相同, 且

$$|\lambda a| = |\lambda| \, |a| = \frac{|b|}{|a|} |a| = |b|,$$

即有 $b = \lambda a$.

再证数 λ 的唯一性. 设 $b = \lambda a$ 且 $b = \mu a$, 两式相减, 便得

$$(\lambda - \mu)a = 0,$$

即 $|\lambda - \mu| \, |a| = 0$, 因 $|a| \neq 0$, 故 $|\lambda - \mu| = 0$, 即 $\lambda = \mu$.

记 e_a 表示与非零向量 a 同方向的单位向量, 按照向量与数的乘积的定义, 由于 $|a| > 0$, 所以 $|a| e_a$ 与 e_a 的方向相同, 即 $|a| e_a$ 与 a 的方向相同. 又因 $|a| e_a$ 的模是 $|a| |e_a| = |a| \cdot 1 = |a|$, 即 $|a| e_a$ 与 a 的模也相同, 因此 $a = |a| e_a$. 故当 $a \neq 0$ 时, 与向量 a 同方向的单位向量

$$e_a = \frac{a}{|a|}.$$

向量的加法和向量与数的乘法统称为向量的线性运算.

例 1.1   在 $\triangle ABC$ 中, D, E 是 BC 边上的三等分点, 如图 6–8 所示, 设 $\overrightarrow{AB} = a, \overrightarrow{AC} = b$, 试用 a 和 b 表示向量 $\overrightarrow{AD}$ 和 $\overrightarrow{AE}$.

解   由三角形法则, 有

$$\overrightarrow{CB} = a - b,$$

再由数与向量的乘法, 有

$$\overrightarrow{CD} = \overrightarrow{DE} = \overrightarrow{EB} = \frac{1}{3}\overrightarrow{CB} = \frac{1}{3}(a - b),$$

所以

$$\overrightarrow{AD} = \overrightarrow{AC} + \overrightarrow{CD} = b + \frac{1}{3}(a - b) = \frac{1}{3}(a + 2b);$$

$$\overrightarrow{AE} = \overrightarrow{AD} + \overrightarrow{DE} = \frac{1}{3}(\boldsymbol{a} + 2\boldsymbol{b}) + \frac{1}{3}(\boldsymbol{a} - \boldsymbol{b}) = \frac{1}{3}(2\boldsymbol{a} + \boldsymbol{b}).$$

例 1.2 利用向量证明: 梯形两腰中点连线平行于两底边, 其长度为两底边长度之和的一半.

证 设梯形为 $ABCD$, 如图 6–9 所示. 并设 $\overrightarrow{AB} = \boldsymbol{a}$, $\overrightarrow{AD} = \boldsymbol{b}$, $\overrightarrow{BC} = \boldsymbol{c}$. 由于 $DC // AB$, 所以 $\overrightarrow{DC} // \overrightarrow{AB}$, 可设 $\overrightarrow{DC} = \lambda \overrightarrow{AB} = \lambda \boldsymbol{a}$, 且 $\lambda > 0$. 因为

$$\overrightarrow{AB} + \overrightarrow{BC} + \overrightarrow{CD} + \overrightarrow{DA} = \boldsymbol{0},$$

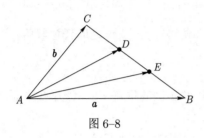

图 6–8

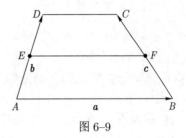

图 6–9

即 $\boldsymbol{a} + \boldsymbol{c} - \lambda \boldsymbol{a} - \boldsymbol{b} = \boldsymbol{0}$, 所以 $\boldsymbol{c} - \boldsymbol{b} = (\lambda - 1)\boldsymbol{a}$.

又由于

$$\overrightarrow{AE} = \frac{1}{2}\overrightarrow{AD} = \frac{1}{2}\boldsymbol{b}, \quad \overrightarrow{BF} = \frac{1}{2}\overrightarrow{BC} = \frac{1}{2}\boldsymbol{c},$$

$$\begin{aligned}
\overrightarrow{EF} &= \overrightarrow{EA} + \overrightarrow{AB} + \overrightarrow{BF} = -\frac{1}{2}\boldsymbol{b} + \boldsymbol{a} + \frac{1}{2}\boldsymbol{c} = \frac{1}{2}(\boldsymbol{c} - \boldsymbol{b}) + \boldsymbol{a} \\
&= \frac{1}{2}(\lambda - 1)\boldsymbol{a} + \boldsymbol{a} = \frac{1}{2}(1 + \lambda)\boldsymbol{a}.
\end{aligned}$$

即 $\overrightarrow{EF} // \overrightarrow{AB}$, $\overrightarrow{EF} // \overrightarrow{DC}$, 且 $\left| \overrightarrow{EF} \right| = \frac{1}{2}(1 + \lambda)\,|\boldsymbol{a}| = \frac{1}{2}(|\boldsymbol{a}| + \lambda\,|\boldsymbol{a}|) = \frac{1}{2}(|\overrightarrow{AB}| + |\overrightarrow{DC}|)$.

三、向量在轴上的投影

1. u 轴上有向线段 $\overrightarrow{AB}$ 的值

定义 1.3 设有一数轴 u, $\overrightarrow{AB}$ 是 u 轴上的有向线段, 如图 6–10 所示. 若数 λ 满足 $|\lambda| = \left| \overrightarrow{AB} \right|$, 且当 $\overrightarrow{AB}$ 的方向与 u 轴方向相同时, λ 取正值; 当 $\overrightarrow{AB}$ 的方向与 u 轴方向相反时, λ 取负值, 则称数 λ 为**有向线段 $\overrightarrow{AB}$ 在 u 轴上的值**, 记作 AB, 即 $\lambda = AB$.

设 $\boldsymbol{e}$ 是与 u 轴同方向的单位向量, 易看出: 若有向线段 $\overrightarrow{AB}$ 在 u 轴上的值 $AB = \lambda$, 则向量 $\overrightarrow{AB} = \lambda\boldsymbol{e}$; 反之, 若向量 $\overrightarrow{AB} = \lambda\boldsymbol{e}$, 则 $AB = \lambda$. 由此可知: $\overrightarrow{AB} = (AB)\boldsymbol{e}$.

例 1.3 在 u 轴上取一定点 O 作为坐标原点, 设 A, B 是 u 轴上坐标依次为 u_1, u_2 的两个点, $\boldsymbol{e}$ 是与 u 轴同方向的单位向量, 如图 6–10 所示, 证明: $\overrightarrow{AB} = (u_2 - u_1)\boldsymbol{e}$.

证 因为点 A 的坐标为 u_1, 即 u 轴上有向线段 $\overrightarrow{OA}$ 的值 $OA = u_1$, 所以 $\overrightarrow{OA} = u_1\boldsymbol{e}$; 同理, $\overrightarrow{OB} = u_2\boldsymbol{e}$, 于是 $\overrightarrow{AB} = \overrightarrow{OB} - \overrightarrow{OA} = u_2\boldsymbol{e} - u_1\boldsymbol{e} = (u_2 - u_1)\boldsymbol{e}$.

2. 两向量的夹角

定义 1.4 设有两个非零向量 a 与 b, 任取空间一点 O, 作 $\overrightarrow{OA} = a, \overrightarrow{OB} = b$, 规定不超过 π 的 $\angle AOB$(记 $\varphi = \angle AOB, 0 \leqslant \varphi \leqslant \pi$) 称为**向量 a 与 b 的夹角**, 如图 6–11 所示, 记作 $\widehat{(a,b)}$ 或 $\widehat{(b,a)}$, 即 $\widehat{(a,b)} = \varphi$.

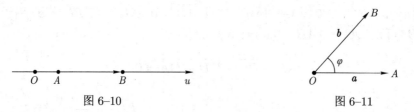

图 6–10　　　　　　　　　　　　图 6–11

若向量 a 与 b 中有一个是零向量, 则规定它们的夹角可在 0 与 π 之间任意取值. 类似地, 可以规定向量与数轴的夹角.

3. 空间点与向量在 u 轴上的投影

定义 1.5 已知空间一点 A 以及一数轴 u, 过点 A 作 u 轴的垂直平面 α, 那么平面 α 与 u 轴的交点 A' 称为点 A 在 u 轴上的投影, 如图 6–12 所示.

定义 1.6 设向量 $\overrightarrow{AB}$ 的起点 A 和终点 B 在 u 轴上的投影分别为 A' 和 B', 如图 6–13 所示, 则 u 轴上的有向线段 $\overrightarrow{A'B'}$ 称为向量 $\overrightarrow{AB}$ 在 u 轴上的**分向量**或**投影向量**, $\overrightarrow{A'B'}$ 的值 $A'B'$ 称为向量 $\overrightarrow{AB}$ 在 u **轴上的投影**, 记作 $\mathrm{Prj}_u \overrightarrow{AB}$ 或 $(\overrightarrow{AB})_u$, 即 $\mathrm{Prj}_u \overrightarrow{AB} = A'B'$, u 轴称为**投影轴**.

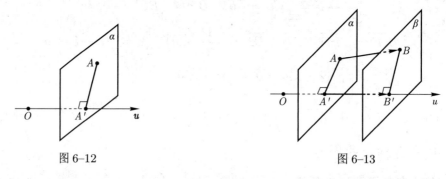

图 6–12　　　　　　　　　　　　图 6–13

注 一个向量在某轴上的投影是一个数量, 它可以是正数, 也可以是负数或零, 而一个向量在某轴上的投影分量或投影向量是一个向量.

性质 1.1 (投影定理) 向量 $\overrightarrow{AB}$ 在 u 轴上的投影等于向量的模乘轴与向量的夹角 φ 的余弦, 即

$$\mathrm{Prj}_u \overrightarrow{AB} = \left|\overrightarrow{AB}\right| \cos \varphi.$$

证 把向量 $\overrightarrow{AB}$ 平行移动, 使得 $\overrightarrow{AB}$ 的起点与 A' 重合, 如图 6–14 所示, 则 $\overrightarrow{AB} = \overrightarrow{A'B_1}$. 由定义 1.6 得,

$$\mathrm{Prj}_u \overrightarrow{AB} = A'B' = \left|\overrightarrow{A'B_1}\right| \cos \varphi = \left|\overrightarrow{AB}\right| \cos \varphi.$$

性质 1.2 两个向量的和在轴上的投影等于这两个向量在该轴上投影的和, 即

$$\mathrm{Prj}_u (a_1 + a_2) = \mathrm{Prj}_u a_1 + \mathrm{Prj}_u a_2.$$

证　设有向量 $\boldsymbol{a}_1, \boldsymbol{a}_2$ 及 u 轴, 作 $\overrightarrow{OA} = \boldsymbol{a}_1$, $\overrightarrow{AB} = \boldsymbol{a}_2$, 如图 6–15 所示, 则 $\overrightarrow{OB} = \boldsymbol{a}_1 + \boldsymbol{a}_2$. 设点 A, B 在 u 轴上的投影点分别为 A', B', 由定义 1.6, 有

$$\mathrm{Prj}_u(\boldsymbol{a}_1 + \boldsymbol{a}_2) = OB' = OA' + A'B' = \mathrm{Prj}_u\overrightarrow{OA} + \mathrm{Prj}_u\overrightarrow{AB} = \mathrm{Prj}_u\boldsymbol{a}_1 + \mathrm{Prj}_u\boldsymbol{a}_2.$$

该性质可以推广到 n 个向量 $\boldsymbol{a}_1, \boldsymbol{a}_2, \cdots, \boldsymbol{a}_n$ 的情形, 即

$$\mathrm{Prj}_u(\boldsymbol{a}_1 + \boldsymbol{a}_2 + \cdots + \boldsymbol{a}_n) = \mathrm{Prj}_u\boldsymbol{a}_1 + \mathrm{Prj}_u\boldsymbol{a}_2 + \cdots + \mathrm{Prj}_u\boldsymbol{a}_n.$$

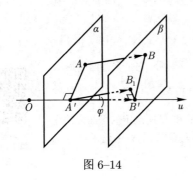 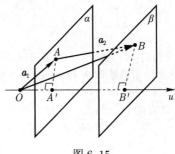

图 6–14　　　　　　　　　　　　　　　　图 6–15

类似地, 可以证明如下性质:

性质 1.3　向量与数的乘积在轴上的投影等于向量在轴上的投影与该数的乘积, 即

$$\mathrm{Prj}_u(\lambda\boldsymbol{a}) = \lambda\,\mathrm{Prj}_u\boldsymbol{a},$$

其中 $\boldsymbol{a}$ 为任意向量, λ 为任一实数.

习题 6–1

(A)

1. 单项选择题.

(1) 设 M 是平行四边形 $ABCD$ 的中心, O 是任意点, 则 $\overrightarrow{OA} + \overrightarrow{OB} + \overrightarrow{OC} + \overrightarrow{OD} = ($ 　　);

　　(A) $\overrightarrow{OM}$ 　　　　　(B) $2\overrightarrow{OM}$ 　　　　　(C) $3\overrightarrow{OM}$ 　　　　　(D) $4\overrightarrow{OM}$

(2) 若在四边形 $ABCD$ 中, $\overrightarrow{AB} = \boldsymbol{a} + 2\boldsymbol{b}$, $\overrightarrow{BC} = -4\boldsymbol{a} - \boldsymbol{b}$, $\overrightarrow{CD} = -5\boldsymbol{a} - 3\boldsymbol{b}$ $(\boldsymbol{a}, \boldsymbol{b} \neq \boldsymbol{0})$, 则四边形 $ABCD$ 是 (　　).

　　(A) 平行四边形 　　　(B) 菱形 　　　　　(C) 梯形 　　　　　(D) A, B, C 都不是

2. 设 $\boldsymbol{u} = \boldsymbol{a} - \boldsymbol{b} + 2\boldsymbol{c}, \boldsymbol{v} = -2\boldsymbol{a} + 3\boldsymbol{b} - \boldsymbol{c}$, 试用 $\boldsymbol{a}, \boldsymbol{b}, \boldsymbol{c}$ 表示向量 $2\boldsymbol{u} - 3\boldsymbol{v}$.

3. 证明: 三角形 ABC 的两边的中线平行于第三边, 且中线的长度等于第三边 (底边) 的一半.

4. 把三角形 ABC 的边 BC 五等分, 设分点依次为 D_1, D_2, D_3, D_4, 再把这些点分别与点 A 连接, 记 $\overrightarrow{AB} = \boldsymbol{a}, \overrightarrow{BC} = \boldsymbol{b}$, 试用 $\boldsymbol{a}, \boldsymbol{b}$ 表示 $\overrightarrow{D_1A}, \overrightarrow{D_2A}, \overrightarrow{D_3A}$ 和 $\overrightarrow{D_4A}$.

5. 证明下列不等式, 并说明等号何时成立.

(1) $|\boldsymbol{a}| - |\boldsymbol{b}| \leqslant |\boldsymbol{a} - \boldsymbol{b}|$;　　　　　(2) $|\boldsymbol{a} + \boldsymbol{b} + \boldsymbol{c}| \leqslant |\boldsymbol{a}| + |\boldsymbol{b}| + |\boldsymbol{c}|$.

6. 在 $\triangle ABC$ 中, A_1, B_1, C_1 分别是 $\angle A, \angle B, \angle C$ 相对边的中点, 证明: $\overrightarrow{AA_1} + \overrightarrow{BB_1} + \overrightarrow{CC_1} = \boldsymbol{0}$.

7. 证明: 两向量 $\boldsymbol{a}$ 与 $\boldsymbol{b}$ 平行的充分必要条件是存在不全为零的实数 λ 和 μ, 使得 $\lambda\boldsymbol{a} + \mu\boldsymbol{b} = \boldsymbol{0}$.

习题 6-1
第 8 题解答

8. 设 O 为定点, 证明: 任意不同的三点 A, B 和 C 共线的充分必要条件是: 存在不全为零的实数 k_1, k_2, k_3, 使得 $k_1\overrightarrow{OA} + k_2\overrightarrow{OB} + k_3\overrightarrow{OC} = \boldsymbol{0}$, 且 $k_1 + k_2 + k_3 = 0$.

9. 已知 $\triangle ABC$ 及一点 O, 证明: 点 O 是 $\triangle ABC$ 的质心的充分必要条件是 $\overrightarrow{OA} + \overrightarrow{OB} + \overrightarrow{OC} = \boldsymbol{0}$.

10. 向量 $\boldsymbol{r}$ 的模是 4, 它与 u 轴的夹角为 $\dfrac{\pi}{3}$, 求 $\boldsymbol{r}$ 在 u 轴上的投影.

(B)

11. 设平面上一个四边形 $ABCD$ 的对角线相互平分, 试用向量证明: 它是平行四边形.

*12. 证明: 三个向量 $\boldsymbol{a}, \boldsymbol{b}$ 和 $\boldsymbol{c}$ 共面的充分必要条件是存在不全为零的实数 k_1, k_2, k_3, 使得 $k_1\boldsymbol{a} + k_2\boldsymbol{b} + k_3\boldsymbol{c} = \boldsymbol{0}$.

*13. 设 O 为定点, 证明: 点 M 位于不在同一直线上的点 A, B 和 C 所确定的平面上的充分必要条件是: 存在实数 k_1, k_2, k_3, 使得 $\overrightarrow{OM} = k_1\overrightarrow{OA} + k_2\overrightarrow{OB} + k_3\overrightarrow{OC}$, 且 $k_1 + k_2 + k_3 = 1$.

习题 6-1
第 12—14 题
解答

*14. 证明: 三角形各中线交于一点, 且该点是每条中线的三分点.

第二节　向量的坐标

为了用数量来研究空间图形, 需要建立空间的点与有序数组之间的联系, 这种联系通常是用类似于平面解析几何的方法通过引进空间直角坐标系来实现的. 本节引入空间直角坐标系, 并用坐标来表示向量.

一、空间直角坐标系

1. 空间点的直角坐标

在空间取一定点 O, 作三条两两互相垂直的数轴, 它们都以 O 为原点且具有相同的长度单位, 这三条轴分别称为 x 轴 (**横轴**), y 轴 (**纵轴**), z 轴 (**竖轴**); 统称为**坐标轴**. 通常把 x 轴和 y 轴放置在水平面上, 而 z 轴是铅垂线, 它们的正向符合右手法则, 即以右手握住 z 轴, 当右手的四个手指从 x 轴正向转 $\dfrac{\pi}{2}$ 角度正好是 y 轴正向时, 大拇指所指的方向就是 z 轴的正向, 如图 6-16 所示.

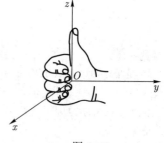

图 6-16

图中箭头的指向表示 x 轴, y 轴, z 轴的正向. 这样的三条坐标轴就组成了一个**空间直角坐标系**, 点 O 称为该坐标系的**坐标原点**, 简称**原点**.

三条坐标轴中的任意两条可以确定一个平面, 这样确定的三个平面统称为**坐标面**. 由 x 轴及 y 轴所确定的坐标面称为 xOy 面, 由 y 轴与 z 轴及由 z 轴与 x 轴所确定的坐标面, 分别称为 yOz 面及 zOx 面. 三个坐标面把空间分成八个部分, 每一部分称为一个**卦限**, 边界含有 x

轴, y 轴, z 轴正半轴的那个卦限称为**第一卦限**, 第二、第三、第四卦限, 在 xOy 面的上方, 从 z 轴正向来看按逆时针方向确定, 第五至第八卦限, 在 xOy 面的下方, 由第一卦限之下的第五卦限开始, 从 z 轴正向来看按逆时针方向确定, 这八个卦限分别用字母 I, II, III, IV, V, VI, VII, VIII 表示, 如图 6–17 所示.

　　设 M 为空间中任意固定的点, 过点 M 作三个平面分别垂直于 x 轴, y 轴和 z 轴, 它们与 x 轴, y 轴, z 轴交点依次为 P, Q, R, 如图 6–18 所示. 这三点在 x 轴, y 轴, z 轴上的坐标依次为 x, y, z, 于是空间点 M 就唯一确定了一有序数组 x, y, z. 反过来, 已知一有序数组 x, y, z, 也可以在 x 轴上取坐标为 x 的点 P, 在 y 轴上取坐标为 y 的点 Q, 在 z 轴上取坐标为 z 的点 R, 然后通过 P, Q 与 R 分别作与 x 轴, y 轴和 z 轴垂直的平面, 这三个垂直平面的交点 M 便是由有序数组 x, y, z 所确定的唯一点. 这样就建立了空间的点 M 和有序数组 x, y, z 之间的一一对应关系. 这组有序数组 x, y, z 就称为点 M 的坐标, 并依次称 x, y 和 z 为点 M 的**横坐标**, **纵坐标**和**竖坐标**. 坐标为 x, y, z 的点 M 通常记为 $M(x, y, z)$.

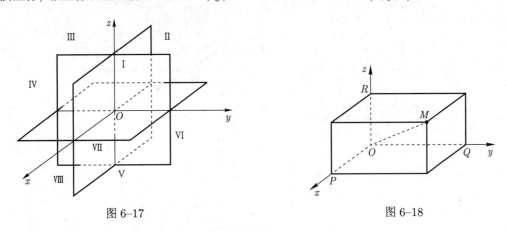

图 6–17　　　　　　　　　　　　图 6–18

坐标面上点的坐标特点:

　　若点 $M(x, y, z)$ 在 yOz 面上, 则必有 $x = 0$; 同样, 在 zOx 面上的点, 必有 $y = 0$; 在 xOy 面上的点, 必有 $z = 0$.

坐标轴上点的坐标特点:

　　若点 $M(x, y, z)$ 在 x 轴上, 则 $y = z = 0$; 同样, 在 y 轴上的点, 有 $z = x = 0$; 在 z 轴上的点, 有 $x = y = 0$; 若点 M 为原点, 则 $x = y = z = 0$.

　　在空间直角坐标系的八个卦限内, 空间点的坐标的正负号是不同的, 由表 6–1 给出.

表 6–1　各卦限内点的坐标的正负

卦限	I	II	III	IV
坐标的正负号	$(+, +, +)$	$(-, +, +)$	$(-, -, +)$	$(+, -, +)$
卦限	V	VI	VII	VIII
坐标的正负号	$(+, +, -)$	$(-, +, -)$	$(-, -, -)$	$(+, -, -)$

若连接空间两点 M, N 的线段被 xOy 平面垂直平分，则称点 M 和 N 关于 xOy 平面对称. 若点 M 的坐标为 $M(x, y, z)$，则点 M 关于 xOy 平面对称的点的坐标为 $N(x, y, -z)$，如图 6–19(a) 所示. 类似地，$M(x, y, z)$ 关于 yOz 平面对称的点的坐标为 $(-x, y, z)$，$M(x, y, z)$ 关于 zOx 平面对称的点的坐标为 $(x, -y, z)$.

若连接空间两点 M, N 的线段过原点 O 且被 O 平分，则称点 M 和 N 关于原点 O 对称. 若点 M 的坐标为 $M(x, y, z)$，则 M 关于原点 O 对称的点的坐标为 $(-x, -y, -z)$，如图 6–19(b) 所示.

若连接空间两点 M, N 的线段与 z 轴相交且被 z 轴垂直平分，则点 M 和 N 关于 z 轴对称. 若点 M 的坐标为 $M(x, y, z)$，则 M 关于 z 轴对称的点 N 的坐标为 $(-x, -y, z)$，如图 6–19(c) 所示. 类似地，$M(x, y, z)$ 关于 x 轴对称的点 N 的坐标为 $(x, -y, -z)$，$M(x, y, z)$ 关于 y 轴对称的点 N 的坐标为 $(-x, y, -z)$.

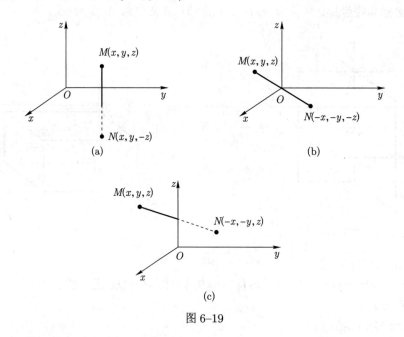

图 6–19

2. 空间两点间的距离

设 $M_1(x_1, y_1, z_1)$，$M_2(x_2, y_2, z_2)$ 为空间任意给定的两点，为了用两点的坐标来表示它们之间的距离 $d = \rho(M_1, M_2)$，过 M_1, M_2 各作三个分别垂直于坐标轴的平面，这六个平面围成一个以 $M_1 M_2$ 为对角线的长方体，如图 6–20 所示.

由于 $\angle M_1 N_1 M_2$ 为直角，$\triangle M_1 N_1 M_2$ 为直角三角形，所以

$$d^2 = |M_1 M_2|^2 = |M_1 N_1|^2 + |N_1 M_2|^2.$$

又 $\triangle M_1 N_2 N_1$ 也是直角三角形，且 $|M_1 N_1|^2 = |M_1 N_2|^2 + |N_2 N_1|^2$，所以

$$d^2 = |M_1 M_2|^2 = |M_1 N_2|^2 + |N_2 N_1|^2 + |N_1 M_2|^2.$$

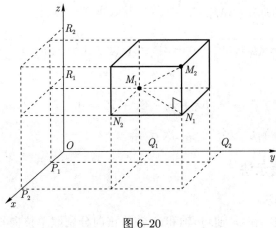

图 6–20

由于

$$|M_1N_2| = |P_1P_2| = |x_2 - x_1|, \quad |N_2N_1| = |Q_1Q_2| = |y_2 - y_1|,$$
$$|N_1M_2| = |R_1R_2| = |z_2 - z_1|,$$

所以

$$\rho(M_1, M_2) = d = |M_1M_2| = \sqrt{(x_2 - x_1)^2 + (y_2 - y_1)^2 + (z_2 - z_1)^2}.$$

这就是**空间两点间的距离公式**.

特别地, 点 $M(x, y, z)$ 与坐标原点 $O(0, 0, 0)$ 的距离为

$$\rho(O, M) = |OM| = \sqrt{x^2 + y^2 + z^2}.$$

例 2.1 证明: 以 $M_1(7, -1, 2), M_2(3, 1, -1), M_3(8, 3, -1)$ 三点为顶点的三角形是一个等腰三角形.

证 因为 $|M_1M_2|^2 = (3 - 7)^2 + (1 - (-1))^2 + (-1 - 2)^2 = 29,$

$$|M_2M_3|^2 = (8 - 3)^2 + (3 - 1)^2 + (-1 - (-1))^2 = 29,$$

$$|M_3M_1|^2 = (7 - 8)^2 + (-1 - 3)^2 + (2 - (-1))^2 = 26,$$

所以 $|M_1M_2| = |M_2M_3|$, 从而 $\triangle M_1M_2M_3$ 为等腰三角形.

例 2.2 在 z 轴上求与两点 $A(-3, 1, 2)$ 和 $B(4, -1, 3)$ 等距离的点.

解 因为所求的点 M 在 z 轴上, 所以可设点 M 的坐标为 $M(0, 0, z)$. 依题意有 $|MA| = |MB|$, 即

$$\sqrt{(-3 - 0)^2 + (1 - 0)^2 + (2 - z)^2} = \sqrt{(4 - 0)^2 + (-1 - 0)^2 + (3 - z)^2}.$$

两边平方, 解得 $z = 6$, 故所求点的坐标为 $(0, 0, 6)$.

例 2.3 已知一动点 $M(x, y, z)$ 到两个点 $A(1, -1, 2)$ 和 $B(4, 1, -2)$ 的距离总相等, 求点 M 的坐标所满足的方程.

解　由已知条件 $|AM| = |BM|$，有

$$\sqrt{(x-1)^2 + (y+1)^2 + (z-2)^2} = \sqrt{(x-4)^2 + (y-1)^2 + (z+2)^2},$$

两边平方后，整理得

$$6x + 4y - 8z - 15 = 0,$$

即动点 $M(x,y,z)$ 的坐标满足一个三元一次方程.

二、向量的坐标表示法

1. 向量的坐标表示法

在空间直角坐标系中，在 x 轴，y 轴和 z 轴的正向分别取单位向量 $\boldsymbol{i}, \boldsymbol{j}, \boldsymbol{k}$，这三个向量称为坐标系的**基本单位向量**，如图 6–21 所示. 设 $M(x,y,z)$ 为空间某点，作向径 $\boldsymbol{r} = \overrightarrow{OM}$. 由图 6–21 可知：

$$\begin{aligned}
\overrightarrow{OM} &= \overrightarrow{ON} + \overrightarrow{NM} = \overrightarrow{OP} + \overrightarrow{PN} + \overrightarrow{OR} \\
&= \overrightarrow{OP} + \overrightarrow{OQ} + \overrightarrow{OR} = x\boldsymbol{i} + y\boldsymbol{j} + z\boldsymbol{k},
\end{aligned}$$

即

$$\overrightarrow{OM} = x\boldsymbol{i} + y\boldsymbol{j} + z\boldsymbol{k}.$$

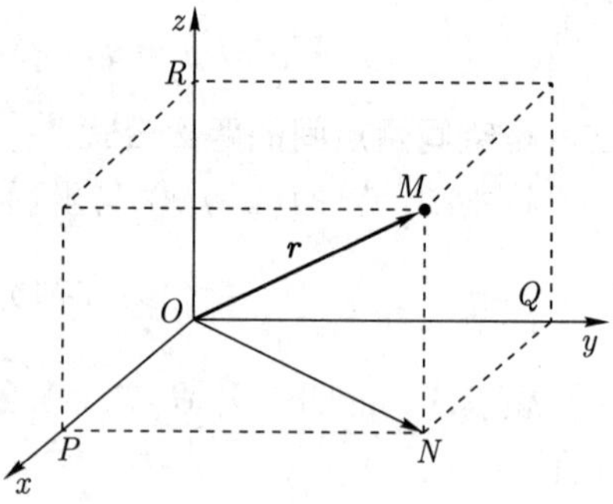

对给定向径 $\overrightarrow{OM}$，可唯一确定一组有序数组 x, y, z；另一方面，对给定一组有序数组 x, y, z，可唯一定出向径 $\overrightarrow{OM} = x\boldsymbol{i} + y\boldsymbol{j} + z\boldsymbol{k}$. 该表达式称为向径 $\overrightarrow{OM}$ 的**坐标表达式**，$x\boldsymbol{i}, y\boldsymbol{j}, z\boldsymbol{k}$ 分别为向量 $\overrightarrow{OM}$ 在 x 轴，y 轴和 z 轴上的**分向量**，并把有序数组 x, y, z 称为向径 $\overrightarrow{OM}$ 的**坐标**，记作 (x, y, z)，即

$$\boldsymbol{r} = \overrightarrow{OM} = (x, y, z).$$

图 6–21

这表明：向径 $\overrightarrow{OM}$ 的坐标就是点 M 的坐标，同时也称 x, y, z 分别为向量 $\boldsymbol{r} = (x, y, z)$ 的**坐标分量**.

若向量 $\overrightarrow{M_1M_2}$ 的起点为 $M_1(x_1, y_1, z_1)$，终点为 $M_2(x_2, y_2, z_2)$，则

$$\overrightarrow{OM_1} = (x_1, y_1, z_1), \quad \overrightarrow{OM_2} = (x_2, y_2, z_2),$$

因为

$$\begin{aligned}
\overrightarrow{M_1M_2} &= \overrightarrow{OM_2} - \overrightarrow{OM_1} = x_2\boldsymbol{i} + y_2\boldsymbol{j} + z_2\boldsymbol{k} - (x_1\boldsymbol{i} + y_1\boldsymbol{j} + z_1\boldsymbol{k}) \\
&= (x_2 - x_1)\boldsymbol{i} + (y_2 - y_1)\boldsymbol{j} + (z_2 - z_1)\boldsymbol{k},
\end{aligned}$$

所以

$$\overrightarrow{M_1M_2} = (x_2 - x_1, y_2 - y_1, z_2 - z_1).$$

上式中 $x_2 - x_1, y_2 - y_1$ 和 $z_2 - z_1$ 分别是向量 $\overrightarrow{M_1M_2}$ 在 x 轴, y 轴和 z 轴上的投影. 由于向量平移后, 它在轴上的投影不变, 故它的坐标不变. 因此对给定的两个点 $M_1(x_1, y_1, z_1)$ 和 $M_2(x_2, y_2, z_2)$, 向量 $\overrightarrow{M_1M_2}$ 的坐标分量等于终点的坐标分量减去起点的坐标分量.

显然, 零向量的三个坐标分量均为零. 若两个向量相等, 则它们对应的坐标分量相等, 反之亦然.

有了向量的坐标表示式, 可以将原来由几何方法定义的线性运算转化为向量坐标之间的代数运算.

设 $\boldsymbol{a} = (a_x, a_y, a_z), \boldsymbol{b} = (b_x, b_y, b_z)$, 即

$$\boldsymbol{a} = a_x\boldsymbol{i} + a_y\boldsymbol{j} + a_z\boldsymbol{k}, \quad \boldsymbol{b} = b_x\boldsymbol{i} + b_y\boldsymbol{j} + b_z\boldsymbol{k},$$

利用向量加减法的交换律与结合律, 以及向量与数的乘法的结合律与分配律, 有

$$\boldsymbol{a} + \boldsymbol{b} = (a_x + b_x)\boldsymbol{i} + (a_y + b_y)\boldsymbol{j} + (a_z + b_z)\boldsymbol{k} = (a_x + b_x, a_y + b_y, a_z + b_z),$$

即

$$\boldsymbol{a} + \boldsymbol{b} = (a_x + b_x, a_y + b_y, a_z + b_z). \tag{2.1}$$

$$\lambda\boldsymbol{a} = \lambda a_x\boldsymbol{i} + \lambda a_y\boldsymbol{j} + \lambda a_z\boldsymbol{k} = (\lambda a_x, \lambda a_y, \lambda a_z),$$

即

$$\lambda\boldsymbol{a} = (\lambda a_x, \lambda a_y, \lambda a_z). \tag{2.2}$$

(2.1) 与 (2.2) 表明: 两个向量相加相当于对应坐标分量相加, 一个数乘一个向量相当于用这个数乘向量的每个分量.

例 2.4　设向量 $\boldsymbol{a} = (4, 1, 3), \boldsymbol{b} = (-2, 3, 5)$, 求 $\boldsymbol{a} + \boldsymbol{b}, \boldsymbol{a} - \boldsymbol{b}, 2\boldsymbol{a} + 7\boldsymbol{b}$.

解　　　$\boldsymbol{a} + \boldsymbol{b} = (4, 1, 3) + (-2, 3, 5) = (2, 4, 8),$

$\boldsymbol{a} - \boldsymbol{b} = (4, 1, 3) - (-2, 3, 5) = (6, -2, -2),$

$2\boldsymbol{a} + 7\boldsymbol{b} = 2(4, 1, 3) + 7(-2, 3, 5) = (-6, 23, 41).$

设 $\boldsymbol{a} = (a_x, a_y, a_z), \boldsymbol{b} = (b_x, b_y, b_z)$, 当向量 $\boldsymbol{a} \neq \boldsymbol{0}$ 时, 向量 $\boldsymbol{b} // \boldsymbol{a}$ 当且仅当存在某实数 λ, 使得 $\boldsymbol{b} = \lambda\boldsymbol{a}$, 按向量的坐标表示式为

$$(b_x, b_y, b_z) = \lambda(a_x, a_y, a_z),$$

这相当于向量 $\boldsymbol{a}$ 与 $\boldsymbol{b}$ 对应的坐标分量成比例, 即

$$\frac{b_x}{a_x} = \frac{b_y}{a_y} = \frac{b_z}{a_z}.$$

例 2.5　已知两点 $A(x_1, y_1, z_1)$ 和 $B(x_2, y_2, z_2)$, 求在 AB 直线上的点 M, 它分线段为 $\overrightarrow{AM}$ 和 $\overrightarrow{MB}$ 两段, 使得 $\overrightarrow{AM} = \lambda\overrightarrow{MB}$, 其中 $\lambda \neq -1$.

解　由于 $\overrightarrow{AM}$ 与 $\overrightarrow{MB}$ 在同一直线上, 依题意有 $\overrightarrow{AM} = \lambda\overrightarrow{MB}$, 而 $\overrightarrow{AM} = \overrightarrow{OM} - \overrightarrow{OA}$, $\overrightarrow{MB} = \overrightarrow{OB} - \overrightarrow{OM}$, 因此

$$\overrightarrow{OM} - \overrightarrow{OA} = \lambda(\overrightarrow{OB} - \overrightarrow{OM}).$$

从而 $\overrightarrow{OM} = \dfrac{1}{1+\lambda}(\overrightarrow{OA} + \lambda\overrightarrow{OB})$，即

$$
\begin{aligned}
(x, y, z) &= \frac{1}{1+\lambda}\left((x_1, y_1, z_1) + \lambda(x_2, y_2, z_2)\right)\\
&= \frac{1}{1+\lambda}\left(x_1 + \lambda x_2, y_1 + \lambda y_2, z_1 + \lambda z_2\right).
\end{aligned}
$$

由此得到点 M 的坐标为

$$
x = \frac{x_1 + \lambda x_2}{1+\lambda}, \quad y = \frac{y_1 + \lambda y_2}{1+\lambda}, \quad z = \frac{z_1 + \lambda z_2}{1+\lambda}.
$$

点 M 称为有向线段 AB 的**定比分点**. 当 $\lambda = 1$ 时，点 M 是线段 AB 的中点，其坐标为

$$
x = \frac{x_1 + x_2}{2}, \quad y = \frac{y_1 + y_2}{2}, \quad z = \frac{z_1 + z_2}{2}.
$$

2. 向量的模与方向余弦

对于非零向量 $\boldsymbol{a} = (a_x, a_y, a_z)$，可以用它与三条坐标轴正向的夹角 α, β, γ $(0 \leqslant \alpha \leqslant \pi,\ 0 \leqslant \beta \leqslant \pi,\ 0 \leqslant \gamma \leqslant \pi)$ 来表示它的方向，如图 6–22 所示，称 α, β, γ 为非零向量 $\boldsymbol{a}$ 的**方向角**，$\cos\alpha, \cos\beta, \cos\gamma$ 称为向量 $\boldsymbol{a}$ 的**方向余弦**.

由于向量的坐标就是向量在坐标轴上的投影，由投影定理，得

$$
\left\{
\begin{aligned}
a_x &= \left|\overrightarrow{OM}\right|\cos\alpha = |\boldsymbol{a}|\cos\alpha,\\
a_y &= \left|\overrightarrow{OM}\right|\cos\beta = |\boldsymbol{a}|\cos\beta,\\
a_z &= \left|\overrightarrow{OM}\right|\cos\gamma = |\boldsymbol{a}|\cos\gamma.
\end{aligned}
\right.
\tag{2.3}
$$

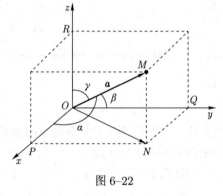

图 6–22

通常也用向量的方向余弦 $\cos\alpha, \cos\beta, \cos\gamma$ 来表示向量的方向. 由于向量 $\boldsymbol{a}$ 的模为

$$
|\boldsymbol{a}| = \left|\overrightarrow{OM}\right| = \sqrt{\left|\overrightarrow{OP}\right|^2 + \left|\overrightarrow{OQ}\right|^2 + \left|\overrightarrow{OR}\right|^2} = \sqrt{a_x^2 + a_y^2 + a_z^2}.
$$

当 $\sqrt{a_x^2 + a_y^2 + a_z^2} \neq 0$ 时，有

$$
\cos\alpha = \frac{a_x}{\sqrt{a_x^2 + a_y^2 + a_z^2}}, \quad \cos\beta = \frac{a_y}{\sqrt{a_x^2 + a_y^2 + a_z^2}}, \quad \cos\gamma = \frac{a_z}{\sqrt{a_x^2 + a_y^2 + a_z^2}}.
$$

上面各式两边平方后相加，得

$$
\cos^2\alpha + \cos^2\beta + \cos^2\gamma = 1.
$$

与非零向量 $\boldsymbol{a}$ 同方向的单位向量为

$$
\boldsymbol{e}_a = \frac{\boldsymbol{a}}{|\boldsymbol{a}|} = \frac{1}{|\boldsymbol{a}|}(a_x, a_y, a_z) = (\cos\alpha, \cos\beta, \cos\gamma).
$$

这表明：以向量 $\boldsymbol{a}$ 的方向余弦为坐标的向量就是与 $\boldsymbol{a}$ 同方向的单位向量 $\boldsymbol{e}_a$.

例 2.6 已知两点 $M_1(3, 5, \sqrt{2})$, $M_2(2, 6, 0)$, 求向量 $\overrightarrow{M_1M_2}$ 的模、方向余弦、方向角以及与 $\overrightarrow{M_1M_2}$ 同方向的单位向量.

解 因为 $\overrightarrow{M_1M_2} = (-1, 1, -\sqrt{2})$, 所以 $\left|\overrightarrow{M_1M_2}\right| = 2$, 向量 $\overrightarrow{M_1M_2}$ 的方向余弦为

$$\cos\alpha = -\frac{1}{2}, \quad \cos\beta = \frac{1}{2}, \quad \cos\gamma = -\frac{\sqrt{2}}{2},$$

故方向角分别为 $\alpha = \dfrac{2\pi}{3}, \beta = \dfrac{\pi}{3}, \gamma = \dfrac{3\pi}{4}$, 且与 $\overrightarrow{M_1M_2}$ 同方向的单位向量为

$$e_{\overrightarrow{M_1M_2}} = \left(-\frac{1}{2}, \frac{1}{2}, -\frac{\sqrt{2}}{2}\right).$$

例 2.7 质量为 $m = 20$ kg 的物体悬挂在两条绳子的下端, 如图 6–23(a) 所示. 求物体所受拉力 $\boldsymbol{F}_1, \boldsymbol{F}_2$ 及它们的大小.

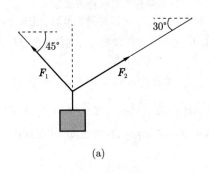

(a)

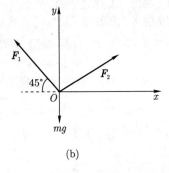

(b)

图 6–23

解 建立坐标系如图 6–23(b) 所示, 由于

$$\boldsymbol{F}_1 = |\boldsymbol{F}_1|\left(-\cos 45°, \sin 45°\right), \quad \boldsymbol{F}_2 = |\boldsymbol{F}_2|\left(\cos 30°, \sin 30°\right).$$

$$\boldsymbol{F}_1 + \boldsymbol{F}_2 = (0, mg),$$

故

$$\begin{cases} -|\boldsymbol{F}_1|\cos 45° + |\boldsymbol{F}_2|\cos 30° = 0, \\ |\boldsymbol{F}_1|\sin 45° + |\boldsymbol{F}_2|\sin 30° = 20 \times 9.8. \end{cases}$$

解方程组, 得 $|\boldsymbol{F}_1| = \dfrac{196\sqrt{6}}{\sqrt{3}+1} \approx 175.73$(N), $|\boldsymbol{F}_2| = \dfrac{392}{\sqrt{3}+1} \approx 143.48$(N), 从而

$$\boldsymbol{F}_1 = (-124.26, 124.26), \quad \boldsymbol{F}_2 = (124.26, 71.74).$$

习题 6–2

(A)

1. 单项选择题.

(1) 设 $\triangle ABC$ 的顶点为 $A(3,0,5)$, $B(4,3,-5)$, $C(-4,1,3)$, 则 BC 边上中线之长为 (   );

  (A) 4   (B) 6   (C) 7   (D) 9

(2) 在 z 轴上与两点 $A(1,-2,4)$ 和 $B(-2,2,5)$ 等距离的点的坐标为 (   ).

  (A) $(0,0,2)$ (B) $(0,0,4)$ (C) $(0,0,5)$ (D) $(0,0,6)$

2. 在空间直角坐标系中, 指出下列各点所在的卦限:

$$A(1,2,3), \quad B(-1,2,3), \quad C(1,-2,4), \quad D(-2,-2,4), \quad E(-2,-1,-4).$$

3. 求点 $A(3,-2,5)$ 到各坐标轴和坐标面的距离.

4. 在 yOz 面上, 求与三点 $A(3,1,2)$, $B(4,-2,-2)$, $C(0,5,1)$ 等距离的点的坐标.

5. 求出点 $A(3,-2,1)$ 关于 (1) 原点; (2) 各坐标轴; (3) 各坐标面对称的对称点的坐标.

6. 一向量的终点为 $B(2,-1,7)$, 它在坐标轴上的投影分别为 $4,-4,7$, 求该向量的起始点坐标.

7. 已知两点 $M_1(4,\sqrt{2},1)$ 和 $M_2(3,0,2)$, 计算向量 $\overrightarrow{M_1M_2}$ 的模、方向余弦、方向角及与 $\overrightarrow{M_1M_2}$ 同方向的单位向量.

8. 设 a 为单位向量, 它在 x 轴, y 轴上的投影分别为 $-\dfrac{1}{2}$, $\dfrac{1}{2}$, 求向量 a 与 z 轴正向的夹角 γ.

9. 设点 M 把点 $A(1,2,3)$ 和 $B(-1,3,-2)$ 之间的线段 AB 分成 $\overrightarrow{AM}=\dfrac{1}{2}\overrightarrow{MB}$, 求点 M 的坐标.

10. 设 $a=2i+3j+k$, $b=i-2j+2k$, 求以 $u=a+b$, $v=3a-2b$ 为邻边的平行四边形两条对角线的长.

11. 设 $\overrightarrow{AB}=(1,-2,0)$, $\overrightarrow{BC}=(0,3,1)$, $\overrightarrow{CD}=(5,6,-8)$, 四边形 $ABCD$ 的对角线 AC 的中点为 M, BD 的中点为 N, 求向量 $\overrightarrow{MN}$.

12. 设点 A 位于第一卦限, 向径 $\overrightarrow{OA}$ 与 x 轴和 y 轴的夹角依次为 $\dfrac{\pi}{3}$ 和 $\dfrac{\pi}{4}$, 且 $|\overrightarrow{OA}|=6$, 求点 A 的坐标.

(B)

*13. 设 a,b 均为非零向量, 证明: 向量 $c=\dfrac{|a|b+|b|a}{|a|+|b|}$ 表示向量 a 与 b 的夹角的角平分线的方向.

习题 6–2
第 13 题解答

第三节　向量的乘积

一、两向量的数量积

1. 数量积的定义

由物理学知道: 一个物体在力 $\boldsymbol{F}$ 作用下沿直线从点 A 移到点 B, 如图 6–24 所示. 记向量 $\boldsymbol{F}$ 与 $\overrightarrow{AB}$ 的夹角为 θ, 则力 $\boldsymbol{F}$ 所做的功为

$$W = |\boldsymbol{F}| \cos \theta \left| \overrightarrow{AB} \right| = |\boldsymbol{F}| \left| \overrightarrow{AB} \right| \cos \theta,$$

由此物理背景, 可定义两向量的数量积如下.

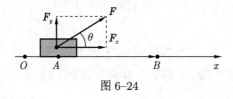

图 6–24

定义 3.1　两个向量 $\boldsymbol{a}$ 与 $\boldsymbol{b}$ 的模与其夹角的余弦乘积称为向量 $\boldsymbol{a}$ 与 $\boldsymbol{b}$ 的**数量积**或**点积**或**内积**, 记作 $\boldsymbol{a} \cdot \boldsymbol{b}$, 即

$$\boldsymbol{a} \cdot \boldsymbol{b} = |\boldsymbol{a}| \, |\boldsymbol{b}| \cos \theta,$$

其中 $\theta = \widehat{(\boldsymbol{a}, \boldsymbol{b})}$ 为向量 $\boldsymbol{a}$ 与 $\boldsymbol{b}$ 的夹角.

由向量的数量积的定义 3.1, 上述问题中力 $\boldsymbol{F}$ 所做的功 W 就是力 $\boldsymbol{F}$ 与位移 $\overrightarrow{AB}$ 的数量积, 即

$$W = \boldsymbol{F} \cdot \overrightarrow{AB}.$$

当 $\boldsymbol{a} \neq \boldsymbol{0}$ 时, 由于 $|\boldsymbol{b}| \cos\widehat{(\boldsymbol{a}, \boldsymbol{b})} = \mathrm{Prj}_a \boldsymbol{b}$, 便有

$$\boldsymbol{a} \cdot \boldsymbol{b} = |\boldsymbol{a}| \, \mathrm{Prj}_a \boldsymbol{b}.$$

同理, 当 $\boldsymbol{b} \neq \boldsymbol{0}$ 时有

$$\boldsymbol{a} \cdot \boldsymbol{b} = |\boldsymbol{b}| \, \mathrm{Prj}_b \boldsymbol{a}.$$

2. 数量积的运算规律

设 $\boldsymbol{a}, \boldsymbol{b}, \boldsymbol{c}$ 为任意向量, λ, μ 为任意实数, 则向量的数量积满足如下运算规律:

(1) **交换律**

$$\boldsymbol{a} \cdot \boldsymbol{b} = \boldsymbol{b} \cdot \boldsymbol{a}.$$

证　由数量积的定义 3.1, 得

$$\boldsymbol{a} \cdot \boldsymbol{b} = |\boldsymbol{a}| \, |\boldsymbol{b}| \cos\widehat{(\boldsymbol{a}, \boldsymbol{b})}, \quad \boldsymbol{b} \cdot \boldsymbol{a} = |\boldsymbol{b}| \, |\boldsymbol{a}| \cos\widehat{(\boldsymbol{b}, \boldsymbol{a})},$$

而
$$\cos(\widehat{\boldsymbol{a}, \boldsymbol{b}}) = \cos(\widehat{\boldsymbol{b}, \boldsymbol{a}}),$$

所以
$$\boldsymbol{a} \cdot \boldsymbol{b} = \boldsymbol{b} \cdot \boldsymbol{a}.$$

(2) 结合律
$$(\lambda \boldsymbol{a}) \cdot \boldsymbol{b} = \lambda(\boldsymbol{a} \cdot \boldsymbol{b});$$
$$\boldsymbol{a} \cdot (\lambda \boldsymbol{b}) = \lambda(\boldsymbol{a} \cdot \boldsymbol{b});$$
$$(\lambda \boldsymbol{a}) \cdot (\mu \boldsymbol{b}) = \lambda\mu(\boldsymbol{a} \cdot \boldsymbol{b}).$$

证   当 $\boldsymbol{b} = \boldsymbol{0}$ 时, 上式显然成立; 当 $\boldsymbol{b} \neq \boldsymbol{0}$ 时, 由于

$$(\lambda \boldsymbol{a}) \cdot \boldsymbol{b} = |\boldsymbol{b}| \operatorname{Prj}_{\boldsymbol{b}}(\lambda \boldsymbol{a}) = |\boldsymbol{b}| \lambda \operatorname{Prj}_{\boldsymbol{b}} \boldsymbol{a} = \lambda |\boldsymbol{b}| \operatorname{Prj}_{\boldsymbol{b}} \boldsymbol{a} = \lambda(\boldsymbol{a} \cdot \boldsymbol{b}).$$

由第一个式子及数量积的交换律可得到另外两个式子.

(3) **分配律**
$$(\boldsymbol{a} + \boldsymbol{b}) \cdot \boldsymbol{c} = \boldsymbol{a} \cdot \boldsymbol{c} + \boldsymbol{b} \cdot \boldsymbol{c}.$$

证   当 $\boldsymbol{c} = \boldsymbol{0}$ 时, 上式显然成立; 当 $\boldsymbol{c} \neq \boldsymbol{0}$ 时, 由于

$$
\begin{aligned}
(\boldsymbol{a} + \boldsymbol{b}) \cdot \boldsymbol{c} &= |\boldsymbol{c}| \operatorname{Prj}_{\boldsymbol{c}}(\boldsymbol{a} + \boldsymbol{b}) = |\boldsymbol{c}|(\operatorname{Prj}_{\boldsymbol{c}} \boldsymbol{a} + \operatorname{Prj}_{\boldsymbol{c}} \boldsymbol{b}) \\
&= |\boldsymbol{c}| \operatorname{Prj}_{\boldsymbol{c}} \boldsymbol{a} + |\boldsymbol{c}| \operatorname{Prj}_{\boldsymbol{c}} \boldsymbol{b} \\
&= \boldsymbol{a} \cdot \boldsymbol{c} + \boldsymbol{b} \cdot \boldsymbol{c}.
\end{aligned}
$$

定义 3.2   对于两个向量 $\boldsymbol{a}$ 与 $\boldsymbol{b}$, 若 $\boldsymbol{a}$ 与 $\boldsymbol{b}$ 的夹角为 $\dfrac{\pi}{2}$, 则称 $\boldsymbol{a}$ 与 $\boldsymbol{b}$ **正交**或**垂直**, 记为 $\boldsymbol{a} \perp \boldsymbol{b}$.

显然, 若 $\boldsymbol{a} \perp \boldsymbol{b}$, 则 $\boldsymbol{a} \cdot \boldsymbol{b} = 0$; 反之, 若 $\boldsymbol{a} \cdot \boldsymbol{b} = 0$, 且 $\boldsymbol{a}$ 与 $\boldsymbol{b}$ 均为非零向量, 则 $\boldsymbol{a} \perp \boldsymbol{b}$. 由于零向量的方向可以看作是任意的, 故可以认为零向量与任何向量正交.

于是, 向量的数量积具有如下性质:

(1) 对任意向量 $\boldsymbol{a}$, 有 $\boldsymbol{a} \cdot \boldsymbol{a} = |\boldsymbol{a}|^2 = \boldsymbol{a}^2$;

(2) $\boldsymbol{a} \perp \boldsymbol{b}$ 的充分必要条件是 $\boldsymbol{a} \cdot \boldsymbol{b} = 0$.

例 3.1   利用向量的数量积, 证明三角形的余弦定理.

证   设有 $\triangle ABC$, 如图 6–25 所示, 设向量 $\boldsymbol{a}, \boldsymbol{b}, \boldsymbol{c}$, 则 $\overrightarrow{AB} = \overrightarrow{CB} - \overrightarrow{CA}$, 从而

$$
\begin{aligned}
|\overrightarrow{AB}|^2 &= \overrightarrow{AB} \cdot \overrightarrow{AB} = (\overrightarrow{CB} - \overrightarrow{CA}) \cdot (\overrightarrow{CB} - \overrightarrow{CA}) \\
&= \overrightarrow{CB} \cdot \overrightarrow{CB} + \overrightarrow{CA} \cdot \overrightarrow{CA} - 2\overrightarrow{CB} \cdot \overrightarrow{CA} \\
&= |\overrightarrow{CB}|^2 + |\overrightarrow{CA}|^2 - 2|\overrightarrow{CB}||\overrightarrow{CA}| \cos(\widehat{\overrightarrow{CB}, \overrightarrow{CA}}) \\
&= a^2 + b^2 - 2ab \cos C.
\end{aligned}
$$

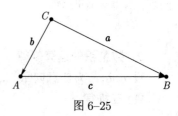

图 6–25

即
$$c^2 = a^2 + b^2 - 2ab \cos C.$$

3. 数量积的坐标表示

设有向量 $\boldsymbol{a} = (a_x, a_y, a_z)$ 与 $\boldsymbol{b} = (b_x, b_y, b_z)$, 因为

$$\boldsymbol{i} \cdot \boldsymbol{i} = \boldsymbol{j} \cdot \boldsymbol{j} = \boldsymbol{k} \cdot \boldsymbol{k} = 1, \quad \boldsymbol{i} \cdot \boldsymbol{j} = \boldsymbol{j} \cdot \boldsymbol{k} = \boldsymbol{k} \cdot \boldsymbol{i} = 0,$$

所以

$$\begin{aligned}
\boldsymbol{a} \cdot \boldsymbol{b} &= (a_x \boldsymbol{i} + a_y \boldsymbol{j} + a_z \boldsymbol{k}) \cdot (b_x \boldsymbol{i} + b_y \boldsymbol{j} + b_z \boldsymbol{k}) \\
&= a_x b_x \boldsymbol{i} \cdot \boldsymbol{i} + a_x b_y \boldsymbol{i} \cdot \boldsymbol{j} + a_x b_z \boldsymbol{i} \cdot \boldsymbol{k} + a_y b_x \boldsymbol{j} \cdot \boldsymbol{i} + a_y b_y \boldsymbol{j} \cdot \boldsymbol{j} + \\
&\quad a_y b_z \boldsymbol{j} \cdot \boldsymbol{k} + a_z b_x \boldsymbol{k} \cdot \boldsymbol{i} + a_z b_y \boldsymbol{k} \cdot \boldsymbol{j} + a_z b_z \boldsymbol{k} \cdot \boldsymbol{k} \\
&= a_x b_x + a_y b_y + a_z b_z.
\end{aligned}$$

(1) 两向量的数量积的坐标表示为 $\boldsymbol{a} \cdot \boldsymbol{b} = a_x b_x + a_y b_y + a_z b_z$.

(2) 由数量积的定义 3.1 可知, 当 $\boldsymbol{a}, \boldsymbol{b}$ 均为非零向量时, 则 $\boldsymbol{a}$ 与 $\boldsymbol{b}$ 的夹角 θ 满足

$$\cos\theta = \frac{\boldsymbol{a} \cdot \boldsymbol{b}}{|\boldsymbol{a}||\boldsymbol{b}|},$$

其坐标表达式

$$\cos\theta = \frac{a_x b_x + a_y b_y + a_z b_z}{\sqrt{a_x^2 + a_y^2 + a_z^2}\sqrt{b_x^2 + b_y^2 + b_z^2}}.$$

(3) $\boldsymbol{a} \perp \boldsymbol{b} \Leftrightarrow \boldsymbol{a} \cdot \boldsymbol{b} = 0 \Leftrightarrow a_x b_x + a_y b_y + a_z b_z = 0$.

例 3.2 设 $M_1(2, 3, 1)$, $M_2(4, 1, 2)$, $M_3(-2, 2, 3)$, 求向量 $\overrightarrow{M_1 M_2}$ 与 $\overrightarrow{M_1 M_3}$ 的夹角 θ.

解 因为 $\overrightarrow{M_1 M_2} = (2, -2, 1)$, $\overrightarrow{M_1 M_3} = (-4, -1, 2)$, 所以

$$\left|\overrightarrow{M_1 M_2}\right| = 3, \quad |\overrightarrow{M_1 M_3}| = \sqrt{21}, \quad \overrightarrow{M_1 M_2} \cdot \overrightarrow{M_1 M_3} = -4,$$

于是 $\cos\theta = -\dfrac{4}{3\sqrt{21}}$, 故 $\theta = \arccos\left(-\dfrac{4}{3\sqrt{21}}\right) = \pi - \arccos\dfrac{4}{3\sqrt{21}}$.

例 3.3 设 $|\boldsymbol{a}| = 3$, $|\boldsymbol{b}| = 5$, 试确定 k, 使向量 $\boldsymbol{a} + k\boldsymbol{b}$ 与向量 $\boldsymbol{a} - k\boldsymbol{b}$ 正交.

解 由题意, 设

$$(\boldsymbol{a} + k\boldsymbol{b}) \cdot (\boldsymbol{a} - k\boldsymbol{b}) = 0,$$

可得 $|\boldsymbol{a}|^2 - k^2 |\boldsymbol{b}|^2 = 0$, 于是 $k = \pm\dfrac{3}{5}$.

例 3.4 设物体在力 $\boldsymbol{F} = 2\boldsymbol{i} + 3\boldsymbol{j} - 4\boldsymbol{k}$ 作用下沿直线由点 $A(1, 0, 1)$ 移动到点 $B(3, -1, 2)$, 求力 $\boldsymbol{F}$ 所做的功.

解 位移 $\overrightarrow{AB} = (2, -1, 1)$, 故力 $\boldsymbol{F}$ 所做的功为

$$W = \boldsymbol{F} \cdot \overrightarrow{AB} = 4 - 3 - 4 = -3.$$

二、两向量的向量积

1. 向量积的定义

设 O 为一杠杆 L 的支点, 有一个力 F 作用于杠杆上的点 P 处, F 与 $\overrightarrow{OP}$ 的夹角为 θ, 如图 6–26 所示. 由力学可知, 力 F 对支点 O 的力矩是一向量 M, 它的模为

$$|M| = |OQ||F| = |\overrightarrow{OP}||F| \sin \theta,$$

而 M 的方向垂直于 $\overrightarrow{OP}$ 与 F 所确定的平面, M 的指向按右手法则从 $\overrightarrow{OP}$ 以不超过 π 的角度转向 F 来确定.

这种由两个向量按上面的规则来确定第三个向量的情况, 在其他力学和物理问题中也常常遇到, 从而可以抽象出两个向量的向量积概念.

定义 3.3　设向量 c 由两向量 a 与 b 按下列方式确定:

(1) c 的模为 $|c| = |a||b| \sin(\widehat{a,b})$;

(2) c 的方向为同时垂直于 a 与 b(即垂直于 a 与 b 所确定的平面), 且 c 的指向按右手法则, 即右手四指由 a 以不超过 π 的角度方向转到 b, 右手拇指的指向就是 c 的方向 (如图 6–27 所示), 则称向量 c 为向量 a 与 b 的**向量积**, 记作 $a \times b$, 即 $c = a \times b$, 向量积也称为**叉积**或**外积**.

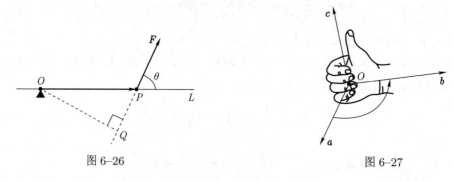

图 6–26   图 6–27

由向量积的定义可知, 力矩 M 等于 $\overrightarrow{OP}$ 与 F 的向量积, 即

$$M = \overrightarrow{OP} \times F.$$

由向量积定义 3.3 可知: 向量积 $a \times b$ 的模 $|a \times b| = |a||b| \sin(\widehat{a,b})$, 在几何上表示以 a 与 b 为邻边的平行四边形的面积.

若 a 与 b 平行, 则 $|a \times b| = 0$, 从而 $a \times b = 0$; 反之, 若 $a \times b = 0$, 则 $|a \times b| = 0$, 或者 $a = 0$, 或者 $b = 0$, 或者 a 与 b 的夹角为 0 或 π, 总之都有 $a // b$. 于是得到向量积的如下性质:

$$a // b \Leftrightarrow a \times b = 0, \text{特别有 } a \times a = 0.$$

2. 向量积的运算规律

设 a, b, c 为任意三个向量, λ 为任意实数, 则向量的向量积满足如下运算规律:

(1) 反交换律

$$\boldsymbol{a} \times \boldsymbol{b} = -\boldsymbol{b} \times \boldsymbol{a}.$$

这是因为, 按右手法则, 右手四指由 $\boldsymbol{a}$ 转向 $\boldsymbol{b}$ 时, 拇指的指向与由 $\boldsymbol{b}$ 转向 $\boldsymbol{a}$ 时拇指的指向恰好相反, 这说明向量积不满足交换律.

(2) 结合律

$$(\lambda\boldsymbol{a}) \times \boldsymbol{b} = \boldsymbol{a} \times (\lambda\boldsymbol{b}) = \lambda(\boldsymbol{a} \times \boldsymbol{b}).$$

(3) 分配律

$$(\boldsymbol{a} + \boldsymbol{b}) \times \boldsymbol{c} = \boldsymbol{a} \times \boldsymbol{c} + \boldsymbol{b} \times \boldsymbol{c}, \quad \boldsymbol{c} \times (\boldsymbol{a} + \boldsymbol{b}) = \boldsymbol{c} \times \boldsymbol{a} + \boldsymbol{c} \times \boldsymbol{b}.$$

3. 向量积的坐标表示

设 $\boldsymbol{a} = (a_x, a_y, a_z)$, $\boldsymbol{b} = (b_x, b_y, b_z)$. 由向量积的定义 3.3 可知, 对于单位坐标向量 $\boldsymbol{i}, \boldsymbol{j}, \boldsymbol{k}$, 有

$$\boldsymbol{i} \times \boldsymbol{j} = \boldsymbol{k} = -\boldsymbol{j} \times \boldsymbol{i}, \quad \boldsymbol{j} \times \boldsymbol{k} = \boldsymbol{i} = -\boldsymbol{k} \times \boldsymbol{j}, \quad \boldsymbol{k} \times \boldsymbol{i} = \boldsymbol{j} = -\boldsymbol{i} \times \boldsymbol{k},$$

$$\boldsymbol{i} \times \boldsymbol{i} = \boldsymbol{0}, \quad \boldsymbol{j} \times \boldsymbol{j} = \boldsymbol{0}, \quad \boldsymbol{k} \times \boldsymbol{k} = \boldsymbol{0}.$$

于是

$$\begin{aligned}
\boldsymbol{a} \times \boldsymbol{b} &= (a_x\boldsymbol{i} + a_y\boldsymbol{j} + a_z\boldsymbol{k}) \times (b_x\boldsymbol{i} + b_y\boldsymbol{j} + b_z\boldsymbol{k}) \\
&= a_x b_x \boldsymbol{i} \times \boldsymbol{i} + a_x b_y \boldsymbol{i} \times \boldsymbol{j} + a_x b_z \boldsymbol{i} \times \boldsymbol{k} + a_y b_x \boldsymbol{j} \times \boldsymbol{i} + a_y b_y \boldsymbol{j} \times \boldsymbol{j} + \\
&\quad a_y b_z \boldsymbol{j} \times \boldsymbol{k} + a_z b_x \boldsymbol{k} \times \boldsymbol{i} + a_z b_y \boldsymbol{k} \times \boldsymbol{j} + a_z b_z \boldsymbol{k} \times \boldsymbol{k} \\
&= a_x b_y \boldsymbol{k} - a_x b_z \boldsymbol{j} - a_y b_x \boldsymbol{k} + a_y b_z \boldsymbol{i} + a_z b_x \boldsymbol{j} - a_z b_y \boldsymbol{i} \\
&= (a_y b_z - a_z b_y)\boldsymbol{i} + (a_z b_x - a_x b_z)\boldsymbol{j} + (a_x b_y - a_y b_x)\boldsymbol{k}.
\end{aligned}$$

为了便于记忆, 利用三阶行列式把上式写成

$$\boldsymbol{a} \times \boldsymbol{b} = \begin{vmatrix} \boldsymbol{i} & \boldsymbol{j} & \boldsymbol{k} \\ a_x & a_y & a_z \\ b_x & b_y & b_z \end{vmatrix} = \begin{vmatrix} a_y & a_z \\ b_y & b_z \end{vmatrix} \boldsymbol{i} - \begin{vmatrix} a_x & a_z \\ b_x & b_z \end{vmatrix} \boldsymbol{j} + \begin{vmatrix} a_x & a_y \\ b_x & b_y \end{vmatrix} \boldsymbol{k},$$

即将该行列式按第一行展开. 利用上式求向量积时, 应注意: 上述向量积的行列式表示中, 单位坐标向量 $\boldsymbol{i}, \boldsymbol{j}, \boldsymbol{k}$ 写在第一行, $\boldsymbol{a}$ 的坐标写在第二行, $\boldsymbol{b}$ 的坐标写在第三行.

由此可得: $\boldsymbol{a} // \boldsymbol{b} \Leftrightarrow \boldsymbol{a} \times \boldsymbol{b} = \boldsymbol{0}$ 或 $\dfrac{a_x}{b_x} = \dfrac{a_y}{b_y} = \dfrac{a_z}{b_z}$.

例 3.5 设 $\boldsymbol{a} = (1, -2, 2)$, $\boldsymbol{b} = (3, -1, 2)$, 求 $\boldsymbol{a} \times \boldsymbol{b}$.

解 $\boldsymbol{a} \times \boldsymbol{b} = \begin{vmatrix} \boldsymbol{i} & \boldsymbol{j} & \boldsymbol{k} \\ 1 & -2 & 2 \\ 3 & -1 & 2 \end{vmatrix} = -2\boldsymbol{i} + 4\boldsymbol{j} + 5\boldsymbol{k}.$

例 3.6 已知三点 $M_1(4, 3, 1)$, $M_2(7, 1, 2)$ 与 $M_3(5, 2, 3)$, 求 $\triangle M_1 M_2 M_3$ 的面积.

解   因为 $\overrightarrow{M_1M_2} = (3, -2, 1)$，$\overrightarrow{M_1M_3} = (1, -1, 2)$，所以

$$\overrightarrow{M_1M_2} \times \overrightarrow{M_1M_3} = \begin{vmatrix} i & j & k \\ 3 & -2 & 1 \\ 1 & -1 & 2 \end{vmatrix} = (-3, -5, -1),$$

从而 $\left|\overrightarrow{M_1M_2} \times \overrightarrow{M_1M_3}\right| = \sqrt{35}$，于是，$\triangle M_1M_2M_3$ 的面积为 $\dfrac{1}{2}\sqrt{35}$.

例 3.7   设刚体以角速度 $\boldsymbol{\omega}$ 绕 u 轴旋转，计算刚体上一点 M 的线速度.

解   刚体绕 u 轴旋转时，用在 u 轴上的一个向量 $\boldsymbol{\omega}$ 表示角速度，它的大小等于角速度的大小，它的方向按右手法则确定，即以右手握住 u 轴，当右手的四指的转向与刚体的转动方向一致时，大拇指的指向就是 $\boldsymbol{\omega}$ 的方向，如图 6–28 所示.

设点 M 到 u 轴的距离为 a，在 u 轴上任取一点 O，作向量 $\boldsymbol{r} = \overrightarrow{OM}$，并以 θ 表示 $\boldsymbol{\omega}$ 与 $\boldsymbol{r}$ 的夹角，则

$$a = |\boldsymbol{r}| \sin\theta.$$

设线速度为 $\boldsymbol{v}$，由物理学可知：

$$|\boldsymbol{v}| = |\boldsymbol{\omega}|a = |\boldsymbol{\omega}||\boldsymbol{r}|\sin\theta;$$

$\boldsymbol{v}$ 的方向垂直于通过点 M 与 u 轴所确定的平面，即 $\boldsymbol{v}$ 垂直于 $\boldsymbol{\omega}$ 与 $\boldsymbol{r}$；又 $\boldsymbol{v}$ 的指向是使 $\boldsymbol{\omega}, \boldsymbol{r}, \boldsymbol{v}$ 符合右手法则，故有

$$\boldsymbol{v} = \boldsymbol{\omega} \times \boldsymbol{r}.$$

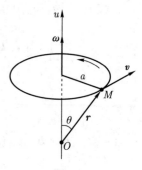

图 6–28

*三、三向量的混合积

定义 3.4   对给定三个向量 $\boldsymbol{a}, \boldsymbol{b}$ 和 $\boldsymbol{c}$，若先作两向量 $\boldsymbol{a}$ 与 $\boldsymbol{b}$ 的向量积 $\boldsymbol{a} \times \boldsymbol{b}$，把所得到的向量与第三个向量 $\boldsymbol{c}$ 再作数量积 $(\boldsymbol{a} \times \boldsymbol{b}) \cdot \boldsymbol{c}$，则这样得到的数量称为三向量 $\boldsymbol{a}, \boldsymbol{b}, \boldsymbol{c}$ 的**混合积**，记作 $[\boldsymbol{a}\ \boldsymbol{b}\ \boldsymbol{c}]$.

下面来推导三向量的混合积的坐标表示式.

设 $\boldsymbol{a} = (a_x, a_y, a_z)$，$\boldsymbol{b} = (b_x, b_y, b_z)$，$\boldsymbol{c} = (c_x, c_y, c_z)$，因为

$$\boldsymbol{a} \times \boldsymbol{b} = \begin{vmatrix} i & j & k \\ a_x & a_y & a_z \\ b_x & b_y & b_z \end{vmatrix} = \begin{vmatrix} a_y & a_z \\ b_y & b_z \end{vmatrix} i - \begin{vmatrix} a_x & a_z \\ b_x & b_z \end{vmatrix} j + \begin{vmatrix} a_x & a_y \\ b_x & b_y \end{vmatrix} k,$$

所以

$$[\boldsymbol{a}\ \boldsymbol{b}\ \boldsymbol{c}] = (\boldsymbol{a} \times \boldsymbol{b}) \cdot \boldsymbol{c} = c_x \begin{vmatrix} a_y & a_z \\ b_y & b_z \end{vmatrix} - c_y \begin{vmatrix} a_x & a_z \\ b_x & b_z \end{vmatrix} + c_z \begin{vmatrix} a_x & a_y \\ b_x & b_y \end{vmatrix},$$

即

$$[\boldsymbol{a}\ \boldsymbol{b}\ \boldsymbol{c}] = \begin{vmatrix} a_x & a_y & a_z \\ b_x & b_y & b_z \\ c_x & c_y & c_z \end{vmatrix}.$$

向量的混合积具有如下性质:

(1) 轮换对称

$$[\boldsymbol{a}\ \boldsymbol{b}\ \boldsymbol{c}] = [\boldsymbol{b}\ \boldsymbol{c}\ \boldsymbol{a}] = [\boldsymbol{c}\ \boldsymbol{a}\ \boldsymbol{b}].$$

(2) 向量的混合积的几何意义

向量的混合积 $[\boldsymbol{a}\ \boldsymbol{b}\ \boldsymbol{c}] = (\boldsymbol{a} \times \boldsymbol{b}) \cdot \boldsymbol{c}$ 的绝对值表示以 $\boldsymbol{a}$, $\boldsymbol{b}$ 和 $\boldsymbol{c}$ 为棱的平行六面体的体积.

证　设 $\overrightarrow{OA} = \boldsymbol{a}$, $\overrightarrow{OB} = \boldsymbol{b}$, $\overrightarrow{OC} = \boldsymbol{c}$, 作 $\overrightarrow{OA}, \overrightarrow{OB}, \overrightarrow{OC}$ 为棱的平行六面体, 如图 6–29 所示. 按向量积的定义 3.3, $\boldsymbol{a} \times \boldsymbol{b} = \boldsymbol{d}$ 是一个向量, 它的模在数值上等于以 $\boldsymbol{a}$, $\boldsymbol{b}$ 为邻边的平行四边形的面积, 它的方向垂直于该平行四边形所在的平面, 且当 $\boldsymbol{a}$, $\boldsymbol{b}$ 和 $\boldsymbol{c}$ 组成右手系 (即 $\boldsymbol{c}$ 的指向按右手法则从 $\boldsymbol{a}$ 转向 $\boldsymbol{b}$ 来确定) 时, 向量 $\boldsymbol{d}$ 与向量 $\boldsymbol{c}$ 朝着这个平面的同侧, 若 $\boldsymbol{d}$ 与 $\boldsymbol{c}$ 的夹角为 θ, 则 θ 为锐角, $\cos\theta > 0$, 该平行六面体的高 h 为

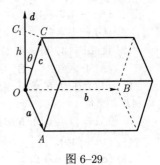

图 6–29

$$h = |\mathrm{Prj}_d \boldsymbol{c}| = |\boldsymbol{c}| \cos\theta,$$

该平行六面体的体积

$$V = |\boldsymbol{a} \times \boldsymbol{b}| h = |\boldsymbol{a} \times \boldsymbol{b}||\boldsymbol{c}| \cos\theta.$$

由数量积的定义 3.1, 有

$$[\boldsymbol{a}\ \boldsymbol{b}\ \boldsymbol{c}] = (\boldsymbol{a} \times \boldsymbol{b}) \cdot \boldsymbol{c} = |\boldsymbol{a} \times \boldsymbol{b}||\boldsymbol{c}| \cos\theta,$$

故该平行六面体的体积为 $V = [\boldsymbol{a}\ \boldsymbol{b}\ \boldsymbol{c}] = |[\boldsymbol{a}\ \boldsymbol{b}\ \boldsymbol{c}]|$.

注　当 $\boldsymbol{a}$, $\boldsymbol{b}$ 和 $\boldsymbol{c}$ 组成左手系 (即 $\boldsymbol{c}$ 的指向按左手法则从 $\boldsymbol{a}$ 转向 $\boldsymbol{b}$ 来确定) 时, $\boldsymbol{d}$ 与 $\boldsymbol{c}$ 的夹角 θ 为钝角, $\cos\theta < 0$, 此时 $V = -[\boldsymbol{a}\ \boldsymbol{b}\ \boldsymbol{c}] = |[\boldsymbol{a}\ \boldsymbol{b}\ \boldsymbol{c}]|$.

(3) 三向量 $\boldsymbol{a}$, $\boldsymbol{b}$ 和 $\boldsymbol{c}$ 共面的充分必要条件是 $[\boldsymbol{a}\ \boldsymbol{b}\ \boldsymbol{c}] = 0$.

例 3.8　已知四个点 $M_1 = (1, 2, -2)$, $M_2 = (2, 4, -3)$, $M_3 = (-1, 2, 1)$, $M_4 = (1, 9, -6)$, 求以这四个点为顶点的四面体 $M_1 M_2 M_3 M_4$ 的体积.

解　由立体几何知道, 四面体 $M_1 M_2 M_3 M_4$ 的体积等于以 $\overrightarrow{M_1 M_2}$, $\overrightarrow{M_1 M_3}$, $\overrightarrow{M_1 M_4}$ 为棱的平行六面体的体积的六分之一. 由于

$$\overrightarrow{M_1 M_2} = (1, 2, -1), \quad \overrightarrow{M_1 M_3} = (-2, 0, 3), \quad \overrightarrow{M_1 M_4} = (0, 7, -4),$$

$$\left[\overrightarrow{M_1 M_2}\ \overrightarrow{M_1 M_3}\ \overrightarrow{M_1 M_4}\right] = \begin{vmatrix} 1 & 2 & -1 \\ -2 & 0 & 3 \\ 0 & 7 & -4 \end{vmatrix} = -23,$$

故所求四面体的体积为 $\dfrac{23}{6}$.

习题 6-3

(A)

1. 单项选择题.

(1) 设 $\boldsymbol{a} = (2, -1, 2)$, $\boldsymbol{b}$ 与 $\boldsymbol{a}$ 平行, 且满足 $\boldsymbol{a} \cdot \boldsymbol{b} = -18$, 则 $\boldsymbol{b} = ($　　$)$;

(A) $(-4, 2, -4)$ 　　　　　　(B) $(4, -2, 4)$

(C) $(-4, 2, 4)$ 　　　　　　(D) $(4, 2, -4)$

(2) 设 $|\boldsymbol{a}| = 3$, $|\boldsymbol{b}| = 4$, 且 $\boldsymbol{a} \perp \boldsymbol{b}$, 则 $|(\boldsymbol{a} + \boldsymbol{b}) \times (\boldsymbol{a} - \boldsymbol{b})| = ($　　$)$.

(A) 4 　　　　(B) 14 　　　　(C) 24 　　　　(D) 25

2. 一质点在力 $\boldsymbol{F} = 4\boldsymbol{i} + 2\boldsymbol{j} + 2\boldsymbol{k}$ 作用下, 从点 $A(2, 1, 0)$ 移动到点 $B(5, -2, 6)$, 求力 $\boldsymbol{F}$ 所做的功及 $\boldsymbol{F}$ 与 $\overrightarrow{AB}$ 的夹角.

3. 设 $\boldsymbol{a} = (1, -1, 2)$, $\boldsymbol{b} = (-1, 2, 1)$, $\boldsymbol{c} = (-3, 1, -2)$, 计算

(1) $(2\boldsymbol{a}) \cdot (3\boldsymbol{b})$; 　　　　　　(2) $(2\boldsymbol{a}) \times (3\boldsymbol{b})$;

(3) $(\boldsymbol{a} - \boldsymbol{b}) \cdot (\boldsymbol{a} + 2\boldsymbol{c})$; 　　　　(4) $(\boldsymbol{a} - \boldsymbol{b}) \times (\boldsymbol{a} + 2\boldsymbol{b})$;

(5) $(\boldsymbol{a} \times (2\boldsymbol{b})) \cdot \boldsymbol{c}$.

4. 设向量 $\boldsymbol{a}$, $\boldsymbol{b}$, $\boldsymbol{c}$ 两两垂直, 且 $|\boldsymbol{a}| = 2$, $|\boldsymbol{b}| = 3$, $|\boldsymbol{c}| = 4$, 求 $|\boldsymbol{a} + \boldsymbol{b} + \boldsymbol{c}|$.

5. 已知 $|\boldsymbol{a}| = 2$, $|\boldsymbol{b}| = 1$, $(\widehat{\boldsymbol{a}, \boldsymbol{b}}) = \dfrac{\pi}{3}$, k 为某实数, 向量 $\boldsymbol{u} = k\boldsymbol{a} + \boldsymbol{b}$ 与 $\boldsymbol{v} = -\boldsymbol{a} + 3\boldsymbol{b}$ 垂直, 求 k.

6. 设向量 $\boldsymbol{a} = (3, -1, -2)$, $\boldsymbol{b} = (1, 2, -1)$, 求

(1) $\mathrm{Prj}_{\boldsymbol{a}} \boldsymbol{b}$; 　　　　(2) $\mathrm{Prj}_{\boldsymbol{b}} \boldsymbol{a}$; 　　　　(3) $(\widehat{\boldsymbol{a}, \boldsymbol{b}})$.

7. 已知三点 $M(1, 2, -1)$, $A(-2, 3, 1)$ 和 $B(1, 1, 2)$, 计算

(1) $\triangle MAB$ 的面积;

(2) 以 $\overrightarrow{MA}, \overrightarrow{MB}$ 为邻边的平行四边形的面积;

(3) 同时垂直于 $\overrightarrow{MA}, \overrightarrow{MB}$ 的单位向量 $\boldsymbol{a}$.

8. 已知 $\boldsymbol{a} = (1, 0, 2)$, $\boldsymbol{b} = (1, 1, 3)$, $\boldsymbol{d} = \boldsymbol{a} + k(\boldsymbol{a} \times \boldsymbol{b}) \times \boldsymbol{a}$, 若 $\boldsymbol{b} /\!/ \boldsymbol{d}$, 求实数 k.

9. 用向量的方法证明三角形的正弦定理.

10. 已知三向量 $\boldsymbol{a}, \boldsymbol{b}, \boldsymbol{c}$, 证明: 向量 $(\boldsymbol{b} \cdot \boldsymbol{c})\boldsymbol{a} - (\boldsymbol{a} \cdot \boldsymbol{c})\boldsymbol{b}$ 与向量 $\boldsymbol{c}$ 垂直.

11. 试证明: 四点 $A(-1, 4, 1), B(0, 1, -1), C(-3, 13, 5), D(2, -2, -5)$ 在同一个平面上.

12. 用向量的方法证明圆的直径所对的圆周角是直角.

(B)

13. 化简下列各式.

(1) $(\boldsymbol{a} \times \boldsymbol{b}) \cdot (\boldsymbol{a} \times \boldsymbol{b}) + (\boldsymbol{a} \cdot \boldsymbol{b})(\boldsymbol{a} \cdot \boldsymbol{b})$;

(2) $(2\boldsymbol{a} + \boldsymbol{b}) \times (\boldsymbol{c} - \boldsymbol{a}) + (\boldsymbol{b} + \boldsymbol{c}) \times (\boldsymbol{a} + \boldsymbol{b})$.

14. 设向量 $\boldsymbol{a} + 3\boldsymbol{b}$ 与 $7\boldsymbol{a} - 5\boldsymbol{b}$ 垂直, 向量 $\boldsymbol{a} - 4\boldsymbol{b}$ 与 $7\boldsymbol{a} - 2\boldsymbol{b}$ 垂直, 求向量 $\boldsymbol{a}$ 与 $\boldsymbol{b}$ 的夹角.

15. 用向量的方法证明三角形的三条高交于一点.

16. 设 $a_i, b_i (i = 1, 2, 3)$ 为任意给定的实数, 利用向量证明不等式

$$(a_1 b_1 + a_2 b_2 + a_3 b_3)^2 \leqslant (a_1^2 + a_2^2 + a_3^2)(b_1^2 + b_2^2 + b_3^2),$$

并指出等号成立的条件.

17. 设 $\boldsymbol{a}, \boldsymbol{b}, \boldsymbol{c}$ 均为单位向量, 且满足 $\boldsymbol{a} + \boldsymbol{b} + \boldsymbol{c} = \boldsymbol{0}$, 求 $\boldsymbol{a} \cdot \boldsymbol{b} + \boldsymbol{b} \cdot \boldsymbol{c} + \boldsymbol{c} \cdot \boldsymbol{a}$.

18. 设 $\boldsymbol{a}, \boldsymbol{b}, \boldsymbol{c}$ 为不共面的三个非零向量, 若向量 $\boldsymbol{p}$ 同时垂直于 $\boldsymbol{a}, \boldsymbol{b}, \boldsymbol{c}$, 则 $\boldsymbol{p} = \boldsymbol{0}$.

19. 已知向量 $\boldsymbol{a}, \boldsymbol{b}, \boldsymbol{c}$ 满足 $\boldsymbol{a} \times \boldsymbol{b} + \boldsymbol{b} \times \boldsymbol{c} + \boldsymbol{c} \times \boldsymbol{a} = \boldsymbol{0}$, 证明: 向量 $\boldsymbol{a}, \boldsymbol{b}, \boldsymbol{c}$ 共面.

20. 已知向量 $\boldsymbol{a}, \boldsymbol{b}, \boldsymbol{c}, \boldsymbol{d}$ 满足 $\boldsymbol{a} \times \boldsymbol{b} = \boldsymbol{c} \times \boldsymbol{d}, \boldsymbol{a} \times \boldsymbol{c} = \boldsymbol{b} \times \boldsymbol{d}$, 证明: 向量 $\boldsymbol{a} - \boldsymbol{d}$ 与 $\boldsymbol{b} - \boldsymbol{c}$

共线.

习题 6–3
第 18 题解答

第四节　平面与直线

空间曲面与曲线可以看作满足一定条件的点集, 或满足一定条件的动点的轨迹. 建立了空间直角坐标系后, 空间曲面与曲线就可以用它上面任一点的坐标所满足的方程或方程组来表示. 若曲面 Σ 与三元方程 $F(x, y, z) = 0$ 有如下关系:

(1) 曲面 Σ 上任一点的坐标都满足方程 $F(x, y, z) = 0$;

(2) 不在曲面 Σ 上的点的坐标都不满足方程 $F(x, y, z) = 0$,

英国的海岸
线有多长?
分形几何学
简介

则称方程 $F(x, y, z) = 0$ 为**曲面 Σ 的方程**, 而曲面 Σ 称为方程 $F(x, y, z) = 0$ 的**图形**. 空间中最简单的曲面就是平面, 最简单的曲线为直线. 本节以向量为工具来建立空间的平面方程和直线方程, 并讨论有关平面和直线的某些问题.

一、平面及其方程

1. 平面的点法式方程

定义 4.1　若非零向量 $\boldsymbol{n}$ 与平面 π 垂直, 则称 $\boldsymbol{n}$ 为平面 π 的**法向量**. 法向量 $\boldsymbol{n} = (A, B, C)$ 的坐标称为平面 π 的**法线方向数**.

已知平面 π 过点 $M_0(x_0, y_0, z_0)$, 其法向量为 $\boldsymbol{n} = (A, B, C)$, 下面来建立平面方程.

设 $M(x, y, z)$ 为平面 π 上任一点, 则向量 $\overrightarrow{M_0M} \perp \boldsymbol{n}$, 从而有 $\overrightarrow{M_0M} \cdot \boldsymbol{n} = 0$, 又

$$\overrightarrow{M_0M} = (x - x_0, y - y_0, z - z_0),$$

于是得到平面 π 上任一点 $M(x, y, z)$ 所满足的方程为

$$A(x - x_0) + B(y - y_0) + C(z - z_0) = 0, \tag{4.1}$$

反过来, 如果点 $M(x, y, z)$ 不在平面 π 上, 那么 $\overrightarrow{M_0M}$ 不垂直于 $\boldsymbol{n}$, 从而 $\overrightarrow{M_0M} \cdot \boldsymbol{n} \neq 0$, 所以点 $M(x, y, z)$ 的坐标不满足方程 (4.1). 由此得到 (4.1) 为所求平面的方程, 方程 (4.1) 称为平面 π 的**点法式方程**.

例 4.1　求过点 $M(1, -1, 1)$, 以 $\boldsymbol{n} = (1, -2, 4)$ 为法向量的平面方程.

解　由平面的点法式方程, 得

$$(x - 1) - 2(y + 1) + 4(z - 1) = 0,$$

即

$$x - 2y + 4z - 7 = 0.$$

例 4.2　求过点 $M_1(1,-1,3), M_2(2,1,-2), M_3(-1,2,1)$ 的平面方程.

解　设所求平面的法向量为 $\boldsymbol{n}$, 因为 $\boldsymbol{n}\perp\overrightarrow{M_1M_2}, \boldsymbol{n}\perp\overrightarrow{M_1M_3}$, $\overrightarrow{M_1M_2}=(1,2,-5)$, $\overrightarrow{M_1M_3}=(-2,3,-2)$, 所以可取

$$\boldsymbol{n}=\overrightarrow{M_1M_2}\times\overrightarrow{M_1M_3}=\begin{vmatrix} \boldsymbol{i} & \boldsymbol{j} & \boldsymbol{k} \\ 1 & 2 & -5 \\ -2 & 3 & -2 \end{vmatrix}=(11,12,7),$$

由平面的点法式方程得

$$11(x-1)+12(y+1)+7(z-3)=0,$$

并整理得

$$11x+12y+7z-20=0.$$

一般地, 对空间不共线的三点 $M_0(x_0,y_0,z_0), M_1(x_1,y_1,z_1), M_2(x_2,y_2,z_2)$, 可以唯一确定一个平面, 对该平面内任意点 $M(x,y,z)$, 都有 $\left[\overrightarrow{M_0M}\ \overrightarrow{M_0M_1}\ \overrightarrow{M_0M_2}\right]=0$, 从而得其平面方程

$$\begin{vmatrix} x-x_0 & y-y_0 & z-z_0 \\ x_1-x_0 & y_1-y_0 & z_1-z_0 \\ x_2-x_0 & y_2-y_0 & z_2-z_0 \end{vmatrix}=0,$$

该方程称为**平面的三点式方程**.

2. 平面的一般式方程

由平面的点法式方程可见, 它为三元一次方程. 任一平面均可由它上面的任一点及它的任一法向量来确定, 故平面方程为三元一次方程. 反过来, 设有三元一次方程

$$Ax+By+Cz+D=0, \tag{4.2}$$

其中 A,B,C 不全为零. 任取满足 (4.2) 的一组数 x_0,y_0,z_0, 即有

$$Ax_0+By_0+Cz_0+D=0. \tag{4.3}$$

(4.2) 与 (4.3) 相减得

$$A(x-x_0)+B(y-y_0)+C(z-z_0)=0. \tag{4.4}$$

将 (4.4) 与 (4.1) 比较知, (4.4) 为过点 $M_0(x_0,y_0,z_0)$, 以 $\boldsymbol{n}=(A,B,C)$ 为法向量的平面方程, 又方程 (4.2) 与 (4.4) 同解, 所以三元一次方程的图形为平面. 由平面的点法式方程知, 平面方程为三元一次方程, 因此三元一次方程 (4.2) 称为**平面的一般式方程**, 其中 x,y,z 前的系数表示该平面的法向量的坐标, 即法向量 $\boldsymbol{n}=(A,B,C)$.

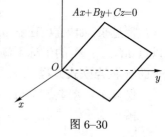

图 6–30

3. 特殊三元一次方程的图形

(1) $D=0$, 则 $Ax+By+Cz=0$ 表示通过原点的平面, 如图 6–30 所示.

(2) A,B,C 中有一个为零, 如 $C=0$, 则 $Ax+By+D=0$, 其法向量 $\boldsymbol{n}=(A,B,0)$ 垂直于 z 轴, 该平面平行于 z 轴, 如图 6–31 所示. 类似地, $Ax+Cz+D=0$ 表示平行于 y 轴的平面, $By+Cz+D=0$ 表示平行于 x 轴的平面.

(3) A, B, C 中有两个为零, 如 $B = C = 0$, 则 $Ax + D = 0$, 其法向量 $\boldsymbol{n} = (A, 0, 0)$ 同时垂直于 y 轴和 z 轴, 该平面平行于 yOz 面, 如图 6–32 所示, 特别地, $x = 0$ 表示 yOz 面. 类似地, $By + D = 0$ 表示平行于 zOx 面的平面; $Cz + D = 0$ 表示平行于 xOy 面的平面.

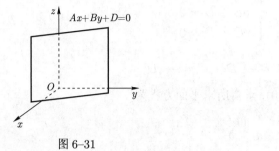

图 6–31

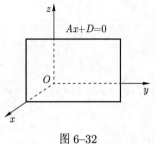

图 6–32

例 4.3 求一个平行于 y 轴, 且通过点 $P(1, -5, 1)$ 和 $Q(3, 2, -1)$ 的平面方程.

解 由题意, 设所求平面方程为

$$Ax + Cz + D = 0,$$

将点 $P(1, -5, 1)$ 和 $Q(3, 2, -1)$ 代入方程, 得

$$A + C + D = 0, \quad 3A - C + D = 0,$$

即

$$A = -\frac{1}{2}D, \quad C = -\frac{1}{2}D,$$

再将 A, C 代入所设方程, 并约去 D (因为 $D \neq 0$), 即得所求平面方程为

$$x + z - 2 = 0.$$

例 4.4 求通过 x 轴和点 $(1, -2, -1)$ 的平面方程.

解 由题意, 设所求平面方程为

$$By + Cz = 0,$$

将点 $(1, -2, -1)$ 代入所设的平面方程, 得

$$C = -2B,$$

以此代入所设的方程, 约去 B (因为 $B \neq 0$), 便得所要求的平面方程为

$$y - 2z = 0.$$

例 4.5 设一平面与 x 轴, y 轴, z 轴分别交于点 $M_1(a, 0, 0), M_2(0, b, 0), M_3(0, 0, c)$, 其中 $a \neq 0, b \neq 0, c \neq 0$, 求该平面的方程.

解 设所求平面方程为

$$Ax + By + Cz + D = 0,$$

因为点 $M_1(a, 0, 0)$, $M_2(0, b, 0)$, $M_3(0, 0, c)$ 在所求平面上, 所以这三个点的坐标满足方程, 将上面三个点的坐标依次代入方程, 可得

$$\begin{cases} aA + D = 0, \\ bB + D = 0, \\ cC + D = 0, \end{cases}$$

得 $\qquad A = -\dfrac{1}{a}D, \quad B = -\dfrac{1}{b}D, \quad C = -\dfrac{1}{c}D,$

代入所设的方程, 约去 D (因为 $D \neq 0$), 求得所求平面方程为

$$\frac{x}{a} + \frac{y}{b} + \frac{z}{c} = 1. \tag{4.5}$$

(4.5) 称为平面的**截距式方程**, a, b, c 分别称为平面在 x 轴, y 轴, z 轴上的**截距**.

4. 平面之间的关系

定义 4.2   两平面的法向量的夹角 (通常指锐角或直角) 称为**两平面的夹角**. 如图 6–33 所示.

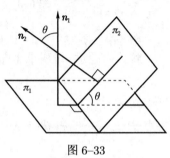

图 6–33

设两平面方程分别为 $\pi_1: A_1x + B_1y + C_1z + D_1 = 0$, $\pi_2: A_2x + B_2y + C_2z + D_2 = 0$, 它们的法向量分别为 $\boldsymbol{n}_1 = (A_1, B_1, C_1)$ 与 $\boldsymbol{n}_2 = (A_2, B_2, C_2)$.

(1) 平面 π_1 与 π_2 的夹角 θ 满足

$$\cos\theta = \frac{|\boldsymbol{n}_1 \cdot \boldsymbol{n}_2|}{|\boldsymbol{n}_1| |\boldsymbol{n}_2|} = \frac{|A_1A_2 + B_1B_2 + C_1C_2|}{\sqrt{A_1^2 + B_1^2 + C_1^2}\sqrt{A_2^2 + B_2^2 + C_2^2}}. \tag{4.6}$$

上式中分子带绝对值是因为 θ 为锐角或直角.

(2) 两平面平行的充分必要条件为 $\boldsymbol{n}_1 /\!/ \boldsymbol{n}_2$, 即

$$\frac{A_1}{A_2} = \frac{B_1}{B_2} = \frac{C_1}{C_2} \neq \frac{D_1}{D_2}.$$

(3) 两平面重合的充分必要条件为

$$\frac{A_1}{A_2} = \frac{B_1}{B_2} = \frac{C_1}{C_2} = \frac{D_1}{D_2}.$$

(4) 两平面垂直的充分必要条件为 $\boldsymbol{n}_1 \cdot \boldsymbol{n}_2 = 0$, 即

$$A_1A_2 + B_1B_2 + C_1C_2 = 0.$$

例 4.6   求两平面 $\pi_1: x - y + 2z - 6 = 0$ 和 $\pi_2: 2x + y + z - 5 = 0$ 的夹角.

解   由两平面夹角公式 (4.6), 得

$$\cos\theta = \frac{|1 \times 2 + (-1) \times 1 + 2 \times 1|}{\sqrt{1^2 + (-1)^2 + 2^2}\sqrt{2^2 + 1^2 + 1^2}} = \frac{1}{2},$$

故所求两平面的夹角 $\theta = \dfrac{\pi}{3}$.

例 4.7　求通过点 $P(1,2,-1)$ 且垂直于两平面 $\pi_1: x+y=0$ 和 $\pi_2: 5y+z+1=0$ 的平面方程.

解　记平面 π_1 和 π_2 的法向量分别为 $\boldsymbol{n}_1$ 和 $\boldsymbol{n}_2$, 所求平面的法向量为 $\boldsymbol{n}$, 由于所求平面垂直于平面 π_1 和 π_2, 因此 $\boldsymbol{n}$ 垂直于 $\boldsymbol{n}_1$ 和 $\boldsymbol{n}_2$, 从而可取

$$\boldsymbol{n}=\boldsymbol{n}_1\times\boldsymbol{n}_2=\begin{vmatrix} \boldsymbol{i} & \boldsymbol{j} & \boldsymbol{k} \\ 1 & 1 & 0 \\ 0 & 5 & 1 \end{vmatrix}=(1,-1,5),$$

由平面的点法式方程得

$$(x-1)-(y-2)+5(z+1)=0,$$

故所求平面方程为

$$x-y+5z+6=0.$$

例 4.8　某平面通过点 $P(1,-1,1)$ 和 $Q(0,1,-1)$, 且垂直于平面 $x+y+z=0$, 求该平面方程.

解　设所求平面的法向量为 $\boldsymbol{n}=(A,B,C)$, 已知平面 $x+y+z=0$ 的法向量为 $\boldsymbol{n}_1=(1,1,1)$, $\overrightarrow{PQ}=(-1,2,-2)$, 因为 $\boldsymbol{n}\perp\overrightarrow{PQ}$, $\boldsymbol{n}\perp\boldsymbol{n}_1$, 所以有

$$-A+2B-2C=0,\quad A+B+C=0,$$

解得

$$A=-4B,\quad C=3B,$$

由平面的点法式方程得

$$-4B(x-1)+B(y+1)+3B(z-1)=0,$$

化简, 得所求平面方程为

$$4x-y-3z-2=0.$$

例 4.9　求过 z 轴与平面 $\pi: 2x+y-\sqrt{5}z=0$ 的夹角为 $\dfrac{\pi}{3}$ 的平面方程.

解　设所求方程为

$$Ax+By=0,$$

令 $\dfrac{B}{A}=k$, 则所求方程改写为

$$x+ky=0.$$

据题意有

$$\cos\frac{\pi}{3}=\frac{\left|2\times1+1\times k+(-\sqrt{5})\times0\right|}{\sqrt{2^2+1^2+(-\sqrt{5})^2}\cdot\sqrt{1+k^2}},$$

化简得

$$3k^2-8k-3=0,$$

解得 $k = 3$ 或 $k = -\dfrac{1}{3}$. 故所求平面方程为

$$x + 3y = 0 \quad \text{或} \quad x - \frac{1}{3}y = 0.$$

5. 点到平面的距离

设 $P(x_0, y_0, z_0)$ 是平面 $\pi : Ax + By + Cz + D = 0$ 外的一点, 如图 6–34 所示. 求点 $P(x_0, y_0, z_0)$ 到平面 π 的距离.

在平面 π 内任取一点 $P_1(x_1, y_1, z_1)$, 则向量

$$\overrightarrow{P_1P} = (x_0 - x_1, y_0 - y_1, z_0 - z_1).$$

由图 6–34 知, 点 $P(x_0, y_0, z_0)$ 到平面 π 的距离 d 为 $\overrightarrow{P_1P}$ 在平面 π 的法向量 $\boldsymbol{n} = (A, B, C)$ 上的投影的绝对值, 即

$$
\begin{aligned}
d &= \left| \mathrm{Prj}_n \overrightarrow{P_1P} \right| = \frac{\left| \boldsymbol{n} \cdot \overrightarrow{P_1P} \right|}{|\boldsymbol{n}|} \\
&= \frac{|A(x_0 - x_1) + B(y_0 - y_1) + C(z_0 - z_1)|}{\sqrt{A^2 + B^2 + C^2}}.
\end{aligned}
$$

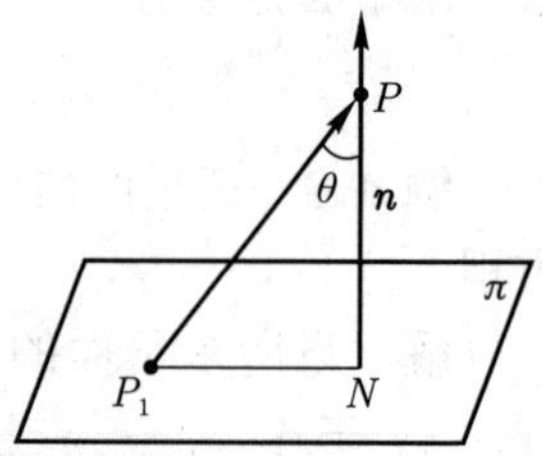

由于点 $P_1(x_1, y_1, z_1)$ 在平面 π 上, 因此有

$$Ax_1 + By_1 + Cz_1 + D = 0,$$

于是得点 $P(x_0, y_0, z_0)$ 到平面 π 的距离 d 为

$$d = \frac{|Ax_0 + By_0 + Cz_0 + D|}{\sqrt{A^2 + B^2 + C^2}}.$$

图 6–34

例 4.10 求点 $M_0(2, 1, 1)$ 到平面 $x + 2y - 2z + 1 = 0$ 的距离.

解 $d = \dfrac{|1 \times 2 + 2 \times 1 - 2 \times 1 + 1|}{\sqrt{1^2 + 2^2 + (-2)^2}} = \dfrac{3}{3} = 1.$

二、直线及其方程

1. 空间直线的对称式方程与参数式方程

由于平面上的一条直线由平面上的一个点与直线的方向 (斜率与倾角) 确定, 因此直线方程可由点斜式给出. 类似地, 空间中的一条直线 L 也由 L 上的一个点 $M_0(x_0, y_0, z_0)$ 与直线 L 的方向确定, 直线 L 的方向用一个非零向量 $\boldsymbol{s}$ ($\boldsymbol{s}$ 平行于直线 L) 来描述, 如图 6–35 所示.

定义 4.3 如果一个非零向量平行于一条已知直线, 那么该向量称为这条直线的**方向向量**, 设 $\boldsymbol{s} = (m, n, p)$ 为直线 L 的方向向量, 则 m, n, p 称为直线 L 的**方向数**.

设直线 L 的方向向量为 $\boldsymbol{s} = (m, n, p)$, 点 $M_0(x_0, y_0, z_0)$ 为 L 上某点, $M(x, y, z)$ 为直线 L 上的任意点, 则 $\overrightarrow{M_0M} \,/\!/\, \boldsymbol{s}$, 而

$$\overrightarrow{M_0M} = (x - x_0, y - y_0, z - z_0),$$

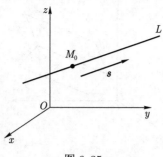

图 6–35

于是有

$$\frac{x - x_0}{m} = \frac{y - y_0}{n} = \frac{z - z_0}{p}. \tag{4.7}$$

反过来, 如果点 M 不在直线 L 上, 那么 $\overrightarrow{M_0M}$ 与 s 不平行, 从而这两向量的对应坐标就不成比例. 因此方程组 (4.7) 就是直线 L 的方程, 称为直线的**对称式方程**或**点向式方程**或**标准方程**, 其中 $M_0(x_0, y_0, z_0)$ 为直线上的点, 直线的方向向量为 $s = (m, n, p)$.

在直线 L 的对称式方程 (4.7) 中, 令

$$\frac{x - x_0}{m} = \frac{y - y_0}{n} = \frac{z - z_0}{p} = t, \quad t \in \mathbf{R},$$

则

$$\begin{cases} x = x_0 + mt, \\ y = y_0 + nt, \qquad t \in \mathbf{R}. \\ z = z_0 + pt, \end{cases}$$

该方程称为直线的**参数式方程**, 其中 $s = (m, n, p)$ 为直线的方向向量, $M_0(x_0, y_0, z_0)$ 为直线上的已知点, t 为参数.

2. 直线的两点式方程

由于空间两个不同点可以唯一确定一条直线, 设 $M_1(x_1, y_1, z_1), M_2(x_2, y_2, z_2)$ 为直线 L 上的两个不同的点, 因此直线 L 的方向向量可取为

$$s = \overrightarrow{M_1M_2} = (x_2 - x_1, y_2 - y_1, z_2 - z_1),$$

由直线的对称式方程, 得直线 L 的方程

$$\frac{x - x_1}{x_2 - x_1} = \frac{y - y_1}{y_2 - y_1} = \frac{z - z_1}{z_2 - z_1}.$$

该方程称为直线的**两点式方程**.

3. 空间直线的一般式方程

空间直线 L 也可以看作是两个平面 π_1 和 π_2 的交线, 如图 6–36 所示. 若两个相交的平面 π_1 和 π_2 的方程分别为

$$A_1x + B_1y + C_1z + D_1 = 0$$

和

$$A_2x + B_2y + C_2z + D_2 = 0,$$

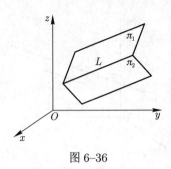

图 6-36

则直线 L 上任一点的坐标应同时满足这两个平面的方程, 即应满足方程组

$$\begin{cases} A_1x + B_1y + C_1z + D_1 = 0, \\ A_2x + B_2y + C_2z + D_2 = 0. \end{cases} \tag{4.8}$$

反过来, 若点 M 不在直线 L 上, 则它不可能同时在平面 π_1 和 π_2 上, 所以它的坐标不满足方程组 (4.8). 因此, 直线 L 可以用方程组 (4.8) 来表示, 方程组 (4.8) 称为空间直线的**一般式方程**.

例 4.11　将直线 $L: \begin{cases} x - 2y + z - 5 = 0, \\ 2x + y - 2z + 4 = 0 \end{cases}$ 化为对称式方程和参数式方程.

解　需要找到直线 L 上的一个点及直线 L 的方向向量. 在求点时, 可在三个变量中适当地给定其中一个变量的值, 然后解出另外两个值. 如取 $x = 0$, 由一般式方程得

$$\begin{cases} -2y + z - 5 = 0, \\ y - 2z + 4 = 0. \end{cases}$$

解得 $y = -2, z = 1$, 即求得直线 L 上的点 $M(0, -2, 1)$.

再求直线 L 的方向向量 $\boldsymbol{s}$. 由于 $\boldsymbol{s}$ 同时垂直于已知两个平面的法向量 $\boldsymbol{n}_1 = (1, -2, 1)$ 和 $\boldsymbol{n}_2 = (2, 1, -2)$, 因此可取

$$\boldsymbol{s} = \boldsymbol{n}_1 \times \boldsymbol{n}_2 = \begin{vmatrix} \boldsymbol{i} & \boldsymbol{j} & \boldsymbol{k} \\ 1 & -2 & 1 \\ 2 & 1 & -2 \end{vmatrix} = (3, 4, 5),$$

从而所求直线的对称式方程为

$$\frac{x}{3} = \frac{y+2}{4} = \frac{z-1}{5}.$$

令 $\dfrac{x}{3} = \dfrac{y+2}{4} = \dfrac{z-1}{5} = t$, 得所求直线的参数式方程为

$$\begin{cases} x = 3t, \\ y = -2 + 4t, \quad t \in \mathbf{R}. \\ z = 1 + 5t, \end{cases}$$

4. 两直线的夹角

定义 4.4 两直线的方向向量的夹角 (通常取锐角或直角) 称为**两直线的夹角**.

设两直线 L_1, L_2 的方向向量分别为 $\boldsymbol{s}_1 = (m_1, n_1, p_1), \boldsymbol{s}_2 = (m_2, n_2, p_2)$, 则 L_1 与 L_2 的夹角 θ 应是 $\boldsymbol{s}_1$ 与 $\boldsymbol{s}_2$ 的夹角或 $-\boldsymbol{s}_1$ 与 $\boldsymbol{s}_2$ 的夹角中的锐角或直角, 因此, 直线 L_1 与 L_2 的夹角 θ 满足

$$\cos\theta = \left|\cos(\widehat{\boldsymbol{s}_1, \boldsymbol{s}_2})\right| = \frac{|m_1 m_2 + n_1 n_2 + p_1 p_2|}{\sqrt{m_1^2 + n_1^2 + p_1^2}\sqrt{m_2^2 + n_2^2 + p_2^2}}. \tag{4.9}$$

由两向量垂直和平行的充分必要条件立即得到下列结论:

(1) 直线 L_1 与 L_2 平行的充分必要条件为 $\dfrac{m_1}{m_2} = \dfrac{n_1}{n_2} = \dfrac{p_1}{p_2}$;

(2) 直线 L_1 与 L_2 垂直的充分必要条件为 $m_1 m_2 + n_1 n_2 + p_1 p_2 = 0$.

例 4.12 求直线 $L_1 : \dfrac{x}{2} = \dfrac{y+1}{1} = \dfrac{z-4}{-2}$ 和 $L_2 : \dfrac{x+2}{4} = \dfrac{y}{-1} = \dfrac{z-1}{-1}$ 的夹角.

解 设直线 L_1 与 L_2 的夹角为 θ, 由于直线 L_1 的方向向量为 $\boldsymbol{s}_1 = (2, 1, -2)$, 直线 L_2 的方向向量为 $\boldsymbol{s}_2 = (4, -1, -1)$, 由两直线夹角公式 (4.9) 得

$$\cos\theta = \frac{|2 \times 4 + 1 \times (-1) + (-2) \times (-1)|}{\sqrt{2^2 + 1^2 + (-2)^2}\sqrt{4^2 + (-1)^2 + (-1)^2}} = \frac{\sqrt{2}}{2},$$

因此所求两直线的夹角 $\theta = \dfrac{\pi}{4}$.

5. 直线与平面的夹角

定义 4.5 当直线与平面不垂直时, 直线与直线在平面上的投影直线的夹角 $\varphi \left(0 \leqslant \varphi \leqslant \dfrac{\pi}{2}\right)$ 称为**直线与平面的夹角**, 如图 6–37 所示, 当直线与平面垂直时, 规定直线与平面的夹角为 $\dfrac{\pi}{2}$.

设直线 L 的方向向量为 $\boldsymbol{s} = (m, n, p)$, 平面 π 的法向量为 $\boldsymbol{n} = (A, B, C)$, 直线与平面的夹角为 φ, 则 $\varphi = \left|\dfrac{\pi}{2} - (\widehat{\boldsymbol{s}, \boldsymbol{n}})\right|$, 因此 $\sin\varphi = |\cos(\widehat{\boldsymbol{s}, \boldsymbol{n}})|$, 由两向量夹角公式, 有

$$\sin\varphi = \frac{|Am + Bn + Cp|}{\sqrt{A^2 + B^2 + C^2}\sqrt{m^2 + n^2 + p^2}}. \tag{4.10}$$

因为直线 L 与平面 π 垂直与平行相当于直线 L 的方向向量 $\boldsymbol{s} = (m, n, p)$ 与平面 π 的法向量 $\boldsymbol{n} = (A, B, C)$ 平行与垂直, 所以有如下结论:

(1) 直线 L 与平面 π 垂直的充分必要条件是 $\dfrac{A}{m} = \dfrac{B}{n} = \dfrac{C}{p}$;

(2) 直线 L 与平面 π 平行的充分必要条件是 $Am + Bn + Cp = 0$.

例 4.13 求过点 $(-2, 3, -1)$ 且与平面 $5x + 2y - 6z - 7 = 0$ 垂直的直线方程.

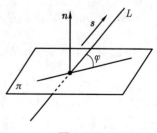

图 6–37

解   因为所求直线垂直于已知平面, 所以可以取已知平面的法向量 $\boldsymbol{n} = (5, 2, -6)$ 作为所求直线的方向向量, 由此得所求直线的方程为

$$\frac{x+2}{5} = \frac{y-3}{2} = \frac{z+1}{-6}.$$

例 4.14   求直线 $L : \dfrac{x+3}{3} = \dfrac{y+2}{-2} = z$ 与平面 $\pi : x + 2y + 2z = 6$ 的交点.

解   把直线 L 的方程写成参数式

$$\begin{cases} x = -3 + 3t, \\ y = -2 - 2t, \\ z = t, \end{cases}$$

代入平面 π 的方程, 可解得 $t = 13$. 从而交点坐标为 $x = 36, y = -28, z = 13$, 即 L 与 π 的交点为 $(36, -28, 13)$.

例 4.15   求过点 $P(1, -2, 2)$ 且与直线 $L_1 : \dfrac{x-2}{3} = \dfrac{y}{-4} = \dfrac{z-5}{6}$ 和 $L_2 : \dfrac{x}{1} = \dfrac{y+2}{2} = \dfrac{z-3}{-8}$ 平行的平面方程.

解   设所求平面法向量为 $\boldsymbol{n}$, 由于所求平面平行于两直线 L_1 与 L_2, 因此法向量 $\boldsymbol{n}$ 垂直于 L_1 与 L_2, 故可取

$$\boldsymbol{n} = \boldsymbol{s}_1 \times \boldsymbol{s}_2 = \begin{vmatrix} \boldsymbol{i} & \boldsymbol{j} & \boldsymbol{k} \\ 3 & -4 & 6 \\ 1 & 2 & -8 \end{vmatrix} = 10(2, 3, 1),$$

由平面的点法式方程得

$$2(x-1) + 3(y+2) + (z-2) = 0,$$

化简, 得所求平面方程为

$$2x + 3y + z + 2 = 0.$$

例 4.16   过点 $M(1, 0, 1)$ 且平行于平面 $\pi : 3x + y + 3z - 1 = 0$ 又与直线 $L_1 : \dfrac{x+1}{2} = \dfrac{y-1}{3} = z$ 相交的直线方程.

解   已知平面 π 的法向量为 $\boldsymbol{n} = (3, 1, 3)$, 直线 L_1 的参数式方程为

$$\begin{cases} x = -1 + 2t, \\ y = 1 + 3t, \\ z = t. \end{cases}$$

设所求直线 L 与 L_1 的交点为 $M_0(2t_0 - 1, 1 + 3t_0, t_0)$, 则所求直线的方向向量为

$$\boldsymbol{s} = \overrightarrow{MM_0} = (2t_0 - 2, 1 + 3t_0, t_0 - 1),$$

由于所求直线 L 平行于平面 π, 因此 $\overrightarrow{MM_0}$ 与 $\boldsymbol{n}$ 垂直, 故 $\overrightarrow{MM_0} \cdot \boldsymbol{n} = 0$, 即

$$3(2t_0 - 2) + (1 + 3t_0) + 3(t_0 - 1) = 0,$$

求得 $t_0 = \dfrac{2}{3}$, 故所求直线的方向向量为 $\boldsymbol{s} = -\dfrac{1}{3}(2, -9, 1)$, 从而所求直线 L 的方程为

$$\frac{x-1}{2} = \frac{y}{-9} = \frac{z-1}{1}.$$

6. 平面束方程

定义 4.6　通过定直线 L 的所有平面的全体称为**平面束**.

设直线 L 的一般式方程为

$$L: \begin{cases} A_1 x + B_1 y + C_1 z + D_1 = 0, \\ A_2 x + B_2 y + C_2 z + D_2 = 0, \end{cases} \tag{4.11}$$

其中 A_1, B_1, C_1 和 A_2, B_2, C_2 不成比例.

建立三元一次方程

$$A_1 x + B_1 y + C_1 z + D_1 + \lambda(A_2 x + B_2 y + C_2 z + D_2) = 0, \tag{4.12}$$

其中 λ 为任意实数. (4.12) 也可以写成

$$(A_1 + \lambda A_2)x + (B_1 + \lambda B_2)y + (C_1 + \lambda C_2)z + D_1 + \lambda D_2 = 0. \tag{4.12'}$$

由于 A_1, B_1, C_1 和 A_2, B_2, C_2 不成比例, 因此对任意实数 λ, (4.12') 的一次项系数不同时为零, 从而方程 (4.12) 表示一个平面, 在直线 L 上的点都满足方程 (4.12), 因此 (4.12) 表示过直线 L 的平面. 反之, 除平面 $A_2 x + B_2 y + C_2 z + D_2 = 0$ 外, 所有过直线 L 的平面都可以写成 (4.12) 的形式. 因此, 方程 (4.12) 就是过直线 L 的平面束的方程.

例 4.17　求直线 $L: \begin{cases} x + y + z - 2 = 0, \\ x - y + z + 1 = 0 \end{cases}$ 在平面 $\pi: x + y + 2z + 1 = 0$ 上的投影直线的方程.

解　设过直线 L 的平面束方程为

$$x + y + z - 2 + \lambda(x - y + z + 1) = 0,$$

即

$$(1 + \lambda)x + (1 - \lambda)y + (1 + \lambda)z + (-2 + \lambda) = 0, \tag{4.13}$$

其中 λ 为待定常数. 下面选取 λ, 使过直线 L 的平面 (4.13) 垂直于已知平面 $\pi: x + y + 2z + 1 = 0$, 从而两个平面的交线为所求的**投影直线**. 该平面与平面 π 垂直的条件是

$$(1 + \lambda) + (1 - \lambda) + 2(1 + \lambda) = 0,$$

求得 $\lambda = -2$. 代入 (4.13), 得投影平面方程为

$$x - 3y + z + 4 = 0,$$

故所求投影直线的方程为

$$\begin{cases} x - 3y + z + 4 = 0, \\ x + y + 2z + 1 = 0. \end{cases}$$

习题 6–4

(A)

1. 单项选择题.

(1) 过点 $A(1, -5, 1)$ 及 $B(3, 2, -2)$ 且平行于 y 轴的平面方程为 (   );

    (A) $3x + 2z - 5 = 0$ (B) $2x + 3z - 5 = 0$

    (C) $3x - 2z + 13 = 0$ (D) $2x - 3z + 1 = 0$

(2) 经过已知点 $A(1, -1, 4)$ 和直线 $\dfrac{x+1}{2} = \dfrac{y}{5} = \dfrac{z-1}{1}$ 的平面方程为 (   );

    (A) $3x + 3y - z + 4 = 0$ (B) $3x - 6y - 4z + 7 = 0$

    (C) $x - y - z + 2 = 0$ (D) $4x - y - 3z + 7 = 0$

(3) 已知直线 $\dfrac{x}{2} = \dfrac{y+2}{-2} = \dfrac{z-1}{1}$ 与直线 $\dfrac{x-1}{4} = \dfrac{y-3}{n} = \dfrac{z+1}{-2}$ 垂直, 则 $n =$ (   );

    (A) 1   (B) 2   (C) 3   (D) 4

(4) 平面 $x + 2y - z + 3 = 0$ 与空间直线 $\dfrac{x-1}{3} = \dfrac{y+1}{-1} = \dfrac{z-2}{1}$ 的位置关系是 (   );

    (A) 互相垂直   (B) 互相平行但直线不在平面上

    (C) 既不平行也不垂直   (D) 直线在平面上

(5) 已知两直线 $\dfrac{x-4}{2} = \dfrac{y+1}{3} = \dfrac{z+2}{5}$ 和 $\dfrac{x+1}{-3} = \dfrac{y-1}{2} = \dfrac{z-3}{4}$, 则它们是 (   ).

    (A) 两条相交的直线   (B) 两条异面直线

    (C) 两条平行但不重合的直线   (D) 两条重合的直线

2. 求下列各平面的方程.

(1) 通过 x 轴和点 $M(4, -3, -1)$ 的平面;

(2) 从原点到平面的垂足为点 $P(3, -6, 2)$ 的平面;

(3) 过点 $A(3, -2, -1), B(-1, -2, 3)$ 和 $C(2, 0, 3)$ 的平面.

3. 求平面 $2x - 2y + z + 3 = 0$ 与各坐标面的夹角的余弦.

4. 求三平面 $x + 3y + z - 1 = 0, 2x - y - z = 0, x - 2y - 2z + 3 = 0$ 的交点.

5. 已知直线 $\dfrac{x-1}{2} = \dfrac{y-1}{3} = \dfrac{z}{1}$ 与直线 $\dfrac{x+1}{-1} = y + 2 = z + 1$, 验证它们相交, 并求它们所确定的平面方程.

6. 求过平面 $\pi_1 : x + 5y + z = 0$ 与 $\pi_2 : x - z + 4 = 0$ 的交线, 且与平面 $x - 4y - 8z + 12 = 0$ 交成 $\dfrac{\pi}{4}$ 角的平面方程.

7. 求过原点并含有直线 $L : x = 3 - t, y = 1 + 2t, z = t \ (t \in \mathbf{R})$ 的平面方程.

8. 求直线 $L: \begin{cases} 3x - 2y + 4z + 1 = 0, \\ x + 2y - z + 2 = 0 \end{cases}$ 的对称式方程和参数式方程.

9. 求直线 $L: \begin{cases} 2x - 4y + z = 0, \\ 3x - y - 2z - 9 = 0 \end{cases}$ 在三个坐标面上的投影直线.

10. 求直线 $L: \begin{cases} 4x - y + 3z - 1 = 0, \\ x + 5y - z + 2 = 0 \end{cases}$ 在平面 $2x - y + 5z - 3 = 0$ 上的投影直线.

(B)

11. 已知两平面 $\pi_1: x - 2y - 2z + 1 = 0, \pi_2: 3x - 4y + 5 = 0$, 求与平面 π_1 和 π_2 夹角相等的平面方程.

12. 设有两条不平行的直线

$$L_i: \frac{x - x_i}{m_i} = \frac{y - y_i}{n_i} = \frac{z - z_i}{p_i}, i = 1, 2,$$

证明: 过点 $M_0(x_0, y_0, z_0)$, 且平行于 L_1 与 L_2 的平面方程可以写成

$$\begin{vmatrix} x - x_0 & y - y_0 & z - z_0 \\ m_1 & n_1 & p_1 \\ m_2 & n_2 & p_2 \end{vmatrix} = 0.$$

*13. 求直线 $L_1: \dfrac{x - 3}{2} = y = \dfrac{z - 1}{0}$ 与 $L_2: \dfrac{x + 1}{1} = \dfrac{y - 2}{0} = z$ 的公垂线方程.

14. 求直线 $L_1: \dfrac{x + 5}{6} = 1 - y = z + 3$ 与直线 $L_2: \begin{cases} x + 5y + z = 0, \\ x + y - z + 4 = 0 \end{cases}$ 之间的距离.

*15. 求经过点 $M(2, 3, 1)$ 且与两直线

$$L_1: \begin{cases} x + y = 0, \\ x - y + z + 4 = 0 \end{cases} \quad \text{和} \quad L_2: \begin{cases} x + 3y - 1 = 0, \\ y + z - 2 = 0 \end{cases}$$

习题 6–4
第 13— 16 题
解答

相交的直线方程.

*16. 求过点 $M(-1, 0, 1)$, 且垂直于直线 $L_1: \dfrac{x - 2}{3} = \dfrac{y + 1}{-4} = \dfrac{z}{1}$, 又与直线 $L_2: \dfrac{x + 1}{1} = \dfrac{y - 3}{1} = \dfrac{z}{2}$ 相交的直线方程.

第五节　空间曲面与空间曲线

本节介绍一些常见的曲面 —— 球面、旋转面、柱面、二次曲面及其方程和空间曲线及其方程.

一、空间曲面及其方程

1. 曲面及方程

由第四节可知, 一个关于 x, y, z 的三元一次方程的图形是空间中的一个平面. 一般地, 一个关于 x, y, z 的三元方程

$$F(x, y, z) = 0 \tag{5.1}$$

在空间的图形是一个曲面, 如图 6-38 所示. 研究曲面时, 会遇到如下两个基本问题:

(1) 根据曲面 Σ 上的点满足的条件, 建立曲面方程;

(2) 给定曲面 Σ 的方程, 研究它的几何图形.

例 5.1 建立球心在 $M_0(x_0, y_0, z_0)$, 半径为 $R(R$ 为正常数) 的球面方程.

解 设 $M(x, y, z)$ 为球面上任一点, 如图 6-39 所示, 则点 M 在球面上的充分必要条件是

$$|M_0 M| = R,$$

即

$$\sqrt{(x - x_0)^2 + (y - y_0)^2 + (z - z_0)^2} = R,$$

从而有

$$(x - x_0)^2 + (y - y_0)^2 + (z - z_0)^2 = R^2. \tag{5.2}$$

这就是球面上点的坐标所满足的方程, 而不在球面上的点的坐标都不满足方程 (5.2), 故方程 (5.2) 就是球心在 $M_0(x_0, y_0, z_0)$, 半径为 R 的球面方程.

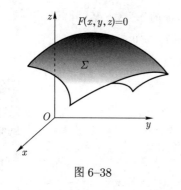

图 6-38

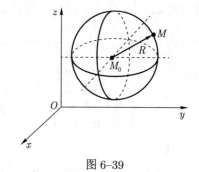

图 6-39

若球心在原点, 则半径为 R 的球面方程为

$$x^2 + y^2 + z^2 = R^2.$$

例 5.2 某曲面上的点到 z 轴的距离为正常数 R, 求此曲面方程.

解 设 $M(x, y, z)$ 为曲面上任一点, 则点 M 到 z 轴的距离就是点 M 到点 $M_0(0, 0, z)$ 的距离. 由已知条件, 有

$$\sqrt{(x - 0)^2 + (y - 0)^2 + (z - z)^2} = R,$$

或

$$x^2 + y^2 = R^2.$$

这就是所求曲面上的点的坐标所满足的方程, 而不在该曲面上的点的坐标都不满足上述方程, 故该方程就是所求的曲面方程.

例 5.3　已知点 $A(1, -1, 2)$ 和 $B(3, 1, 5)$, 求线段 AB 的垂直平分面的方程.

解　设 $M(x, y, z)$ 为垂直平分面上任一点, 依题意有 $|AM| = |BM|$, 于是

$$\sqrt{(x-1)^2 + (y+1)^2 + (z-2)^2} = \sqrt{(x-3)^2 + (y-1)^2 + (z-5)^2},$$

两边平方再化简, 得

$$4x + 4y + 6z - 29 = 0,$$

这就是所求平面上的点的坐标应满足的方程, 而不在该平面上的点的坐标都不满足上述方程, 故该方程就是所求平面的方程.

例 5.4　方程 $x^2 + y^2 + z^2 - 6x + 2y = 0$ 表示怎样的图形?

解　配方, 则原方程变为

$$(x-3)^2 + (y+1)^2 + z^2 = 10,$$

即原方程表示球心在 $M_0(3, -1, 0)$, 半径为 $\sqrt{10}$ 的球面.

一般地, 设有三元二次方程

$$Ax^2 + Ay^2 + Az^2 + Bx + Cy + Dz + E = 0,$$

其中 A, B, C, D, E 均为常数, 且 $A \neq 0$. 该方程的特点是不含交叉项 xy, yz, zx, 且平方项系数相等. 只要将方程进行配方, 它可以化成方程 (5.2) 的形式, 因此它的图形通常表示一个球面或一个点或虚轨迹 (在实数范围内没有点满足此方程).

2. 旋转曲面方程

定义 5.1　一条平面曲线绕其平面内的一条直线旋转一周所成的曲面称为**旋转曲面**, 这条定直线称为**旋转曲面的轴**.

设有 yOz 平面上的一条曲线 C, 其方程为 $\begin{cases} F(y, z) = 0, \\ x = 0, \end{cases}$ 则曲

线 C 绕 z 轴旋转一周所成旋转曲面如图 6-40 所示, 下面求该旋转曲面的方程.

设 $M_0(0, y_0, z_0)$ 是曲线 C 上任意一点, 则有

$$F(y_0, z_0) = 0. \tag{5.3}$$

当曲线 C 绕 z 轴旋转时, 点 M_0 旋转到另一点 $M(x, y, z)$, 此时, 点 M 到 z 轴的距离应等于点 M_0 到 z 轴的距离, 即

$$\sqrt{x^2 + y^2} = |y_0|,$$

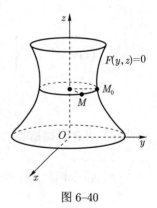

图 6-40

且 $z = z_0$. 将 $z_0 = z$, $y_0 = \pm\sqrt{x^2 + y^2}$ 代入 (5.3), 得

$$F\left(\pm\sqrt{x^2 + y^2}, z\right) = 0. \tag{5.4}$$

该方程就是所求的旋转曲面方程.

由此可见, 在曲线 C 的方程 $F(y, z) = 0$ 中, 只要将 y 换成 $\pm\sqrt{x^2 + y^2}$, z 保持不变, 就得到曲线 C 绕 z 轴旋转所得旋转曲面的方程.

同理, 曲线 C 绕 y 轴旋转所得旋转曲面的方程为

$$F\left(y, \pm\sqrt{x^2 + z^2}\right) = 0.$$

类似地, 可以得到 xOy 面上曲线 $\begin{cases} G(x, y) = 0, \\ z = 0 \end{cases}$ 分别绕 x 轴和 y 轴旋转所得旋转曲面的方程为

$$G\left(x, \pm\sqrt{y^2 + z^2}\right) = 0 \quad \text{和} \quad G\left(\pm\sqrt{x^2 + z^2}, y\right) = 0.$$

zOx 面上的曲线 $\begin{cases} H(x, z) = 0, \\ y = 0 \end{cases}$ 分别绕 z 轴和 x 轴旋转所得旋转曲面的方程为

$$H\left(\pm\sqrt{x^2 + y^2}, z\right) = 0 \quad \text{和} \quad H\left(x, \pm\sqrt{y^2 + z^2}\right) = 0.$$

例 5.5 建立下列旋转曲面的方程.

(1) 曲线 $L : \begin{cases} y^2 = 5z, \\ x = 0 \end{cases}$ 绕 z 轴旋转一周所生成的旋转曲面;

(2) yOz 平面上的椭圆 $L : \begin{cases} \dfrac{y^2}{4} + \dfrac{z^2}{9} = 1, \\ x = 0 \end{cases}$ 绕 z 轴旋转一周所生成的曲面;

(3) yOz 平面上的双曲线 $L : \begin{cases} 4y^2 - 9z^2 = 36, \\ x = 0 \end{cases}$ 分别绕 z 轴和 y 轴旋转一周所生成的曲面.

解 (1) 曲线 $L : \begin{cases} y^2 = 5z, \\ x = 0 \end{cases}$ 绕 z 轴旋转一周所生成的旋转曲面方程为

$$x^2 + y^2 = 5z.$$

该曲面称为**旋转抛物面**, 如图 6–41 所示.

(2) yOz 平面上的椭圆 $L : \begin{cases} \dfrac{y^2}{4} + \dfrac{z^2}{9} = 1, \\ x = 0 \end{cases}$ 绕 z 轴旋转一周所生成的曲面方程为

$$\frac{x^2}{4} + \frac{y^2}{4} + \frac{z^2}{9} = 1.$$

该曲面称为**旋转椭球面**, 如图 6–42 所示.

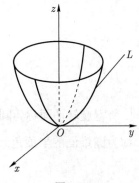

图 6–41

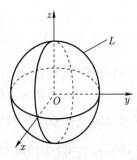

图 6–42

(3) yOz 平面上的双曲线 $L: \begin{cases} 4y^2 - 9z^2 = 36, \\ x = 0 \end{cases}$ 绕 z 轴旋转一周所生成的旋转曲面方程为

$$4x^2 + 4y^2 - 9z^2 = 36.$$

该曲面称为**旋转单叶双曲面**, 如图 6–43 所示.

双曲线 $L: \begin{cases} 4y^2 - 9z^2 = 36, \\ x = 0 \end{cases}$ 绕 y 轴旋转一周所生成的旋转曲面方程为

$$4y^2 - 9x^2 - 9z^2 = 36.$$

该曲面称为**旋转双叶双曲面**, 如图 6–44 所示.

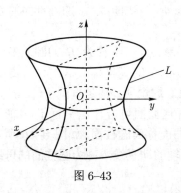

图 6–43

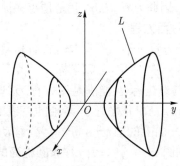

图 6–44

例 5.6　指出下列曲面哪些是旋转曲面? 如果是旋转曲面, 那么说明它是如何产生的?

(1) $x^2 + y^2 + z^2 = 1$; (2) $x^2 + 2y^2 + 3z^2 = 1$; (3) $x^2 - y^2 - z^2 = 1$.

解　(1) $x^2 + y^2 + z^2 = 1$ 是球面, 它可视作由圆 $\begin{cases} x^2 + y^2 = 1, \\ z = 0 \end{cases}$ 绕 y 轴或 x 轴旋转一周所生成的旋转曲面.

(2) 由于以坐标轴为旋转轴的旋转曲面方程必含有 $x^2 + y^2$ 或 $y^2 + z^2$ 或 $z^2 + x^2$, 而方程 $x^2 + 2y^2 + 3z^2 = 1$ 不具备这一特征, 因此 $x^2 + 2y^2 + 3z^2 = 1$ 不是旋转曲面.

(3) 曲面 $x^2 - y^2 - z^2 = 1$ 是旋转曲面, 它可视作曲线

$$\begin{cases} x^2 - y^2 = 1, \\ z = 0 \end{cases} \quad \text{或} \quad \begin{cases} x^2 - z^2 = 1, \\ y = 0 \end{cases}$$

绕 x 轴旋转一周而成的旋转曲面.

例 5.7   直线 L 绕另一条与直线 L 相交的直线旋转一周, 所得旋转曲面称为**圆锥面**. 两直线的交点称为圆锥面的**顶点**, 两直线的夹角 $\alpha \left(0 < \alpha < \dfrac{\pi}{2} \right)$ 称为圆锥面的**半顶角**, 试建立顶点在原点 O, 旋转轴为 z 轴, 半顶角为 α 的圆锥面的方程.

解   如图 6–45 所示, 在 yOz 面上, 直线 L 的方程为

$$\begin{cases} z = y \cot \alpha, \\ x = 0, \end{cases}$$

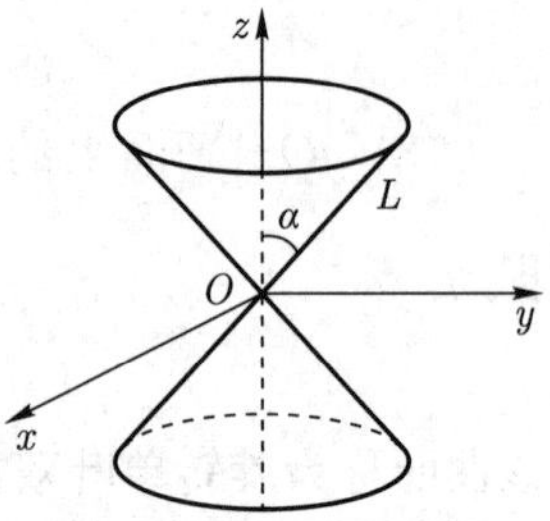

因为直线 L 绕 z 轴旋转, 所以将上式中的 y 换成 $\pm\sqrt{x^2 + y^2}$, 得到这个圆锥面的方程

$$z = \pm\sqrt{x^2 + y^2} \cot \alpha,$$

或

$$z^2 = k^2(x^2 + y^2), \tag{5.5}$$

图 6–45

其中 $k = \cot \alpha$.

显然, 圆锥面上任意点 $M(x, y, z)$ 的坐标一定满足方程 (5.5). 如果点 $M(x, y, z)$ 不在该圆锥面上, 那么线段 OM 与 z 轴的夹角就不等于 α, 从而点 $M(x, y, z)$ 的坐标就不满足方程 (5.5). 因此方程 (5.5) 就是顶点在原点 O, 旋转轴为 z 轴, 半顶角为 α 的圆锥面的方程.

3. 柱面方程

由于方程 $x^2 + y^2 = R^2$ 在 xOy 平面上表示圆心在原点 O, 半径为 R 的圆. 在空间直角坐标系中, 这方程不含竖坐标 z, 即不论空间中点 $M(x, y, z)$ 的竖坐标 z 怎样, 只要该点的横坐标 x 与纵坐标 y 能满足该方程, 这些点就在这曲面上, 这说明: 凡是过圆 $x^2 + y^2 = R^2$ 上的点 $M(x, y, 0)$ 且平行于 z 轴的直线 l 都在这曲面上. 这曲面可看作由平行于 z 轴的直线 l 沿 xOy 平面上的圆 $x^2 + y^2 = R^2$ 移动形成的轨迹, 该曲面称为**圆柱面**, 如图 6–46 所示. xOy 平面上的圆 $x^2 + y^2 = R^2$ 称为**圆柱面的准线**, 平行于 z 轴的动直线 l 称为**圆柱面的母线**. 一般地有

定义 5.2   由平行于定直线 l 并沿定曲线 C 移动的动直线 L 形成的轨迹称为**柱面**, 定曲线 C 称为**柱面的准线**, 动直线 L 称为**柱面的母线**, 如图 6–47 所示.

(1) 母线平行于 z 轴, 准线为 $C : \begin{cases} f(x, y) = 0, \\ z = 0 \end{cases}$ 的柱面方程为 $f(x, y) = 0$, 如图 6–47 所示.

(2) 母线平行于 y 轴, 准线为 $C : \begin{cases} g(x, z) = 0, \\ y = 0 \end{cases}$ 的柱面方程为 $g(x, z) = 0$, 如图 6–48 所示.

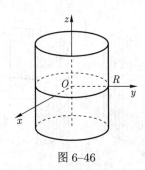

图 6-46

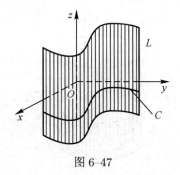

图 6-47

(3) 母线平行于 x 轴, 准线为 $C : \begin{cases} h(y,z) = 0, \\ x = 0 \end{cases}$ 的柱面方程为 $h(y,z) = 0$, 如图 6-49 所示.

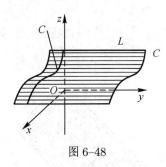

图 6-48

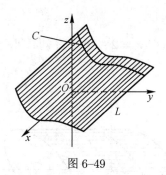

图 6-49

例 5.8　指出下列方程在空间直角坐标系中所表示的曲面.

(1) $\left(x - \dfrac{1}{2}\right)^2 + y^2 = \dfrac{1}{4}$;　　　　　　　(2) $\dfrac{y^2}{9} - \dfrac{x^2}{4} = 1$;

(3) $\dfrac{x^2}{9} + \dfrac{z^2}{4} = 1$;　　　　　　　　　(4) $z = 2 - y^2$.

解　(1) 方程 $\left(x - \dfrac{1}{2}\right)^2 + y^2 = \dfrac{1}{4}$ 表示母线平行于 z 轴, 准线为

$$\begin{cases} \left(x - \dfrac{1}{2}\right)^2 + y^2 = \dfrac{1}{4}, \\ z = 0 \end{cases}$$

的**圆柱面方程**, 如图 6-50 所示.

(2) 方程 $\dfrac{y^2}{9} - \dfrac{x^2}{4} = 1$ 表示母线平行于 z 轴, 准线为 $\begin{cases} \dfrac{y^2}{9} - \dfrac{x^2}{4} = 1, \\ z = 0 \end{cases}$ 的**双曲柱面**, 如图 6-51 所示.

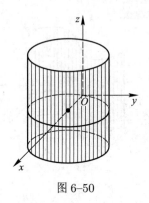

图 6-50

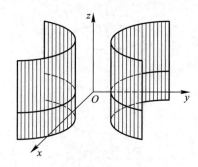

图 6-51

(3) 方程 $\dfrac{x^2}{9} + \dfrac{z^2}{4} = 1$ 表示母线平行于 y 轴, 准线为 $\begin{cases} \dfrac{x^2}{9} + \dfrac{z^2}{4} = 1, \\ y = 0 \end{cases}$ 的**椭圆柱面**, 如图 6-52 所示.

(4) 方程 $z = 2 - y^2$ 表示母线平行于 x 轴, 准线为 $\begin{cases} z = 2 - y^2, \\ x = 0 \end{cases}$ 的**抛物柱面**, 如图 6-53 所示.

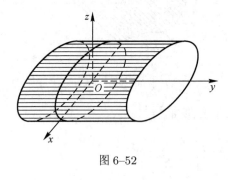

图 6-52

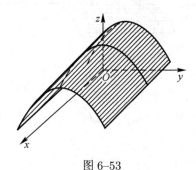

图 6-53

由上述几例可见, 在三维空间中, 二元方程 (俗称**缺变量方程**) 所描绘的图形是一张柱面, 缺哪个变量, 母线就平行于哪条坐标轴.

4. 二次曲面

与平面解析几何中的二次曲线类似, 把三个变量 x, y, z 的二次方程

$$Ax^2 + By^2 + Cz^2 + Dxy + Eyz + Fxz + Gx + Hy + Iz + J = 0$$

所表示的曲面称为**二次曲面**, 其中 $A, B, C, D, E, F, G, H, I, J$ 均为常数且二次项系数不全为零. 经过坐标平移变换和坐标旋转变换, 可以把它化为两种标准形式

$$Ax^2 + By^2 + Cz^2 + J = 0 \quad 或 \quad Ax^2 + By^2 + Cz = 0$$

之一.

为确定二次曲面的形状, 通常用 "**平行截割法**", 即用平行于坐标面的平面截割曲面, 把截割的曲线称为**截痕**.

(1) 椭球面

方程

$$\frac{x^2}{a^2} + \frac{y^2}{b^2} + \frac{z^2}{c^2} = 1 \tag{5.6}$$

所表示的曲面称为**椭球面**, 其中 a, b, c 为正常数.

由方程 (5.6) 可知: $|x| \leqslant a, |y| \leqslant b, |z| \leqslant c$, 即椭球面 (5.6) 完全包含在一个以原点为中心的长方体内, 这个长方体的六个面的方程分别为 $x = \pm a, y = \pm b, z = \pm c$, 当 $a > b > c$ 时, a, b 和 c 分别称为椭球面的**长半轴**, **中半轴**和**短半轴**, 简称**半轴**, 且椭球面关于各坐标平面和各坐标轴对称.

为了描述这个曲面的形状, 用水平面 $z = h(|h| < c)$ 截椭球面, 其截痕为

$$\begin{cases} \dfrac{x^2}{\dfrac{a^2}{c^2}(c^2 - h^2)} + \dfrac{y^2}{\dfrac{b^2}{c^2}(c^2 - h^2)} = 1, \\ z = h. \end{cases}$$

这是平面 $z = h$ 内的椭圆. 当 h 变动时, 这些椭圆的中心都在 z 轴上; 当 $z = h(|h| = c)$ 时, 截痕为一个点; 当 $|h|$ 由 0 逐渐增大到 c 时, 椭圆截面的半轴由大到小, 最后缩成一点.

类似地, 分别用平行于 yOz 和 xOz 的平面族截割曲面, 所得截痕也是两组椭圆.

综合上述分析, 方程 (5.6) 表示的椭球面形状如图 6–54 所示.

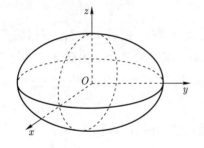

图 6–54

当 $a = b$ 时, 方程 (5.6) 变成

$$\frac{x^2}{a^2} + \frac{y^2}{a^2} + \frac{z^2}{c^2} = 1, \tag{5.7}$$

(5.7) 表示由 yOz 平面上的椭圆

$$C : \begin{cases} \dfrac{y^2}{a^2} + \dfrac{z^2}{c^2} = 1, \\ x = 0 \end{cases}$$

绕 z 轴旋转或由 zOx 平面上的椭圆

$$C_1 : \begin{cases} \dfrac{x^2}{a^2} + \dfrac{z^2}{c^2} = 1, \\ y = 0 \end{cases}$$

绕 z 轴旋转所得旋转椭球面.

当 $a = b = c$ 时, (5.6) 变成 $x^2 + y^2 + z^2 = a^2$, 表示球心在原点, 半径为 a 的球面.

(2) 单叶双曲面

方程

$$\frac{x^2}{a^2} + \frac{y^2}{b^2} - \frac{z^2}{c^2} = 1 \tag{5.8}$$

所表示的曲面称为**单叶双曲面**, 其中 a, b, c 均为正常数, 且单叶双曲面关于各坐标平面和各坐标轴对称.

用平行于 xOy 面的平面 $z = h$ 截割曲面, 其截痕是椭圆

$$\begin{cases} \dfrac{x^2}{a^2\left(1 + \dfrac{h^2}{c^2}\right)} + \dfrac{y^2}{b^2\left(1 + \dfrac{h^2}{c^2}\right)} = 1, \\ z = h. \end{cases}$$

用平行于 yOz 面的平面 $x = k(|k| \neq a)$ 截割曲面, 其截痕是双曲线

$$\begin{cases} \dfrac{y^2}{b^2\left(1 - \dfrac{k^2}{a^2}\right)} - \dfrac{z^2}{c^2\left(1 - \dfrac{k^2}{a^2}\right)} = 1, \\ x = k. \end{cases}$$

当 $|k| < a$ 时, 双曲线的实轴平行于 y 轴, 虚轴平行于 z 轴; 当 $|k| > a$ 时, 双曲线的实轴平行于 z 轴, 虚轴平行于 y 轴; 当 $|k| = a$ 时, 平面 $x = k$ 上的截痕是两条相交直线 $\dfrac{y}{b} \pm \dfrac{z}{c} = 0$.

同理, 用平行于 zOx 的平面 $y = k(|k| \neq b)$ 截割曲面, 所得截痕也是双曲线; 当 $y = \pm b$ 时, 截痕也是两条相交直线 $\dfrac{x}{a} \pm \dfrac{z}{c} = 0$.

综合上述分析, 方程 (5.8) 表示的单叶双曲面的形状如图 6–55 所示.

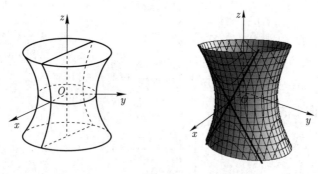

图 6–55

(3) 双叶双曲面

方程

$$\frac{x^2}{a^2} + \frac{y^2}{b^2} - \frac{z^2}{c^2} = -1 \tag{5.9}$$

所表示的曲面称为**双叶双曲面**, 其中 a, b, c 均为正常数, 且双叶双曲面关于各坐标平面和各坐标轴对称.

因为在水平面 $z = h(|h| > c)$ 上的截痕是椭圆; 当 $z = h(|h| < c)$ 时无截痕; 当 $z = h(|h| = c)$ 时, 其截痕为一个点. 用平行于 yOz 和 zOx 的平面截割曲面, 其截痕都是双曲线, 所以方程 (5.9) 表示的双叶双曲面的形状如图 6–56 所示.

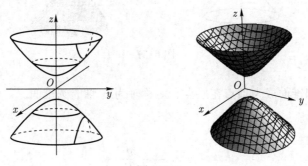

图 6–56

(4) 椭圆锥面
方程

$$\frac{x^2}{a^2} + \frac{y^2}{b^2} - \frac{z^2}{c^2} = 0 \tag{5.10}$$

所表示的曲面称为**椭圆锥面**, 其中 a, b, c 均为正常数, 且椭圆锥面关于各坐标平面和各坐标轴对称.

在平面 $z = h \neq 0$ 上的截痕是椭圆

$$\begin{cases} \dfrac{x^2}{\left(\dfrac{ah}{c}\right)^2} + \dfrac{y^2}{\left(\dfrac{bh}{c}\right)^2} = 1, \\ z = h. \end{cases}$$

在平面 $x = k \neq 0$ 和 $y = k \neq 0$ 上的截痕分别为双曲线

$$\begin{cases} \dfrac{z^2}{\left(\dfrac{ck}{a}\right)^2} - \dfrac{y^2}{\left(\dfrac{bk}{a}\right)^2} = 1, \\ x = k, \end{cases} \qquad 和 \qquad \begin{cases} \dfrac{z^2}{\left(\dfrac{ck}{b}\right)^2} - \dfrac{x^2}{\left(\dfrac{ak}{b}\right)^2} = 1, \\ y = k. \end{cases}$$

但用过 z 轴的平面 $Ax + By = 0$ 截割曲面, 其截痕是两条相交直线. 如 $B \neq 0$, 则相交直线为

$$\begin{cases} \sqrt{\dfrac{B^2}{a^2} + \dfrac{A^2}{b^2}}\, x \pm \dfrac{B}{c} z = 0, \\ Ax + By = 0. \end{cases}$$

方程 (5.10) 所表示的椭圆锥面的形状如图 6–57 所示.

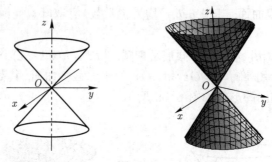

图 6–57

当 $a=b$ 时, 椭圆锥面成为顶点在原点、对称轴为 z 轴的圆锥面.

(5) 椭圆抛物面

方程

$$z = \frac{x^2}{a^2} + \frac{y^2}{b^2} \tag{5.11}$$

所表示的曲面称为**椭圆抛物面**, 其中 a,b 均为正常数, 且椭圆抛物面关于 zOx 面和 yOz 面及 z 轴对称.

在平面 $z=h>0$ 上的截痕是椭圆

$$\begin{cases} \dfrac{x^2}{a^2 h} + \dfrac{y^2}{b^2 h} = 1, \\ z = h. \end{cases}$$

在平行于 yOz 面和 zOx 面的平面上的截痕都是抛物线, 方程 (5.11) 所表示的椭圆抛物面的形状如图 6–58 所示.

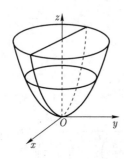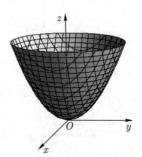

图 6–58

当 $a=b$ 时, 椭圆抛物面成为旋转抛物面.

(6) 双曲抛物面

方程

$$\frac{x^2}{a^2} - \frac{y^2}{b^2} = z \tag{5.12}$$

所表示的曲面称为**双曲抛物面**或**马鞍面**, 其中 a,b 均为正常数, 且双曲抛物面关于 zOx 面和 yOz 面及 z 轴对称.

在平面 $z = h \neq 0$ 上的截痕是双曲线

$$\begin{cases} \dfrac{x^2}{a^2} - \dfrac{y^2}{b^2} = h, \\ z = h. \end{cases}$$

当 $h > 0$ 时, 双曲线的实轴平行于 x 轴, 虚轴平行于 y 轴; 当 $h < 0$ 时, 双曲线的实轴平行于 y 轴, 虚轴平行于 x 轴; 当 $z = 0$ 时, 其截痕是 xOy 面上的两条相交直线 $\dfrac{x}{a} \pm \dfrac{y}{b} = 0$.

用平面 $x = k$ 截此曲面, 其截痕为抛物线

$$\begin{cases} z = \dfrac{k^2}{a^2} - \dfrac{y^2}{b^2}, \\ x = k. \end{cases}$$

此抛物线的开口朝下, 顶点在 $\left(k, 0, \dfrac{k^2}{a^2} \right)$, 对称轴平行于 z 轴, 当 k 变化时, C 的形状不变, 位置平行移动, 而抛物线 C 的顶点的轨迹为平面 $y = 0$ 上的抛物线 $z = \dfrac{x^2}{a^2}$.

类似地, 用平面 $y = k$ 截割此曲面, 其截痕也是抛物线. 故方程 (5.12) 所表示的双曲抛物面的形状如图 6–59 所示.

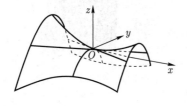 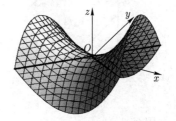

图 6–59

此外, 还有三种二次曲面

$$\frac{x^2}{a^2} + \frac{y^2}{b^2} = 1, \quad \frac{x^2}{a^2} - \frac{y^2}{b^2} = 1, \quad x^2 = 2ay,$$

它们依次称为**椭圆柱面**、**双曲柱面**和**抛物柱面**, 其母线平行于 z 轴.

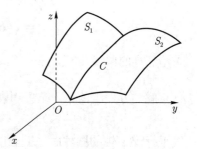

图 6–60

二、空间曲线及其方程

1. 空间曲线的一般方程

直线可以看作空间两平面的交线. 同样, 空间曲线 C 可看作两个曲面的交线. 设空间两曲面 $F(x, y, z) = 0$ 和 $G(x, y, z) = 0$ 的交线为 C, 如图 6–60 所示, 则曲线 C 上任意点 $M(x, y, z)$ 必在这两个曲面上, 故点 $M(x, y, z)$ 同时满足这两个曲面的方程, 即满足方程组

$$C: \begin{cases} F(x, y, z) = 0, \\ G(x, y, z) = 0. \end{cases} \tag{5.13}$$

反过来, 若 $M(x,y,z)$ 不在曲线 C 上, 则点 $M(x,y,z)$ 不可能同时在上述两个曲面上, 从而点 $M(x,y,z)$ 的坐标不满足 (5.13). 因此, 曲线 C 可以用方程组 (5.13) 来表示, 称为曲线 C 的**一般方程**.

　　例 5.9　方程组

$$\begin{cases} x^2 + 2y^2 = 1, \\ y + 2z = 1 \end{cases}$$

表示怎样的曲线?

　　解　方程组的第一个方程表示母线平行于 z 轴的椭圆柱面, 其准线是 xOy 面上的椭圆 $\begin{cases} x^2 + 2y^2 = 1, \\ z = 0. \end{cases}$ 方程组的第二个方程表示平行于 x 轴的平面 $y + 2z = 1$. 方程组表示上述平面与椭圆柱面的交线, 其交线如图 6–61 所示.

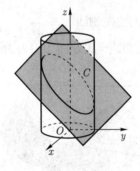 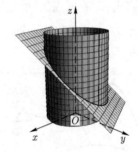

图 6–61

　　例 5.10　方程组

$$\begin{cases} \left(x - \dfrac{R}{2}\right)^2 + y^2 = \left(\dfrac{R}{2}\right)^2, \\ z = \sqrt{R^2 - x^2 - y^2} \end{cases} \quad \text{(其中 } R \text{ 为正常数)}$$

表示怎样的曲线?

　　解　方程组的第一个方程表示以 xOy 平面上的圆 $\begin{cases} \left(x - \dfrac{R}{2}\right)^2 + y^2 = \left(\dfrac{R}{2}\right)^2, \\ z = 0 \end{cases}$ 为准线, 母线平行于 z 轴的圆柱面. 方程组的第二个方程表示球心在坐标原点、半径为 R 的上半球面. 方程组表示上述半球面与圆柱面的交线, 其交线如图 6–62 所示.

　　2. 空间曲线的参数方程

　　空间曲线也可以用参数形式表示. 将空间曲线 C 上动点的坐标 x, y, z 表为参数 t 的函数

$$C : \begin{cases} x = x(t), \\ y = y(t), \quad \alpha \leqslant t \leqslant \beta. \\ z = z(t), \end{cases} \tag{5.14}$$

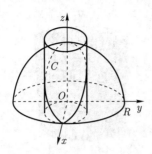 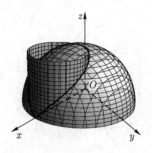

图 6–62

当给定一个参数值 t_0, 得到曲线上的一个点 $(x(t_0), y(t_0), z(t_0))$, 随着 t 的变动, 得到曲线 C 上的全部点, 方程 (5.14) 称为曲线 C 的**参数方程**.

例 5.11 若空间一点 M 在圆柱面 $x^2 + y^2 = r^2$ $(r > 0)$ 上以角速度 ω 绕 z 轴旋转, 同时又以线速度 v 沿平行于 z 轴的正方向上升, 其中 ω, v 都是正常数, 则动点 M 的轨迹构成的图形称为**螺旋线**, 试建立螺旋线的参数方程.

解 取时间 t 为参数. 设当 $t = 0$ 时, 动点位于 x 轴的点 $A(r, 0, 0)$ 处, 经过时间 t, 动点由点 A 移动到点 $M(x, y, z)$, 记点 M 在 xOy 平面上的投影为点 $M'(x, y, 0)$, 如图 6–63 所示. 从而有

$$x = |OM'| \cos \angle AOM' = r \cos \omega t,$$
$$y = |OM'| \sin \angle AOM' = r \sin \omega t, \quad z = M'M = vt.$$

因此螺旋线的参数方程为

$$\begin{cases} x = r \cos \omega t, \\ y = r \sin \omega t, \\ z = vt. \end{cases}$$

也可利用其他变量作为参数, 例如, 令 $\theta = \omega t$, 则螺旋线的参数方程可写为

$$\begin{cases} x = r \cos \theta, \\ y = r \sin \theta, \quad \text{其中} b = \dfrac{v}{\omega}, \theta \text{ 为参数}. \\ z = b\theta, \end{cases}$$

螺旋线是实际中常用的曲线, 如螺丝杆的外缘曲线就是螺旋线.

*3. 曲面的参数方程

曲面也可以用参数方程来表示, 曲面的参数方程通常是含有两个参数的方程, 形如

$$\begin{cases} x = x(u, v), \\ y = y(u, v), \\ z = z(u, v). \end{cases} \tag{5.15}$$

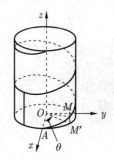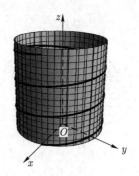

图 6–63

例如, 空间曲线

$$\Gamma : \begin{cases} x = \varphi(t), \\ y = \psi(t), & (\alpha \leqslant t \leqslant \beta) \\ z = \omega(t) \end{cases}$$

绕 z 轴旋转一周. 由于对每个固定的 t, 得到 Γ 上的一点 $M(\varphi(t), \psi(t), \omega(t))$, 点 M 绕 z 轴旋转, 得空间中的一个圆, 该圆在平面 $z = \omega(t)$ 上, 其半径为点 M 到 z 轴的距离 $\sqrt{\varphi^2(t) + \psi^2(t)}$, 因此该圆在空间的参数方程为

$$\begin{cases} x = \sqrt{\varphi^2(t) + \psi^2(t)} \cos\theta, \\ y = \sqrt{\varphi^2(t) + \psi^2(t)} \sin\theta, & (0 \leqslant \theta \leqslant 2\pi). \\ z = \sqrt{\omega(t)} \end{cases}$$

再让参数 t 在 $[\alpha, \beta]$ 内变动, 于是, 得旋转曲面的参数方程为

$$\begin{cases} x = \sqrt{\varphi^2(t) + \psi^2(t)} \cos\theta, \\ y = \sqrt{\varphi^2(t) + \psi^2(t)} \sin\theta, & (\, 0 \leqslant \theta \leqslant 2\pi, \alpha \leqslant t \leqslant \beta \,). \\ z = \sqrt{\omega(t)} \end{cases} \tag{5.16}$$

如球面 $x^2 + y^2 + z^2 = r^2$ 可以看成是 zOx 面上的半圆周

$$\begin{cases} x = r\sin\varphi, \\ y = 0, & (0 \leqslant \varphi \leqslant \pi) \\ z = r\cos\varphi \end{cases}$$

绕 z 轴旋转所得曲面, 由 (5.16) 可知, 球面的参数方程为

$$\begin{cases} x = r\sin\varphi\cos\theta, \\ y = r\sin\varphi\sin\theta, & (\, 0 \leqslant \theta \leqslant 2\pi, 0 \leqslant \varphi \leqslant \pi \,). \\ z = r\cos\varphi \end{cases}$$

4. 空间曲线在坐标平面上的投影

由空间曲线

$$C: \begin{cases} F(x,y,z) = 0, \\ G(x,y,z) = 0 \end{cases} \tag{5.17}$$

消去 z, 得方程 $H(x,y) = 0$, 该方程表示一个以曲线 C 为准线, 母线平行于 z 轴的柱面, 称为曲线 C 关于 xOy 面的**投影柱面**. 投影柱面与 xOy 面的交线称为空间曲线 C 在坐标平面 xOy 上的**投影曲线**, 其投影曲线的方程为

$$\begin{cases} H(x,y) = 0, \\ z = 0. \end{cases}$$

同理, 从方程 (5.17) 中, 消去变量 x, 得曲线 C 关于 yOz 面的投影柱面

$$P(y,z) = 0.$$

于是得空间曲线 C 在坐标平面 yOz 上的**投影曲线**

$$\begin{cases} P(y,z) = 0, \\ x = 0. \end{cases}$$

从方程 (5.17) 中, 消去变量 y, 得曲线 C 关于 zOx 面的投影柱面

$$Q(x,z) = 0.$$

于是得空间曲线 C 在坐标平面 zOx 上的**投影曲线**

$$\begin{cases} Q(x,z) = 0, \\ y = 0. \end{cases}$$

例 5.12　求旋转抛物面 $z = x^2 + y^2$ 与平面 $x + z = 1$ 的交线 C 在 xOy 平面上投影曲线的方程.

解　从曲线方程

$$\begin{cases} z = x^2 + y^2, \\ x + z = 1 \end{cases}$$

中消去变量 z, 得到曲线 C 关于 xOy 面的投影柱面方程为

$$\left(x + \frac{1}{2}\right)^2 + y^2 = \frac{5}{4}.$$

于是曲线在 xOy 平面上的投影曲线的方程为

$$\begin{cases} \left(x + \dfrac{1}{2}\right)^2 + y^2 = \dfrac{5}{4}, \\ z = 0. \end{cases}$$

进一步, 旋转抛物面 $z = x^2 + y^2$ 与平面 $x + z = 1$ 所围立体在 xOy 平面上投影是圆 $\left(x + \dfrac{1}{2}\right)^2 + y^2 = \dfrac{5}{4}$ 及该圆的内部, 即 $\left(x + \dfrac{1}{2}\right)^2 + y^2 \leqslant \dfrac{5}{4}$, 如图 6–64 所示.

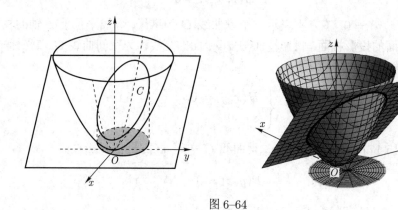

图 6–64

例 5.13　求两曲面 $z = x^2 + 2y^2$ 与 $z = 3 - 2x^2 - y^2$ 的交线 C 在 xOy 面上的投影曲线, 作出由这两个曲面所围成的立体的图形, 求出该立体在 xOy 面上的投影.

解　两椭圆抛物面的交线 C 的方程为

$$C : \begin{cases} z = x^2 + 2y^2, \\ z = 3 - 2x^2 - y^2. \end{cases}$$

消去变量 z, 得到交线 C 关于 xOy 面的投影柱面方程为 $x^2 + y^2 = 1$. 曲线 C 在 xOy 平面上的投影曲线的方程为

$$\begin{cases} x^2 + y^2 = 1, \\ z = 0, \end{cases}$$

它是 xOy 平面上的单位圆. 于是两曲面所围成的立体如图 6–65 所示, 两曲面所围成的立体在 xOy 平面上的投影是 xOy 面上的圆 $x^2 + y^2 = 1$ 以及该圆的内部, 即 $x^2 + y^2 \leqslant 1$.

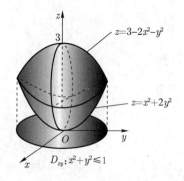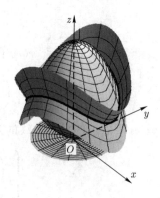

图 6–65

习题 6-5

(A)

1. 单项选择题.

(1) 方程 $y^2 + z^2 - 4x + 8 = 0$ 表示 (　　);

　　(A) 单叶双曲面　　　　　　(B) 双叶双曲面

　　(C) 锥面　　　　　　　　　(D) 旋转抛物面

曲率和挠率
及其在人体
主动脉形态
中的应用

(2) 曲面 $x^2 + y^2 + z^2 = a^2$ 与 $x^2 + y^2 = 2az(a > 0)$ 的交线是 (　　);

　　(A) 抛物线　　　　　　　　(B) 双曲线

　　(C) 圆　　　　　　　　　　(D) 椭圆

(3) 过坐标原点 O 和三点 $A(2,0,0)$, $B(1,1,0)$, $C(1,0,-1)$ 的球面方程是 (　　);

　　(A) $(x-1)^2 + y^2 + z^2 = 1$　　　　(B) $x^2 + (y-1)^2 + z^2 = 1$

　　(C) $x^2 + y^2 + (z+1)^2 = 1$　　　　(D) $(x+1)^2 + y^2 + z^2 = 1$

(4) 与坐标原点 O 及点 $A(2,3,4)$ 的距离之比为 $1:2$ 的点的全体组成的曲面方程是 (　　);

　　(A) $\left(x + \dfrac{2}{3}\right)^2 + (y+1)^2 + \left(z + \dfrac{4}{3}\right)^2 = 11$

　　(B) $\left(x + \dfrac{2}{3}\right)^2 + (y+1)^2 + \left(z + \dfrac{4}{3}\right)^2 = \dfrac{116}{9}$

　　(C) $\left(x - \dfrac{2}{3}\right)^2 + (y-1)^2 + \left(z + \dfrac{4}{3}\right)^2 = 11$

　　(D) $\left(x - \dfrac{2}{3}\right)^2 + (y-1)^2 + \left(z + \dfrac{4}{3}\right)^2 = \dfrac{116}{9}$

(5) 曲线 $L : \begin{cases} x^2 + 4y^2 - z^2 = 16, \\ 4x^2 + y^2 + z^2 = 4 \end{cases}$ 在 xOy 坐标面上投影的方程是 (　　).

　　(A) $\begin{cases} x^2 + 4y^2 = 16 \\ z = 0 \end{cases}$　　　　　　(B) $\begin{cases} 4x^2 + y^2 = 4 \\ z = 0 \end{cases}$

　　(C) $\begin{cases} x^2 + y^2 = 4 \\ z = 0 \end{cases}$　　　　　　(D) $x^2 + y^2 = 4$

2. 指出下列方程表示怎样的曲面, 并画出图形.

(1) $2x^2 - y^2 = 1$;　　　　　　　(2) $\dfrac{y^2}{4} + \dfrac{z^2}{9} = 1$;

(3) $2x^2 - z = 0$;　　　　　　　　(4) $x^2 + y^2 + z^2 - 2z = 0$;

(5) $z = 1 - \sqrt{x^2 + y^2}$;　　　　(6) $x^2 + y^2 - 2z^2 = 1$.

3. 说明下列旋转曲面是怎样形成的.

(1) $\dfrac{x^2}{4} - \dfrac{y^2}{9} - \dfrac{z^2}{9} = 1$;　　　　(2) $y = \dfrac{x^2}{4} + \dfrac{z^2}{4}$.

4. 求下列旋转曲面的方程, 并作出它们的图形.

(1) 曲线 $\begin{cases} 4x^2 + 9y^2 = 36, \\ z = 0 \end{cases}$ 绕 x 轴旋转;

(2) 曲线 $\begin{cases} x^2 = 6z, \\ y = 0 \end{cases}$ 绕 z 轴旋转;

(3) 曲线 $\begin{cases} y^2 - z^2 = 1, \\ x = 0 \end{cases}$ 绕 y 轴旋转.

5. 画出下列曲线的图形.

(1) $\begin{cases} x^2 + y^2 = 1, \\ z = \sqrt{x^2 + y^2}; \end{cases}$ 　　　　(2) $\begin{cases} x^2 + y^2 = 1, \\ 2x + 3y + 3z = 6; \end{cases}$

(3) $\begin{cases} x^2 + y^2 = 1, \\ y^2 + z^2 = 1 \end{cases}$ 在第一卦限的部分;　　(4) $\begin{cases} z = 4x^2 + y^2, \\ z = -x^2 - 4y^2 + 5. \end{cases}$

6. 求母线平行于 z 轴,且通过曲线 $L : \begin{cases} x^2 + 2y^2 - 3z = 4, \\ 2x^2 + 3y^2 + 6z = 0 \end{cases}$ 的柱面及曲线 L 在 xOy 面上的投影.

7. 将下列曲线的一般式方程化为参数方程.

(1) $\begin{cases} x^2 + y^2 + z^2 = 4, \\ y = x; \end{cases}$ 　　　　(2) $\begin{cases} (x-1)^2 + y^2 + (z+1)^2 = 4, \\ z = 0. \end{cases}$

8. 求椭圆抛物面 $z = x^2 + 2y^2 (0 \leqslant z \leqslant 4)$ 分别在各坐标面上的投影.

9. 在球面 $x^2 + y^2 + z^2 = R^2$ 上作通过点 $A(0, 0, R)$ 的弦,求动弦的中点的轨迹.

(B)

10. 画出下列各曲面所围成的立体图形.
(1) $x = 0, y = 0, z = 0, x^2 + y^2 = R^2, x^2 + z^2 = R^2 \ (R > 0)$ 在第一卦限部分;
(2) $x^2 + y^2 + z^2 = a^2, x^2 + y^2 = ay(a > 0)$;
(3) $z = x^2 + y^2, x + y = 1, x = 0, y = 0, z = 0$ 在第一卦限部分;
(4) $\left(x - \dfrac{1}{2}\right)^2 + y^2 = \dfrac{1}{4}, z = \sqrt{x^2 + y^2}, z = 0$.

11. 已知柱面以方程 $\begin{cases} \dfrac{x^2}{4} + \dfrac{y^2}{8} + \dfrac{z^2}{3} = 1, \\ y = 2 \end{cases}$ 为准线,母线平行于 y 轴,求该柱面的方程.

12. 已知柱面以 $\begin{cases} 4x^2 - y^2 = 1, \\ z = 0 \end{cases}$ 为准线,母线平行于向量 $\boldsymbol{s} = (0, 1, 1)$,求满足此条件的柱面方程.

*13. 求直线 $L : \dfrac{x-3}{2} = \dfrac{y-1}{3} = z + 1$ 绕定直线 $\begin{cases} x = 2, \\ y = 3 \end{cases}$ 旋转一周所生成的曲面方程.

*14. 求经过原点和曲线 $L : \begin{cases} \dfrac{x^2}{4} + \dfrac{y^2}{8} + \dfrac{z^2}{3} = 1, \\ y = 2 \end{cases}$ 上的点的直线所构成的曲面方程.

习题 6–5
第 13 题解答

*15. 设从椭球面 $\dfrac{x^2}{a^2} + \dfrac{y^2}{b^2} + \dfrac{z^2}{c^2} = 1$ 的中心出发, 沿方向余弦为 λ, μ, ν 的方向到椭球面上的

一点的距离为 r, 证明:

$$\frac{\lambda^2}{a^2} + \frac{\mu^2}{b^2} + \frac{\nu^2}{c^2} = \frac{1}{r^2}.$$

习题 6–5
第 15 题解答

*第六节　Mathematica 在空间解析几何中的应用

一、基本命令

命令形式 1: Plot3D[f[x, y], {x, xmin, xmax}, {y, ymin, ymax}]

功能: 画出函数 $f(x, y)$ 的自变量 (x, y) 满足 $xmin \leqslant x \leqslant xmax, ymin \leqslant y \leqslant ymax$ 的部分的曲面图形, 其选择项参数值取默认值.

命令形式 2: Plot3D[f[x, y], {x, xmin, xmax}, {y, ymin, ymax}, option1–>value1,···]

功能: 画出函数 $f(x, y)$ 的自变量 (x, y) 满足 $xmin \leqslant x \leqslant xmax, ymin \leqslant y \leqslant ymax$ 的部分的曲面图形.

命令形式 3: ParametricPlot3D[{x[t], y[t], z[t]}, {t, tmin, tmax}, option1–>value1, ···]

功能: 画出空间参数曲线方程为 $x=x(t), y=y(t), z=z(t)$ 满足 $tmin \leqslant t \leqslant tmax$ 的部分的一条空间参数曲线图形, 如果不选选择项参数, 则对应的选择项值取默认值.

命令形式 4: ParametricPlot3D[{x[u, v], y[u, v], z[u, v]}, {u, umin, umax}, {v, vmin, vmax}, option1–>value1, ···]

功能: 画出参数曲面方程为 $x=x(u, v), y=y(u, v), z=z(u, v), u \in [umin, umax], v \in [vmin, vmax]$ 部分的参数曲面图形, 如果不选选择项参数, 则对应的选择项值取默认值.

二、实验举例

例 6.1 画出函数 $z=\sin (x+\sin y)$ 在 $-3 \leqslant x \leqslant 3, -3 \leqslant y \leqslant 3$ 上的图形.

输入 Plot3D[Sin[x+Sin[y]], {x, -3, 3}, {y, -3, 3}]

输出 如图 6–66 所示.

例 6.2 画出函数 $z = -xye^{-x^2-y^2}$ 在 $-3 \leqslant x \leqslant 3, -3 \leqslant y \leqslant 3$ 上的图形.

输入 Plot3D[-x*y*Exp[-x^2-y^2], {x, -3, 3}, {y, -3, 3}]

输出 如图 6–67 所示.

例 6.3 画出如下空间曲线, 参数曲线方程为 $x=6\cos t, y=6\sin t, z=t, t$ 满足 $0 \leqslant t \leqslant 4\pi$.

输入 Clear[t]; ParametricPlot3D[{6*Cos[t], 6*Sin[t], t}, {t, 0, 4*Pi}]

输出 如图 6–68 所示.

例 6.4 画出单位球面图形.

输入 SphericalPlot3D[1,{θ,0,Pi},{φ,0,2Pi}]

输出 如图 6–69 所示.

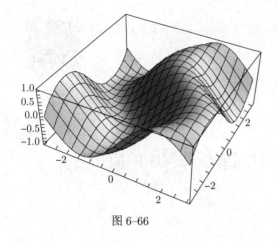

图 6-66

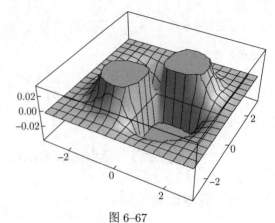

图 6-67

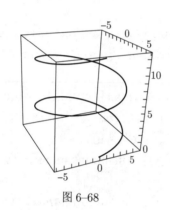

图 6-68

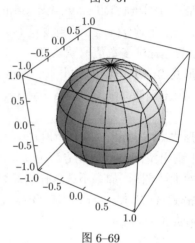

图 6-69

例 6.5 画出椭球面 $\dfrac{x^2}{4} + \dfrac{y^2}{9} + \dfrac{z^2}{1} = 1$ 的图形.

解 椭球面的参数曲面方程为

$$x = 2\sin u \cos v, y = 3\sin u \sin v, z = \cos u(0 \leqslant u \leqslant \pi, 0 \leqslant v \leqslant 2\pi).$$

输入 `Clear[u]; Clear[v];`

`ParametricPlot3D[{2*Sin[u]*Cos[v], 3*Sin[u]*Sin[v], Cos[u]}, {u, 0, Pi}, {v, 0, 2* Pi}]`

输出 如图 6-70 所示.

例 6.6 作出椭圆抛物面 $z = \dfrac{x^2}{4} + \dfrac{y^2}{9}$ 的图形, 并观察其在各坐标面上的投影.

解 椭圆抛物面的参数方程为

$$x = 2u\sin v, y = 3u\cos v, z = u^2(0 \leqslant u \leqslant a, 0 \leqslant v \leqslant 2\pi).$$

输入 `Clear[u];Clear[v];`

`d1=ParametricPlot3D[{2*u*Sin[v],3*u*Cos[v],u*u},{u,0,5},{v,0,2* Pi}]`

输出 如图 6-71 所示.

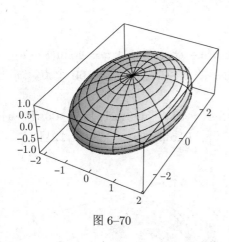

图 6–70

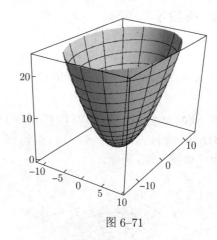

图 6–71

再输入

d2=ParametricPlot3D [{-10, 3*u*Cos[v], u*u}, {u, 0, 5}, {v, 0, 2*Pi}];

d3=ParametricPlot3D [{2*u*Sin[v], 15, u*u}, {u, 0, 5}, {v, 0, 2* Pi}];

d4=ParametricPlot3D [{2*u*Sin[v], 3*u*Cos[v], 0}, {u, 0, 5}, {v, 0, 2* Pi}];

d5=ParametricPlot3D [{0, 3*u*Cos[v], u*u}, {u, 0, 5}, {v, 0, 2* Pi}];

d6=ParametricPlot3D [{2*u*Sin[v], 0, u*u}, {u, 0, 5}, {v, 0, 2* Pi}];

Show[d1, d5, d6, d4] Show[d2, d3, d4]

输出　如图 6–72 和图 6–73 所示.

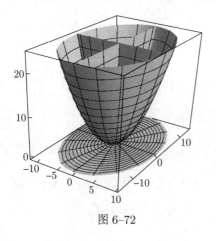

图 6–72

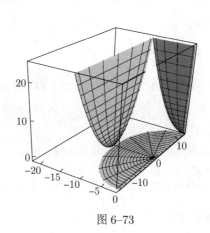

图 6–73

例 6.7　画出参数方程为 $x=\cosh u \cos v$, $y=\cosh u \sin v$, $z=u$, 满足 $-2 \leqslant u \leqslant 2$, $0 \leqslant v \leqslant 2\pi$ 的曲面图形.

输入　ParametricPlot3D[{Cosh[u]*Cos[v], Cosh[u]*Sin[v], u}, {u, -2, 2}, {v, 0, 2*Pi}]

输出　如图 6–74 所示.

例 6.8　画出参数方程为

$$x = u \cos u(4 + \cos(v + u)), y = u \sin u(4 + \cos(v + u)), z = u \sin(v + u),$$

满足 $0 \leqslant u \leqslant 4\pi$, $0 \leqslant v \leqslant 2\pi$ 的曲面图形, 图形的取点数为 x 方向 60 个点、y 方向 12 个点.

输入　`ParametricPlot3D[{u*Cos[u]*(4+Cos[v+u]), u*Sin[u]*(4+Cos[v+u]), u*Sin[v+u]}, {u, 0, 4*Pi}, {v, 0, 2*Pi}, PlotPoints->{60, 12}].`

输出　如图 6–75 所示.

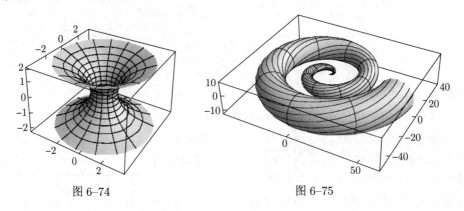

图 6–74　　　　　　　　　　　　　　　图 6–75

本 章 小 结

　　本章主要介绍向量的概念及向量的运算 (线性运算、数量积、向量积和混合积), 平面及其方程, 直线及其方程, 曲面及其方程和曲线及其方程. 在本章的学习中, 应注意培养对空间图形的想象能力.

一、向量代数

1. 空间任意两点 $M_1(x_1, y_1, z_1)$ 和 $M_2(x_2, y_2, z_2)$ 间的距离公式

$$|M_1 M_2| = \sqrt{(x_2 - x_1)^2 + (y_2 - y_1)^2 + (z_2 - z_1)^2}.$$

2. 以 $M_1(x_1, y_1, z_1)$ 为起点, $M_2(x_2, y_2, z_2)$ 为终点的向量 $\overrightarrow{M_1 M_2}$ 的坐标表达式为

$$\overrightarrow{M_1 M_2} = (x_2 - x_1)\boldsymbol{i} + (y_2 - y_1)\boldsymbol{j} + (z_2 - z_1)\boldsymbol{k} = (x_2 - x_1, y_2 - y_1, z_2 - z_1).$$

3. 向量 $\boldsymbol{a} = (a_1, a_2, a_3)$ 与 $\boldsymbol{b} = (b_1, b_2, b_3)$ 的数量积和向量积分别为

$$\boldsymbol{a} \cdot \boldsymbol{b} = |\boldsymbol{a}||\boldsymbol{b}| \cos \theta = a_1 b_1 + a_2 b_2 + a_3 b_3;$$

$$\boldsymbol{a} \times \boldsymbol{b} = \begin{vmatrix} \boldsymbol{i} & \boldsymbol{j} & \boldsymbol{k} \\ a_1 & a_2 & a_3 \\ b_1 & b_2 & b_3 \end{vmatrix};$$

特别有

$$a \perp b \Leftrightarrow a \cdot b = 0 \Leftrightarrow a_1 b_1 + a_2 b_2 + a_3 b_3 = 0;$$

$$a /\!/ b \Leftrightarrow a \times b = 0 \Leftrightarrow \frac{a_1}{b_1} = \frac{a_2}{b_2} = \frac{a_3}{b_3} (b \neq 0).$$

4. 向量 $a = (a_1, a_2, a_3)$, $b = (b_1, b_2, b_3)$ 和 $c = (c_1, c_2, c_3)$ 的混合积为

$$[a \ b \ c] = (a \times b) \cdot c = \begin{vmatrix} a_1 & a_2 & a_3 \\ b_1 & b_2 & b_3 \\ c_1 & c_2 & c_3 \end{vmatrix}.$$

二、平面

1. 过点 $M(x_0, y_0, z_0)$, 以 $n = (A, B, C)$ 为法向量的平面的点法式方程为

$$A(x - x_0) + B(y - y_0) + C(z - z_0) = 0.$$

2. 以 $n = (A, B, C)$ 为法向量的平面的一般式方程为

$$Ax + By + Cz + D = 0.$$

3. 设有两个平面

$$\pi_1 : A_1 x + B_1 y + C_1 z + D_1 = 0, \quad \pi_2 : A_2 x + B_2 y + C_2 z + D_2 = 0,$$

其中 $n_1 = (A_1, B_1, C_1), n_2 = (A_2, B_2, C_2)$, 则有如下结论:

(1) $\pi_1 \perp \pi_2 \Leftrightarrow n_1 \perp n_2 \Leftrightarrow A_1 A_2 + B_1 B_2 + C_1 C_2 = 0$;

(2) $\pi_1 /\!/ \pi_2 \Leftrightarrow n_1 /\!/ n_2 \Leftrightarrow \dfrac{A_1}{A_2} = \dfrac{B_1}{B_2} = \dfrac{C_1}{C_2}$;

(3) π_1 与 π_2 重合 $\Leftrightarrow \dfrac{A_1}{A_2} = \dfrac{B_1}{B_2} = \dfrac{C_1}{C_2} = \dfrac{D_1}{D_2}$.

(4) 平面 π_1 与 π_2 的夹角 θ 定义为它们的法向量的夹角 (锐角), 其公式为

$$\cos \theta = \frac{|n_1 \cdot n_2|}{|n_1| \, |n_2|} = \frac{|A_1 A_2 + B_1 B_2 + C_1 C_2|}{\sqrt{A_1^2 + B_1^2 + C_1^2} \sqrt{A_2^2 + B_2^2 + C_2^2}}.$$

4. 点 $P_0(x_0, y_0, z_0)$ 到平面 $\pi : Ax + By + Cz + D = 0$ 的距离为

$$d = \frac{|A x_0 + B y_0 + C z_0 + D|}{\sqrt{A^2 + B^2 + C^2}}.$$

三、直线

1. 直线 L 过点 $P_0(x_0, y_0, z_0)$ 且以 $\boldsymbol{s} = (m, n, p)$ 为方向向量, 则直线 L 的点向式方程为

$$\frac{x - x_0}{m} = \frac{y - y_0}{n} = \frac{z - z_0}{p}.$$

2. 直线 L 过点 $P_0(x_0, y_0, z_0)$ 且以 $\boldsymbol{s} = (m, n, p)$ 为方向向量, 则直线 L 的参数式方程为

$$\begin{cases} x = x_0 + mt, \\ y = y_0 + nt, \qquad t \in \mathbf{R}. \\ z = z_0 + pt, \end{cases}$$

3. 直线 L 的一般式方程为

$$\begin{cases} A_1 x + B_1 y + C_1 z + D_1 = 0, \\ A_2 x + B_2 y + C_2 z + D_2 = 0. \end{cases}$$

4. 两直线的方向向量的夹角 (通常指锐角) 称为两直线的夹角.

设两直线 L_1, L_2 的方向向量分别为 $\boldsymbol{s}_1 = (m_1, n_1, p_1), \boldsymbol{s}_2 = (m_2, n_2, p_2)$, 则 L_1 与 L_2 的夹角 θ 为

$$\cos\theta = \frac{|m_1 m_2 + n_1 n_2 + p_1 p_2|}{\sqrt{m_1^2 + n_1^2 + p_1^2}\sqrt{m_2^2 + n_2^2 + p_2^2}}.$$

有如下结论:

(1) $L_1 // L_2 \Leftrightarrow \dfrac{m_1}{m_2} = \dfrac{n_1}{n_2} = \dfrac{p_1}{p_2}$;

(2) $L_1 \perp L_2 \Leftrightarrow m_1 m_2 + n_1 n_2 + p_1 p_2 = 0.$

5. 设直线 L 的方向向量为 $\boldsymbol{s} = (m, n, p)$, 平面 π 的法向向量为 $\boldsymbol{n} = (A, B, C)$, 直线 L 与平面 π 的夹角 φ 满足

$$\sin\varphi = \frac{|Am + Bn + Cp|}{\sqrt{A^2 + B^2 + C^2}\sqrt{m^2 + n^2 + p^2}}.$$

有如下结论:

(1) $L \perp \pi \Leftrightarrow \dfrac{A}{m} = \dfrac{B}{n} = \dfrac{C}{p}$;

(2) $L // \pi \Leftrightarrow Am + Bn + Cp = 0.$

6. 设直线 L 的一般式方程为

$$L : \begin{cases} A_1 x + B_1 y + C_1 z + D_1 = 0, \\ A_2 x + B_2 y + C_2 z + D_2 = 0, \end{cases}$$

其中 A_1, B_1, C_1 和 A_2, B_2, C_2 不成比例. 过直线 L 的平面束方程为

$$A_1 x + B_1 y + C_1 z + D_1 + \lambda(A_2 x + B_2 y + C_2 z + D_2) = 0.$$

四、曲面

1. 曲面

三元方程 $F(x, y, z) = 0$ 通常表示一张曲面.

2. 球心在 $M_0(x_0, y_0, z_0)$, 半径为 R 的球面方程为

$$(x - x_0)^2 + (y - y_0)^2 + (z - z_0)^2 = R^2.$$

3. 旋转曲面

yOz 平面上的曲线 $C:\begin{cases} F(y, z) = 0, \\ x = 0 \end{cases}$ 分别绕 y 轴和 z 轴旋转一周所成旋转曲面方程为

$$F\left(y, \pm\sqrt{x^2 + z^2}\right) = 0 \quad \text{和} \quad F\left(\pm\sqrt{x^2 + y^2}, z\right) = 0.$$

(1) 圆锥面的方程为 $z^2 = k^2(x^2 + y^2)(k \neq 0)$;

(2) 旋转抛物面方程为 $z = k(x^2 + y^2)(k \neq 0)$.

4. 柱面

母线平行于 x 轴, y 轴和 z 轴的柱面方程分别为

$$h(y, z) = 0, \quad g(x, z) = 0 \quad \text{和} \quad f(x, y) = 0.$$

5. 二次曲面

(1) 椭球面方程为 $\dfrac{x^2}{a^2} + \dfrac{y^2}{b^2} + \dfrac{z^2}{c^2} = 1, \quad a > 0, b > 0, c > 0.$

(2) 单叶双曲面方程为 $\dfrac{x^2}{a^2} + \dfrac{y^2}{b^2} - \dfrac{z^2}{c^2} = 1, \quad a > 0, b > 0, c > 0.$

(3) 双叶双曲面方程为 $\dfrac{x^2}{a^2} + \dfrac{y^2}{b^2} - \dfrac{z^2}{c^2} = -1, \quad a > 0, b > 0, c > 0.$

(4) 椭圆锥面方程为 $\dfrac{x^2}{a^2} + \dfrac{y^2}{b^2} - \dfrac{z^2}{c^2} = 0, \quad a > 0, b > 0, c > 0.$

(5) 椭圆抛物面方程为 $z = \dfrac{x^2}{a^2} + \dfrac{y^2}{b^2}, \quad a > 0, b > 0.$

(6) 双曲抛物面方程为 $\dfrac{x^2}{a^2} - \dfrac{y^2}{b^2} = z, \quad a > 0, b > 0.$

五、空间曲线

1. 空间曲线的一般式方程为

$$C : \begin{cases} F(x, y, z) = 0, \\ G(x, y, z) = 0. \end{cases}$$

2. 空间曲线的参数方程为

$$C : \begin{cases} x = x(t), \\ y = y(t), \quad \alpha \leqslant t \leqslant \beta. \\ z = z(t), \end{cases}$$

3. 空间曲线在坐标面上的投影

设空间曲线

$$C: \begin{cases} F(x,y,z) = 0, \\ G(x,y,z) = 0, \end{cases}$$

消去 z, 得投影柱面的方程 $H(x,y) = 0$, 曲线 C 在 xOy 平面上的投影曲线方程为

$$\begin{cases} H(x,y) = 0, \\ z = 0. \end{cases}$$

总 习 题 六

1. 单项选择题.

(1) 非零向量 $\boldsymbol{a}, \boldsymbol{b}$ 满足 $\boldsymbol{a} \cdot \boldsymbol{b} = 0$, 则有 (　　);

  (A) $\boldsymbol{a}//\boldsymbol{b}$ (B) $\boldsymbol{a} = \lambda\boldsymbol{b}$ (λ 为非零常数)

  (C) $\boldsymbol{a} + \boldsymbol{b} = \boldsymbol{0}$ (D) $\boldsymbol{a} \perp \boldsymbol{b}$

(2) 设 $|\boldsymbol{a}| = 3, |\boldsymbol{b}| = 26, |\boldsymbol{a} \times \boldsymbol{b}| = 72$, 则 $\boldsymbol{a} \cdot \boldsymbol{b} = ($　　$)$;

  (A) ± 30 (B) 30

  (C) -30 (D) ± 20

(3) 设有直线

$$L_1 : \frac{x-1}{1} = \frac{y-5}{-2} = \frac{z+8}{1}, \quad L_2 : \begin{cases} x - y = 6, \\ 2y + z = 3, \end{cases}$$

则 L_1 与 L_2 的夹角为 (　　);

  (A) $\dfrac{\pi}{6}$ (B) $\dfrac{\pi}{4}$ (C) $\dfrac{\pi}{3}$ (D) $\dfrac{\pi}{2}$

(4) 已知直线 $L : \begin{cases} 3x - y + 2z - 6 = 0, \\ x + 4y - z + d = 0 \end{cases}$ 与 z 轴相交, 则 $d = ($　　$)$.

  (A) 6 (B) 3 (C) 2 (D) 1

2. 填空题

(1) 设一平面经过原点与点 $(6, -3, 2)$, 且与平面 $4x - y + 2z = 8$ 垂直, 则此平面的方程为_____;

(2) 设向量 $\boldsymbol{a} = (1, -1, 1)$, $\boldsymbol{b} = (3, -4, 5)$, $\boldsymbol{c} = \boldsymbol{a} + k\boldsymbol{b}$, k 为实数, 则 $k = $_____ 使 $|\boldsymbol{c}|$ 最小;

(3) 设 $\boldsymbol{a} = (2, 1, 2)$, $\boldsymbol{b} = (4, -1, 10)$, $\boldsymbol{c} = \boldsymbol{b} - \lambda\boldsymbol{a}$, 且 $\boldsymbol{a} \perp \boldsymbol{c}$, 则 $\lambda = $_____;

(4) 设数 k_1, k_2, k_3 不全为零, 且 $k_1\boldsymbol{a} + k_2\boldsymbol{b} + k_3\boldsymbol{c} = \boldsymbol{0}$, 则三向量 $\boldsymbol{a}, \boldsymbol{b}, \boldsymbol{c}$ 是_____.

3. 设 $|\boldsymbol{a}| = \sqrt{3}, |\boldsymbol{b}| = 1, \boldsymbol{a}$ 与 $\boldsymbol{b}$ 的夹角为 $\dfrac{\pi}{6}$, 求 $\boldsymbol{a} - \boldsymbol{b}$ 与 $\boldsymbol{a} + \boldsymbol{b}$ 的夹角.

4. 设 $\boldsymbol{a} = (-1, 3, 2), \boldsymbol{b} = (2, -3, -4), \boldsymbol{c} = (-3, 12, 6)$, 证明: 三向量 $\boldsymbol{a}, \boldsymbol{b}, \boldsymbol{c}$ 共面, 并用 $\boldsymbol{a}$ 和 $\boldsymbol{b}$ 表示 $\boldsymbol{c}$.

5. 设两条异面直线为 L_1 与 L_2, 其方向向量依次为 $\boldsymbol{s}_1, \boldsymbol{s}_2$, M_1 为 L_1 上的点, M_2 为 L_2 上的点, 证明: L_1 与 L_2 的距离为

$$d = \frac{|\overrightarrow{M_1M_2} \cdot (\boldsymbol{s}_1 \times \boldsymbol{s}_2)|}{|\boldsymbol{s}_1 \times \boldsymbol{s}_2|}.$$

6. 已知点 $A(1, 0, 0)$, $B(0, 2, 1)$, 试在 z 轴上求一点 C, 使 $\triangle ABC$ 的面积最小.

总习题六
第 5 题解答

7. 求过直线 $\begin{cases} x = 5, \\ z = 0 \end{cases}$ 且切于球面 $x^2 + y^2 + z^2 = 9$ 的平面方程.

8. 确定 λ, 使直线 $\frac{x-1}{1} = \frac{y+1}{2} = \frac{z-1}{\lambda}$ 与直线 $\frac{x+1}{1} = \frac{y-1}{1} = \frac{z}{1}$ 相交.

9. 已知空间三个点 M_1, M_2, M_3, 而 M 为空间中任意点, 记 $\overrightarrow{MM_1} = \boldsymbol{a}, \overrightarrow{MM_2} = \boldsymbol{b}$, $\overrightarrow{MM_3} = \boldsymbol{c}$, 证明: 以 M_1, M_2, M_3 为顶点的三角形的面积为 $\frac{1}{2}|\boldsymbol{a} \times \boldsymbol{b} + \boldsymbol{b} \times \boldsymbol{c} + \boldsymbol{c} \times \boldsymbol{a}|$.

10. 判断下列两直线

$$L_1: \frac{x+1}{1} = \frac{y}{1} = \frac{z-1}{2}, L_2: \frac{x}{1} = \frac{y+1}{3} = \frac{z-2}{4}$$

总习题六
第 9 题解答

是否在同一平面上, 若不在同一平面上, 则求其两直线间的距离.

11. 已知四面体的顶点 $A(2, 3, 1), B(4, 1, -2), C(6, 3, 7), D(-5, -4, 8)$, 求从 D 点所引高线的长度.

12. 设 $\boldsymbol{a}, \boldsymbol{b}$ 是两个非零向量, 且 $|\boldsymbol{b}| = 1, (\widehat{\boldsymbol{a}, \boldsymbol{b}}) = \frac{\pi}{3}$, x 为实数, 求极限 $\lim\limits_{x \to 0} \frac{|\boldsymbol{a} + x\boldsymbol{b}| - |\boldsymbol{a}|}{x}$.

13. 证明: 抛物面 $\frac{x^2}{a^2} + \frac{y^2}{b^2} = \frac{z}{c}$ 被平面 $z = h$ 所围成的立体体积等于其底面积和高的乘积的一半, 其中 a, b, c, h 为正常数.

总习题六
第 12 题解答

*14. 求两直线 $L_1: \begin{cases} x = 3z - 1, \\ y = 2z - 3 \end{cases}$ 与 $L_2: \begin{cases} y = 2x - 5, \\ z = 7x + 2 \end{cases}$ 的公垂线方程.

15. 求直线 $L: \frac{x-1}{1} = \frac{y}{1} = \frac{z-1}{-1}$ 在平面 $\pi: x - y + 2z - 1 = 0$ 上的投影直线 l 的方程, 并求 l 绕 y 轴旋转一周所成曲面的方程.

16. 在过直线 $L: \begin{cases} x + y + z + 1 = 0, \\ 2x + y + z = 0 \end{cases}$ 的平面中求一平面, 使得它与坐标原点的距离最长.

17. 求曲面 $z = 2 - x^2 - y^2$ 与 $z = (x-1)^2 + (y-1)^2$ 的交线在三个坐标面上的投影曲线的方程.

18. 试求顶点在原点, 且含有三个正半轴的半圆锥面方程.

19. 画出下列各曲面所围立体的图形.

(1) 抛物柱面 $2y^2 = x$, 平面 $z = 0$ 及 $\dfrac{x}{4} + \dfrac{y}{2} + \dfrac{z}{2} = 1$;

(2) 旋转抛物面 $x^2 + y^2 = z$, 柱面 $y^2 = x$, 平面 $z = 0$ 及 $x = 1$.

第六章自测题

第七章 多元函数微分学及其应用

自然界和工程技术的许多问题往往与多个因素有关, 反映在数学上, 就是一个变量依赖于多个变量的关系, 这就是多元函数问题, 因此有必要研究多元函数的微分学. 由于多元函数是一元函数的推广, 因此它保留着一元函数的许多性质, 但由于自变量由一个增加到多个, 从而它产生了某些新的内容, 因此读者更要注意这些新问题. 对于多元函数, 重点讨论二元函数, 这是因为从一元函数扩充到二元函数时, 在理论上会产生许多新的结论, 而从二元函数扩充到多元函数时, 只需在技术上进行推广. 读者在掌握了二元函数的有关概念和理论后, 很容易推广到一般的多元函数中去. 本章介绍有关平面点集的基本概念、多元函数的概念、多元函数的极限和连续、多元函数的全微分、多元函数的偏导数和方向导数、多元函数在几何中的应用及多元函数的极值, 其知识结构框图如图 7–1 所示.

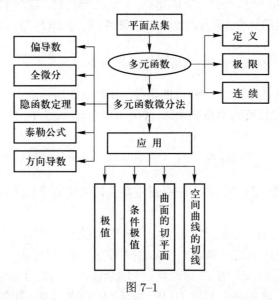

图 7–1

第一节 平面点集与多元函数

由于二元函数的定义域是平面 $\mathbf{R}^2$ 的子集, 因此, 本节先介绍平面点集的相关基本概念, 然后在此基础之上, 引入二元函数及多元函数的概念.

一、平面点集

1. 平面点集
由平面解析几何知道, 在平面上建立了直角坐标系后, 平面上的所有点和所有有序实数

对 (x, y) 之间建立了一一对应. 因此今后把 "数对" 与 "平面上的点" 这两种说法看作是完全等同的, 这种确定了坐标系的平面, 称为**坐标平面**. 把坐标平面上满足某种条件 P 的 "数对" 的集合, 称为**平面点集**, 记作

$$E = \big\{ (x, y) \,|\, (x, y) \text{ 满足条件 } P \big\}.$$

例如, 平面上所有点组成的集合为

$$\mathbf{R}^2 = \{ (x, y) | x \in \mathbf{R}, y \in \mathbf{R} \}.$$

设 a, b, c, d 为实数, 且 $a < b, c < d$, 记集合

$$S = \{ (x, y) | a \leqslant x \leqslant b, c \leqslant y \leqslant d \},$$

则 S 为一矩形及其内部所有点的全体, 通常把它记为 $[a, b] \times [c, d]$.

2. 邻域

设 $P_0(x_0, y_0)$ 是 xOy 平面上的一个固定点, δ 是某一正数, 与点 $P_0(x_0, y_0)$ 距离小于 δ 的点 $P(x, y)$ 的全体所构成的集合, 称为**点 P_0 的 δ 邻域**, 记为 $U(P_0, \delta)$, 即

$$U(P_0, \delta) = \big\{ (x, y) \,\big|\, (x - x_0)^2 + (y - y_0)^2 < \delta^2 \big\},$$

其中 P_0 称为该**邻域的中心**, δ 称为该**邻域的半径**, 如图 7–2 所示.

　　注　如果不需要强调邻域的半径 δ, 那么可用 $U(P_0)$ 表示点 P_0 的 δ 邻域.

点集

$$\big\{ (x, y) \,\big|\, 0 < (x - x_0)^2 + (y - y_0)^2 < \delta^2 \big\}$$

称为点 P_0 的**去心 δ 邻域,** 记作 $\overset{\circ}{U}(P_0, \delta)$, 在不需要强调邻域的半径 δ 时, 可记作 $\overset{\circ}{U}(P_0)$.

3. 点与点集的关系

对平面上任一点 $P \in \mathbf{R}^2$ 与任一点集 $E \subset \mathbf{R}^2$, 它们之间必有以下三种关系之一.

(1) 内点: 若存在点 P 的某一邻域 $U(P)$, 使 $U(P) \subset E$, 则称 P 为 E 的**内点**. 显然, E 的内点属于 E. 如图 7–3 所示, P_1 为 E 的内点. E 的全体内点的集合称为 E 的**内部**, 记为 $\text{int} E$.

(2) 外点: 若存在点 P 的某一邻域 $U(P)$, 使 $U(P) \bigcap E = \varnothing$, 则称 P 为 E 的**外点**. 显然, E 的外点一定不属于 E. 如图 7–3 所示, P_2 为 E 的外点.

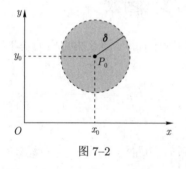

图 7–2

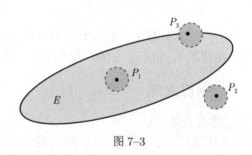

图 7–3

(3) 边界点: 若点 P 的任一邻域内既有属于 E 的点, 又有不属于 E 的点, 则称 P 为 E 的边界点, 如图 7–3 所示, P_3 为 E 的边界点. E 的边界点的全体称为 E 的**边界**, 记为 ∂E.

平面上的点 P 与点集 E 的上述关系是按 "点 P 在 E 内或在 E 外" 来区分的. 此外, 也可以按在点 P 附近是否密集着点集 E 的无穷多个点而构成另一类关系.

(1) 聚点: 若在点 P 的任何去心邻域 $\overset{\circ}{U}(P)$ 内都含有 E 中的点, 则称 P 为 E 的**聚点**. 聚点本身可以属于 E, 也可以不属于 E.

(2) 孤立点: 若点 $P \in E$, 但不是 E 的聚点, 即存在点 P 的某邻域 $U(P)$, 使得 $\overset{\circ}{U}(P) \bigcap E = \varnothing$, 则称点 P 为 E 的**孤立点**.

例 1.1　设平面点集

$$E = \left\{ (x,y) \,\middle|\, 1 < x^2 + y^2 \leqslant 4 \right\},$$

满足 $1 < x^2 + y^2 < 4$ 的一切点都是 E 的内点; 满足 $x^2 + y^2 = 1$ 的一切点都是 E 的边界点, 它们不属于 E; 满足 $x^2 + y^2 = 4$ 的一切点也都是 E 的边界点, 它们属于 E; 点集 E 连同它的边界点都是 E 的聚点.

对于点集 $E_0 = \{(x,y) \,|\, 1 < x^2 + y^2 \leqslant 4\} \bigcup \{(0,0)\}$, 点 $O(0,0)$ 是 E_0 的孤立点.

4. 重要平面点集

根据点集所属点的特征, 下面定义一些重要的平面点集.

(1) 开集: 若点集 E 的点都是 E 的内点, 则称 E 为**开集**.

例如, 点集 $E_1 = \{(x,y) \,|\, 1 < x^2 + y^2 < 4\}$ 为开集.

(2) 闭集: 若平面点集 E 的所有聚点都属于 E, 则称 E 为**闭集**. 若点集 E 没有聚点, 这时也称 E 为闭集.

例如, 点集 $E_2 = \{(x,y) \,|\, 1 \leqslant x^2 + y^2 \leqslant 4\}$ 为闭集.

例 1.1 中的点集 $E = \{(x,y) \,|\, 1 < x^2 + y^2 \leqslant 4\}$ 既非开集, 又非闭集; 点集 $\mathbf{R}^2$ 既是开集又是闭集; 此外, 约定空集 $\varnothing$ 既是开集又是闭集. 可以证明: 在一切平面点集中, 只有 $\mathbf{R}^2$ 和 $\varnothing$ 是既是开集又是闭集的点集.

(3) 连通集: 对于点集 $E \subset \mathbf{R}^2$, 若 E 内任何两点, 都可以用一条折线连接起来, 且该折线上的点都属于 E, 则称 E 为**连通集**.

(4) 区域: 连通的非空开集称为**区域**或**开区域**.

(5) 闭区域: 开区域连同它的边界一起称为**闭区域**.

例如, 集合 $\{(x,y) \,|\, 1 < x^2 + y^2 < 4\}$ 和 $\{(x,y) \,|\, x + y > 0\}$ 都是区域; 集合 $\{(x,y) \,|\, 1 \leqslant x^2 + y^2 \leqslant 4\}$ 和 $\{(x,y) \,|\, x + y \geqslant 0\}$ 都是闭区域; 集合 $\{(x,y) \,|\, xy > 0\}$ 表示第一和第三象限内部所有点的集合, 虽然是开集, 但它不具有连通性, 因此, 它不是区域.

(6) 有界集: 对于点集 $E \subset \mathbf{R}^2$, 若存在某正数 r, 使得 $E \subset U(O, r)$, 这里 O 为坐标原点, 则称 E 为**有界点集**, 否则称 E 为**无界点集**.

例如, $\{(x,y) \,|\, 1 \leqslant x^2 + y^2 \leqslant 4\}$ 为有界闭区域, 而 $\{(x,y) \,|\, x + y > 0\}$ 为无界区域.

二、n 维空间

数轴上的点与实数之间有一一对应关系, 从而全体实数表示数轴上的一切点的集合, 即直线, 记为 $\mathbf{R}$. 在平面上引入直角坐标系后, 平面上的点与二元有序数组 (x,y) 一一对应, 从而全体二元有序数组 (x,y) 表示平面上的一切点的集合, 即平面, 记为 $\mathbf{R}^2$. 在空间引入直角坐标系后, 空间的点与三元有序数组 (x,y,z) 一一对应, 从而全体三元有序数组 (x,y,z) 表示空间一切点的集合, 即空间, 记为 $\mathbf{R}^3$.

一般地, 设 n 为某一正整数, 用 $\mathbf{R}^n$ 表示 n 元有序实数组 $(x_1,x_2,\cdots,x_n)$ 的全体所构成的集合, 即

$$\mathbf{R}^n = \{(x_1,x_2,\cdots,x_n)|x_i \in \mathbf{R}, i = 1,2,\cdots,n\}.$$

$\mathbf{R}^n$ 中的元素 $(x_1,x_2,\cdots,x_n)$ 有时可用单个字母 $\boldsymbol{x}$ 来表示, 即 $\boldsymbol{x} = (x_1,x_2,\cdots,x_n)$, $\mathbf{R}^n$ 中的元素 $\boldsymbol{x} = (x_1,x_2,\cdots,x_n)$ 也称为 $\mathbf{R}^n$ 的一个**点**或一个 n **维向量**, x_i 称为点 $\boldsymbol{x} = (x_1,x_2,\cdots,x_n)$ 的**第 i 个坐标**. 当所有 $x_i(i = 1,2,\cdots,n)$ 都为零时, 称这样的元素为 $\mathbf{R}^n$ 的**零元**, 也称为 $\mathbf{R}^n$ 的**坐标原点**或 n **维零向量**, 记为 $\mathbf{0}$ 或 $\boldsymbol{O}$.

为了在集合 $\mathbf{R}^n$ 中的元素之间建立联系, 在 $\mathbf{R}^n$ 中定义**线性运算**如下:

设 $\boldsymbol{x} = (x_1,x_2,\cdots,x_n)$, $\boldsymbol{y} = (y_1,y_2,\cdots,y_n)$ 为 $\mathbf{R}^n$ 中任意两个元素, λ 为任意实数, 定义两个向量的**加法**为

$$\boldsymbol{x} + \boldsymbol{y} = (x_1 + y_1, x_2 + y_2, \cdots, x_n + y_n).$$

向量 $\boldsymbol{x}$ 与数 $\lambda \in \mathbf{R}$ 的**乘法**为

$$\lambda\boldsymbol{x} = (\lambda x_1, \lambda x_2, \cdots, \lambda x_n).$$

此时, 称 $\mathbf{R}^n$ 构成一个 n **维实向量空间**, 简称 n **维空间**.

n 维空间 $\mathbf{R}^n$ 中的两点 $\boldsymbol{x} = (x_1,x_2,\cdots,x_n)$ 和 $\boldsymbol{y} = (y_1,y_2,\cdots,y_n)$ 之间的**距离**定义为

$$\rho(\boldsymbol{x},\boldsymbol{y}) = \sqrt{(y_1 - x_1)^2 + (y_2 - x_2)^2 + \cdots + (y_n - x_n)^2}.$$

显然, 当 $n = 1, 2, 3$ 时, 上式就是数轴上、直角坐标系下平面与空间中两点间的距离.

$\mathbf{R}^n$ 中元素 $\boldsymbol{x} = (x_1,x_2,\cdots,x_n)$ 与零元 $\mathbf{0}$ 之间的距离 $\rho(\boldsymbol{x},\mathbf{0})$, 记作 $||\boldsymbol{x}||$, 即

$$||\boldsymbol{x}|| = \sqrt{x_1^2 + x_2^2 + \cdots + x_n^2}.$$

若采用上述记号, 则 $\rho(\boldsymbol{x},\boldsymbol{y}) = ||\boldsymbol{x} - \boldsymbol{y}||$.

在 n 维空间中, 定义了距离后, 可以定义 $\mathbf{R}^n$ 中的邻域、内点、外点及边界点等概念. 例如, 设 $\boldsymbol{a} = (a_1,a_2,\cdots,a_n) \in \mathbf{R}^n$, δ 为某个正数, 则 n 维空间 $\mathbf{R}^n$ 内的点集

$$U(\boldsymbol{a},\delta) = \{\boldsymbol{x}|\boldsymbol{x} \in \mathbf{R}^n, \rho(\boldsymbol{x},\boldsymbol{a}) < \delta\},$$

称为 $\mathbf{R}^n$ 中**点 $\boldsymbol{a}$ 的 δ 邻域**.

以邻域概念为基础, 类似于平面, 可定义 $\mathbf{R}^n$ 中的内点、外点、边界点及区域等概念.

定义 1.1 设变元 $\boldsymbol{x} = (x_1, x_2, \cdots, x_n) \in \mathbf{R}^n$, 固定元 $\boldsymbol{a} = (a_1, a_2, \cdots, a_n) \in \mathbf{R}^n$, 若

$$\rho(\boldsymbol{x}, \boldsymbol{a}) = \|\boldsymbol{x} - \boldsymbol{a}\| \to 0,$$

则称变元 $\boldsymbol{x}$ 在 $\mathbf{R}^n$ 中趋于固定元 $\boldsymbol{a}$, 记作 $\boldsymbol{x} \to \boldsymbol{a}$.

显然, $\boldsymbol{x} \to \boldsymbol{a} \Leftrightarrow x_1 \to a_1, x_2 \to a_2, \cdots, x_n \to a_n$.

空间与结构

三、多元函数

1. 多元函数定义

在自然界和实际问题中, 常常遇到多个变量的依赖关系.

例 1.2 长方形的面积 S 与它的长 x 和宽 y 之间具有关系

$$S = xy,$$

此处, 当 x, y 在集合 $E = \{(x, y) \mid x > 0, y > 0\}$ 内取定一对值 (x, y) 时, 变量 S 的对应值就随之而定.

例 1.3 中心在原点 $O(0, 0)$, 在 x 轴, y 轴和 z 轴上的半轴分别为 a, b 和 c 的上半椭球面的方程为

$$z = c\sqrt{1 - \frac{x^2}{a^2} - \frac{y^2}{b^2}},$$

此处, 变量 x, y 在集合 $\left\{(x, y) \left| \frac{x^2}{a^2} + \frac{y^2}{b^2} \leqslant 1 \right.\right\}$ 内取定一组值 (x, y), 变量 z 的对应值就随之而定.

例 1.4 设 R 是电阻 R_1 和电阻 R_2 并联后的总电阻, 由电学知道, 它们之间具有关系

$$R = \frac{R_1 R_2}{R_1 + R_2},$$

此处, 当 R_1, R_2 在集合 $E = \{(R_1, R_2) \mid R_1 > 0, R_2 > 0\}$ 内取定一对值 (R_1, R_2) 时, 变量 R 的对应值就随之而定.

上面的三个例子的具体意义虽然不同, 但它们确有共同的性质, 抽象出这些共同性质就是下面的二元函数的定义.

定义 1.2 设平面点集 $D \subset \mathbf{R}^2$ 非空, 若按照确定法则 f, 对每个点 $P(x, y) \in D$, 都有唯一确定的实数 z 与之对应, 则称 f 是定义在 D 上的 **二元函数**, 记作

$$z = f(x, y), \quad (x, y) \in D,$$

或简记为

$$z = f(P), \quad P \in D,$$

其中 x, y 称为**自变量**, z 称为**因变量**, 自变量的取值范围 D 称为函数 f 的**定义域**, 也记为 D_f.

上述定义中, 与自变量 x, y 的一对值 (x, y) 相对应的因变量 z 的值, 也称为 f 在点 (x, y) 处的

函数值, 记作 $f(x, y)$, 即 $z = f(x, y)$. 函数值的全体所构成的集合 $\{z \mid z = f(x, y),\ (x, y) \in D\}$ 称为函数 f 的**值域**, 记作 $f(D)$.

类似地, 可定义三元函数 $u = f(x, y, z)$ 及 n 元函数 $u = f(x_1, x_2, \cdots, x_n)$. 一般地, 把定义 1.2 中的平面点集 D 换成三维空间 $\mathbf{R}^3$ 或 n 维空间 $\mathbf{R}^n$ 中的点集 D 即可.

定义 1.3 设 D 为 n 维空间 $\mathbf{R}^n$ 的非空点集, 若按照确定法则 f, 对于每个点 $P(x_1, x_2, \cdots, x_n) \in D$, 都有唯一确定的实数 y 与之对应, 则称 f 是定义在 D 上的 n **元函数**, 记作

$$y = f(x_1, x_2, \cdots, x_n), (x_1, x_2, \cdots, x_n) \in D,$$

或简记为

$$y = f(P), \quad P \in D.$$

当 $n=1$ 时称为一元函数, $n \geqslant 2$ 时, n 元函数统称为**多元函数**.

注 关于多元函数的定义域, 与一元函数相类似, 若函数关系用解析式子表示, 则其**定义域就是使解析式子有意义的自变量取值的全体**, 这种定义域称为函数的**自然定义域**. 二元函数定义域一般为 xOy 平面上的区域, 三元函数定义域一般为空间区域, 这些点集可用自变量所满足的不等式或不等式组表示.

例 1.5 函数 $z = \ln(x + y)$ 的定义域为 $\{(x, y) \mid x + y > 0\}$, 它是 xOy 上的一个无界开区域, 如图 7–4 所示 (图中阴影部分).

例 1.6 函数 $z = \arcsin(x^2 + 2y^2)$ 的定义域为 $\{(x, y) \mid x^2 + 2y^2 \leqslant 1\}$, 它是 xOy 上的一个有界闭区域, 如图 7–5 所示 (图中阴影部分).

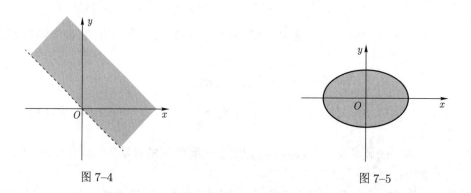

图 7–4　　　　　　　　　　　　　图 7–5

例 1.7 函数 $z = \sqrt{1 - x^2} + \sqrt{y^2 - 1}$ 的定义域为 $D = \{(x, y) \mid |x| \leqslant 1, |y| \geqslant 1\}$, 是 xOy 上的两个无界闭区域, 如图 7–6 所示 (图中阴影部分).

例 1.8 函数 $u = \dfrac{1}{\sqrt{z - x^2 - y^2}}$ 的定义域为 $D = \left\{(x, y, z) \mid z > x^2 + y^2, x,\ y \in \mathbf{R}\right\}$, 它表示三维空间 $\mathbf{R}^3$ 中以抛物面 $z = x^2 + y^2$ 为边界, 其抛物面内部的无界开区域, 如图 7–7 所示 (图中阴影部分).

例 1.9 设 $f\left(x + y, \dfrac{y}{x}\right) = x^2 - y^2$, 求 $f(x, y)$.

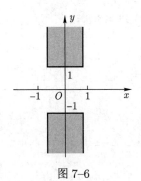

图 7-6

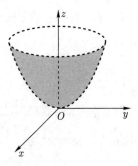

图 7-7

解 令 $u = x + y, v = \dfrac{y}{x}$, 则 $x = \dfrac{u}{1+v}, y = \dfrac{uv}{1+v}$, 于是

$$f(u,v) = \left(\frac{u}{1+v}\right)^2 - \left(\frac{uv}{1+v}\right)^2 = \frac{u^2(1-v)}{1+v},$$

故 $f(x,y) = \dfrac{x^2(1-y)}{1+y}$ $(y \neq -1)$.

2. 二元函数几何意义

设二元函数 $z = f(x,y)$ 的定义域为 D, 对于任意取定的点 $P(x,y) \in D$, 对应函数值为 $z = f(x,y)$. 于是, 以 x 为横坐标, y 为纵坐标, $z = f(x,y)$ 为竖坐标在空间确定一点 $M(x,y,z)$. 当 (x,y) 取遍 D 上的一切点时, 得到一个空间点集

$$\{(x,y,z) \mid z = f(x,y), (x,y) \in D\},$$

该点集称为**二元函数** $z = f(x,y)$ **的图形**, 如图 7-8 所示. 二元函数 $z = f(x,y), (x,y) \in D$ 的图形通常为一张空间曲面, 定义域 D 为该曲面在 xOy 平面上的投影.

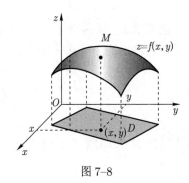

图 7-8

习题 7-1

(A)

1. 设 $f(x,y) = \dfrac{x^2 - y^2}{xy}$, 求 $f(-y,x)$, $f\left(\dfrac{1}{x}, \dfrac{1}{y}\right)$ 及 $f(x, f(x,y))$.

2. 设 $f\left(\dfrac{x}{y}, \sqrt{xy}\right) = \dfrac{x^3 - 2xy^2\sqrt{xy} + 3xy^4}{y^3}$, 求 $f(x,y)$ 及 $f\left(\dfrac{1}{x}, \dfrac{2}{y}\right)$.

3. 已知 $f(x,y) = x + y - xy\tan\dfrac{x}{y}$, 求 $f(tx, ty)$.

4. 设 $f(u,v,w) = u^w + w^{u+v}$, 求 $f(x+y, x-y, xy)$.

5. 设 $z = \sqrt{y} + f(\sqrt{x} - 1)$, 当 $y = 1$ 时, $z = x$, 试确定函数 $f(x)$ 和 $z(x, y)$.

6. 求下列函数的定义域.

(1) $z = \dfrac{\sqrt{4x - y^2}}{\ln(1 - x^2 - y^2)}$;

(2) $z = \sqrt{x - \sqrt{y}}$;

(3) $z = \sqrt{(x^2 + y^2 - a^2)(2a^2 - x^2 - y^2)} \, (a > 0)$;

(4) $z = \arcsin \dfrac{x}{y^2} + \ln\left(1 - \sqrt{y}\right)$;

(5) $u = \arcsin \dfrac{z}{\sqrt{x^2 + y^2}}$.

第二节　多元函数的极限与连续性

与一元函数类似, 为了建立多元函数微积分学, 必须把一元函数的极限与连续性的概念推广到多元函数. 这两个概念从一元推广到二元会有本质上的变化, 但从二元推广到 $n(n > 2)$ 元没有任何实质性的变化. 因此, 本节先介绍二元函数的极限和连续性概念, 然后介绍多元连续函数的基本性质.

一、二元函数极限

定义 2.1　设函数 $f(x, y)$ 在 $D \subset \mathbf{R}^2$ 上有定义, $P_0(x_0, y_0)$ 是 D 的聚点, 若存在某常数 A, 对于任意给定的 $\varepsilon > 0$, 都存在一个正数 δ, 使得当 $P(x, y) \in D \bigcap \mathring{U}(P_0, \delta)$ 时, 都有

$$|f(P) - A| = |f(x, y) - A| < \varepsilon,$$

则称常数 A 为**函数** $f(x, y)$ **当** $(x, y) \to (x_0, y_0)$ **时的极限**, 记作

$$\lim_{(x, y) \to (x_0, y_0)} f(x, y) = A \quad \text{或} \quad f(x, y) \to A\left((x, y) \to (x_0, y_0)\right),$$

也可记作

$$\lim_{P \to P_0} f(P) = A \quad \text{或} \quad f(P) \to A\,(P \to P_0).$$

为了区别于一元函数的极限, 上述二元函数的极限也称为**二重极限**.

注　(1) 二重极限 $\lim\limits_{(x, y) \to (x_0, y_0)} f(x, y) = A$ 存在, 是指点 $P(x, y)$ 以任何方式趋于 $P_0(x_0, y_0)$ 时, 函数 $f(x, y)$ 都无限接近常数 A. 所以要证明某极限不存在时, 只要以两种不同方式 (或两条不同路径) 趋于 $P_0(x_0, y_0)$ 时, 函数趋于不同的值, 就可断定函数的极限不存在.

(2) 以上关于二元函数的极限概念可以很容易地推广到 n 元函数 $z = f(P)$ 或 $z = f(x_1, x_2, \cdots, x_n)$.

(3) 多元函数的极限有与一元函数的极限类似的性质. 如: 若 $\lim\limits_{(x,y)\to(x_0,y_0)} f(x,y) = A$, $\lim\limits_{(x,y)\to(x_0,y_0)} g(x,y) = B$, 则 $\lim\limits_{(x,y)\to(x_0,y_0)} (f(x,y) \pm g(x,y)) = A \pm B$ 等.

例 2.1 设 $f(x,y) = \dfrac{x^2 y}{x^2 + y^2} (x^2 + y^2 \neq 0)$, 证明: $\lim\limits_{(x,y)\to(0,0)} f(x,y) = 0$.

证 显然, 函数 $f(x,y)$ 在 $D = \big\{(x,y) \mid (x,y) \in \mathbf{R}^2$ 且 $(x,y) \neq (0,0)\big\}$ 有定义, 原点 $O(0,0)$ 是 D 的聚点. 由于

$$|f(x,y) - 0| = \left| \frac{x^2 y}{x^2 + y^2} \right| \leqslant |y| \leqslant \sqrt{x^2 + y^2},$$

因此对任意给定的 $\varepsilon > 0$, 取 $\delta = \varepsilon$, 则当

$$0 < \sqrt{(x-0)^2 + (y-0)^2} < \delta,$$

即点 $P(x,y) \in D \bigcap \mathring{U}(O,\delta)$ 时, 总有

$$|f(x,y) - 0| = \left| \frac{x^2 y}{x^2 + y^2} - 0 \right| < \varepsilon,$$

故 $\lim\limits_{(x,y)\to(0,0)} f(x,y) = 0$.

例 2.2 二元函数

$$f(x,y) = \begin{cases} \dfrac{xy}{x^2 + y^2}, & (x,y) \neq (0,0), \\ 0, & (x,y) = (0,0) \end{cases}$$

在点 $(0,0)$ 处极限是否存在?

解 显然, 函数 $f(x,y)$ 在 $D = \{(x,y) \mid (x,y) \in \mathbf{R}^2$ 且 $(x,y) \neq (0,0)\}$ 内有定义, 原点 $O(0,0)$ 是 D 的聚点. 设点 $P(x,y)$ 沿直线 $y = kx$ 趋向于 $O(0,0)$, 则

$$\lim\limits_{\substack{(x,y)\to(0,0) \\ y = kx}} f(x,y) = \lim\limits_{x\to 0} \frac{kx^2}{(1+k^2)x^2} = \frac{k}{1+k^2}.$$

上式表明: 若 k 不同, 即当点 $P(x,y)$ 沿着不同的直线 $y = kx$ 趋向于 $O(0,0)$ 时, $f(x,y)$ 趋于不同的常数. 所以 $P(x,y) \to (0,0)$ 时, $f(x,y)$ 的极限不存在.

求多元函数的极限, 仍可利用一元函数求极限的一些方法. 例如, 利用两个重要极限求极限, 利用无穷小性质 (无穷小乘有界量仍为无穷小) 求极限, 利用连续性求极限, 等等.

例 2.3 求极限 $\lim\limits_{(x,y)\to(0,0)} \dfrac{xy}{\sqrt{xy+4}-2}$.

解 $\lim\limits_{(x,y)\to(0,0)} \dfrac{xy}{\sqrt{xy+4}-2} = \lim\limits_{(x,y)\to(0,0)} \dfrac{xy(\sqrt{xy+4}+2)}{xy}$

$$= \lim\limits_{(x,y)\to(0,0)} (\sqrt{xy+4}+2) = 4.$$

例 2.4 设函数 $f(x,y) = (x^2 + y^2) \sin \dfrac{1}{x^2 + y^2}$, 求 $\lim\limits_{(x,y) \to (0,0)} f(x,y)$.

解 当 $x^2 + y^2 \neq 0$ 时, 有

$$0 < |f(x,y)| = \left| (x^2 + y^2) \sin \frac{1}{x^2 + y^2} \right| \leqslant x^2 + y^2,$$

而 $\lim\limits_{(x,y) \to (0,0)} (x^2 + y^2) = 0$, 由夹逼准则, 有

$$\lim_{(x,y) \to (0,0)} \left| (x^2 + y^2) \sin \frac{1}{x^2 + y^2} \right| = 0,$$

故 $\lim\limits_{(x,y) \to (0,0)} f(x,y) = 0$.

例 2.5 求 $\lim\limits_{(x,y) \to (0,2)} \dfrac{\sin xy}{x}$.

解 因为 $f(x,y) = \dfrac{\sin xy}{x}$ 在 $D_1 = \{(x,y) \,|\, x < 0\}$ 和 $D_2 = \{(x,y) \,|\, x > 0\}$ 中都有定义, 点 $P(0,2)$ 同时为 D_1 与 D_2 的边界点, 也是它们的聚点, 所以无论在 D_1 与 D_2 中, 都有

$$\lim_{(x,y) \to (0,2)} \frac{\sin xy}{x} = \lim_{xy \to 0} \frac{\sin xy}{xy} \cdot \lim_{y \to 2} y = 1 \times 2 = 2.$$

二、多元函数的连续性

1. 二元函数的连续性

定义 2.2 设函数 $f(x,y)$ 在 $D \subset \mathbf{R}^2$ 上有定义, $P_0(x_0, y_0) \in D$ 是 D 的聚点. 若

$$\lim_{(x,y) \to (x_0, y_0)} f(x,y) = f(x_0, y_0),$$

则称 $f(x,y)$ 在点 $P_0(x_0, y_0)$ 处**连续**.

若 $f(x,y)$ 在 D 内每一点都连续, 则称函数 $f(x,y)$ 在 D **内连续**, 或称函数 $f(x,y)$ 是 D 内的**连续函数**.

定义 2.3 设函数 $f(x,y)$ 在 $D \subset \mathbf{R}^2$ 上有定义, $P_0(x_0, y_0)$ 是 D 的聚点, 若 $f(x,y)$ 在点 $P_0(x_0, y_0)$ 不连续, 则称 $P_0(x_0, y_0)$ 是 $f(x,y)$ 的**间断点**.

注 (1) 二元函数连续性概念可相应地推广到 n 元函数 $f(P)$;

(2) 二元函数间断点可以是孤立点, 也可以形成 xOy 平面上一条曲线.

例 2.6 二元函数

$$f(x,y) = \begin{cases} \dfrac{xy}{x^2 + y^2}, & x^2 + y^2 \neq 0, \\ 0, & x^2 + y^2 = 0, \end{cases}$$

由例 2.2 可知, 该函数 $f(x,y)$ 在点 $(0,0)$ 处极限不存在, 所以点 $(0,0)$ 是该函数的间断点.

例 2.7 函数 $z = \sin \dfrac{1}{x^2 + y^2 - 1}$, 其定义域 $D = \{(x,y)|x^2 + y^2 \neq 1\}$, 该函数在圆周 $C = \{(x,y)|x^2 + y^2 = 1\}$ 上没有定义, 但圆周 C 上的每个点都是 D 的聚点, 所以圆周 C 上各点都是间断点.

2. 多元连续函数的性质

由于一元函数关于极限的运算法则, 对多元函数极限仍然适用. 因此, 根据多元函数的极限运算法则及连续性定义可知, 多元连续函数的和、差、积仍为连续函数; 多元连续函数的商在分母不为零时仍为连续函数; 多元连续函数的复合函数仍为连续函数.

与一元初等函数类似, 由常数和具有不同自变量的一元基本初等函数经过有限次的四则运算和复合运算所得到的, 并能用一个式子表示的多元函数称为**多元初等函数**. 例如, $\dfrac{x^2 - 2y + xy}{x^2 + y^2}$, $\arcsin(xy)$, $e^{x^2 - 2y^2}$ 等都是多元初等函数.

利用基本初等函数的连续性及上述多元连续函数的性质可得如下结论:

一切多元初等函数在其定义区域内是连续的, 这里所谓的定义区域是指在定义域内的区域或闭区域.

例如, $\dfrac{x^2 - 2y + xy}{x^2 + y^2}$, $\arcsin(xy)$, $e^{x^2 - 2y^2}$ 都是多元初等函数, 因而它们在其各自的定义区域内都是连续函数.

由多元初等函数的连续性, 若求多元初等函数 $f(P)$ 在 P_0 处的极限, 而点 P_0 又在函数 $f(P)$ 的定义区域内, 则所求极限值就是函数 $f(P)$ 在 P_0 处的函数值, 即

$$\lim_{P \to P_0} f(P) = f(P_0).$$

例 2.8 求极限 $\displaystyle\lim_{(x,y) \to (0,0)} \dfrac{x^2 + y^2}{1 - \sqrt{1 + x^2 + y^2}}$.

解
$$\lim_{(x,y) \to (0,0)} \frac{x^2 + y^2}{1 - \sqrt{1 + x^2 + y^2}} = \lim_{(x,y) \to (0,0)} \frac{(x^2 + y^2)(1 + \sqrt{1 + x^2 + y^2})}{1 - \left(\sqrt{1 + x^2 + y^2}\right)^2}$$
$$= -\lim_{(x,y) \to (0,0)} (1 + \sqrt{1 + x^2 + y^2})$$
$$= -2.$$

例 2.9 求 $\displaystyle\lim_{(x,y) \to (1,2)} \dfrac{x^2 + y^3}{yx}$.

解 由于 $f(x,y) = \dfrac{x^2 + y^3}{xy}$ 是初等函数, 其定义域为

$$D = \{(x,y) \,|\, x \neq 0 \,, y \neq 0\}.$$

因 D 不是连通的, 因此 D 不是区域, 但 $D_1 = \{(x,y) \,|\, x > 0 \,, y > 0\}$ 是区域, 且 $D_1 \subset D$, 故 D_1 是 $f(x,y)$ 的一个定义区域, 又 $P_0(1,2) \in D_1$, 所以

$$\lim_{(x,y) \to (1,2)} \frac{x^2 + y^3}{yx} = f(1,2) = \frac{9}{2}.$$

3. 有界闭区域上连续函数的性质

对于多元连续函数, 在有界闭区域上也有类似于一元连续函数在闭区间上所具有的重要性质.

定理 2.1 (有界性定理)　若多元函数 $f(P)$ 在有界闭区域 D 上连续, 则 $f(P)$ 在 D 上有界, 即存在某常数 $M > 0$, 使得对任意 $P \in D$, 都有 $|f(P)| \leqslant M$.

定理 2.2 (最大值和最小值定理)　若多元函数 $f(P)$ 在有界闭区域 (或有界闭集)D 上连续, 则 $f(P)$ 在 D 上必能取得它的最大值和最小值, 即在 D 上至少存在两点 P_1 和 P_2, 使得

$$f(P_1) = \min\{f(P)|P \in D\}, \quad f(P_2) = \max\{f(P)|P \in D\}.$$

即

$$f(P_1) \leqslant f(P) \leqslant f(P_2), \quad \forall P \in D.$$

定理 2.3 (介值定理)　若多元函数 $f(P)$ 在有界闭区域 D 上连续, 则函数 $f(P)$ 必能取得介于它的最大值和最小值之间的一切值, 即记 $m = \min\{f(P)|P \in D\}$, $M = \max\{f(P)|P \in D\}$, 对于任意 $m < \mu < M$, 至少存在一点 $P_0 \in D$, 使得 $f(P_0) = \mu$.

*定理 2.4 (一致连续性定理)　若多元函数 $f(P)$ 在有界闭区域 D 上连续, 则 $f(P)$ 在 D 上一致连续, 即对 $\forall \varepsilon > 0$, 总 $\exists \delta > 0$, 使得对 D 上的任意两点 P_1 和 P_2, 只要 $\rho(P_1, P_2) < \delta$, 就有

$$|f(P_1) - f(P_2)| < \varepsilon.$$

习题 7–2

(A)

1. 求下列极限.

(1) $\displaystyle\lim_{(x,y)\to(1,2)} \frac{xy}{x^2+1}$;

(2) $\displaystyle\lim_{(x,y)\to(0,0)} \frac{\sqrt{xy+1}-1}{xy}$;

(3) $\displaystyle\lim_{(x,y)\to(0,0)} \frac{1-\cos(x^2+y^2)}{(x^2+y^2)^2}$;

(4) $\displaystyle\lim_{(x,y)\to(1,0)} \left(1+\frac{y}{x}\right)^{\frac{2}{y}}$.

2. 证明下列极限不存在.

(1) $\displaystyle\lim_{(x,y)\to(0,0)} \frac{xy}{x+y}$;

(2) $\displaystyle\lim_{(x,y)\to(0,0)} \frac{x^2-y^2}{x^2+y^2}$.

3. 求函数 $z = \dfrac{y^2+2x}{y^2-3x}$ 的间断点.

4. 求函数 $z = \tan(x^2+y^2)$ 的间断点.

习题 7–2
第 2(1) 题解答

5. 证明: 函数 $f(x,y) = \begin{cases} \dfrac{2xy}{x^2+y^2}, & x^2+y^2 \neq 0, \\ 0, & x^2+y^2 = 0 \end{cases}$ 在点 $(0,0)$ 处不连续.

6. 证明: $\displaystyle\lim_{(x,y)\to(0,0)} \frac{xy}{\sqrt{x^2+y^2}} = 0$.

(B)

7. 求下列极限.

(1) $\lim\limits_{(x,y)\to(0,0)} \dfrac{\mathrm{e}^{xy}-1}{\cos^2 x + \sin^2 x}$;

(2) $\lim\limits_{(x,y)\to(1,1)} \dfrac{\ln\left(\dfrac{x^2+y^2}{xy}\right)-1}{(x-1)^2+y^2}$;

(3) $\lim\limits_{(x,y)\to(0,0)} (\sqrt[3]{x}+y)\sin\dfrac{1}{x}\cos\dfrac{1}{y}$;

(4) $\lim\limits_{(x,y)\to(0,0)} \dfrac{\sqrt{x^2y^2+1}-1}{x^2+y^2}$;

(5) $\lim\limits_{(x,y)\to(0,0)} (1+x^2y^2)^{\frac{1}{x^2+y^2}}$;

(6) $\lim\limits_{(x,y)\to(0,0)} \dfrac{\sin(x^4+y^4)}{x^2+y^2}$.

8. 设

$$f(x,y) = \begin{cases} xy\dfrac{x^2-y^2}{x^2+y^2}, & x^2+y^2 \neq 0, \\ 0, & x^2+y^2 = 0, \end{cases}$$

证明: $\lim\limits_{(x,y)\to(0,0)} f(x,y) = 0$.

9. 下列极限是否存在? 若存在, 求其极限.

(1) $\lim\limits_{(x,y)\to(0,0)} (1+xy)^{\frac{1}{x+y}} (x+y \neq 0)$;

(2) $\lim\limits_{(x,y)\to(0,0)} \dfrac{x^2y^2}{x^2y^2+(x-y)^2}$;

(3) $\lim\limits_{(x,y)\to(0,0)} \dfrac{x^4+3x^2y^2+2xy^3}{(x^2+y^2)^2}$.

第三节 全微分与偏导数

本节把一元函数的微分与导数推广到多元函数, 将得到多元函数的全微分和偏导数的概念和性质.

一、全微分定义

由一元函数微分学知道, 当 $f'(x) \neq 0$ 时, 一元函数 $y = f(x)$ 的微分 $\mathrm{d}y = f'(x)\mathrm{d}x$ 是函数 $y = f(x)$ 的增量 Δy 的线性主部, 用函数的微分 $\mathrm{d}y$ 近似代替函数的增量 Δy, 当 $\Delta x \to 0$ 时, 舍去的是比 Δx 高阶的无穷小量.

例 3.1 设矩形的长为 x, 宽为 y, 矩形的面积为 S, 即 $S = xy$. 若测量矩形的边长 x 和 y 时, 产生的误差分别为 Δx 和 Δy, 则计算矩形的面积产生的误差为

$$\Delta S = (x + \Delta x)(y + \Delta y) - xy = y\Delta x + x\Delta y + \Delta x\Delta y.$$

上式包含两部分, 一部分是 $y\Delta x + x\Delta y$, 它是关于 Δx 和 Δy 的线性函数; 另一部分是 $\Delta x\Delta y$, 当 $(\Delta x, \Delta y) \to (0,0)$, 即 $\rho = \sqrt{(\Delta x)^2 + (\Delta y)^2} \to 0$ 时, 它是比 ρ 高阶的无穷小量. 因此, 略去 $\Delta x\Delta y$, 用 $y\Delta x + x\Delta y$ 近似代替 ΔS, 其产生的误差为

$$\Delta S - (y\Delta x + x\Delta y) = \Delta x\Delta y,$$

当 $\rho \to 0$ 时, 上述误差是比 ρ 高阶的无穷小量. 此时, 称 $y\Delta x + x\Delta y$ 为函数 $S = xy$ 的全微分.

设函数 $z = f(x, y)$ 在点 $P_0(x_0, y_0)$ 的某邻域 $U(P_0)$ 内有定义, $P(x_0+\Delta x, y_0+\Delta y) \in U(P_0)$, 称这两点函数值之差 $f(x_0 + \Delta x, y_0 + \Delta y) - f(x_0, y_0)$ 为函数 $z = f(x, y)$ 在点 P_0 处对应于自变量增量 $\Delta x, \Delta y$ 的**全增量**或**改变量**, 记为 Δz, 即

$$\Delta z = f(x_0 + \Delta x, y_0 + \Delta y) - f(x_0, y_0).$$

若 $\Delta y = 0$, 则 $\Delta z = f(x_0 + \Delta x, y_0) - f(x_0, y_0)$, 称此增量为函数 $z = f(x, y)$ 在点 P_0 处关于自变量 x 的**偏增量**, 记为 $\Delta_x z$ 或 $\Delta_x f$, 即

$$\Delta_x z = \Delta_x f = f(x_0 + \Delta x, y_0) - f(x_0, y_0).$$

同理, 函数 $z = f(x, y)$ 在点 P_0 处关于自变量 y 的**偏增量**为

$$\Delta_y z = \Delta_y f = f(x_0, y_0 + \Delta y) - f(x_0, y_0).$$

定义 3.1 设函数 $z = f(x, y)$ 在点 $P_0(x_0, y_0)$ 的某邻域 $U(P_0)$ 内有定义, 对于 $U(P_0)$ 中的任意点 $P(x_0 + \Delta x, y_0 + \Delta y)$, 若函数 $z = f(x, y)$ 在点 P_0 处的全增量

$$\Delta z = f(x_0 + \Delta x, y_0 + \Delta y) - f(x_0, y_0) \tag{3.1}$$

可以表示为

$$\Delta z = A\Delta x + B\Delta y + o(\rho), \tag{3.2}$$

其中 A, B 与 $\Delta x, \Delta y$ 无关, 而仅与 x_0, y_0 有关, $\rho = \sqrt{(\Delta x)^2 + (\Delta y)^2}$, 当 $\rho \to 0$ 时, $o(\rho)$ 是比 ρ 更高阶的无穷小量, 则称 $z = f(x, y)$ 在**点 $P_0(x_0, y_0)$ 处可微**, 并称 (3.2) 中的关于 $\Delta x, \Delta y$ 的线性函数 $A\Delta x + B\Delta y$ 为函数 $z = f(x, y)$ 在点 $P_0(x_0, y_0)$ 的**全微分**, 记作

$$\mathrm{d}z|_{P_0} = \mathrm{d}f(x_0, y_0) = A\Delta x + B\Delta y.$$

由 (3.1) 和 (3.2) 可知, $\mathrm{d}z$ 是 Δz 的线性主部, 特别当 $|\Delta x|, |\Delta y|$ 充分小时, 全微分 $\mathrm{d}z$ 可以作为全增量 Δz 的近似值, 即

$$f(x_0 + \Delta x, y_0 + \Delta y) - f(x_0, y_0) \approx A\Delta x + B\Delta y,$$

或

$$f(x, y) \approx f(x_0, y_0) + A(x - x_0) + B(y - y_0).$$

若函数 $z = f(x, y)$ 在区域 D 内各点处都可微, 则称函数 $z = f(x, y)$ 在 D **内可微**.

为了使用方便, 可以将 (3.2) 写成如下形式

$$\Delta z = A\Delta x + B\Delta y + \alpha\Delta x + \beta\Delta y, \tag{3.3}$$

其中 α, β 均为 $(\Delta x, \Delta y) \to (0, 0)$ 时的无穷小量.

由可微的定义可知, 若函数 $z = f(x,y)$ 在点 $P_0(x_0, y_0)$ 处可微, 则函数 $z = f(x,y)$ 在 $P_0(x_0, y_0)$ 连续. 事实上, 由于

$$\lim_{(\Delta x, \Delta y) \to (0,0)} \Delta z = \lim_{(\Delta x, \Delta y) \to (0,0)} (A\Delta x + B\Delta y + o(\rho)) = 0,$$

即

$$\lim_{(\Delta x, \Delta y) \to (0,0)} f(x_0 + \Delta x, y_0 + \Delta y) = f(x_0, y_0).$$

因此函数 $z = f(x,y)$ 在 $P_0(x_0, y_0)$ 处连续.

二、偏导数

1. 偏导数的定义

由一元函数微分学知道, 若函数 $y = f(x)$ 在点 x_0 可微, 则函数增量 $\Delta y = f(x_0 + \Delta x) - f(x_0) = A\Delta x + o(\Delta x)$, 这里的 A 就是 $f(x)$ 在点 x_0 处的导数 $f'(x_0)$, 即 $A = f'(x_0)$. 若函数 $z = f(x,y)$ 在点 $P_0(x_0, y_0)$ 可微, 则 $z = f(x,y)$ 在点 P_0 处的全增量可由 (3.2) 表示. 为了寻找 A, B 与函数 $f(x,y)$ 的关系, 为此, 在 (3.3) 中, 令 $\Delta y = 0$, 而 $\Delta x \neq 0$, 得到 $z = f(x,y)$ 在点 $P_0(x_0, y_0)$ 处关于 x 的偏增量 $\Delta_x z = A\Delta x + \alpha \Delta x$, 且有

$$\frac{\Delta_x z}{\Delta x} = A + \alpha,$$

从而得到

$$A = \lim_{\Delta x \to 0} \frac{\Delta_x z}{\Delta x} = \lim_{\Delta x \to 0} \frac{f(x_0 + \Delta x, y_0) - f(x_0, y_0)}{\Delta x}. \tag{3.4}$$

(3.4) 右端的极限是关于 x 的一元函数 $f(x, y_0)$ 在点 $x = x_0$ 处的导数.

由 (3.3), 同理可得

$$B = \lim_{\Delta y \to 0} \frac{\Delta_y z}{\Delta y} = \lim_{\Delta y \to 0} \frac{f(x_0, y_0 + \Delta y) - f(x_0, y_0)}{\Delta y} \tag{3.5}$$

定义 3.2 设函数 $z = f(x,y)$ 在点 $P_0(x_0, y_0)$ 的某邻域 $U(P_0)$ 内有定义, 当 y 固定在 y_0, 而 x 在 x_0 处有增量 $\Delta x \neq 0$ 时, 相应地函数有偏增量 $\Delta_x f(x_0, y_0) = f(x_0 + \Delta x, y_0) - f(x_0, y_0)$, 若

$$\lim_{\Delta x \to 0} \frac{\Delta_x f(x_0, y_0)}{\Delta x} = \lim_{\Delta x \to 0} \frac{f(x_0 + \Delta x, y_0) - f(x_0, y_0)}{\Delta x}$$

存在, 则称此极限为函数 $z = f(x,y)$ 在点 (x_0, y_0) 处对 **x 的偏导数**, 记作

$$\left.\frac{\partial z}{\partial x}\right|_{(x_0, y_0)}, \quad \left.\frac{\partial f}{\partial x}\right|_{(x_0, y_0)}, \quad z_x|_{(x_0, y_0)} \quad 或 \quad f_x(x_0, y_0).$$

即

$$f_x(x_0, y_0) = \lim_{\Delta x \to 0} \frac{f(x_0 + \Delta x, y_0) - f(x_0, y_0)}{\Delta x}. \tag{3.6}$$

类似地, 函数 $z = f(x, y)$ 在点 $P_0(x_0, y_0)$ 处对 y 的偏导数定义为

$$\lim_{\Delta y \to 0} \frac{f(x_0, y_0 + \Delta y) - f(x_0, y_0)}{\Delta y},$$

记作

$$\left.\frac{\partial z}{\partial y}\right|_{(x_0, y_0)}, \quad \left.\frac{\partial f}{\partial y}\right|_{(x_0, y_0)}, \quad z_y|_{(x_0, y_0)} \quad \text{或} \quad f_y(x_0, y_0).$$

即

$$f_y(x_0, y_0) = \lim_{\Delta y \to 0} \frac{f(x_0, y_0 + \Delta y) - f(x_0, y_0)}{\Delta y}. \tag{3.7}$$

若函数 $z = f(x, y)$ 在区域 D 内每一点 (x, y) 处对 x 的偏导数都存在, 则这个偏导数就是 x, y 的函数, 称为函数 $z = f(x, y)$ **对 x 的偏导函数**, 记作

$$\frac{\partial z}{\partial x}, \quad \frac{\partial f}{\partial x}, \quad z_x \quad \text{或} \quad f_x(x, y).$$

类似地, 可定义函数 $z = f(x, y)$ 对 y 的偏导函数, 记作

$$\frac{\partial z}{\partial y}, \quad \frac{\partial f}{\partial y}, \quad z_y \quad \text{或} \quad f_y(x, y).$$

由偏导函数的定义可知, 函数 $f(x, y)$ 在点 (x_0, y_0) 处对 x 的偏导数 $f_x(x_0, y_0)$ 就是其偏导函数 $f_x(x, y)$ 在点 (x_0, y_0) 处的函数值; 同理, $f_y(x_0, y_0)$ 就是偏导函数 $f_y(x, y)$ 在点 (x_0, y_0) 处的函数值. 以后在不至于混淆的地方, 把偏导函数简称为**偏导数**.

注　偏导数概念可以推广到二元以上的函数. 例如, 三元函数 $u = f(x, y, z)$ 在点 (x, y, z) 处对 x 的偏导数定义为

$$\frac{\partial u}{\partial x} = f_x(x, y, z) = \lim_{\Delta x \to 0} \frac{f(x + \Delta x, y, z) - f(x, y, z)}{\Delta x},$$

其中点 (x, y, z) 为函数 $u = f(x, y, z)$ 的定义域的内点.

2. 偏导数的计算方法

由偏导数定义知, 求多元函数对某一自变量的偏导数, 只需将其他的自变量看作常数, 用一元函数求导法则即可.

例 3.2　求 $f(x, y) = x^2 + xy - y^2$ 在点 $(1, 2)$ 处的偏导数.

解　令 $y = 2$, 得 $f(x, 2) = x^2 + 2x - 4$, 从而

$$f_x(1, 2) = \left.\frac{\mathrm{d}f(x, 2)}{\mathrm{d}x}\right|_{x=1} = (2x + 2)|_{x=1} = 4;$$

再令 $x = 1$, 得 $f(1, y) = 1 + y - y^2$, 从而

$$f_y(1, 2) = \left.\frac{\mathrm{d}f(1, y)}{\mathrm{d}y}\right|_{y=2} = (1 - 2y)|_{y=2} = -3.$$

例 3.3　求 $z = x^3 + 2x^2 y - y^3$ 在点 $(1, 3)$ 处的偏导数.

解 把 y 看作常数, 对 x 求导, 得

$$\frac{\partial z}{\partial x} = 3x^2 + 4xy,$$

把 x 看作常数, 对 y 求导, 得

$$\frac{\partial z}{\partial y} = 2x^2 - 3y^2,$$

从而

$$\left.\frac{\partial z}{\partial x}\right|_{(1,3)} = 3 \times 1^2 + 4 \times 1 \times 3 = 15, \quad \left.\frac{\partial z}{\partial y}\right|_{(1,3)} = 2 \times 1^2 - 3 \times 3^2 = -25.$$

例 3.4 求函数 $z = x^{y^2} (x > 0, x \neq 1)$ 的偏导数.

解

$$\frac{\partial z}{\partial x} = y^2 x^{y^2 - 1}, \quad \frac{\partial z}{\partial y} = 2yx^{y^2} \ln x.$$

例 3.5 求函数 $u = \sin(x + y^2 - \mathrm{e}^z)$ 的偏导数.

解

$$\frac{\partial u}{\partial x} = \cos(x + y^2 - \mathrm{e}^z).$$

$$\frac{\partial u}{\partial y} = 2y \cos(x + y^2 - \mathrm{e}^z).$$

$$\frac{\partial u}{\partial z} = -\mathrm{e}^z \cos(x + y^2 - \mathrm{e}^z).$$

例 3.6 已知理想气体状态方程 $pV = RT$ (R 为常数), 证明:

$$\frac{\partial p}{\partial V} \cdot \frac{\partial V}{\partial T} \cdot \frac{\partial T}{\partial p} = -1.$$

证 因为

$$p = \frac{RT}{V}, \quad \frac{\partial p}{\partial V} = -\frac{RT}{V^2};$$

$$V = \frac{RT}{p}, \quad \frac{\partial V}{\partial T} = \frac{R}{p};$$

$$T = \frac{pV}{R}, \quad \frac{\partial T}{\partial p} = \frac{V}{R};$$

所以

$$\frac{\partial p}{\partial V} \cdot \frac{\partial V}{\partial T} \cdot \frac{\partial T}{\partial p} = -\frac{RT}{V^2} \cdot \frac{R}{p} \cdot \frac{V}{R} = -1.$$

注 对一元函数来说, $\dfrac{\mathrm{d}y}{\mathrm{d}x}$ 可以看作函数的微分 $\mathrm{d}y$ 与自变量的微分 $\mathrm{d}x$ 的商. 上式表明, 偏导数的记号 $\dfrac{\partial z}{\partial x}$ 是专用于偏导数的整体记号, 不能看作分子与分母之商.

例 3.7　求函数

$$f(x,y) = \begin{cases} \dfrac{xy}{x^2 + y^2}, & x^2 + y^2 \neq 0, \\ 0, & x^2 + y^2 = 0 \end{cases}$$

在点 $(0, 0)$ 的偏导数.

解　在点 $(0, 0)$ 处对 x 的偏导数为

$$f_x(0,0) = \lim_{\Delta x \to 0} \frac{f(0 + \Delta x, 0) - f(0,0)}{\Delta x} = \lim_{\Delta x \to 0} \frac{0 - 0}{\Delta x} = 0.$$

在点 $(0,0)$ 处对 y 的偏导数为

$$f_y(0,0) = \lim_{\Delta y \to 0} \frac{f(0, 0 + \Delta y) - f(0,0)}{\Delta y} = 0.$$

由例 2.2 可知, 该函数在点 $(0, 0)$ 处并不连续, 但函数 $f(x,y)$ 在点 $(0, 0)$ 处的偏导数存在.

注　一元函数在某点有导数, 则它在该点必连续, 但多元函数在某点处的所有偏导数都存在, 不一定能保证它在该点处连续.

3. 可微的条件

由偏导数的定义及 (3.4), (3.5) 两式可得如下定理:

定理 3.1 (必要条件)　若二元函数 $z = f(x,y)$ 在点 $P(x,y)$ 处可微, 则函数 $z = f(x,y)$ 在点 $P(x,y)$ 处对 x 和 y 的偏导数 $\dfrac{\partial z}{\partial x}$ 和 $\dfrac{\partial z}{\partial y}$ 都存在, 且 $z = f(x,y)$ 在点 $P(x,y)$ 处的全微分为

$$\mathrm{d}z = \frac{\partial z}{\partial x}\Delta x + \frac{\partial z}{\partial y}\Delta y.$$

与一元函数类似, 由于自变量的增量等于自变量的微分, 即

$$\Delta x = \mathrm{d}x, \quad \Delta y = \mathrm{d}y,$$

因此 $z = f(x,y)$ 在点 $P(x,y)$ 处的全微分又可以写成

$$\mathrm{d}z = \frac{\partial z}{\partial x}\mathrm{d}x + \frac{\partial z}{\partial y}\mathrm{d}y.$$

例 3.8　讨论函数

$$f(x,y) = \begin{cases} \dfrac{xy}{\sqrt{x^2 + y^2}}, & x^2 + y^2 \neq 0, \\ 0, & x^2 + y^2 = 0 \end{cases}$$

在原点的连续性与可微性.

解　显然, 当 $x^2 + y^2 \neq 0$ 时, 有

$$0 \leqslant |f(x,y)| = \left| \frac{xy}{\sqrt{x^2 + y^2}} \right| \leqslant |y|,$$

由夹逼准则得 $\lim\limits_{(x,y)\to(0,0)} f(x,y) = 0 = f(0,0)$, 故 $f(x,y)$ 在原点处连续.

下面先求偏导数, 由偏导数的定义

$$f_x(0,0) = \lim_{\Delta x\to 0} \frac{f(\Delta x,0) - f(0,0)}{\Delta x} = \lim_{\Delta x\to 0} \frac{0-0}{\Delta x} = 0.$$

同理可得 $f_y(0,0) = 0$. 若函数 $f(x,y)$ 在原点处可微, 则

$$\begin{aligned}\Delta z - \mathrm{d}z &= f(0+\Delta x, 0+\Delta y) - f(0,0) - f_x(0,0)\Delta x - f_y(0,0)\Delta y \\ &= \frac{\Delta x\Delta y}{\sqrt{(\Delta x)^2 + (\Delta y)^2}}\end{aligned}$$

应是比 $\rho = \sqrt{(\Delta x)^2 + (\Delta y)^2}$ 高阶的无穷小量. 但由本章例 2.2 可知, 极限

$$\lim_{\rho\to 0} \frac{\Delta z - \mathrm{d}z}{\rho} = \lim_{\rho\to 0} \frac{\Delta x\Delta y}{(\Delta x)^2 + (\Delta y)^2}$$

不存在, 故 $f(x,y)$ 在原点处不可微.

此例说明, 即使偏导数存在, 函数也不一定可微. 因此, 偏导数存在是函数可微的必要条件而不是充分条件. 但对于一元函数来说, 函数可微与导数存在是等价的. 那么, 多元函数满足什么条件可以保证函数可微呢?

定理 3.2 (充分条件)　若二元函数 $z = f(x,y)$ 的偏导数 f_x 和 f_y 在点 $P_0(x_0,y_0)$ 处连续, 则函数 $z = f(x,y)$ 在点 $P_0(x_0,y_0)$ 处可微.

证　由于偏导数 f_x 和 f_y 在点 $P_0(x_0,y_0)$ 处连续, 因此偏导数 f_x 和 f_y 在 P_0 的某一邻域 $U(P_0)$ 内必然存在. 任取点 $(x_0 + \Delta x, y_0 + \Delta y) \in U(P_0)$, 函数 $z = f(x,y)$ 的全增量

$$\begin{aligned}\Delta z &= f(x_0+\Delta x, y_0+\Delta y) - f(x_0,y_0) \\ &= (f(x_0+\Delta x, y_0+\Delta y) - f(x_0, y_0+\Delta y)) + (f(x_0, y_0+\Delta y) - f(x_0,y_0)).\end{aligned}$$

在第一个括号内的表达式, 由于 $y_0 + \Delta y$ 不变, 因此它是函数 $f(x, y_0+\Delta y)$ 关于 x 的偏增量. 在第二个括号里的表达式, 则是函数 $f(x_0, y)$ 关于 y 的偏增量. 于是, 由拉格朗日中值定理, 得到

$$\Delta z = f_x(x_0+\theta_1\Delta x, y_0+\Delta y)\Delta x + f_y(x_0, y_0+\theta_2\Delta y)\Delta y, \quad 0 < \theta_1, \theta_2 < 1. \tag{3.8}$$

由于 $f_x(x,y)$ 与 $f_y(x,y)$ 在点 $P_0(x_0,y_0)$ 处连续, 因此有

$$f_x(x_0+\theta_1\Delta x, y_0+\Delta y) = f_x(x_0,y_0) + \alpha, \tag{3.9}$$

$$f_y(x_0, y_0+\theta_2\Delta y) = f_y(x_0,y_0) + \beta, \tag{3.10}$$

其中 α,β 是 $(\Delta x, \Delta y) \to (0,0)$ 时的无穷小量. 由 (3.8), (3.9) 和 (3.10), 全增量 Δz 可以表示为

$$\Delta z = f_x(x_0,y_0)\Delta x + f_y(x_0,y_0)\Delta y + \alpha\Delta x + \beta\Delta y.$$

由 (3.3) 可知, $z = f(x,y)$ 在点 $P_0(x_0,y_0)$ 处可微.

例 3.9　讨论函数

$$f(x,y) = \begin{cases} (x^2 + y^2)\sin\dfrac{1}{\sqrt{x^2+y^2}}, & x^2 + y^2 \neq 0, \\ 0, & x^2 + y^2 = 0 \end{cases}$$

在原点处的偏导数的连续性及可微性.

　　解　当 $x^2 + y^2 \neq 0$ 时, 有

$$f_x(x,y) = 2x\sin\frac{1}{\sqrt{x^2+y^2}} - \frac{x}{\sqrt{x^2+y^2}}\cos\frac{1}{\sqrt{x^2+y^2}},$$

当 $x^2 + y^2 = 0$ 时, 有

$$f_x(0,0) = \lim_{x\to 0}\frac{f(x,0) - f(0,0)}{x} = \lim_{x\to 0} x\sin\frac{1}{|x|} = 0.$$

同理可得, $f_y(0,0) = 0$.

沿着路径 $y = x$, 有

$$\lim_{\substack{(x,y)\to(0,0)\\ y=x}} f_x(x,y) = \lim_{x\to 0}\left(2x\sin\frac{1}{\sqrt{2}|x|} - \frac{x}{\sqrt{2}|x|}\cos\frac{1}{\sqrt{2}|x|}\right),$$

全微分与
偏导数的关系

由于上式右端的第一项的极限为零, 第二项的极限不存在, 因此上述极限不存在,
故 $f_x(x,y)$ 在原点处不连续.

　　由函数 $f(x,y)$ 关于变量 x 和 y 的对称性, 故 $f_y(x,y)$ 在原点处也不连续.

　　又由于

$$\frac{\Delta z - f_x(0,0)\Delta x - f_y(0,0)\Delta y}{\rho} = \sqrt{(\Delta x)^2 + (\Delta y)^2}\sin\frac{1}{\sqrt{(\Delta x)^2 + (\Delta y)^2}}$$

$$= \rho\sin\frac{1}{\rho} \to 0 \quad (\rho \to 0).$$

因此函数 $f(x,y)$ 在原点处可微.

　　注　此例说明, 偏导数连续并不是函数可微的必要条件.

　　例 3.10　求二元函数 $z = \mathrm{e}^{xy}$ 在点 $(0,1)$ 处, 当 $\Delta x = 0.1, \Delta y = 0.2$ 时的增量及全微分.

　　解　记 $f(x,y) = \mathrm{e}^{xy}$, 则

$$\Delta z = f(0 + 0.1, 1 + 0.2) - f(0,1) = \mathrm{e}^{0.12} - 1,$$

由于偏导数 $f_x(x,y) = y\mathrm{e}^{xy}, f_y(x,y) = x\mathrm{e}^{xy}$ 连续, 因此 $f(x,y) = \mathrm{e}^{xy}$ 可微. 于是

$$\mathrm{d}z = f_x(0,1)\Delta x + f_y(0,1)\Delta y = 1 \times 0.1 + 0 \times 0.2 = 0.1.$$

　　以上关于二元函数全微分的定义及可微的必要条件和充分条件, 可以完全类似地推广到三元和三元以上的多元函数.

例 3.11 求函数 $u = \mathrm{e}^{xyz} + xy + z^2$ 的全微分.

解 因为

$$\frac{\partial u}{\partial x} = yz\mathrm{e}^{xyz} + y, \quad \frac{\partial u}{\partial y} = xz\mathrm{e}^{xyz} + x, \quad \frac{\partial u}{\partial z} = xy\mathrm{e}^{xyz} + 2z,$$

所以

$$\mathrm{d}u = (yz\mathrm{e}^{xyz} + y)\,\mathrm{d}x + (xz\mathrm{e}^{xyz} + x)\,\mathrm{d}y + (xy\mathrm{e}^{xyz} + 2z)\,\mathrm{d}z.$$

4. 偏导数的几何意义

设二元函数 $z = f(x, y)$ 在点 $P_0(x_0, y_0)$ 的偏导数存在, 则点 $M_0(x_0, y_0, f(x_0, y_0))$ 是曲面 $z = f(x, y)$ 上的一点. 过点 M_0 作平面 $y = y_0$, 截此曲面得一曲线, 此曲线在平面 $y = y_0$ 上的方程为 $z = f(x, y_0)$. 根据一元函数导数的几何意义, 导数 $\left.\dfrac{\mathrm{d}}{\mathrm{d}x}f(x, y_0)\right|_{x=x_0} = f_x(x_0, y_0)$ 就是这条曲线在 M_0 处的切线 M_0T_x 对 x 轴的斜率, 如图 7–9 所示. 同样, 偏导数 $f_y(x_0, y_0)$ 的几何意义是曲面 $z = f(x, y)$ 被平面 $x = x_0$ 所截得的曲线在 M_0 处的切线 M_0T_y 对 y 轴的斜率.

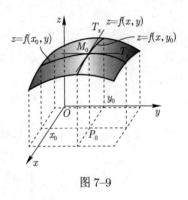

图 7–9

三、高阶偏导数

设函数 $z = f(x, y)$ 在区域 D 内具有偏导数

$$\frac{\partial z}{\partial x} = f_x(x, y), \quad \frac{\partial z}{\partial y} = f_y(x, y),$$

则它们在区域 D 内都是 x, y 的函数, 如果这两个函数的偏导数也存在, 那么称它们是 $z = f(x, y)$ 的**二阶偏导数**. 按照对变量的求导次序不同, $z = f(x, y)$ 有下列四个二阶偏导数

$$\frac{\partial}{\partial x}\left(\frac{\partial z}{\partial x}\right) = \frac{\partial^2 z}{\partial x^2} = f_{xx}(x, y), \quad \frac{\partial}{\partial y}\left(\frac{\partial z}{\partial x}\right) = \frac{\partial^2 z}{\partial x \partial y} = f_{xy}(x, y),$$

$$\frac{\partial}{\partial x}\left(\frac{\partial z}{\partial y}\right) = \frac{\partial^2 z}{\partial y \partial x} = f_{yx}(x, y), \quad \frac{\partial}{\partial y}\left(\frac{\partial z}{\partial y}\right) = \frac{\partial^2 z}{\partial y^2} = f_{yy}(x, y),$$

其中第二个和第三个二阶偏导数称为**混合偏导数**. 一般地, $z = f(x, y)$ 在区域 D 内的二阶偏导数仍是 x, y 的函数. 同样可以定义三阶, 四阶, $\cdots$, n 阶偏导数. 二阶及二阶以上的偏导数统称为**高阶偏导数**.

例 3.12 设 $z = x^4 y - 3x^2 y^3 + \sin x$, 求 $\dfrac{\partial^2 z}{\partial x^2}, \dfrac{\partial^2 z}{\partial x \partial y}, \dfrac{\partial^2 z}{\partial y \partial x}, \dfrac{\partial^2 z}{\partial y^2}, \dfrac{\partial^3 z}{\partial x^3}.$

解 $\dfrac{\partial z}{\partial x} = 4x^3y - 6xy^3 + \cos x$, $\dfrac{\partial z}{\partial y} = x^4 - 9x^2y^2$,

$$\frac{\partial^2 z}{\partial x^2} = 12x^2y - 6y^3 - \sin x, \quad \frac{\partial^2 z}{\partial x \partial y} = 4x^3 - 18xy^2,$$

$$\frac{\partial^2 z}{\partial y \partial x} = 4x^3 - 18xy^2, \quad \frac{\partial^2 z}{\partial y^2} = -18x^2y, \quad \frac{\partial^3 z}{\partial x^3} = 24xy - \cos x.$$

此例可以看出, 虽然两个混合偏导数 $\dfrac{\partial^2 z}{\partial x \partial y}$, $\dfrac{\partial^2 z}{\partial y \partial x}$ 的求导先后次序不同, 但它们相等.

例 3.13   设二元函数

$$f(x,y) = \begin{cases} xy \dfrac{x^2 - y^2}{x^2 + y^2}, & x^2 + y^2 \neq 0, \\ 0, & x^2 + y^2 = 0, \end{cases}$$

求 $f_{xy}(0,0)$ 和 $f_{yx}(0,0)$.

解   当 $x^2 + y^2 \neq 0$ 时, 利用求导法则, 得

$$f_x(x,y) = y\left(\frac{x^2 - y^2}{x^2 + y^2} + \frac{4x^2y^2}{(x^2 + y^2)^2}\right).$$

当 $x^2 + y^2 = 0$ 时, 根据偏导数定义, 可得 $f_x(0,0) = 0$. 故

$$f_x(x,y) = \begin{cases} y\left(\dfrac{x^2 - y^2}{x^2 + y^2} + \dfrac{4x^2y^2}{(x^2 + y^2)^2}\right), & x^2 + y^2 \neq 0, \\ 0, & x^2 + y^2 = 0. \end{cases}$$

同理可得

$$f_y(x,y) = \begin{cases} x\left(\dfrac{x^2 - y^2}{x^2 + y^2} - \dfrac{4x^2y^2}{(x^2 + y^2)^2}\right), & x^2 + y^2 \neq 0, \\ 0, & x^2 + y^2 = 0. \end{cases}$$

因此, $f_x(0,y) = -y$, $f_y(x,0) = x$. 由偏导数定义, 可得

$$f_{xy}(0,0) = \lim_{y \to 0} \frac{f_x(0,y) - f_x(0,0)}{y} = \lim_{y \to 0} \frac{-y}{y} = -1,$$

$$f_{yx}(0,0) = \lim_{x \to 0} \frac{f_y(x,0) - f_y(0,0)}{x} = \lim_{x \to 0} \frac{x}{x} = 1.$$

此例中的函数 $f(x,y)$ 在原点处的两个混合偏导数不相等. 一般地, $\dfrac{\partial^2 z}{\partial x \partial y}$ 与 $\dfrac{\partial^2 z}{\partial y \partial x}$ 是有区别的, 它们求导的先后次序不同. 但可以证明如下结论, 证明从略.

定理 3.3   若 $z = f(x,y)$ 的两个二阶混合偏导数 $\dfrac{\partial^2 z}{\partial x \partial y}$ 与 $\dfrac{\partial^2 z}{\partial y \partial x}$ 在区域 D 内连续, 则必有

$$\frac{\partial^2 z}{\partial x \partial y} = \frac{\partial^2 z}{\partial y \partial x}.$$

即二阶混合偏导数在连续的条件下与求导的先后次序无关. 一般地, 若所有的 k 阶偏导数在点 P 处连续, 则在点 P 处的 k 阶混合偏导数与求导先后次序无关.

定义 3.3 设 n 元函数 $f(x_1, x_2, \cdots, x_n)$ 的定义域为 $D \subset \mathbf{R}^n$, 若 $f(x_1, x_2, \cdots, x_n)$ 在 D 上连续, 则称 f 是 D 上的 $C^{(0)}$ **类函数**, 记为 $f \in C^{(0)}(D)$ 或 $f \in C^{(0)}$; 若 $f(x_1, x_2, \cdots, x_n)$ 在 D 上的所有 k 阶偏导数连续, 则称 f 是 D 上的 $C^{(k)}$ **类函数**, 记为 $f \in C^{(k)}(D)$ 或 $f \in C^{(k)}$.

例 3.14 验证函数 $z = \ln \sqrt{x^2 + y^2}$ 满足方程

$$\frac{\partial^2 z}{\partial x^2} + \frac{\partial^2 z}{\partial y^2} = 0.$$

证 因为 $z = \ln \sqrt{x^2 + y^2} = \dfrac{1}{2} \ln(x^2 + y^2)$, 所以

$$\frac{\partial z}{\partial x} = \frac{x}{x^2 + y^2}, \qquad \frac{\partial z}{\partial y} = \frac{y}{x^2 + y^2},$$

$$\frac{\partial^2 z}{\partial x^2} = \frac{(x^2 + y^2) - 2x^2}{(x^2 + y^2)^2} = \frac{y^2 - x^2}{(x^2 + y^2)^2},$$

$$\frac{\partial^2 z}{\partial y^2} = \frac{(x^2 + y^2) - 2y^2}{(x^2 + y^2)^2} = \frac{x^2 - y^2}{(x^2 + y^2)^2},$$

因此

$$\frac{\partial^2 z}{\partial x^2} + \frac{\partial^2 z}{\partial y^2} = 0.$$

例 3.15 证明: 函数 $u = \dfrac{1}{r}$ 满足方程

$$\frac{\partial^2 u}{\partial x^2} + \frac{\partial^2 u}{\partial y^2} + \frac{\partial^2 u}{\partial z^2} = 0,$$

其中 $r = \sqrt{x^2 + y^2 + z^2}$.

证 由于

$$\frac{\partial u}{\partial x} = -\frac{1}{r^2} \frac{\partial r}{\partial x} = -\frac{1}{r^2} \cdot \frac{x}{r} = -\frac{x}{r^3},$$

$$\frac{\partial^2 u}{\partial x^2} = -\frac{\partial}{\partial x}\left(x \cdot \frac{1}{r^3}\right) = -\frac{1}{r^3} + \frac{3x}{r^4} \cdot \frac{\partial r}{\partial x} = -\frac{1}{r^3} + \frac{3x^2}{r^5},$$

及函数关于自变量的对称性 (如自变量 x, y 互换, 函数表达式不变), 分别将上式中的 x, y 及 x, z 互换, 得

$$\frac{\partial^2 u}{\partial y^2} = -\frac{1}{r^3} + \frac{3y^2}{r^5}, \quad \frac{\partial^2 u}{\partial z^2} = -\frac{1}{r^3} + \frac{3z^2}{r^5},$$

因此

$$\frac{\partial^2 u}{\partial x^2} + \frac{\partial^2 u}{\partial y^2} + \frac{\partial^2 u}{\partial z^2} = -\frac{3}{r^3} + \frac{3(x^2 + y^2 + z^2)}{r^5} = -\frac{3}{r^3} + \frac{3r^2}{r^5} = 0.$$

例 3.14 和例 3.15 中的两个方程称为**拉普拉斯 (Laplace) 方程**, 它是物理学中的重要方程.

* 四、全微分在近似计算中的应用

由二元函数的全微分定义及全微分的充分条件可知, 当函数 $z = f(x, y)$ 在点 $P_0(x_0, y_0)$ 处可微, 且 $|\Delta x|, |\Delta y|$ 都比较小时, 有近似公式

$$\Delta z = f(x_0 + \Delta x, y_0 + \Delta y) - f(x_0, y_0) \approx f_x(x_0, y_0)\Delta x + f_y(x_0, y_0)\Delta y \tag{3.11}$$

或

$$f(x_0 + \Delta x, y_0 + \Delta y) \approx f(x_0, y_0) + f_x(x_0, y_0)\Delta x + f_y(x_0, y_0)\Delta y. \tag{3.12}$$

可以利用上述近似公式对二元函数作误差估计和近似计算.

例 3.16 求 $1.08^{3.96}$ 的近似值.

解 设 $f(x, y) = x^y$, 令 $x_0 = 1, \Delta x = 0.08, y_0 = 4, \Delta y = -0.04$. 由于

$$f(x_0, y_0) = 1, \quad f_x(x_0, y_0) = 4, \quad f_y(x_0, y_0) = 0,$$

由公式 (3.12), 得

$$\begin{aligned}
1.08^{3.96} &\approx f(x_0, y_0) + f_x(x_0, y_0)\Delta x + f_y(x_0, y_0)\Delta y \\
&= 1 + 4 \times 0.08 + 0 \times (-0.04) = 1.32.
\end{aligned}$$

例 3.17 由公式 $S = \dfrac{1}{2}ab\sin C$ 计算某三角形的面积. 现测得 $a = 12.50, b = 8.30, C = 30°$. 若测量 a, b 的误差为 ± 0.01, C 的误差为 $\pm 0.1°$, 求用此公式计算面积时的绝对误差限和相对误差限.

解 根据题意, $a = 12.50, b = 8.30, C = 30°$, 测量中 a, b, C 的绝对误差限分别为

$$|\Delta a| = 0.01, \quad |\Delta b| = 0.01, \quad |\Delta C| = 0.1° = \frac{\pi}{1\,800}.$$

由公式 (3.11), 得

$$\begin{aligned}
|\Delta S| \approx |\mathrm{d}S| &= \left| \frac{\partial S}{\partial a}\Delta a + \frac{\partial S}{\partial b}\Delta b + \frac{\partial S}{\partial C}\Delta C \right| \\
&\leqslant \left| \frac{\partial S}{\partial a} \right| |\Delta a| + \left| \frac{\partial S}{\partial b} \right| |\Delta b| + \left| \frac{\partial S}{\partial C} \right| |\Delta C| \\
&= \frac{1}{2} \left(|b\sin C| \, |\Delta a| + |a\sin C| \, |\Delta b| + |ab\cos C| \, |\Delta C| \right),
\end{aligned}$$

将上述数据代入上式, 得到 $|\Delta S| \leqslant 0.13$. 故 S 的绝对误差限为 0.13. 又因为

$$S = \frac{1}{2}ab\sin C = \frac{1}{2} \times 12.50 \times 8.30 \times \frac{1}{2} = 25.94.$$

所以 S 的相对误差限为

$$\left| \frac{\Delta S}{S} \right| \leqslant \frac{0.13}{25.94} \approx 0.5\%.$$

习题 7-3

(A)

1. 填空题.

(1) 设函数 $z = x^2 y + \mathrm{e}^{xy} - \sin(x^2 - y^2)$, 则 $\left.\dfrac{\partial z}{\partial x}\right|_{(1,1)} = $_____;

(2) 设函数 $f(x, y) = xy + (x-1)\sin\sqrt[3]{\dfrac{y}{x}}$, 则 $f_x(1,0) = $_____, $f_y(1,0) = $_____;

(3) 设函数 $z = \tan(x^2 - y^2)$, 则 $\dfrac{\partial z}{\partial x} = $_____;

(4) 设函数 $z = f\left(\ln x + \dfrac{1}{y}\right)$, 则 $x\dfrac{\partial z}{\partial x} + y^2\dfrac{\partial z}{\partial y} = $_____;

(5) 设函数 $z = \mathrm{e}^{\sin\frac{x}{y}}$, 则 $\mathrm{d}z = $_____;

(6) 设三元函数 $f(x, y, z) = \sqrt[z]{xy}$, 则 $\mathrm{d}f(1,1,1) = $_____;

(7) 设二元函数 $z = x\mathrm{e}^{x+y} + (x+1)\ln(1+y)$, 则 $\left.\mathrm{d}z\right|_{(1,0)} = $_____.

2. 单项选择题.

(1) 已知 $\dfrac{\partial f}{\partial x} > 0$, 则 (　　);

  (A) $f(x, y)$ 关于变量 x 单调增加　　　　　　(B) $f(x, y) > 0$

  (C) $\dfrac{\partial^2 f}{\partial x^2} > 0$　　　　　　　　　　　　(D) $f(x, y) = x(y^2 + 1)$

(2) 二元函数 $f(x, y) = \begin{cases} \dfrac{xy}{2x^2 + y^2}, & 2x^2 + y^2 \neq 0 \\ 0, & 2x^2 + y^2 = 0 \end{cases}$ 在点 $(0, 0)$ 处 (　　);

  (A) 连续, 偏导数存在　　　　　　　　　　(B) 连续, 偏导数不存在

  (C) 不连续, 偏导数存在　　　　　　　　　　(D) 不连续, 偏导数不存在

(3) 二元函数 $f(x, y)$ 在点 (x_0, y_0) 处两个偏导数 $f_x(x, y)$, $f_y(x, y)$ 存在是 $f(x, y)$ 在该点连续的 (　　);

  (A) 充分条件但非必要条件　　　　　　　　(B) 必要条件但非充分条件

  (C) 充分必要条件　　　　　　　　　　　　(D) 既非充分条件, 也非必要条件

(4) 设函数 $u(x, y) = \varphi(x + y) + \varphi(x - y) + \displaystyle\int_{x-y}^{x+y} \psi(t)\mathrm{d}t$, 其中函数 φ 具有二阶导数, ψ 具有一阶导数, 则必有 (　　);

  (A) $\dfrac{\partial^2 u}{\partial x^2} = -\dfrac{\partial^2 u}{\partial y^2}$　　　　　　　　(B) $\dfrac{\partial^2 u}{\partial x^2} = \dfrac{\partial^2 u}{\partial y^2}$

  (C) $\dfrac{\partial^2 u}{\partial x \partial y} = \dfrac{\partial^2 u}{\partial y^2}$　　　　　　　　(D) $\dfrac{\partial^2 u}{\partial x \partial y} = \dfrac{\partial^2 u}{\partial x^2}$

(5) 设 $\rho = \sqrt{(\Delta x)^2 + (\Delta y)^2}$, 则函数 $z = f(x, y)$ 在点 $P(x_0, y_0)$ 可微分的充分必要条件是 $f(x, y)$ 在点 $P(x_0, y_0)$ 处 (　　);

  (A) 连续且偏导数存在　　　　　　　　　(B) 偏导数存在

  (C) $\lim\limits_{\rho \to 0}(\Delta z - f_x(x_0, y_0)\Delta x - f_y(x_0, y_0)\Delta y) = 0$

(D) $\lim\limits_{\rho \to 0} \dfrac{\Delta z - f_x(x_0, y_0)\Delta x - f_y(x_0, y_0)\Delta y}{\rho} = 0$

(6) 下列函数中, 肯定不能成为二元函数 $f(x, y)$ 的全微分的为 (　　);

(A) $y\mathrm{d}x + x\mathrm{d}y$ 　　　　　　　　　　(B) $y\mathrm{d}x - x\mathrm{d}y$

(C) $x\mathrm{d}x + y\mathrm{d}y$ 　　　　　　　　　　(D) $x\mathrm{d}x - y\mathrm{d}y$

(7) 二元函数 $f(x, y)$ 的两个偏导数 $f_x(x, y)$, $f_y(x, y)$ 在点 (x_0, y_0) 连续是 $f(x, y)$ 在该点可微分的 (　　).

(A) 必要条件 　　　　　　　　　　　　(B) 充分条件

(C) 充分必要条件 　　　　　　　　　　(D) 既非充分条件, 也非必要条件

3. 求下列函数的一阶偏导数.

(1) $z = \ln(x + \sqrt{x^2 + y^2})$; 　　(2) $z = (1 + xy)^y$;

(3) $z = \ln\left(\sin\dfrac{x + a}{\sqrt{y}}\right)$; 　　(4) $u = x^{yz}\ (x > 0, x \neq 1)$.

4. 设 $u = x^2 + (y^2 - 1)\tan\sqrt{\dfrac{x}{y}}$, 求 $u_x(x, 1)$.

5. 设 $u = (x - y)(y - z)(z - x)$, 求 $\dfrac{\partial u}{\partial x} + \dfrac{\partial u}{\partial y} + \dfrac{\partial u}{\partial z}$.

6. 求下列函数的全微分 $\mathrm{d}u$.

(1) $u = x^{y^2}$; 　　　　　　(2) $u = x^{yz}$; 　　　　　　(3) $u = \left(\dfrac{x}{y}\right)^{\frac{y}{z}}$.

7. 求函数 $f(x, y) = \dfrac{xy}{x^2 - y^2}$ 在点 $(2, 1)$ 处的全增量和全微分, 并求出当点 $(x, y) = (2, 1)$, $\Delta x = 0.01$, $\Delta y = 0.03$ 时的全微分的值.

*8. 计算 $1.04^{2.02}$ 的近似值.

9. 设 $z = \ln(x^2 + y)$, 求 $\dfrac{\partial^2 z}{\partial x^2}$, $\dfrac{\partial^2 z}{\partial x \partial y}$ 和 $\dfrac{\partial^2 z}{\partial y^2}$.

10. 设 $z = \arctan\dfrac{x + y}{1 - xy}$, 求 $\dfrac{\partial^2 z}{\partial x \partial y}$.

11. 设 $u = z\arctan\dfrac{x}{y}$, 验证 $\dfrac{\partial^2 u}{\partial x^2} + \dfrac{\partial^2 u}{\partial y^2} + \dfrac{\partial^2 u}{\partial z^2} = 0$.

12. 设 $r = \sqrt{x^2 + y^2 + z^2}$, 验证 $\dfrac{\partial^2 r}{\partial x^2} + \dfrac{\partial^2 r}{\partial y^2} + \dfrac{\partial^2 r}{\partial z^2} = \dfrac{2}{r}$.

13. 曲线 $\begin{cases} z = \sqrt{1 + x^2 + y^2}, \\ x = 1 \end{cases}$ 在点 $(1, 1, \sqrt{3})$ 处的切线与 y 轴的正向所成的角度.

(B)

14. 设函数 $z = |x| + \sin xy$, 试研究该函数在原点 $(0, 0)$ 处的可微性.

15. 设函数 $f(x, y) = |x - y|\varphi(x, y)$, 其中 $\varphi(x, y)$ 连续, 试研究 $f(x, y)$ 在原点 $(0, 0)$ 的可微性.

16. 证明题.

(1) $z = \ln\sqrt{(x - a)^2 + (y - b)^2}$ 　$(a, b$ 均为常数$)$, 求证: $\dfrac{\partial^2 z}{\partial x^2} + \dfrac{\partial^2 z}{\partial y^2} = 0$;

(2) $z = f(x^2 + y^2)$, f 是可微函数, 求证: $y\dfrac{\partial z}{\partial x} - x\dfrac{\partial z}{\partial y} = 0$.

17. 设 $f(x,y) = \begin{cases} \dfrac{2xy}{x^2+y^2}, & x^2+y^2 \neq 0, \\ 0, & x^2+y^2 = 0. \end{cases}$

(1) 证明: $f(x,y)$ 在点 $(0,0)$ 处可偏导, 但不连续;

(2) 问 $f(x,y)$ 在点 $(0,0)$ 处是否可微.

习题 7–3
第 17 题解答

第四节　多元复合函数的微分法

在一元函数求导中, 对复合函数 $y = f(\varphi(x))$, 有链式法则

$$y' = f'(\varphi(x))\varphi'(x),$$

有了这个法则, 可以很容易地求出一元复合函数的导数. 那么, 对于多元复合函数, 如 $z = f(u,v)$, $u = \varphi(x,y)$, $v = \psi(x,y)$ 复合而成函数 $z = f(\varphi(x,y), \psi(x,y))$, 如何求 z 对 x 和 y 的偏导数呢?

如果上面的三个函数都是具体给定的, 那么可以按照第三节中的方法直接求出偏导数, 但如果函数并没有具体给出, 而是抽象的, 要求出此偏导数, 那么就需使用多元复合函数的求偏导法则.

一、复合函数的求导法则

定理 4.1　若函数 $u = \varphi(x,y)$, $v = \psi(x,y)$ 都在点 (x,y) 处可微, 且函数 $z = f(u,v)$ 在对应点可微, 则复合函数 $z = f(\varphi(x,y), \psi(x,y))$ 在点 (x,y) 处可微, 且它关于 x 和 y 的偏导数可用下列公式计算

$$\begin{cases} \dfrac{\partial z}{\partial x} = \dfrac{\partial z}{\partial u} \cdot \dfrac{\partial u}{\partial x} + \dfrac{\partial z}{\partial v} \cdot \dfrac{\partial v}{\partial x}, \\ \dfrac{\partial z}{\partial y} = \dfrac{\partial z}{\partial u} \cdot \dfrac{\partial u}{\partial y} + \dfrac{\partial z}{\partial v} \cdot \dfrac{\partial v}{\partial y}. \end{cases} \tag{4.1}$$

证　设在点 (x,y) 处, 自变量 x 和 y 分别取得增量 Δx 和 Δy, 函数 $u = \varphi(x,y)$, $v = \psi(x,y)$ 对应地取得增量 Δu, Δv. 由 $u = \varphi(x,y)$, $v = \psi(x,y)$ 都在点 (x,y) 处可微及本章 (3.3), 有

$$\Delta u = \frac{\partial u}{\partial x}\Delta x + \frac{\partial u}{\partial y}\Delta y + \alpha_1 \Delta x + \beta_1 \Delta y, \tag{4.2}$$

$$\Delta v = \frac{\partial v}{\partial x}\Delta x + \frac{\partial v}{\partial y}\Delta y + \alpha_2 \Delta x + \beta_2 \Delta y, \tag{4.3}$$

其中当点 $(\Delta x, \Delta y) \to (0,0)$ 时, $\alpha_1, \beta_1, \alpha_2, \beta_2$ 都是无穷小量. 又因为函数 $z = f(u,v)$ 在点 (u,v) 处可微, 所以有

$$\Delta z = \frac{\partial z}{\partial u}\Delta u + \frac{\partial z}{\partial v}\Delta v + \alpha \Delta u + \beta \Delta v, \tag{4.4}$$

其中当点 $(\Delta u, \Delta v) \to (0,0)$ 时, α, β 都是无穷小量. 由于当点 $(\Delta u, \Delta v) = (0,0)$ 时, α, β 可能没有定义, 因此补充 α, β 的定义, 使得点 $(\Delta u, \Delta v) = (0,0)$ 时, $\alpha = \beta = 0$. 把 (4.2), (4.3) 代

入 (4.4) 得

$$\Delta z = \left(\frac{\partial z}{\partial u} + \alpha\right)\left(\frac{\partial u}{\partial x}\Delta x + \frac{\partial u}{\partial y}\Delta y + \alpha_1 \Delta x + \beta_1 \Delta y\right) +$$

$$\left(\frac{\partial z}{\partial v} + \beta\right)\left(\frac{\partial v}{\partial x}\Delta x + \frac{\partial v}{\partial y}\Delta y + \alpha_2 \Delta x + \beta_2 \Delta y\right),$$

整理后, 得

$$\Delta z = \left(\frac{\partial z}{\partial u}\cdot\frac{\partial u}{\partial x} + \frac{\partial z}{\partial v}\frac{\partial v}{\partial x}\right)\Delta x + \left(\frac{\partial z}{\partial u}\cdot\frac{\partial u}{\partial y} + \frac{\partial z}{\partial v}\frac{\partial v}{\partial y}\right)\Delta y + \bar{\alpha}\Delta x + \bar{\beta}\Delta y, \tag{4.5}$$

其中

$$\bar{\alpha} = \frac{\partial z}{\partial u}\alpha_1 + \frac{\partial z}{\partial v}\alpha_2 + \frac{\partial u}{\partial x}\alpha + \frac{\partial v}{\partial x}\beta + \alpha\alpha_1 + \beta\alpha_2, \tag{4.6}$$

$$\bar{\beta} = \frac{\partial z}{\partial u}\beta_1 + \frac{\partial z}{\partial v}\beta_2 + \frac{\partial u}{\partial y}\alpha + \frac{\partial v}{\partial y}\beta + \alpha\beta_1 + \beta\beta_2. \tag{4.7}$$

由于 $u = \varphi(x, y)$, $v = \psi(x, y)$ 都在点 (x, y) 处可微, 因此它们在点 (x, y) 处连续, 故当 $(\Delta x, \Delta y) \to (0, 0)$ 时, 有 $\Delta u \to 0, \Delta v \to 0$, 从而也有 $\alpha \to 0, \beta \to 0$ 以及 $\alpha_1, \beta_1, \alpha_2, \beta_2$ 均趋于 0. 于是由 (4.6) 和 (4.7) 得, 当 $(\Delta x, \Delta y) \to (0, 0)$ 时, $\bar{\alpha} \to 0, \bar{\beta} \to 0$. 再由 (4.5) 可知: 复合函数 $z = f(\varphi(x, y), \psi(x, y))$ 在点 (x, y) 处可微, z 关于 x 和 y 的偏导数为 (4.1).

公式 (4.1) 也称为**链式法则**.

注 若只求复合函数 $z = f(\varphi(x, y), \psi(x, y))$ 关于 x 和 y 的偏导数, 则定理 4.1 中的内函数 $u = \varphi(x, y)$ 和 $v = \psi(x, y)$ 只需具有关于 x 和 y 的偏导数就够了. 因为在 (4.4) 两边除以 Δx 或 Δy, 然后让 $\Delta x \to 0$ 或 $\Delta y \to 0$, 也可以得到公式 (4.1). 但对外函数 $z = f(u, v)$ 的可微性条件不能少, 否则上述复合函数求偏导公式不一定成立.

例如, 函数

$$f(x, y) = \begin{cases} \dfrac{x^2 y}{x^2 + y^2}, & x^2 + y^2 \neq 0, \\ 0, & x^2 + y^2 = 0. \end{cases}$$

易求得 $f_x(0, 0) = f_y(0, 0) = 0$, 但可以证明: $f(x, y)$ 在点 $(0, 0)$ 处不可微 (留作练习). 若以 $f(x, y)$ 为外函数, $x = t$, $y = t$ 为内函数, 则得以 t 为自变量的复合函数

$$z = F(t) = f(t, t) = \frac{t}{2}.$$

所以 $\dfrac{\mathrm{d}z}{\mathrm{d}t} = \dfrac{1}{2}$. 但若使用链式法则, 则将得出错误的结果

$$\left.\frac{\mathrm{d}z}{\mathrm{d}t}\right|_{t=0} = \left.\frac{\partial z}{\partial x}\right|_{(0,0)} \cdot \left.\frac{\mathrm{d}x}{\mathrm{d}t}\right|_{t=0} + \left.\frac{\partial z}{\partial y}\right|_{(0,0)} \cdot \left.\frac{\mathrm{d}y}{\mathrm{d}t}\right|_{t=0} = 0 \times 1 + 0 \times 1 = 0.$$

这个例子说明, 在使用复合函数求偏导公式 (4.1) 时, 必须注意外函数的可微性这一条件.

注 由于复合函数的偏导数通常不止一项, 为了计算时不至于漏掉, 可将函数的变量间的关系用函数结构 "示意图" 表示, 然后再求偏导数. 如定理 4.1 中的情形, z 是 u, v 的函数, 而 u 和 v 又是 x 和 y 的函数, 如图 7–10 所示. 由该图可见, 复合后, z 是 x 和 y 的函数. 自变量有两个, 因此 z 的偏导数也有两个. 对 x 或对 y 求偏导数要经过两个中间变量 u 和 v, 所以每个偏导数中均有两项, 一项是通过 u, 另一项是通过 v, 且每一项都是两个偏导数的乘积. 由公式 (4.1), z 对 x 的偏导数

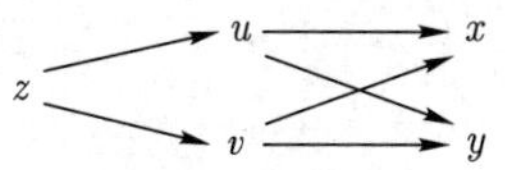

图 7–10

$$\frac{\partial z}{\partial x} = \frac{\partial z}{\partial u} \cdot \frac{\partial u}{\partial x} + \frac{\partial z}{\partial v} \cdot \frac{\partial v}{\partial x},$$

就好像沿着图中的两条路径到达 x, 即 $z \to u \to x$, 再加上 $z \to v \to x$.

z 对 y 的偏导数

$$\frac{\partial z}{\partial y} = \frac{\partial z}{\partial u} \cdot \frac{\partial u}{\partial y} + \frac{\partial z}{\partial v} \cdot \frac{\partial v}{\partial y},$$

就好像沿着两条路径到达 y, 即 $z \to u \to y$, 再加上 $z \to v \to y$.

类似地, 设 $u = \varphi(x, y), v = \psi(x, y)$ 及 $w = \omega(x, y)$ 都在点 (x, y) 处具有对 x 和 y 的偏导数, 而函数 $z = f(u, v, w)$ 在对应点 (u, v, w) 处可微, 则复合函数

$$z = f\left(\varphi(x, y), \psi(x, y), \omega(x, y)\right)$$

在点 (x, y) 处对 x 和 y 的偏导数都存在, 且有偏导数计算公式

$$\begin{cases} \dfrac{\partial z}{\partial x} = \dfrac{\partial z}{\partial u} \cdot \dfrac{\partial u}{\partial x} + \dfrac{\partial z}{\partial v} \cdot \dfrac{\partial v}{\partial x} + \dfrac{\partial z}{\partial w} \cdot \dfrac{\partial w}{\partial x}, \\[2mm] \dfrac{\partial z}{\partial y} = \dfrac{\partial z}{\partial u} \cdot \dfrac{\partial u}{\partial y} + \dfrac{\partial z}{\partial v} \cdot \dfrac{\partial v}{\partial y} + \dfrac{\partial z}{\partial w} \cdot \dfrac{\partial w}{\partial y}. \end{cases}$$

其函数结构 "示意图" 如图 7–11 所示.

读者可将 "链式法则" 和早已熟知的排列组合中的 "加法原理" 和 "乘法原理" 结合起来产生更多的联想.

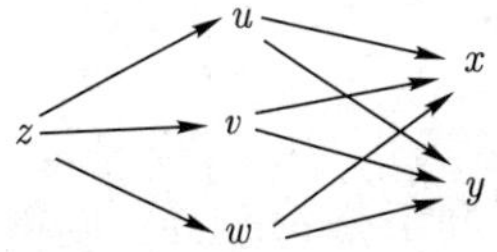

例 4.1 设 $z = \ln(u^2 + v)$, 而 $u = e^{x+y^2}$, $v = x^2 + y$, 求 $\dfrac{\partial z}{\partial x}$ 和 $\dfrac{\partial z}{\partial y}$.

图 7–11

解 其函数结构 "示意图" 如图 7–10 所示,

$$\begin{aligned} \frac{\partial z}{\partial x} &= \frac{\partial z}{\partial u} \cdot \frac{\partial u}{\partial x} + \frac{\partial z}{\partial v} \cdot \frac{\partial v}{\partial x} = \frac{2u}{u^2 + v} \cdot e^{x+y^2} + \frac{1}{u^2 + v} \cdot 2x \\ &= \frac{2(e^{2x+2y^2} + x)}{e^{2x+2y^2} + x^2 + y}. \\ \frac{\partial z}{\partial y} &= \frac{\partial z}{\partial u} \cdot \frac{\partial u}{\partial y} + \frac{\partial z}{\partial v} \cdot \frac{\partial v}{\partial y} = \frac{2u}{u^2 + v} \cdot 2ye^{x+y^2} + \frac{1}{u^2 + v} \cdot 1 \\ &= \frac{4ye^{2x+2y^2} + 1}{e^{2x+2y^2} + x^2 + y}. \end{aligned}$$

多元复合函数可以有多种不同情况, 读者应善于分析函数间的复合关系, 把公式 (4.1) 灵活使用. 例如,

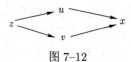

图 7–12

(1) 设 $z = f(u,v)$, $u = \varphi(x)$, $v = \psi(x)$ 均为可微函数, 则复合后是 x 的一元函数, 其函数结构 "示意图" 如图 7–12 所示, 应用公式 (4.1), 得

$$\frac{\mathrm{d}z}{\mathrm{d}x} = \frac{\partial z}{\partial u} \cdot \frac{\mathrm{d}u}{\mathrm{d}x} + \frac{\partial z}{\partial v} \cdot \frac{\mathrm{d}v}{\mathrm{d}x},$$

它称为复合函数 z 对 x 的 **全导数**.

注　上式中的导数 $\dfrac{\mathrm{d}z}{\mathrm{d}x}$, $\dfrac{\mathrm{d}u}{\mathrm{d}x}$, $\dfrac{\mathrm{d}v}{\mathrm{d}x}$ 必须用一元函数的导数符号 d, 不能使用偏导数符号 ∂, 这是因为 z, u, v 都是 x 的一元函数.

(2) 设 $u = \varphi(x,y,z)$ 在点 (x,y,z) 处具有对 x, y 和 z 的偏导数, 而 $w = f(u)$ 在对应点 u 处可微, 其函数结构 "示意图" 如图 7–13 所示, 则复合函数 $w = f(\varphi(x,y,z))$ 对 x, y 和 z 的偏导数为

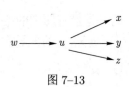

图 7–13

$$\begin{cases} \dfrac{\partial w}{\partial x} = f'(u) \cdot \dfrac{\partial u}{\partial x}, \\[2mm] \dfrac{\partial w}{\partial y} = f'(u) \cdot \dfrac{\partial u}{\partial y}, \\[2mm] \dfrac{\partial w}{\partial z} = f'(u) \cdot \dfrac{\partial u}{\partial z}. \end{cases}$$

(3) 设 $z = f(u,x,y)$ 在点 (u,x,y) 处可微, 而 $u = \varphi(x,y)$ 在点 (x,y) 处具有对 x 和 y 的偏导数, 则复合函数

$$z = f\left(\varphi(x,y),x,y\right),$$

可看作上述情形定理 4.1 中当 $v = x$, $w = y$ 的特殊情形, 因此

$$\frac{\partial v}{\partial x} = 1, \quad \frac{\partial v}{\partial y} = 0, \quad \frac{\partial w}{\partial x} = 0, \quad \frac{\partial w}{\partial y} = 1.$$

利用公式 (4.1), 则得复合函数 $z = f(\varphi(x,y),x,y)$ 对 x 和 y 的偏导数为

$$\begin{cases} \dfrac{\partial z}{\partial x} = \dfrac{\partial f}{\partial u}\dfrac{\partial u}{\partial x} + \dfrac{\partial f}{\partial x}, \\[2mm] \dfrac{\partial z}{\partial y} = \dfrac{\partial f}{\partial u}\dfrac{\partial u}{\partial y} + \dfrac{\partial f}{\partial y}. \end{cases} \tag{4.8}$$

注　其函数结构 "示意图" 如图 7–14 所示, 这里 $\dfrac{\partial z}{\partial x}$ 与 $\dfrac{\partial f}{\partial x}$ 是不同的, $\dfrac{\partial z}{\partial x}$ 是把二元复合函数 $z = f(\varphi(x,y),x,y)$ 中的 y 看作不变而对 x 求偏导数, 因此是 z 对最终变量 x 求偏导; $\dfrac{\partial f}{\partial x}$ 是把三元函数 $f(u,x,y)$ 中的 u 及 y 看作不变而对 x 求偏导数, 因此是 z 对第

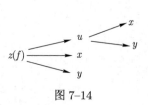

图 7–14

二个中间变量 x 求偏导. $\dfrac{\partial z}{\partial y}$ 与 $\dfrac{\partial f}{\partial y}$ 也有类似的区别.

例 4.2　设 $u = x\mathrm{e}^{y-z}$, 而 $x = t^2$, $y = \sin t$, $z = t^3 + 2t$, 求 $\dfrac{\mathrm{d}u}{\mathrm{d}t}$.

解
$$\frac{\mathrm{d}u}{\mathrm{d}t} = \frac{\partial u}{\partial x}\frac{\mathrm{d}x}{\mathrm{d}t} + \frac{\partial u}{\partial y}\frac{\mathrm{d}y}{\mathrm{d}t} + \frac{\partial u}{\partial z}\frac{\mathrm{d}z}{\mathrm{d}t}$$

$$= 2t\mathrm{e}^{y-z} + x\mathrm{e}^{y-z}\cos t - x\mathrm{e}^{y-z}(3t^2 + 2)$$

$$= \mathrm{e}^{\sin t - t^3 - 2t}\left(t^2\cos t + 2t - 2t^2 - 3t^4\right).$$

例 4.3　设 $z = f(x, x^2 y, 3x - \mathrm{e}^y)$, 其中 $f \in C^{(1)}$, 求 $\dfrac{\partial z}{\partial x}, \dfrac{\partial z}{\partial y}$.

解　设 $u = x^2 y$, $v = 3x - \mathrm{e}^y$, 则 $z = f(x, u, v)$, 显然, 它们可微, 其函数结构 "示意图" 如图 7–15 所示. 为了方便, 引入记号: f_1' 表示 f 对第一个中间变量的偏导数, f_2' 表示 f 对第二个中间变量的偏导数, 用 f_{12}'' 表示 f 先对第一个中间变量, 后对第二个中间变量的混合偏导数, 以此类推. 则

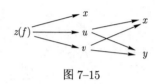

图 7–15

$$\frac{\partial z}{\partial x} = \frac{\partial f}{\partial x} + \frac{\partial f}{\partial u}\frac{\partial u}{\partial x} + \frac{\partial f}{\partial v}\frac{\partial v}{\partial x}$$

$$= \frac{\partial f}{\partial x} + \frac{\partial f}{\partial u}\cdot 2xy + \frac{\partial f}{\partial v}\cdot 3 = f_1' + 2xyf_2' + 3f_3'.$$

$$\frac{\partial z}{\partial y} = \frac{\partial f}{\partial u}\frac{\partial u}{\partial y} + \frac{\partial f}{\partial v}\frac{\partial v}{\partial y}$$

$$= \frac{\partial f}{\partial u}\cdot x^2 + \frac{\partial f}{\partial v}\cdot (-\mathrm{e}^y) = x^2 f_2' - \mathrm{e}^y f_3'.$$

例 4.4　设 $z = \sin y + f(\sin x - \sin y)$, 其中 $f \in C^{(1)}$, 证明:

$$\frac{\partial z}{\partial x}\sec x + \frac{\partial z}{\partial y}\sec y = 1.$$

证　设 $u = \sin x - \sin y$, 则 $z = \sin y + f(u)$, 于是

$$\frac{\partial z}{\partial x} = f'(u)\cdot\frac{\partial u}{\partial x} = f'(u)\cdot\cos x,$$

$$\frac{\partial z}{\partial y} = \cos y + f'(u)\cdot\frac{\partial u}{\partial y} = (1 - f'(u))\cos y,$$

从而得

$$\frac{\partial z}{\partial x}\sec x + \frac{\partial z}{\partial y}\sec y = f'(u)\cdot\cos x\cdot\sec x + (1 - f'(u))\cos y\cdot\sec y = 1.$$

例 4.5　设 $z = f(u, x, y)$, 其中 $f \in C^{(2)}$, $u = x\mathrm{e}^y$, 求 $\dfrac{\partial^2 z}{\partial x^2}, \dfrac{\partial^2 z}{\partial x\partial y}$.

解   其函数结构"示意图"如图 7–16 所示. 由复合函数的链式法则, 得

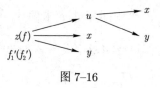

$$\frac{\partial z}{\partial x} = \frac{\partial f}{\partial u}\frac{\partial u}{\partial x} + \frac{\partial f}{\partial x} = \mathrm{e}^y f_1' + f_2',$$

图 7–16

注意到 f_1' 与 f_2' 仍是 u, x, y 的三元函数, 而 $u = x\mathrm{e}^y$. 故再由复合函数的链式法则, 得

$$\begin{aligned}
\frac{\partial^2 z}{\partial x^2} &= \frac{\partial}{\partial x}\left(\mathrm{e}^y f_1' + f_2'\right) = \mathrm{e}^y \frac{\partial}{\partial x}(f_1') + \frac{\partial}{\partial x}(f_2') \\
&= \mathrm{e}^y\left(f_{11}'' \cdot \frac{\partial u}{\partial x} + f_{12}''\right) + \left(f_{21}'' \cdot \frac{\partial u}{\partial x} + f_{22}''\right) \\
&= \mathrm{e}^y\left(f_{11}'' \cdot \mathrm{e}^y + f_{12}''\right) + \left(f_{21}'' \cdot \mathrm{e}^y + f_{22}''\right) \\
&= \mathrm{e}^{2y} f_{11}'' + 2\mathrm{e}^y f_{12}'' + f_{22}''.
\end{aligned}$$

$$\begin{aligned}
\frac{\partial^2 z}{\partial x \partial y} &= \frac{\partial}{\partial y}\left(\mathrm{e}^y f_1' + f_2'\right) = \mathrm{e}^y f_1' + \mathrm{e}^y \frac{\partial}{\partial y}(f_1') + \frac{\partial}{\partial y}(f_2') \\
&= \mathrm{e}^y f_1' + \mathrm{e}^y\left(f_{11}'' \cdot \frac{\partial u}{\partial y} + f_{13}''\right) + \left(f_{21}'' \cdot \frac{\partial u}{\partial y} + f_{23}''\right) \\
&= \mathrm{e}^y f_1' + \mathrm{e}^y\left(f_{11}'' \cdot x\mathrm{e}^y + f_{13}''\right) + \left(f_{21}'' \cdot x\mathrm{e}^y + f_{23}''\right) \\
&= \mathrm{e}^y f_1' + x\mathrm{e}^{2y} f_{11}'' + \mathrm{e}^y f_{13}'' + x\mathrm{e}^y f_{21}'' + f_{23}''.
\end{aligned}$$

注   在对复合函数求高阶偏导数时, 应注意其对中间变量的偏导数还是复合函数, 且复合关系不变.

例 4.6   设 $z = f(x, y) \in C^{(1)}$, 在极坐标变换 $x = \rho\cos\theta,\ y = \rho\sin\theta$ 下, 证明:

$$\left(\frac{\partial z}{\partial x}\right)^2 + \left(\frac{\partial z}{\partial y}\right)^2 = \left(\frac{\partial z}{\partial \rho}\right)^2 + \frac{1}{\rho^2}\left(\frac{\partial z}{\partial \theta}\right)^2.$$

证   因为 z 是 x, y 的可微函数, 而 x, y 又是 ρ, θ 的可微函数, 所以 z 是 ρ, θ 的复合函数, 其函数结构"示意图"如图 7–17 所示. 由复合函数的链式法则, 得

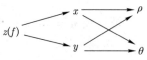

图 7–17

$$\frac{\partial z}{\partial \rho} = \frac{\partial z}{\partial x} \cdot \frac{\partial x}{\partial \rho} + \frac{\partial z}{\partial y} \cdot \frac{\partial y}{\partial \rho} = \frac{\partial z}{\partial x}\cos\theta + \frac{\partial z}{\partial y}\sin\theta,$$

$$\frac{\partial z}{\partial \theta} = \frac{\partial z}{\partial x} \cdot \frac{\partial x}{\partial \theta} + \frac{\partial z}{\partial y} \cdot \frac{\partial y}{\partial \theta} = -\frac{\partial z}{\partial x}\rho\sin\theta + \frac{\partial z}{\partial y}\rho\cos\theta,$$

从而有

$$\begin{aligned}
\left(\frac{\partial z}{\partial \rho}\right)^2 + \frac{1}{\rho^2}\left(\frac{\partial z}{\partial \theta}\right)^2 &= \left(\frac{\partial z}{\partial x}\cos\theta + \frac{\partial z}{\partial y}\sin\theta\right)^2 + \frac{1}{\rho^2}\left(-\frac{\partial z}{\partial x}\rho\sin\theta + \frac{\partial z}{\partial y}\rho\cos\theta\right)^2 \\
&= \left(\frac{\partial z}{\partial x}\right)^2 + \left(\frac{\partial z}{\partial y}\right)^2.
\end{aligned}$$

例 4.7　设函数 $z = f(x, y)$, 用变换 $\begin{cases} u = x - 2y, \\ v = x + 3y \end{cases}$ 将方程

$$6\frac{\partial^2 z}{\partial x^2} + \frac{\partial^2 z}{\partial x \partial y} - \frac{\partial^2 z}{\partial y^2} = 0$$

化为 z 关于 u, v 的偏导数所满足的方程, 其中 $f \in C^{(2)}$.

解　由 $\begin{cases} u = x - 2y, \\ v = x + 3y, \end{cases}$ 可得

$$x = \frac{3u + 2v}{5}, \quad y = \frac{v - u}{5},$$

则 z 是 u, v 的函数 $z = z(u, v)$. 因此可以将 $z = f(x, y)$ 看作由 $z = z(u, v)$, $u = x - 2y$, $v = x + 3y$ 复合而成的复合函数. 利用复合函数的链式法则, 注意到二阶连续混合偏导数相等得

$$\frac{\partial z}{\partial x} = \frac{\partial z}{\partial u}\frac{\partial u}{\partial x} + \frac{\partial z}{\partial v}\frac{\partial v}{\partial x} = \frac{\partial z}{\partial u} + \frac{\partial z}{\partial v},$$

$$\frac{\partial z}{\partial y} = \frac{\partial z}{\partial u}\frac{\partial u}{\partial y} + \frac{\partial z}{\partial v}\frac{\partial v}{\partial y} = -2\frac{\partial z}{\partial u} + 3\frac{\partial z}{\partial v}.$$

于是得

$$\frac{\partial^2 z}{\partial x^2} = \frac{\partial}{\partial x}\left(\frac{\partial z}{\partial u} + \frac{\partial z}{\partial v}\right) = \frac{\partial}{\partial x}\left(\frac{\partial z}{\partial u}\right) + \frac{\partial}{\partial x}\left(\frac{\partial z}{\partial v}\right)$$

$$= \frac{\partial^2 z}{\partial u^2} \cdot 1 + \frac{\partial^2 z}{\partial u \partial v} \cdot 1 + \frac{\partial^2 z}{\partial v \partial u} \cdot 1 + \frac{\partial^2 z}{\partial v^2} \cdot 1$$

$$= \frac{\partial^2 z}{\partial u^2} + 2\frac{\partial^2 z}{\partial u \partial v} + \frac{\partial^2 z}{\partial v^2},$$

$$\frac{\partial^2 z}{\partial x \partial y} = \frac{\partial}{\partial y}\left(\frac{\partial z}{\partial u} + \frac{\partial z}{\partial v}\right) = \frac{\partial}{\partial y}\left(\frac{\partial z}{\partial u}\right) + \frac{\partial}{\partial y}\left(\frac{\partial z}{\partial v}\right)$$

$$= \frac{\partial^2 z}{\partial u^2} \cdot (-2) + \frac{\partial^2 z}{\partial u \partial v} \cdot 3 + \frac{\partial^2 z}{\partial v \partial u} \cdot (-2) + \frac{\partial^2 z}{\partial v^2} \cdot 3$$

$$= -2\frac{\partial^2 z}{\partial u^2} + \frac{\partial^2 z}{\partial u \partial v} + 3\frac{\partial^2 z}{\partial v^2},$$

$$\frac{\partial^2 z}{\partial y^2} = \frac{\partial}{\partial y}\left(-2\frac{\partial z}{\partial u} + 3\frac{\partial z}{\partial v}\right) = -2\frac{\partial}{\partial y}\left(\frac{\partial z}{\partial u}\right) + 3\frac{\partial}{\partial y}\left(\frac{\partial z}{\partial v}\right)$$

$$= -2\left(\frac{\partial^2 z}{\partial u^2} \cdot (-2) + \frac{\partial^2 z}{\partial u \partial v} \cdot 3\right) + 3\left(\frac{\partial^2 z}{\partial v \partial u} \cdot (-2) + \frac{\partial^2 z}{\partial v^2} \cdot 3\right)$$

$$= 4\frac{\partial^2 z}{\partial u^2} - 12\frac{\partial^2 z}{\partial u \partial v} + 9\frac{\partial^2 z}{\partial v^2}.$$

进而得

$$6\frac{\partial^2 z}{\partial x^2} + \frac{\partial^2 z}{\partial x \partial y} - \frac{\partial^2 z}{\partial y^2} = 6\left(\frac{\partial^2 z}{\partial u^2} + 2\frac{\partial^2 z}{\partial u \partial v} + \frac{\partial^2 z}{\partial v^2}\right) + \left(-2\frac{\partial^2 z}{\partial u^2} + \frac{\partial^2 z}{\partial u \partial v} + 3\frac{\partial^2 z}{\partial v^2}\right) -$$

$$\left(4\frac{\partial^2 z}{\partial u^2} - 12\frac{\partial^2 z}{\partial u \partial v} + 9\frac{\partial^2 z}{\partial v^2}\right)$$

$$= 25\frac{\partial^2 z}{\partial u \partial v}.$$

故 z 关于 u, v 的偏导数满足的方程为

$$\frac{\partial^2 z}{\partial u \partial v} = 0.$$

二、复合函数的全微分

设函数 $z = f(u, v)$ 具有连续偏导数, 则有全微分

$$\mathrm{d}z = \frac{\partial z}{\partial u}\mathrm{d}u + \frac{\partial z}{\partial v}\mathrm{d}v.$$

若 $u = \varphi(x, y), v = \psi(x, y)$ 又是 x, y 的函数, 且也具有连续的偏导数, 则复合函数

$$z = f\left(\varphi(x, y),\ \psi(x, y)\right)$$

的全微分公式为

$$\mathrm{d}z = \frac{\partial z}{\partial x}\mathrm{d}x + \frac{\partial z}{\partial y}\mathrm{d}y,$$

其中

$$\frac{\partial z}{\partial x} = \frac{\partial z}{\partial u} \cdot \frac{\partial u}{\partial x} + \frac{\partial z}{\partial v} \cdot \frac{\partial v}{\partial x}, \quad \frac{\partial z}{\partial y} = \frac{\partial z}{\partial u} \cdot \frac{\partial u}{\partial y} + \frac{\partial z}{\partial v} \cdot \frac{\partial v}{\partial y}.$$

从而全微分

$$\mathrm{d}z = \left(\frac{\partial z}{\partial u} \cdot \frac{\partial u}{\partial x} + \frac{\partial z}{\partial v} \cdot \frac{\partial v}{\partial x}\right)\mathrm{d}x + \left(\frac{\partial z}{\partial u} \cdot \frac{\partial u}{\partial y} + \frac{\partial z}{\partial v} \cdot \frac{\partial v}{\partial y}\right)\mathrm{d}y$$

$$= \frac{\partial z}{\partial u}\left(\frac{\partial u}{\partial x}\mathrm{d}x + \frac{\partial u}{\partial y}\mathrm{d}y\right) + \frac{\partial z}{\partial v}\left(\frac{\partial v}{\partial x}\mathrm{d}x + \frac{\partial v}{\partial y}\mathrm{d}y\right).$$

由于 u, v 又都是 x, y 的可微函数, 因此有

$$\mathrm{d}u = \frac{\partial u}{\partial x}\mathrm{d}x + \frac{\partial u}{\partial y}\mathrm{d}y, \quad \mathrm{d}v = \frac{\partial v}{\partial x}\mathrm{d}x + \frac{\partial v}{\partial y}\mathrm{d}y.$$

故

$$\mathrm{d}z = \frac{\partial z}{\partial u}\mathrm{d}u + \frac{\partial z}{\partial v}\mathrm{d}v.$$

由此可见, 无论 z 是自变量 u, v 的函数或是中间变量 u, v 的函数, 它的全微分总是

$$\mathrm{d}z = \frac{\partial z}{\partial u}\mathrm{d}u + \frac{\partial z}{\partial v}\mathrm{d}v.$$

这个性质称为二元函数的**全微分形式不变性**. 类似地, 对于三元或三元以上的函数的全微分也有此性质. 利用全微分形式不变性这一性质, 能更有条理地计算较复杂函数的全微分.

例如, 设 $z = f(u, x, y)$ 在点 (u, x, y) 处可微, 而 $u = \varphi(x, y)$ 在点 (x, y) 可微, 可以利用全微分形式不变性, 很容易求得复合函数 $z = f(\varphi(x, y), x, y)$ 的偏导数. 事实上, 由全微分形式不变性, 得

$$\mathrm{d}z = f_u \mathrm{d}u + f_x \mathrm{d}x + f_y \mathrm{d}y = f_u(\varphi_x \mathrm{d}x + \varphi_y \mathrm{d}y) + f_x \mathrm{d}x + f_y \mathrm{d}y$$
$$= (f_u \varphi_x + f_x)\,\mathrm{d}x + (f_u \varphi_y + f_y)\,\mathrm{d}y.$$

于是得

$$\frac{\partial z}{\partial x} = f_u \varphi_x + f_x, \quad \frac{\partial z}{\partial y} = f_u \varphi_y + f_y.$$

此结果与 (4.8) 相同.

设 u, v 是可微的多元函数, 应用全微分形式不变性, 易得到全微分的四则运算法则:

(1) $\mathrm{d}(u \pm v) = \mathrm{d}u \pm \mathrm{d}v$;

(2) $\mathrm{d}(uv) = v\mathrm{d}u + u\mathrm{d}v$;

(3) $\mathrm{d}\left(\dfrac{u}{v}\right) = \dfrac{v\mathrm{d}u - u\mathrm{d}v}{v^2}, v \neq 0$.

例 4.8　设 $z = f\left(\dfrac{x}{y}, \dfrac{y}{x}\right)$, 其中 $f \in C^{(1)}$, 利用全微分形式不变性求 $\dfrac{\partial z}{\partial x}$, $\dfrac{\partial z}{\partial y}$.

解　由全微分形式不变性, 得

$$\mathrm{d}z = f_1'\mathrm{d}\left(\frac{x}{y}\right) + f_2'\mathrm{d}\left(\frac{y}{x}\right)$$
$$= f_1'\frac{y\mathrm{d}x - x\mathrm{d}y}{y^2} + f_2'\frac{x\mathrm{d}y - y\mathrm{d}x}{x^2}$$
$$= \left(\frac{1}{y}f_1' - \frac{y}{x^2}f_2'\right)\mathrm{d}x + \left(-\frac{x}{y^2}f_1' + \frac{1}{x}f_2'\right)\mathrm{d}y.$$

阶梯函数或符号函数可以求导吗?

从而

$$\frac{\partial z}{\partial x} = \frac{1}{y}f_1' - \frac{y}{x^2}f_2', \quad \frac{\partial z}{\partial y} = -\frac{x}{y^2}f_1' + \frac{1}{x}f_2'.$$

习题 7–4

(A)

1. 设 $z = u^2 + v^2$, 而 $u = x + y$, $v = x - y$, 求 $\dfrac{\partial z}{\partial x}$, $\dfrac{\partial z}{\partial y}$.

2. 设 $z = u^2 v - u v^2$, 而 $u = x\cos y$, $v = x\sin y$, 求 $\dfrac{\partial z}{\partial x}$, $\dfrac{\partial z}{\partial y}$.

3. 设 $z = \arctan(x - y)$, $x = 3t$, $y = 4t^3$, 求 $\dfrac{\mathrm{d}z}{\mathrm{d}t}$.

4. 设 $z = \mathrm{e}^{3x+2y}$, $x = \cos t$, $y = t^2$, 求 $\dfrac{\mathrm{d}z}{\mathrm{d}t}$.

5. 设 $z = xy\mathrm{e}^{x+y^2} + \sin\dfrac{x}{y^2}$, 求 $\dfrac{\partial z}{\partial x}$.

6. 设 $u = f(x^2, xy, xyz)$, f 具有连续偏导数, 求全微分 $\mathrm{d}u$.

7. 设函数 $f(x, y) = \displaystyle\int_x^{x+ay} \mathrm{e}^{-t^2}\mathrm{d}t$, 求 $f_{xx}(1, -1)$.

8. 设函数 $z = x^3 f\left(\dfrac{y}{x^2}\right)$, f 为可导函数, 验证 $x\dfrac{\partial z}{\partial x} + 2y\dfrac{\partial z}{\partial y} = 3z$.

9. 设函数 $f(u, v)$ 具有二阶连续偏导数, 而 $z = f(x + y, xy)$, 求 $\dfrac{\partial^2 z}{\partial x^2}$.

10. 设函数 $f(u, v)$ 具有二阶连续偏导数, 而 $z = xf\left(xy, \dfrac{x}{y}\right)$, 求 $\dfrac{\partial^2 z}{\partial x \partial y}$.

11. 设函数 f 具有二阶连续偏导数, φ 为可微函数, 且 $z = f(x + \varphi(y))$, 证明:

$$\frac{\partial z}{\partial x}\frac{\partial^2 z}{\partial x \partial y} = \frac{\partial z}{\partial y}\frac{\partial^2 z}{\partial x^2}.$$

12. 设 f 具有二阶连续偏导数, 求 $\dfrac{\partial^2 z}{\partial x^2}, \dfrac{\partial^2 z}{\partial y^2}, \dfrac{\partial^2 z}{\partial x \partial y}$, 其中

(1) $z = f(xy^2, x^2 y)$;　　　　　(2) $z = f(\sin x, \cos y, \mathrm{e}^{x+y})$.

(B)

13. 设 $u = \displaystyle\int_{x-ay}^{x+ay} \varphi(t)\mathrm{d}t$, 其中 $\varphi(t)$ 具有连续的导数, 试用求偏导数的方法, 消去 $\varphi(t)$, 建立 u 的方程.

14. 设 $z = f(x, y)$ 具有连续偏导数, 作变量替换 $x = \dfrac{\xi + \eta}{2}$, $y = \dfrac{\xi - \eta}{2}$, 试变换方程 $\dfrac{\partial z}{\partial x} = \dfrac{\partial z}{\partial y}$.

15. 将直角坐标系下分量所满足的方程

$$\begin{cases} \dfrac{\mathrm{d}x}{\mathrm{d}t} = y + kx(x^2 + y^2), \\[2mm] \dfrac{\mathrm{d}y}{\mathrm{d}t} = -x + ky(x^2 + y^2) \end{cases}$$

习题 7-4
第 15 题解答

变换成极坐标系下的坐标分量的相应方程.

16. 若函数 $u = F(x, y, z)$ 满足恒等式 $F(tx, ty, tz) = t^k F(x, y, z)$ $(t > 0)$, 则称 $F(x, y, z)$ 为 k **次齐次函数**. 若可微函数 $F(x, y, z)$ 为 k 次齐次函数, 则

$$xF_x(x, y, z) + yF_y(x, y, z) + zF_z(x, y, z) = kF(x, y, z).$$

习题 7-4
第 16 题解答

第五节　隐函数的微分法

在实际问题中, 常常遇到一些函数, 其因变量与自变量的关系是以方程形式联系起来. 例如, 在第二章中, 由方程 $F(x, y) = 0$ 所确定 y 为 x 的一元隐函数, 并给出了一元隐函数的求导方法, 但到目前为止, 还不知道方程 $F(x, y) = 0$ 满足什么条件可以确定隐函数, 所确定的隐函数是否可导. 本节将介绍隐函数的概念、隐函数的存在性定理及隐函数的微分法.

一、一个方程的情形

设 $F(x, y)$ 在某平面区域 D 上有定义, 对于二元方程

$$F(x, y) = 0,$$

若存在区间 I 和 J, 使得对于任何 $x \in I$, 有唯一确定的 $y \in J$, 它与 x 一起满足方程 $F(x, y) = 0$, 则称由方程 $F(x, y) = 0$ 确定了一个定义在 I 上, 值域含于 J 的**隐函数**.

下面给出隐函数的存在性定理, 定理的证明从略.

定理 5.1 (隐函数存在性定理) 设二元函数 $F(x, y)$ 满足下列条件:

(1) $F(x, y)$ 在点 $P(x_0, y_0)$ 的某一邻域内具有连续的偏导数;

(2) $F(x_0, y_0) = 0$;

(3) $F_y(x_0, y_0) \neq 0$,

则方程 $F(x, y) = 0$ 在点 $P(x_0, y_0)$ 的某一邻域内能唯一确定一个单值连续且具有连续导数的函数 $y = f(x)$, 它满足条件 $y_0 = f(x_0)$, 并有

$$\frac{\mathrm{d}y}{\mathrm{d}x} = -\frac{F_x(x, y)}{F_y(x, y)}. \tag{5.1}$$

公式 (5.1) 就是**隐函数的求导公式**.

现对公式 (5.1) 推导如下:

将方程 $F(x, y) = 0$ 所确定的函数 $y = f(x)$ 代入方程中, 得恒等式

$$F(x, f(x)) \equiv 0,$$

两边关于 x 求导, 其左端看作 x 的复合函数, 由复合函数求导法, 得

$$F_x + F_y \cdot \frac{\mathrm{d}y}{\mathrm{d}x} = 0,$$

由于 F_y 连续, 且 $F_y(x_0, y_0) \neq 0$, 因此存在点 $P(x_0, y_0)$ 的某邻域 $U(P)$, 使得在 $U(P)$ 内, $F_y \neq 0$, 从而得

$$\frac{\mathrm{d}y}{\mathrm{d}x} = -\frac{F_x}{F_y}.$$

若 $F(x, y)$ 具有二阶连续的偏导数, 则在 (5.1) 的两端再关于 x 求导, 得

$$\frac{\mathrm{d}^2 y}{\mathrm{d}x^2} = \frac{\mathrm{d}}{\mathrm{d}x}\left(-\frac{F_x}{F_y}\right) = \frac{\partial}{\partial x}\left(-\frac{F_x}{F_y}\right) + \frac{\partial}{\partial y}\left(-\frac{F_x}{F_y}\right)\frac{\mathrm{d}y}{\mathrm{d}x}$$

$$= -\frac{F_{xx}F_y - F_{yx}F_x}{F_y^2} - \frac{F_{xy}F_y - F_{yy}F_x}{F_y^2}\left(-\frac{F_x}{F_y}\right)$$

$$= -\frac{F_{xx}F_y^2 - 2F_{xy}F_xF_y + F_{yy}F_x^2}{F_y^3}.$$

例 5.1 验证方程 $xy - \mathrm{e}^x + \mathrm{e}^y = 0$ 在原点 $O(0, 0)$ 的某个邻域内能唯一确定一个具有连续导数的隐函数 $y = f(x)$, 并求该函数在点 $x = 0$ 处的一阶、二阶导数.

解　设 $F(x,y) = xy - \mathrm{e}^x + \mathrm{e}^y$, $F(0,0) = 0$, 则

$$F_x(x,y) = y - \mathrm{e}^x, \quad F_y(x,y) = x + \mathrm{e}^y$$

连续, 且 $F_y(0,0) = 1 \neq 0$, 由定理 5.1, 方程 $xy - \mathrm{e}^x + \mathrm{e}^y = 0$
在原点 $O(0,0)$ 的某个邻域内能唯一确定一个具有连续导数
的隐函数 $y = f(x)$, 隐函数图形如图 7–18 所示. 且

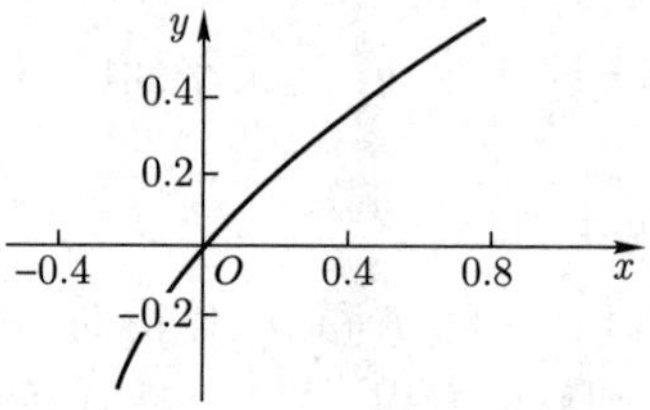

$$\frac{\mathrm{d}y}{\mathrm{d}x} = -\frac{F_x}{F_y} = \frac{\mathrm{e}^x - y}{\mathrm{e}^y + x}.$$

图 7–18

将 $x = 0$ 和 $y = 0$ 代入上式右端, 得

$$\left.\frac{\mathrm{d}y}{\mathrm{d}x}\right|_{x=0} = 1.$$

$$\frac{\mathrm{d}^2 y}{\mathrm{d}x^2} = \frac{\mathrm{d}}{\mathrm{d}x}\left(\frac{\mathrm{e}^x - y}{\mathrm{e}^y + x}\right) = \frac{(\mathrm{e}^x - y')(\mathrm{e}^y + x) - (\mathrm{e}^x - y)(\mathrm{e}^y y' + 1)}{(\mathrm{e}^y + x)^2}.$$

将 $x = 0$, $y = 0$ 和 $y' = 1$ 代入上式右端, 得 $\left.\dfrac{\mathrm{d}^2 y}{\mathrm{d}x^2}\right|_{x=0} = -2$.

注　在定理 5.1 中, 将条件 $(3) F_y(x_0, y_0) \neq 0$ 换成 $F_x(x_0, y_0) \neq 0$, 其他条件不变, 则方
程 $F(x,y) = 0$ 在点 $P(x_0, y_0)$ 的某一邻域内能唯一确定一个单值连续且具有连续导数的函
数 $x = g(y)$, 它满足条件 $x_0 = g(y_0)$, 并且

$$\frac{\mathrm{d}x}{\mathrm{d}y} = -\frac{F_y(x,y)}{F_x(x,y)}.$$

与定理 5.1 类似, 同样可以由三元方程 $F(x,y,z) = 0$ 确定 z 为 x,y 的二元函数 $z = f(x,y)$,
它称为**二元隐函数**, 其存在性定理如下, 证明从略.

定理 5.2 (隐函数存在定理)　设三元函数 $F(x,y,z)$ 满足下列条件.

(1) $F(x,y,z)$ 在点 $P(x_0, y_0, z_0)$ 的某一邻域内具有连续的偏导数;

(2) $F(x_0, y_0, z_0) = 0$;

(3) $F_z(x_0, y_0, z_0) \neq 0$,

则方程 $F(x,y,z) = 0$ 在点 $P(x_0, y_0, z_0)$ 的某一邻域内能唯一确定一个单值连续且具有连续偏
导数的二元函数 $z = f(x,y)$, 它满足条件 $z_0 = f(x_0, y_0)$, 并有

$$\frac{\partial z}{\partial x} = -\frac{F_x(x,y,z)}{F_z(x,y,z)}, \quad \frac{\partial z}{\partial y} = -\frac{F_y(x,y,z)}{F_z(x,y,z)}. \tag{5.2}$$

公式 (5.2) 推导如下.

将方程 $F(x,y,z) = 0$ 所确定的二元函数 $z = f(x,y)$ 代入方程 $F(x,y,z) = 0$ 中, 得恒等式

$$F(x, y, f(x,y)) \equiv 0,$$

两边分别对 x, y 求偏导, 由复合函数求偏导法, 得

$$F_x + F_z \cdot \frac{\partial z}{\partial x} = 0, \quad F_y + F_z \cdot \frac{\partial z}{\partial y} = 0.$$

因为 F_z 连续, 且 $F_z(x_0, y_0, z_0) \neq 0$, 所以存在点 $P(x_0, y_0, z_0)$ 的某邻域 $U(P)$, 使得在 $U(P)$ 内, $F_z \neq 0$, 从而得

$$\frac{\partial z}{\partial x} = -\frac{F_x}{F_z}, \quad \frac{\partial z}{\partial y} = -\frac{F_y}{F_z}.$$

注　在定理 5.2 中, 将条件 (3) $F_z(x_0, y_0, z_0) \neq 0$ 换成 $F_x(x_0, y_0, z_0) \neq 0$ 或 $F_y(x_0, y_0, z_0) \neq 0$, 其他条件不变, 则方程 $F(x, y, z) = 0$ 在点 $P(x_0, y_0, z_0)$ 的某一邻域内能唯一确定一个单值连续且具有连续偏导数的函数 $x = g(y, z)$ 或 $y = h(x, z)$.

例 5.2　设 $2x^2 + y^2 + z^2 - 2z = 0$ 确定隐函数 $z = z(x, y)$, 求 $\dfrac{\partial z}{\partial x}, \dfrac{\partial z}{\partial y}$ 及 $\dfrac{\partial^2 z}{\partial x^2}$.

解　可以利用公式 (5.2) 求隐函数的一阶偏导数, 读者自己练习.

下面利用全微分形式不变性来求一阶偏导数.

将 $2x^2 + y^2 + z^2 - 2z = 0$ 两端同时求全微分得

$$4x\mathrm{d}x + 2y\mathrm{d}y + (2z - 2)\mathrm{d}z = 0,$$

从而当 $z \neq 1$ 时, 有

$$\mathrm{d}z = \frac{2x}{1-z}\mathrm{d}x + \frac{y}{1-z}\mathrm{d}y,$$

故

$$\frac{\partial z}{\partial x} = \frac{2x}{1-z}, \quad \frac{\partial z}{\partial y} = \frac{y}{1-z}, \quad z \neq 1.$$

$$\frac{\partial^2 z}{\partial x^2} = \frac{\partial}{\partial x}\left(\frac{2x}{1-z}\right) = 2\frac{(1-z) + x\dfrac{\partial z}{\partial x}}{(1-z)^2} = \frac{2(1-z)^2 + 4x^2}{(1-z)^3}, \quad z \neq 1.$$

例 5.3　设二元函数 $F \in C^{(1)}$, 其中 a, b, c 为常数, 证明: 由方程

$$F(cx - az, cy - bz) = 0$$

所确定的隐函数 $z = z(x, y)$ 满足

$$a\frac{\partial z}{\partial x} + b\frac{\partial z}{\partial y} = c.$$

证　利用全微分形式不变性, 方程两边求全微分得

$$F_1'\mathrm{d}(cx - az) + F_2'\mathrm{d}(cy - bz) = 0,$$

即

$$F_1'(c\mathrm{d}x - a\mathrm{d}z) + F_2'(c\mathrm{d}y - b\mathrm{d}z) = 0,$$

$$cF_1'\mathrm{d}x + cF_2'\mathrm{d}y - (aF_1' + bF_2')\mathrm{d}z = 0,$$

当 $aF_1' + bF_2' \neq 0$ 时, 有

$$\mathrm{d}z = \frac{cF_1'}{aF_1' + bF_2'}\mathrm{d}x + \frac{cF_2'}{aF_1' + bF_2'}\mathrm{d}y,$$

由此得

$$\frac{\partial z}{\partial x} = \frac{cF_1'}{aF_1' + bF_2'}, \quad \frac{\partial z}{\partial y} = \frac{cF_2'}{aF_1' + bF_2'}.$$

故

$$a\frac{\partial z}{\partial x} + b\frac{\partial z}{\partial y} = \frac{acF_1'}{aF_1' + bF_2'} + \frac{bcF_2'}{aF_1' + bF_2'} = c.$$

二、方程组的情形

隐函数存在定理也可以推广到方程组所确定的隐函数情形.

设 $F(x, y, u, v)$ 和 $G(x, y, u, v)$ 为定义在区域 $\Omega \subset \mathbf{R}^4$ 上的两个四元函数. 若存在平面区域 D, 对于 D 中每一点 (x, y), 分别有区间 I_1 和 I_2 上唯一的一对值 $u \in I_1$, $v \in I_2$, 它们一起满足方程组

$$\begin{cases} F(x, y, u, v) = 0, \\ G(x, y, u, v) = 0, \end{cases} \tag{5.3}$$

则称方程组 (5.3) 确定了两个定义在 D 上, 值域分别落在区间 I_1 和 I_2 内的函数, 并称这两个函数为由方程组 (5.3) 确定的**二元隐函数组**. 若这两个函数分别记为

$$u = u(x, y), \quad v = v(x, y),$$

则在区域 D 上, 有恒等式

$$\begin{cases} F(x, y, u(x, y), v(x, y)) \equiv 0, \\ G(x, y, u(x, y), v(x, y)) \equiv 0. \end{cases}$$

关于隐函数组的存在性有如下定理, 证明从略.

定理 5.3 (隐函数组存在定理)   设函数 $F(x, y, u, v)$, $G(x, y, u, v)$ 满足下列条件.

(1) F 和 G 在点 $P(x_0, y_0, u_0, v_0)$ 的某一邻域内具有连续的偏导数;

(2) $F(x_0, y_0, u_0, v_0) = 0, G(x_0, y_0, u_0, v_0) = 0$;

(3) F, G **关于变量** u, v **的函数行列式** (或雅可比 (**Jacobi**) 行列式)

$$J = \frac{\partial(F, G)}{\partial(u, v)} = \begin{vmatrix} \dfrac{\partial F}{\partial u} & \dfrac{\partial F}{\partial v} \\ \dfrac{\partial G}{\partial u} & \dfrac{\partial G}{\partial v} \end{vmatrix}$$

在点 $P(x_0, y_0, u_0, v_0)$ 处不等于零, 则方程组 (5.3) 在点 $P(x_0, y_0, u_0, v_0)$ 的某一邻域内能唯一确定一组单值连续且具有连续偏导数的函数 $u = u(x, y), v = v(x, y)$, 它满足条件 $u_0 = u(x_0, y_0)$, $v_0 = v(x_0, y_0)$, 且

$$\frac{\partial u}{\partial x} = -\frac{1}{J}\frac{\partial(F, G)}{\partial(x, v)}, \quad \frac{\partial v}{\partial x} = -\frac{1}{J}\frac{\partial(F, G)}{\partial(u, x)}, \tag{5.4}$$

$$\frac{\partial u}{\partial y} = -\frac{1}{J}\frac{\partial(F,G)}{\partial(y,v)}, \quad \frac{\partial v}{\partial y} = -\frac{1}{J}\frac{\partial(F,G)}{\partial(u,y)}.$$

下面对公式 (5.4) 作如下推导: 由于 $u = u(x,y)$, $v = v(x,y)$ 满足恒等式

$$\begin{cases} F(x,y,u(x,y),v(x,y)) \equiv 0, \\ G(x,y,u(x,y),v(x,y)) \equiv 0, \end{cases} \tag{5.5}$$

因此 (5.5) 中每个式子两边关于 x 求偏导, 由复合函数的求偏导法, 得

$$\begin{cases} F_x + F_u\dfrac{\partial u}{\partial x} + F_v\dfrac{\partial v}{\partial x} = 0, \\ G_x + G_u\dfrac{\partial u}{\partial x} + G_v\dfrac{\partial v}{\partial x} = 0. \end{cases}$$

它是关于 $\dfrac{\partial u}{\partial x}$, $\dfrac{\partial v}{\partial x}$ 为变量的线性方程组, 其系数行列式为

$$J = \begin{vmatrix} F_u & F_v \\ G_u & G_v \end{vmatrix} = \frac{\partial(F,G)}{\partial(u,v)}.$$

由条件 (1) 和 (3) 可知, 存在 $P(x_0,y_0,u_0,v_0)$ 的某邻域 $U(P)$, 使得在 $U(P)$ 内, $J \neq 0$. 从而可唯一解出 $\dfrac{\partial u}{\partial x}, \dfrac{\partial v}{\partial x}$, 它们就是 (5.4).

同理, 可求得 $\dfrac{\partial u}{\partial y}, \dfrac{\partial v}{\partial y}$.

注　定理 5.3 的偏导数公式不必死记, 只需记住推导偏导数的方法即可.

例 5.4　由方程组

$$\begin{cases} u^2 + v^2 - x^2 - y = 0, \\ -u + v - xy + 1 = 0 \end{cases} \tag{5.6}$$

可确定隐函数 $u = u(x,y)$ 和 $v = v(x,y)$, 求偏导数 $\dfrac{\partial u}{\partial x}, \dfrac{\partial u}{\partial y}, \dfrac{\partial v}{\partial x}, \dfrac{\partial v}{\partial y}$.

解　将方程组 (5.6) 两边分别关于 x 和 y 求偏导数, 得

$$\begin{cases} 2uu_x + 2vv_x - 2x = 0, \\ -u_x + v_x - y = 0, \end{cases} \tag{5.7}$$

$$\begin{cases} 2uu_y + 2vv_y - 1 = 0, \\ -u_y + v_y - x = 0, \end{cases} \tag{5.8}$$

由 (5.7) 解得

$$\frac{\partial u}{\partial x} = \frac{x - vy}{u + v}, \quad \frac{\partial v}{\partial x} = \frac{x + uy}{u + v}.$$

由 (5.8) 解得

$$\frac{\partial u}{\partial y} = \frac{1 - 2vx}{2(u + v)}, \quad \frac{\partial v}{\partial y} = \frac{1 + 2ux}{2(u + v)}.$$

例 5.5   设 $u = f(ux, v + y)$, $g(u - x, v^2 y) = 0$, 其中 $f, g \in C^{(1)}$, 求 $\dfrac{\partial u}{\partial x}$, $\dfrac{\partial v}{\partial x}$, $\dfrac{\partial u}{\partial y}$, $\dfrac{\partial v}{\partial y}$.

解   本题两个等式包含四个变量 x, y, u 和 v, 可以确定两个二元函数. 由全微分形式不变性, 方程两边求全微分, 得

$$\begin{cases} \mathrm{d}u = f_1'(u\mathrm{d}x + x\mathrm{d}u) + f_2'(\mathrm{d}v + \mathrm{d}y), \\ g_1'(\mathrm{d}u - \mathrm{d}x) + g_2'(v^2\mathrm{d}y + 2vy\mathrm{d}v) = 0. \end{cases}$$

整理, 得

$$\begin{cases} (1 - xf_1')\,\mathrm{d}u - f_2'\mathrm{d}v = uf_1'\mathrm{d}x + f_2'\mathrm{d}y, \\ g_1'\mathrm{d}u + 2vyg_2'\mathrm{d}v = g_1'\mathrm{d}x - v^2 g_2'\mathrm{d}y. \end{cases} \tag{5.9}$$

根据题意, u, v 作为因变量, 所以从 (5.9) 中解出 $\mathrm{d}u$ 和 $\mathrm{d}v$, 得

$$\begin{cases} \mathrm{d}u = \dfrac{(g_1' f_2' + 2uvy f_1' g_2')\mathrm{d}x + v(2y - v)g_2' f_2'\mathrm{d}y}{g_1' f_2' + 2vyg_2'(1 - xf_1')}, \\[3mm] \mathrm{d}v = \dfrac{g_1'\left(1 - (u + x)f_1'\right)\mathrm{d}x + \left(v^2 g_2'(xf_1' - 1) - g_1' f_2'\right)\mathrm{d}y}{g_1' f_2' + 2vyg_2'(1 - xf_1')}. \end{cases}$$

从而得

$$\frac{\partial u}{\partial x} = \frac{g_1' f_2' + 2uvy f_1' g_2'}{g_1' f_2' + 2vyg_2'(1 - xf_1')}, \quad \frac{\partial u}{\partial y} = \frac{v(2y - v)g_2' f_2'}{g_1' f_2' + 2vyg_2'(1 - xf_1')},$$

$$\frac{\partial v}{\partial x} = \frac{g_1'\left(1 - (u + x)f_1'\right)}{g_1' f_2' + 2vyg_2'(1 - xf_1')}, \quad \frac{\partial v}{\partial y} = \frac{v^2 g_2'(xf_1' - 1) - g_1' f_2'}{g_1' f_2' + 2vyg_2'(1 - xf_1')}.$$

例 5.6   设由方程组 $\begin{cases} f(x - z, xy) = 0, \\ y = g(x, z) \end{cases}$ 确定 z 与 y 都是 x 的函数, 且 $f_1' - xf_2' g_2' \neq 0$, 求 $\dfrac{\mathrm{d}z}{\mathrm{d}x}$.

解   采用全微分方法, 不管那个变量是自变量还是因变量, 利用全微分形式不变性, 在方程两边求全微分, 得

$$\begin{cases} \mathrm{d}y = g_1'\mathrm{d}x + g_2'\mathrm{d}z, \\ f_1'(\mathrm{d}x - \mathrm{d}z) + f_2'(y\mathrm{d}x + x\mathrm{d}y) = 0. \end{cases} \tag{5.10}$$

由于要求 $\dfrac{\mathrm{d}z}{\mathrm{d}x}$, 因此两式消去 $\mathrm{d}y$, 得

$$f_1'(\mathrm{d}x - \mathrm{d}z) + f_2'\left(y\mathrm{d}x + x\left(g_1'\mathrm{d}x + g_2'\mathrm{d}z\right)\right) = 0,$$

解出 $\mathrm{d}z$, 得

$$\mathrm{d}z = \frac{f_1' + yf_2' + xg_1' f_2'}{f_1' - xf_2' g_2'}\mathrm{d}x,$$

故

$$\frac{\mathrm{d}z}{\mathrm{d}x} = \frac{f_1' + yf_2' + xg_1' f_2'}{f_1' - xf_2' g_2'}.$$

* 三、反函数组定理

在第一章中给出一元函数的反函数存在的条件, 在第二章中给出反函数的求导公式. 本段讨论二元函数组的反函数组的存在性及其偏导数.

设函数组

$$u = u(x, y), \quad v = v(x, y) \tag{5.11}$$

是定义在 xOy 平面点集 $D \subset \mathbf{R}^2$ 上的两个二元函数, 对每一点 $P(x, y) \in D$, 由方程组 (5.11), 有唯一确定的一点 $Q(u, v) \in \mathbf{R}^2$ 与之对应, 称方程组 (5.11) 确定由 D 到 $\mathbf{R}^2$ 的一个**映射**或**变换**, 记为 T, 此时映射 (5.11) 写成如下形式

$$T : D \to \mathbf{R}^2 \quad 或 \quad P(x, y) \mapsto Q(u, v),$$

或写成点函数的形式 $Q = T(P), P \in D$, 并称 $Q(u, v)$ 为映射 T 下 $P(x, y)$ 的**像**, 而 P 称为 Q 的**原像**. 记 $D' = T(D)$ 为 D 在映射 T 下的所有像点构成的集合.

反过来, 若 $T : D \to D'$ 为一一映射, 则对每个 $Q(u, v) \in D'$, 由方程组 (5.11) 都有唯一的点 $P(x, y) \in D$ 与之对应, 由此产生的新映射称为映射 T 的**逆映射**, 记为 T^{-1}, 即

$$T^{-1} : D' \to D \quad 或 \quad P = T^{-1}(Q), Q \in D'.$$

亦即存在定义在 D' 的二元函数组

$$x = x(u, v), \quad y = y(u, v), \tag{5.12}$$

把它代入 (5.11) 而成为恒等式

$$u \equiv u(x(u, v), y(u, v)), \quad v \equiv v(x(u, v), y(u, v)). \tag{5.13}$$

此时称函数组 (5.12) 为函数组 (5.11) 的**反函数组**或**逆变换**.

利用隐函数组存在定理 5.3 不难得到如下反函数组定理.

定理 5.4 (反函数组定理) 设函数组 $u = u(x, y), v = v(x, y)$ 满足下列条件:

(1) $u = u(x, y), v = v(x, y)$ 在点 $P(x_0, y_0)$ 的某邻域 $U(P)$ 内具有连续的偏导数;

(2) $u_0 = u(x_0, y_0)$, $v_0 = v(x_0, y_0)$;

(3) $\left. \dfrac{\partial(u, v)}{\partial(x, y)} \right|_P \neq 0$,

则函数组 (5.11) 在 $Q(u_0, v_0)$ 的某个邻域 $U(Q)$ 内能确定唯一的具有连续偏导数的反函数组 (5.12), 使得 $x_0 = x(u_0, v_0)$, $y_0 = y(u_0, v_0)$, 且当 $(u, v) \in U(Q)$ 时, 有 $(x(u, v), y(u, v)) \in U(P)$, 并且

$$\frac{\partial(x, y)}{\partial(u, v)} = \frac{1}{\dfrac{\partial(u, v)}{\partial(x, y)}}. \tag{5.14}$$

注 由 (5.14) 可知, 反函数组 (5.12) 的雅可比行列式与直接函数组 (5.11) 的雅可比行列式之间的关系类似一元函数的反函数的导数与其直接函数的导数之间的关系.

例 5.7 已知 $x = e^u \cos v, y = e^u \sin v, z = uv$, 求 z_x, z_y.

解   由全微分形式不变性, 得

$$dz = vdu + udv. \tag{5.15}$$

对 $x = e^u \cos v, y = e^u \sin v$ 分别求全微分, 得

$$\begin{cases} dx = e^u \cos v du - e^u \sin v dv, \\ dy = e^u \sin v du + e^u \cos v dv, \end{cases}$$

解出 du, dv, 得

$$\begin{cases} du = e^{-u}(\cos v dx + \sin v dy), \\ dv = e^{-u}(-\sin v dx + \cos v dy). \end{cases}$$

代入 (5.15), 得

$$dz = ve^{-u}(\cos v dx + \sin v dy) + ue^{-u}(-\sin v dx + \cos v dy)$$
$$= e^{-u}(v \cos v - u \sin v)dx + e^{-u}(v \sin v + u \cos v)dy.$$

故

$$z_x = e^{-u}(v \cos v - u \sin v), \quad z_y = e^{-u}(v \sin v + u \cos v).$$

习题 7–5

(A)

1. 设 $\sin y + e^x - xy^2 = 0$, 求 $\dfrac{dy}{dx}$.

2. 设 $\ln \sqrt{x^2 + y^2} = \arctan \dfrac{y}{x}$, 求 $\dfrac{dy}{dx}$.

3. 设 $\dfrac{x}{z} = \ln \dfrac{z}{y}$, 求 $\dfrac{\partial z}{\partial x}$ 和 $\dfrac{\partial z}{\partial y}$.

4. 设 $x + 2y + z - 2\sqrt{xyz} = 0$, 求 $\dfrac{\partial z}{\partial x}$ 和 $\dfrac{\partial z}{\partial y}$.

5. 设 $x = x(y, z), y = y(x, z), z = z(x, y)$ 都是由方程 $F(x, y, z) = 0$ 所确定的具有连续偏导数的函数, 证明: $\dfrac{\partial x}{\partial y} \cdot \dfrac{\partial y}{\partial z} \cdot \dfrac{\partial z}{\partial x} = -1$.

6. 求由方程 $2xz - 2xyz + \ln(xyz) = 0$ 所确定的函数 $z = f(x, y)$ 的全微分.

7. 设 $F(u, v)$ 具有连续的偏导数, 且 $F(x^2 - y^2, y^2 - z^2) = 0$, 求 $\dfrac{\partial z}{\partial x}$ 和 $\dfrac{\partial z}{\partial y}$.

8. 设函数 $z = z(x, y)$ 由方程 $x - az = \varphi(y - bz)$ 所确定, 其中 $\varphi(u)$ 有连续导数, a, b 不全为零的常数, 证明:

$$a\frac{\partial z}{\partial x} + b\frac{\partial z}{\partial y} = 1.$$

9. 设 $u = f(x, y, z)$, 而 z 由方程 $z^5 + 5xy + 5z = 1$ 所确定, 其中 f 具有连续偏导数, 求 $\dfrac{\partial u}{\partial x}$.

10. 设 $F(u)$ 有连续导数, 函数 $z = z(x, y)$ 由方程 $x + y + z = F(x^2 + y^2 + z^2)$ 确定, 证明:

$$(y - z)\frac{\partial z}{\partial x} + (z - x)\frac{\partial z}{\partial y} = x - y.$$

11. 设 $F(u, v)$ 具有连续的偏导数, 函数 $z = z(x, y)$ 由方程 $F\left(x + \dfrac{z}{y}, y + \dfrac{z}{x}\right) = 0$ 所确定, 证明: $x\dfrac{\partial z}{\partial x} + y\dfrac{\partial z}{\partial y} = z - xy$.

12. 设函数 $z = z(x, y)$ 由方程 $xz - y + \arctan y = 0$ 所确定, 求 $\dfrac{\partial^2 z}{\partial x \partial y}$.

13. 设 $z^3 - 3xyz = a^3$, 求 $\dfrac{\partial^2 z}{\partial x \partial y}$.

14. 设函数 $z = z(x, y)$ 由方程 $xy + yz + zx = 1$ 所确定, 求 $\dfrac{\partial^2 z}{\partial x^2}, \dfrac{\partial^2 z}{\partial y^2}$ 及 $\dfrac{\partial^2 z}{\partial x \partial y}$.

15. 求由下列方程组所确定的函数的导函数或偏导数.

(1) 设 $\begin{cases} z = x^2 + y^2, \\ x^2 + 2y^2 + 3z^2 = 20, \end{cases}$ 求 $\dfrac{\mathrm{d}y}{\mathrm{d}x}, \dfrac{\mathrm{d}z}{\mathrm{d}x}$;

(2) 设 $\begin{cases} x + y + z = 0, \\ x^2 + y^2 + z^2 = 1, \end{cases}$ 求 $\dfrac{\mathrm{d}x}{\mathrm{d}z}, \dfrac{\mathrm{d}y}{\mathrm{d}z}$;

(3) 设 $\begin{cases} x = \mathrm{e}^u \cos v, \\ y = \mathrm{e}^u \sin v, \\ z = uv, \end{cases}$ 求 $\dfrac{\partial z}{\partial x}, \dfrac{\partial z}{\partial y}$;

(4) 设 $\begin{cases} x = \mathrm{e}^u + u \sin v, \\ y = \mathrm{e}^u - u \cos v, \end{cases}$ 求 $\dfrac{\partial u}{\partial x}, \dfrac{\partial u}{\partial y}, \dfrac{\partial v}{\partial x}, \dfrac{\partial v}{\partial y}$.

(B)

16. 对于 $y = x + \varepsilon \sin y (0 < \varepsilon < 1)$, 求 $\dfrac{\mathrm{d}y}{\mathrm{d}x}, \dfrac{\mathrm{d}^2 y}{\mathrm{d}x^2}$.

17. 设函数 $z = z(x, y)$ 由方程 $\mathrm{e}^x = 2x + 2y - 1 - z$ 所确定, 求 $\dfrac{\partial^2 z}{\partial x \partial y}$.

18. 设 $u = f(x, y, z)$ 有连续的偏导数, $y = y(x)$, $z = z(x)$ 分别由方程 $\mathrm{e}^{xy} - y = 0$ 和 $\mathrm{e}^z - xz = 0$ 所确定, 求 $\dfrac{\mathrm{d}u}{\mathrm{d}x}$.

19. 设函数 $z = \dfrac{1}{x} f(xy) + y\varphi(x + y), f, \varphi$ 具有二阶连续偏导数, 求 $\dfrac{\partial^2 z}{\partial x \partial y}$.

20. 设函数 $f(x, y) = \displaystyle\int_0^{xy} \mathrm{e}^{-t^2}\,\mathrm{d}t$, 求 $\dfrac{x}{y}\dfrac{\partial^2 f}{\partial x^2} - 2\dfrac{\partial^2 f}{\partial x \partial y} + \dfrac{y}{x}\dfrac{\partial^2 f}{\partial y^2}$.

21. 设 $x = u \cos \dfrac{v}{u}, y = u \sin \dfrac{v}{u}$, 求 $\dfrac{\partial u}{\partial x}, \dfrac{\partial u}{\partial y}, \dfrac{\partial v}{\partial x}, \dfrac{\partial v}{\partial y}$.

22. 设 $u = f(x, y, z)$ 具有连续偏导数, 其中 $z = z(x, y)$ 由可微函数 $y = \varphi(x, t)$, $t = \psi(x, z)$ 确定, 且 $\varphi_t \cdot \psi_z \neq 0$, 求 $\dfrac{\partial u}{\partial x}, \dfrac{\partial u}{\partial y}$.

习题 7–5
第 22 题解答

第六节　方向导数与梯度

偏导数反映的是函数沿坐标轴方向的变化率, 但在许多实际问题中, 还需要求函数沿某特定方向上的变化率, 这就是本节将要介绍的方向导数.

一、方向导数

设 l 是 xOy 平面上以点 $P_0(x_0, y_0)$ 为始点的一条射线, $\boldsymbol{e}_l = (\cos\alpha, \cos\beta)$ 为与 l 同方向的单位向量, 如图 7–19 所示. 在 l 上任取一点 $P(x, y)$, 则射线 l 的参数方程为

$$\begin{cases} x = x_0 + \rho\cos\alpha, \\ y = y_0 + \rho\cos\beta, \end{cases} \rho \geqslant 0,$$

这里 ρ 表示射线 l 上的点 $P(x, y)$ 与点 $P_0(x_0, y_0)$ 的距离.

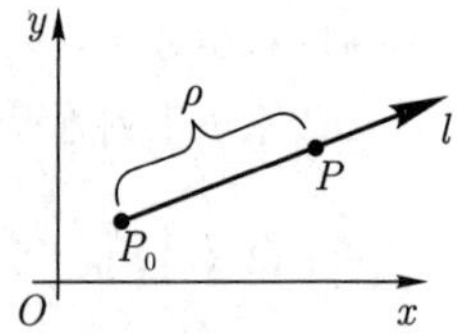

定义 6.1 设二元函数 $f(x, y)$ 在点 $P_0(x_0, y_0)$ 的某一邻域 $U(P_0) \subset \mathbf{R}^2$ 内有定义, l 为从点 $P_0(x_0, y_0)$ 出发的射线, $\boldsymbol{e}_l = (\cos\alpha, \cos\beta)$ 为与 l 同方向的单位向量, 若极限

$$\lim_{\rho\to 0^+} \frac{f(x_0 + \rho\cos\alpha, y_0 + \rho\cos\beta) - f(x_0, y_0)}{\rho}$$

存在, 则称此极限值为函数 f 在点 $P_0(x_0, y_0)$ 处沿方向 $\boldsymbol{l}$ 的**方向导数**, 记作

$$\left.\frac{\partial f}{\partial l}\right|_{P_0}, \quad f_l(P_0) \quad \text{或} \quad f_l(x_0, y_0).$$

即

$$\left.\frac{\partial f}{\partial l}\right|_{P_0} = \lim_{\rho\to 0^+} \frac{f(x_0 + \rho\cos\alpha, y_0 + \rho\cos\beta) - f(x_0, y_0)}{\rho}. \tag{6.1}$$

图 7–19

二元函数 $z = f(x, y)$ 在空间表示曲面 Σ, 记 $z_0 = f(x_0, y_0)$, 过空间直线 $L: x = x_0, y = y_0$ 作以 L 为始边, 且平行于方向 $\boldsymbol{l}$ 的半平面 π, 则半平面 π 与曲面 Σ 相交于以点 $M_0(x_0, y_0, z_0)$ 为始点的有向曲线 Γ, 如图 7–20 所示. 过射线 l 上的任一点 $P(x, y)$ 作平行于 z 轴的直线交曲线 Γ 于点 M. 在半平面 π 内, 以 M_0 为始点且与方向 $\boldsymbol{l}$ 平行的向量为始边绕 M_0 转到 $\overrightarrow{M_0M}$ 所转过的角度记为 θ $\left(\text{从 } \boldsymbol{l}\times\boldsymbol{k} \text{ 的方向来看, 逆时针方向旋转, } \theta\in\left(0, \dfrac{\pi}{2}\right); \text{顺时针方向旋转, } \theta\in\left(-\dfrac{\pi}{2}, 0\right)\right)$, 则从方向导数的定义可知

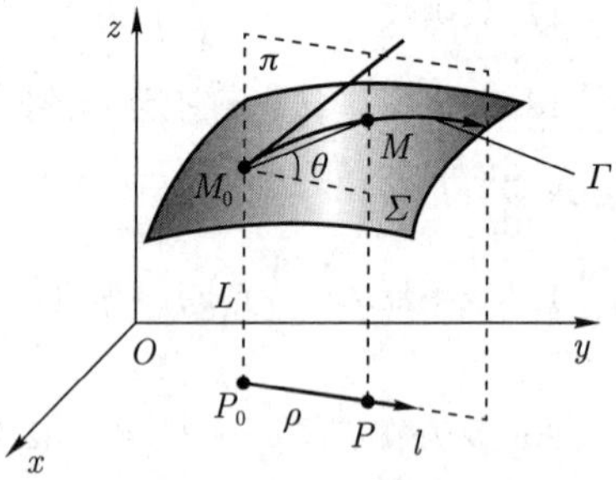

图 7–20

$$\left.\frac{\partial f}{\partial l}\right|_{P_0} = \lim_{\rho\to 0^+} \frac{f(P) - f(P_0)}{\rho} = \lim_{\rho\to 0^+} \tan\theta,$$

故方向导数 $\left.\dfrac{\partial f}{\partial l}\right|_{P_0}$ 就是 $f(x,y)$ 在点 $P_0(x_0,y_0)$ 处沿方向 l 的**变化率**. 当 $\left.\dfrac{\partial f}{\partial l}\right|_{P_0} > 0$ 时, 函数 f 在点 P_0 处沿方向 l 的函数值增加; 当 $\left.\dfrac{\partial f}{\partial l}\right|_{P_0} < 0$ 时, 函数 f 在点 P_0 处沿方向 l 的函数值减少.

设 $f(x,y)$ 在 $P_0(x_0,y_0)$ 处的偏导数存在, 若取 $e_l = i = (1,0)$, 即沿 x 轴的正向, 则

$$\left.\frac{\partial f}{\partial l}\right|_{P_0} = \lim_{\rho \to 0^+} \frac{f(x_0 + \rho, y_0) - f(x_0, y_0)}{\rho} = \left.\frac{\partial f}{\partial x}\right|_{P_0},$$

若取 $e_l = -i = (-1,0)$, 即沿 x 轴的负向, 则

$$\left.\frac{\partial f}{\partial l}\right|_{P_0} = \lim_{\rho \to 0^+} \frac{f(x_0 - \rho, y_0) - f(x_0, y_0)}{\rho} = -\left.\frac{\partial f}{\partial x}\right|_{P_0}.$$

例 6.1 求函数 $f(x,y) = \sqrt{x^2 + y^2}$ 在点 $O(0,0)$ 处沿任意方向 l 的方向导数.

解 由于沿任意方向 l, 其方向余弦为 $\cos\alpha, \cos\beta$, 都有

$$\frac{f(0 + \rho\cos\alpha, 0 + \rho\cos\beta) - f(0,0)}{\rho} = \frac{\rho}{\rho} = 1,$$

因此

$$\left.\frac{\partial f}{\partial l}\right|_{O} = 1,$$

但 $f(x,y) = \sqrt{x^2 + y^2}$ 在点 $O(0,0)$ 处对 x 和 y 的偏导数都不存在.

由例 6.1 可知: 若在点 P_0 处沿任何方向的方向导数 $\left.\dfrac{\partial f}{\partial l}\right|_{P_0}$ 存在, 则偏导数 $\left.\dfrac{\partial f}{\partial x}\right|_{P_0}$ 未必存在.

沿任意方向的方向导数与偏导数的关系由下述定理给出.

定理 6.1 若函数 f 在点 $P_0(x_0,y_0)$ 处可微, 则 f 在点 P_0 处沿任意方向 l 的方向导数都存在, 且

$$f_l(P_0) = f_x(P_0)\cos\alpha + f_y(P_0)\cos\beta, \tag{6.2}$$

其中 $\cos\alpha, \cos\beta$ 为方向 l 的方向余弦.

证 由于 f 在点 $P_0(x_0,y_0)$ 可微, 因此对 l 上任一点 $P(x_0 + \Delta x, y_0 + \Delta y)$, 有

$$f(x_0 + \Delta x, y_0 + \Delta y) - f(x_0, y_0) = f_x(P_0)\Delta x + f_y(P_0)\Delta y + o(\rho).$$

又因为点 $P(x_0 + \Delta x, y_0 + \Delta y)$ 在 l 上, 所以 $\Delta x = \rho\cos\alpha, \Delta y = \rho\cos\beta$, 从而有

$$f(x_0 + \rho\cos\alpha, y_0 + \rho\cos\beta) - f(x_0, y_0) = f_x(P_0)\rho\cos\alpha + f_y(P_0)\rho\cos\beta + o(\rho),$$

于是

$$\lim_{\rho \to 0^+} \frac{f(x_0 + \rho\cos\alpha, y_0 + \rho\cos\beta) - f(x_0, y_0)}{\rho} = f_x(P_0)\cos\alpha + f_y(P_0)\cos\beta.$$

故方向导数 $f_l(P_0)$ 存在, 且

$$f_l(P_0) = f_x(P_0) \cos \alpha + f_y(P_0) \cos \beta.$$

同理, 对于三元函数 $f(x, y, z)$, 它在空间点 $P_0(x_0, y_0, z_0)$ 处沿任意方向 l 的方向导数定义为

$$\left.\frac{\partial f}{\partial l}\right|_{P_0} = \lim_{\rho \to 0^+} \frac{f(x_0 + \rho \cos \alpha, y_0 + \rho \cos \beta, z_0 + \rho \cos \gamma) - f(x_0, y_0, z_0)}{\rho},$$

其中 $\cos \alpha, \cos \beta, \cos \gamma$ 为方向 l 的方向余弦.

同样可以证明: 若三元函数 $f(x, y, z)$ 在点 $P_0(x_0, y_0, z_0)$ 处可微, 则函数在点 P_0 处沿任一方向 l 的方向导数都存在, 且

$$f_l(P_0) = f_x(P_0) \cos \alpha + f_y(P_0) \cos \beta + f_z(P_0) \cos \gamma,$$

其中 $\cos \alpha, \cos \beta, \cos \gamma$ 为方向 l 的方向余弦.

例 6.2   求函数 $f(x, y, z) = \ln\left(x + \sqrt{y^2 + z^2}\right)$ 在点 $P(1, 0, 1)$ 处沿从点 P 到点 $Q(3, -2, 2)$ 的方向的方向导数.

解   这里方向 l 为向量 $\overrightarrow{PQ} = (2, -2, 1)$ 的方向, 与 l 同方向的单位向量为 $e_l = \left(\frac{2}{3}, -\frac{2}{3}, \frac{1}{3}\right)$. 又

$$f_x(P) = \left.\frac{1}{x + \sqrt{y^2 + z^2}}\right|_{(1,0,1)} = \frac{1}{2},$$

$$f_y(P) = \left.\frac{1}{x + \sqrt{y^2 + z^2}} \cdot \frac{y}{\sqrt{y^2 + z^2}}\right|_{(1,0,1)} = 0,$$

$$f_z(P) = \left.\frac{1}{x + \sqrt{y^2 + z^2}} \cdot \frac{z}{\sqrt{y^2 + z^2}}\right|_{(1,0,1)} = \frac{1}{2},$$

故所求的方向导数为

$$\left.\frac{\partial f}{\partial l}\right|_P = \frac{1}{2} \cdot \frac{2}{3} + 0 \cdot \left(-\frac{2}{3}\right) + \frac{1}{2} \cdot \frac{1}{3} = \frac{1}{2}.$$

例 6.3   设由原点 O 到点 $P(x, y)$ 的向径为 r, x 轴到 r 的转角为 θ, x 轴到射线 l 的转角为 φ, 求 $\frac{\partial r}{\partial l}$, 其中 $r = |r| = \sqrt{x^2 + y^2}(r \neq 0)$.

解   根据题意, $e_l = (\cos \varphi, \sin \varphi)$, 因为

$$\frac{\partial r}{\partial x} = \frac{x}{\sqrt{x^2 + y^2}} = \frac{x}{r} = \cos \theta, \quad \frac{\partial r}{\partial y} = \frac{y}{\sqrt{x^2 + y^2}} = \frac{y}{r} = \sin \theta,$$

所以

$$\frac{\partial r}{\partial l} = \frac{\partial r}{\partial x}\cos\varphi + \frac{\partial r}{\partial y}\sin\varphi = \cos\theta\cos\varphi + \sin\theta\sin\varphi = \cos(\theta - \varphi).$$

由例 6.3 可知, 当 $\varphi = \theta$ 时, $\dfrac{\partial r}{\partial l} = 1$, 即 r 沿着向径方向的方向导数为 1(方向导数最大); 当 $\varphi = \theta \pm \dfrac{\pi}{2}$ 时, $\dfrac{\partial r}{\partial l} = 0$, 即 r 沿着与向径垂直的方向的方向导数为零; 当 $\varphi = \theta \pm \pi$ 时, $\dfrac{\partial r}{\partial l} = -1$, 即 r 沿着与向径相反的方向的方向导数为 -1 (方向导数最小).

例 6.4　设

$$f(x,y) = \begin{cases} \dfrac{xy^2}{x^2 + y^4}, & x^2 + y^2 \neq 0, \\ 0, & x^2 + y^2 = 0, \end{cases}$$

讨论 $f(x,y)$ 在原点 $O(0,0)$ 处沿任一方向 $\boldsymbol{l}$ 的方向导数.

解　设与方向 $\boldsymbol{l}$ 同方向的单位向量为 $\boldsymbol{e}_l = (\cos\alpha, \sin\alpha)$.

$$\frac{f(\rho\cos\alpha, \rho\sin\alpha) - f(0,0)}{\rho} = \frac{\cos\alpha\sin^2\alpha}{\cos^2\alpha + \rho^2\sin^4\alpha}.$$

当 $\cos\alpha = 0$ 时,

$$\left.\frac{\partial f}{\partial l}\right|_{(0,0)} = \lim_{\rho\to 0^+}\frac{f(\rho\cos\alpha, \rho\sin\alpha) - f(0,0)}{\rho} = \lim_{\rho\to 0^+} 0 = 0.$$

当 $\cos\alpha \neq 0$ 时,

$$\left.\frac{\partial f}{\partial l}\right|_{(0,0)} = \lim_{\rho\to 0^+}\frac{f(\rho\cos\alpha, \rho\sin\alpha) - f(0,0)}{\rho} = \lim_{\rho\to 0^+}\frac{\cos\alpha\sin^2\alpha}{\cos^2\alpha + \rho^2\sin^4\alpha} = \tan\alpha\sin\alpha.$$

但由于

$$\lim_{\substack{(x,y)\to(0,0)\\ x=y^2}} f(x,y) = \lim_{y\to 0}\frac{y^4}{2y^4} = \frac{1}{2} \neq f(0,0),$$

因此 $f(x,y)$ 在原点 O 处不连续, 当然 $f(x,y)$ 在原点 O 处也不可微.

注　函数可微是函数的方向导数存在的充分条件而不是必要条件; 同样, 函数在一点连续不是方向导数存在的必要条件, 当然也不是充分条件.

二、梯度

下面介绍与方向导数相关的一个概念, 即函数的梯度.

定义 6.2　设三元函数 $f(x,y,z)$ 在点 $P_0(x_0, y_0, z_0)$ 处存在对所有变量的偏导数, 称向量

$$f_x(x_0, y_0, z_0)\boldsymbol{i} + f_y(x_0, y_0, z_0)\boldsymbol{j} + f_z(x_0, y_0, z_0)\boldsymbol{k}$$

为函数 $f(x,y,z)$ 在点 $P_0(x_0, y_0, z_0)$ 处的**梯度**, 记作 $\mathbf{grad}\, f(x_0, y_0, z_0)$, 即

$$\mathbf{grad}\, f(x_0, y_0, z_0) = f_x(x_0, y_0, z_0)\boldsymbol{i} + f_y(x_0, y_0, z_0)\boldsymbol{j} + f_z(x_0, y_0, z_0)\boldsymbol{k}.$$

若 $f(x, y, z)$ 在点 $P_0(x_0, y_0, z_0)$ 可微, 则根据定理 6.1, $f(x, y, z)$ 在点 P_0 处沿方向 $\boldsymbol{e}_l = (\cos\alpha, \cos\beta, \cos\gamma)$ 的方向导数为

$$f_l(P_0) = \mathbf{grad}\, f(P_0) \cdot \boldsymbol{e}_l = |\mathbf{grad}\, f(P_0)| \cos\theta,$$

其中 θ 是梯度向量 $\mathbf{grad}\, f(P_0)$ 与单位向量 $\boldsymbol{e}_l$ 的夹角.

当 $\theta = 0$ 时, 方向导数 $f_l(P_0)$ 取得最大值 $|\mathbf{grad}\, f(P_0)|$, 这表明, 函数在点 P_0 的梯度是一个向量, 它的方向就是函数在这点处的方向导数取得最大值的方向, 它的模就是方向导数的最大值, 也就是说, **在点 P_0 处沿梯度的方向函数值增加最快**; 当 $\boldsymbol{l}$ 是梯度向量的反方向 $(\theta = \pi)$ 时, 方向导数取得最小值 $-|\mathbf{grad}\, f(P_0)|$.

类似地, 设二元函数 $f(x, y)$ 在点 $P_0(x_0, y_0)$ 处存在对所有变量的偏导数, 称向量

$$f_x(x_0, y_0)\boldsymbol{i} + f_y(x_0, y_0)\boldsymbol{j}$$

为函数 $f(x, y)$ 在点 $P_0(x_0, y_0)$ 处的**梯度**, 记作 $\mathbf{grad}\, f(x_0, y_0)$, 即

$$\mathbf{grad}\, f(x_0, y_0) = f_x(x_0, y_0)\boldsymbol{i} + f_y(x_0, y_0)\boldsymbol{j} = (f_x(x_0, y_0), f_y(x_0, y_0)), \tag{6.3}$$

其含义与三元函数的梯度类似.

设 f, g 具有连续偏导数或导数, 由梯度的定义, 易证明梯度具有如下性质:

(1) $\mathbf{grad}\, (\alpha f + \beta g) = \alpha\, \mathbf{grad}\, f + \beta\, \mathbf{grad}\, g (\alpha, \beta$ 为常数$)$;

(2) $\mathbf{grad}\, (fg) = g\, \mathbf{grad}\, f + f\, \mathbf{grad}\, g$;

(3) $\mathbf{grad}\, (f(u)) = f'(u)\, \mathbf{grad}\, u$.

下面再来看函数 $z = f(x, y)$ 的梯度与其等值线的关系.

设二元函数 $z = f(x, y)$ 在点 $P_0(x_0, y_0)$ 处具有连续的偏导数, 一般地, 二元函数 $z = f(x, y)$ 在几何上表示空间的一张曲面, 这个曲面被平面 $z = C (C$ 为常数$)$ 所截得曲线

$$\Gamma : \begin{cases} z = f(x, y), \\ z = C. \end{cases}$$

该曲线在 xOy 面上的投影是一条平面曲线 L, 它在 xOy 平面直角坐标系中的方程为

$$L : f(x, y) = C.$$

对于曲线 L 上的一切点, 所给函数 $z = f(x, y)$ 的函数值都是 C, 故称平面曲线 L 为函数 $z = f(x, y)$ 的**等值线**.

若 $f_x(P_0), f_y(P_0)$ 不同时为零, 则过点 P_0 的等值线 $f(x, y) = C$ 在点 P_0 处的切线的方向向量为 $\boldsymbol{t} = (f_y(x_0, y_0), -f_x(x_0, y_0))$ (称为等值线的**切向量**), 从而等值线 $f(x, y) = C$ 在点 P_0 处的法线的方向向量 (称为等值线 $f(x, y) = C$ 的**法向量**) 为

$$\boldsymbol{n} = (f_x(x_0, y_0), f_y(x_0, y_0)).$$

由此可见, 法向量 $\boldsymbol{n}$ 的方向与梯度 $\mathbf{grad}\, f(P_0)$ 方向一致. 这说明, 等值线 $f(x, y) = C$ 在点 P_0 处的法向量 $\boldsymbol{n} = (f_x(x_0, y_0), f_y(x_0, y_0))$ 就是函数 $z = f(x, y)$ 在点 P_0 处函数值增加最快的方向, 它的指向是从数值较低的等值线指向数值较高的等值线, 如图 7–21 所示.

例 6.5 设点电荷 q 位于坐标原点 O, 它所产生的电场中任一异于原点的点 $P(x, y, z)$ 处的电位为

$$u = \frac{kq}{r},$$

其中 k 为常数, r 为向径 $\boldsymbol{r} = (x, y, z)$ 的模, 求电位的梯度.

解 因为

$$\frac{\partial u}{\partial x} = -\frac{kq}{r^2} \cdot \frac{\partial r}{\partial x} = -\frac{kq}{r^2} \cdot \frac{x}{r} = -kq\frac{x}{r^3},$$

同理可得 $\dfrac{\partial u}{\partial y} = -kq\dfrac{y}{r^3}, \dfrac{\partial u}{\partial z} = -kq\dfrac{z}{r^3}$, 所以

$$\mathbf{grad}\, u = -\frac{kq}{r^3}(x, y, z) = -\frac{kq}{r^3}\boldsymbol{r}.$$

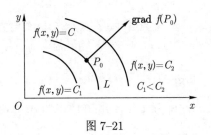

图 7–21

例 6.6 设 $f(x, y, z) = 2x^3 - y^2 + z^2$, 求 $\mathbf{grad}\, f(2, 1, -1)$.

解 由于

$$\mathbf{grad}\, f = (f_x, f_y, f_z) = (6x^2, -2y, 2z),$$

因此, $\mathbf{grad}\, f(2, 1, -1) = (24, -2, -2)$.

习题 7–6

(A)

1. 求函数 $u = x^2 + y^2 + z^4 - 3xz$ 在点 $P_0(1, 1, 1)$ 沿 $\boldsymbol{l} = (1, 2, 2)$ 方向的方向导数 $\left. \dfrac{\partial u}{\partial l} \right|_{P_0}$.

2. 求函数 $u = 2xy - z^2$ 在点 $P_0(2, -1, 1)$ 处沿从点 P_0 到点 $P(3, 1, -1)$ 方向的方向导数.

3. 求函数 $z = x^2 - xy + y^2$ 在点 $P_0(1, 1)$ 沿与 x 轴正向夹角为 α 的 $\boldsymbol{l}$ 方向的方向导数, 试问在怎样的方向上此方向导数: (1) 有最大值; (2) 有最小值; (3) 等于 0.

4. 求下列函数在点 P 处的梯度.

(1) $z = 4x^2 + 9y^2, P(2, 1)$;

(2) $u = \ln(x + \sqrt{y^2 + z^2}), P(1, 0, 1)$;

(3) $z = 10 + 6\cos x \cos y + 3\cos 2x + 4\cos 3y, P\left(\dfrac{\pi}{3}, \dfrac{\pi}{3}\right)$;

(4) $u = \dfrac{1}{\sqrt{x^2 + y^2 + z^2}}, P(1, -1, 0)$;

(5) $u = xy + \mathrm{e}^z, P(1, 1, 0)$.

5. 求二元函数 $z = x^2 - xy + y^2$ 在点 $P(-1,1)$ 处沿方向 $\boldsymbol{l} = \dfrac{1}{\sqrt{5}}(2,1)$ 的方向导数及梯度, 并指出 z 在该点沿哪个方向减少得最快? 沿哪个方向 z 的值不变?

6. 求二元函数 $z = \ln(x+y)$ 在位于抛物线 $y^2 = 4x$ 上点 $P_0(1,2)$ 处沿着这抛物线在此点切线方向的方向导数.

(B)

7. 设点电荷 q 在点 (x,y,z) 的电位为

$$U = \frac{q}{4\pi\varepsilon r}, \quad r = \sqrt{x^2+y^2+z^2},$$

求 $\mathbf{grad}\, U$.

8. 设 $\boldsymbol{l}$ 与 x 轴正向夹角为 α, 求函数 $f(x,y) = \begin{cases} \dfrac{xy}{\sqrt{x^2+y^2}}, & x^2+y^2 \neq 0, \\ 0, & x^2+y^2 = 0 \end{cases}$ 在点 $(0,0)$ 处沿 $\boldsymbol{l}$ 方向的方向导数.

9. 求函数 $z = [x^2y^2 + x(x-2y) - 1]^2$ 在点 (x_0, y_0) 处减少最快的方向.

10. 设 $u = \ln\dfrac{1}{r}$, $r = \sqrt{(x-a)^2 + (y-b)^2 + (z-c)^2}$, 在空间哪些点上等式 $|\mathbf{grad}\, u| = 1$ 成立.

11. 求函数 $u = x^2 + y^2 - z^2$ 在点 $M(1,0,1)$ 及 $P(0,1,0)$ 的梯度之间的夹角.

12. 设函数 $u = u(x,y,z)$, $v = v(x,y,z)$ 具有连续的偏导数, $F(u)$ 具有连续导数, 证明:

(1) $\mathbf{grad}\,(\alpha u + \beta v) = \alpha\mathbf{grad}\, u + \beta\mathbf{grad}\, v$ (α, β 为常数);

(2) $\mathbf{grad}\,(uv) = u\mathbf{grad}\, v + v\mathbf{grad}\, u$;

(3) $\mathbf{grad}\, F(u) = F'(u)\mathbf{grad}\, u$.

第七节 微分法在几何上的应用

在第二章中, 介绍了平面曲线的切线概念及其求法. 本节讨论多元函数微分学在几何上的应用. 主要介绍空间曲线的切线和法平面概念及其求法、空间曲面的切平面和法线概念及其求法.

一、空间曲线的切线与法平面

设空间曲线 Γ 的参数方程为

$$\Gamma : \begin{cases} x = \varphi(t), \\ y = \psi(t), \quad t \in [\alpha, \beta], \\ z = \omega(t), \end{cases} \tag{7.1}$$

空间曲线的
切线与法平面

并设 $\varphi(t)$, $\psi(t)$, $\omega(t)$ 在点 $t_0 \in (\alpha, \beta)$ 可导, 且 $\varphi'(t_0)$, $\psi'(t_0)$, $\omega'(t_0)$ 不同时为零. 在曲线 Γ 上取对应于 $t = t_0$ 的一点 $P_0(x_0, y_0, z_0)$ 及对应于 $t = t_0 + \Delta t$ 的一点 $P(x_0 + \Delta x,\ y_0 + \Delta y,\ z_0 + \Delta z)$, 则曲线在点 P_0 处的割线 P_0P 的方程为

$$\frac{x-x_0}{\Delta x} = \frac{y-y_0}{\Delta y} = \frac{z-z_0}{\Delta z}. \tag{7.2}$$

若当动点 P 沿曲线 Γ 趋于 P_0 时, 割线 P_0P 的极限位置 P_0T 存在, 则称此极限 P_0T 为曲线 Γ 在点 P_0 处的**切线**, 如图 7–22 所示.

用 Δt 除 (7.2) 的各分母, 得

$$\frac{x - x_0}{\dfrac{\Delta x}{\Delta t}} = \frac{y - y_0}{\dfrac{\Delta y}{\Delta t}} = \frac{z - z_0}{\dfrac{\Delta z}{\Delta t}},$$

令 P 沿曲线 Γ 趋于 P_0, 此时必有 $\Delta t \to 0$, 通过对上式取极限, 即得曲线 Γ 在 P_0 处的**切线方程**

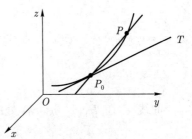

图 7–22

$$\frac{x - x_0}{\varphi'(t_0)} = \frac{y - y_0}{\psi'(t_0)} = \frac{z - z_0}{\omega'(t_0)}. \tag{7.3}$$

把该切线的方向向量称为曲线的**切向量**. 向量

$$\boldsymbol{T} = (\varphi'(t_0), \psi'(t_0), \omega'(t_0))$$

就是曲线 Γ 在 P_0 处的一个切向量.

通过点 P_0 而与切线垂直的平面称为曲线 Γ 在 P_0 处的**法平面**. 它是通过点 P_0 而以 $\boldsymbol{T}$ 为法向量的平面, 因此法平面方程为

$$\varphi'(t_0)(x - x_0) + \psi'(t_0)(y - y_0) + \omega'(t_0)(z - z_0) = 0. \tag{7.4}$$

例 7.1 求曲线 $x = t, y = t^3, z = -t^4$ 在点 $(1, 1, -1)$ 处的切线和法平面方程.

解 因为 $x'(t) = 1, y'(t) = 3t^2, z'(t) = -4t^3$, 而点 $(1, 1, -1)$ 对应 $t = 1$, 所以曲线在点 $(1, 1, -1)$ 处的切向量为

$$\boldsymbol{T} = (1, 3, -4).$$

从而所求切线方程为

$$\frac{x - 1}{1} = \frac{y - 1}{3} = \frac{z + 1}{-4}.$$

所求法平面方程为

$$(x - 1) + 3(y - 1) - 4(z + 1) = 0,$$

即
$$x + 3y - 4z = 8.$$

当空间曲线 Γ 由方程组

$$\Gamma : \begin{cases} y = \varphi(x), \\ z = \psi(x), \end{cases} a \leqslant x \leqslant b$$

给出时, 则只需取 x 为参数, 它可化为参数方程形式

$$\Gamma : \begin{cases} x = x, \\ y = \varphi(x), \quad a \leqslant x \leqslant b. \\ z = \psi(x), \end{cases}$$

若 $\varphi(x)$, $\psi(x)$ 都在 $x = x_0$ 处可导, 则曲线 $\varGamma$ 在点 $P_0(x_0, y_0, z_0)$ 处的切向量为

$$\boldsymbol{T} = (1, \varphi'(x_0), \psi'(x_0)), \tag{7.5}$$

记 $y_0 = \varphi(x_0), z_0 = \psi(x_0)$, 曲线 $\varGamma$ 在 $P_0(x_0, y_0, z_0)$ 处的切线方程为

$$\frac{x - x_0}{1} = \frac{y - y_0}{\varphi'(x_0)} = \frac{z - z_0}{\psi'(x_0)}. \tag{7.6}$$

曲线 $\varGamma$ 在 $P_0(x_0, y_0, z_0)$ 处的法平面方程为

$$x - x_0 + \varphi'(x_0)(y - y_0) + \psi'(x_0)(z - z_0) = 0. \tag{7.7}$$

例 7.2   求曲线 $y^2 = 2mx, z^2 = m - x$ 在点 $P_0(x_0, y_0, z_0)$ 处的切线及法平面方程.

解   因为 $\dfrac{\mathrm{d}y}{\mathrm{d}x} = \dfrac{m}{y}, \dfrac{\mathrm{d}z}{\mathrm{d}x} = -\dfrac{1}{2z}$, 所以所求曲线在 P_0 处的切线方程为

$$\frac{x - x_0}{1} = \frac{y - y_0}{\dfrac{m}{y_0}} = \frac{z - z_0}{-\dfrac{1}{2z_0}}.$$

曲线在 P_0 处的法平面方程为

$$x - x_0 + \frac{m}{y_0}(y - y_0) - \frac{1}{2z_0}(z - z_0) = 0.$$

当空间曲线 $\varGamma$ 由一般形式方程

$$\varGamma : \begin{cases} F(x, y, z) = 0, \\ G(x, y, z) = 0 \end{cases} \tag{7.8}$$

给出时, 设 $P_0(x_0, y_0, z_0)$ 是曲线 $\varGamma$ 上的一个点, F, G 在 P_0 的附近具有对各个变量的连续偏导数, 且 $\left.\dfrac{\partial(F, G)}{\partial(y, z)}\right|_{P_0} \neq 0$, 由隐函数组存在定理, 在 $P_0(x_0, y_0, z_0)$ 的某个邻域内确定了一组隐函数

$$y = \varphi(x), \quad z = \psi(x), \tag{7.9}$$

且

$$\varphi'(x) = -\frac{\dfrac{\partial(F, G)}{\partial(x, z)}}{\dfrac{\partial(F, G)}{\partial(y, z)}} = \frac{\dfrac{\partial(F, G)}{\partial(z, x)}}{\dfrac{\partial(F, G)}{\partial(y, z)}}, \quad \psi'(x) = -\frac{\dfrac{\partial(F, G)}{\partial(y, x)}}{\dfrac{\partial(F, G)}{\partial(y, z)}} = \frac{\dfrac{\partial(F, G)}{\partial(x, y)}}{\dfrac{\partial(F, G)}{\partial(y, z)}}, \tag{7.10}$$

由于在点 P_0 附近, 方程组 (7.8) 与 (7.9) 表示同一曲线, 因此由 (7.5) 和 (7.10) 及切向量的定义可知, 曲线 $\varGamma$ 在 P_0 处的切向量可取为

$$\boldsymbol{T} = \left(\frac{\partial(F, G)}{\partial(y, z)}, \frac{\partial(F, G)}{\partial(z, x)}, \frac{\partial(F, G)}{\partial(x, y)}\right)_{P_0} = \begin{vmatrix} \boldsymbol{i} & \boldsymbol{j} & \boldsymbol{k} \\ F_x & F_y & F_z \\ G_x & G_y & G_z \end{vmatrix}_{P_0}. \tag{7.11}$$

同样可以推出: 当 $\dfrac{\partial(F,G)}{\partial(z,x)}$ 或 $\dfrac{\partial(F,G)}{\partial(x,y)}$ 在 P_0 处不为零时, 曲线 Γ 在 P_0 处的切向量仍可取 (7.11). 于是, 曲线 (7.8) 在点 $P_0(x_0, y_0, z_0)$ 处的切线与法平面方程分别为

$$\frac{x - x_0}{\begin{vmatrix} F_y & F_z \\ G_y & G_z \end{vmatrix}_{P_0}} = \frac{y - y_0}{\begin{vmatrix} F_z & F_x \\ G_z & G_x \end{vmatrix}_{P_0}} = \frac{z - z_0}{\begin{vmatrix} F_x & F_y \\ G_x & G_y \end{vmatrix}_{P_0}}, \tag{7.12}$$

$$\begin{vmatrix} F_y & F_z \\ G_y & G_z \end{vmatrix}_{P_0} (x - x_0) + \begin{vmatrix} F_z & F_x \\ G_z & G_x \end{vmatrix}_{P_0} (y - y_0) + \begin{vmatrix} F_x & F_y \\ G_x & G_y \end{vmatrix}_{P_0} (z - z_0) = 0. \tag{7.13}$$

例 7.3　求曲线 $\Gamma : \begin{cases} 2x^2 + y^2 + z^2 = 45, \\ x^2 + 2y^2 = z \end{cases}$ 在点 $P_0(-2, 1, 6)$ 处的切线及法平面方程.

解　记 $F(x, y, z) = 2x^2 + y^2 + z^2 - 45$, $G(x, y, z) = x^2 + 2y^2 - z$, 显然 F, G 在 $\mathbf{R}^3$ 上具有连续偏导数, 且 $F(P_0) = 0$, $G(P_0) = 0$, 由于 Γ 在点 P_0 处的切向量为

$$\boldsymbol{T} = \begin{vmatrix} \boldsymbol{i} & \boldsymbol{j} & \boldsymbol{k} \\ F_x & F_y & F_z \\ G_x & G_y & G_z \end{vmatrix}_{P_0} = \begin{vmatrix} \boldsymbol{i} & \boldsymbol{j} & \boldsymbol{k} \\ 4x & 2y & 2z \\ 2x & 4y & -1 \end{vmatrix}_{P_0} = \begin{vmatrix} \boldsymbol{i} & \boldsymbol{j} & \boldsymbol{k} \\ -8 & 2 & 12 \\ -4 & 4 & -1 \end{vmatrix} = -2(25, 28, 12),$$

因此所求曲线 Γ 在点 P_0 处的切线方程为

$$\frac{x + 2}{25} = \frac{y - 1}{28} = \frac{z - 6}{12},$$

法平面方程为

$$25(x + 2) + 28(y - 1) + 12(z - 6) = 0,$$

即

$$25x + 28y + 12z = 50.$$

二、空间曲面的切平面与法线

定义 7.1　曲面 Σ 由隐式方程

$$F(x, y, z) = 0 \tag{7.14}$$

给出, 并设点 $P_0(x_0, y_0, z_0)$ 是曲面 Σ 上的一点, Γ 是曲面 Σ 上过点 $P_0(x_0, y_0, z_0)$ 的任意一条曲线, 如图 7-23 所示. 又设曲线 Γ 在点 $P_0(x_0, y_0, z_0)$ 处存在切线, 若这些切线都在同一平面 π 上, 则平面 π 称为曲面 Σ 在点 $P_0(x_0, y_0, z_0)$ 的**切平面**, 点 $P_0(x_0, y_0, z_0)$ 称为**切点**. 过切点 $P_0(x_0, y_0, z_0)$ 且与切平面 π 垂直的直线称为曲面 Σ 在点 $P_0(x_0, y_0, z_0)$ 的**法线**.

可以证明: 对曲面 Σ: $F(x, y, z) = 0$, 若 $F(x, y, z)$ 在点 $P_0(x_0, y_0, z_0)$ 附近有连续的偏导数, 且 $F(x, y, z)$ 在 P_0 处的偏导数不同时为零, 则曲面 Σ 上过点 $P_0(x_0, y_0, z_0)$ 且在

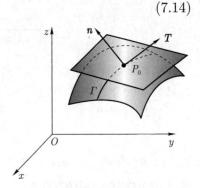

图 7-23

点 $P_0(x_0, y_0, z_0)$ 处存在切线的任意一条曲线 Γ 的切线都在同一平面上.

事实上, 设 Γ 是曲面 Σ 上过点 $P_0(x_0, y_0, z_0)$ 的任意一条曲线, 并设曲线 Γ 的参数方程为

$$\Gamma : \begin{cases} x = \varphi(t), \\ y = \psi(t), t \in [\alpha, \beta]. \\ z = \omega(t), \end{cases} \tag{7.15}$$

$t = t_0$ 对应于点 $P_0(x_0, y_0, z_0)$, 且 $\varphi'(t_0), \psi'(t_0), \omega'(t_0)$ 不同时为零, 则曲线 Γ 在点 P_0 处的切向量为

$$\boldsymbol{T} = (\varphi'(t_0), \psi'(t_0), \omega'(t_0)).$$

因为 Γ 在曲面 Σ 上, 所以有

$$F(\varphi(t), \psi(t), \omega(t)) \equiv 0.$$

又因为 $F(x, y, z)$ 在点 $P_0(x_0, y_0, z_0)$ 附近有连续的偏导数, 且 $\varphi'(t_0), \psi'(t_0), \omega'(t_0)$ 不同时为零, 所以

$$\left. \frac{\mathrm{d}}{\mathrm{d}t} F(\varphi(t), \psi(t), \omega(t)) \right|_{t=t_0} = 0,$$

即

$$F_x(x_0, y_0, z_0)\varphi'(t_0) + F_y(x_0, y_0, z_0)\psi'(t_0) + F_z(x_0, y_0, z_0)\omega'(t_0) = 0. \tag{7.16}$$

引入向量

$$\boldsymbol{n} = (F_x(x_0, y_0, z_0), F_y(x_0, y_0, z_0), F_z(x_0, y_0, z_0)), \tag{7.17}$$

则 (7.16) 表明: 向量 $\boldsymbol{n}$ 与曲线 Γ 在点 $P_0(x_0, y_0, z_0)$ 处的切向量 $\boldsymbol{T}$ 垂直, 由 Γ 的任意性知, 曲面 Σ 上过点 $P_0(x_0, y_0, z_0)$ 且在点 P_0 处存在切线的任意一条曲线 Γ 的切线都在同一平面上. 这个平面就是曲面 Σ 在点 $P_0(x_0, y_0, z_0)$ 的切平面, 向量 $\boldsymbol{n}$ 就是这个切平面的法向量, 故曲面 Σ 在点 $P_0(x_0, y_0, z_0)$ 处的切平面方程为

$$F_x(x_0, y_0, z_0)(x - x_0) + F_y(x_0, y_0, z_0)(y - y_0) + F_z(x_0, y_0, z_0)(z - z_0) = 0.$$

曲面 Σ 在点 $P_0(x_0, y_0, z_0)$ 处的法线方程为

$$\frac{x - x_0}{F_x(x_0, y_0, z_0)} = \frac{y - y_0}{F_y(x_0, y_0, z_0)} = \frac{z - z_0}{F_z(x_0, y_0, z_0)}.$$

垂直于曲面上的切平面的向量称为**曲面的法向量**, 曲面 Σ 在点 $P_0(x_0, y_0, z_0)$ 处的一个法向量为 (7.17) 所表示的向量 $\boldsymbol{n}$.

当曲面 Σ 的方程为

$$\Sigma : z = f(x, y), \tag{7.18}$$

设 $f(x, y)$ 在点 (x_0, y_0) 附近具有连续偏导数, 令 $F(x, y, z) = f(x, y) - z$, 则曲面 Σ 在点 $P_0(x_0, y_0, z_0)$ 处的法向量为

$$\boldsymbol{n} = (f_x(x_0, y_0), f_y(x_0, y_0), -1).$$

此时, 曲面 Σ 在点 $P_0(x_0, y_0, z_0)$ 的切平面方程为

$$z - z_0 = f_x(x_0, y_0)(x - x_0) + f_y(x_0, y_0)(y - y_0). \tag{7.19}$$

而法线方程为

$$\frac{x - x_0}{f_x(x_0, y_0)} = \frac{y - y_0}{f_y(x_0, y_0)} = \frac{z - z_0}{-1}. \tag{7.20}$$

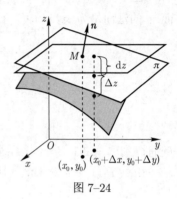

图 7-24

由 (7.19) 可以看出二元函数全微分的几何意义. 事实上, (7.19) 的右端就是 $f(x, y)$ 在点 $P(x_0, y_0)$ 的全微分 $\mathrm{d}z|_P$, 而左端是切平面上点的竖坐标的增量. 因此, **全微分的几何意义是**: 当自变量 x 与 y 在点 $P(x_0, y_0)$ 有增量 Δx 与 Δy 时, 全微分 $\mathrm{d}z|_P$ 就是曲面 $z = f(x, y)$ 在点 $P(x_0, y_0)$ 处的切平面上点的竖坐标 z 的增量, 如图 7-24 所示. 由于 $\mathrm{d}z$ 与 Δz 之差是 $\rho = \sqrt{(\Delta x)^2 + (\Delta y)^2}$ 的高阶无穷小量, 因此在点 $P(x_0, y_0)$ 附近, 可以用切平面近似代替曲面.

若用 α, β, γ 表示曲面 $z = f(x, y)$ 在点 $P(x_0, y_0)$ 处的法向量 $\boldsymbol{n}$ 的方向角, 并假设 $\boldsymbol{n}$ 的方向向上, 即 $\boldsymbol{n}$ 与 z 轴正向所成的方向角 γ 是锐角, 则法向量 $\boldsymbol{n}$ 的方向余弦为

$$\cos \alpha = \frac{-f_x}{\sqrt{f_x^2 + f_y^2 + 1}}, \cos \beta = \frac{-f_y}{\sqrt{f_x^2 + f_y^2 + 1}}, \cos \gamma = \frac{1}{\sqrt{f_x^2 + f_y^2 + 1}},$$

这里 $f_x = f_x(x_0, y_0)$, $f_y = f_y(x_0, y_0)$.

例 7.4　求曲面 $x^2 + 2y^2 + 5z^2 = 8$ 在点 $P_0(1, 1, 1)$ 处的切平面及法线方程.

解　记 $F(x, y, z) = x^2 + 2y^2 + 5z^2 - 8$, 曲面在点 P_0 处的法向量为

$$\boldsymbol{n} = (F_x, F_y, F_z)|_{P_0} = (2x, 4y, 10z)|_{P_0} = (2, 4, 10),$$

故曲面在点 P_0 处的切平面方程为

$$2(x - 1) + 4(y - 1) + 10(z - 1) = 0,$$

即

$$x + 2y + 5z = 8.$$

法线方程为

$$\frac{x - 1}{1} = \frac{y - 1}{2} = \frac{z - 1}{5}.$$

例 7.5　求旋转抛物面 $z = x^2 + 2y^2 - 1$ 在点 $P_0(-1, 2, 8)$ 处的切平面及法线方程.

解　因为 $f(x, y) = x^2 + 2y^2 - 1$, 所以抛物面在点 $P_0(-1, 2, 8)$ 处的法向量为

$$\boldsymbol{n} = (f_x, f_y, -1)_{(-1, 2)} = (2x, 4y, -1)_{(-1, 2)} = (-2, 8, -1).$$

故抛物面在点 $P_0(-1, 2, 8)$ 处的切平面方程为

$$-2(x + 1) + 8(y - 2) - (z - 8) = 0,$$

即
$$2x - 8y + z = -10.$$
所求法线方程为

$$\frac{x+1}{-2} = \frac{y-2}{8} = \frac{z-8}{-1}.$$

例 7.6 已知椭球面 $\Sigma : 2x^2 + 3y^2 + z^2 = 9$ 和平面 $\pi : 2x - 3y + 2z = 12$, 求 Σ 的与平面 π 平行的切平面方程.

解 设切点为 $P_0(x_0, y_0, z_0)$, 在该点处, 法向量为 $\boldsymbol{n} = 2(2x_0, 3y_0, z_0)$, 由已知可知, 平面 π 的法向量为 $\boldsymbol{n}_1 = (2, -3, 2)$. 根据题意, $\boldsymbol{n}/\!/\boldsymbol{n}_1$, 故有

$$\frac{2x_0}{2} = \frac{3y_0}{-3} = \frac{z_0}{2},$$

设 $\dfrac{2x_0}{2} = \dfrac{3y_0}{-3} = \dfrac{z_0}{2} = t$, 则有 $x_0 = t, y_0 = -t, z_0 = 2t$. 将其代入椭球面方程, 得

$$2t^2 + 3t^2 + 4t^2 = 9,$$

从而得到 $t = \pm 1$. 当 $t = 1$ 时, 得切点 $P_1(1, -1, 2)$; 当 $t = -1$ 时, 得切点 $P_2(-1, 1, -2)$.

在点 $P_1(1, -1, 2)$ 处, 其切平面方程为

$$2(x-1) - 3(y+1) + 2(z-2) = 0,$$

即
$$2x - 3y + 2z = 9.$$

在点 $P_2(-1, 1, -2)$ 处, 其切平面方程为

$$2x - 3y + 2z = -9.$$

习题 7–7

(A)

1. 求曲线 $x = \cos t, y = \sin t, z = \tan\dfrac{t}{2}$ 在点 $(0, 1, 1)$ 处的切线方程和法平面方程.

2. 求曲线 $y^2 = mx, z^2 = m - x$ 在点 (x_0, y_0, z_0) 处的切线方程和法平面方程.

3. 求曲线 $x = t, y = t^2, z = t^3$ 上的点, 使该点的切线平行于平面 $x + 2y + z = 4$.

4. 求曲线 $\begin{cases} x^2 + y^2 + z^2 = 6, \\ x + y + z = 0 \end{cases}$ 在点 $(1, -2, 1)$ 处的切线方程和法平面方程.

5. 已知曲线 $\begin{cases} xyz = 2, \\ x - y - z = 0 \end{cases}$ 上点 $(2, 1, 1)$ 处的一个切向量与 z 轴正向成锐角, 求此切向量与 y 轴正向所夹的角.

6. 求旋转抛物面 $z = x^2 + y^2 - 1$ 在点 $(2, 1, 4)$ 处的切平面和法线方程.

7. 设函数 $F(u, v)$ 具有连续一阶偏导数, 且 $F_u(3, 1) = 1, F_v(3, 1) = -1$, 求曲面 $F(x + y, x - z) = 0$ 在点 $M(2, 1, 1)$ 处的法线方程.

8. 在曲面 $z = xy$ 上求一点, 使得该点处的法线垂直于平面 $x + 3y + z + 9 = 0$, 并写出该法线方程.

9. 求旋转椭球面 $3x^2 + y^2 + z^2 = 16$ 在点 $P(-1, -2, 3)$ 处的切平面与 xOy 面的夹角余弦.

10. 设平面 $3x + \lambda y - 3z + 16 = 0$ 与椭球面 $3x^2 + y^2 + z^2 = 16$ 相切, 试求 λ 的值.

(B)

11. 求曲线 $\Gamma : \begin{cases} x = \displaystyle\int_0^t \mathrm{e}^u \cos u\, du, \\ y = 2\sin t + \cos t, \\ z = 1 + \mathrm{e}^{3t} \end{cases}$ 在 $t = 0$ 相应点处的切线与法平面方程.

12. 求曲面 $x^2 + 2y^2 + 3z^2 = 21$ 上的点, 使该点处的切平面平行于平面 $x + 4y + 6z = 0$, 并写出切平面的方程.

13. 设可微函数 $f(x,y)$ 对任意实数 $t(t > 0)$ 满足 $f(tx,ty) = tf(x,y)$, $P_0(1,-2,2)$ 是曲面 $z = f(x,y)$ 上的一点, 且 $f_x(1,-2) = 4$, 求此曲面在点 P_0 处的切平面方程.

14. 求过直线 $L : \begin{cases} 3x - 2y - z = 5, \\ x + y + z = 0 \end{cases}$ 且与曲面 $2x^2 - 2y^2 + 2z = \dfrac{5}{8}$ 相切的切平面方程.

15. 证明: 曲面 $xyz = a^3 (a > 0)$ 上任一点处的切平面与三个坐标面围成的四面体的体积为 $\dfrac{9}{2}a^3$.

16. 证明: 锥面 $z = xf\left(\dfrac{y}{x}\right)$ 上任一点处的切平面均通过原点 $O(0,0,0)$.

第八节　多元函数的极值

在实际应用中, 有许多涉及用料最省、时间最短、效益最大、成本最低等问题往往归结为多元函数的极值问题, 而多元函数的极值又是多元函数微分学的重要应用, 本节介绍多元函数的极值及其求法.

一、多元函数的极值与最值

1. 极值概念

定义 8.1　设函数 $f(x,y)$ 在点 $P_0(x_0,y_0)$ 的某个邻域 $U(P_0)$ 内有定义, 若对该邻域内异于点 $P_0(x_0,y_0)$ 的任意点 $P(x,y)$, 都有

$$f(x,y) < f(x_0,y_0) \ (\text{或} \ f(x,y) > f(x_0,y_0)), \tag{8.1}$$

则称 $z = f(x,y)$ 在点 $P_0(x_0,y_0)$ 处有**极大值** $f(x_0,y_0)$ (或**极小值** $f(x_0,y_0)$), 极大值与极小值统称为**极值**, 使函数取得极值的点称为**极值点**.

注　极值点一定是区域的内点.

例 8.1　函数 $f(x,y) = x^2 + y^2$ 在点 $O(0,0)$ 处有极小值. 因为对异于点 $O(0,0)$ 的任意点 (x,y), 其函数值都为正, 而在点 $O(0,0)$ 处的函数值为零. 从几何上看这是显然的, 因为点 $O(0,0,0)$ 是开口朝上的旋转抛物面 $z = x^2 + y^2$ 的顶点.

例 8.2　函数 $g(x,y) = -\sqrt{x^2 + 2y^2}$ 在点 $O(0,0)$ 处有极大值. 因为在点 $O(0,0)$ 处函数值为零, 而对异于 $O(0,0)$ 的任意点 (x,y), 其函数值都为负, 点 $O(0,0,0)$ 是位于 xOy 平面下方的椭圆锥面 $z = -\sqrt{x^2 + 2y^2}$ 的顶点.

例 8.3　函数 $h(x,y) = x^2 - y^2$ 在点 $O(0,0)$ 处既不取极大值也不取极小值. 因为在点 $O(0,0)$ 处函数值为零, 而在点 $O(0,0)$ 的任一邻域内, 总有使函数值为正的点, 也有使函数值为负的点.

若 $f(x,y)$ 在点 $P_0(x_0, y_0)$ 取得极值, 则当固定 $y = y_0$ 时, 一元函数 $f(x, y_0)$ 必在 $x = x_0$ 处取得极值. 同理, 一元函数 $f(x_0, y)$ 也必在 $y = y_0$ 处取得相同的极值. 于是, 由一元函数取极值的必要条件, 得到如下二元函数取得极值的必要条件.

2. 二元函数取极值的必要条件与充分条件

定理 8.1 (极值的必要条件)　设函数 $f(x,y)$ 在点 $P_0(x_0, y_0)$ 处的偏导数存在, 且在点 P_0 处取得极值, 则必有

$$f_x(x_0, y_0) = 0, \quad f_y(x_0, y_0) = 0 \tag{8.2}$$

同时成立.

反之, 若函数 $f(x,y)$ 在点 $P_0(x_0, y_0)$ 满足 (8.2), 则称点 $P_0(x_0, y_0)$ 为函数 $f(x,y)$ 的**驻点**. 该定理表明: 若函数存在偏导数, 则其极值点必是函数的驻点, 但驻点不一定都是极值点. 如例 8.3 的函数 $h(x,y) = x^2 - y^2$, 原点是它的驻点, 但该函数在原点处不取极值.

与一元函数类似, 函数的极值也可能在偏导数不存在的点处取得. 如例 8.2 的函数 $g(x,y) = -\sqrt{x^2 + 2y^2}$, 它在原点处取得极大值, 但函数在原点处的偏导数不存在.

类似地, 三元函数 $f(x,y,z)$ 在点 $P_0(x_0, y_0, z_0)$ 的偏导数存在, 且它在点 P_0 处取得极值的必要条件为

$$f_x(x_0, y_0, z_0) = 0, \quad f_y(x_0, y_0, z_0) = 0, \quad f_z(x_0, y_0, z_0) = 0 \tag{8.3}$$

同时成立.

同理, 若函数 $f(x,y,z)$ 在点 $P_0(x_0, y_0, z_0)$ 满足 (8.3), 则称点 P_0 为函数 $f(x,y,z)$ 的**驻点**.

为了讨论二元函数 $f(x,y)$ 在点 $P_0(x_0, y_0)$ 处取得极值的充分条件, 设 $f(x,y)$ 在点 $P_0(x_0, y_0)$ 处具有二阶连续偏导数, 并记

$$\boldsymbol{H}_f(P_0) = \begin{pmatrix} f_{xx}(P_0) & f_{xy}(P_0) \\ f_{xy}(P_0) & f_{yy}(P_0) \end{pmatrix} = \begin{pmatrix} A & B \\ B & C \end{pmatrix},$$

它称为 $f(x,y)$ 在点 P_0 处的**黑塞 (Hesse) 矩阵**. 二元函数 $f(x,y)$ 在点 $P_0(x_0, y_0)$ 处取得极值的充分条件如下, 证明从略.

定理 8.2 (极值的充分条件)　设函数 $z = f(x,y)$ 在点 $P_0(x_0, y_0)$ 处具有一阶和二阶连续偏导数, 且 P_0 为函数 $f(x,y)$ 的驻点.

(1) 若 $A > 0, AC - B^2 > 0$, 则称 $\boldsymbol{H}_f(P_0)$ 是正定矩阵, 此时 $f(x,y)$ 在点 P_0 处取得极小值.

(2) 若 $A < 0, AC - B^2 > 0$, 则称 $\boldsymbol{H}_f(P_0)$ 是负定矩阵, 此时 $f(x,y)$ 在点 P_0 处取得极大值.

(3) 若 $AC - B^2 < 0$, 则称 $\boldsymbol{H}_f(P_0)$ 是不定矩阵, 此时 $f(x,y)$ 在点 P_0 处不取极值.

注　当 $AC - B^2 = 0$ 时, 函数 $f(x,y)$ 在点 P_0 处可能取极值, 也可能不取极值, 需另行讨论.

例 8.4 求函数 $f(x, y) = x^3 + 8y^3 - 6xy + 5$ 的极值.

解 解方程组

$$\begin{cases} f_x(x, y) = 3x^2 - 6y = 0, \\ f_y(x, y) = 24y^2 - 6x = 0, \end{cases}$$

求得驻点 $P_1(0, 0)$ 及 $P_2\left(1, \dfrac{1}{2}\right)$. 再求二阶偏导数, 得

$$f_{xx}(x, y) = 6x, f_{xy}(x, y) = -6, f_{yy}(x, y) = 48y,$$

$$\boldsymbol{H}_f(P_1) = \begin{pmatrix} 0 & -6 \\ -6 & 0 \end{pmatrix}, \quad \boldsymbol{H}_f(P_2) = \begin{pmatrix} 6 & -6 \\ -6 & 24 \end{pmatrix}.$$

在点 $P_1(0, 0)$ 处, 由于 $A = 0, B = -6, C = 0$, $AC - B^2 = -36 < 0$, 因此 $\boldsymbol{H}_f(P_1)$ 是不定矩阵, 故点 $P_1(0, 0)$ 不是函数 $f(x, y)$ 的极值点.

在 $P_2\left(1, \dfrac{1}{2}\right)$ 处, 由于 $A = 6, B = -6, C = 24$, $AC - B^2 = 108 > 0$, 而 $A = 6 > 0$, 因此 $\boldsymbol{H}_f(P_2)$ 是正定矩阵, 故 $f(x, y)$ 在点 $P_2\left(1, \dfrac{1}{2}\right)$ 处取得极小值 $f\left(1, \dfrac{1}{2}\right) = 4$, 其函数图形如图 7–25 所示.

例 8.5 讨论函数 $f(x, y) = 2x^2 - 3xy^2 + y^4$ 是否有极值.

解 解方程组

$$\begin{cases} f_x(x, y) = 4x - 3y^2 = 0, \\ f_y(x, y) = -6xy + 4y^3 = 0, \end{cases}$$

求得唯一驻点 $O(0, 0)$. 由于

$$A = f_{xx}(0, 0) = 4, \quad B = f_{xy}(0, 0) = 0, \quad C = f_{yy}(0, 0) = 0, \quad AC - B^2 = 0,$$

因此不能确定 $O(0, 0)$ 是否是 $f(x, y)$ 的极值点. 事实上, 当 $(x, y) \neq (0, 0)$ 时, 有

$$f(x, y) - f(0, 0) = 2x^2 - 3xy^2 + y^4 = (2x - y^2)(x - y^2).$$

当 $x < 0$ 时, $f(x, y) > f(0, 0)$; 当 $\dfrac{1}{2}y^2 < x < y^2$ 时, $f(x, y) < f(0, 0)$, 故 $O(0, 0)$ 不是函数 f 的极值点, 从而函数 f 没有极值, 其函数图形如图 7–26 所示.

3. 多元函数在某一区域上的最大值和最小值

与一元函数类似, 可以利用极值来求函数在某一区域上的最大值与最小值. 由本章第二节可知, 若函数 $f(x, y)$ 在某有界闭区域 D 上连续, 则 $f(x, y)$ 在 D 上必能取得最大值和最小值. 函数 $f(x, y)$ 的最大值与最小值可能在 D 的内部取得, 也可能在 D 的边界上取得. 若 $f(x, y)$ 在 D 的内部取得最大值 (最小值), 则这个最大值 (最小值) 也是函数 $f(x, y)$ 的极大值 (极小值). 因此, 求函数在某一有界闭区域 D 上的最大值与最小值的一般方法是: 先求出 $f(x, y)$ 在 D 内所有的驻点以及一阶偏导数不存在的点, 这些点通常称为 $f(x, y)$ 的**可疑极值点**; 然后计算这些点处的函数值以及 $f(x, y)$ 在 D 的边界上的最大值和最小值, 比较这些函数值, 其中最大的就是最大值, 最小的就是最小值.

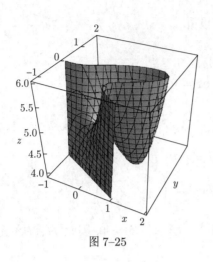

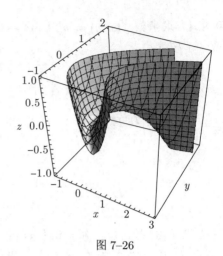

图 7–25　　　　　　　　　　　　　　　　　　图 7–26

在实际问题中, 可以由问题本身去确定是否有最值. 若根据实际问题的性质知道函数 $f(x,y)$ 的最大值 (最小值) 一定在 D 的内部取得, 且函数在 D 内只有一个驻点, 则可以肯定该驻点处的函数值就是所求问题中的最大值 (最小值).

例 8.6 某厂要用铁板做成一个体积为 2 m^3 的有盖长方体水箱, 问当长、宽、高各取多少时, 才能使用料最省.

解 设水箱的长为 x m, 宽为 y m, 则其高应为 $\dfrac{2}{xy}$ m, 此水箱所用材料的面积

$$S = 2\left(xy + y \cdot \frac{2}{xy} + x \cdot \frac{2}{xy}\right),$$

即

$$S = 2\left(xy + \frac{2}{x} + \frac{2}{y}\right), \; x > 0, y > 0.$$

面积 S 是 x 和 y 的二元函数, 该函数也称为**目标函数**, 下面求使该函数取得最小值的点 $P_0(x_0, y_0)$.

解方程组

$$\begin{cases} S_x = 2\left(y - \dfrac{2}{x^2}\right) = 0, \\ S_y = 2\left(x - \dfrac{2}{y^2}\right) = 0. \end{cases}$$

得 $x = \sqrt[3]{2}, \quad y = \sqrt[3]{2}.$

根据题意可知, 水箱所用材料面积的最小值一定存在, 并在区域 $D = \{(x,y)|x > 0, y > 0\}$ 内取得. 又该函数在 D 内只有唯一的驻点 $P_0(\sqrt[3]{2}, \sqrt[3]{2})$, 因此可断定当 $x = \sqrt[3]{2}, y = \sqrt[3]{2}$ 时, S 取得最小值, 故当水箱的长为 $\sqrt[3]{2}$ m, 宽为 $\sqrt[3]{2}$ m, 高为 $\dfrac{2}{\sqrt[3]{2} \cdot \sqrt[3]{2}} = \sqrt[3]{2}$ m 时, 水箱所用的材料最省.

例 8.7 证明: 圆的所有外切三角形中, 以正三角形面积为最小.

解 设圆的半径为 r, 该圆的任一外切三角形为 $\triangle ABC$, 三切点处的半径两两相夹的中心角分别为 x, y, z, 其中 $z = 2\pi - (x+y)$, 如图 7–27 所示.

从图中易看出, $\triangle ABC$ 的面积为

$$S = r^2\left(\tan\frac{x}{2} + \tan\frac{y}{2} + \tan\frac{z}{2}\right) = r^2\left(\tan\frac{x}{2} + \tan\frac{y}{2} - \tan\frac{x+y}{2}\right),$$

其中 $x, y \in (0, \pi)$. 令

$$\begin{cases} S_x = \dfrac{1}{2}r^2\left(\sec^2\dfrac{x}{2} - \sec^2\dfrac{x+y}{2}\right) = 0, \\ S_y = \dfrac{1}{2}r^2\left(\sec^2\dfrac{y}{2} - \sec^2\dfrac{x+y}{2}\right) = 0. \end{cases}$$

在定义域内求得唯一解 $x = y = \dfrac{2}{3}\pi$, 从而 $z = \dfrac{2}{3}\pi$. 由实际问题可知, 面积 S 存在最小值, 而 S 在定义域 $D = \{(x,y) | 0 < x < \pi, 0 < y < \pi\}$ 内有唯一驻点 $\left(\dfrac{2}{3}\pi, \dfrac{2}{3}\pi\right)$. 从而当 $x = y = z = \dfrac{2}{3}\pi$ 时, S 取得最小值. 故外切三角形中以正三角形的面积为最小.

* **例 8.8 (最小二乘法问题)** 设通过观察或实验得到一列点 (x_i, y_i), $i = 1, 2, \cdots, n$, 它们大体在一条直线上, 即大体上可用直线方程来反映变量 x 与 y 之间的对应关系, 如图 7–28 所示. 现要确定一条直线, 使得与这 n 个点的偏差平方和最小 (**最小二乘法**).

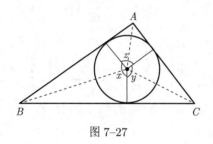

图 7–27   图 7–28

解 设所求直线方程为

$$y = a + bx,$$

所测得的 n 个点为 $(x_i, y_i), i = 1, 2, \cdots, n$. 现要确定 a, b, 使得

$$f(a, b) = \sum_{i=1}^{n}(a + bx_i - y_i)^2$$

最小. 为此, 令

$$\begin{cases} f_a = 2\displaystyle\sum_{i=1}^{n}(a + bx_i - y_i) = 0, \\ f_b = 2\displaystyle\sum_{i=1}^{n}x_i(a + bx_i - y_i) = 0. \end{cases}$$

整理得

$$
\begin{cases}
an + b\sum_{i=1}^{n} x_i = \sum_{i=1}^{n} y_i, \\
a\sum_{i=1}^{n} x_i + b\sum_{i=1}^{n} x_i^2 = \sum_{i=1}^{n} x_i y_i.
\end{cases}
$$

解上述以 a, b 为未知量的线性方程组, 得 $f(a,b)$ 的驻点 $(\bar{a}, \bar{b})$, 这里

$$
\bar{a} = \frac{\left(\sum_{i=1}^{n} x_i^2\right)\left(\sum_{i=1}^{n} y_i\right) - \left(\sum_{i=1}^{n} x_i y_i\right)\left(\sum_{i=1}^{n} x_i\right)}{n\sum_{i=1}^{n} x_i^2 - \left(\sum_{i=1}^{n} x_i\right)^2},
$$

$$
\bar{b} = \frac{n\sum_{i=1}^{n} x_i y_i - \left(\sum_{i=1}^{n} x_i\right)\left(\sum_{i=1}^{n} y_i\right)}{n\sum_{i=1}^{n} x_i^2 - \left(\sum_{i=1}^{n} x_i\right)^2}.
$$

又因为

$$
A = f_{\bar{a}\bar{a}} = 2n > 0, \quad B = f_{\bar{a}\bar{b}} = 2\sum_{i=1}^{n} x_i, \quad C = f_{\bar{b}\bar{b}} = 2\sum_{i=1}^{n} x_i^2.
$$

当 $x_1, x_2, \cdots, x_n$ 不全相等时, 可以证明: $AC - B^2 = 4\left(n\sum_{i=1}^{n} x_i^2 - \left(\sum_{i=1}^{n} x_i\right)^2\right) > 0$. 所以 $f(a,b)$ 在点 $(\bar{a}, \bar{b})$ 处得极小值. 由实际问题可知, 该问题的最小值存在, 所以极小值 $f(\bar{a}, \bar{b})$ 也为最小值.

二、条件极值和拉格朗日乘数法

前面讨论的极值问题, 目标函数的自变量在函数定义域内是独立变化的, 无其他条件限制, 这种极值有时称为**无条件极值**. 但在某些极值问题, 自变量除了在函数的定义域内变化外, 还需要对自变量附加其他条件.

例如, 要设计一个容量为 V 的长方体开口水箱, 试问水箱的长、宽和高各等于多少, 其表面积最小? 为此, 设长方体的长、宽和高分别为 x, y 和 z, 则其表面积为

$$
S(x, y, z) = 2(xz + yz) + xy, \tag{8.4}
$$

依题意, 上述表面积函数的自变量不仅要满足定义域的要求, 即 $(x, y, z) \in D = \{(x,y,z) | x > 0, y > 0, z > 0\}$, 而且还要满足条件

$$
xyz = V. \tag{8.5}
$$

此问题归结为: 求函数 $S(x,y,z)$ 在定义域 D 内满足条件 (8.5) 的最小值. 此种附有条件的极值称为**条件极值**. 附加的条件称为**约束条件**. 也就是说, 对条件极值, 函数中的自变量除受定义域限制外, 还受其他条件的限制. 对有些实际问题, 可以把条件极值问题化为无条件极值问题.

例如, 对上述条件极值问题, 由条件 (8.5) 得 $z = \dfrac{V}{xy}$, 代入 (8.4) 中的函数, 得

$$F(x,y) = S\left(x, y, \frac{V}{xy}\right) = 2V\left(\frac{1}{y} + \frac{1}{x}\right) + xy, \quad x > 0, y > 0.$$

此时, 可按前面求极值的方法进行计算. 但在很多情形, 把条件极值转化为无条件极值比较困难. 因此需要一种直接求条件极值的方法, 这就是下面将要介绍的拉格朗日乘数法.

先寻求函数

$$z = f(x, y) \tag{8.6}$$

在条件

$$\varphi(x, y) = 0 \tag{8.7}$$

下取得极值的必要条件. 函数 $z = f(x,y)$ 称为**目标函数**, 条件 (8.7) 称**约束条件**.

若函数 $z = f(x,y)$ 在条件 (8.7) 下在点 (x_0, y_0) 处取得极值, 则必有

$$\varphi(x_0, y_0) = 0. \tag{8.8}$$

设函数 $z = f(x,y)$ 及 $\varphi(x,y)$ 在 (x_0, y_0) 的某一邻域内具有连续的一阶偏导数, 且 $\varphi_y(x_0, y_0) \neq 0$, 由隐函数存在定理知, 方程 $\varphi(x,y) = 0$ 在点 (x_0, y_0) 的某邻域内能确定一个单值连续且具有连续导数的函数 $y = g(x)$, 把它代入函数 $z = f(x,y)$ 中, 使其成为一元函数 $z = f(x, g(x))$. 于是函数 $z = f(x,y)$ 在条件 (8.7) 下在 (x_0, y_0) 处取得所求的极值, 相当于一元函数 $z = f(x, g(x))$ 在 $x = x_0$ 处取得所求的极值. 由一元可导函数取极值的必要条件, 得

$$\left.\frac{\mathrm{d}z}{\mathrm{d}x}\right|_{x=x_0} = f_x(x_0, y_0) + f_y(x_0, y_0)\left.\frac{\mathrm{d}y}{\mathrm{d}x}\right|_{x=x_0} = 0. \tag{8.9}$$

由隐函数求导公式, 有

$$\left.\frac{\mathrm{d}y}{\mathrm{d}x}\right|_{x=x_0} = -\frac{\varphi_x(x_0, y_0)}{\varphi_y(x_0, y_0)}.$$

将上式代入 (8.9), 得

$$f_x(x_0, y_0) - f_y(x_0, y_0)\frac{\varphi_x(x_0, y_0)}{\varphi_y(x_0, y_0)} = 0. \tag{8.10}$$

(8.8) 和 (8.10) 就是函数 $z = f(x,y)$ 在条件 $\varphi(x,y) = 0$ 下在 (x_0, y_0) 处取极值的必要条件.

为此, 令 $\dfrac{f_y(x_0, y_0)}{\varphi_y(x_0, y_0)} = -\lambda_0$, 上述取条件极值的必要条件可写成

$$\begin{cases} f_x(x_0, y_0) + \lambda_0 \varphi_x(x_0, y_0) = 0, \\ f_y(x_0, y_0) + \lambda_0 \varphi_y(x_0, y_0) = 0, \\ \varphi(x_0, y_0) = 0. \end{cases} \tag{8.11}$$

而 (8.11) 表明, 点 (x_0, y_0, λ_0) 是三元函数

$$L(x, y, \lambda) = f(x, y) + \lambda\varphi(x, y)$$

的驻点. 此时, $L(x, y, \lambda)$ 称为**拉格朗日 (Lagrange) 函数**, λ 称为**拉格朗日乘子**.

综合上述, 得到求条件极值的以下结论:

拉格朗日乘数法　求函数 $z = f(x, y)$ 在条件 $\varphi(x, y) = 0$ 下的可能极值点步骤为

(1) 构造拉格朗日函数

$$L(x, y, \lambda) = f(x, y) + \lambda\varphi(x, y),$$

其中 λ 称为拉格朗日乘子.

(2) 求函数 $L(x, y, \lambda)$ 的驻点, 即求解方程组

$$\begin{cases} f_x(x, y) + \lambda\varphi_x(x, y) = 0, \\ f_y(x, y) + \lambda\varphi_y(x, y) = 0, \\ \varphi(x, y) = 0. \end{cases} \tag{8.12}$$

其解为 x_0, y_0 和 λ_0, 则点 (x_0, y_0) 就是函数 $z = f(x, y)$ 在条件 $\varphi(x, y) = 0$ 下的可能极值点. 至于点 (x_0, y_0) 是否为极值点, 可由具体问题来确定. 在实际问题中常常可由问题本身的意义断定.

注　求 $L(x, y, \lambda)$ 的驻点时, 只需求出满足 (8.12) 的解 x_0, y_0, 不必求出 λ_0.

上述拉格朗日乘数法可以推广到自变量多于两个而附加条件多于一个的情形. 例如, 求函数

$$u = f(x, y, z, t) \tag{8.13}$$

在条件

$$\varphi(x, y, z, t) = 0 \quad \text{和} \quad \psi(x, y, z, t) = 0 \tag{8.14}$$

下可能的极值点, 为此构造拉格朗日函数

$$L(x, y, z, t, \lambda, \mu) = f(x, y, z, t) + \lambda\varphi(x, y, z, t) + \mu\psi(x, y, z, t), \tag{8.15}$$

其中 λ, μ 为拉格朗日乘子. 然后求 $L(x, y, z, t, \lambda, \mu)$ 的驻点, 设其驻点为 $(x_0, y_0, z_0, t_0, \lambda_0, \mu_0)$, 则 (x_0, y_0, z_0, t_0) 就是函数 $f(x, y, z, t)$ 在条件 (8.14) 下的可能极值点.

例 8.9　用拉格朗日乘数法求本段开头提到的水箱设计问题.

解　设长方体的长、宽、高分别为 x, y, z, 则问题就是在条件

$$xyz - V = 0 \tag{8.16}$$

下, 求函数

$$S(x, y, z) = 2(xz + yz) + xy \quad (x > 0, y > 0, z > 0)$$

的最小值. 构造拉格朗日函数

$$L(x, y, z, \lambda) = 2(xz + yz) + xy + \lambda(xyz - V).$$

求 L 对各变量的偏导数, 并令它们为零, 得到

$$\begin{cases} L_x = 2z + y + \lambda yz = 0, \\ L_y = 2z + x + \lambda xz = 0, \\ L_z = 2(x+y) + \lambda xy = 0, \\ L_\lambda = xyz - V = 0. \end{cases}$$

其解为

$$x = y = 2z = \sqrt[3]{2V}, \quad \lambda = -\frac{4}{\sqrt[3]{2V}}.$$

依题意, 所求水箱的表面积在条件 (8.16) 下确实存在最小值. 故当高为 $\sqrt[3]{\dfrac{V}{4}}$, 长与宽为高的 2 倍时, 其表面积最小, 最小表面积为 $S = 3(2V)^{\frac{2}{3}}$.

例 8.10 旋转抛物面 $z = x^2 + y^2$ 被平面 $x + y + z = 1$ 截得一椭圆 C, 求原点到该椭圆的最长与最短距离.

解 设 $P(x,y,z)$ 为椭圆上任一点, 原点到 P 的距离为

$$\rho(x,y,z) = \sqrt{x^2 + y^2 + z^2}. \tag{8.17}$$

由于点 P 既在抛物面 $z = x^2 + y^2$ 上, 又在平面 $x + y + z = 1$ 上, 因此问题归结为求函数 $\rho(x,y,z)$ 在条件 $z = x^2 + y^2$, $x + y + z = 1$ 下的最大值和最小值. 为此, 取目标函数为 ρ^2, 构造拉格朗日函数

$$L(x,y,z,\lambda,\mu) = x^2 + y^2 + z^2 + \lambda(x^2 + y^2 - z) + \mu(x + y + z - 1).$$

求 L 对各变量的偏导数, 并令它们为零, 得到

$$\begin{cases} L_x = 2x + 2\lambda x + \mu = 0, \\ L_y = 2y + 2\lambda y + \mu = 0, \\ L_z = 2z - \lambda + \mu = 0, \\ L_\lambda = x^2 + y^2 - z = 0, \\ L_\mu = x + y + z - 1 = 0. \end{cases}$$

其解为

$$x_1 = y_1 = \frac{-1 + \sqrt{3}}{2}, z_1 = 2 - \sqrt{3} \quad \text{和} \quad x_2 = y_2 = \frac{-1 - \sqrt{3}}{2}, z_2 = 2 + \sqrt{3}.$$

上述问题只有两个可能的极值点 $(x_1,\, y_1,\, z_1)$ 和 $(x_2,\, y_2,\, z_2)$, 由于 $\rho(x,\, y,\, z)$ 在椭圆 C (有界闭集) 上连续, 因此 $\rho(x,\, y,\, z)$ 在椭圆 C 上存在最大值和最小值. 又

$$\rho(x_1, y_1, z_1) = \sqrt{9 - 5\sqrt{3}} \quad \text{和} \quad \rho(x_2,\, y_2,\, z_2) = \sqrt{9 + 5\sqrt{3}}.$$

故所求的最长距离和最短距离分别为 $\sqrt{9 + 5\sqrt{3}}$ 和 $\sqrt{9 - 5\sqrt{3}}$.

例 8.11　求二元函数 $f(x,y) = 4x^2 + y^2 - 4x + 8y$ 在闭区域 $D : 4x^2 + y^2 \leqslant 25$ 上的最大值和最小值.

解　由于 $f(x,y)$ 在有界闭区域 D 上连续, 因此 $f(x,y)$ 在闭区域 D 上必有最大值和最小值. 先求 $f(x,y)$ 在区域 D 内的可疑极值点. 令

$$f_x = 8x - 4 = 0, \quad f_y = 2y + 8 = 0,$$

求得唯一解 $x = \dfrac{1}{2}, y = -4$, 驻点 $\left(\dfrac{1}{2}, -4\right) \in D$.

再求边界上的最大值和最小值, 即求函数 $f(x,y)$ 在条件

$$4x^2 + y^2 = 25$$

下的极值. 此时, $f(x,y) = 25 - 4x + 8y$. 为此, 构造拉格朗日函数

$$L(x,y,\lambda) = 25 - 4x + 8y + \lambda(4x^2 + y^2 - 25).$$

令

$$\begin{cases} L_x = -4 + 8\lambda x = 0, \\ L_y = 8 + 2\lambda y = 0, \\ L_\lambda = 4x^2 + y^2 - 25 = 0. \end{cases}$$

求得其可能的条件极值点为

$$\begin{cases} x_1 = -\dfrac{5\sqrt{17}}{34}, \\ y_1 = \dfrac{20\sqrt{17}}{17}; \end{cases} \quad \begin{cases} x_2 = \dfrac{5\sqrt{17}}{34}, \\ y_2 = -\dfrac{20\sqrt{17}}{17}. \end{cases}$$

各驻点处的函数值为

$$f\left(\dfrac{1}{2}, -4\right) = -17, \quad f\left(-\dfrac{5\sqrt{17}}{34}, \dfrac{20\sqrt{17}}{17}\right) = 25 + 10\sqrt{17},$$

$$f\left(\dfrac{5\sqrt{17}}{34}, -\dfrac{20\sqrt{17}}{17}\right) = 25 - 10\sqrt{17}.$$

故所求得最大值为 $25 + 10\sqrt{17}$, 最小值为 -17.

例 8.12　某公司通过电视和网络两种媒体做广告, 已知销售收入 R 万元与电视广告费 x 万元及网络广告费 y 万元的关系为

$$R(x,y) = 15 + 14x + 32y - 8xy - 2x^2 - 10y^2.$$

(1) 在广告费不限的情况下, 求最佳的广告策略;

(2) 如果提供的广告费用为 1.5 万元, 求最佳的广告策略.

解　求最佳策略就是求 $R(x, y)$ 的最大值.

(1) 根据题意, 求 $R(x, y)$ 的无条件极值问题. 求 $R(x, y)$ 关于各变量的偏导数, 并令其为零, 得

$$\begin{cases} R_x = 14 - 8y - 4x = 0, \\ R_y = 32 - 8x - 20y = 0. \end{cases}$$

求得其解为 $x = 1.5$, $y = 1$, 从而 $R(x, y)$ 在定义域内有唯一驻点 $(1.5, 1)$. 根据题意, 最佳的广告策略一定存在, 故点 $(1.5, 1)$ 是 $R(x, y)$ 的最大值点. 由于 $R(1.5, 1) = 41.5$. 因此电视广告费和网络广告费分别为 1.5 万元和 1 万元时, 销售收入最高, 其最高销售收入为 41.5 万元.

(2) 求广告费为 1.5 万元时的最佳广告策略, 就是求 $R(x, y)$ 在条件 $x + y = 1.5$ 下的最大值. 为此, 构造拉格朗日函数

$$L(x, y, \lambda) = 15 + 14x + 32y - 8xy - 2x^2 - 10y^2 + \lambda(x + y - 1.5).$$

求 L 关于各变量的偏导数, 并令其为零, 得

$$\begin{cases} L_x = 14 - 8y - 4x + \lambda = 0, \\ L_y = 32 - 8x - 20y + \lambda = 0, \\ L_\lambda = x + y - 1.5 = 0. \end{cases}$$

求得唯一驻点 $(0, 1.5)$. 根据题意, 最佳的广告策略一定存在, 故 1.5 万元的广告费用全用于网络广告费, 其销售收入最高, 最高销售收入为 $R(0, 1.5) = 40.5$ 万元.

习题 7-8

(A)

1. 求下列函数的极值.

(1) $z = x^2 + xy + y^2 - 2x - y$;　　　　(2) $z = x^3 y^2 (6 - x - y)$;

(3) $z = 1 - (x^2 + y^2)^{\frac{2}{3}}$;　　　　(4) $z = \dfrac{8}{x} + \dfrac{x}{y} + y(x > 0, y > 0)$.

2. 若函数 $f(x, y) = 2x^2 + ax + xy^2 + 2y$ 在点 $(1, -1)$ 处取得极值, 试确定常数 a.

3. 求由方程 $x^2 + y^2 + z^2 - 2x + 2y - 4z - 10 = 0$ 确定的函数 $z = z(x, y)$ 的极值.

4. 求二元函数 $z = f(x, y) = x^2 y(4 - x - y)$ 在直线 $x + y = 6, x$ 轴, y 轴所围成的闭区域 D 上的最大值和最小值.

5. 求函数 $f(x, y) = 4(x - y) - x^2 - y^2$ 的极值.

6. 求函数 $z = xy$ 在适合附加条件 $x + y = 1$ 下的极大值.

7. 周长为 $2p$ 的矩形绕它的一边旋转构成一个圆柱体, 问矩形的边长各为多少时, 可使圆柱体的体积为最大.

(B)

8. 求函数 $f(x, y) = x^2 + y^2 + 2xy - 2x$ 在区域 $D: x^2 + y^2 \leqslant 1$ 上的最大值和最小值.

9. 在椭球面 $x^2 + y^2 + \dfrac{z^2}{4} = 1$ 的第一卦限部分求一点, 使椭球面在该点处的切平面在三个坐标轴上的截距平方和为最小.

10. 在曲面 $z = \sqrt{x^2 + y^2}$ 上找一点, 使其与点 $(1, \sqrt{2}, 3\sqrt{3})$ 的距离最短, 并求最短距离.

11. 在圆锥面 $Rz = h\sqrt{x^2 + y^2}$ 与平面 $z = h(R > 0, h > 0)$ 所围的圆锥体内作一个底面平行于 xOy 平面的最大长方体, 求此最大长方体的体积.

12. 求椭球面 $\dfrac{x^2}{3} + \dfrac{y^2}{2} + z^2 = 1$ 被平面 $x + y + z = 0$ 截得的椭圆的长半轴与短半轴之长.

13. 在第一卦限内作椭球面 $\dfrac{x^2}{a^2} + \dfrac{y^2}{b^2} + \dfrac{z^2}{c^2} = 1$ 的切平面, 使切平面与三坐标面所围成的四面体体积最小, 求切点的坐标.

习题 7–8
第 13 题解答

*第九节 二元函数的泰勒公式

一、二元函数的泰勒公式

与一元函数的泰勒公式类似, 对于二元函数, 考虑能否用两个变量的多项式来近似表达一个给定的二元函数, 并估计其误差. 为了解决这个问题, 把一元函数的泰勒公式推广到二元函数.

定理 9.1 (泰勒定理) 若 $f(x, y)$ 在点 $P_0(x_0, y_0)$ 的某邻域 $U(P_0)$ 内有直到 $n + 1$ 阶的连续偏导数, 则对 $U(P_0)$ 内任一点 $P(x_0 + h, y_0 + k)$, 存在相应的 $\theta \in (0, 1)$, 使得

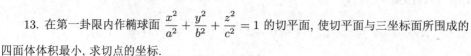

$$f(x_0 + h, y_0 + k) = f(x_0, y_0) + \left(h\frac{\partial}{\partial x} + k\frac{\partial}{\partial y} \right) f(x_0, y_0) +$$

$$\frac{1}{2!} \left(h\frac{\partial}{\partial x} + k\frac{\partial}{\partial y} \right)^2 f(x_0, y_0) + \cdots + \frac{1}{n!} \left(h\frac{\partial}{\partial x} + k\frac{\partial}{\partial y} \right)^n f(x_0, y_0) + R_n, \tag{9.1}$$

其中

$$R_n = \frac{1}{(n+1)!} \left(h\frac{\partial}{\partial x} + k\frac{\partial}{\partial y} \right)^{n+1} f(x_0 + \theta h, y_0 + \theta k), \tag{9.2}$$

$$\left(h\frac{\partial}{\partial x} + k\frac{\partial}{\partial y} \right)^m f(x_0, y_0) = \sum_{i=0}^{m} h^i k^{m-i} \mathrm{C}_m^i \left. \frac{\partial^m f}{\partial x^i \partial y^{m-i}} \right|_{(x_0, y_0)}.$$

(9.1) 称为二元函数 $f(x, y)$ 在点 P_0 处的 n **阶泰勒公式**, (9.2) 称为泰勒公式 (9.1) 的**拉格朗日型余项**.

证 为了利用一元函数的泰勒公式来证明, 作辅助函数

$$\varPhi(t) = f(x_0 + ht, y_0 + kt), 0 \leqslant t \leqslant 1.$$

由定理的假设, 一元函数 $\Phi(t)$ 在区间 $[0,1]$ 上具有直到 $n+1$ 阶的连续导数. 由一元函数的泰勒公式, 得

$$\Phi(1) = \Phi(0) + \Phi'(0) + \frac{1}{2!}\Phi''(0) + \cdots + \frac{1}{n!}\Phi^{(n)}(0) + R_n, \tag{9.3}$$

其中

$$R_n = \frac{1}{(n+1)!}\Phi^{(n+1)}(\theta), \quad 0 < \theta < 1. \tag{9.4}$$

令 $x = x_0 + ht, \ y = y_0 + kt$, 由复合函数的求导法则, 得

$$\Phi'(t) = hf_x + kf_y = \left(h\frac{\partial}{\partial x} + k\frac{\partial}{\partial y}\right)f(x_0 + ht, y_0 + kt).$$

$$\Phi''(t) = h^2 f_{xx} + 2kh f_{xy} + k^2 f_{yy} = \left(h\frac{\partial}{\partial x} + k\frac{\partial}{\partial y}\right)^2 f(x_0 + ht, y_0 + kt).$$

一般地, 有

$$\Phi^{(m)}(t) = \left(h\frac{\partial}{\partial x} + k\frac{\partial}{\partial y}\right)^m f(x_0 + ht, y_0 + kt) \quad (m = 1, 2, \cdots, n+1). \tag{9.5}$$

当 $t = 0$ 时, 有

$$\Phi^{(m)}(0) = \left(h\frac{\partial}{\partial x} + k\frac{\partial}{\partial y}\right)^m f(x_0, y_0) \quad (m = 1, 2, \cdots, n), \tag{9.6}$$

及

$$\Phi^{(n+1)}(\theta) = \left(h\frac{\partial}{\partial x} + k\frac{\partial}{\partial y}\right)^{n+1} f(x_0 + \theta h, y_0 + \theta k). \tag{9.7}$$

将 (9.6), (9.7) 代入 (9.3) 和 (9.4), 得所求的泰勒公式 (9.1) 和余项 (9.2).

与一元函数的泰勒公式类似, 若只要求公式 (9.1) 中的余项 $R_n = o(\rho^n)(\rho = \sqrt{h^2 + k^2})$, 则仅需要 $f(x, y)$ 在 $U(P_0)$ 内存在直到 n 阶的连续偏导数便有

$$f(x_0 + h, y_0 + k) = f(x_0, y_0) + \sum_{m=1}^{n} \frac{1}{m!}\left(h\frac{\partial}{\partial x} + k\frac{\partial}{\partial y}\right)^m f(x_0, y_0) + o(\rho^n). \tag{9.8}$$

特别地, 泰勒公式 (9.1) 在 $n = 0$ 时, 有

$$f(x_0 + h, y_0 + k) - f(x_0, y_0) = f_x(x_0 + \theta h, y_0 + \theta k)h + f_y(x_0 + \theta h, y_0 + \theta k)k. \tag{9.9}$$

公式 (9.9) 称为二元函数 $f(x, y)$ 的**拉格朗日中值公式**.

由二元函数的拉格朗日中值公式 (9.9) 易证明: 若函数 $f(x, y)$ 的偏导数 $f_x(x, y)$ 和 $f_y(x, y)$ 在区域 D 的内部都恒等于零, 则函数 $f(x, y)$ 在区域 D 内为一常数.

例 9.1　求函数 $f(x, y) = \ln(1 + x + y)$ 在原点 $(0, 0)$ 处的三阶泰勒公式.

解　因为

$$f_x(x,y) = f_y(x,y) = \frac{1}{1+x+y},$$

$$f_{xx}(x,y) = f_{xy}(x,y) = f_{yy}(x,y) = -\frac{1}{(1+x+y)^2},$$

$$\frac{\partial^3 f}{\partial x^i \partial y^{3-i}} = \frac{2!}{(1+x+y)^3} \quad (i = 0,1,2,3),$$

$$\frac{\partial^4 f}{\partial x^i \partial y^{4-i}} = -\frac{3!}{(1+x+y)^4} \quad (i = 0,1,2,3,4),$$

所以

$$\left(x\frac{\partial}{\partial x} + y\frac{\partial}{\partial y} \right) f(0,0) = x f_x(0,0) + y f_y(0,0) = x+y,$$

$$\left(x\frac{\partial}{\partial x} + y\frac{\partial}{\partial y} \right)^2 f(0,0) = x^2 f_{xx}(0,0) + 2xy f_{xy}(0,0) + y^2 f_{yy}(0,0) = -(x+y)^2,$$

$$\left(x\frac{\partial}{\partial x} + y\frac{\partial}{\partial y} \right)^3 f(0,0) = x^3 f_{xxx}(0,0) + 3x^2 y f_{xxy}(0,0) + 3xy^2 f_{xyy}(0,0) +$$
$$y^3 f_{yyy}(0,0) = 2(x+y)^3.$$

又 $f(0,0) = 0$, 由函数的三阶泰勒公式便得

$$\ln(1+x+y) = x+y - \frac{1}{2}(x+y)^2 + \frac{1}{3}(x+y)^3 + R_3,$$

其中

$$R_3 = \frac{1}{4!}\left(x\frac{\partial}{\partial x} + y\frac{\partial}{\partial y} \right)^4 f(\theta x, \theta y) = -\frac{(x+y)^4}{4(1+\theta x + \theta y)^4}, \quad 0 < \theta < 1.$$

二、二元函数极值的充分条件的证明

作为泰勒公式的应用, 本段利用二元函数的泰勒公式来证明本章的定理 8.2.

设函数 $z = f(x,y)$ 在点 $P_0(x_0, y_0)$ 的邻域 $U(P_0, \delta_0)$ 具有一阶和二阶连续偏导数, 且 $f_x(x_0, y_0) = f_y(x_0, y_0) = 0$.

由二元函数的二阶泰勒公式 (9.8), 并注意到 $P_0(x_0, y_0)$ 为驻点, 对于任一点 $P(x_0 + \Delta x, \ y_0 + \Delta y) \in U(P_0, \delta_0)$, 有

$$\Delta f = f(x_0 + \Delta x, y_0 + \Delta y) - f(x_0, y_0)$$

$$= \frac{1}{2}\left((\Delta x)^2 f_{xx}(x_0, y_0) + 2\Delta x \Delta y f_{xy}(x_0, y_0) + (\Delta y)^2 f_{yy}(x_0, y_0) \right) + o(\rho^2)$$

$$= \frac{1}{2}\left(A(\Delta x)^2 + 2B\Delta x \Delta y + C(\Delta y)^2 \right) + o(\rho^2), \tag{9.10}$$

其中 $A = f_{xx}(x_0, y_0), B = f_{xy}(x_0, y_0), C = f_{yy}(x_0, y_0), \rho = \sqrt{(\Delta x)^2 + (\Delta y)^2}$.

当 ρ 充分小且 $\rho \neq 0$, $A(\Delta x)^2 + 2B\Delta x\Delta y + C(\Delta y)^2 \neq 0$ 时, Δf 与 $A(\Delta x)^2 + 2B\Delta x\Delta y + C(\Delta y)^2$ 同号.

(1) 若 $AC - B^2 > 0$, 则必有 $A \neq 0$, 从而

$$\Delta f = \frac{1}{2A}\left((A\Delta x + B\Delta y)^2 + \left(AC - B^2\right)(\Delta y)^2\right) + o(\rho^2), \tag{9.11}$$

由于当 $(\Delta x, \Delta y) \neq (0,0)$ 时, $(A\Delta x + B\Delta y)^2 + (AC - B^2)(\Delta y)^2 > 0$, 从而

$$\frac{1}{2A}\left((A\Delta x + B\Delta y)^2 + \left(AC - B^2\right)(\Delta y)^2\right) \text{ 与 } A \text{ 同号}.$$

因此当 $\rho \neq 0$ 且充分小时, Δf 与 A 同号, 即存在 $U(P_0, \delta) \subset U(P_0, \delta_0)$, 在 $\overset{\circ}{U}(P_0, \delta)$ 内, Δf 与 A 同号.

于是, 在 $\overset{\circ}{U}(P_0, \delta)$ 内, 当 $A > 0$ 时, $\Delta f > 0$, 函数 $f(x, y)$ 在 $P_0(x_0, y_0)$ 处取极小值; 当 $A < 0$ 时, $\Delta f < 0$, 函数 $f(x, y)$ 在 $P_0(x_0, y_0)$ 处取极大值.

(2) 若 $AC - B^2 < 0$, 当 $A = C = 0$ 时, 则 $B \neq 0$. 由 (9.10) 得

$$\Delta f = B\Delta x\Delta y + o(\rho^2),$$

由此可见, 当 $\rho \neq 0$ 且充分小时, Δf 既可取正值, 又可取负值. 故函数 $f(x, y)$ 在 $P_0(x_0, y_0)$ 处不取极值.

当 A, C 至少有一个不为零时, 不妨假定 $A \neq 0$, 取 $\Delta y = 0$, 由 (9.10) 得

$$\Delta f = \frac{1}{2}A(\Delta x)^2 + o((\Delta x)^2).$$

则在路径 $\Delta y = 0$ 上, 当 $|\Delta x|$ 充分小且 $\Delta x \neq 0$ 时, Δf 与 A 同号.

再取 $\Delta x = -\dfrac{B}{A}\Delta y$, 由 (9.11) 得

$$\Delta f = \frac{1}{2A}\left(AC - B^2\right)(\Delta y)^2 + o(\rho^2),$$

由于 $AC - B^2 < 0$, 因此在路径 $\Delta x = -\dfrac{B}{A}\Delta y$ 上, 当 ρ 充分小且 $\rho \neq 0$ 时, Δf 与 A 异号.

当 $\rho \neq 0$ 且充分小时, Δf 既可取正值, 又可取负值. 故函数 $f(x, y)$ 在点 P_0 处不取极值.

综合上述, 当 $AC - B^2 < 0$ 时, 函数 $f(x, y)$ 在 P_0 处不取极值.

(3) 当 $AC - B^2 = 0$ 时, 考察函数

$$f(x, y) = x^2 + y^4 \quad \text{及} \quad g(x, y) = x^3 y^3,$$

易验证, 这两个函数都以 $O(0,0)$ 为驻点, 且在原点 $O(0,0)$ 处, $AC - B^2 = 0$. 但函数 $f(x, y)$ 在原点 $O(0,0)$ 处取极小值, 而函数 $g(x, y)$ 在原点 $O(0,0)$ 处不取极值.

习题 7–9

(A)

1. 求函数 $f(x,y) = 2x^2 - xy - y^2 - 6x - 3y + 5$ 在点 $P(1,-2)$ 的泰勒公式.
2. 求函数 $f(x,y) = \sin(x^2 + y^2)$ 在原点 $O(0,0)$ 处的二阶泰勒公式.
3. 求函数 $f(x,y) = e^x \ln(1+y)$ 在原点 $O(0,0)$ 处的三阶泰勒公式.
4. 求函数 $f(x,y) = e^{x+y}$ 在原点 $O(0,0)$ 处的 n 阶泰勒公式.

(B)

5. 对于函数 $f(x,y) = \sin \dfrac{y}{x}$, 试证:

$$\left(x \frac{\partial}{\partial x} + y \frac{\partial}{\partial y} \right)^m f(x,y) = 0.$$

6. 设 $f(x,y)$ 为具有 m 阶连续偏导数的 k 次齐次函数, 证明:

$$\left(x \frac{\partial}{\partial x} + y \frac{\partial}{\partial y} \right)^m f(x,y) = k(k-1)\cdots(k-m+1)f(x,y).$$

* 第十节　Mathematica 在多元函数微分学中的应用

一、基本命令

命令形式 1: D[f, x]
功能: 求函数 f 对 x 的偏导数.
命令形式 2: D[f, x1, x2]
功能: 求函数 f 的高阶混合偏导数 $\dfrac{\partial^2 f}{\partial x_1 \partial x_2}$.
命令形式 3: Dt[f]
功能: 求函数 f 的全微分.
命令形式 4: Dt[f, x]
功能: 求函数 f 的全导数.
命令形式 5: ContourPlot[f[x, y] , {x, xmin , xmax}, {y, ymin , ymax}]
功能: 画出二元函数 $z = f(x,y)$ 当 z 取均匀间隔数值所对应的平面等值线图, 其中变量 (x,y) 满足 $xmin \leqslant x \leqslant xmax, ymin \leqslant y \leqslant ymax$.
命令形式 6: FindMinimum [f[x, y, ...], {x, x_0}, {y, y_0}, ...]
功能: 以点 $(x_0, y_0, ...)$ 为初值, 求多元函数 $f(x, y, ...)$ 在 $(x_0, y_0, ...)$ 附近的局部极小值.

二、实验举例

例 10.1 画出函数 $z = \sin(xy)$ 的图形.

输入 `Plot3D[ Sin[x*y], {x, -3, 3} , {y, -3, 3}]`

输出 如图 7–29 所示.

例 10.2 画出函数 $z = \dfrac{x^3 y}{x^6 + y^2}$ 的图形.

输入 `Clear[x]; Clear[y]; Plot3D[ (x^3*y)/(x^6+y^2), {x, -5, 5} , {y, -5, 5}, ViewPoint->{1.0, 1.5, 1.5}]`

输出 如图 7–30 所示.

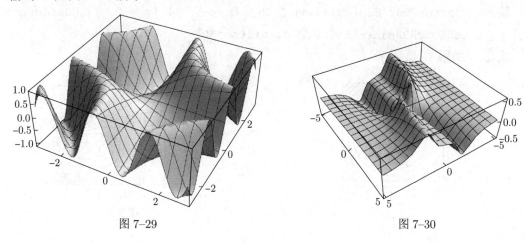

图 7–29　　　　　　　　　　　　　图 7–30

例 10.3 求 $u = \mathrm{e}^{x+y+z^2}$ 对 z 的偏导数.

输入 `D[Exp[x+y+z^2], z]`

输出 $2z\mathrm{e}^{x+y+z^2}$.

例 10.4 对函数 $z = x^3 y^2 + \sin(xy)$, 求 $\dfrac{\partial^2 z}{\partial x \partial y}$.

输入 `D[x^3*y^2+Sin[x*y], x, y]`.

输出 `6x²y+Cos[xy]-xy Sin[xy]`.

例 10.5 对函数 $z = x^3 y^2 + \sin(xy)$, 求 $\dfrac{\partial^3 z}{\partial x^3}$.

输入 `D[x^3*y^2+Sin[x y], {x, 3}]`

输出 `6y²-y³Cos[xy]`.

例 10.6 求 $z = x^2 + y^2$ 的全微分 $\mathrm{d}z$.

输入 `Dt[x^2+y^2]`

输出 `2xDt[x]+2yDt[y]`.

例 10.7 求 $z = x^2 + y^2$ 的全导数 $\dfrac{\mathrm{d}z}{\mathrm{d}x}$, 其中 y 是 x 的函数.

输入 `Dt[x^2+y^2, x]`

输出 `2x+2yDt[y, x]`.

例 10.8 画出函数 $z = x^2 + y^2$ 在区域 $[-2,2] \times [-2,2]$ 上具有 15 条等值线的图形, 不使用阴影效果.

输入　ContourPlot[x*x+y*y, {x, -2, 2}, {y, -2, 2}, ContourShading->False, Contours->10]

输出　如图 7–31 所示.

例 10.9　求函数 $f(x, y, z) = x^4 + \sin y - \cos z$ 在点 $(0, 5, 4)$ 附近的极小值.

输入　FindMinimum[x^4+Sin[y]-Cos[z], {x, 0}, {y, 5}, {z, 4}]

输出　{-2.,{x→0.,y→4.71239,z→6.28319}}

故函数在 $(0, 4.71239, 6.28319)$ 取得极小值 -2.

例 10.10　求函数 $z = \mathrm{e}^{2x}(x + y^2 + 2y)$ 在区间 $[-1, 1] \times [-2, 1]$ 内的极值.

输入　ContourPlot[Exp[2x]*(x+y^2+2y),{x, -1, 1},{y, -2, 1},Contours->20,
　　　ContourShading->False,PlotPoints->30]

输出　如图 7–32 所示.

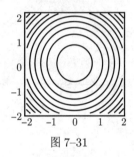

图 7–31

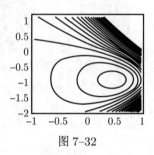

图 7–32

从图中可知函数在 $(0.45, -1.2)$ 可能有极值, 取 $x_0 = 0.45, y_0 = -1.2$, 再用求极值命令.

再输入　FindMinimum[Exp[2x]*(x+y^2+2y), {x, 0.45}, {y, -1.2}]

输出　{-1.35914,{x→0.5,y→-1.}}

故求得函数在 $x = 0.5, y = -1$ 取得极小值 -1.35914.

例 10.11　求函数 $f(x, y) = x\mathrm{e}^{-(x^2+y^2)}$, 作出 $f(x, y)$ 的图像和等高线, 再作出它的梯度 **grad**$f(x, y)$ 的图形.

输入　Clear[f]; f[x_, y_]:=x*Exp[-x^2-y^2];
Plot3D[f[x, y], {x, -3, 2}, {y, -3, 3},PlotRange→All]
dgx=ContourPlot[f[x, y], {x, -2, 2}, {y, -2, 2}, Contours->25,
ContourShading->False,
PlotPoints->60, Axes->Automatic, Frame->False, AxesOrigin->{0,0},
DisplayFunction->Identity]; t1=D[f[x,y],x]; t2=D[f[x,y],y]
td=VectorPlot[{t1,t2}, {x, -2, 2}, {y, -2, 2}, Frame→False,
DisplayFunction→Identity];
Show[dgx, td]

输出　如图 7–33 和图 7–34 所示.

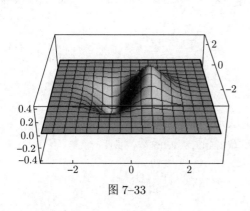

图 7-33

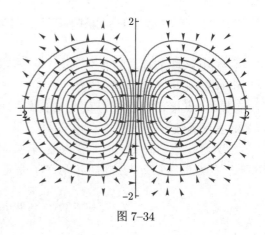

图 7-34

本 章 小 结

本章主要介绍平面点集、邻域及区域等概念, 多元函数、多元函数的极限与连续, 多元函数的全微分及偏导数, 隐函数存在性定理及其微分法, 函数的方向导数与梯度, 多元函数微分法在几何中的应用, 多元函数的极值与条件极值. 在本章学习中, 应注意一元函数与多元函数各概念的联系与区别及相似之处与不同之处.

一、基本概念及性质

1. 平面点集

(1) 邻域

点 $P_0(x_0, y_0)$ 的 δ 邻域定义为

$$U(P_0, \delta) = \left\{ (x, y) \,\middle|\, (x - x_0)^2 + (y - y_0)^2 < \delta^2 \right\},$$

其中 P_0 称为该邻域的中心, δ 称为该邻域的半径.

(2) 点与点集的关系

对平面上任意一点 $P \in \mathbf{R}^2$ 与任意一点集 $E \subset \mathbf{R}^2$ 之间必有以下三种关系之一:

内点: 若存在 P 的某一邻域 $U(P)$, 使 $U(P) \subset E$, 则称 P 为 E 的内点. 显然, E 的内点属于 E.

外点: 若存在 P 的某一邻域 $U(P)$, 使 $U(P) \cap E = \varnothing$, 则称 P 为 E 的外点.

界点: 若点 P 的任一邻域内既有属于 E 的点, 又有不属于 E 的点, 则称 P 为 E 的边界点.

(3) 聚点

聚点: 若在点 P 的任何去心邻域 $\overset{\circ}{U}(P)$ 内都含有 E 中的点, 则称 P 为 E 的聚点. 聚点本身可以属于 E, 也可以不属于 E.

(4) 重要平面点集

开集: 点集 E 的点都是 E 的内点.

闭集: 平面点集 E 的所有聚点都属于 E.

连通集: 点集 $E \subset \mathbf{R}^2$ 内任何两点, 都可以用一条折线连接起来, 且该折线上的点都属于 E.

区域 (开区域): 连通的非空开集.

闭区域: 开区域连同它的边界.

有界集: 点集 $E \subset \mathbf{R}^2$, 且存在某正数 r, 使得 $E \subset U(O, r)$.

2. 多元函数

设 D 为 n 维空间 $\mathbf{R}^n$ 的非空点集, 若按照确定法则 f, 对于每个点 $P(x_1, x_2, \cdots, x_n) \in D$, 都有唯一确定的实数 y 与之对应, 则称 f 是定义在 D 上的 n 元函数, 记作

$$y = f(x_1, x_2, \cdots, x_n), \quad (x_1, x_2, \cdots, x_n) \in D,$$

或简记为

$$y = f(P), \quad P \in D.$$

自变量的取值范围 D 称为函数 f 的定义域. 当 $n=1$ 时称为一元函数, $n \geqslant 2$ 时, n 元函数统称为多元函数.

3. 二元函数的极限

设函数 $f(x, y)$ 在 $D \subset \mathbf{R}^2$ 上有定义, $P_0(x_0, y_0)$ 是 D 的聚点. 若存在某常数 A, 对 $\forall \varepsilon > 0$, 总 $\exists \delta > 0$, 使得当 $P(x, y) \in D \bigcap \mathring{U}(P_0, \delta)$ 时, 都有

$$|f(P) - A| = |f(x, y) - A| < \varepsilon,$$

则称常数 A 为函数 $f(x, y)$ 当 $(x, y) \to (x_0, y_0)$ 时的极限, 记作

$$\lim_{(x,y) \to (x_0, y_0)} f(x, y) = A \quad \text{或} \quad f(x, y) \to A \, ((x, y) \to (x_0, y_0)),$$

也可记作

$$\lim_{P \to P_0} f(P) = A \quad \text{或} \quad f(P) \to A \, (P \to P_0).$$

注　二重极限 $\displaystyle\lim_{(x,y) \to (x_0, y_0)} f(x, y) = A$ 存在, 是指点 $P(x, y)$ 以任何方式趋于 $P_0(x_0, y_0)$ 时, 函数都无限接近常数 A. 如果有两种不同方式 (或两条不同路径) 趋于 $P_0(x_0, y_0)$ 时, 函数趋于不同的值, 那么该函数的极限不存在.

4. 多元函数的连续性

(1) 定义

设函数 $f(x, y)$ 在 $D \subset \mathbf{R}^2$ 上有定义, $P_0(x_0, y_0) \in D$ 是 D 的聚点. 若 $\displaystyle\lim_{(x,y) \to (x_0, y_0)} f(x, y) = f(x_0, y_0)$, 则称 $f(x, y)$ 在点 $P_0(x_0, y_0)$ 处连续.

(2) 一切多元初等函数在其定义区域内是连续的.

(3) 闭区域上连续函数的性质

(i) 有界性定理: 有界闭区域上的连续函数必在该区域上有界.

(ii) 最大值和最小值定理: 有界闭区域 (或有界闭集)D 上的连续函数必在 D 上取得最大值和最小值.

(iii) 介值定理: 若多元函数 $f(P)$ 在有界闭区域 D 上连续, 则函数 $f(P)$ 必能取得介于它的最大值和最小值之间的一切值.

5. 偏导数

(1) 定义

设函数 $z = f(x, y)$ 在点 $P_0(x_0, y_0)$ 的某邻域 $U(P_0)$ 内有定义, 则

$$f_x(x_0, y_0) = \lim_{\Delta x \to 0} \frac{f(x_0 + \Delta x, y_0) - f(x_0, y_0)}{\Delta x} \ (极限存在),$$

$$f_y(x_0, y_0) = \lim_{\Delta y \to 0} \frac{f(x_0, y_0 + \Delta y) - f(x_0, y_0)}{\Delta y} \ (极限存在).$$

(2) 几何意义

偏导数 $f_x(x_0, y_0)$ 表示在平面 $y = y_0$ 上的曲线 $z = f(x, y_0)$ 在点 $M_0(x_0, y_0, f(x_0, y_0))$ 处的切线对 x 轴的斜率.

偏导数 $f_y(x_0, y_0)$ 表示在平面 $x = x_0$ 上的曲线 $z = f(x_0, y)$ 在点 $M_0(x_0, y_0, f(x_0, y_0))$ 处的切线对 y 轴的斜率.

(3) 偏导数的计算

求多元函数对某一自变量的偏导数, 只需将其他的自变量看作常数, 用一元函数求导法则即可.

注 对分段多元函数, 在分界点处, 通常用偏导数的定义来求偏导数.

(4) 高阶偏导数

一般地, 所有的 k 阶偏导数在点 P 处连续, 则在点 P 处的 k 阶偏导数与求导先后次序无关.

6. 全微分

(1) 定义

设函数 $z = f(x, y)$ 在点 $P_0(x_0, y_0)$ 的某邻域 $U(P_0)$ 内有定义, 对于 $U(P_0)$ 中的任意点 $P(x_0 + \Delta x, y_0 + \Delta y)$, 若函数 $z = f(x, y)$ 在点 P_0 处的全增量 Δz 可以表示为

$$\Delta z = A\Delta x + B\Delta y + o(\rho),$$

其中 A, B 与 $\Delta x, \Delta y$ 无关, 而仅与 x_0, y_0 有关, $\rho = \sqrt{(\Delta x)^2 + (\Delta y)^2}$, 当 $\rho \to 0$ 时, $o(\rho)$ 是比 ρ 更高阶的无穷小量, 则称 $z = f(x, y)$ 在点 $P_0(x_0, y_0)$ 处可微, 并称 $A\Delta x + B\Delta y$ 为函数 $z = f(x, y)$ 在点 $P_0(x_0, y_0)$ 的全微分, 记作 $\mathrm{d}z|_{P_0} = \mathrm{d}f(x_0, y_0) = A\Delta x + B\Delta y$.

(2) 若 $z = f(x, y)$ 可微, 则 $\mathrm{d}z = \dfrac{\partial z}{\partial x}\mathrm{d}x + \dfrac{\partial z}{\partial y}\mathrm{d}y$.

(3) 全微分的形式不变性.

无论 z 是自变量 u, v 的函数或是中间变量 u, v 的函数, 它的全微分总是

$$\mathrm{d}z = \frac{\partial z}{\partial u}\mathrm{d}u + \frac{\partial z}{\partial v}\mathrm{d}v.$$

极限、连续、可偏导、可微之间的关系如图 7–35 所示.

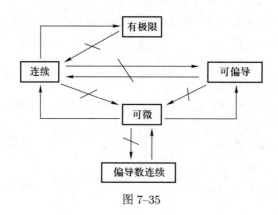

图 7–35

7. 方向导数

(1) 定义

设二元函数 $f(x,y)$ 在点 $P_0(x_0,y_0)$ 的某一邻域 $U(P_0) \subset \mathbf{R}^2$ 内有定义, l 为从 $P_0(x_0,y_0)$ 出发的射线, $P(x,y)$ 为 l 上含于 $U(P_0)$ 内异于 P_0 的任一点, 以 ρ 表示 P 与 P_0 两点间的距离. 函数 f 在点 P_0 处沿方向 l 的方向导数为

$$
\begin{aligned}
\left.\frac{\partial f}{\partial l}\right|_{P_0} &= \lim_{\rho \to 0^+} \frac{f(P) - f(P_0)}{\rho} = \lim_{\rho \to 0^+} \frac{\Delta_l f}{\rho} \\
&= \lim_{\rho \to 0^+} \frac{f(x_0 + \rho\cos\alpha, y_0 + \rho\cos\beta) - f(x_0, y_0)}{\rho} (极限存在),
\end{aligned}
$$

其中 $\cos\alpha, \cos\beta$ 为方向 l 的方向余弦.

(2) 方向导数的计算

若函数 f 在点 $P_0(x_0,y_0,z_0)$ 可微, 则

$$
f_l(P_0) = f_x(P_0)\cos\alpha + f_y(P_0)\cos\beta + f_z(P_0)\cos\gamma,
$$

其中 $\cos\alpha, \cos\beta, \cos\gamma$ 为方向 l 的方向余弦.

8. 梯度

$f(x,y,z)$ 在点 $P_0(x_0,y_0,z_0)$ 处的梯度定义为

$$
\mathbf{grad}\, f(x_0,y_0,z_0) = f_x(x_0,y_0,z_0)\boldsymbol{i} + f_y(x_0,y_0,z_0)\boldsymbol{j} + f_z(x_0,y_0,z_0)\boldsymbol{k}.
$$

从而方向导数可表示为

$$
f_l(P_0) = \mathbf{grad}\, f(P_0) \cdot \boldsymbol{e}_l,
$$

其中 $\boldsymbol{e}_l$ 表示与 l 同方向的单位向量.

梯度 $\mathbf{grad}\, f(x_0,y_0,z_0)$ 是一个向量, 其方向就是函数在点 (x_0,y_0,z_0) 处的方向导数取得最大值的方向, 其模就是方向导数的最大值.

二、求导法则

1. 复合函数求导法则

(1) 设 $z = f(u,v)$, $u = \varphi(x,y)$, $v = \psi(x,y)$, 则复合函数 $z = f(\varphi(x,y), \psi(x,y))$ 对 x 和 y 的偏导数分别为

$$\begin{cases} \dfrac{\partial z}{\partial x} = \dfrac{\partial z}{\partial u} \cdot \dfrac{\partial u}{\partial x} + \dfrac{\partial z}{\partial v} \cdot \dfrac{\partial v}{\partial x}, \\[3mm] \dfrac{\partial z}{\partial y} = \dfrac{\partial z}{\partial u} \cdot \dfrac{\partial u}{\partial y} + \dfrac{\partial z}{\partial v} \cdot \dfrac{\partial v}{\partial y}. \end{cases}$$

如图 7-36 所示.

(2) 设 $z = f(u,v)$, $u = \varphi(x)$, $v = \psi(x)$, 则复合函数 z 对 x 的全导数为

$$\frac{\mathrm{d}z}{\mathrm{d}x} = \frac{\partial z}{\partial u} \cdot \frac{\mathrm{d}u}{\mathrm{d}x} + \frac{\partial z}{\partial v} \cdot \frac{\mathrm{d}v}{\mathrm{d}x}.$$

如图 7-37 所示.

(3) 设 $z = f(u,x,y)$, $u = \varphi(x,y)$, 则复合函数 $z = f(\varphi(x,y),x,y)$ 对 x 和 y 的偏导数分别为

$$\begin{cases} \dfrac{\partial z}{\partial x} = \dfrac{\partial f}{\partial u}\dfrac{\partial u}{\partial x} + \dfrac{\partial f}{\partial x}, \\[3mm] \dfrac{\partial z}{\partial y} = \dfrac{\partial f}{\partial u}\dfrac{\partial u}{\partial y} + \dfrac{\partial f}{\partial y}. \end{cases}$$

如图 7-38 所示.

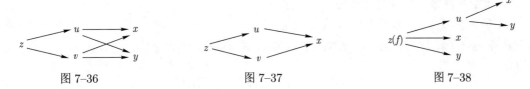

图 7-36   图 7-37   图 7-38

注 上式右端的 $\dfrac{\partial f}{\partial x}$ 不能写成 $\dfrac{\partial z}{\partial x}$, $\dfrac{\partial f}{\partial y}$ 不能写成 $\dfrac{\partial z}{\partial y}$.

2. 隐函数的求导法则

(1) 方程 $F(x,y) = 0$

设函数 $F(x,y)$ 满足: (i) $F(x,y)$ 在点 $P(x_0,y_0)$ 的某一邻域内具有连续的偏导数; (ii) $F(x_0,y_0) = 0$; (iii) $F_y(x_0,y_0) \neq 0$, 则方程 $F(x,y) = 0$ 在点 $P(x_0,y_0)$ 的某一邻域内能唯一确定一个单值连续且具有连续导数的函数 $y = f(x)$, 它满足条件 $y_0 = f(x_0)$, 并有

$$\frac{\mathrm{d}y}{\mathrm{d}x} = -\frac{F_x(x,y)}{F_y(x,y)}.$$

(2) 方程 $F(x,y,z) = 0$

若方程 $F(x,y,z) = 0$ 满足隐函数的存在定理条件, 并确定二元隐函数 $z = z(x,y)$, 则

$$\frac{\partial z}{\partial x} = -\frac{F_x(x,y,z)}{F_z(x,y,z)}, \quad \frac{\partial z}{\partial y} = -\frac{F_y(x,y,z)}{F_z(x,y,z)}.$$

(3) 方程组情形

若方程组 $\begin{cases} F(x,y,u,v)=0, \\ G(x,y,u,v)=0 \end{cases}$ 满足隐函数的存在定理条件, 并确定二元隐函数组 $u=u(x,y)$, $v=v(x,y)$, 则无需求出 $u=u(x,y)$ 或 $v=v(x,y)$, 只需对方程组的每个方程分别关于 x 或 y 求偏导, 同时把 u,v 看作 x 和 y 的函数, 得到一个关于 $\dfrac{\partial u}{\partial x}, \dfrac{\partial v}{\partial x}$ 或 $\dfrac{\partial u}{\partial y}, \dfrac{\partial v}{\partial y}$ 的方程组, 解出 $\dfrac{\partial u}{\partial x}, \dfrac{\partial v}{\partial x}$ 或 $\dfrac{\partial u}{\partial y}, \dfrac{\partial v}{\partial y}$ 即可.

3. 高阶偏导数

若 $z=f(u,v)$, 则 $\dfrac{\partial z}{\partial u}$ 与 $\dfrac{\partial z}{\partial v}$ 仍然是 u,v 的函数, 若 u,v 是中间变量, 则 $\dfrac{\partial z}{\partial u}$ 与 $\dfrac{\partial z}{\partial v}$ 也是以 u,v 为中间变量的复合函数, 且复合关系不变, 如图 7–39 所示.

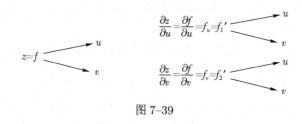

图 7–39

三、多元函数微分学的应用

1. 求空间曲线的切线与法平面

(1) 空间曲线 Γ 由参数方程 $x=\varphi(t), y=\psi(t), z=\omega(t), t\in[\alpha,\beta]$ 给出, 其中 $\varphi(t)$, $\psi(t)$, $\omega(t)$ 在点 $t_0\in(\alpha,\beta)$ 处可导, 且导数不同时为零, 其曲线在点 $P_0(\varphi(t_0),\psi(t_0),\omega(t_0))$ 处的切向量为

$$\boldsymbol{T}=(\varphi'(t_0),\psi'(t_0),\omega'(t_0)).$$

$\boldsymbol{T}$ 就是曲线在点 P_0 处的切线的方向向量和法平面的法向量.

(2) 空间曲线 Γ 由一般形式方程 $\begin{cases} F(x,y,z)=0, \\ G(x,y,z)=0 \end{cases}$ 给出, 曲线 Γ 在 $P_0(x_0,y_0,z_0)$ 处的切向量可取为

$$\boldsymbol{T}=\left(\frac{\partial(F,G)}{\partial(y,z)},\frac{\partial(F,G)}{\partial(z,x)},\frac{\partial(F,G)}{\partial(x,y)}\right)_{P_0}=\begin{vmatrix} \boldsymbol{i} & \boldsymbol{j} & \boldsymbol{k} \\ F_x & F_y & F_z \\ G_x & G_y & G_z \end{vmatrix}_{P_0}.$$

2. 求空间曲面的切平面与法线

曲面 Σ 由隐式方程 $F(x,y,z)=0$ 给出, 曲面 Σ 在点 $P_0(x_0,y_0,z_0)$ 处的法向量为

$$\boldsymbol{n}=(F_x(x_0,y_0,z_0),F_y(x_0,y_0,z_0),F_z(x_0,y_0,z_0)).$$

这里 $\boldsymbol{n}$ 就是曲面 Σ 在点 $P_0(x_0,y_0,z_0)$ 处的切平面的法向量和法线的方向向量.

3. 二元函数的极值

设函数 $z = f(x,y)$ 在点 $P_0(x_0, y_0)$ 处具有一阶和二阶连续偏导数, 且 P_0 为函数 $f(x,y)$ 的驻点. 记 $A = f_{xx}(x_0, y_0)$, $B = f_{xy}(x_0, y_0)$, $C = f_{yy}(x_0, y_0)$.

(1) 若 $A > 0, AC - B^2 > 0$, 则 $f(x,y)$ 在点 P_0 处取极小值.

(2) 若 $A < 0, AC - B^2 > 0$, 则 $f(x,y)$ 在点 P_0 处取极大值.

(3) 若 $AC - B^2 < 0$, 则 $f(x,y)$ 在点 P_0 处不取极值.

注 当 $AC - B^2 = 0$ 时, 函数 $f(x,y)$ 在点 P_0 处可能取极值, 也可能不取极值, 需另行讨论.

4. 条件极值 —— 拉格朗日乘数法

求函数
$$u = f(x, y, z, t)$$

在条件
$$\varphi(x, y, z, t) = 0 \text{ 和 } \psi(x, y, z, t) = 0$$

下可能的极值点, 为此构造拉格朗日函数
$$L(x, y, z, t, \lambda, \mu) = f(x, y, z, t) + \lambda\varphi(x, y, z, t) + \mu\psi(x, y, z, t),$$

其中 λ, μ 为拉格朗日乘子. 然后求 $L(x, y, z, t, \lambda, \mu)$ 的驻点, 设其驻点为 $(x_0, y_0, z_0, t_0, \lambda_0, \mu_0)$, 则 (x_0, y_0, z_0, t_0) 就是函数 $f(x, y, z, t)$ 在上述条件下可能的极值点.

总 习 题 七

1. 下列极限是否存在? 若存在, 求其极限.

(1) $\displaystyle\lim_{(x,y)\to(0,0)} \frac{x^2 y}{x^2 + y^2}$;

(2) $\displaystyle\lim_{(x,y)\to(0,0)} \frac{x^2 y}{x^4 + y^2}$.

2. 证明: 函数 $z = \sqrt{x^2 + y^2}$ 在点 $(0,0)$ 处连续, 但两个一阶偏导数在点 $(0,0)$ 处不存在.

3. 设函数 $z = (x^2 + y^2)\mathrm{e}^{-\arctan\frac{y}{x}}$, 求 $\mathrm{d}z, \dfrac{\partial^2 z}{\partial x \partial y}$.

4. 设 $u = x^{y^z}$, 求 $\dfrac{\partial u}{\partial x}, \dfrac{\partial u}{\partial y}, \dfrac{\partial u}{\partial z}$.

5. 设 $z = f(2x - y) + g(x, xy)$, 其中函数 $f(t)$ 二阶可导, $g(u, v)$ 具有连续的二阶偏导数, 求 $\dfrac{\partial^2 z}{\partial x \partial y}$.

6. 设 $\begin{cases} x = -u^2 + v + z, \\ y = u + vz, \end{cases}$ 求 $\dfrac{\partial u}{\partial x}, \dfrac{\partial v}{\partial x}, \dfrac{\partial u}{\partial z}$.

7. 求圆周 $\begin{cases} x^2 + y^2 + z^2 - 3x = 0, \\ 2x - 3y + 5z - 4 = 0 \end{cases}$ 在点 $M(1,1,1)$ 处的切线与法平面方程.

8. 求由方程 $2x^2 + y^2 + z^2 + 2xy - 2x - 2y - 4z + 4 = 0$ 所确定的函数 $z = z(x,y)$ 的极值.

9. 求函数 $u = x^3 + y^3 + z^3 - 3xyz$ 的梯度, 问何处其梯度

(1) 平行于 z 轴;

(2) 垂直于 z 轴;

(3) 等于 0.

10. 在球面 $x^2 + y^2 + z^2 = 5r^2 (x > 0, y > 0, z > 0)$ 上, 求函数 $f(x,y,z) = \ln x + \ln y + 3\ln z$ 的最大值, 并利用所得结果证明: 对任意正实数 a, b, c, 有

$$abc^3 \leqslant 27 \left(\frac{a+b+c}{5} \right)^5.$$

11. 求原点到曲面 $(x-y)^2 - z^2 = 1$ 的最短距离.

12. 已知三角形周长为 $2p$, 试求此三角形绕自己的一边旋转时所构成的旋转体体积的最大值 (已知海伦公式: $S = \sqrt{p(p-a)(p-b)(p-c)}$, 这里 a, b, c 为三角形的三条边长).

13. 设有一小山, 取它的底面所在的平面为 xOy 坐标面, 其底部所占的区域为 $D = \{(x,y) | x^2 + y^2 - xy \leqslant 75\}$, 小山的高度函数为 $h(x,y) = 75 - x^2 - y^2 + xy$.

(1) 设 $M(x_0, y_0)$ 为区域 D 上一点, 问 $h(x,y)$ 在该点沿平面上什么方向的方向导数最大? 若记此方向导数的最大值为 $g(x_0, y_0)$, 试写出 $g(x_0, y_0)$ 的表达式.

(2) 现欲利用此小山开展攀岩活动, 为此需要在山脚寻找一上山坡度最大的点作为攀登的起点, 也就是说, 要在 D 的边界线 $x^2 + y^2 - xy = 75$ 上找出使 (1) 中的 $g(x,y)$ 达到最大值的点, 试确定攀登起点的位置.

总习题七
第 13 题解答

14. 设三个实数 $x, y(y > 0)$ 和 z, 满足 $y + \mathrm{e}^x + |z| = 3$, 求 $y\mathrm{e}^x|z|$ 的最大值, 并用结果证明: $y\mathrm{e}^x|z| \leqslant 1$.

15. 设 M 是边长分别为 a, b, c 的三角形内的一点, S 是三角形的面积, 从 M 分别向三边作垂线, 求使三垂线乘积最大时点 M 的位置.

第七章自测题

第八章 重 积 分

在一元函数积分学中, 已讨论过定积分的概念. 定积分的被积函数是一元函数, 它只能处理与一个变量有关的量在区间上的累加问题. 然而在工程和科技等领域中涉及的量往往是多个变量的函数即多元函数, 多元函数在某个区域 D 上的累加问题就是多元函数的积分问题. 二元函数在平面区域 D 上的积分为二重积分, 三元函数在空间区域 D 上的积分为三重积分, 二重积分和三重积分统称为重积分.

本章首先讨论二重积分和三重积分的概念和性质, 然后重点讨论二重积分和三重积分的计算及应用. 本章的知识结构图如图 8-1 所示.

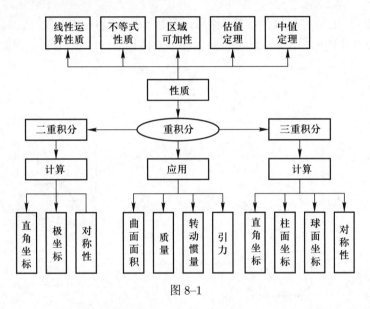

图 8-1

第一节 二重积分的概念及性质

本节先从实例引入二重积分的计算.

一、二重积分的概念

1. 曲顶柱体的体积

定积分的概念是通过计算曲边梯形的面积引入的, 同样, 在此将从曲顶柱体体积的计算引入二重积分的概念.

所谓曲顶柱体, 是指这样一个立体, 它的底是 xOy 面上的有界闭区域 D (为简便起见, 本章以后除特别说明外, 都将有界闭区域简称为闭区域, 即都假定平面区域和空间闭区域是有界的, 且平面区域有有限面积, 空间闭区域有有限体积), 它的侧面是以 D 的边界曲线为准线而母线平行于 z 轴的柱面的一部分, 它的顶为空间曲面 $z = f(x, y)$, $(x, y) \in D$, 这里 $f(x, y) \geqslant 0$, 且在 D 上连续 (图 8–2).

下面讨论如何求上述曲顶柱体的体积.

由几何学知道, 平顶柱体的体积公式是

$$体积 = 底面积 \times 高.$$

而这里要求体积的几何体的顶面是曲面, 自然不能直接用上面的体积公式. 仿照曲边梯形求面积的思想方法, 下面也分四个步骤来解决这个问题.

第一步　分割 (大化小)　用一组曲线网把区域 D 任意分割成 n 个小闭区域

$$\Delta\sigma_1, \ \Delta\sigma_2, \ \ldots, \ \Delta\sigma_n.$$

分别以这些小闭区域的边界曲线为准线, 作母线平行于 z 轴的柱面, 这些柱面把原来的曲顶柱体分为 n 个小曲顶柱体 (图 8–3), 设这些曲顶柱体的体积为 $\Delta V_1, \Delta V_2, \ldots, \Delta V_n$, 则

$$V = \sum_{i=1}^{n} \Delta V_i.$$

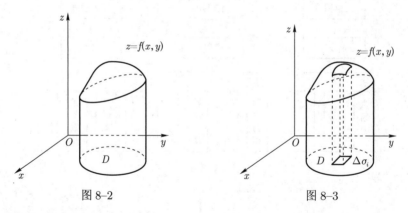

图 8–2　　　　　　　　　　　　　　图 8–3

第二步　近似 (常代变)　当小闭区域 $\Delta\sigma_i \ (i = 1, 2, \cdots, n)$ 的直径 (区域上任意两点间距离的最大值) 很小时, 由于 $f(x, y)$ 连续, 在同一小区域上 $f(x, y)$ 变化很小, 可近似看作常数, 故这些细曲顶柱体可近似看作平顶柱体. 为方便起见, 仍然用 $\Delta\sigma_i$ 表示小区域 $\Delta\sigma_i$ 的面积, 任取一点 $(\xi_i, \eta_i) \in \Delta\sigma_i$, 作乘积 $f(\xi_i, \eta_i)\Delta\sigma_i$, 于是小曲顶柱体 ΔV_i 的体积近似为

$$\Delta V_i \approx f(\xi_i, \eta_i)\Delta\sigma_i \quad (i = 1, 2, \cdots, n).$$

第三步　求和 (近似和)　将小平顶柱体的体积相加, 即得曲顶柱体体积的近似值

$$V = \sum_{i=1}^{n} \Delta V_i \approx \sum_{i=1}^{n} f(\xi_i, \eta_i)\Delta\sigma_i.$$

第四步 逼近 (求极限) 设 λ_i 表示小区域 $\Delta\sigma_i$ 的直径, $\lambda = \max\limits_{1\leqslant i\leqslant n}\{\lambda_i\}$, 令 $\lambda \to 0$ 对上述和式取极限, 于是可定义所求曲顶柱体的体积为

$$V = \lim_{\lambda \to 0}\sum_{i=1}^{n}f(\xi_i,\eta_i)\Delta\sigma_i.$$

注 这里涉及对什么量取极限的问题, 为什么不对面积取极限? 小区域的面积趋于零, 其形状将会怎样?

2. 平面薄片的质量

一非均匀分布的平面薄片所占的平面区域为 D, 已知在任意一点 $(x,y) \in D$ 的面密度为 $\rho(x,y)$, 这里 $\rho(x,y) > 0$ 且在 D 上连续, 求该平面薄片的质量.

由物理学的知识知道, 均匀分布的平面薄片的质量为

$$\text{质量 } = \text{面密度} \times \text{薄片面积}.$$

非均匀分布的平面薄片的质量, 就不能直接套用以上公式了. 但是上面用来处理曲顶柱体的体积问题的方法完全适用于本问题.

先大化小, 将平面薄片 D 任意分割成 n 个小块 $\Delta\sigma_1,\Delta\sigma_2,\cdots,\Delta\sigma_n$, 并且仍然用 $\Delta\sigma_i$ 表示小薄片 $\Delta\sigma_i$ 的面积. 由 $\rho(x,y)$ 的连续性, 只要小闭区域 $\Delta\sigma_i$ 的直径很小, 这些小块就可以近似地看作均匀薄片, 任取一点 $(\xi_i,\eta_i) \in \Delta\sigma_i$ (图 8–4), 则

$$\rho(\xi_i,\eta_i)\Delta\sigma_i \quad (i = 1,2,\cdots,n)$$

可看作第 i 个小块的质量的近似值. 通过求和即得平面薄片质量的近似值

$$M \approx \sum_{i=1}^{n}\rho(\xi_i,\eta_i)\Delta\sigma_i.$$

设 λ_i 表示小薄片 $\Delta\sigma_i$ 的直径, $\lambda = \max\{\lambda_i\}$, 令 $\lambda \to 0$ 对上述和式取极限, 于是所求薄片的质量为

$$M = \lim_{\lambda \to 0}\sum_{i=1}^{n}\rho(\xi_i,\eta_i)\Delta\sigma_i.$$

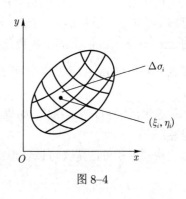

图 8–4

上面两个问题的实际意义虽然不同, 但通过相同的步骤都把所求的量归结为同一形式的极限. 在物理、力学、几何和工程技术中, 有许多物理量或几何量都归结为这一形式的和的极限. 因此有必要一般地研究这种和式的极限, 并抽象出下述二重积分的定义.

3. 二重积分的定义

定义 1.1 设 $f(x,y)$ 是有界闭区域 D 上的有界函数, 将区域 D 任意分割成 n 个小闭区域

$$\Delta\sigma_1, \quad \Delta\sigma_2,\cdots, \quad \Delta\sigma_n.$$

为方便起见, 仍然用 $\Delta\sigma_i$ 表示小区域 $\Delta\sigma_i$ 的面积. 在每个小区域 $\Delta\sigma_i$ 上任取一点 (ξ_i, η_i), 作乘积 $f(\xi_i, \eta_i)\Delta\sigma_i(i = 1, 2, \cdots, n)$, 并作和 $\sum\limits_{i=1}^{n} f(\xi_i, \eta_i)\Delta\sigma_i$. 当各小闭区域的最大直径 λ 趋于零时, 如果极限

$$\lim_{\lambda \to 0} \sum_{i=1}^{n} f(\xi_i, \eta_i)\Delta\sigma_i$$

总存在, 那么称二元函数 $f(x, y)$ 在区域 D 上**可积**, 并称此极限为函数 $f(x, y)$ 在闭区域 D 上的**二重积分**, 记作 $\iint\limits_{D} f(x, y)\mathrm{d}\sigma$, 即

$$\iint\limits_{D} f(x, y)\mathrm{d}\sigma = \lim_{\lambda \to 0} \sum_{i=1}^{n} f(\xi_i, \eta_i)\Delta\sigma_i, \tag{1.1}$$

其中 $f(x, y)$ 称为**被积函数**, $f(x, y)\mathrm{d}\sigma$ 称为**被积表达式**, $\mathrm{d}\sigma$ 称为**面积元素**, x 和 y 称为积分变量, $\iint$ 称为**二重积分号**, D 称为**积分区域**, $\sum\limits_{i=1}^{n} f(\xi_i, \eta_i)\Delta\sigma_i$ 称为**积分和** (黎曼和).

在积分和式 $\sum\limits_{i=1}^{n} f(\xi_i, \eta_i)\Delta\sigma_i$ 中, $\Delta\sigma_i$ 是小区域 $\Delta\sigma_i$ 的面积, 这里的分割是任意的, 既然二重积分值与区域的分割无关, 那么, 在直角坐标系下就可以用一种非常特别的分割方法 —— **平行坐标轴的网线**去分割区域 D, 这样除了包含边界点的一些小闭区域, 其余的每个小区域就是矩形 (图 8–5), 设矩形闭区域 $\Delta\sigma_i$ 的边长为 Δx_j 和 Δy_k, 则 $\Delta\sigma_i = \Delta x_j \Delta y_k$, 因此, 在直角坐标系下, 面积元素可表示成 $\mathrm{d}\sigma = \mathrm{d}x\mathrm{d}y$, 二重积分就可表示成 $\iint\limits_{D} f(x, y)\mathrm{d}x\mathrm{d}y$.

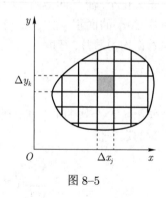

图 8–5

这里, 不加证明地指出, **如果 $f(x, y)$ 在闭区域 D 上连续, 那么它在 D 上的二重积分必定存在**.

从二重积分的定义可以看出, 曲顶柱体的体积为变高 $f(x, y)$ 在底 D 上的二重积分

$$V = \iint\limits_{D} f(x, y)\mathrm{d}\sigma.$$

平面薄片的质量为它的面密度函数 $\rho(x, y)$ 在薄片所占闭区域 D 上的二重积分

$$M = \iint\limits_{D} \rho(x, y)\mathrm{d}\sigma.$$

二重积分的几何意义:

当 $f(x, y) \geqslant 0$ 时, 二重积分 $\iint\limits_{D} f(x, y)\mathrm{d}\sigma$ 在几何上表示以区域 D 为底, 以曲面 $z = f(x, y)$

为顶的曲顶柱体体积.

二、二重积分的性质

比较二重积分与定积分的定义可以看到, 这两种积分有着相似的形成过程, 并且是同一类型的和式的极限, 所以二重积分有着与定积分类似的性质.

性质 1.1 (线性性质)　若 $f(x,y)$, $g(x,y)$ 在区域 D 上可积, 则对任意的常数 α, β, $\alpha f(x,y) + \beta g(x,y)$ 在区域 D 上仍然可积, 并且

$$\iint\limits_D (\alpha f(x,y) + \beta g(x,y))\mathrm{d}\sigma = \alpha \iint\limits_D f(x,y)\mathrm{d}\sigma + \beta \iint\limits_D g(x,y)\mathrm{d}\sigma.$$

性质 1.2 (积分区域的可加性)　若函数 $f(x,y)$ 在 D 上可积, 将 D 分割成两个不相交的闭区域 D_1 与 D_2, 则 $f(x,y)$ 在 D_1 与 D_2 上也都可积且

$$\iint\limits_D f(x,y)\mathrm{d}\sigma = \iint\limits_{D_1} f(x,y)\mathrm{d}\sigma + \iint\limits_{D_2} f(x,y)\mathrm{d}\sigma.$$

性质 1.3　如果在 D 上, $f(x,y) = 1$, σ 为 D 的面积, 那么

$$\sigma = \iint\limits_D 1\mathrm{d}\sigma = \iint\limits_D \mathrm{d}\sigma.$$

这一性质说明高为 1 的平顶柱体的体积在数值上就等于柱体的底面积.

性质 1.4　如果 $f(x,y), g(x,y)$ 在区域 D 上可积, 且 $f(x,y) \leqslant g(x,y)$, 那么

$$\iint\limits_D f(x,y)\mathrm{d}\sigma \leqslant \iint\limits_D g(x,y)\mathrm{d}\sigma.$$

推论　$\left| \iint\limits_D f(x,y)\mathrm{d}\sigma \right| \leqslant \iint\limits_D |f(x,y)|\,\mathrm{d}\sigma.$

性质 1.5　如果 $f(x,y)$ 在有界闭区域 D 上可积, 并满足 $m \leqslant f(x,y) \leqslant M$, σ 为 D 的面积, 那么

$$m \cdot \sigma \leqslant \iint\limits_D f(x,y)\mathrm{d}\sigma \leqslant M \cdot \sigma.$$

性质 1.6 (积分中值定理)　如果 $f(x,y)$ 在有界闭区域 D 上连续, σ 为 D 的面积, 那么至少存在一点 $(\xi, \eta) \in D$, 使得

$$\iint\limits_D f(x,y)\mathrm{d}\sigma = f(\xi, \eta) \cdot \sigma.$$

通常称 $\dfrac{1}{\sigma} \iint\limits_D f(x,y)\mathrm{d}\sigma$ 为 $f(x,y)$ 在有界闭区域 D 上的平均值.

例 1.1　试估计 $\displaystyle\iint\limits_{D}\sqrt[3]{1+x^2+y^2}\mathrm{d}\sigma$ 的取值范围, 其中 D 是圆域: $x^2+y^2\leqslant 26$.

解　因为 $\sqrt[3]{1+x^2+y^2}$ 在区域 D 上的最大值是 3, 最小值是 1, 又因为区域 D 的面积为 26π, 由积分性质 1.5 得

$$26\pi \leqslant \iint\limits_{D}\sqrt[3]{1+x^2+y^2}\mathrm{d}\sigma \leqslant 78\pi.$$

例 1.2　利用二重积分的几何意义计算 $\displaystyle\iint\limits_{D}\sqrt{16-x^2-y^2}\mathrm{d}\sigma$, 其中 D 是圆域:$x^2+y^2\leqslant 16$.

解　由于 $z=\sqrt{16-x^2-y^2}$ 是以 4 为半径的上半球面, 它在 xOy 平面上的投影区域恰好就是区域 D, 于是 $\displaystyle\iint\limits_{D}\sqrt{16-x^2-y^2}\mathrm{d}\sigma$ 等于上半球的体积值, 即

$$\iint\limits_{D}\sqrt{16-x^2-y^2}\mathrm{d}\sigma = \frac{2}{3}\cdot\pi\cdot 4^3 = \frac{128}{3}\pi.$$

习题 8-1

(A)

1. 将一平面薄板铅直浸没于水中, 取 x 轴铅直向下, y 轴位于水面上, 并设薄板占有 xOy 面上的闭区域 D, 试用二重积分表示薄板的一侧所受的水压力.

2. 利用二重积分的几何意义计算下列积分.

(1) $\displaystyle\iint\limits_{D}\sqrt{R^2-x^2-y^2}\mathrm{d}\sigma$, 其中 $D=\{(x,y)|x^2+y^2\leqslant R^2\}$;

(2) $\displaystyle\iint\limits_{D}\left(H-\frac{H}{R}\sqrt{x^2+y^2}\right)\mathrm{d}\sigma$, 其中 $D=\{(x,y)|x^2+y^2\leqslant R^2\}$.

3. 利用二重积分的性质, 比较下列积分的大小.

(1) $\displaystyle\iint\limits_{D}\sin^2(x+y)\mathrm{d}\sigma$ 与 $\displaystyle\iint\limits_{D}(x+y)^2\mathrm{d}\sigma$, 其中 D 为任一有界闭区域;

(2) $\displaystyle\iint\limits_{D}\ln(x+y)\mathrm{d}\sigma$ 与 $\displaystyle\iint\limits_{D}[\ln(x+y)]^2\mathrm{d}\sigma$, 其中 D 是三角形闭区域, 三顶点分别为 $(1,0),(1,1),(2,0)$;

(3) $\displaystyle\iint\limits_{D}\ln(x+y)\mathrm{d}\sigma$ 与 $\displaystyle\iint\limits_{D}[\ln(x+y)]^2\mathrm{d}\sigma$, 其中 $D=\{(x,y)|3\leqslant x\leqslant 5,0\leqslant y\leqslant 1\}$;

(4) $\displaystyle\iint\limits_{D}\mathrm{e}^{x^2+y^2}\mathrm{d}\sigma$ 与 $\displaystyle\iint\limits_{D}(1+x^2+y^2)\mathrm{d}\sigma$, 其中 D 为任一有界闭区域.

4. 利用二重积分的性质估计下列积分的值.

(1) $I = \iint\limits_{D} \sin^2 x \sin^2 y \mathrm{d}\sigma$, 其中 $D = \{(x,y)|0 \leqslant x \leqslant \pi, 0 \leqslant y \leqslant \pi\}$;

(2) $I = \iint\limits_{D} (x + y + 1)\mathrm{d}\sigma$, 其中 $D = \{(x,y)|0 \leqslant x \leqslant 1, 0 \leqslant y \leqslant 2\}$;

(3) $I = \iint\limits_{D} \sqrt[4]{xy(x+y)}\mathrm{d}\sigma$, 其中 $D = \{(x,y)|0 \leqslant x \leqslant 2, 0 \leqslant y \leqslant 2\}$;

(4) $I = \iint\limits_{D} (x^2 + y^2 + 1)\mathrm{d}\sigma$, 其中 $D = \{(x,y)|9x^2 + 16y^2 \leqslant 144\}$.

(B)

5. 设 $f(x,y)$ 在有界闭区域 D 上连续, 且在 D 的任一子区域 D^* 上有

$$\iint\limits_{D^*} f(x,y)\mathrm{d}\sigma = 0,$$

试证明在 D 内恒有 $f(x,y) = 0$.

6. 设 $f(x,y)$ 是连续函数, 试求极限.

$$\lim_{t \to 0^+} \frac{1}{t^2} \iint\limits_{x^2+y^2 \leqslant t^2} f(x,y)\mathrm{d}\sigma.$$

第二节　二重积分的计算

由定积分知识可知, 除极少数特别简单的函数, 一般的函数通过定义来计算是相当困难的, 同样二重积分的计算也是如此. 因此, 在解决二重积分计算问题的时候, 可以根据问题的实际情况建立相应的坐标系, 从而使问题比较顺利地解决. 常见的二重积分计算经常在两大坐标系下进行, 一是直角坐标系, 二是极坐标系. 本节先从直角坐标系开始, 介绍二重积分的基本计算方法.

一、直角坐标系下二重积分的计算

为了便于计算, 下面将平面区域进行适当的分类, 分别称为 $X-$ 型平面区域和 $Y-$ 型平面区域, 其几何特征如下:

$X-$ **型平面区域**　一个以 $x = a$, $x = b$, $y = \varphi_1(x)$ 和 $y = \varphi_2(x)$ 为边界的平面区域 D 称为 $X-$ 型平面区域, 如图 8–6 所示. $X-$ 型平面区域 D 可表示为

$$D = \{(x,y)|\varphi_1(x) \leqslant y \leqslant \varphi_2(x), \ a \leqslant x \leqslant b\}.$$

容易看出, $X-$ 型区域的特点是, 穿过 D 内部且垂直于 x 轴的直线与 D 的边界相交不多于两点.

Y- 型平面区域　一个以 $y = c, y = d, x = \psi_1(y)$ 和 $x = \psi_2(y)$ 为边界的平面区域称为 Y- 型平面区域, 如图 8–7 所示. Y- 型平面区域 D 可表示为

$$D = \{(x,y)|\psi_1(y) \leqslant x \leqslant \psi_2(y),\ c \leqslant y \leqslant d\}.$$

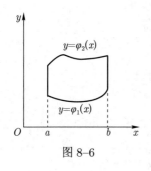

图 8–6

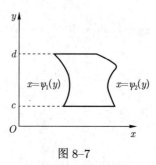

图 8–7

容易看出, Y- 型区域的特点是, 穿过 D 内部且垂直于 y 轴的直线与 D 的边界相交不多于两点.

如果 $\iint\limits_{D} f(x,y)\mathrm{d}x\mathrm{d}y$ 的积分区域是 X- 型平面区域, 即

$$D : \varphi_1(x) \leqslant y \leqslant \varphi_2(x),\quad a \leqslant x \leqslant b,$$

借助二重积分的几何意义, 可以导出这个积分的计算公式. 在推导中假定 $f(x,y) \geqslant 0$, 但所得结果并不受此条件的限制.

根据二重积分的几何意义, 当 $f(x,y) \geqslant 0, (x,y) \in D$ 时, $\iint\limits_{D} f(x,y)\mathrm{d}x\mathrm{d}y$ 等于以 D 为底、以曲面 $z = f(x,y)$ 为

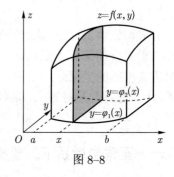

图 8–8

顶的曲顶柱体 (图 8–8) 的体积. 另一方面, 该曲顶柱体的体积又可按"平行截面面积为已知的立体的体积"的计算方法求得. 具体方法是: 在区间 $[a, b]$ 上任意取定一点 x, 作平行于 yOz 的平面 $x = x$, 此平面截曲顶柱体得一曲边梯形 (图 8–8 中阴影部分), 该截面的面积为

$$A(x) = \int_{\varphi_1(x)}^{\varphi_2(x)} f(x,y)\mathrm{d}y.$$

积分时把 x 看成常数, 积分变量是 y, 求得 $A(x)$ 之后, 再让 x 在 a 到 b 之间变动, 截面面积 $A(x)$ 也随之变动, 利用定积分的元素法, 得曲顶柱体的体积

$$V = \int_a^b A(x)\mathrm{d}x = \int_a^b \left[\int_{\varphi_1(x)}^{\varphi_2(x)} f(x,y)\mathrm{d}y\right]\mathrm{d}x,$$

于是

$$\iint\limits_{D} f(x,y)\mathrm{d}x\mathrm{d}y = \int_a^b A(x)\mathrm{d}x = \int_a^b \left[\int_{\varphi_1(x)}^{\varphi_2(x)} f(x,y)\mathrm{d}y\right]\mathrm{d}x.$$

一般记为

$$\iint\limits_{D} f(x,y)\mathrm{d}x\mathrm{d}y = \int_a^b \mathrm{d}x \int_{\varphi_1(x)}^{\varphi_2(x)} f(x,y)\mathrm{d}y. \tag{2.1}$$

如果积分区域 D 是 $Y-$ 型平面区域 (图 8–7), 即

$$D: \psi_1(y) \leqslant x \leqslant \psi_2(y), \quad c \leqslant y \leqslant d,$$

同理可得

$$\iint\limits_{D} f(x,y)\mathrm{d}x\mathrm{d}y = \int_c^d \mathrm{d}y \int_{\psi_1(y)}^{\psi_2(y)} f(x,y)\mathrm{d}x. \tag{2.2}$$

上述积分方法称为化二重积分为**二次积分法**. 公式 (2.1) 为先 y 后 x 的积分次序, 公式 (2.2) 为先 x 后 y 的积分次序.

如果积分区域既不是 $X-$ 型平面区域也不是 $Y-$ 型平面区域, 如图 8–9 所示, 这时用平行坐标轴的直线分割积分区域, 使得整个区域分割成若干小区域, 而每个小区域是 $X-$ 型或是 $Y-$ 型的. 这样, 利用积分区域的可加性, 有

$$\iint\limits_{D} f(x,y)\mathrm{d}x\mathrm{d}y = \iint\limits_{D_1} f(x,y)\mathrm{d}x\mathrm{d}y + \iint\limits_{D_2} f(x,y)\mathrm{d}x\mathrm{d}y + \iint\limits_{D_3} f(x,y)\mathrm{d}x\mathrm{d}y.$$

然后再利用公式 (2.1) 和 (2.2) 便可完成积分的计算.

如果积分区域既是 $X-$ 型的又是 $Y-$ 型, 如图 8–10 所示, 这时, D 上的二重积分, 既可以用公式 (2.1) 计算, 又可以用公式 (2.2) 计算, 结果是相同的. 但是采用不同的积分次序, 往往会对计算过程带来不同的影响. 在这种情况下, 就有一个积分次序的选择问题. **合理选择积分次序, 在有的情况下是问题解决的关键.** 后面会通过具体例题来加以说明.

下面通过具体的示例说明如何在直角坐标系下进行二重积分的计算.

例 2.1 计算二重积分 $I = \iint\limits_{D} xy\,\mathrm{d}\sigma$, 其中 D 是直线 $y=1$, $x=2$ 及 $y=x$ 所围的闭区域.

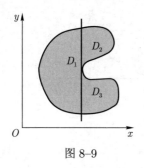

图 8–9

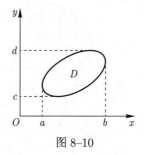

图 8–10

解法 1　将 D 看作 $X-$ 型区域, 如图 8–11 (a) 所示, 则区域可以表示为

$$D: 1 \leqslant y \leqslant x, \, 1 \leqslant x \leqslant 2,$$

所以

$$I = \int_1^2 \mathrm{d}x \int_1^x xy\mathrm{d}y = \int_1^2 x \left(\frac{1}{2}y^2\right)\bigg|_1^x \mathrm{d}x = \int_1^2 \left(\frac{1}{2}x^3 - \frac{1}{2}x\right) \mathrm{d}x = \frac{9}{8}.$$

解法 2　将 D 看作 $Y-$ 型区域, 如图 8–11 (b), 则

$$D: y \leqslant x \leqslant 2, \, 1 \leqslant y \leqslant 2,$$

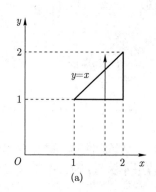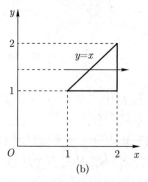

图 8–11

所以

$$I = \int_1^2 \mathrm{d}y \int_y^2 xy\mathrm{d}x = \int_1^2 y \left(\frac{1}{2}x^2\right)\bigg|_y^2 \mathrm{d}y = \int_1^2 \left(2y - \frac{1}{2}y^3\right) \mathrm{d}y = \frac{9}{8}.$$

例 2.2　计算二重积分 $\iint\limits_{D} xy\mathrm{d}x\mathrm{d}y$, 其中 D 是由 $y = x^2$, $y = \sqrt{2x - x^2}$ $(0 \leqslant x \leqslant 1)$ 所围成

的闭区域.

解　如果按 $X-$ 型平面区域计算, 那么如图 8–12(a) 所示, 区域可表示为

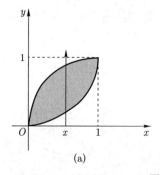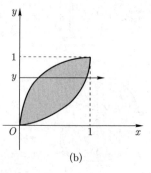

图 8–12

$$D: x^2 \leqslant y \leqslant \sqrt{2x - x^2},\ 0 \leqslant x \leqslant 1,$$

于是

$$
\begin{aligned}
\iint\limits_{D} xy \mathrm{d}x\mathrm{d}y &= \int_0^1 \mathrm{d}x \int_{x^2}^{\sqrt{2x-x^2}} xy \mathrm{d}y \\
&= \int_0^1 x \left(\frac{1}{2}y^2\right)\bigg|_{x^2}^{\sqrt{2x-x^2}} \mathrm{d}x \\
&= \int_0^1 \frac{1}{2}\left(2x^2 - x^3 - x^5\right)\mathrm{d}x = \frac{1}{2}\left(\frac{2}{3}x^3 - \frac{1}{4}x^4 - \frac{1}{6}x^6\right)\bigg|_0^1 = \frac{1}{8}.
\end{aligned}
$$

如果本例按 $Y-$ 型平面区域进行计算, 那么如图 8–12 (b) 所示, 区域可表示为

$$D: 1 - \sqrt{1 - y^2} \leqslant x \leqslant \sqrt{y},\ 0 \leqslant y \leqslant 1,$$

于是

$$
\begin{aligned}
\iint\limits_{D} xy \mathrm{d}x\mathrm{d}y &= \int_0^1 \mathrm{d}y \int_{1-\sqrt{1-y^2}}^{\sqrt{y}} xy \mathrm{d}x \\
&= \int_0^1 y \left(\frac{1}{2}x^2\right)\bigg|_{1-\sqrt{1-y^2}}^{\sqrt{y}} \mathrm{d}y \\
&= \int_0^1 \frac{1}{2}\left[y^2 - y\left(1 - \sqrt{1-y^2}\right)^2\right]\mathrm{d}y \\
&= \int_0^1 \frac{1}{2}\left(y^2 - 2y + 2y\sqrt{1-y^2} + y^3\right)\mathrm{d}y \\
&= \frac{1}{2}\left[\frac{1}{3}y^3 - y^2 - \frac{2}{3}\sqrt{(1-y^2)^3} + \frac{1}{4}y^4\right]\bigg|_0^1 = \frac{1}{8}.
\end{aligned}
$$

相比之下, 按 $Y-$ 型平面区域进行计算, 难度和计算量都要稍大一点. 这说明积分次序的选择是重要的.

例 2.3 计算二重积分 $\iint\limits_{D} \dfrac{\sin y}{y}\mathrm{d}x\mathrm{d}y$, 其中 D 是由曲线 $y = x$ 以及 $x = y^2$ 所围成的闭区域.

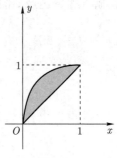

图 8–13

分析 本题的积分区域既是 $X-$ 型的也是 $Y-$ 型的 (图 8–13), 从理论上来说, 两种积分次序都可以选择.

解法 1 由于 $\lim\limits_{y\to 0} \dfrac{\sin y}{y} = 1$, 补充被积函数在 $(x,0)$ 处的值为 1, 则被积函数在本题的积分区域 D 上连续.

在 $Y-$ 型平面区域下进行计算, 有

$$\iint_D \frac{\sin y}{y} \mathrm{d}x\mathrm{d}y = \int_0^1 \mathrm{d}y \int_{y^2}^y \frac{\sin y}{y} \mathrm{d}x = \int_0^1 \frac{\sin y}{y} \left(x \Big|_{y^2}^y \right) \mathrm{d}y$$

$$= \int_0^1 (\sin y - y \sin y) \, \mathrm{d}y = 1 - \sin 1.$$

解法 2 在 $X-$ 型平面区域下进行计算, 有

$$\iint_D \frac{\sin y}{y} \mathrm{d}x\mathrm{d}y = \int_0^1 \mathrm{d}x \int_x^{\sqrt{x}} \frac{\sin y}{y} \mathrm{d}y = \int_0^1 \left(\int_x^{\sqrt{x}} \frac{\sin y}{y} \mathrm{d}y \right) \mathrm{d}x$$

$$= \left(x \int_x^{\sqrt{x}} \frac{\sin y}{y} \mathrm{d}y \right) \Big|_0^1 - \int_0^1 x \left(\frac{\mathrm{d}}{\mathrm{d}x} \int_x^{\sqrt{x}} \frac{\sin y}{y} \mathrm{d}y \right) \mathrm{d}x$$

$$= -\int_0^1 x \left(\frac{\sin \sqrt{x}}{\sqrt{x}} \cdot \frac{1}{2\sqrt{x}} - \frac{\sin x}{x} \right) \mathrm{d}x = \int_0^1 \left(\sin x - \frac{1}{2} \sin \sqrt{x} \right) \mathrm{d}x$$

$$= \int_0^1 \sin x \mathrm{d}x - \frac{1}{2} \int_0^1 \sin \sqrt{x} \mathrm{d}x \xrightarrow{\,\diamondsuit\ \sqrt{x}=t\,} (-\cos x) \Big|_0^1 - \int_0^1 t \sin t \mathrm{d}t$$

$$= 1 - \cos 1 + (t \cos t - \sin t) \Big|_0^1 = 1 - \sin 1.$$

注 由于 $\frac{\sin y}{y}$ 的原函数不能用初等函数表示, 因此 $\int_x^{\sqrt{x}} \frac{\sin y}{y} \mathrm{d}y$ 不能直接积分, 但可以把它看作关于 x 的函数, 采用分部积分法计算该二重积分. 但显然采用 $Y-$ 型区域计算更简便.

例 2.4 计算积分 $\iint_D xy\mathrm{d}x\mathrm{d}y$, 其中 D 是由抛物线 $y^2 = x$ 和直线 $y = x - 2$ 所围成的闭区域.

解 积分区域如图 8-14 所示. D 看作 $Y-$ 型区域, 则区域 D 可表示为

$$D : y^2 \leqslant x \leqslant y + 2, -1 \leqslant y \leqslant 2.$$

因此

$$\iint_D xy\mathrm{d}x\mathrm{d}y = \int_{-1}^2 \mathrm{d}y \int_{y^2}^{y+2} xy\mathrm{d}x = \int_{-1}^2 y \left[\frac{x^2}{2} \right]_{y^2}^{y+2} \mathrm{d}y$$

$$= \frac{1}{2} \int_{-1}^2 \left[y(y+2)^2 - y^5 \right] \mathrm{d}y$$

$$= \frac{1}{2} \left[\frac{y^4}{4} + \frac{4}{3} y^3 + 2y^2 - \frac{y^6}{6} \right]_{-1}^2$$

$$= \frac{45}{8}.$$

注 由例 2.2、例 2.3、例 2.4 可知, 化二重积分为二次积分时, 要兼顾以下两个方面来选择适当的积分次序:

(1) 考虑积分区域 D 的特点, 对 D 划分的块数越少越好;

(2) 考虑被积函数 $f(x, y)$ 的特点, 使积分容易积出.

例 2.5 交换二次积分 $\int_0^1 \mathrm{d}y \int_{y^2}^{1+\sqrt{1-y^2}} f(x, y)\mathrm{d}x$ 的次序.

解 由积分上下限可知积分区域 D 可表示为

$$y^2 \leqslant x \leqslant 1 + \sqrt{1-y^2}, \quad 0 \leqslant y \leqslant 1 \ (\text{图 8-15}),$$

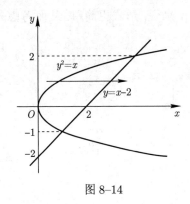

图 8-14

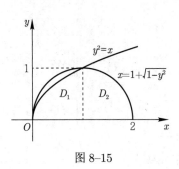

图 8-15

于是

$$
\begin{aligned}
\int_0^1 \mathrm{d}y \int_{y^2}^{1+\sqrt{1-y^2}} f(x, y)\mathrm{d}x &= \iint\limits_{D} f(x, y)\mathrm{d}x\mathrm{d}y \\
&= \iint\limits_{D_1} f(x, y)\mathrm{d}x\mathrm{d}y + \iint\limits_{D_2} f(x, y)\mathrm{d}x\mathrm{d}y \\
&= \int_0^1 \mathrm{d}x \int_0^{\sqrt{x}} f(x, y)\mathrm{d}y + \int_1^2 \mathrm{d}x \int_0^{\sqrt{2x-x^2}} f(x, y)\mathrm{d}y.
\end{aligned}
$$

例 2.6 求两个底圆半径均为 a 的直交圆柱面所围几何体的体积.

解 设两圆柱面方程为

$$x^2 + y^2 = a^2, x^2 + z^2 = a^2.$$

由几何体的对称性可知, 所求几何体的体积等于第一卦限部分的体积的 8 倍 (图 8-16(a)), 设所求体积为 V, 第一卦限部分的体积为 V_1, 那么 V_1 是以四分之一圆 D_1 为底, 以圆柱面 $z = \sqrt{a^2 - x^2}$ 为顶的曲顶柱体体积. 其中

$$D_1 = \left\{ (x, y) \mid x^2 + y^2 \leqslant a^2, x \geqslant 0, y \geqslant 0 \right\} \ (\text{图 8-16(b)}).$$

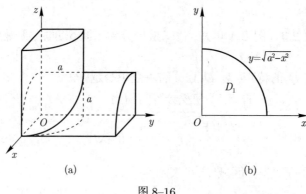

图 8-16

因此, $V_1 = \iint\limits_{D_1} \sqrt{a^2 - x^2}\mathrm{d}x\mathrm{d}y$. 由于被积函数对变量 y 来说, 形式更简单, 从而考虑先对 y 求积分, 于是

$$
\begin{aligned}
V_1 &= \iint\limits_{D_1} \sqrt{a^2 - x^2}\mathrm{d}x\mathrm{d}y = \int_0^a \mathrm{d}x \int_0^{\sqrt{a^2-x^2}} \sqrt{a^2 - x^2}\mathrm{d}y \\
&= \int_0^a \left(a^2 - x^2\right)\mathrm{d}x = \left.\left(a^2 x - \frac{1}{3}x^3\right)\right|_0^a = \frac{2}{3}a^3,
\end{aligned}
$$

因此, 所求体积为 $V = 8\,V_1 = \dfrac{16}{3}a^3$.

二、极坐标系下二重积分的计算

在二重积分的计算中常常会遇到在直角坐标系下很难解决的问题, 比如计算积分

$$
\iint\limits_{D} \mathrm{e}^{-x^2-y^2}\mathrm{d}x\mathrm{d}y,
$$

其中 $D : x^2 + y^2 \leqslant 1$. 尽管在直角坐标系下该二重积分可表示成

$$
\iint\limits_{D} \mathrm{e}^{-x^2-y^2}\mathrm{d}x\mathrm{d}y = \int_{-1}^1 \mathrm{d}x \int_{-\sqrt{1-x^2}}^{\sqrt{1-x^2}} \mathrm{e}^{-x^2}\mathrm{e}^{-y^2}\mathrm{d}y,
$$

但是, 这个积分直接积是积不出来的. 注意到这个积分区域的特殊性, 其边界方程用极坐标方程表示的话, 形式会很简单, 就是 $\rho = 1$. 既然这样, 该问题是否可以放到极坐标系下来解决呢? 要回答这个问题, 首先要解决如何在极坐标系下求二重积分.

二重积分的一般表示式是

$$
\iint\limits_{D} f(x\,,y)\mathrm{d}\sigma,
$$

其中 $\mathrm{d}\sigma$ 是面积元素. 下面找出被积表达式 $f(x\,,y)\mathrm{d}\sigma$ 在极坐标系下的形式.

在极坐标系下, 对区域 D 的分割采用如图 8-17 的方式: 过极点引射线, 然后再以极点为

圆心画同心圆, 这样分割出来的典型小区域的面积为

$$\Delta\sigma = \frac{1}{2}(\rho+\Delta\rho)^2\Delta\theta - \frac{1}{2}\rho^2\Delta\theta$$

$$= \rho\,\Delta\rho\,\Delta\theta + \frac{1}{2}\Delta\rho^2\,\Delta\theta \approx \rho\,\Delta\rho\,\Delta\theta.$$

于是, 在极坐标系下, 面积微元是

$$\mathrm{d}\sigma = \rho\,\mathrm{d}\rho\,\mathrm{d}\theta.$$

又因为

$$\begin{cases} x = \rho\cos\theta, \\ y = \rho\sin\theta. \end{cases}$$

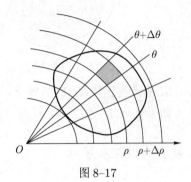

图 8–17

被积表达式 $f(x,y)\mathrm{d}\sigma$ 在极坐标系下的形式为

$$f(\rho\cos\theta, \rho\sin\theta)\rho\mathrm{d}\rho\,\mathrm{d}\theta,$$

所以极坐标系下的二重积分公式可表示成

$$\iint\limits_{D} f(x,y)\mathrm{d}x\mathrm{d}y = \iint\limits_{D} f(\rho\cos\theta, \rho\sin\theta)\rho\mathrm{d}\rho\mathrm{d}\theta.$$

极坐标系下求二重积分, 同样是化二重积分为二次积分, 根据极点与区域 D 的位置关系, 分为以下三种情况:

1. 极点在区域 D 的内部

如图 8–18 所示, 如果区域 D 的边界方程为 $\rho = \rho(\theta)$ $(0 \leqslant \theta \leqslant 2\pi)$, 那么, 在 0 到 2π 范围内, 任意取定一个 θ 值, 这时的极径 ρ 的取值范围是极点到边界, 即 $0 \leqslant \rho \leqslant \rho(\theta)$, 因此区域 D 可以表示为

$$0 \leqslant \rho \leqslant \rho(\theta), \quad 0 \leqslant \theta \leqslant 2\pi,$$

于是极坐标系下二重积分化为二次积分的形式为

$$\iint\limits_{D} f(\rho\cos\theta, \rho\sin\theta)\rho\mathrm{d}\rho\mathrm{d}\theta = \int_0^{2\pi}\mathrm{d}\theta\int_0^{\rho(\theta)} f(\rho\cos\theta, \rho\sin\theta)\rho\mathrm{d}\rho. \tag{2.3}$$

2. 极点在区域 D 的外部

如图 8–19 所示, 如果区域 D 的边界方程为: $\theta = \alpha$, $\theta = \beta$, $\rho = \rho_1(\theta)$ 和 $\rho = \rho_2(\theta)$ $(\alpha \leqslant \theta \leqslant \beta)$ 在 α 到 β 范围内, 任意取定一个 θ 值, 这时的极径 ρ 的取值范围是内边界的值到外边界的值, 即 $\rho_1(\theta) \leqslant \rho \leqslant \rho_2(\theta)$, 因此区域 D 可以表示为

$$\rho_1(\theta) \leqslant \rho \leqslant \rho_2(\theta), \quad \alpha \leqslant \theta \leqslant \beta,$$

于是极坐标系下二重积分化为二次积分的形式为

$$\iint\limits_{D} f(\rho\cos\theta, \rho\sin\theta)\rho\mathrm{d}\rho\mathrm{d}\theta = \int_\alpha^\beta\mathrm{d}\theta\int_{\rho_1(\theta)}^{\rho_2(\theta)} f(\rho\cos\theta, \rho\sin\theta)\rho\mathrm{d}\rho. \tag{2.4}$$

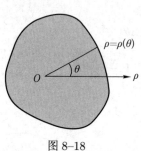

图 8–18

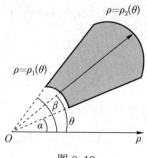

图 8–19

3. 极点在区域 D 的边界上

如果区域 D 的边界方程为

$$\theta = \alpha, \theta = \beta \ \text{和} \ \rho = \rho(\theta)(\alpha \leqslant \theta \leqslant \beta),$$

区域 D 可以表示为

$$0 \leqslant \rho \leqslant \rho(\theta), \quad \alpha \leqslant \theta \leqslant \beta.$$

于是极坐标系下二重积分化为二次积分的形式为

$$\iint\limits_{D} f(\rho\cos\theta, \rho\sin\theta)\rho\mathrm{d}\rho\,\mathrm{d}\theta = \int_{\alpha}^{\beta}\mathrm{d}\theta\int_{0}^{\rho(\theta)} f(\rho\cos\theta, \rho\sin\theta)\rho\,\mathrm{d}\rho. \tag{2.5}$$

注意到 $\sigma = \iint\limits_{D}\mathrm{d}\sigma$ 表示区域 D 的面积, 那么, 在极坐标系下区域 D 的面积可表示为

$$\sigma = \iint\limits_{D}\mathrm{d}\sigma = \int_{0}^{2\pi}\mathrm{d}\theta\int_{0}^{\rho(\theta)}\rho\mathrm{d}\rho = \int_{0}^{2\pi}\frac{1}{2}\rho^2(\theta)\mathrm{d}\theta \quad (\text{见图 } 8\text{–}18).$$

或

$$\sigma = \int_{\alpha}^{\beta}\frac{1}{2}\rho^2(\theta)\mathrm{d}\theta \quad (\text{见图 } 8\text{–}20).$$

下面通过具体的示例说明如何在极坐标系下进行二重积分的计算.

例 2.7 计算 $\iint\limits_{D}\mathrm{e}^{-x^2-y^2}\mathrm{d}x\mathrm{d}y$, 其中 D 为 $x^2 + y^2 \leqslant 1$ 围成的圆域.

解 在极坐标系下, 闭区域 D 可表示为

$$0 \leqslant \rho \leqslant 1, \quad 0 \leqslant \theta \leqslant 2\pi,$$

于是, 由公式 (2.3) 有

$$\iint\limits_{x^2+y^2\leqslant 1}\mathrm{e}^{-x^2-y^2}\mathrm{d}x\mathrm{d}y = \int_{0}^{2\pi}\mathrm{d}\theta\int_{0}^{1}\mathrm{e}^{-\rho^2}\rho\mathrm{d}\rho = (1 - \mathrm{e}^{-1})\pi.$$

利用例 2.7 的结果, 可以计算概率论中一个重要的公式, 见下例.

例 2.8 利用二重积分计算泊松公式 $I = \int_0^{+\infty} \mathrm{e}^{-x^2}\mathrm{d}x$ 的值.

解 因为 $I = \lim\limits_{R\to+\infty} \int_0^R \mathrm{e}^{-x^2}\mathrm{d}x$, 而

$$\left(\int_0^R \mathrm{e}^{-x^2}\mathrm{d}x\right)^2 = \int_0^R \mathrm{e}^{-x^2}\mathrm{d}x \int_0^R \mathrm{e}^{-y^2}\mathrm{d}y$$
$$= \iint\limits_{D} \mathrm{e}^{-x^2-y^2}\mathrm{d}x\mathrm{d}y,$$

其中 $D = \{(x,y)\,|\,0 \leqslant x \leqslant R, 0 \leqslant y \leqslant R\}$, 考虑

$$D_1 = \left\{(x,y)\,\middle|\,x^2+y^2 \leqslant R^2, x \geqslant 0, y \geqslant 0\right\},$$
$$D_2 = \left\{(x,y)\,\middle|\,x^2+y^2 \leqslant 2R^2, x \geqslant 0, y \geqslant 0\right\}.$$

如图 8–21 所示, 有 $D_1 \subset D \subset D_2$, 又 $\mathrm{e}^{-x^2-y^2} \geqslant 0$, 由积分性质,

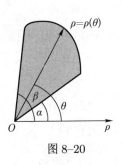

图 8–20

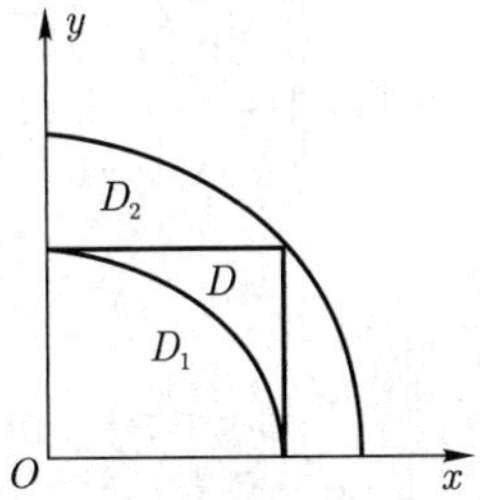

图 8–21

$$\iint\limits_{D_1} \mathrm{e}^{-x^2-y^2}\mathrm{d}x\mathrm{d}y \leqslant \iint\limits_{D} \mathrm{e}^{-x^2-y^2}\mathrm{d}x\mathrm{d}y \leqslant \iint\limits_{D_2} \mathrm{e}^{-x^2-y^2}\mathrm{d}x\mathrm{d}y,$$

而

$$\iint\limits_{D_1} \mathrm{e}^{-x^2-y^2}\mathrm{d}x\mathrm{d}y = \int_0^{\frac{\pi}{2}} \mathrm{d}\theta \int_0^R \mathrm{e}^{-\rho^2}\rho\mathrm{d}\rho = \frac{\pi}{4}(1-\mathrm{e}^{-R^2}),$$

$$\iint\limits_{D_2} \mathrm{e}^{-x^2-y^2}\mathrm{d}x\mathrm{d}y = \frac{\pi}{4}(1-\mathrm{e}^{-2R^2}),$$

故

$$\frac{\pi}{4}(1-\mathrm{e}^{-R^2}) \leqslant \left(\int_0^R \mathrm{e}^{-x^2}\mathrm{d}x\right)^2 \leqslant \frac{\pi}{4}(1-\mathrm{e}^{-2R^2}),$$

令 $R \to +\infty$, 上式两端趋于同一极限 $\dfrac{\pi}{4}$, 由夹逼定理, 得 $I = \dfrac{\sqrt{\pi}}{2}$.

这个结论在概率论中有重要应用.

例 2.9 计算 $\iint\limits_{D} \sqrt{x^2 + y^2}\mathrm{d}x\mathrm{d}y$, 其中 D 为 $x^2 + y^2 \leqslant 4x$ 围成的圆域, 如图 8–22 所示.

解 令 $\begin{cases} x = \rho\cos\theta, \\ y = \rho\sin\theta, \end{cases}$ 代入区域 D 的边界方程, 得到极坐标系下的边界方程为

$$\rho = 4\cos\theta,$$

于是在极坐标系下, 闭区域 D 可表示为

$$0 \leqslant \rho \leqslant 4\cos\theta, \quad -\frac{\pi}{2} \leqslant \theta \leqslant \frac{\pi}{2}.$$

所以

$$
\begin{aligned}
\iint\limits_{x^2+y^2\leqslant 4x} \sqrt{x^2 + y^2}\mathrm{d}x\mathrm{d}y &= \int_{-\frac{\pi}{2}}^{\frac{\pi}{2}} \mathrm{d}\theta \int_{0}^{4\cos\theta} \rho \cdot \rho\mathrm{d}\rho = \int_{-\frac{\pi}{2}}^{\frac{\pi}{2}} \frac{64}{3}\cos^3\theta\mathrm{d}\theta \\
&= \frac{128}{3}\int_{0}^{\frac{\pi}{2}} \cos^3\theta\mathrm{d}\theta = \frac{128}{3}\left(\sin\theta - \frac{1}{3}\sin^3\theta\right)\Big|_{0}^{\frac{\pi}{2}} = \frac{256}{9}.
\end{aligned}
$$

例 2.10 计算 $\iint\limits_{D} \dfrac{\sin\left(\pi\sqrt{x^2 + y^2}\right)}{\sqrt{x^2 + y^2}}\mathrm{d}x\mathrm{d}y$, 其中 D 为 $1 \leqslant x^2 + y^2 \leqslant 4$ 围成的圆环, 如图 8–23 所示.

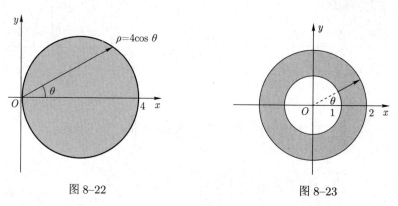

图 8–22   图 8–23

解 在极坐标系下, 闭区域 D 可表示为

$$1 \leqslant \rho \leqslant 2, \quad 0 \leqslant \theta \leqslant 2\pi,$$

于是

二重积分
的对称性

$$
\begin{aligned}
\iint\limits_{1\leqslant x^2+y^2\leqslant 4} \frac{\sin\left(\pi\sqrt{x^2 + y^2}\right)}{\sqrt{x^2 + y^2}}\mathrm{d}x\mathrm{d}y &= \int_{0}^{2\pi} \mathrm{d}\theta \int_{1}^{2} \frac{\sin(\pi\rho)}{\rho} \cdot \rho \cdot \mathrm{d}\rho \\
&= 2\pi\left[-\frac{1}{\pi}\cos(\pi\rho)\right]\Big|_{1}^{2} = -4.
\end{aligned}
$$

*三、二重积分的一般变量代换

由例 2.7 可知, 计算 $\iint\limits_{D} e^{-x^2-y^2} dxdy$ 用极坐标非常简单. 从映射的观点看, 就是利用变换

$$x = \rho\cos\theta, \quad y = \rho\sin\theta,$$

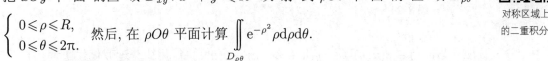

把 xOy 平面的区域 $D_{xy}: x^2+y^2 \leqslant R^2$ 映射到 $\rho O\theta$ 平面的区域 $D_{\rho\theta}$:

$$\begin{cases} 0 \leqslant \rho \leqslant R, \\ 0 \leqslant \theta \leqslant 2\pi. \end{cases}$$ 然后, 在 $\rho O\theta$ 平面计算 $\iint\limits_{D_{\rho\theta}} e^{-\rho^2}\rho d\rho d\theta.$

对称区域上的二重积分

下面讨论一般变量代换的情形.

定理 2.1 设 $f(x,y)$ 在 xOy 平面上的区域 D_{xy} 上连续, 若变换

$$T: x = x(u,v), \quad y = y(u,v) \tag{2.6}$$

将 uOv 平面上的闭区域 D_{uv} 变为 xOy 平面上的区域 D_{xy}, 且满足

(1) $x = x(u,v), y = y(u,v)$ 在 D_{uv} 上具有一阶连续的偏导数;

(2) 在 D_{uv} 上, 雅可比行列式 $J = \dfrac{\partial(x,y)}{\partial(u,v)} \neq 0$;

(3) 变换 T 是 D_{uv} 和 D_{xy} 之间的一个一一对应,

则有

$$\iint\limits_{D_{xy}} f(x,y)d\sigma = \iint\limits_{D_{uv}} f[x(u,v),y(u,v)]\left|\frac{\partial(x,y)}{\partial(u,v)}\right| dudv, \tag{2.7}$$

我们称 (2.7) 式为二重积分的变量代换公式.

变换 (2.6) 把积分区域 D_{uv} 转化成 D_{xy}, 被积函数 $f(x,y)$ 转化成 $f(x(u,v), y(u,v))$, 面积元素 $dxdy$ 转化成什么呢? 下面给出一个直观的解释.

用一系列 u 为常数、v 为常数的直线来划分 D_{uv}, 其中不贴边的小区域为矩形 $A'B'C'D'$, 如图 8–24 所示, 它的四个顶点为

$$A'(u,v), \ B'(u+\Delta u,v), \ C'(u+\Delta u,v+\Delta v), \ D'(u,v+\Delta v),$$

矩形 $A'B'C'D'$ 的面积为 $\Delta u\Delta v$, 通过变换 (2.6), 得到在 xOy 面上区域 D_{xy} 的划分以及 $A'B'C'D'$ 相对应的曲边四边形 $ABCD$, 如图 8–25 所示, 其顶点的坐标为

$$A(x(u,v),y(u,v)), \quad B(x(u+\Delta u,v),y(u+\Delta u,v)),$$

$$C(x(u+\Delta u,v+\Delta v),y(u+\Delta u,v+\Delta v)), \quad D(x(u,v+\Delta v),y(u,v+\Delta v)).$$

在无限细分时, Δu 和 Δv 极其微小, $ABCD$ 可以近似看作是平行四边形, 其面积

$$\Delta\sigma \approx \left|\overrightarrow{AB} \times \overrightarrow{AD}\right|,$$

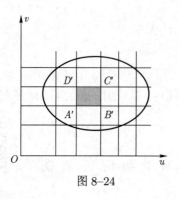

图 8-24

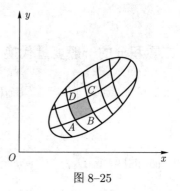

图 8-25

其中 $\overrightarrow{AB} = [x(u+\Delta u, v) - x(u, v)]\,\boldsymbol{i} + [y(u+\Delta u, v) - y(u, v)]\,\boldsymbol{j}$, 用微分近似代替增量, 有

$$\overrightarrow{AB} \approx \frac{\partial x}{\partial u}\Delta u\boldsymbol{i} + \frac{\partial y}{\partial u}\Delta u\boldsymbol{j},$$

同理 $\overrightarrow{AD} = [x(u, v+\Delta v) - x(u, v)]\,\boldsymbol{i} + [y(u, v+\Delta v) - y(u, v)]\,\boldsymbol{j} \approx \frac{\partial x}{\partial v}\Delta v\boldsymbol{i} + \frac{\partial y}{\partial v}\Delta v\boldsymbol{j}$,

故

$$\overrightarrow{AB} \times \overrightarrow{AD} = \begin{vmatrix} \boldsymbol{i} & \boldsymbol{j} & \boldsymbol{k} \\ \dfrac{\partial x}{\partial u}\Delta u & \dfrac{\partial y}{\partial u}\Delta u & 0 \\ \dfrac{\partial x}{\partial v}\Delta v & \dfrac{\partial y}{\partial v}\Delta v & 0 \end{vmatrix} = \begin{vmatrix} \dfrac{\partial x}{\partial u} & \dfrac{\partial y}{\partial u} \\ \dfrac{\partial x}{\partial v} & \dfrac{\partial y}{\partial v} \end{vmatrix} \Delta u\Delta v\,\boldsymbol{k} = \frac{\partial(x, y)}{\partial(u, v)}\Delta u\Delta v\,\boldsymbol{k},$$

所以

$$\Delta\sigma = \left| \frac{\partial(x, y)}{\partial(u, v)} \right| \Delta u\,\Delta v,$$

从而

$$\iint\limits_{D_{xy}} f(x, y)\mathrm{d}\sigma = \lim_{\lambda \to 0}\sum_{D_{xy}} f(x, y)\mathrm{d}\sigma = \lim_{\lambda \to 0}\sum_{D_{uv}} f\,[x(u, v), y(u, v)] \left| \frac{\partial(x, y)}{\partial(u, v)} \right| \mathrm{d}u\mathrm{d}v,$$

即

$$\iint\limits_{D_{xy}} f(x, y)\mathrm{d}\sigma = \iint\limits_{D_{uv}} f\,[x(u, v), y(u, v)] \left| \frac{\partial(x, y)}{\partial(u, v)} \right| \mathrm{d}u\mathrm{d}v.$$

需要指出, 如果雅可比行列式 $\dfrac{\partial(x, y)}{\partial(u, v)}$ 只在 D_{uv} 内个别点上, 或一条线上为零, 而在其他点上不为零, 那么 (2.7) 仍成立.

前面讨论过的极坐标变换: $x = \rho\cos\theta, y = \rho\sin\theta$ 有一阶连续偏导数, 且

$$\begin{vmatrix} \dfrac{\partial x}{\partial \rho} & \dfrac{\partial y}{\partial \rho} \\ \dfrac{\partial x}{\partial \theta} & \dfrac{\partial y}{\partial \theta} \end{vmatrix} = \begin{vmatrix} \cos\theta & \sin\theta \\ -\rho\sin\theta & \rho\cos\theta \end{vmatrix} = \rho \neq 0(\text{当 } \rho \neq 0),$$

所以极坐标变换公式是 (2.7) 的一个特例.

例 2.11 计算 $\displaystyle\iint_D \cos\left(\dfrac{x-y}{x+y}\right)\mathrm{d}x\mathrm{d}y$, 其中 D 是由 $x+y=1, x=0$ 及 $y=0$ 所围成的平面区域.

解 令 $u = x-y, v = x+y$, 则 $x = \dfrac{1}{2}(u+v), y = \dfrac{1}{2}(v-u)$, 雅可比行列式为

$$\frac{\partial(x,y)}{\partial(u,v)} = \begin{vmatrix} \dfrac{1}{2} & -\dfrac{1}{2} \\ \dfrac{1}{2} & \dfrac{1}{2} \end{vmatrix} = \frac{1}{2},$$

变换将 xOy 平面的区域 D 对应到 uOv 平面的区域 D', 如图 8–26 所示, 其中 D 的边界线对应为 D' 的边界线

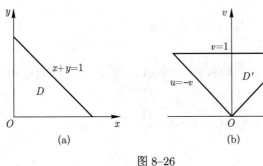

图 8–26

$$\begin{aligned} x + y &= 1 \leftrightarrow v = 1, \\ x &= 0 \leftrightarrow u + v = 0, \\ y &= 0 \leftrightarrow u = v. \end{aligned}$$

故

$$\iint_D \cos\left(\frac{x-y}{x+y}\right)\mathrm{d}x\,\mathrm{d}y = \iint_{D'} \cos\frac{u}{v} \cdot \frac{1}{2} \cdot \mathrm{d}u\,\mathrm{d}v = \frac{1}{2}\int_0^1 \mathrm{d}v \int_{-v}^v \cos\frac{u}{v}\,\mathrm{d}u = \frac{1}{2}\sin 1.$$

例 2.12 证明 $\displaystyle\iint_D f(xy)\mathrm{d}x\mathrm{d}y = \ln 2 \int_1^2 f(x)\mathrm{d}x$, 其中 f 是连续函数, D 是由直线 $y = x$, $y = 4x$ 与双曲线 $xy = 1, xy = 2$ 所围成的位于第一象限的闭区域.

解 令 $u = xy, v = \dfrac{y}{x}$, 其中 $x > 0, y > 0$, 则 $x = \sqrt{\dfrac{u}{v}}, y = \sqrt{uv}$, 其中 $u > 0, v > 0$,

$\dfrac{\partial(x,y)}{\partial(u,v)} = \dfrac{1}{2v}$, 在此一一对应变换下, D 的边界线变成了 D' 的边界线

$$v = 1, \quad v = 4, \quad u = 1, \quad u = 2,$$

所以

$$\iint\limits_{D} f(xy)\mathrm{d}x\mathrm{d}y = \iint\limits_{D'} f(u)\frac{1}{2v}\mathrm{d}u\mathrm{d}v = \frac{1}{2}\int_1^2 f(u)\mathrm{d}u\int_1^4 \frac{1}{v}\mathrm{d}v$$

$$= \ln 2 \int_1^2 f(u)\mathrm{d}u = \ln 2 \int_1^2 f(x)\mathrm{d}x.$$

习题 8–2

(A)

1. 计算下列二重积分.

(1) $\displaystyle\iint\limits_{D}(x^2+y^2)\mathrm{d}x\mathrm{d}y$, 其中 $D = \{(x,y)\,||x| \leqslant 1, |y| \leqslant 1\}$;

(2) $\displaystyle\iint\limits_{D} x\cos(x+y)\mathrm{d}x\mathrm{d}y$, 其中 D 是顶点分别为 $(0,0), (\pi,0), (\pi,\pi)$ 的三角形闭区域;

(3) $\displaystyle\iint\limits_{D} xe^{x^2+y}\mathrm{d}\sigma$, 其中 $D = \{(x,y)|0 \leqslant x \leqslant 4, 1 \leqslant y \leqslant 3\}$;

(4) $\displaystyle\iint\limits_{D} x^2 y\sin(xy^2)\mathrm{d}\sigma$, 其中 $D = \{(x,y)|0 \leqslant x \leqslant \dfrac{\pi}{2}, 0 \leqslant y \leqslant 2\}$.

2. 画出积分区域, 并计算下列二重积分.

(1) $\displaystyle\iint\limits_{D} xy\mathrm{d}x\mathrm{d}y$, 其中 D 是由曲线 $y = \sqrt{x}$, $x+y = 2$ 和 y 轴围成的闭区域;

(2) $\displaystyle\iint\limits_{D} x\sqrt{y}\mathrm{d}x\mathrm{d}y$, 其中 D 是由两条抛物线 $y = \sqrt{x}, y = x^2$ 围成的闭区域;

(3) $\displaystyle\iint\limits_{D}(x^2+y^2-y)\mathrm{d}\sigma$, 其中 D 是由 $y = x$, $y = \dfrac{x}{2}$ 和 $y = 2$ 围成的闭区域;

(4) $\displaystyle\iint\limits_{D} xy^2\mathrm{d}\sigma$, 其中 D 是由 $x^2+y^2 = 4$ 和 y 轴围成的右半闭区域.

3. 设 $f(x,y)$ 连续, 交换下列各二次积分的积分次序.

(1) $\int_0^2 dy \int_{y^2}^{2y} f(x,y)dx$;

(2) $\int_1^2 dx \int_{2-x}^{\sqrt{2x-x^2}} f(x,y)dy$;

(3) $\int_1^e dx \int_0^{\ln x} f(x,y)dy$;

(4) $\int_0^\pi dx \int_{-\sin \frac{x}{2}}^{\sin x} f(x,y)dy$;

(5) $\int_0^1 dy \int_0^{y^2} f(x,y)dx + \int_1^2 dy \int_0^{\sqrt{2-y}} f(x,y)dx$;

(6) $\int_{-1}^0 dy \int_{y^2}^1 f(x,y)dx + \int_0^1 dy \int_y^1 f(x,y)dx$.

4. 计算下列各二次积分 (的和).

(1) $\int_0^{\sqrt{\pi}} dx \int_x^{\sqrt{\pi}} \sin(y^2)dy$;

(2) $\int_2^4 dy \int_{\frac{y}{2}}^2 e^{x^2-2x}dx$;

(3) $\int_1^2 dx \int_{\sqrt{x}}^x \sin\frac{\pi x}{2y}dy + \int_2^4 dx \int_{\sqrt{x}}^2 \sin\frac{\pi x}{2y}dy$;

(4) $\int_{\frac{1}{4}}^{\frac{1}{2}} dy \int_{\frac{1}{2}}^{\sqrt{y}} e^{\frac{y}{x}}dx + \int_{\frac{1}{2}}^1 dy \int_y^{\sqrt{y}} e^{\frac{y}{x}}dx$.

5. 如果二重积分 $\iint\limits_D f(x,y)dxdy$ 的被积函数 $f(x,y)$ 是两个函数 $f_1(x)$ 及 $f_2(y)$ 的乘积, 即 $f(x,y) = f_1(x) \cdot$ $f_2(y)$, 积分区域 $D = \{(x,y)|a \leqslant x \leqslant b, c \leqslant y \leqslant d\}$, 证明这个二重积分等于两个单积分的乘积, 即

$$\iint\limits_D f_1(x) \cdot f_2(y)dxdy = \left[\int_a^b f_1(x)dx\right] \cdot \left[\int_c^d f_2(y)dy\right].$$

6. 利用二重积分计算下列立体的体积.

(1) 求由平面 $x = 0$, $y = 0$, $x = 1$, $y = 1$ 所围成的柱体被平面 $z = 0$ 及 $2x + 3y + z = 6$ 截得的立体的体积;

(2) 求由平面 $x = 0, y = 0, x + y = 1$ 所围成的柱体被平面 $z = 0$ 及抛物面 $x^2 + y^2 = 6 - z$ 截得的立体的体积;

(3) 求由曲面 $z = x^2 + 2y^2$ 及 $z = 6 - 2x^2 - y^2$ 所围成的立体的体积.

7. 画出积分区域, 把积分 $\iint\limits_D f(x,y)dxdy$ 表示为极坐标形式的二次积分, 其中积分区域 D 是

(1) $D = \{(x,y)|1 \leqslant x^2 + y^2 \leqslant 4\}$;

(2) $D = \{(x,y)|0 \leqslant y \leqslant 1 - x, 0 \leqslant x \leqslant 1\}$;

(3) $D = \{(x,y)|x^2 + y^2 \leqslant 2(x+y)\}$;

(4) $D = \{(x,y)|2x \leqslant x^2 + y^2 \leqslant 4\}$;

(5) $D = \{(x,y)|x \leqslant y \leqslant \sqrt{3}x, 0 \leqslant x \leqslant 2\}$;

(6) $D = \{(x,y)|0 \leqslant y \leqslant x^2, 0 \leqslant x \leqslant 1\}$.

8. 把下列积分化为极坐标形式, 并计算积分值.

(1) $\int_0^2 \mathrm{d}x \int_0^{\sqrt{2x-x^2}} (x^2 + y^2)\mathrm{d}y$;   (2) $\int_0^a \mathrm{d}x \int_0^x \sqrt{x^2 + y^2}\mathrm{d}y$;

(3) $\int_0^1 \mathrm{d}x \int_{x^2}^x (x^2 + y^2)^{-\frac{1}{2}} \mathrm{d}y$;   (4) $\int_0^a \mathrm{d}y \int_0^{\sqrt{a^2-y^2}} (x^2 + y^2)\mathrm{d}x$.

9. 利用极坐标计算下列各题.

(1) $\iint\limits_{D} \ln(1 + x^2 + y^2)\mathrm{d}\sigma$, 其中 D 是由圆周 $x^2 + y^2 = 1$ 及坐标轴所围成的在第一象限内的闭区域;

(2) $\iint\limits_{D} \arctan \frac{y}{x}\mathrm{d}\sigma$, 其中 D 是由圆周 $x^2 + y^2 = 4$, $x^2 + y^2 = 1$ 及直线 $y = 0, y = x$ 所围成的在第一象限内的闭区域;

(3) $\iint\limits_{D} \frac{x + y}{x^2 + y^2}\mathrm{d}\sigma$, 其中 D 是由 $x^2 + y^2 \leqslant 1$ 和 $x + y \geqslant 1$ 围成的闭区域;

(4) $\iint\limits_{D} \left(\frac{1 - x^2 - y^2}{1 + x^2 + y^2} \right)^{\frac{1}{2}} \mathrm{d}\sigma$, 其中 D 是由圆周 $x^2 + y^2 = 1$ 及坐标轴所围成的在第一象限内的闭区域.

10. 利用极坐标计算下列立体 Ω 的体积.

(1) Ω 由柱面 $x^2 + y^2 = ax$ 和曲面 $z = x^2 + y^2$ 及 xOy 坐标面围成;

(2) Ω 由锥面 $z = \sqrt{x^2 + y^2}$ 和半球面 $z = \sqrt{1 - x^2 - y^2}$ 所围成.

*11. 作适当变换, 计算下列二重积分.

(1) $\iint\limits_{D} (x - y)^2 \sin^2(x + y)\mathrm{d}x\mathrm{d}y$, 其中 D 是平行四边形闭区域, 四个顶点是 $(\pi, 0)$, $(2\pi, \pi)$, $(\pi, 2\pi)$ 和 $(0, \pi)$;

(2) $\iint\limits_{D} \left(\frac{x^2}{a^2} + \frac{y^2}{b^2} \right)\mathrm{d}x\mathrm{d}y$, 其中 D 为椭圆域 $\frac{x^2}{a^2} + \frac{y^2}{b^2} \leqslant 1$;

(3) $\iint\limits_{D} x^2 y^2 \mathrm{d}x\mathrm{d}y$, 其中 D 是由双曲线 $xy = 1$, $xy = 2$ 和直线 $y = x$, $y = 4x$ 所围成的在第一象限内的闭区域;

(4) $\iint\limits_{D} \mathrm{e}^{\frac{y}{x+y}} \mathrm{d}x\mathrm{d}y$, 其中 D 是由 x 轴, y 轴和直线 $x + y = 1$ 围成的闭区域.

*12. 求下列平面区域 D 的面积.

(1) D 是由曲线 $y = x^3, y = 4x^3, x = y^3, x = 4y^3$ 所围成的在第一象限内的闭区域;

(2) D 由椭圆 $(2x + 3y + 4)^2 + (5x + 6y + 7)^2 = 9$ 围成.

*13. 选取适当变换, 证明下列等式.

(1) $\iint\limits_{D} f(x + y)\mathrm{d}x\mathrm{d}y = \int_{-1}^1 f(u)\mathrm{d}u$, 其中闭区域 $D = \{(x,y) | |x| + |y| \leqslant 1\}$;

(2) $\displaystyle\iint\limits_{D} f(ax + by + c)\mathrm{d}x\mathrm{d}y = 2\int_{-1}^{1}\sqrt{1 - u^2} f(u\sqrt{a^2 + b^2} + c)\mathrm{d}u$, 其中闭区域 $D = \{(x, y) | x^2 + y^2 \leqslant 1 \}$ 且 $a^2 + b^2 \neq 0$.

(B)

14. 设 D 为圆域 $x^2 + y^2 \leqslant R^2$, 计算 $\displaystyle\iint\limits_{D}\left(\dfrac{x^2}{a^2} + \dfrac{y^2}{b^2}\right)\mathrm{d}x\mathrm{d}y$.

15. 设 $f(x, y)$ 连续, 且 $f(x, y) = xy + \displaystyle\iint\limits_{D} f(u, v)\mathrm{d}u\mathrm{d}v$, 其中 D 是由 $y = 0, y = x^2$ 及 $x = 1$ 所围成的区域, 求连续函数 $f(x, y)$.

16. 利用对称性计算.

(1) 计算 $\displaystyle\iint\limits_{D}(x + y)^2\,\mathrm{d}\sigma$, 其中 D 为圆域 $x^2 + y^2 \leqslant a^2$;

(2) $\displaystyle\iint\limits_{D}\dfrac{\ln[(1 + x^2)^y(1 + y^2)^x]}{1 + \dfrac{x^2}{a^2} + \dfrac{y^2}{b^2}}\mathrm{d}x\mathrm{d}y$, 其中 D 为椭圆域 $\dfrac{x^2}{a^2} + \dfrac{y^2}{b^2} \leqslant 1$.

17. $\displaystyle\iint\limits_{D}(x + y)\mathrm{d}x\mathrm{d}y$, 其中 D 是由 $y^2 = 2x, x + y = 4, x + y = 12$ 所围成的闭区域.

18. 设 $f(x)$ 是 $[a, b]$ 上恒取正值的连续函数, 试用二重积分证明

$$\int_{a}^{b} f(x)\mathrm{d}x\int_{a}^{b}\dfrac{1}{f(x)}\mathrm{d}x \geqslant (b - a)^2.$$

习题 8–2
第 18 题解答

第三节 三 重 积 分

一、三重积分的概念和性质

1. 三重积分问题的产生

与二重积分相同, 三重积分的概念最初也是从解决实际问题中产生的, 类似非均匀薄片质量问题, 下面通过非均匀空间立体的质量问题来给出三重积分的概念.

空间物体的质量

空间物体占有空间闭区域 Ω, 已知在任意一点 $(x, y, z) \in \Omega$ 的密度为 $\mu(x, y, z) > 0$, 且 $\mu(x, y, z)$ 在 Ω 上连续, 求该空间物体的质量 M.

和求平面薄片的质量类似, 将 Ω 任意分割成 n 个小块 $\Delta v_1, \Delta v_2, \cdots, \Delta v_n$, 并且仍然用 Δv_i 表示小块 Δv_i 的体积, 由 $\mu(x, y, z)$ 的连续性, 只要小块所占的小闭区域 Δv_i 的直径很小, 这些小块就可以近似地看作质量均匀的物体, 任取一点 $(\xi_i, \eta_i, \zeta_i) \in \Delta v_i$ (图 8–27), 则 $\mu(\xi_i, \eta_i, \zeta_i)\Delta v_i (i = 1, 2, \cdots, n)$ 可看作第 i 个小块的质量的近似值. 通过求和即得空间物体

质量的近似值

$$M \approx \sum_{i=1}^{n} \mu(\xi_i, \eta_i, \zeta_i) \Delta v_i.$$

设 λ_i 表示小块 Δv_i 的直径, $\lambda = \max\limits_{1 \leqslant i \leqslant n} \{\lambda_i\}$, 令 $\lambda \to 0$

对上述和式取极限, 于是所求空间物体的质量为

$$M = \lim_{\lambda \to 0} \sum_{i=1}^{n} \mu(\xi_i, \eta_i, \zeta_i) \Delta v_i. \tag{3.1}$$

由上面的分析可以看到, 对于变密度空间物体的质量计算最后归结为形式为 (3.1) 的极限, 在物理、力学、几何和工程技术中, 有许多物理量或几何量都归结为这一形式的和的极限, 并由此抽象出下述三重积分的定义.

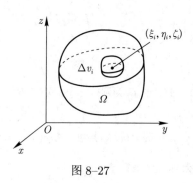

图 8–27

2. 三重积分的定义

定义 3.1 设 $f(x, y, z)$ 是空间有界闭区域 Ω 上的有界函数, 将区域 Ω 任意分割成 n 个小闭区域 $\Delta v_1, \Delta v_2, \cdots, \Delta v_n$, 为方便起见, 仍然用 Δv_i 表示小闭区域 Δv_i 的体积. 在每个小区域 Δv_i 上任取一点 (ξ_i, η_i, ζ_i), 作乘积 $f(\xi_i, \eta_i, \zeta_i) \Delta v_i (i = 1, 2, \cdots, n)$, 并作和 $\sum\limits_{i=1}^{n} f(\xi_i, \eta_i, \zeta_i) \Delta v_i$. 当各小闭区域的最大直径 λ 趋于零时, 如果极限

$$\lim_{\lambda \to 0} \sum_{i=1}^{n} f(\xi_i, \eta_i, \zeta_i) \Delta v_i$$

总存在, 那么称函数 $f(x, y, z)$ 在区域 Ω 上可积, 并称此极限为函数 $f(x, y, z)$ 在闭区域 Ω 上的三重积分, 记作 $\iiint\limits_{\Omega} f(x, y, z) \mathrm{d}v$, 即

$$\iiint\limits_{\Omega} f(x, y, z) \mathrm{d}v = \lim_{\lambda \to 0} \sum_{i=1}^{n} f(\xi_i, \eta_i, \zeta_i) \Delta v_i, \tag{3.2}$$

其中 $\mathrm{d}v$ 称为体积元素.

与二重积分类似, 在三重积分定义中对区域 Ω 的分割也是任意的, 当函数 $f(x, y, z)$ 在区域 Ω 上可积时, 在空间直角坐标系下就可以用一种非常特别的分割方法 —— **平行坐标面的三组平面**去分割区域 Ω, 这样除了包含边界点的一些小闭区域, 其余的每个小区域 Δv_i 都是长方体, 设长方体小闭区域 Δv_i 的边长为 $\Delta x_j, \Delta y_k, \Delta z_l$, 则 $\Delta v_i = \Delta x_j \Delta y_k \Delta z_l$. 因此, 体积元素可表示成 $\mathrm{d}v = \mathrm{d}x\mathrm{d}y\mathrm{d}z$, 这样三重积分就可表示成

$$\iiint\limits_{\Omega} f(x, y, z) \mathrm{d}x\mathrm{d}y\mathrm{d}z.$$

从三重积分的定义可以看出, 变密度空间物体的质量就是密度函数 $\mu(x, y, z)$ 在该物体占有空间区域 Ω 上的三重积分

$$M = \iiint\limits_{\Omega} \mu(x, y, z)\mathrm{d}x\mathrm{d}y\mathrm{d}z.$$

特别地从定义可以知道, 若 $f(x, y, z) \equiv 1$, 则有

$$\iiint\limits_{\Omega} 1\mathrm{d}v = \lim_{\lambda \to 0} \sum_{i=1}^{n} \Delta v_i = V.$$

这里 V 表示空间区域 Ω 的体积, 即可以用三重积分表示空间立体的体积.

这里, 不加证明地指出, **如果 $f(x, y, z)$ 在闭区域 Ω 上连续, 那么它在 Ω 上的三重积分必定存在**.

三重积分的性质和二重积分完全类似, 请读者自己完成.

二、三重积分的计算

二重积分的计算是通过化为二次积分、计算二次定积分完成的. 与此类似, 计算三重积分的基本方法就是将三重积分化为三次积分来计算. 下面分别讨论在不同坐标系下将三重积分化为三次积分的方法.

1. 直角坐标系下三重积分的计算

坐标面投影法

假设空间闭区域 Ω 在 xOy 面的投影区域为 D_{xy}, 任取 $(x, y) \in D_{xy}$, 过点 $(x, y, 0)$ 作平行于 z 轴的直线. 假设直线穿过 Ω 的内部时, 与 Ω 的边界曲面相交不超过两点. 先交的点在下边界曲面 Σ_1 上, 后交的点在上边界曲面 Σ_2 上, 下上边界面分别为

$$\Sigma_1 : z = z_1(x, y); \quad \Sigma_2 : z = z_2(x, y).$$

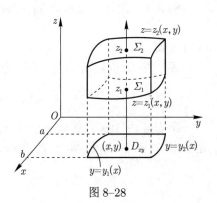

图 8–28

其中 $z_1(x, y)$, $z_2(x, y)$ 在 D_{xy} 上连续, 如图 8–28 所示, 则 Ω 可表示为

$$\Omega = \{(x, y, z) \,|\, z_1(x, y) \leqslant z \leqslant z_2(x, y), \ (x, y) \in D_{xy}\}. \tag{3.3}$$

于是, 计算 $f(x, y, z)$ 在 Ω 上的三重积分时, 可以先对固定的 $(x, y) \in D_{xy}$ 在 $[z_1(x, y), z_2(x, y)]$ 上作定积分 $\int_{z_1(x,y)}^{z_2(x,y)} f(x, y, z)\mathrm{d}z$ (z 为积分变量), 当点 (x, y) 在 D_{xy} 上变动时, 该定积分是 D_{xy} 上的二元函数

$$\phi(x, y) = \int_{z_1(x,y)}^{z_2(x,y)} f(x, y, z)\mathrm{d}z,$$

将 $\phi(x, y)$ 再在 D_{xy} 上作二重积分, 即

$$\iint\limits_{D_{xy}} \phi(x,y)\,\mathrm{d}x\mathrm{d}y = \iint\limits_{D_{xy}} \left[\int_{z_1(x,y)}^{z_2(x,y)} f(x,y,z)\mathrm{d}z\right]\mathrm{d}x\mathrm{d}y. \tag{3.4}$$

可以证明, 如果被积函数 $f(x,y,z)$ 在 Ω 上连续, 那么所求三重积分 $\iiint\limits_{\Omega} f(x,\ y,\ z)\mathrm{d}v$ 就等

于 $\iint\limits_{D_{xy}} \left[\int_{z_1(x,y)}^{z_2(x,y)} f(x,y,z)\mathrm{d}z\right]\mathrm{d}x\mathrm{d}y$, 这样就把三重积分化成了先求一个变量的定积分, 再求两个

变量的二重积分, 简称 "先一后二". 如果 D_{xy} 在 xOy 面上可以表示为

$$a \leqslant x \leqslant b, \quad y_1(x) \leqslant y \leqslant y_2(x),$$

(3.4) 中的二重积分还可以进一步化为二次积分, 从而得到 Ω 上三重积分的计算公式

$$
\begin{aligned}
\iiint\limits_{\Omega} f(x,y,z)\mathrm{d}v &= \int_a^b \mathrm{d}x \int_{y_1(x)}^{y_2(x)} \left[\int_{z_1(x,y)}^{z_2(x,y)} f(x,y,z)\mathrm{d}z\right]\mathrm{d}y \\
&= \int_a^b \mathrm{d}x \int_{y_1(x)}^{y_2(x)} \mathrm{d}y \int_{z_1(x,y)}^{z_2(x,y)} f(x,y,z)\mathrm{d}z,
\end{aligned} \tag{3.5}
$$

公式 (3.5) 把三重积分化为先对 z, 再对 y, 最后对 x 的三次积分.

类似地, 假如 Ω 垂直于 yOz (或 zOx) 面, 且穿过 Ω 内部的直线与 Ω 的边界曲面相交不超过两点, 也可以把闭区域 Ω 投影到 yOz (或 zOx) 面上, 从而把三重积分化为其他次序的三次积分.

如果垂直于坐标面且穿过 Ω 内部的直线与 Ω 的边界曲面的交点多于两个, 可以把闭区域 Ω 分成若干部分, 使 Ω 上的三重积分化为各部分闭区域上的三重积分的和.

例 3.1 计算三重积分 $\iiint\limits_{\Omega} x\mathrm{d}x\mathrm{d}y\mathrm{d}z$, 其中 Ω 是由三个坐标面和平面 $x+2y+z=1$ 所围成的区域.

解 将 Ω 投影到 xOy 面上, 投影区域为

$$D_{xy} : 0 \leqslant y \leqslant \frac{1}{2}(1-x), \quad 0 \leqslant x \leqslant 1.$$

在 D_{xy} 内任取一点 (x,y), 过该点作平行于 z 轴的直线在 $z=0$ 处穿进 Ω, 在 $z=1-x-2y$ 处穿出, 如图 8-29 所示, 于是点 (x,y) 对应 z 的范围为

$$0 \leqslant z \leqslant 1-x-2y,$$

故

$$
\begin{aligned}
\iiint\limits_{\Omega} x\mathrm{d}x\mathrm{d}y\mathrm{d}z &= \iint\limits_{D_{xy}} \left(\int_0^{1-x-2y} x\mathrm{d}z\right)\mathrm{d}x\mathrm{d}y = \int_0^1 \mathrm{d}x \int_0^{\frac{1}{2}(1-x)} \mathrm{d}y \int_0^{1-x-2y} x\mathrm{d}z \\
&= \int_0^1 x\mathrm{d}x \int_0^{\frac{1}{2}(1-x)} (1-x-2y)\mathrm{d}y = \frac{1}{4}\int_0^1 (x-2x^2+x^3)\mathrm{d}x = \frac{1}{48}.
\end{aligned}
$$

例 3.2 计算三重积分 $\iiint\limits_{\Omega} x\mathrm{d}x\mathrm{d}y\mathrm{d}z$, 其中 Ω 是由曲面 $z = x^2 + y^2, y = 1, y = x^2, z = 0$ 所围成的闭区域.

解 将 Ω 投影到 xOy 面上, 如图 8–30 所示, 投影区域为

$$D_{xy} : x^2 \leqslant y \leqslant 1, -1 \leqslant x \leqslant 1.$$

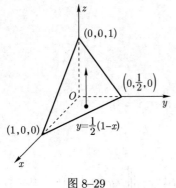

图 8–29　　　　　　　　图 8–30

在 D_{xy} 内任取一点 (x, y), 过该点作平行于 z 轴的直线在 $z = 0$ 处穿进 Ω, 在 $z = x^2 + y^2$ 处穿出, 于是点 (x, y) 对应 z 的范围为

$$0 \leqslant z \leqslant x^2 + y^2,$$

故

$$
\begin{aligned}
\iiint\limits_{\Omega} x\mathrm{d}x\mathrm{d}y\mathrm{d}z &= \iint\limits_{D_{xy}} \left(\int_0^{x^2+y^2} x\mathrm{d}z \right) \mathrm{d}x\mathrm{d}y \\
&= \int_{-1}^1 \mathrm{d}x \int_{x^2}^1 \mathrm{d}y \int_0^{x^2+y^2} x\mathrm{d}z \\
&= \int_{-1}^1 \mathrm{d}x \int_{x^2}^1 (x^3 + xy^2)\mathrm{d}y = \int_{-1}^1 \left(\frac{1}{3}x + x^3 - x^5 - \frac{1}{3}x^7 \right) \mathrm{d}x = 0.
\end{aligned}
$$

例 3.3 计算三重积分 $I = \iiint\limits_{\Omega} (yz + xy)\mathrm{d}x\mathrm{d}y\mathrm{d}z$, 其中 Ω 是由曲面 $x^2 + y^2 \leqslant 2ax$, $x^2 + y^2 + z^2 \leqslant 4a^2 (z \geqslant 0)$ 所围成的闭区域, 这里 $a > 0$.

解 $$I = \iiint\limits_{\Omega} yz\mathrm{d}x\mathrm{d}y\mathrm{d}z + \iiint\limits_{\Omega} xy\mathrm{d}x\mathrm{d}y\mathrm{d}z.$$

如图 8–31 所示, 积分区域 Ω 关于 zOx 面对称, 且被积函数 yz 和 xy 关于 y 都是奇函数, 所以

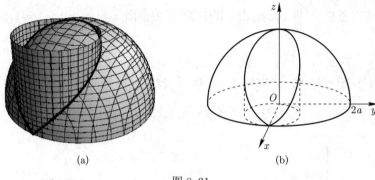

$$(a) \qquad\qquad\qquad (b)$$

图 8–31

$$\iiint\limits_{\Omega} yz\mathrm{d}x\mathrm{d}y\mathrm{d}z = \iiint\limits_{\Omega} xy\mathrm{d}x\mathrm{d}y\mathrm{d}z = 0,$$

因此

$$I = \iiint\limits_{\Omega} (yz+xy)\mathrm{d}x\mathrm{d}y\mathrm{d}z = \iiint\limits_{\Omega} yz\mathrm{d}x\mathrm{d}y\mathrm{d}z + \iiint\limits_{\Omega} xy\mathrm{d}x\mathrm{d}y\mathrm{d}z = 0.$$

切片法

如果空间闭域 Ω 在 z 轴上的投影区域为 $[c_1, c_2]$, 且 $\forall z \in [c_1, c_2]$, 用竖坐标为 z 的平面截 Ω 所得的是一个平面区域 D_z, 如图 8–32 所示, Ω 可表示为

$$\Omega = \{(x,y,z)\,|\,(x,y) \in D_z, c_1 \leqslant z \leqslant c_2\},$$

于是计算 $f(x,y,z)$ 在 Ω 上的三重积分时, 可以先对固定的 $z \in [c_1, c_2]$, 在 D_z 上计算二重积分 $\iint\limits_{D_z} f(x,y,z)\mathrm{d}x\mathrm{d}y$, 然后再让点 z 在 $[c_1, c_2]$ 上变动, 作定积分, 即

$$
\begin{aligned}
\iiint\limits_{\Omega} f(x,y,z)\mathrm{d}v &= \int_{c_1}^{c_2}\left[\iint\limits_{D_z} f(x,y,z)\mathrm{d}x\mathrm{d}y\right]\mathrm{d}z \\
&= \int_{c_1}^{c_2}\mathrm{d}z \iint\limits_{D_z} f(x,y,z)\mathrm{d}x\mathrm{d}y.
\end{aligned}
\tag{3.6}
$$

由于 (3.6) 是按先 "二重积分" 后 "定积分" 的步骤来计算, 故也简称 "先二后一". (3.6) 是将空间区域 Ω 往 z 轴上投影得到的, 对有些问题, 也可以将区域往 x 轴或 y 上投影, 处理方法与 (3.6) 类似.

例 3.4　计算三重积分 $I = \iiint\limits_{\Omega} z^2\mathrm{d}x\mathrm{d}y\mathrm{d}z$, 其中 Ω 为椭球体 $\dfrac{x^2}{a^2} + \dfrac{y^2}{b^2} + \dfrac{z^2}{c^2} \leqslant 1$.

解 利用切片法, 如图 8–33 所示, 空间闭区域可表示为

$$\Omega = \left\{ (x,y,z) \left| \frac{x^2}{a^2} + \frac{y^2}{b^2} \leqslant 1 - \frac{z^2}{c^2}, -c \leqslant z \leqslant c \right. \right\},$$

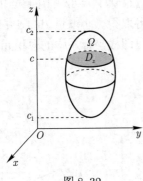

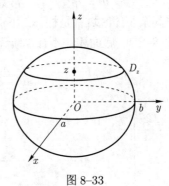

图 8–32　　　　　　　图 8–33

由公式 (3.6) 得

三重积分的
对称性

$$
\begin{aligned}
I &= \iiint\limits_{\Omega} z^2 \mathrm{d}x\mathrm{d}y\mathrm{d}z = \int_{-c}^{c} z^2 \mathrm{d}z \iint\limits_{D_z} \mathrm{d}x\mathrm{d}y \\
&= \pi ab \int_{-c}^{c} \left(1 - \frac{z^2}{c^2} \right) z^2 \mathrm{d}z = \frac{4}{15}\pi abc^3.
\end{aligned}
$$

2. 柱面坐标系下的三重积分的计算

设空间的点 $M(x,y,z)$ 在 xOy 面上投影点为 $P(x,y)$, 用极坐标表示点 $P(x,y)$ 的坐标, 则点 M 可以表示为

$$M(x,y,z) = M(\rho\cos\theta,\ \rho\sin\theta,\ z),$$

从而点 M 确定了一个三元有序数组 (ρ,θ,z); 反之, 对任意一组这样的有序数组, 都能唯一确定空间中的一点, 称三元有序数组 (ρ,θ,z) 为点 M 的柱面坐标, 如图 8–34 所示. 其中三变量 ρ, θ, z 的取值范围是

$$\rho \geqslant 0, \quad 0 \leqslant \theta \leqslant 2\pi, \quad -\infty < z < +\infty,$$

点 M 的直角坐标与柱面坐标的关系为

$$
\begin{cases}
x = \rho\cos\theta, \\
y = \rho\sin\theta, \\
z = z.
\end{cases}
\tag{3.7}
$$

柱面坐标系的三组坐标曲面分别是

$\rho =$ 常数, 表示以 z 轴为中心的圆柱面;

$\theta =$ 常数, 表示以 z 轴为边界的半平面;

$z = $ 常数, 表示与 xOy 面平行的平面.

下面讨论怎样把三重积分 $\iiint\limits_{\Omega} f(x,y,z)\mathrm{d}x\mathrm{d}y\mathrm{d}z$ 转化为柱面坐标系下的三重积分, 为此, 用

三组坐标面 $\rho = $ 常数, $\theta = $ 常数, $z = $ 常数来分割空间区域 Ω, 除了含 Ω 的边界点的一些不规则小闭区域外, 其余小闭区域都是柱体. 下面考虑由 ρ, θ, z 各取得微小增量 $\mathrm{d}\rho$, $\mathrm{d}\theta$, $\mathrm{d}z$ 所成的柱体的体积 (图 8–35). 底面积在不计高阶无穷小时为 $\rho\mathrm{d}\rho\mathrm{d}\theta$ (即极坐标系中的面积元素), 于是得

$$\mathrm{d}v = \rho\,\mathrm{d}\rho\,\mathrm{d}\theta\,\mathrm{d}z,$$

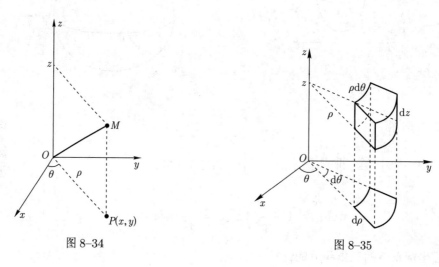

图 8–34　　　　　　　　　　　　　　图 8–35

这就是柱面坐标系中的体积元素. 再由 (3.7), 就得到三重积分从直角坐标变换为柱面坐标的公式

$$\iiint\limits_{\Omega} f(x,y,z)\mathrm{d}x\mathrm{d}y\mathrm{d}z = \iiint\limits_{\Omega} f(\rho\cos\theta, \rho\sin\theta, z)\rho\,\mathrm{d}\rho\,\mathrm{d}\theta\,\mathrm{d}z. \tag{3.8}$$

至于柱面坐标下三重积分的计算, 则可化为三次积分来进行. 化为三次积分时, 积分限的确定可按照以下方法:

由于柱面坐标系下的 ρ 和 θ 就是积分区域 Ω 的投影区域 D 在极坐标系下的 ρ 和 θ, 所以根据二重积分极坐标的方法同样可以确定柱面坐标系下的 ρ 和 θ 的积分限, 假设 D 可表示为

$$D : \varphi_1(\theta) \leqslant \rho \leqslant \varphi_2(\theta), \quad \alpha \leqslant \theta \leqslant \beta.$$

积分区域 Ω 的上下底面分别用 $z_1(\rho,\theta)$, $z_2(\rho,\theta)$ 来表示, 利用穿线法来得到 z 的变化范围, 如图 8–36 所示,

$$z_1(\rho,\theta) \leqslant z \leqslant z_2(\rho,\theta).$$

这样, 柱面坐标下三重积分就化成了如下三次积分

$$\iiint\limits_{\Omega} f(x,y,z)\mathrm{d}x\mathrm{d}y\mathrm{d}z = \int_{\alpha}^{\beta}\mathrm{d}\theta\int_{\varphi_1(\theta)}^{\varphi_2(\theta)}\mathrm{d}\rho\int_{z_1(\rho,\theta)}^{z_2(\rho,\theta)} f(\rho\cos\theta, \rho\sin\theta, z)\rho\,\mathrm{d}z.$$

例 3.5 计算 $\iiint\limits_{\Omega} \dfrac{1}{1+x^2+y^2}\mathrm{d}x\mathrm{d}y\mathrm{d}z$,其中 Ω 是由抛物面 $x^2+y^2=4z$ 与平面 $z=h, h>0$ 围成的空间区域.

解 将 Ω 投影到 xOy 面上,投影区域为圆形闭区域 $D_{xy}: 0 \leqslant \rho \leqslant 2\sqrt{h},\ \ 0 \leqslant \theta \leqslant 2\pi$. 在 D_{xy} 内任取一点 (ρ, θ),过该点作平行于 z 轴的直线,则直线在 $z=\dfrac{x^2+y^2}{4}$ 处穿进 Ω,在 $z=h$ 处穿出 Ω,如图 8–37. 因此闭区域 Ω 可用不等式

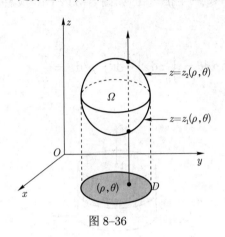

图 8–36　　　　　　　图 8–37

$$\frac{\rho^2}{4} \leqslant z \leqslant h,\ 0 \leqslant \rho \leqslant 2\sqrt{h},\ 0 \leqslant \theta \leqslant 2\pi$$

来表示. 于是

$$
\begin{aligned}
\iiint\limits_{\Omega} \frac{1}{1+x^2+y^2}\mathrm{d}x\mathrm{d}y\mathrm{d}z &= \iiint\limits_{\Omega} \frac{\rho}{1+\rho^2}\mathrm{d}\rho\,\mathrm{d}\theta\,\mathrm{d}z \\
&= \int_0^{2\pi}\mathrm{d}\theta \int_0^{2\sqrt{h}}\mathrm{d}\rho \int_{\frac{\rho^2}{4}}^{h}\frac{\rho}{1+\rho^2}\mathrm{d}z \\
&= 2\pi\int_0^{2\sqrt{h}}\frac{\rho}{1+\rho^2}\left(h-\frac{\rho^2}{4}\right)\mathrm{d}\rho \\
&= \frac{\pi}{4}[(1+4h)\ln(1+4h)-4h].
\end{aligned}
$$

例 3.6 计算 $\iiint\limits_{\Omega}(x^2+y^2)z\mathrm{d}x\mathrm{d}y\mathrm{d}z$,其中 Ω 是由锥面 $z=\sqrt{x^2+y^2}$ 与柱面 $x^2+y^2=1$ 以及平面 $z=0$ 围成的空间区域.

解法 1 将 Ω 投影到 xOy 面上,投影区域为圆形闭区域 $D_{xy}: 0 \leqslant \rho \leqslant 1,\ \ 0 \leqslant \theta \leqslant 2\pi$. 在 D_{xy} 内任取一点 (ρ, θ),过该点作平行于 z 轴的直线,则直线在 $z=0$ 处穿进 Ω,在 $z=\sqrt{x^2+y^2}$ 处穿出 Ω,如图 8–38. 因此闭区域 Ω 可用不等式

$$0 \leqslant z \leqslant \rho,\ 0 \leqslant \rho \leqslant 1,\ 0 \leqslant \theta \leqslant 2\pi$$

来表示. 于是

$$\iiint\limits_{\Omega} (x^2 + y^2)z\mathrm{d}x\mathrm{d}y\mathrm{d}z = \iiint\limits_{\Omega} \rho^2 z\rho\mathrm{d}\rho\mathrm{d}\theta\mathrm{d}z = \int_0^{2\pi}\mathrm{d}\theta\int_0^1\rho^3\mathrm{d}\rho\int_0^\rho z\mathrm{d}z = \frac{\pi}{6}.$$

上述解题方法对应于坐标面投影法, 对应于切片法, 也可采用如下方法.

解法 2 将 Ω 投影到 z 轴上得投影区间 $[0,1]$, 在 $[0,1]$ 内任取一 z 值, 并用平面 $z = z$ (右边 z 值为定值) 去截立体 Ω 得截痕面区域 $D_z: z^2 \leqslant x^2 + y^2 \leqslant 1$, 如图 8–39 所示, 其柱面坐标为 $D_z: z \leqslant \rho \leqslant 1, \ 0 \leqslant \theta \leqslant 2\pi$, 于是

$$\iiint\limits_{\Omega} (x^2 + y^2)z\mathrm{d}x\,\mathrm{d}y\,\mathrm{d}z = \int_0^1 z\mathrm{d}z \iint\limits_{D_z} \rho^2\rho\,\mathrm{d}\rho\,\mathrm{d}\theta = \int_0^1 z\mathrm{d}z\int_0^{2\pi}\mathrm{d}\theta\int_z^1\rho^3\mathrm{d}\rho = \frac{\pi}{6}.$$

图 8–38 　　　　　　　　　　　　　　　　图 8–39

注 一般来说, 当被积函数或积分域的边界方程含 $x^2 + y^2$ 时, 常采用柱面坐标来计算三重积分.

3. 球面坐标系下的三重积分的计算

设 $M(x, y, z)$ 为空间内的一点, 用 r 表示原点 O 与点 M 之间的距离, φ 表示 $\overrightarrow{OM}$ 与 z 轴正向的夹角, θ 表示从 z 轴正向看 x 轴沿逆时针旋转到 $\overrightarrow{OP}$ 转过的角度, 其中 $\overrightarrow{OP}$ 为 $\overrightarrow{OM}$ 在 xOy 面上的投影向量. 如图 8–40 所示, 则点 M 的直角坐标可用变量 r, φ, θ 表示

$$\begin{cases} x = r\sin\varphi\cos\theta, \\ y = r\sin\varphi\sin\theta, \\ z = r\cos\varphi. \end{cases} \tag{3.9}$$

从而点 M 确定了一个三元有序数组 r, φ, θ. 反之, 对任意一组这样的有序数组, 都能唯一确定空间中的一点, 称三元有序数组 (r, φ, θ) 为点 M 的球面坐标, 其中变量 r, φ, θ 的取值范围是

$$0 \leqslant r < +\infty, \quad 0 \leqslant \varphi \leqslant \pi, \quad 0 \leqslant \theta \leqslant 2\pi.$$

而 (3.9) 就是空间点 M 的直角坐标和球面坐标之间的转换关系.

球面坐标系的三组坐标曲面分别是

$r = $ 常数, 表示球心在原点、半径为 r 的球面;

$\varphi =$ 常数, 表示以原点为顶点, z 轴为轴的圆锥面;

$\theta =$ 常数, 表示以 z 轴为边界的半平面.

下面讨论怎样把三重积分 $\iiint\limits_{\Omega} f(x,y,z)\mathrm{d}x\mathrm{d}y\mathrm{d}z$ 转化为球面坐标系下的三重积分, 为此, 用三组坐标面 $r =$ 常数, $\varphi =$ 常数, $\theta =$ 常数来分割空间区域 Ω, 除了含 Ω 的边界点的一些不规则小闭区域外, 其余小闭区域都是由六个曲面围成的六面体, 如图 8–41 所示. 下面考虑由 r, φ, θ 各取得微小增量 $\mathrm{d}r$, $\mathrm{d}\varphi$, $\mathrm{d}\theta$ 所围成的六面体的体积. 不计高阶无穷小, 可把这个六面体看作长方体, 该长方体的三条边长分别为 $r\mathrm{d}\varphi$, $r\sin\varphi\,\mathrm{d}\theta$, $\mathrm{d}r$, 于是得球面坐标系中的体积元素

$$\mathrm{d}v = r^2 \sin\varphi\,\mathrm{d}r\,\mathrm{d}\varphi\,\mathrm{d}\theta,$$

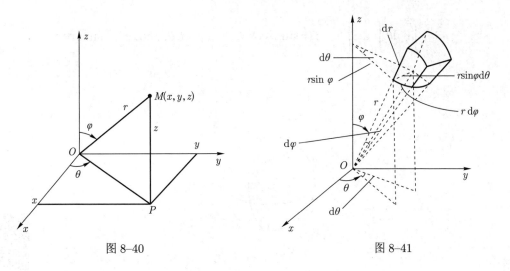

图 8–40   图 8–41

再由 (3.9), 就得到三重积分从直角坐标变换为球面坐标的公式

$$\iiint\limits_{\Omega} f(x,y,z)\mathrm{d}x\,\mathrm{d}y\,\mathrm{d}z$$

$$= \iiint\limits_{\Omega} f(r\sin\varphi\cos\theta, r\sin\varphi\sin\theta, r\cos\varphi)r^2\sin\varphi\,\mathrm{d}r\,\mathrm{d}\varphi\,\mathrm{d}\theta. \tag{3.10}$$

至于球面坐标下三重积分的计算, 则可化为三次积分来进行. 化为三次积分时, 积分限可根据 r, φ, θ 在积分区域 Ω 中的变化范围来确定.

由于球面坐标系下的 θ 就是积分区域 Ω 的投影区域 D 在极坐标下的 θ, 所以根据二重积分极坐标的方法同样可以确定球面坐标系下 θ 的积分限. 假设 θ 的范围为 $\alpha \leqslant \theta \leqslant \beta$, 在 $[\alpha,\beta]$ 内任取一 θ 值, 用半平面 $\theta = \theta$ (右边 θ 为定值) 截积分区域 Ω, 由截痕 D_θ 的边界线和 z 轴正向的夹角可以确定 φ 的积分限. 假设 φ 的范围为 $\varphi_1 \leqslant \varphi \leqslant \varphi_2$, 在 $[\varphi_1,\varphi_2]$ 内任取一 φ 值, 在半平面 $\theta = \theta$ 上作以原点为起点的射线, 该射线与 z 轴正向的夹角为 φ, 由该射线与积分区域 Ω 的表面的交点可以确定 r 的积分限, 假设 r 的范围为 $0 \leqslant r \leqslant r(\varphi,\theta)$, 这样, 球面坐标下

三重积分就化成了三次积分

$$\iiint\limits_{\Omega} f(x,y,z)\mathrm{d}x\,\mathrm{d}y\,\mathrm{d}z$$

$$= \int_{\alpha}^{\beta}\mathrm{d}\theta\int_{\varphi_1}^{\varphi_2}\mathrm{d}\varphi\int_{0}^{r(\varphi,\theta)} f(r\sin\varphi\cos\theta, r\sin\varphi\sin\theta, r\cos\varphi)r^2\sin\varphi\mathrm{d}r.$$

若积分区域 Ω 的边界曲面是一个包围原点在内的闭曲面, 其球面坐标方程为 $r = r(\varphi,\theta)$, 如图 8–42 所示, 则

$$\iiint\limits_{\Omega} f(x,y,z)\mathrm{d}x\mathrm{d}y\mathrm{d}z$$

$$= \int_{0}^{2\pi}\mathrm{d}\theta\int_{0}^{\pi}\mathrm{d}\varphi\int_{0}^{r(\varphi,\theta)} f(r\sin\varphi\cos\theta, r\sin\varphi\sin\theta, r\cos\varphi)r^2\sin\varphi\mathrm{d}r.$$

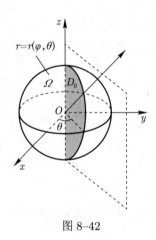

图 8–42

球坐标系下三
重积分的计算

例 3.7 计算下列空间区域 Ω 的体积.

(1) Ω 由球面 $x^2 + y^2 + z^2 = a^2$ 和锥面 $x^2 + y^2 = z^2$ 围成, 取上部, 如图 8–43 所示;

(2) 半径为 a 的球面与半顶角为 α 的内接锥面所围成的空间区域, 如图 8–44 所示.

解　(1) 如图 8–43, Ω 在球面坐标下可表示为 $0 \leqslant r \leqslant a$, $0 \leqslant \varphi \leqslant \dfrac{\pi}{4}$, $0 \leqslant \theta \leqslant 2\pi$, 所以

$$V = \iiint\limits_{\Omega} 1\,\mathrm{d}x\mathrm{d}y\mathrm{d}z = \int_{0}^{2\pi}\mathrm{d}\theta\int_{0}^{\frac{\pi}{4}}\mathrm{d}\varphi\int_{0}^{a} r^2\sin\varphi\,\mathrm{d}r = \frac{1}{3}(2 - \sqrt{2})\pi a^3.$$

(2) 设球面通过原点 O, 球心在 z 轴上, 又内接锥面的顶点在原点 O, 其轴与 z 轴重合, 如图 8–44 所示, 则球面方程为 $r = 2a\cos\varphi$, 锥面方程为 $\varphi = \alpha$, 所以该区域在球面坐标下可以表示为

$$0 \leqslant r \leqslant 2a\cos\varphi, \ 0 \leqslant \varphi \leqslant \alpha, \ 0 \leqslant \theta \leqslant 2\pi,$$

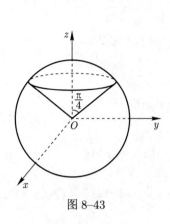

图 8-43

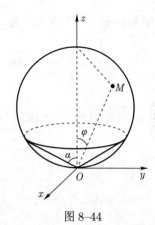

图 8-44

故所求体积

$$V = \iiint\limits_{\Omega} 1\,\mathrm{d}x\mathrm{d}y\mathrm{d}z = \int_0^{2\pi}\mathrm{d}\theta\int_0^{\alpha}\mathrm{d}\varphi\int_0^{2a\cos\varphi} r^2\sin\varphi\,\mathrm{d}r$$

$$= 2\pi\int_0^{\alpha}\sin\varphi\,\mathrm{d}\varphi\int_0^{2a\cos\varphi}r^2\mathrm{d}r = \frac{16\pi a^3}{3}\int_0^{\alpha}\cos^3\varphi\sin\varphi\mathrm{d}\varphi.$$

$$= \frac{4\pi a^3}{3}(1-\cos^4\alpha).$$

前面介绍了三重积分在三种坐标下的计算, 而三重积分的计算重点在于坐标系的选取. 一般来说, 当被积函数或积分域的边界方程含 x^2+y^2 时, 常采用柱面坐标来计算三重积分, 当被积函数或积分域的边界方程含 $x^2+y^2+z^2$ 时, 常采用球面坐标来计算三重积分, 但为了计算的简便, 也要根据具体情况灵活选择坐标系.

例 3.8 取 Ω 为由锥面 $x^2+y^2=z^2$ 与平面 $z=a$ $(a>0)$ 围成的空间区域 (图 8-45), 计算

$$(1) \iiint\limits_{\Omega}(x^2+y^2)\mathrm{d}x\mathrm{d}y\mathrm{d}z; \qquad\qquad (2) \iiint\limits_{\Omega}\sqrt{x^2+y^2+z^2}\mathrm{d}x\mathrm{d}y\mathrm{d}z.$$

分析 该题 (1) 的被积函数为 x^2+y^2, 用柱面坐标表示较简单, 该题 (2) 的被积函数含有 $x^2+y^2+z^2$, 用球面坐标更合适.

解 (1) 在柱面坐标系下, Ω 可表示为

$$\rho\leqslant z\leqslant a,\ 0\leqslant\rho\leqslant a,\ 0\leqslant\theta\leqslant 2\pi.$$

则

$$\iiint\limits_{\Omega}(x^2+y^2)\mathrm{d}x\mathrm{d}y\mathrm{d}z = \iiint\limits_{\Omega}\rho^3\mathrm{d}\rho\,\mathrm{d}\theta\,\mathrm{d}z = \int_0^{2\pi}\mathrm{d}\theta\int_0^a\rho^3\mathrm{d}\rho\int_\rho^a\mathrm{d}z$$

$$= 2\pi\int_0^a\rho^3(a-\rho)\mathrm{d}\rho = \frac{\pi}{10}a^5.$$

(2) 在球面坐标系下, Ω 可表示为

$$0 \leqslant r \leqslant \frac{a}{\cos \varphi}, \quad 0 \leqslant \varphi \leqslant \frac{\pi}{4}, \quad 0 \leqslant \theta \leqslant 2\pi.$$

则

$$\begin{aligned}
\iiint\limits_{\Omega} \sqrt{x^2 + y^2 + z^2}\,\mathrm{d}x\mathrm{d}y\mathrm{d}z &= \iiint\limits_{\Omega} r \cdot r^2 \sin \varphi \,\mathrm{d}\varphi\,\mathrm{d}\theta\,\mathrm{d}r \\
&= \int_0^{2\pi} \mathrm{d}\theta \int_0^{\frac{\pi}{4}} \sin \varphi \,\mathrm{d}\varphi \int_0^{\frac{a}{\cos \varphi}} r^3 \mathrm{d}r \\
&= 2\pi \int_0^{\frac{\pi}{4}} \frac{1}{4} \sin \varphi \,\frac{a^4}{\cos^4 \varphi}\mathrm{d}\varphi = \frac{\pi a^4}{6}(2\sqrt{2} - 1).
\end{aligned}$$

例 3.9　计算 $\iiint\limits_{\Omega} z\,\mathrm{d}x\mathrm{d}y\mathrm{d}z$, 其中 Ω 是由抛物面 $x^2 + y^2 = z$ 与球面 $x^2 + y^2 + z^2 = 2$ 围成的空间区域.

分析　该题积分域的边界方程既含有 $x^2 + y^2 + z^2$, 又含有 $x^2 + y^2$, 但为了更简单地表示 Ω, 显然柱面坐标更合适.

解　将 Ω 投影到 xOy 面上, 投影区域为圆形闭区域 $D_{xy} : 0 \leqslant \rho \leqslant 1, \ 0 \leqslant \theta \leqslant 2\pi$. 在 D_{xy} 内任取一点 (ρ, θ), 过该点作平行于 z 轴的直线, 则直线在 $z = x^2 + y^2$ 处穿进 Ω, 在 $z = \sqrt{2 - x^2 - y^2}$ 处穿出 Ω, 如图 8–46. 因此闭区域 Ω 可用不等式

$$\rho^2 \leqslant z \leqslant \sqrt{2 - \rho^2}, \quad 0 \leqslant \rho \leqslant 1, \quad 0 \leqslant \theta \leqslant 2\pi$$

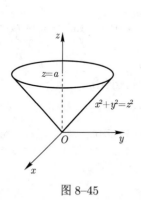

图 8–45

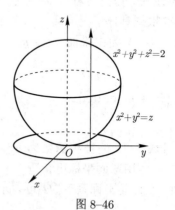

图 8–46

来表示. 于是

$$\begin{aligned}
\iiint\limits_{\Omega} z\,\mathrm{d}x\mathrm{d}y\mathrm{d}z &= \iiint\limits_{\Omega} z\rho\,\mathrm{d}\rho\,\mathrm{d}\theta\,\mathrm{d}z \\
&= \int_0^{2\pi} \mathrm{d}\theta \int_0^1 \mathrm{d}\rho \int_{\rho^2}^{\sqrt{2 - \rho^2}} \rho z\mathrm{d}z = \frac{7\pi}{12}.
\end{aligned}$$

总之, 在选取计算三重积分的坐标系时, 既要考虑积分区域的特点, 使积分区域的表示尽量简单; 又要考虑被积函数的特点, 使被积函数容易积出.

习题 8-3

三重积分的
换元公式

(A)

1. 化三重积分 $I = \iiint\limits_{\Omega} f(x, y, z)\mathrm{d}x\mathrm{d}y\mathrm{d}z$ 为三次积分, 其中积分区域 Ω 分别是

(1) 由曲面 $z = x^2 + 2y^2$ 及 $z = 2 - x^2$ 所围成的闭区域;

(2) 由曲面 $2z = xy, x^2 + 2y^2 = 1, z = 0$ 所围成的在第一卦限内的闭区域;

(3) 由曲面 $z = x^2 + y^2$, $x + y = 1$ 和三个坐标面围成的闭区域;

(4) 由曲面 $z = \sqrt{x^2 + y^2}$, $z = 2 - x^2 - y^2$ 围成的闭区域.

2. 设 $\Omega = [a, b] \times [c, d] \times [l, m]$, 证明

$$\iiint\limits_{\Omega} f(x)g(y)h(z)\mathrm{d}x\mathrm{d}y\mathrm{d}z = \left(\int_a^b f(x)\mathrm{d}x\right)\left(\int_c^d g(y)\mathrm{d}y\right)\left(\int_l^m h(z)\mathrm{d}z\right).$$

3. 利用直角坐标计算下列三重积分.

(1) $\iiint\limits_{\Omega} xz\mathrm{d}x\mathrm{d}y\mathrm{d}z$, 其中 Ω 是平面 $z = 0, z = y, y = 1$ 及抛物柱面 $y = x^2$ 所围成的闭区域;

(2) $\iiint\limits_{\Omega} \dfrac{\mathrm{d}x\mathrm{d}y\mathrm{d}z}{(1 + x + y + z)^3}$, 其中 Ω 为平面 $x = 0, y = 0, z = 0, x + y + z = 1$ 所围成的四面体;

(3) $\iiint\limits_{\Omega} xyz\mathrm{d}x\mathrm{d}y\mathrm{d}z$, 其中 Ω 为球面 $x^2 + y^2 + z^2 = 1$ 及三个坐标面所围成的在第一卦限内的闭区域;

(4) $\iiint\limits_{\Omega} z\mathrm{d}x\,\mathrm{d}y\,\mathrm{d}z$, 其中 Ω 为锥面 $z = \dfrac{h}{R}\sqrt{x^2 + y^2}$ 与平面 $z = h(R > 0, h > 0)$ 所围成的闭区域;

(5) $\iiint\limits_{\Omega} \left(\dfrac{x^2}{a^2} + \dfrac{y^2}{b^2} + \dfrac{z^2}{c^2}\right)\mathrm{d}x\,\mathrm{d}y\,\mathrm{d}z$, 其中 Ω 为椭球体 : $\dfrac{x^2}{a^2} + \dfrac{y^2}{b^2} + \dfrac{z^2}{c^2} \leqslant 1$.

4. 利用柱面坐标计算下列三重积分.

(1) $\iiint\limits_{\Omega} (x^2 + y^2)\mathrm{d}v$, 其中 Ω 是由曲面 $z = 9 - x^2 - y^2$ 及 $z = 0$ 所围成的闭区域;

(2) $\iiint\limits_{\Omega} z\,\mathrm{d}v$, 其中 Ω 是由曲面 $z = \sqrt{2 - x^2 - y^2}$ 及 $z = x^2 + y^2$ 所围成的闭区域;

(3) $\iiint\limits_{\Omega} \sqrt{x^2 + y^2}\mathrm{d}v$, 其中 Ω 是由柱面 $x^2 + y^2 = 16$, 平面 $y + z = 4$ 和 $z = 0$ 所围成的空间闭区域.

5. 利用球面坐标计算下列三重积分.

(1) $\displaystyle\iiint\limits_{\Omega} xe^{\frac{x^2+y^2+z^2}{a^2}}\mathrm{d}v$, 其中 Ω 由 $x^2+y^2+z^2\leqslant a^2, x\geqslant 0, y\geqslant 0, z\geqslant 0$ 确定;

(2) $\displaystyle\iiint\limits_{\Omega}\sqrt{x^2+y^2+z^2}\mathrm{d}v$, 其中 Ω 由 $x^2+y^2+z^2\leqslant z$ 确定;

(3) $\displaystyle\iiint\limits_{\Omega} z\mathrm{d}x\,\mathrm{d}y\,\mathrm{d}z$, 其中 Ω 由 $x^2+y^2+(z-a)^2\leqslant a^2$ 及 $x^2+y^2\leqslant z^2$ 确定.

6. 求球面 $x^2+y^2+z^2=2$ 及锥面 $z=\sqrt{x^2+y^2}$ 所围成的较小部分物体的质量, 已知物体在某点处的密度与该点到球心的距离平方成正比, 且在球面处为 1.

7. 选用适当的坐标计算下列三重积分.

(1) $\displaystyle\iiint\limits_{\Omega}\sin z\mathrm{d}x\mathrm{d}y\mathrm{d}z$, 其中 Ω 是由 $z=\sqrt{x^2+y^2}$ 及 $z=\pi$ 所围成的闭区域;

(2) $\displaystyle\iiint\limits_{\Omega}e^{\sqrt{x^2+y^2+z^2}}\mathrm{d}x\mathrm{d}y\mathrm{d}z$, 其中 Ω 是球 $x^2+y^2+z^2\leqslant 1$ 内满足 $z\geqslant\sqrt{x^2+y^2}$ 的部分;

(3) $\displaystyle\iiint\limits_{\Omega}(x^2+y^2)\mathrm{d}x\mathrm{d}y\mathrm{d}z$, 其中 Ω 是由曲面 $4z^2=25(x^2+y^2)$ 及平面 $z=5$ 所围成的闭区域;

(4) $\displaystyle\iiint\limits_{\Omega}(x^2+y^2)\mathrm{d}x\mathrm{d}y\mathrm{d}z$, 其中 Ω 是由不等式 $0<a\leqslant\sqrt{x^2+y^2+z^2}\leqslant A, z\geqslant 0$ 所确定的闭区域.

8. 利用三重积分计算下列由曲面所围成的立体的体积.

(1) $z=\sqrt{x^2+y^2}$ 及 $z=6-x^2-y^2$;

(2) $x^2+y^2+z^2=2az(a>0)$ 及 $z=\sqrt{x^2+y^2}$;

(3) $z=\sqrt{5-x^2-y^2}$ 及 $x^2+y^2=4z$.

(B)

9. 计算三重积分 $\displaystyle\iiint\limits_{\Omega}|x^2+y^2-z^2|\mathrm{d}x\mathrm{d}y\mathrm{d}z$, 其中 $\Omega=\{(x,y,z)|x^2+y^2\leqslant R^2, 0\leqslant z\leqslant R\}$.

10. 设 $f(z)$ 是连续函数, 证明 $\displaystyle\int_0^1\mathrm{d}x\int_x^1\mathrm{d}y\int_0^{y-x}f(z)\mathrm{d}z=\frac{1}{2}\int_0^1(1-z)^2f(z)\mathrm{d}z$.

11. 设 $\displaystyle F(t)=\iiint\limits_{x^2+y^2+z^2\leqslant t^2}f(x^2+y^2+z^2)\mathrm{d}v, f(u)$ 为连续函数, $f'(0)=1, f(0)=0$, 试证

$$\lim_{t\to 0^+}\left[\frac{F(t)}{t^5}-\frac{\ln(1+4\pi t)}{e^{5t}-1}\right]=0.$$

第四节 重积分的应用

在第四章定积分的元素法一节, 已经知道, 求一个非均匀地连续分布在区间 $[a,b]$ 上具有可加性的量 U, 如功、压力等, 可以通过 "划分、近似、求和、取极限" 四个步骤建立定积

分 $\int_a^b f(x)\mathrm{d}x$ 得到, 其中最关键的一步就是建立 U 的元素 $\mathrm{d}U = f(x)\mathrm{d}x$. 和定积分类似, 重积分的应用也是非常广泛的, 本节将把定积分的元素法推广到重积分的情形, 并运用重积分的元素法来计算空间曲面的面积、物体的质心、转动惯量、引力等问题.

一、曲面的面积

在人们的直觉中, 曲面与平面一样应当是有面积的. 但实际上曲面面积的定义及面积存在性的证明是一个较为复杂的问题, 这已超出了本书的范畴. 本节重点是研究怎样计算曲面的面积, 为此给出如下定义:

光滑曲面 对于空间曲面 Σ: $F(x,y,z) = 0$, 如果 $F_x'(x,y,z)$, $F_y'(x,y,z)$, $F_z'(x,y,z)$ 都连续且不同时为零, 那么称曲面 Σ 是光滑曲面. 如果一曲面可被曲面上的曲线分割成有限多片光滑曲面, 那么称该曲面是分片光滑的.

在此不加证明地指出, **光滑曲面和分片光滑的曲面都是可求面积的**.

下面利用元素法来导出曲面面积的计算公式.

设曲面 Σ 由方程

$$z = f(x,y)$$

给出, D 为曲面 Σ 在 xOy 面上的投影区域, 函数 $f(x,y)$ 在 D 上具有一阶连续偏导数, 显然 Σ 是一个光滑曲面, 即是可求面积的曲面.

在闭区域 D 上任取一直径很小的闭区域 $\mathrm{d}\sigma$ (其面积也记作 $\mathrm{d}\sigma$). 在 $\mathrm{d}\sigma$ 上任取一点 $P(x,y)$, 对应曲面 Σ 上有一点 $M(x,y,f(x,y))$, 在点 M 处作曲面 Σ 的切平面 T, 以小闭区域 $\mathrm{d}\sigma$ 的边界为准线作母线平行于 z 轴的柱面, 设此柱面在曲面 Σ 上截下一小片曲面 ΔS (面积也记为 ΔS), 在切平面 T 上截下一小片平面 ΔA (面积也记为 ΔA), 如图 8–47 所示. 由于闭区域 $\mathrm{d}\sigma$ 是切平面 T 上区域 ΔA 在 xOy 面上的投影区域, 若记曲面 Σ 在点 M 处向上的法向量 $\boldsymbol{n}$ 与 z 轴的夹角为 γ, 则有

$$\mathrm{d}\sigma = \Delta A \cos\gamma.$$

因为 $\boldsymbol{n} = (-f_x(x,y), -f_y(x,y), 1)$, 所以

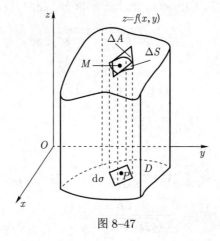

图 8–47

曲面的面积
计算

$$\cos\gamma = \frac{1}{\sqrt{1 + f_x^2(x,y) + f_y^2(x,y)}}.$$

于是

$$\Delta A = \sqrt{1 + f_x^2(x,y) + f_y^2(x,y)}\,\mathrm{d}\sigma.$$

又因 ΔS 与 ΔA 的差是关于 $\mathrm{d}\sigma$ 的高阶无穷小 (证明已超出本书教学要求), 于是曲面的面积元素

$$\mathrm{d}S = \Delta A = \sqrt{1 + f_x^2(x,y) + f_y^2(x,y)}\,\mathrm{d}\sigma.$$

上式为被积表达式, 在闭区域 D_{xy} 上积分便得曲面面积的计算公式:

$$S = \iint\limits_{D_{xy}} \sqrt{1 + f_x^2(x,y) + f_y^2(x,y)}\,\mathrm{d}\sigma.$$

该式也可写成

$$S = \iint\limits_{D_{xy}} \sqrt{1 + \left(\frac{\partial z}{\partial x}\right)^2 + \left(\frac{\partial z}{\partial y}\right)^2}\,\mathrm{d}x\mathrm{d}y.$$

设曲面的方程为 $x = g(y,z)$ 或 $y = h(z,x)$, 可分别把曲面投影到 yOz 面上 (投影区域记作 D_{yz}) 或 zOx 面上 (投影区域记作 D_{zx}), 类似地可得

$$S = \iint\limits_{D_{yz}} \sqrt{1 + \left(\frac{\partial x}{\partial y}\right)^2 + \left(\frac{\partial x}{\partial z}\right)^2}\,\mathrm{d}y\mathrm{d}z,$$

$$S = \iint\limits_{D_{zx}} \sqrt{1 + \left(\frac{\partial y}{\partial z}\right)^2 + \left(\frac{\partial y}{\partial x}\right)^2}\,\mathrm{d}z\mathrm{d}x.$$

例 4.1 求圆柱面 $x^2 + y^2 = R^2$ 将球面 $x^2 + y^2 + z^2 = 4R^2$ 割下部分的面积.

解 如图 8-48, 由对称性只考虑 xOy 面上方的部分, 曲面方程为

$$z = \sqrt{4R^2 - x^2 - y^2},$$

在 xOy 面上的投影区域为

$$D : x^2 + y^2 \leqslant R^2.$$

由 $z_x = \dfrac{-x}{\sqrt{4R^2 - x^2 - y^2}}$, $z_y = \dfrac{-y}{\sqrt{4R^2 - x^2 - y^2}}$ 得

$$\sqrt{1 + z_x^2 + z_y^2} = \sqrt{1 + \frac{x^2}{4R^2 - x^2 - y^2} + \frac{y^2}{4R^2 - x^2 - y^2}}$$

$$= \frac{2R}{\sqrt{4R^2 - x^2 - y^2}},$$

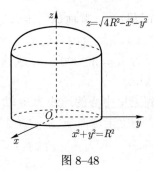

图 8–48

故所求面积为

$$
\begin{aligned}
S &= 2\iint\limits_{D} \sqrt{1 + z_x^2 + z_y^2}\, \mathrm{d}\sigma = 4R\iint\limits_{D} \frac{1}{\sqrt{4R^2 - x^2 - y^2}}\mathrm{d}\sigma \\
&= 4R\iint\limits_{D_{\rho\theta}} \frac{1}{\sqrt{4R^2 - \rho^2}}\rho\, \mathrm{d}\rho\, \mathrm{d}\theta \\
&= 4R\int_0^{2\pi} \mathrm{d}\theta \int_0^R \frac{1}{\sqrt{4R^2 - \rho^2}}\rho\, \mathrm{d}\rho \\
&= 4R \cdot 2\pi \cdot \left(-\frac{1}{2} \cdot 2\sqrt{4R^2 - \rho^2}\right)\Bigg|_0^R = 8\pi R^2(2 - \sqrt{3}).
\end{aligned}
$$

例 4.2 求圆柱面 $x^2 + y^2 = R^2$, $x^2 + z^2 = R^2$ 所围成的立体的表面积.

解 如图 8–49, 由对称性, 只考虑第一卦限内柱面 $x^2 + z^2 = R^2$ 上的部分, 这部分曲面可表示为

$$
z = \sqrt{R^2 - x^2},
$$

在 xOy 面上的投影区域为

$$
D: \ x^2 + y^2 \leqslant R^2, \ x \geqslant 0, \ y \geqslant 0.
$$

由 $\sqrt{1 + z_x^2 + z_y^2} = \sqrt{1 + \dfrac{x^2}{R^2 - x^2} + 0} = \dfrac{R}{\sqrt{R^2 - x^2}}$, 故所求面积为

$$
\begin{aligned}
S &= 16\iint\limits_{D} \sqrt{1 + z_x^2 + z_y^2}\, \mathrm{d}\sigma = 16\iint\limits_{D} \frac{R}{\sqrt{R^2 - x^2}}\mathrm{d}\sigma \\
&= 16R\int_0^R \mathrm{d}x \int_0^{\sqrt{R^2 - x^2}} \frac{1}{\sqrt{R^2 - x^2}}\mathrm{d}y \\
&= 16R\int_0^R \mathrm{d}x = 16R^2.
\end{aligned}
$$

例 4.3 (通信卫星信号的覆盖面积) 一颗地球同步轨道通信卫星的轨道位于地球的赤道平面内, 且可近似认为是圆轨道. 通信卫星运行的角速率与地球自转的角速率相同, 即人们看到它在天空不动, 若卫星距地面的高度为 $h = 36\,000$ km, 求这时通信卫星信号的覆盖曲面 Σ 的面积 S. (地球半径取为 $R = 6\,400$ km.)

解 取地心为坐标原点, 地心到卫星中心的连线为 z 轴, 建立坐标系, 如图 8–50 所示 (为简明, 仅画出了 yOz 平面), 其中 Σ 是上半球面 $x^2 + y^2 + z^2 = R^2$ $(z \geqslant 0)$ 上被圆锥角 β 所限定的曲面部分.

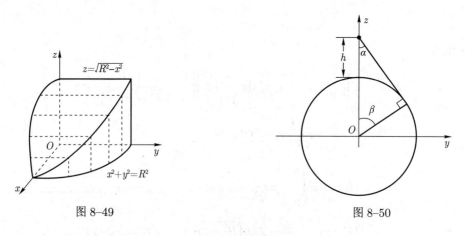

图 8–49　　　　　　　　　　　图 8–50

Σ 的方程为 $z = \sqrt{R^2 - x^2 - y^2}$, Σ 在 xOy 面的投影区域

$$D = \left\{ (x, y) \,\middle|\, x^2 + y^2 \leqslant R^2 \sin^2 \beta \right\},$$

于是　　　　$$S = \iint_D \sqrt{1 + \left(\frac{\partial z}{\partial x}\right)^2 + \left(\frac{\partial z}{\partial y}\right)^2} \,\mathrm{d}x\mathrm{d}y = \iint_D \frac{R}{\sqrt{R^2 - x^2 - y^2}} \,\mathrm{d}x\mathrm{d}y$$

$$= R \int_0^{2\pi} \mathrm{d}\varphi \int_0^{R\sin\beta} \frac{\rho}{\sqrt{R^2 - \rho^2}} \,\mathrm{d}\rho = 2\pi R^2 (1 - \cos\beta).$$

由于 $\cos\beta = \sin\alpha = \dfrac{R}{R + h}$, 故 $S = 2\pi R^2 \dfrac{h}{(R + h)}$, 将 $R = 6.4 \times 10^3$ km, $h = 3.6 \times 10^4$ km 代入面积表达式, 得 $S = 2.19 \times 10^8$ km^2.

注 (1) 注意到地球的表面积为 $4\pi R^2$, 而 $\dfrac{S}{4\pi R^2} = \dfrac{h}{2(R + h)} \approx 0.425$. 这表明一颗卫星信号覆盖了地球三分之一以上的面积, 故使用三颗相隔为 $\dfrac{2}{3}\pi$ 的通信卫星, 其信号几乎可以覆盖全部地球表面.

(2) 覆盖面积也可用球冠面积公式直接计算: $S = 2\pi R H$, 其中 $H = R - R\cos\beta$ 为球缺高.

* 利用曲面的参数方程求曲面的面积

若曲面 Σ 由参数方程

$$
\begin{cases}
x = x(u, v), \\
y = y(u, v), \qquad ((u, v)) \in D) \\
z = z(u, v)
\end{cases}
$$

给出, 其中 D 是平面有界闭区域, 又 $x(u,v)$, $y(u,v), z(u,v)$ 在 D 上具有连续的一阶偏导数, 且

$$
\frac{\partial(x, y)}{\partial(u, v)}, \quad \frac{\partial(y, z)}{\partial(u, v)}, \quad \frac{\partial(z, x)}{\partial(u, v)}
$$

不全为零, 则曲面 Σ 的面积可用下式

$$
S = \iint\limits_{D} \sqrt{\left[\frac{\partial(x, y)}{\partial(u, v)}\right]^2 + \left[\frac{\partial(y, z)}{\partial(u, v)}\right]^2 + \left[\frac{\partial(z, x)}{\partial(u, v)}\right]^2}\, \mathrm{d}u\mathrm{d}v
$$

计算.

下面对例 4.3 用球面的参数方程按上述公式来计算.

球面的参数方程为

$$
\begin{cases}
x = R \sin\varphi \cos\theta, \\
y = R \sin\varphi \sin\theta, \qquad (\varphi, \theta) \in D_{\varphi\theta}, \\
z = R \cos\varphi,
\end{cases}
$$

这里 $D_{\varphi\theta} = \{(\varphi, \theta) | 0 \leqslant \varphi \leqslant \beta,\ 0 \leqslant \theta \leqslant 2\pi\}$, 则可计算得

$$
\sqrt{\left[\frac{\partial(x, y)}{\partial(u, v)}\right]^2 + \left[\frac{\partial(y, z)}{\partial(u, v)}\right]^2 + \left[\frac{\partial(z, x)}{\partial(u, v)}\right]^2} = R^2 \sin\varphi.
$$

于是通信卫星信号的覆盖曲面 Σ 的面积

$$
S = \iint\limits_{D_{\varphi\theta}} R^2 \sin\varphi\mathrm{d}\varphi\mathrm{d}\theta = 2\pi R^2 \frac{h}{(R + h)}.
$$

二、质心

质心是一个重要的物理概念, 习惯上也把质心称为重心.

下面先讨论平面薄片的质心.

设 xOy 面上有一个质点, 位于 (x, y) 处, 质量为 m, 则该质点关于 x 轴和 y 轴的静矩分别为 $M_x = my$ 和 $M_y = mx$. 设 xOy 面上有 n 个质点, 质量分别为 $m_1, m_2, \cdots, m_n$, 分别位于 (x_1, y_1), (x_2, y_2), $\cdots$, (x_n, y_n) 处. 由力学知识可知, 该质点系关于 x 轴和 y 轴的静矩分别为

$$M_x = \sum_{i=1}^{n} m_i y_i \quad \text{和} \quad M_y = \sum_{i=1}^{n} m_i x_i.$$

该质点系的质心坐标为

$$\bar{x} = \frac{M_y}{M} = \frac{\sum\limits_{i=1}^{n} m_i x_i}{\sum\limits_{i=1}^{n} m_i} \quad \text{和} \quad \bar{y} = \frac{M_x}{M} = \frac{\sum\limits_{i=1}^{n} m_i y_i}{\sum\limits_{i=1}^{n} m_i},$$

其中 $M = \sum\limits_{i=1}^{n} m_i$ 为该质点系的总质量.

设一平面薄片在 xOy 面上占有有界闭区域 D, 已知薄片在 D 内每一点 (x, y) 的面密度为 $\rho(x, y)$, 且 $\rho(x, y)$ 在 D 上连续. 由前面平面薄片质量的讨论可知, 对于闭区域 D 上任一直径很小的闭区域 $\mathrm{d}\sigma$, 薄片中对应于 $\mathrm{d}\sigma$($\mathrm{d}\sigma$ 也表示其面积) 部分的质量可近似地表示为 $\mathrm{d}M = \rho(x, y)\mathrm{d}\sigma$, 这部分质量又可近似地看成是集中在点 (x, y) 处, 由此可得对应于 $\mathrm{d}\sigma$ 的小薄片关于 x 轴和 y 轴的静力矩微元 $\mathrm{d}M_x$ 及 $\mathrm{d}M_y$

$$\mathrm{d}M_x = y\mathrm{d}M = y\rho(x, y)\mathrm{d}\sigma, \quad \mathrm{d}M_y = x\mathrm{d}M = x\rho(x, y)\mathrm{d}\sigma,$$

以它们为被积表达式在区域 D 上积分, 可得平面薄片关于 x 轴和 y 轴的静矩

$$M_x = \iint\limits_{D} y\rho(x, y)\mathrm{d}\sigma \quad \text{和} \quad M_y = \iint\limits_{D} x\rho(x, y)\mathrm{d}\sigma,$$

所以平面薄片的质心坐标为

$$\bar{x} = \frac{M_y}{M} = \frac{\iint\limits_{D} x\rho(x, y)\mathrm{d}\sigma}{\iint\limits_{D} \rho(x, y)\mathrm{d}\sigma}, \quad \bar{y} = \frac{M_x}{M} = \frac{\iint\limits_{D} y\rho(x, y)\mathrm{d}\sigma}{\iint\limits_{D} \rho(x, y)\mathrm{d}\sigma}. \tag{4.1}$$

特别地, 如果平面薄片为均匀的, 即 ρ 为常数, 上式可简化为

$$\bar{x} = \frac{1}{A} \iint\limits_{D} x\mathrm{d}\sigma, \quad \bar{y} = \frac{1}{A} \iint\limits_{D} y\mathrm{d}\sigma, \tag{4.2}$$

其中 $A = \iint\limits_{D} \mathrm{d}\sigma$ 为平面薄片的面积. 这时, 平面薄片的质心坐标与密度无关, 只与闭区域 D 的

形状有关, 因此也把 (4.2) 确定的点 $(\bar{x}, \bar{y})$ 称为平面图形 D 的形心.

类似地, 占有空间有界闭区域 Ω 的、密度为 $\rho(x, y, z)$ (假定 $\rho(x, y, z)$ 在 Ω 上连续) 的空间物体的质心坐标为

$$\bar{x} = \frac{\iiint\limits_{\Omega} x\rho(x, y, z)\,\mathrm{d}v}{\iiint\limits_{\Omega} \rho(x, y, z)\,\mathrm{d}v}, \quad \bar{y} = \frac{\iiint\limits_{\Omega} y\rho(x, y, z)\,\mathrm{d}v}{\iiint\limits_{\Omega} \rho(x, y, z)\,\mathrm{d}v}, \quad \bar{z} = \frac{\iiint\limits_{\Omega} z\rho(x, y, z)\,\mathrm{d}v}{\iiint\limits_{\Omega} \rho(x, y, z)\,\mathrm{d}v}.$$

例 4.4　求位于两圆 $\rho = 2\sin\theta$ 和 $\rho = 4\sin\theta$ 之间的月牙形均匀薄片的质心.

解　如图 8–51, 因月牙形均匀薄片关于 y 轴对称, 所以质心的横坐标 $\bar{x} = 0$. 再由公式 (4.2) 知质心纵坐标

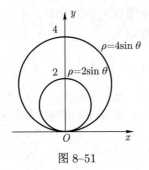

图 8–51

$$\begin{aligned}
\bar{y} &= \frac{1}{3\pi} \iint\limits_{D} y\,\mathrm{d}x\mathrm{d}y = \frac{1}{3\pi} \iint\limits_{D} \rho^2 \sin\theta\,\mathrm{d}\rho\mathrm{d}\theta \\
&= \frac{1}{3\pi} \int_0^\pi \sin\theta\,\mathrm{d}\theta \int_{2\sin\theta}^{4\sin\theta} \rho^2\mathrm{d}\rho.
\end{aligned}$$

由于

$$\begin{aligned}
\int_0^\pi \sin\theta\,\mathrm{d}\theta \int_{2\sin\theta}^{4\sin\theta} \rho^2\mathrm{d}\rho &= \frac{1}{3} \int_0^\pi (64\sin^3\theta - 8\sin^3\theta)\sin\theta\mathrm{d}\theta \\
&= \frac{56}{3} \int_0^\pi \sin^4\theta\mathrm{d}\theta = 7\pi,
\end{aligned}$$

所以 $\bar{y} = \dfrac{7\pi}{3\pi} = \dfrac{7}{3}$, 质心坐标为 $\left(0, \dfrac{7}{3}\right)$.

例 4.5　求均匀半球体的质心.

解　取半球体的对称轴为 z 轴, 又设球半径为 a, 则半球体所占空间闭区域

$$\Omega = \{(x, y, z)|x^2 + y^2 + z^2 \leqslant a^2, z \geqslant 0\}.$$

由对称性可知 $\bar{x} = \bar{y} = 0$, 已知半球体的体积 $V = \dfrac{2}{3}\pi a^3$, 故

$$\bar{z} = \frac{\iiint\limits_{\Omega} z\,dv}{V} = \frac{3}{2\pi a^3}\iiint\limits_{\Omega} z\,dv$$

$$= \frac{3}{2\pi a^3}\int_0^{2\pi} d\theta \int_0^{\frac{\pi}{2}} d\varphi \int_0^a r\cos\varphi\, r^2 \sin\varphi\, dr$$

$$= \frac{3}{2\pi a^3}\cdot 2\pi \cdot \left[\frac{\sin^2\varphi}{2}\right]_0^{\frac{\pi}{2}} \cdot \frac{a^4}{4} = \frac{3}{8}a,$$

故质心为 $\left(0, 0, \dfrac{3}{8}a\right)$.

三、转动惯量

转动惯量是对物体在转动过程中惯性大小的度量. 对于质量为 m、且位于平面上 (x, y) 处的质点, 其关于 x 轴和 y 轴的转动惯量为

$$I_x = y^2 m, \quad I_y = x^2 m.$$

设 xOy 面上有 n 个质点, 分别位于 (x_1, y_1), (x_2, y_2), $\cdots$, (x_n, y_n) 处, 质量分别为 $m_1, m_2, \cdots,$ m_n. 由力学知识可知, 该质点系关于 x 轴和 y 轴的转动惯量为

$$I_x = \sum_{i=1}^n y_i^2 m_i, \quad I_y = \sum_{i=1}^n x_i^2 m_i.$$

下面讨论平面薄片的转动惯量.

设一平面薄片在 xOy 面上占据有界闭区域 D, 已知薄片在 D 内每一点 (x, y) 的面密度为 $\rho(x, y)$, 且 $\rho(x, y)$ 在 D 上连续. 由前面平面薄片质心的讨论可知, 对于闭区域 D 上任一直径很小的闭区域 $d\sigma$, 相对于 x 轴和 y 轴的转动惯量元素分别为

$$dI_x = y^2\rho(x, y)d\sigma, \quad dI_y = x^2\rho(x, y)d\sigma,$$

从而

$$I_x = \iint\limits_{D} y^2\rho(x, y)d\sigma, \quad I_y = \iint\limits_{D} x^2\rho(x, y)d\sigma. \tag{4.3}$$

类似地, 占用空间有界闭区域 Ω 的、体密度为 $\rho(x, y, z)$ (假定 $\rho(x, y, z)$ 在 Ω 上连续) 的空间物体对于 x 轴、y 轴和 z 轴的转动惯量为

$$I_x = \iiint\limits_{\Omega} (y^2 + z^2)\rho(x, y, z)\,dv,$$

$$I_y = \iiint\limits_{\Omega} (z^2 + x^2)\rho(x, y, z)\,dv,$$

$$I_z = \iiint\limits_{\Omega} (x^2 + y^2)\rho(x, y, z)\,dv.$$

例 4.6　求抛物线 $y = x^2$ 和直线 $y = 1$ 所围成的均匀薄片对于 x 轴的转动惯量 (图 8–52).

解　设薄片的面密度为 ρ, 则

$$
\begin{aligned}
I_x &= \iint\limits_{D} y^2 \rho \, \mathrm{d}\sigma = \rho \int_{-1}^{1} \mathrm{d}x \int_{x^2}^{1} y^2 \mathrm{d}y \\
&= \frac{\rho}{3} \int_{-1}^{1} (1 - x^6) \mathrm{d}x = \frac{4}{7} \rho.
\end{aligned}
$$

例 4.7　求半径为 a, 高为 h 的圆柱体对于过其中心并且平行于母线的轴的转动惯量 (体密度 $\mu = 1$).

解　建立坐标系如图 8–53 所示, 过中心且平行于母线的轴即为 z 轴, 则

$$
\begin{aligned}
I_z &= \iiint\limits_{\Omega} (x^2 + y^2) \mu(x, y, z) \mathrm{d}v = \iiint\limits_{\Omega} (x^2 + y^2) \mathrm{d}v \\
&= \iiint\limits_{\Omega} \rho^3 \, \mathrm{d}\rho \, \mathrm{d}\theta \, \mathrm{d}z = \int_0^{2\pi} \mathrm{d}\theta \int_0^a \rho^3 \mathrm{d}\rho \int_0^h \mathrm{d}z \\
&= 2\pi \cdot \frac{a^4}{4} \cdot h = \frac{1}{2} \pi a^4 h.
\end{aligned}
$$

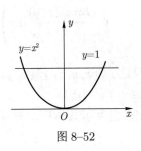

图 8–52

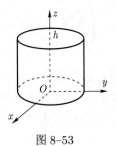

图 8–53

四、引力问题

先讨论平面薄板对其外一质点的引力.

设薄板占有 xOy 平面上的闭区域 D, 面密度 $\rho(x, y)$ 是 D 上的连续函数, 在 z 轴上点 $P_0(0, 0, a)(a > 0)$ 处有一质量为 m 的质点, 如图 8–54 所示, 求薄板对该质点的引力.

下面用元素法来求引力 $\boldsymbol{F} = (F_x, F_y, F_z)$. 将 D 任意分成许多小区域, 对于闭区域 D 上任一直径很小的闭区域 $\mathrm{d}\sigma(\mathrm{d}\sigma$ 也表示其面积), 点 $P(x, y)$ 为 $\mathrm{d}\sigma$ 上任一点. 当 $\mathrm{d}\sigma$ 的直径很小时, 可将小区域 $\mathrm{d}\sigma$ 看成质点, 于是小区域 $\mathrm{d}\sigma$ 对质点 P_0 的引力的大小为

$$
\mathrm{d}F = G \frac{m\rho(x, y)\mathrm{d}\sigma}{r^2},
$$

其中 G 为万有引力常数, $r = \left| \overrightarrow{P_0 P} \right| = \sqrt{x^2 + y^2 + a^2}$. 引力的方向为

$$
\boldsymbol{r} = \overrightarrow{P_0 P} = (x, y, -a).
$$

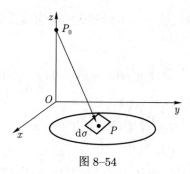

图 8–54

所以引力元素为

$$
\begin{aligned}
\mathrm{d}\boldsymbol{F} &= (\mathrm{d}F_x, \mathrm{d}F_y, \mathrm{d}F_z) = \mathrm{d}F\frac{\boldsymbol{r}}{|\boldsymbol{r}|} = \frac{Gm\rho(x,y)\mathrm{d}\sigma}{r^3}(x,y,-a) \\
&= \left(\frac{Gm\rho(x,y)x\mathrm{d}\sigma}{r^3}, \frac{Gm\rho(x,y)y\mathrm{d}\sigma}{r^3}, \frac{-Gm\rho(x,y)a\mathrm{d}\sigma}{r^3}\right).
\end{aligned}
$$

由于 $\mathrm{d}\boldsymbol{F}$ 是向量, 对向量的坐标 $\mathrm{d}F_x, \mathrm{d}F_y, \mathrm{d}F_z$ 分别在 D 上积分有

$$
\begin{aligned}
\boldsymbol{F} &= (F_x, F_y, F_z) \\
&= \left(\iint\limits_{D} \frac{Gm\rho(x,y)x}{r^3}\mathrm{d}\sigma, \iint\limits_{D} \frac{Gm\rho(x,y)y}{r^3}\mathrm{d}\sigma, -\iint\limits_{D} \frac{Gma\rho(x,y)}{r^3}\mathrm{d}\sigma\right).
\end{aligned} \tag{4.4}
$$

类似地, 可以得到占有空间有界闭区域 Ω 的、体密度为 $\rho(x,y,z)$ (假定 $\rho(x,y,z)$ 在 Ω 上连续) 的空间物体对于其外一质量为 m 的质点 $P_0(x_0, y_0, z_0)$ 的引力.

任意分割闭区域 Ω, 任取一直径很小的闭区域 $\mathrm{d}v$($\mathrm{d}v$ 也表示其体积), 重复上述过程, 其中引力元素大小为

$$
\mathrm{d}F = G\frac{m\rho(x,y,z)\mathrm{d}v}{r^2},
$$

这里

$$
r = \sqrt{(x-x_0)^2 + (y-y_0)^2 + (z-z_0)^2}.
$$

引力元素方向为

$$
\boldsymbol{r} = \overrightarrow{P_0P} = (x-x_0, y-y_0, z-z_0),
$$

引力元素为

$$
\begin{aligned}
\mathrm{d}\boldsymbol{F} &= (\mathrm{d}F_x, \mathrm{d}F_y, \mathrm{d}F_z) = \mathrm{d}F\frac{\boldsymbol{r}}{|\boldsymbol{r}|} = \frac{Gm\rho(x,y,z)\mathrm{d}v}{r^3}(x-x_0, y-y_0, z-z_0) \\
&= \left(\frac{Gm\rho(x,y,z)(x-x_0)\mathrm{d}v}{r^3}, \frac{Gm\rho(x,y,z)(y-y_0)\mathrm{d}v}{r^3}, \frac{Gm\rho(x,y,z)(z-z_0)\mathrm{d}v}{r^3}\right).
\end{aligned}
$$

对向量的坐标 $\mathrm{d}F_x, \mathrm{d}F_y, \mathrm{d}F_z$ 分别在 Ω 上积分有

$$
\begin{aligned}
\boldsymbol{F} &= (F_x, F_y, F_z) \\
&= \left(\iiint\limits_{\Omega} \frac{Gm\rho(x,y,z)(x-x_0)\mathrm{d}v}{r^3}, \iiint\limits_{\Omega} \frac{Gm\rho(x,y,z)(y-y_0)\mathrm{d}v}{r^3}, \right. \\
&\qquad \left. \iiint\limits_{\Omega} \frac{Gm\rho(x,y,z)(z-z_0)\mathrm{d}v}{r^3} \right).
\end{aligned}
\tag{4.5}
$$

例 4.8　密度均匀、半径为 R 的薄圆板 (面密度 $\mu = 1$), 过板的中心且垂直于板面的直线上距中心为 a 处, 有一单位质量的质点, 求圆板对质点的引力.

解　建立坐标系如图 8–55, 设引力为 $\boldsymbol{F} = (F_x, F_y, F_z)$, 由对称性及均匀性可知 $F_x = 0$, $F_y = 0$, 由公式 (4.4) 得

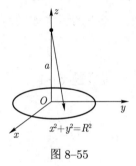

图 8–55

$$
\begin{aligned}
F_z &= -Ga \iint\limits_{D} \frac{1}{(x^2+y^2+a^2)^{\frac{3}{2}}} \mu \mathrm{d}\sigma = -Ga \int_0^{2\pi} \mathrm{d}\theta \int_0^R \frac{\rho}{(\rho^2+a^2)^{\frac{3}{2}}} \mathrm{d}\rho \\
&= -Ga \cdot 2\pi \cdot \left[\frac{1}{2} \cdot \left(-\frac{2}{\sqrt{\rho^2+a^2}} \right) \right]_0^R = -2Ga\pi \cdot \left(\frac{1}{a} - \frac{1}{\sqrt{R^2+a^2}} \right)
\end{aligned}
$$

($\mathrm{F}_z < 0$ 表明引力方向与 z 方向相反). 故圆板对质点的引力 $\boldsymbol{F} = (F_x, F_y, F_z) = \left(0, 0, -2Ga\pi \cdot \left(\frac{1}{a} - \frac{1}{\sqrt{R^2+a^2}} \right) \right)$.

例 4.9　求体密度为常数 μ 的球体 $x^2+y^2+z^2 \leqslant R^2$ 对位于 $(0,0,h)$ 处单位质点的引力 $(h > R)$.

解　由球体的对称性及质量分布的均匀性, 知 $F_x = F_y = 0$, 并由公式 (4.5) 得

$$F_z = G\mu \iiint\limits_{\Omega} \frac{(z-h)\mathrm{d}v}{[x^2+y^2+(z-h)^2]^{\frac{3}{2}}}$$

$$= G\mu \int_{-R}^{R} \mathrm{d}z \int_{0}^{2\pi} \mathrm{d}\varphi \int_{0}^{\sqrt{R^2-z^2}} \frac{(z-h)\rho\mathrm{d}\rho}{[\rho^2+(z-h)^2]^{\frac{3}{2}}}$$

$$= 2\pi G\mu \int_{-R}^{R} \left(-1 - \frac{z-h}{\sqrt{R^2+h^2-2hz}}\right)\mathrm{d}z$$

$$= 2\pi G\mu \left[-2R + \frac{1}{h}\int_{-R}^{R} (z-h)\mathrm{d}\sqrt{R^2+h^2-2hz}\right]$$

$$= 2\pi G\mu \left[-\frac{2R^3}{3h^2}\right] = -G\frac{M}{h^2}.$$

其中 $M = \dfrac{4\pi R^3}{3}\mu$ 为均匀球体的质量.

这一结果说明, 均匀球体对球外一质点的引力如同将球的质量集中在球心时两质点间的引力.

习题 8–4

(A)

1. 求下列曲面的面积.

(1) 锥面 $z = \sqrt{x^2+y^2}$ 被柱面 $z^2 = 2x$ 所割下的部分;

(2) 平面 $3x + 2y + z = 1$ 被椭圆柱面 $2x^2 + y^2 = 1$ 截下的部分;

(3) 半球面 $z = \sqrt{a^2-x^2-y^2}$ 含在圆柱面 $x^2 + y^2 = ax$ 内部的部分.

2. 求下列平面图形或几何体的形心.

(1) D 是半椭圆形闭区域 $\left\{(x,y)\left|\dfrac{x^2}{a^2} + \dfrac{y^2}{b^2} \leqslant 1, y \geqslant 0\right.\right\}$;

(2) Ω 由两球面 $z = \sqrt{A^2-x^2-y^2}$, $z = \sqrt{a^2-x^2-y^2}$ $(A > a > 0)$ 和 $z = 0$ 围成;

(3) Ω 由 $z = x^2 + y^2$, $x + y = a$, $x = 0$, $y = 0$, $z = 0$ 围成.

3. 求下列密度非均匀物体的质心.

(1) 设平面薄片所占的闭区域 D 由抛物线 $y = x^2$ 及直线 $y = x$ 所围成, 它在点 (x,y) 处的面密度 $\rho(x,y) = x^2 y$, 求该薄片的质心;

(2) 设球体占有闭区域 $\Omega = \{(x,y,z)|x^2+y^2+z^2 \leqslant 2Rz\}$, 它在内部各点处的密度等于该点到坐标原点的距离的平方, 求该球体的质心.

4. 求转动惯量.

(1) 设均匀薄片 (面密度为常量 1) 所占闭区域 $D = \left\{(x,y)\left|\dfrac{x^2}{a^2} + \dfrac{y^2}{b^2} \leqslant 1\right.\right\}$, 求 I_y;

(2) 轴长为 $2a$ 与 $2b$ 的椭圆形均匀薄片对两条轴的转动惯量;

(3) 质量为 M 的均匀圆锥体 Ω 由 $Rz = H\sqrt{x^2 + y^2}$ 和平面 $z = H$ 围成, 求其关于中心轴的转动惯量.

5. 求引力.

(1) 求面密度为 ρ 的均匀形薄片 $0 \leqslant y \leqslant \sqrt{a^2 - x^2}, z = 0$ 对位于点 $M_0(0,0,b)$ 处的单位质点的引力 $\boldsymbol{F}(b > 0)$;

(2) 求均匀柱体 $x^2 + y^2 \leqslant R^2, 0 \leqslant z \leqslant h$ 对位于点 $M_0(0,0,a)$ 处的单位质点的引力 $\boldsymbol{F}(a > h)$;

(3) 求质量为 M、半顶角为 α、高为 h 的均匀圆锥体对位于其顶点处质量为 m 的质点的引力 $\boldsymbol{F}$.

(B)

6. 求平面薄板 $D = \left\{(x,y) \,\middle|\, x^2 + y^2 \leqslant 1\right\}$ 关于直线 $x + y = 1$ 的转动惯量, 设薄板的密度函数 $\mu(x,y) = x^2 + y^2$.

7. 在 xOy 平面上有一段曲线, 其方程为 $y = \dfrac{1}{4}\left(x^2 - 2\ln x\right)$, $1 \leqslant x \leqslant 4$, 求此曲线绕 y 轴旋转所得到的旋转曲面的面积.

* 第五节 含参变量的积分

含参变量的积分是一类比较特殊的积分, 由于含参变量积分是函数且以积分的形式给出, 所以含参变量的常义积分在积分的计算、等式的证明、不等式的证明及极限的求解等方面都有着广泛的应用; 而在数理方程和概率论中经常会出现含参变量的反常积分.

一、含参变量的常义积分

定义 5.1 设函数 $f(x,y)$ 在矩形区域 $[a,b] \times [c,d]$ 上有定义, 当 y 取 $[c,d]$ 上任一个固定值 y_0 时, $f(x, y_0)$ 在 $[a,b]$ 上可积, 则 $\int_c^d f(x, y_0)\mathrm{d}x$ 确定一个数, 当 y 在 $[c,d]$ 上变动时, 就定义了一个函数

$$I(y) = \int_a^b f(x,y)\mathrm{d}x, \quad y \in [c,d], \tag{5.1}$$

我们称此积分为含参变量的 (常义) 积分, 其中 y 称之为参变量.

除 (5.1) 外, 积分 $\displaystyle\int_{c(y)}^{d(y)} f(x,y)\mathrm{d}x$, $y \in [c,d]$ 也是含参变量积分.

$I(y)$ 是一个由含参变量的积分所确定的函数, 这种形式的函数在理论和应用上都有重要作用, 下面我们给出这种由积分所确定的函数的连续性、可微性与可积性.

定理 5.1 (连续性) 若二元函数 $f(x,y)$ 在矩形区域 $[a,b] \times [c,d]$ 上连续, 则函数

$$I(y) = \int_a^b f(x,y)\mathrm{d}x$$

在 $[c,d]$ 上连续.

证明 对 $y_0 \in [c,d]$, 当 $|\Delta y|$ 充分小时, $y_0 + \Delta y \in [c,d]$ (对 $y_0 = c, d$ 仅考虑 $I(y)$ 的单侧连续性), 于是

$$I(y_0 + \Delta y) - I(y_0) = \int_a^b (f(x, y_0 + \Delta y) - f(x, y_0))\mathrm{d}x. \tag{5.2}$$

因为 $f(x,y)$ 在 $[a,b] \times [c,d]$ 上连续, 从而就一致连续, 因此对任意 $\varepsilon > 0$, 存在 $\delta > 0$, 使得对于这个矩形内任何两点 (x_1, y_1) 及 (x_2, y_2), 只要 $|x_1 - x_2| < \delta, |y_1 - y_2| < \delta$ 就有

$$|f(x_1, y_1) - f(x_2, y_2)| < \varepsilon.$$

只要 $|\Delta y| < \delta$, 则对一切 $x \in [a,b]$ 恒成立

$$|f(x, y_0 + \Delta y) - f(x, y_0)| < \varepsilon.$$

于是

$$|I(y_0 + \Delta y) - I(y_0)| \leqslant \int_a^b |f(x, y_0 + \Delta y) - f(x, y_0)|\mathrm{d}x < \varepsilon(b-a).$$

由 $y_0 \in [c,d]$ 的任意性可知, $I(y) \in C[c,d]$, 得证.

由这个定理可得, 对 $y_0 \in [c,d]$, 都有

$$\lim_{y \to y_0} \int_a^b f(x,y)\mathrm{d}x = \int_a^b f(x, y_0)\mathrm{d}x = \int_a^b \lim_{y \to y_0} f(x,y)\mathrm{d}x,$$

即在定理的条件下极限运算与积分运算可交换次序.

定理 5.2 (求导求积的可交换序性) 设 $f(x,y)$ 及 $f_y(x,y)$ 都在矩形 $[a,b] \times [c,d]$ 上连续, 则 $I(y)$ 在 $[c,d]$ 上可导, 且

$$\frac{\mathrm{d}I(y)}{\mathrm{d}y} = \int_a^b f_y(x,y)\mathrm{d}x.$$

证明 对于 $[c,d]$ 上任何一点 y, 设 $y + \Delta y$ 也属于 $[c,d]$, 那么

$$\frac{I(y + \Delta y) - I(y)}{\Delta y} = \int_a^b \frac{f(x, y + \Delta y) - f(x,y)}{\Delta y}\mathrm{d}x.$$

利用拉格朗日定理

$$\frac{I(y + \Delta y) - I(y)}{\Delta y} = \int_a^b f_y(x, y + \theta\Delta y)\mathrm{d}x \quad (0 < \theta < 1).$$

令 $\Delta y \to 0$, 由定理 5.1 得

$$\frac{\mathrm{d}I(y)}{\mathrm{d}y} = \int_a^b f_y(x,y)\mathrm{d}x,$$

定理得证.

定理 5.3 (可积性与求积的可交换序性) 若 $f(x,y)$ 在矩形 $[a,b] \times [c,d]$ 上连续, 则

$$\int_a^b \mathrm{d}x \int_c^d f(x,y)\mathrm{d}y = \int_c^d \mathrm{d}y \int_a^b f(x,y)\mathrm{d}x.$$

证明 因为 $f(x,y)$ 是 $D = [a,b] \times [c,d]$ 上的连续函数, 由定理 5.1 可得

$$I(x) = \int_c^d f(x,y)\mathrm{d}y, \quad J(y) = \int_a^b f(x,y)\mathrm{d}x$$

分别在 $[a,b]$ 及 $[c,d]$ 上连续, 因此 $I(x)$ 在 $[a,b]$ 上可积, $J(y)$ 在 $[c,d]$ 上可积, 记为

$$\int_a^b I(x)\mathrm{d}x = \int_a^b \mathrm{d}x \int_c^d f(x,y)\mathrm{d}y,$$

$$\int_c^d J(y)\mathrm{d}y = \int_c^d \mathrm{d}y \int_a^b f(x,y)\mathrm{d}x.$$

显然, 对任意 $t \in [a,b]$, $f(x,y)$ 在 $[a,t] \times [c,d]$ 上连续, 我们只需证明

$$\int_a^t \mathrm{d}x \int_c^d f(x,y)\mathrm{d}y = \int_c^d \mathrm{d}y \int_a^t f(x,y)\mathrm{d}x.$$

令

$$h(t) = \int_a^t \mathrm{d}x \int_c^d f(x,y)\mathrm{d}y - \int_c^d \mathrm{d}y \int_a^t f(x,y)\mathrm{d}x,$$

显然

$$h'(t) = \int_c^d f(t,y)\mathrm{d}y - \int_c^d \mathrm{d}y \left(\frac{\mathrm{d}}{\mathrm{d}t} \int_a^t f(x,y)\mathrm{d}x \right) = \int_c^d f(t,y)\mathrm{d}y - \int_c^d f(t,y)\mathrm{d}y = 0,$$

故 $h(t)$ 为常数, 且 $h(t) = h(a) = 0$, 特别当 $t = b$ 时, 我们有

$$\int_a^b \mathrm{d}x \int_c^d f(x,y)\mathrm{d}y = \int_c^d \mathrm{d}y \int_a^b f(x,y)\mathrm{d}x.$$

例 5.1 求 $I = \int_0^1 \dfrac{x^b - x^a}{\ln x}\mathrm{d}x \quad (a > 0, b > 0)$.

解 因为

$$\int_a^b x^y \mathrm{d}y = \frac{x^b - x^a}{\ln x},$$

所以

$$I = \int_0^1 \mathrm{d}x \int_a^b x^y \mathrm{d}y.$$

由定理 5.3 交换积分顺序得

$$I = \int_a^b \mathrm{d}y \int_0^1 x^y \mathrm{d}x = \int_a^b \frac{1}{1+y}\mathrm{d}y = \ln\frac{1+b}{1+a}.$$

定理 5.4 (积分上下限函数的连续性)　若 $f(x, y)$ 在矩形 $[a, b] \times [c, d]$ 上连续, 函数 $a(y)$ 及 $b(y)$ 都在 $[c, d]$ 上连续, 并且

$$a \leqslant a(y) \leqslant b, a \leqslant b(y) \leqslant b \quad (c \leqslant y \leqslant d),$$

则

$$F(y) = \int_{a(y)}^{b(y)} f(x, y)\mathrm{d}x$$

在 $[c, d]$ 上连续.

证明　我们考虑

$$
\begin{aligned}
F(y + \Delta y) - F(y) &= \int_{a(y+\Delta y)}^{b(y+\Delta y)} f(x, y + \Delta y)\mathrm{d}x - \int_{a(y)}^{b(y)} f(x, y)\mathrm{d}x \\
&= \int_{a(y+\Delta y)}^{a(y)} f(x, y + \Delta y)\mathrm{d}x + \\
&\quad \int_{a(y)}^{b(y)} [f(x, y + \Delta y) - f(x, y)]\mathrm{d}x + \\
&\quad \int_{b(y)}^{b(y+\Delta y)} f(x, y + \Delta y)\mathrm{d}x.
\end{aligned}
$$

当 $\Delta y \to 0$ 时右端第一个和第三个积分趋于零, 而第二个积分正像定理 5.1 的证明中那样, 也趋于零, 于是定理得证.

定理 5.5　若函数 $f(x, y)$ 及 $f_y(x, y)$ 都在 $[a, b] \times [c, d]$ 上连续, 同时在 $[c, d]$ 上 $a'(y)$ 及 $b'(y)$ 皆存在, 并且

$$a \leqslant a(y) \leqslant b, a \leqslant b(y) \leqslant b \quad (c \leqslant y \leqslant d),$$

则

$$F'(y) = \frac{\mathrm{d}}{\mathrm{d}y} \int_{a(y)}^{b(y)} f(x, y)\mathrm{d}x = \int_{a(y)}^{b(y)} f_y(x, y)\mathrm{d}x + f[b(y), y]b'(y) - f[a(y), y]a'(y).$$

证明　考虑函数 $F(y)$ 在 $[c, d]$ 上任何一点 y_0 处的导数, 由于

$$
\begin{aligned}
F(y) &= \int_{a(y_0)}^{b(y_0)} f(x, y)\mathrm{d}x + \int_{b(y_0)}^{b(y)} f(x, y)\mathrm{d}x - \int_{a(y_0)}^{a(y)} f(x, y)\mathrm{d}x \\
&= F_1(y) + F_2(y) - F_3(y).
\end{aligned}
$$

现在分别考虑 $F_i(y)(i = 1, 2, 3)$ 在点 y_0 处的导数. 由定理 5.2 可得

$$F_1'(y_0) = \int_{a(y_0)}^{b(y_0)} f_y(x, y_0)\mathrm{d}x.$$

由于 $F_2(y_0) = 0$, 所以

$$F_2'(y_0) = \lim_{y \to y_0} \frac{F_2(y) - F_2(y_0)}{y - y_0} = \lim_{y \to y_0} \frac{F_2(y)}{y - y_0} = \lim_{y \to y_0} \int_{b(y_0)}^{b(y)} \frac{f(x, y)}{y - y_0}\mathrm{d}x.$$

应用积分中值定理

$$F_2'(y_0) = \lim_{y \to y_0} \frac{b(y) - b(y_0)}{y - y_0} \cdot f(\xi, y),$$

这里 ξ 在 $b(y)$ 和 $b(y_0)$ 之间. 再注意到 $f(x,y)$ 的连续性及 $b(y)$ 的可微性, 于是得到

$$F_2'(y_0) = b'(y_0)f[b(y_0), y_0].$$

同样可以证明

$$F_3'(y_0) = a'(y_0)f[b(y_0), y_0].$$

于是定理得证.

例 5.2 设 $F(y) = \int_y^{y^2} \frac{\sin yx}{x} dx$, 求 $F'(y)$.

解 应用定理 5.5 有

$$\begin{aligned}
F'(y) &= \int_y^{y^2} \cos yx \, dx + 2y \cdot \frac{\sin y^3}{y^2} - 1 \cdot \frac{\sin y^2}{y} \\
&= \left. \frac{\sin yx}{y} \right|_y^{y^2} + \frac{2\sin y^3}{y} - \frac{\sin y^2}{y} = \frac{3\sin y^3 - 2\sin y^2}{y}.
\end{aligned}$$

例 5.3 利用积分号下求导计算 $I(\theta) = \int_0^\pi \ln(1 + \theta\cos x) dx$, 其中 $|\theta| < 1$.

解 令 $f(x, \theta) = \ln(1 + \theta\cos x)$, 对 $|\theta| < 1$ 中任一定值 θ, 一定存在 b, 使 $|\theta| \leqslant b < 1$. 这时 $f(x, \theta), f_\theta(x, \theta)$ 在 $[0, \pi] \times [-b, b]$ 上连续, 由定理 5.2 有

$$I'(\theta) = \int_0^\pi \frac{\cos x}{1 + \theta\cos x} dx = \frac{1}{\theta} \int_0^\pi \left(1 - \frac{1}{1 + \theta\cos x}\right) dx = \frac{\pi}{\theta} - \frac{1}{\theta} \int_0^\pi \frac{1}{1 + \theta\cos x} dx$$

令 $t = \tan\frac{x}{2}$, 先求一个原函数:

$$\begin{aligned}
\int \frac{1}{1 + \theta\cos x} dx &= \int \frac{\dfrac{2}{1+t^2}}{1 + \theta\dfrac{1-t^2}{1+t^2}} dt = \int \frac{2}{(1+\theta) + (1-\theta)t^2} dt \\
&= \frac{2}{\sqrt{1-\theta^2}} \arctan\left(\sqrt{\frac{1-\theta}{1+\theta}} \tan\frac{x}{2}\right),
\end{aligned}$$

所以 $I'(\theta) = \frac{\pi}{\theta} - \frac{2}{\theta\sqrt{1-\theta^2}}\frac{\pi}{2}$, 该式对 $|\theta| < 1$ 中的一切 θ 都成立. 再对 θ 积分得

$$I(\theta) = \pi\left(\ln\theta + \ln\frac{1 + \sqrt{1-\theta^2}}{\theta}\right) + C' = \pi\ln(1 + \sqrt{1-\theta^2}) + C,$$

又由 $I(0) = 0$, 可知 $C = -\pi\ln 2 = \pi\ln\frac{1}{2}$, 故 $I(\theta) = \pi\ln\frac{1 + \sqrt{1-\theta^2}}{2}$.

二、含参变量的反常积分

含参变量的反常积分有两种: 无穷区间上的含参变量的反常积分和无界函数的含参变量的反常积分.

定义 5.2 对 $f(x,y)$, $(x,y) \in [a,+\infty) \times [c,d]$, 形如 $\int_a^{+\infty} f(x,y)\mathrm{d}x$, $y \in [c,d]$ 的积分称为**含参变量的无穷限的反常积分**.

定义 5.3 对 $f(x,y)$, $(x,y) \in [a,b) \times [c,d]$, 若对 $y \in [c,d]$, $f(x,y)$ 对 x 有瑕点 $x = b$. 形如 $\int_a^b f(x,y)\mathrm{d}x$, $y \in [c,d]$ 的积分就称为**含参变量的无界函数的反常积分**.

上述定义中的两种积分简称为**含参变量的反常积分**. 和含参变量常义积分的情况一样, 需要讨论这类积分的性质, 如连续性、可微性等. 但是这些性质的建立比含参变量的常义积分情形要复杂一些.

先考虑无穷区间上的含参变量反常积分 $\int_a^{+\infty} f(x,y)\mathrm{d}x$, $y \in [c,d]$. 其结果不难平行地推广到其他各类含参变量的反常积分上去.

设 $f(x,y)$ 定义在 $[a,+\infty) \times [c,d]$ 上, 若对某个 $y_0 \in [c,d]$, 反常积分 $\int_a^{+\infty} f(x,y)\mathrm{d}x$ 收敛, 则称含参变量反常积分 $\int_a^{+\infty} f(x,y)\mathrm{d}x$ **在** y_0 **处收敛**, 并称 y_0 为其**收敛点**. 由所有收敛点组成的集合 E 称为 $\int_a^{+\infty} f(x,y)\mathrm{d}x$ 的**收敛域**, 它是函数

$$I(y) = \int_a^{+\infty} f(x,y)\mathrm{d}x$$

的定义域.

要讨论 $I(y)$ 的连续性、可积性和可微性, 需要介绍含参变量反常积分一致收敛性的概念.

定义 5.4 设二元函数 $f(x,y)$ 定义在 $[a,+\infty) \times [c,d]$ 上, 且对任意的 $y \in [c,d]$, 反常积分 $\int_a^{+\infty} f(x,y)\mathrm{d}x$ 收敛. 如果对任意 $\varepsilon > 0$, 存在 $A_0 = A_0(\varepsilon) \geqslant a$, 当 $A > A_0$ 时, 对任意 $y \in [c,d]$, 都有

$$\left| \int_A^{+\infty} f(x,y)\mathrm{d}x \right| < \varepsilon,$$

那么称 $\int_a^{+\infty} f(x,y)\mathrm{d}x$ 关于 y 在 $[c,d]$ 上**一致收敛**.

同理可以定义 $y \in (-\infty, b]$ 或 $y \in (-\infty, +\infty)$ 上含参变量反常积分的一致收敛性.

定义 5.5 设 $\int_a^b f(x,y)\mathrm{d}x$ 对于 $[c,d]$ 上的每一 y 值, 以 $x=b$ 为奇点的积分存在, 如果对于任何 $\varepsilon > 0$, 存在与 $[c,d]$ 上的 y 无关的 $\delta_0(\varepsilon)$, 使得当 $0 < \eta < \delta_0(\varepsilon)$ 时, 对任意 $y \in [c,d]$, 都有

$$\left| \int_{b-\eta}^b f(x,y)\mathrm{d}x \right| < \varepsilon,$$

那么称 $\int_a^b f(x,y)\mathrm{d}x$ 关于 y 在 $[c,d]$ **上一致收敛**.

下面我们不加证明地给出判断含参变量无穷限反常积分一致收敛的判别法, 对于含参变量的无界函数的反常积分也有类似的结果.

定理 5.6 (Weierstrass (魏尔斯特拉斯) 判别法) 设有函数 $F(x)$, 使

$$|f(x,y)| \leqslant F(x), \quad a \leqslant x < +\infty, c \leqslant y \leqslant d,$$

如果积分 $\int_a^{+\infty} F(x)\mathrm{d}x$ 收敛, 那么 $\int_a^{+\infty} f(x,y)\mathrm{d}x$ 关于 y 在 $[c,d]$ 上一致收敛.

定理 5.7 (Cauchy 收敛原理) 含参变量反常积分 $\int_a^{+\infty} f(x,y)\mathrm{d}x$ 在 $y \in [c,d]$ 上一致收敛的充要条件是对任意 $\varepsilon > 0$, 存在 $A_0 = A_0(\varepsilon) \geqslant a$, 当 $A, A' > A_0$ 时, 对任意 $y \in [c,d]$, 都有 $\left| \int_A^{A'} f(x,y)\mathrm{d}x \right| < \varepsilon$.

定理 5.8 (A-D 判别法) 设函数 $f(x,y)$ 和 $g(x,y)$ 满足以下两组条件之一, 则含参变量的反常积分 $\int_a^{+\infty} f(x,y)g(x,y)\mathrm{d}x$ 关于 $y \in [c,d]$ 一致收敛:

1. Abel 判别法

(1) $\int_a^{+\infty} f(x,y)\mathrm{d}x$ 关于 $y \in [c,d]$ 一致收敛,

(2) 对任意 $y \in [c,d]$, $g(x,y)$ 是 x 的单调函数,

(3) $g(x,y)$ 一致有界, 即存在 $L > 0$, 使得

$$|g(x,y)| \leqslant L, \quad x \in [a,+\infty), \quad y \in [c,d].$$

2. Dirichlet 判别法

(1) $\int_a^A f(x,y)\mathrm{d}x$ 一致有界, 即存在常数 $L > 0$, 使得

$$\left| \int_a^A f(x,y)\mathrm{d}x \right| \leqslant L, \quad a \leqslant A < +\infty, y \in [c,d],$$

(2) 对任意 $y \in [c,d]$, $g(x,y)$ 是 x 的单调函数,

(3) 当 $x \to +\infty$ 时, $g(x,y)$ 关于 $y \in [c,d]$ 一致收敛于 0, 即对任意 $\varepsilon > 0$, 存在 $A_0 \geqslant a$, 使得当 $x > A_0$ 时, 对任意 $y \in [c,d]$, 都有

$$|g(x,y)| < \varepsilon.$$

定理 5.9 (Dini 定理) 设 $f(x,y)$ 在 $[a,+\infty) \times [c,d]$ 上连续且保持定号, 如果含参变量积分

$$I(y) = \int_a^{+\infty} f(x,y)\mathrm{d}x$$

在 $[c,d]$ 上连续, 则积分 $\int_a^{+\infty} f(x,y)\mathrm{d}x$ 在 $[c,d]$ 上一致收敛.

例 5.4 判断 $\int_0^{+\infty} \mathrm{e}^{-\alpha x} \sin x \mathrm{d}x$ 在 $\alpha \in [\alpha_0, +\infty](\alpha_0 > 0)$ 内是否一致收敛.

解 因为当 $\alpha \in [\alpha_0, +\infty]$ 时,

$$|\mathrm{e}^{-\alpha x} \sin x| \leqslant \mathrm{e}^{-\alpha_0 x},$$

而 $\int_0^{+\infty} \mathrm{e}^{-\alpha_0 x}\mathrm{d}x$ 是收敛的, 由 Weierstrass 判别法得 $\int_0^{+\infty} \mathrm{e}^{-\alpha x} \sin x \mathrm{d}x$ 在 $\alpha \in [\alpha_0, +\infty)$ 内一致收敛.

例 5.5 试证明含参变量的反常积分 $\int_0^{+\infty} \dfrac{\sin(xy)}{1+y^2}\mathrm{d}y$ 在 $(-\infty, +\infty)$ 上一致收敛.

证明 显然, 对任意的 $x \in (-\infty, +\infty)$ 有

$$\left| \frac{\sin(xy)}{1+y^2} \right| \leqslant \frac{1}{1+y^2},$$

因 $\int_0^{+\infty} \dfrac{\mathrm{d}y}{1+y^2}$ 收敛, 由 Weierstrass 判别法可得 $\int_0^{+\infty} \dfrac{\sin(xy)}{1+y^2}\mathrm{d}y$ 在 $(-\infty, +\infty)$ 上一致收敛.

例 5.6 证明含参变量的反常积分

$$\int_0^{+\infty} \mathrm{e}^{-xy} \frac{\sin x}{x}\mathrm{d}x$$

在 $[0,d]$ 上一致收敛.

证明 由于反常积分 $\int_0^{+\infty} \dfrac{\sin x}{x}\mathrm{d}x$ 收敛, 显然关于参变量 y 在 $[0,d]$ 上是一致收敛. 函数 $g(x,y) = \mathrm{e}^{-xy}$ 对每一个 y 关于 x 是单调的, 且 $g(x,y)$ 对任何 $0 \leqslant y \leqslant d, x \geqslant 0$ 有

$$|\mathrm{e}^{-xy}| \leqslant 1.$$

因此由 Abel 判别法可知, 含参变量反常积分 $\displaystyle\int_0^{+\infty} \mathrm{e}^{-xy}\frac{\sin x}{x}\mathrm{d}x$ 在 $[0,d]$ 上一致收敛.

　　与参变量的常义积分类似, 含参变量反常积分所确定的函数也有连续可导、积分顺序可交换等分析性质, 下面我们不加证明地给出含参变量反常积分所确定的函数的分析性质.

　　定理 5.10 (连续性定理)　设 $f(x,y)$ 在 $[a,+\infty)\times[c,d]$ 上连续, 含参变量反常积分 $\displaystyle\int_a^{+\infty} f(x,y)\mathrm{d}x$ 关于 $y\in[c,d]$ 一致收敛, 则函数

$$I(y) = \int_a^{+\infty} f(x,y)\mathrm{d}x$$

在 $[c,d]$ 上连续.

　　由这个定理 5.10 可得, 对 $y_0\in[c,d]$, 都有

$$\lim_{y\to y_0}\int_a^{+\infty} f(x,y)\mathrm{d}x = \int_a^{+\infty} f(x,y_0)\mathrm{d}x = \int_a^{+\infty}\lim_{y\to y_0} f(x,y)\mathrm{d}x,$$

即极限运算与积分运算可交换次序.

　　定理 5.11 (积分号下求导定理)　设 $f(x,y), f_y(x,y)$ 都在 $[a,+\infty)\times[c,d]$ 上连续, 若 $\displaystyle\int_a^{+\infty} f(x,y)\mathrm{d}x$ 关于 $y\in[c,d]$ 收敛, 且 $\displaystyle\int_a^{+\infty} f_y(x,y)\mathrm{d}x$ 关于 $y\in[c,d]$ 一致收敛, 则 $I(y)=\displaystyle\int_a^{+\infty} f(x,y)\mathrm{d}x$ 在 $[c,d]$ 上可微, 且成立

$$I'(y) = \int_a^{+\infty} f_y(x,y)\mathrm{d}x,$$

即求导运算与积分运算可交换次序.

　　定理 5.12 (积分次序交换定理)　设 $f(x,y)$ 在 $[a,+\infty)\times[c,d]$ 上连续, 含参变量反常积分 $I(y)=\displaystyle\int_a^{+\infty} f(x,y)\mathrm{d}x$ 关于 $y\in[c,d]$ 一致收敛, 则 $I(y)$ 在 $[c,d]$ 上可积, 且成立

$$\int_c^d\mathrm{d}y\int_a^{+\infty} f(x,y)\mathrm{d}x = \int_a^{+\infty}\mathrm{d}x\int_c^d f(x,y)\mathrm{d}y,$$

即积分次序可以交换.

　　当 $[c,d]$ 也改为无穷区间 $[c,+\infty)$ 时, 定理 5.12 的条件就不足以保证积分次序可交换, 但是可以有下面结论:

　　定理 5.13　设 $f(x,y)$ 在 $[a,+\infty)\times[c,+\infty)$ 上连续. 若

　　(1) $\displaystyle\int_a^{+\infty} f(x,y)\mathrm{d}x$ 关于 y 在任何闭区间 $[c,d]$ 上一致收敛, $\displaystyle\int_c^{+\infty} f(x,y)\mathrm{d}y$ 关于 x 在任何闭

区间 $[a, b]$ 上一致收敛;

(2) 设 $\displaystyle\int_a^{+\infty}\mathrm{d}x\int_c^{+\infty}|f(x, y)|\mathrm{d}y$ 与 $\displaystyle\int_c^{+\infty}\mathrm{d}y\int_a^{+\infty}|f(x, y)|\mathrm{d}x$ 中有一个收敛, 则

$$\int_a^{+\infty}\mathrm{d}x\int_c^{+\infty}f(x, y)\mathrm{d}y = \int_c^{+\infty}\mathrm{d}y\int_a^{+\infty}f(x, y)\mathrm{d}x.$$

例 5.7 计算 $I = \displaystyle\int_0^{+\infty}\mathrm{e}^{-px}\dfrac{\sin bx - \sin ax}{x}\mathrm{d}x, \quad p > 0, b > a.$

解 因为 $\dfrac{\sin bx - \sin ax}{x} = \displaystyle\int_a^b\cos xy\,\mathrm{d}y$, 所以

$$\begin{aligned} I &= \int_0^{+\infty}\mathrm{e}^{-px}\frac{\sin bx - \sin ax}{x}\mathrm{d}x = \int_0^{+\infty}\mathrm{e}^{-px}\left(\int_a^b\cos xy\,\mathrm{d}y\right)\mathrm{d}x \\ &= \int_0^{+\infty}\mathrm{d}x\int_a^b\mathrm{e}^{-px}\cos xy\,\mathrm{d}y. \end{aligned}$$

由于 $|\mathrm{e}^{-px}\cos xy| \leqslant \mathrm{e}^{-px}$ 及反常积分 $\displaystyle\int_0^{+\infty}\mathrm{e}^{-px}\mathrm{d}x$ 收敛, 根据 Weierstrass 判别法, 含参变量反常积分 $\displaystyle\int_0^{+\infty}\mathrm{e}^{-px}\cos xy\,\mathrm{d}x$ 在 $[a, b]$ 上一致收敛. 因为 $\mathrm{e}^{-px}\cos xy$ 在 $[0, +\infty)\times[a, b]$ 上连续, 根据定理 5.12 可得

$$I = \int_a^b\mathrm{d}y\int_0^{+\infty}\mathrm{e}^{-px}\cos xy\,\mathrm{d}x = \int_a^b\frac{p}{p^2 + y^2}\mathrm{d}y = \arctan\frac{b}{p} - \arctan\frac{a}{p}.$$

例 5.8 计算 $f(y) = \displaystyle\int_0^{+\infty}\mathrm{e}^{-x^2}\cos(2xy)\mathrm{d}x$, 此处 $-\infty < y < +\infty$.

解 显然, $\mathrm{e}^{-x^2}\cos(2xy)$ 和 $\dfrac{\partial}{\partial y}[\mathrm{e}^{-x^2}\cos(2xy)] = -2x\mathrm{e}^{-x^2}\sin(xy)$ 在区域 $D : x \geqslant 0,$ $-\infty < y < +\infty$ 上连续. 其次, 在区域 D 上,

$$|\mathrm{e}^{-x^2}\cos(2xy)| \leqslant \mathrm{e}^{-x^2},$$

$$|-2x\mathrm{e}^{-x^2}\sin(2xy)| \leqslant 2x\mathrm{e}^{-x^2}.$$

而 $\displaystyle\int_0^{+\infty}\mathrm{e}^{-x^2}\mathrm{d}x$ 和 $\displaystyle\int_0^{+\infty}2x\mathrm{e}^{-x^2}\mathrm{d}x$ 皆收敛, 故由 Weierstrass 判别法可知 $\displaystyle\int_0^{+\infty}\mathrm{e}^{-x^2}\cdot\cos(2xy)\mathrm{d}x$ 和 $\displaystyle\int_0^{+\infty}-2x\mathrm{e}^{-x^2}\sin(2xy)\mathrm{d}x$ 在 $-\infty < y < +\infty$ 上都一致收敛. 由定理 5.11 可得

$$f'(y) = -2\int_0^{+\infty}x\mathrm{e}^{-x^2}\sin(2xy)\mathrm{d}x.$$

由分部积分法可得

$$f'(y) = -2y \int_0^{+\infty} e^{-x^2} \cos(2xy) dx = -2y f(y).$$

从而

$$\int \frac{f'(y)}{f(y)} dy = -\int 2y dy + C,$$

即

$$\ln f(y) = -y^2 + C, f(y) = C_1 e^{-y^2}.$$

由于 $f(0) = \frac{\sqrt{\pi}}{2}$, 所以 $f(y) = \frac{\sqrt{\pi}}{2} e^{-y^2}$, $-\infty < y < +\infty$.

例 5.9 计算 Dirichlet 积分 $I = \int_0^{+\infty} \frac{\sin x}{x} dx$.

解 考虑积分

$$F(u) = \int_0^{+\infty} e^{-ux} \frac{\sin x}{x} dx, \quad u \geqslant 0.$$

由例 5.6 可知上式右端积分关于 u 皆在 $[0, \beta]$ 上一致收敛. 而被积函数 $e^{-ux} \frac{\sin x}{x}$ 在 D : $[0, +\infty) \times [0, \beta]$ 上连续. 因此 $F(u)$ 在 $[0, \beta]$ 上连续. 又

$$\frac{\partial}{\partial u} \left(e^{-ux} \frac{\sin x}{x} \right) = -e^{-ux} \sin x$$

在 D 上连续, 对于任何 $u_0 > 0$, 当 $u \geqslant u_0$ 时,

$$|-e^{-ux} \sin x| \leqslant e^{-u_0 x}.$$

显然 $\int_0^{+\infty} e^{-u_0 x} dx$ 收敛, 由 Weierstrass 判别法可得,

$$\int_0^{+\infty} \frac{\partial}{\partial u} \left(e^{-ux} \frac{\sin x}{x} \right) dx$$

在 $u_0 \leqslant u \leqslant \beta$ 上一致收敛. 根据定理 5.11 可得, 当 $u_0 \leqslant u \leqslant \beta$ 时, 有

$$F'(u) = -\int_0^{+\infty} e^{-ux} \sin x dx = \frac{-1}{1 + u^2}.$$

因为 u_0 可以是任何正数, β 是任何大于 u_0 的数, 所以上式对于一切 $u > 0$ 皆成立.

由 $F'(u) = -\frac{1}{1 + u^2}$ 可以得到, 当 $u > 0$ 时有

$$F(u) = -\arctan u + C \quad (C \text{ 为常数}).$$

注意 $|\sin x| \leqslant |x|$, 故

$$|F(u)| \leqslant \int_0^{+\infty} e^{-ux} dx = \frac{1}{u},$$

从而
$$\lim_{u \to +\infty} F(u) = 0.$$

但 $\lim_{u \to +\infty} \arctan u = \dfrac{\pi}{2}$, 因此当 $u \to +\infty$ 时, 由 $F(u) = -\arctan u + C$ 便有

$$0 = -\dfrac{\pi}{2} + C,$$

即 $C = \dfrac{\pi}{2}$, 于是当 $u > 0$ 时,

$$F(u) = -\arctan u + \dfrac{\pi}{2},$$

由 $F(u)$ 在 $[0, \beta]$ 上的连续性可得

$$I = F(0) = \lim_{u \to 0} F(u) = \dfrac{\pi}{2}.$$

此例可以得到

$$\beta > 0, \ \text{令} \ \beta x = t, \ \text{则} \int_0^{+\infty} \frac{\sin \beta x}{x} \mathrm{d}x = \int_0^{+\infty} \frac{\sin t}{t} \mathrm{d}t = \frac{\pi}{2}.$$

$$\beta < 0, \ \text{令} \ \beta x = -t, \ \text{则} \int_0^{+\infty} \frac{\sin \beta x}{x} \mathrm{d}x = -\int_0^{+\infty} \frac{\sin t}{t} \mathrm{d}t = -\frac{\pi}{2}.$$

所以 $\operatorname{sgn}(x) = \dfrac{2}{\pi} \displaystyle\int_0^{+\infty} \frac{\sin xt}{t} \mathrm{d}t.$

例 5.10 计算 $I(x) = \displaystyle\int_0^{+\infty} \mathrm{e}^{-t^2} \cos 2xt \, \mathrm{d}t.$

解 记 $f(x, t) = \mathrm{e}^{-t^2} \cos 2xt$, 则 $\dfrac{\partial f}{\partial x} = -2t \mathrm{e}^{-t^2} \sin 2xt$. 由 $\left| \dfrac{\partial f}{\partial x} \right| \leqslant 2t \mathrm{e}^{-t^2}$ 以及 $\displaystyle\int_0^{+\infty} 2t \mathrm{e}^{-t^2} \mathrm{d}t$

收敛知 $\displaystyle\int_0^{+\infty} \frac{\partial f}{\partial x}(x, t) \mathrm{d}t$ 一致收敛. 于是有

$$
\begin{aligned}
I'(x) &= \int_0^{+\infty} \frac{\partial f}{\partial x}(x, t) \mathrm{d}t = -\int_0^{+\infty} 2t \mathrm{e}^{-t^2} \sin 2xt \, \mathrm{d}t \\
&= \left[\mathrm{e}^{-t^2} \sin 2xt \right]_0^{+\infty} - 2x \int_0^{+\infty} \mathrm{e}^{-t^2} \cos 2xt \, \mathrm{d}t = -2x I(x),
\end{aligned}
$$

因此 $I(x) = C \mathrm{e}^{-x^2}$. 由 $I(0) = \displaystyle\int_0^{+\infty} \mathrm{e}^{-t^2} \mathrm{d}t = \frac{\sqrt{\pi}}{2}$, 可得 $I(x) = \dfrac{\sqrt{\pi}}{2} \mathrm{e}^{-x^2}$.

习题 8-5

(A)

1. 设 $F(y) = \int_y^{y^2} e^{-xy} dx$, 计算 $F'(y)$.

2. 求极限

(1) $\lim\limits_{\alpha \to 0} \int_0^1 \dfrac{dx}{1 + x^2 \cos \alpha x}$;   (2) $\lim\limits_{\alpha \to 0} \int_{-2}^2 \sqrt{x^2 + \alpha^2} dx$.

3. 应用对参数的微分法计算定积分:

$$I = \int_0^1 \dfrac{\ln(1 + x)}{1 + x^2} dx.$$

4. 计算下列积分:

(1) $\int_0^1 \dfrac{\arctan x}{x \sqrt{1 - x^2}} dx$;

(2) $\int_0^1 \sin \left(\ln \dfrac{1}{x} \right) \dfrac{x^b - x^a}{\ln x} dx \ (0 < a < b)$.

5. 证明下列含参变量反常积分在指定的区间上一致收敛:

(1) $\int_0^{+\infty} \dfrac{\cos xy}{x^2 + y^2} dx, \ y \geqslant a > 0$;

(2) $\int_0^{+\infty} \dfrac{\sin 2x}{x + \alpha} e^{-\alpha x} dx, \ 0 \leqslant \alpha \leqslant \alpha_0$;

(3) $\int_0^{+\infty} x \sin x^4 \cos \alpha x dx, \ a \leqslant \alpha \leqslant b$.

习题 8-5
第 5 题解答

(B)

6. 讨论下列含参变量积分的一致收敛性:

(1) $\int_0^{+\infty} \dfrac{\cos xy}{\sqrt{x}} dx, \ y \geqslant y_0 > 0$;

(2) $\int_{-\infty}^{+\infty} e^{-(x-\alpha)^2} dx, \ \text{(i)} \ a < \alpha < b, \ \text{(ii)} \ -\infty < \alpha < +\infty$;

(3) $\int_0^{+\infty} e^{-\alpha x} \sin x dx, \ \text{(i)} \ \alpha \geqslant \alpha_0 > 0, \ \text{(ii)} \ \alpha > 0$.

习题 8-5
第 6, 7 题解答

7. 证明 $\int_0^{+\infty} e^{-\alpha x} \dfrac{\sin x}{x} dx$ 关于 $\alpha \in [0, +\infty)$ 一致收敛.

*第六节　Mathematica 在重积分中的应用

一、基本命令

命令形式: Integrate[f[x, y], {x, xmin, xmax}, {y, ymin, ymax}]

功能: 计算重积分 $\displaystyle\int_{xmin}^{xmax}\mathrm{d}x\int_{ymin}^{ymax}f(x,y)\mathrm{d}y, xmin, xmax, ymin, ymax$ 表示积分限.

二、实验举例

例 6.1　计算 $\displaystyle\int_0^1\mathrm{d}x\int_{x^2}^{\sqrt{x}}(x^2+y)\mathrm{d}y$.

输入　Integrate [x^2+y, {x, 0, 1}, {y, x^2, Sqrt[x]}]

输出　$\dfrac{33}{140}$.

例 6.2　画出积分区域, 并计算 $\displaystyle\iint\limits_{D}xy\mathrm{d}x\mathrm{d}y, D$ 是由 $y=1, x=4, x=2y$ 所围成的图形.

输入　RegionPlot[1 <= y <= x/2 && 2 <= x <= 4, {x, 2, 4}, {y, 1, 2},
PlotPoints -> 30, PlotStyle -> {Green, Thick}]
Integrate[x*y, {x, 2, 4}, {y, 1, x/2}]

输出　如图 8–56 所示, 面积为 $\dfrac{9}{2}$.

例 6.3　画出积分区域, 并计算 $I=\displaystyle\iiint\limits_{\Omega}(x^2+y^2+z)\mathrm{d}x\mathrm{d}y\mathrm{d}z$, 其中 Ω 为曲面 $z=\sqrt{2-x^2-y^2}$ 与 $z=\sqrt{x^2+y^2}$ 所围成的立体.

输入　RegionPlot3D[Sqrt[x^2 + y^2] <= z <= Sqrt[2 - x^2 - y^2], {x, -1, 1}, {y, -1, 1}, {z, 0, 2}, MeshFunctions -> {#3 &}, PlotPoints -> 40]

输出　如图 8–57 所示.

输入　Clear[r];Clear[t];Clear[g]; g[x_,y_,z_]=x^2+y^2+z;
Integrate[(g[x,y,z]/.{x -> r*Cos[t],y -> r*Sin[t]})*r,{r,0,1},{t,0,2*Pi},{z,r,Sqrt[2-r^2]}]

输出　$\dfrac{1}{30}(-25+32\sqrt{2})\pi$.

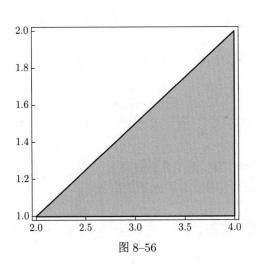

图 8–56

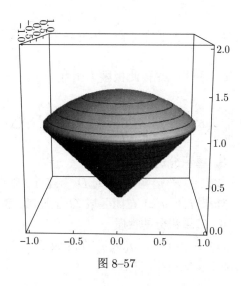

图 8–57

本 章 小 结

本章讨论了二重积分和三重积分的概念和性质, 重点讨论了二重积分和三重积分的计算, 其中二重积分可用直角坐标和极坐标计算, 三重积分可用坐标面投影法、切片法、柱面坐标和球面坐标计算. 同时, 还讨论了计算两种积分时经常会用到的对称性. 最后本章介绍了重积分的几何应用和物理应用.

一、重积分的概念和性质

1. 二重积分的定义

设 $f(x,y)$ 是有界闭区域 D 上的有界函数, 将区域 D 任意分割成 n 个小闭区域 $\Delta\sigma_1$, $\Delta\sigma_2,\cdots,\Delta\sigma_n$. 为方便起见, 仍然用 $\Delta\sigma_i$ 表示小区域 $\Delta\sigma_i$ 的面积. 在每个小区域 $\Delta\sigma_i$ 上任取一点 (ξ_i,η_i), 作乘积 $f(\xi_i,\eta_i)\Delta\sigma_i(i=1,2,\cdots,n)$, 并作和 $\sum\limits_{i=1}^{n}f(\xi_i,\eta_i)\Delta\sigma_i$. 当各小闭区域的最大直径 λ 趋于零时, 如果极限 $\lim\limits_{\lambda\to0}\sum\limits_{i=1}^{n}f(\xi_i,\eta_i)\Delta\sigma_i$ 总存在, 那么称二元函数 $f(x,y)$ 在区域 D 上可积, 并称此极限值为函数 $f(x,y)$ 在闭区域 D 上的二重积分, 记作 $\iint\limits_{D}f(x,y)\mathrm{d}\sigma$, 即

$$\iint\limits_{D}f(x,y)\mathrm{d}\sigma=\lim\limits_{\lambda\to0}\sum\limits_{i=1}^{n}f(\xi_i,\eta_i)\Delta\sigma_i.$$

2. 三重积分的定义

设 $f(x,y,z)$ 是空间有界闭区域 Ω 上的有界函数, 将区域 Ω 任意分割成 n 个小闭区域 $\Delta v_1,\Delta v_2,\cdots,\Delta v_n$, 仍然用 Δv_i 表示小闭区域 Δv_i 的体积. 在每个小区域 Δv_i 上任取一点 (ξ_i,η_i,ζ_i), 作乘积 $f(\xi_i,\eta_i,\zeta_i)\Delta v_i(i=1,2,\cdots,n)$, 并作和 $\sum\limits_{i=1}^{n}f(\xi_i,\eta_i,\zeta_i)\Delta v_i$. 当各小闭区域

的最大直径 λ 趋于零时, 如果极限 $\lim\limits_{\lambda \to 0} \sum\limits_{i=1}^{n} f(\xi_i, \eta_i, \zeta_i) \Delta v_i$ 总存在, 那么称函数 $f(x,y,z)$ 在区域 Ω 上可积, 并称此极限为函数 $f(x,y,z)$ 在闭区域 Ω 上的三重积分, 记作 $\iiint\limits_{\Omega} f(x,y,z)\mathrm{d}v$,

即 $\iiint\limits_{\Omega} f(x,y,z)\mathrm{d}v = \lim\limits_{\lambda \to 0} \sum\limits_{i=1}^{n} f(\xi_i, \eta_i, \zeta_i) \Delta v_i$.

3. 重积分的存在性结论

如果 $f(x,y)$ 在闭区域 D 上连续, 那么它在 D 上的二重积分必定存在.

如果 $f(x,y,z)$ 在闭区域 Ω 上连续, 那么它在 Ω 上的三重积分必定存在.

4. 二重积分的性质

(1) 若 $f(x,y), g(x,y)$ 在区域 D 上可积, 则对任意的常数 α, β, $\alpha f(x,y) + \beta g(x,y)$ 在区域 D 上仍然可积, 并且

$$\iint\limits_{D} (\alpha f(x,y) + \beta g(x,y))\,\mathrm{d}\sigma = \alpha \iint\limits_{D} f(x,y)\mathrm{d}\sigma + \beta \iint\limits_{D} g(x,y)\mathrm{d}\sigma.$$

(2) 若函数 $f(x,y)$ 在 D 上可积, 将 D 分割成两个不相交的区域 D_1 与 D_2, 则 $f(x,y)$ 在 D_1 与 D_2 上也都可积且

$$\iint\limits_{D} f(x,y)\mathrm{d}\sigma = \iint\limits_{D_1} f(x,y)\mathrm{d}\sigma + \iint\limits_{D_2} f(x,y)\mathrm{d}\sigma.$$

(3) 如果在 D 上, $f(x,y) = 1$, σ 为 D 的面积, 那么

$$\sigma = \iint\limits_{D} 1\mathrm{d}\sigma = \iint\limits_{D} \mathrm{d}\sigma.$$

(4) 如果 $f(x,y), g(x,y)$ 在区域 D 上可积, 并且 $f(x,y) \leqslant g(x,y)$, 那么

$$\iint\limits_{D} f(x,y)\mathrm{d}\sigma \leqslant \iint\limits_{D} g(x,y)\mathrm{d}\sigma.$$

推论 $\left| \iint\limits_{D} f(x,y)\mathrm{d}\sigma \right| \leqslant \iint\limits_{D} |f(x,y)|\,\mathrm{d}\sigma.$

(5) 如果 $f(x,y)$ 在有界闭区域 D 上可积, 并满足 $m \leqslant f(x,y) \leqslant M$, σ 为 D 的面积, 那么

$$m \cdot \sigma \leqslant \iint\limits_{D} f(x,y)\mathrm{d}\sigma \leqslant M \cdot \sigma.$$

(6) 积分中值定理　如果 $f(x,y)$ 在有界闭区域 D 上连续, σ 为 D 的面积, 那么至少存在一点 $(\xi, \eta) \in D$, 使得

$$\iint\limits_{D} f(x,y)\mathrm{d}\sigma = f(\xi, \eta) \cdot \sigma.$$

三重积分的性质和二重积分完全类似.

二、重积分的计算

1. 二重积分的计算

直角坐标系下二重积分的计算

(1) D 为 $X-$ 型平面区域 $D = \{(x,y) | \varphi_1(x) \leqslant y \leqslant \varphi_2(x),\ a \leqslant x \leqslant b\}$, 则

$$\iint\limits_{D} f(x,y)\mathrm{d}x\mathrm{d}y = \int_a^b \mathrm{d}x \int_{\varphi_1(x)}^{\varphi_2(x)} f(x,y)\mathrm{d}y.$$

(2) D 为 $Y-$ 型平面区域 $D{:}\psi_1(y) \leqslant x \leqslant \psi_2(y), c \leqslant y \leqslant d$, 则

$$\iint\limits_{D} f(x,y)\mathrm{d}x\mathrm{d}y = \int_c^d \mathrm{d}y \int_{\psi_1(y)}^{\psi_2(y)} f(x,y)\mathrm{d}x.$$

(3) 如果积分区域既不是 $X-$ 型平面区域也不是 $Y-$ 型平面区域, 这时可用平行坐标轴的网线分割积分区域, 使得整个区域分割成若干小区域（以三个为例）, 而每个小区域是 $X-$ 型或是 $Y-$ 型的. 这样, 利用积分区域的可加性, 有

$$\iint\limits_{D} f(x,y)\mathrm{d}x\mathrm{d}y = \iint\limits_{D_1} f(x,y)\mathrm{d}x\mathrm{d}y + \iint\limits_{D_2} f(x,y)\mathrm{d}x\mathrm{d}y + \iint\limits_{D_3} f(x,y)\mathrm{d}x\mathrm{d}y.$$

(4) 二重积分的对称性质

结论 1　如果积分区域 D 关于 y 轴对称, $D_1 = \{(x,y) | (x,y) \in D,\ x \geqslant 0\}$, 那么

$$\iint\limits_{D} f(x,y)\mathrm{d}\sigma = \begin{cases} 0, & f(-x,y) = -f(x,y), \\ 2\iint\limits_{D_1} f(x,y)\mathrm{d}\sigma, & f(-x,y) = f(x,y). \end{cases}$$

结论 2　如果积分区域 D 关于 x 轴对称, $D_1 = \{(x,y) | (x,y) \in D,\ y \geqslant 0\}$, 那么

$$\iint\limits_{D} f(x,y)\mathrm{d}\sigma = \begin{cases} 0, & f(x,-y) = -f(x,y), \\ 2\iint\limits_{D_1} f(x,y)\mathrm{d}\sigma, & f(x,-y) = f(x,y). \end{cases}$$

结论 3　如果积分区域 D 关于坐标原点 O 对称, 那么

$$\iint\limits_{D} f(x,y)\mathrm{d}\sigma = \begin{cases} 0, & f(-x,-y) = -f(x,y), \\ 2\iint\limits_{D_1} f(x,y)\mathrm{d}\sigma, & f(-x,-y) = f(x,y), \end{cases}$$

其中 $D_1 = \{(x,y) | (x,y) \in D,\ x \geqslant 0\}$.

结论 4　如果积分区域 D 关于直线 $y = x$ 对称, 那么

$$\iint\limits_{D} f(x,y)\mathrm{d}\sigma = \iint\limits_{D} f(y,x)\mathrm{d}\sigma.$$

极坐标系下二重积分的计算

极坐标系下的二重积分公式可表示为

$$\iint\limits_{D} f(x,y)\mathrm{d}x\mathrm{d}y = \iint\limits_{D} f(\rho\cos\theta, \rho\sin\theta)\rho\mathrm{d}\rho\mathrm{d}\theta.$$

极坐标系下求二重积分, 同样是化二重积分为二次积分, 根据极点与区域 D 的位置关系, 分为以下三种情况:

(1) 极点在区域 D 的内部　$0 \leqslant \rho \leqslant \rho(\theta)$, $0 \leqslant \theta \leqslant 2\pi$, 则

$$\iint\limits_{D} f(\rho\cos\theta, \rho\sin\theta)\rho\mathrm{d}\rho\mathrm{d}\theta = \int_{0}^{2\pi}\mathrm{d}\theta\int_{0}^{\rho(\theta)} f(\rho\cos\theta, \rho\sin\theta)\rho\mathrm{d}\rho.$$

(2) 极点在区域 D 的外部　$\rho_1(\theta) \leqslant \rho \leqslant \rho_2(\theta)$, $\alpha \leqslant \theta \leqslant \beta$, 则

$$\iint\limits_{D} f(\rho\cos\theta, \rho\sin\theta)\rho\mathrm{d}\rho\mathrm{d}\theta = \int_{\alpha}^{\beta}\mathrm{d}\theta\int_{\rho_1(\theta)}^{\rho_2(\theta)} f(\rho\cos\theta, \rho\sin\theta)\rho\mathrm{d}\rho.$$

(3) 极点在区域 D 的边界上　$0 \leqslant \rho \leqslant \rho(\theta)$, $\alpha \leqslant \theta \leqslant \beta$, 则

$$\iint\limits_{D} f(\rho\cos\theta, \rho\sin\theta)\rho\mathrm{d}\rho\,\mathrm{d}\theta = \int_{\alpha}^{\beta}\mathrm{d}\theta\int_{0}^{\rho(\theta)} f(\rho\cos\theta, \rho\sin\theta)\rho\,\mathrm{d}\rho.$$

当被积函数含有 $x^2 + y^2$ 或者积分区域是圆或圆的一部分时, 一般选用极坐标计算比较简单.

2. 三重积分的计算

直角坐标系下三重积分的计算

(1) 坐标面投影法 (以向 xOy 面投影为例, 向其他坐标面投影类似)

积分区域 Ω 表示为 $\Omega = \{(x,y,z)\,|z_1(x,y) \leqslant z \leqslant z_2(x,y), (x,y) \in D_{xy}\}$, 若 D_{xy} 在 xOy 面可以表示为 $a \leqslant x \leqslant b$, $y_1(x) \leqslant y \leqslant y_2(x)$, 则

$$\iiint\limits_{\Omega} f(x,y,z)\mathrm{d}v = \int_{a}^{b}\mathrm{d}x\int_{y_1(x)}^{y_2(x)}\mathrm{d}y\int_{z_1(x,y)}^{z_2(x,y)} f(x,y,z)\mathrm{d}z.$$

(2) 切片法 (以将空间闭域 Ω 向 z 轴上的投影为例)

积分区域 Ω 表示为 $\Omega = \{(x,y,z)\,|(x,y) \in D_z, c_1 \leqslant z \leqslant c_2\}$, 则

$$\iiint\limits_{\Omega} f(x,y,z)\mathrm{d}v = \int_{c_1}^{c_2}\mathrm{d}z\iint\limits_{D_z} f(x,y,z)\mathrm{d}x\mathrm{d}y\,.$$

(3) 三重积分的对称性质

结论 1　如果积分区域 Ω 关于 yOx 面对称, $\Omega_1 = \{(x,y,z)|(x,y,z) \in D,\ z \geqslant 0\}$, 那么

$$\iiint\limits_{\Omega} f(x,y,z)\mathrm{d}v = \begin{cases} 0, & f(x,y,-z) = -f(x,y,z), \\ 2\iiint\limits_{\Omega_1} f(x,y,z)\mathrm{d}v, & f(x,y,-z) = f(x,y,z). \end{cases}$$

结论 2 如果积分区域 Ω 关于 zOx 面对称, $\Omega_1 = \{(x,y,z)|(x,y,z) \in D, \ y \geqslant 0\}$, 那么

$$\iiint\limits_{\Omega} f(x,y,z)\mathrm{d}v = \begin{cases} 0, & f(x,-y,z) = -f(x,y,z), \\ 2\iiint\limits_{\Omega_1} f(x,y,z)\mathrm{d}v, & f(x,-y,z) = f(x,y,z). \end{cases}$$

结论 3 如果积分区域 Ω 关于 yOz 面对称, $\Omega_1 = \{(x,y,z)|(x,y,z) \in D, \ x \geqslant 0\}$, 那么

$$\iiint\limits_{\Omega} f(x,y,z)\mathrm{d}v = \begin{cases} 0, & f(-x,y,z) = -f(x,y,z), \\ 2\iiint\limits_{\Omega_1} f(x,y,z)\mathrm{d}v, & f(-x,y,z) = f(x,y,z). \end{cases}$$

柱面坐标系下的三重积分的计算

直角坐标与柱面坐标的关系为

$$\begin{cases} x = \rho\cos\theta, \\ y = \rho\sin\theta, \\ z = z. \end{cases}$$

直角坐标变换为柱面坐标的公式

$$\iiint\limits_{\Omega} f(x,y,z)\mathrm{d}x\mathrm{d}y\mathrm{d}z = \iiint\limits_{\Omega} f(\rho\cos\theta, \rho\sin\theta, z)\rho\mathrm{d}\rho\mathrm{d}\theta\mathrm{d}z.$$

球面坐标系下的三重积分的计算

直角坐标与球面坐标的关系为

$$\begin{cases} x = r\sin\varphi\cos\theta, \\ y = r\sin\varphi\sin\theta, \\ z = r\cos\varphi. \end{cases}$$

直角坐标变换为球面坐标的公式

$$\iiint\limits_{\Omega} f(x,y,z)\mathrm{d}x\mathrm{d}y\mathrm{d}z = \iiint\limits_{\Omega} f(r\sin\varphi\cos\theta, r\sin\varphi\sin\theta, r\cos\varphi)r^2\sin\varphi\,\mathrm{d}r\,\mathrm{d}\varphi\,\mathrm{d}\theta.$$

一般来说, 当被积函数或积分域的边界方程含 $x^2 + y^2$ 时, 常采用柱面坐标来计算三重积分, 当被积函数或积分域的边界方程含 $x^2 + y^2 + z^2$ 时, 常采用球面坐标来计算三重积分. 但是, 在选取计算三重积分的坐标系时, 既要考虑积分区域的特点, 又要考虑被积函数的特点.

三、重积分的应用

1. 曲面的面积

设曲面 Σ 由方程 $z = f(x,y)$ 给出, D_{xy} 为曲面 Σ 在 xOy 面上的投影区域, 函数 $f(x,y)$ 在 D_{xy} 上具有一阶连续偏导数, 则曲面面积为

$$S = \iint\limits_{D_{xy}} \sqrt{1 + \left(\frac{\partial z}{\partial x}\right)^2 + \left(\frac{\partial z}{\partial y}\right)^2}\mathrm{d}x\mathrm{d}y.$$

设曲面的方程为 $x = g(y, z)$, 把曲面投影到 yOz 面上, 投影区域记作 D_{yz}, 函数 $g(y, z)$ 在 D_{yz} 上具有一阶连续偏导数, 则曲面面积为

$$S = \iint\limits_{D_{yz}} \sqrt{1 + \left(\frac{\partial x}{\partial y}\right)^2 + \left(\frac{\partial x}{\partial z}\right)^2}\, \mathrm{d}y \mathrm{d}z.$$

设曲面的方程为 $y = h(z, x)$, 把曲面投影到 zOx 面上, 投影区域记作 D_{zx}, 函数 $h(z, x)$ 在 D_{zx} 上具有一阶连续偏导数, 则曲面面积为

$$S = \iint\limits_{D_{zx}} \sqrt{1 + \left(\frac{\partial y}{\partial z}\right)^2 + \left(\frac{\partial y}{\partial x}\right)^2}\, \mathrm{d}z \mathrm{d}x.$$

2. 质心

设一平面薄片在 xOy 面上占据有界闭区域 D, 已知薄片在 D 内每一点 (x, y) 的面密度为 $\rho(x, y)$, 且 $\rho(x, y)$ 在 D 上连续. 平面薄片的质心坐标为

$$\bar{x} = \frac{M_y}{M} = \frac{\iint\limits_{D} x\rho(x, y)\, \mathrm{d}\sigma}{\iint\limits_{D} \rho(x, y)\, \mathrm{d}\sigma}\,, \quad \bar{y} = \frac{M_x}{M} = \frac{\iint\limits_{D} y\rho(x, y)\, \mathrm{d}\sigma}{\iint\limits_{D} \rho(x, y)\, \mathrm{d}\sigma}\,.$$

平面图形 D 的形心坐标

$$\bar{x} = \frac{1}{A} \iint\limits_{D} x\, \mathrm{d}\sigma\,, \quad \bar{y} = \frac{1}{A} \iint\limits_{D} y\, \mathrm{d}\sigma\,,$$

其中 $A = \iint\limits_{D} \mathrm{d}\sigma$ 为平面薄片的面积.

占有空间有界闭区域 Ω 的、密度为 $\rho(x, y, z)$ (假定 $\rho(x, y, z)$ 在 Ω 上连续) 的空间物体的质心坐标为

$$\bar{x} = \frac{\iiint\limits_{\Omega} x\rho(x, y, z)\, \mathrm{d}v}{\iiint\limits_{\Omega} \rho(x, y, z)\, \mathrm{d}v}\,, \quad \bar{y} = \frac{\iiint\limits_{\Omega} y\rho(x, y, z)\, \mathrm{d}v}{\iiint\limits_{\Omega} \rho(x, y, z)\, \mathrm{d}v}\,, \quad \bar{z} = \frac{\iiint\limits_{\Omega} z\rho(x, y, z)\, \mathrm{d}v}{\iiint\limits_{\Omega} \rho(x, y, z)\, \mathrm{d}v}\,.$$

3. 转动惯量

一平面薄片在 xOy 面上占据有界闭区域 D, 已知薄片在 D 内每一点 (x, y) 的面密度为 $\rho(x, y)$, 且 $\rho(x, y)$ 在 D 上连续, 其相对于 x 轴和 y 轴的转动惯量元素分别为

$$I_x = \iint\limits_{D} y^2 \rho(x, y)\mathrm{d}\sigma, \quad I_y = \iint\limits_{D} x^2 \rho(x, y)\mathrm{d}\sigma.$$

占有空间有界闭区域 Ω 的、密度为 $\rho(x,y,z)$ (假定 $\rho(x,y,z)$ 在 Ω 上连续) 的空间物体对于 x 轴、y 轴和 z 轴的转动惯量为

$$I_x = \iiint\limits_{\Omega} (y^2 + z^2)\rho(x,y,z)\,\mathrm{d}v,$$

$$I_y = \iiint\limits_{\Omega} (z^2 + x^2)\rho(x,y,z)\,\mathrm{d}v,$$

$$I_z = \iiint\limits_{\Omega} (x^2 + y^2)\rho(x,y,z)\,\mathrm{d}v.$$

4. 引力问题

薄板占有 xOy 平面上的闭区域 D, 面密度 $\mu(x,y)$ 是 D 上的连续函数, 在 z 轴上点 $P_0(0,0,a)(a>0)$ 有一质量为 m 的质点, 薄板对该质点的引力为

$$\boldsymbol{F} = (F_x, F_y, F_z)$$
$$= \left(\iint\limits_{D} \frac{Gm\mu(x,y)x}{(x^2+y^2+a^2)^{\frac{3}{2}}}\mathrm{d}\sigma, \iint\limits_{D} \frac{Gm\mu(x,y)y}{(x^2+y^2+a^2)^{\frac{3}{2}}}\mathrm{d}\sigma, - \right.$$
$$\left. \iint\limits_{D} \frac{Gma\mu(x,y)}{(x^2+y^2+a^2)^{\frac{3}{2}}}\mathrm{d}\sigma \right).$$

占用空间有界闭区域 Ω 的、密度为 $\rho(x,y,z)$ (假定 $\rho(x,y,z)$ 在 Ω 上连续) 的空间物体对于其外一质量为 m 的质点 $P_0(x_0,y_0,z_0)$ 的引力为

$$F = (F_x, F_y, F_z)$$
$$= \left(\iiint\limits_{\Omega} \frac{Gm\rho(x,y,z)(x-x_0)\mathrm{d}v}{r^3}, \iiint\limits_{\Omega} \frac{Gm\rho(x,y,z)(y-y_0)\mathrm{d}v}{r^3}, \right.$$
$$\left. \iiint\limits_{\Omega} \frac{Gm\rho(x,y,z)(z-z_0)\mathrm{d}v}{r^3} \right),$$

其中 $r = \sqrt{(x-x_0)^2 + (y-y_0)^2 + (z-z_0)^2}$.

总 习 题 八

1. 单项选择题.

(1) 设 D 是 xOy 平面上以 $(1,1)$、$(-1,1)$ 和 $(-1,-1)$ 为顶点的三角形区域, D_1 是 D 在第一象限的部分, 则二重积分 $\iint\limits_{D} (xy + \cos x \sin y)\mathrm{d}x\mathrm{d}y$ 等于 (   );

(A) $2\iint\limits_{D_1} \cos x \sin y \mathrm{d}x \mathrm{d}y$　　　　　　(B) $2\iint\limits_{D_1} xy \mathrm{d}x \mathrm{d}y$

(C) $4\iint\limits_{D_1} (xy + \cos x \sin y) \mathrm{d}x \mathrm{d}y$　　　(D) 0

(2) 二重积分 $\iint\limits_{x^2+y^2\leqslant 1} \sqrt[3]{x^2 + y^2}\mathrm{d}x\mathrm{d}y$ 的值等于 (　　);

(A) $\dfrac{3}{4}\pi$　　　　　(B) $\dfrac{6}{7}\pi$　　　　　(C) $\dfrac{6}{5}\pi$　　　　　(D) $\dfrac{1}{2}\pi$

(3) 球面 $x^2 + y^2 + z^2 = 4a^2$ 与柱面 $x^2 + y^2 = 2ax(a > 0)$ 所围成的立体体积 $V = ($　　$)$;

(A) $4\displaystyle\int_0^{\frac{\pi}{2}}\mathrm{d}\theta\int_0^{2a\cos\theta}\sqrt{4a^2 - \rho^2}\mathrm{d}\rho$　　　　(B) $8\displaystyle\int_0^{\frac{\pi}{2}}\mathrm{d}\theta\int_0^{2a\cos\theta}\rho\sqrt{4a^2 - \rho^2}\mathrm{d}\rho$

(C) $4\displaystyle\int_0^{\frac{\pi}{2}}\mathrm{d}\theta\int_0^{2a\cos\theta}\rho\sqrt{4a^2 - \rho^2}\mathrm{d}\rho$　　　　(D) $\displaystyle\int_{-\frac{\pi}{2}}^{\frac{\pi}{2}}\mathrm{d}\theta\int_0^{2a\cos\theta}\rho\sqrt{4a^2 - \rho^2}\mathrm{d}\rho$

(4) 设 $f(x,y)$ 在原点某邻域 D 连续, 区域 $D : x^2 + y^2 \leqslant t^2$ 在该邻域内, 函数 $F(t) = \iint\limits_D f(x,y)\mathrm{d}\sigma$, 则 $\lim\limits_{t\to 0+}\dfrac{F'(t)}{t}$ 的值是 (　　);

(A) $2\pi f(0,0)$　　　　　　　(B) 2π

(C) $2\pi A, A$ 为 D 的面积　　　(D) 不存在

(5) 设 Ω 为一空间有界闭区域, $f(x,y,z)$ 是一全空间上的连续函数, 由积分中值定理, 有 $\iiint\limits_\Omega f(x,y,z)\mathrm{d}v = f(\xi,\eta,\zeta)\cdot V, (\xi,\eta,\zeta)\in\Omega$, 而 V 是 Ω 的体积, 则 (　　);

(A) 当 $f(x,y,z)$ 分别关于 x,y,z 为奇函数时, $f(\xi,\eta,\zeta) = 0$

(B) 必有 $f(\xi,\eta,\zeta) \neq 0$

(C) 当 Ω 为球体 $x^2 + y^2 + z^2 \leqslant 1$ 时, $f(\xi,\eta,\zeta) = f(0,0,0)$

(D) $f(\xi,\eta,\zeta)$ 的正负与 $f(x,y,z)$ 关于 x,y,z 的奇偶性无必然联系

(6) 设 Ω 为半球体 $x^2 + y^2 + z^2 \leqslant R^2, z \geqslant 0, f(t)$ 是 $(-\infty, +\infty)$ 上递增的奇函数, 则 (　　);

(A) $\iiint\limits_\Omega f(x + z)\mathrm{d}v > 0$　　　　　(B) $\iiint\limits_\Omega f(x + z)\mathrm{d}v < 0$

(C) $\iiint\limits_\Omega f(x + z)\mathrm{d}v = 0$　　　　　(D) $\iiint\limits_\Omega f(x + z)\mathrm{d}v = 2\iiint\limits_\Omega f(x)\mathrm{d}v$

(7) 设 $\Omega: x^2 + y^2 + z^2 \leqslant 2az\,(a > 0)$, 则三重积分 $I = \iiint\limits_{\Omega} (x^2 + y^2)\,\mathrm{d}v$ 化为球坐标系下的三次积分时, $I = ($ $)$;

(A) $\displaystyle\int_0^{2\pi} \mathrm{d}\theta \int_0^{\frac{\pi}{2}} \mathrm{d}\varphi \int_0^{2a\cos\varphi} r^2 \cdot r^2 \sin\varphi\,\mathrm{d}r$

(B) $\displaystyle\int_0^{2\pi} \mathrm{d}\theta \int_0^{\frac{\pi}{2}} \mathrm{d}\varphi \int_0^{2a} r^2 \cdot r^2 \sin\varphi\,\mathrm{d}r$

(C) $\displaystyle\int_0^{2\pi} \mathrm{d}\theta \int_0^{\frac{\pi}{2}} \mathrm{d}\varphi \int_0^{2a\cos\varphi} r^4 \sin^3\varphi\,\mathrm{d}r$

(D) $\displaystyle\int_0^{2\pi} \mathrm{d}\theta \int_0^{\pi} \mathrm{d}\varphi \int_0^{2a\cos\varphi} r^4 \sin^3\varphi\,\mathrm{d}r$

(8) 设 $I = \iiint\limits_{\Omega} (x^2 + y^2)\,\mathrm{d}v$, 其中 Ω 是由锥面 $z = \sqrt{x^2 + y^2}$, 平面 $z = a(a > 0)$ 所围成的闭区域, 则它在柱坐标系下的三次积分是 $($ $)$.

(A) $\displaystyle\int_0^{\pi} \mathrm{d}\theta \int_0^{a} \rho\mathrm{d}\rho \int_{\rho}^{a} \rho^2\mathrm{d}z$ (B) $\displaystyle\int_0^{2\pi} \mathrm{d}\theta \int_0^{a} \rho\,\mathrm{d}\rho \int_{\rho^2}^{a} \rho^2\mathrm{d}z$

(C) $\displaystyle\int_0^{\pi} \mathrm{d}\theta \int_0^{a} \rho\,\mathrm{d}\rho \int_0^{a} \rho^2\mathrm{d}z$ (D) $\displaystyle\int_0^{2\pi} \mathrm{d}\theta \int_0^{a} \rho\,\mathrm{d}\rho \int_{\rho}^{a} \rho^2\mathrm{d}z$

2. 计算下列二重积分.

(1) $\displaystyle\iint\limits_{x^2+y^2\leqslant 9} |x^2 + y^2 - 4|\,\mathrm{d}\sigma$;

(2) $\displaystyle\iint\limits_{D} |\cos(x + y)|\,\mathrm{d}\sigma$, 其中 D 为直线 $y = x$, $y = 0$, $x = \dfrac{\pi}{2}$ 所围成的区域;

(3) $\displaystyle\iint\limits_{D} x^2\mathrm{d}\sigma$, 其中 D 为 $\rho = a(1 - \cos\theta)$ 所围成的区域 $(a > 0)$;

(4) $\displaystyle\iint\limits_{D} \dfrac{x}{(1 - x^2 + y^2)^{\frac{3}{2}}}\mathrm{d}x\mathrm{d}y$, 其中 $D = \left\{(x,y) \mid 0 \leqslant y \leqslant 1,\ x^2 \leqslant \dfrac{1}{2}(1 + y)\right\}$.

3. 设 $f(x)$ 在 $[0,1]$ 上连续, a 为大于 1 的常数, 试证明

$$\int_0^1 \mathrm{d}x \int_0^x (x - y)^{a-1} f(y)\mathrm{d}y = \frac{1}{a} \int_0^1 y^a f(1 - y)\mathrm{d}y.$$

4. 设 $f(x,y)$ 连续, D 关于坐标原点对称, 且 $f(-x,-y) = -f(x,y)$, 试证明

$$\iint\limits_{D} f(x,y)\mathrm{d}\sigma = 0.$$

根据这一结论, 试计算二重积分

$$\iint\limits_{D}(1+x^2y+xy^2)\mathrm{d}\sigma,$$

其中 D 是以 $(2,0)$、$(1,1)$、$(-2,0)$、$(-1,-1)$ 为顶点的平行四边形区域.

5. 计算下列三重积分.

(1) $\iiint\limits_{\Omega} z^2\mathrm{d}x\mathrm{d}y\mathrm{d}z$, 其中 Ω 是两个球: $x^2+y^2+z^2\leqslant R^2$ 和 $x^2+y^2+z^2\leqslant 2Rz(R>0)$ 的公共部分;

(2) $\iiint\limits_{\Omega}\dfrac{z\ln(x^2+y^2+z^2+1)}{x^2+y^2+z^2+1}\mathrm{d}x\mathrm{d}y\mathrm{d}z$, 其中 Ω 是由球面 $x^2+y^2+z^2=1$ 所围成的闭区域;

(3) $\iiint\limits_{\Omega}(y^2+z^2)\mathrm{d}x\mathrm{d}y\mathrm{d}z$, 其中 Ω 是由 xOy 平面上曲线 $y^2=2x$ 绕 x 轴旋转而成的曲面与平面 $x=5$ 所围成的闭区域.

6. 证明

$$\int_0^1\mathrm{d}x\int_0^x\mathrm{d}y\int_0^y f(z)\mathrm{d}z=\frac{1}{2}\int_0^1(1-z)^2 f(z)\mathrm{d}z.$$

7. 求平面 $\dfrac{x}{a}+\dfrac{y}{b}+\dfrac{z}{c}=1$ 被三个坐标面所割出的有限部分的面积.

8. 求由曲面 $x^2+y^2=az$, $z=2a-\sqrt{x^2+y^2}$ 所围立体的表面积 $(a>0)$.

9. 求高为 h 的正圆锥体的形心.

10. 求由抛物线 $y=x^2$ 及直线 $y=1$ 所围成的均匀薄片 (面密度为常数 μ) 对于直线 $y=-1$ 的转动惯量.

11. 设在 xOy 面上有一占有平面闭区域 $D=\{(x,y)|x^2+y^2\leqslant R^2,y\geqslant 0\}$ 的匀质半圆形薄片, 质量为 M, 过圆心 O 垂直于薄片的直线上有一质量为 m 的质点 P, $OP=a$, 求半圆形薄片对质点 P 的引力.

12. 设 $f(x)$ 连续, $F(t)=\iiint\limits_{\Omega}\left[z^2+f(x^2+y^2)\right]\mathrm{d}x\mathrm{d}y\mathrm{d}z$, $\Omega{:}0\leqslant z\leqslant h,x^2+y^2\leqslant t^2$, 求 $F'(t)$.

13. 证明: 球面 $x^2+y^2+z^2=a^2$ 上介于平面 $z=c$ 与 $z=c+h$ $(-a\leqslant c<c+h\leqslant a)$ 之间的球带的面积仅与 h 的值有关.

第八章自测题

第九章　曲线积分与曲面积分

前面研究了积分范围为数轴上一个区间或平面或空间上的一个闭区域的情况. 本章将积分概念推广到积分范围为一段曲线弧或一片曲面的情况, 称之为曲线积分或曲面积分, 这些类型的积分在人们研究自然和解决工程技术问题中有着广泛的应用. 本章知识结构框图如图 9–1 所示.

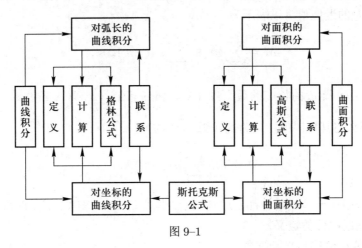

图 9–1

第一节　第一型曲线积分——对弧长的曲线积分

一、第一型曲线积分概念及性质

1. 曲线弧的质量

设在 xOy 平面内有一可求长的曲线 C, 如图 9–2 所示, 已知曲线 C 上任意点 $M(x,y)$ 处的线密度为 $\rho(x,y)$, 求曲线弧 C 的质量.

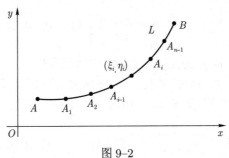

图 9–2

如果曲线 C 的线密度 $\rho(x,y)$ 为常数, 那么它的质量就等于其长度与密度的乘积. 现在的问题是曲线上各点处的密度是变量, 不能采用上述方法来计算, 可以利用积分学的思想来解决问题.

在曲线上任意选取一组分点

$$A = A_0, A_1, A_2, \cdots, A_{n-1}, A_n = B,$$

这组分点将曲线 C 分成 n 个小弧段 $\overset{\frown}{A_0A_1}, \overset{\frown}{A_1A_2}, \cdots, \overset{\frown}{A_{i-1}A_i}, \cdots, \overset{\frown}{A_{n-1}A_n}$. 在线密度 $\rho(x,y)$ 连续变化情况下, 当小弧段很短时, 密度 $\rho(x,y)$ 的变化也很小, 在第 i 个小弧段 $\overset{\frown}{A_{i-1}A_i}$ 上任意选取一点 (ξ_i, η_i), 以 $\rho(\xi_i, \eta_i)$ 来近似代替弧段 $\overset{\frown}{A_{i-1}A_i}$ 上的线密度, 可以得到第 i 个小弧段上质量的近似值 $\Delta m_i \approx \rho(\xi_i, \eta_i)\Delta s_i$, 其中 Δs_i 表示第 i 个小弧段 $\overset{\frown}{A_{i-1}A_i}$ 的长度. 于是整个曲线弧 $\overset{\frown}{AB}$ 的质量的近似值可以表示为

$$M = \sum_{i=1}^{n} m_i \approx \sum_{i=1}^{n} \rho(\xi_i, \eta_i)\Delta s_i. \tag{1.1}$$

用 λ 表示 n 个小弧段的长度的最大者 $\left(\lambda = \max\limits_{1 \leqslant i \leqslant n}\{\Delta s_i\}\right)$, 当 $\lambda \to 0$ 时, 如果式 (1.1) 右端的极限存在, 那么将其极限值定义为曲线弧 $\overset{\frown}{AB}$ 的质量. 即

$$M = \lim_{\lambda \to 0} \sum_{i=1}^{n} \rho(\xi_i, \eta_i)\Delta s_i. \tag{1.2}$$

这种形式的极限在许多问题中都会遇到, 抽象出式 (1.2) 的物理意义, 即得到**第一型曲线积分**或称**对弧长的曲线积分**的定义.

2. 第一型曲线积分的定义及性质

定义 1.1　设 C 为 xOy 平面内一条光滑曲线弧, $f(x,y)$ 为定义在 C 上的有界函数, 用任意一组分点 $A = A_0, A_1, A_2, \cdots, A_{n-1}, A_n = B$, 将曲线 C 分成 n 个小弧段: $\overset{\frown}{A_0A_1}, \overset{\frown}{A_1A_2}, \cdots, \overset{\frown}{A_{n-1}A_n}$, 用 Δs_i 表示第 i 个小弧段 $\overset{\frown}{A_{i-1}A_i}$ 的长; 设 $\lambda = \max\limits_{1 \leqslant i \leqslant n}\{\Delta s_i\}$, 在每个小弧段上任取一点 $P_i(\xi_i, \eta_i)$, 作乘积 $f(\xi_i, \eta_i)\Delta s_i$ 并作和 $\sum\limits_{i=1}^{n} f(\xi_i, \eta_i)\Delta s_i$, 如果不论对 C 的如何分法及点 P_i 的如何取法, 当 $\lambda \to 0$ 时, 上述和式的极限总存在, 那么称此极限值为函数 $f(x,y)$ 沿曲线 C 的**第一型曲线积分**, 记为 $\displaystyle\int_C f(x,y)\,\mathrm{d}s$, 即

$$\int_C f(x,y)\,\mathrm{d}s = \lim_{\lambda \to 0} \sum_{i=1}^{n} f(\xi_i, \eta_i)\Delta s_i, \tag{1.3}$$

其中 $f(x,y)$ 称为被积函数, $\mathrm{d}s$ 称为弧长元素, C 称为积分弧段.

由定义可以看出, 若已知 xOy 平面内一条曲线 C, 其上每一点的线密度为 $\rho(x,y)$, 当 $\rho(x,y)$ 在 C 上连续时, 其质量即为 $\rho(x,y)$ 沿 C 的第一型曲线积分, 即

$$M = \lim_{\lambda \to 0} \sum_{i=1}^{n} \rho(\xi_i, \eta_i)\Delta s_i = \int_C \rho(x,y)\,\mathrm{d}s.$$

不难证明第一型曲线积分有以下性质:

(1) 第一型曲线积分与曲线 C 的方向 (由 A 到 B 或由 B 到 A) 无关.

$$\int_{C(A,B)} f(x,y)\,\mathrm{d}s = \int_{C(B,A)} f(x,y)\,\mathrm{d}s.$$

(2) 第一型曲线积分满足如下线性性质

$$\int_C [\alpha f(x,y) \pm \beta g(x,y)]\,\mathrm{d}s = \alpha \int_C f(x,y)\,\mathrm{d}s \pm \beta \int_C g(x,y)\,\mathrm{d}s.$$

(3) 第一型曲线积分对积分弧满足可加性. 如果 C 是分段光滑曲线 (即 C 可以分成有限段, 而在每一段上都是光滑的), 那么函数在 C 上的积分等于在各部分弧段上积分之和, 例如设 C 分成两段光滑曲线弧 $C = C_1 + C_2$, 则

$$\int_C f(x,y)\,\mathrm{d}s = \int_{C_1+C_2} f(x,y)\,\mathrm{d}s = \int_{C_1} f(x,y)\,\mathrm{d}s + \int_{C_2} f(x,y)\,\mathrm{d}s.$$

如果 C 是闭曲线, 那么 $f(x,y)$ 在 C 上的第一型曲线积分记为 $\oint_C f(x,y)\,\mathrm{d}s$.

上述定义和性质可以类似地推广到积分曲线为空间曲线弧的情况. 函数 $f(x,y,z)$ 在空间曲线弧 $\varGamma$ 上的第一型曲线积分定义为

$$\int_{\varGamma} f(x,y,z)\,\mathrm{d}s = \lim_{\lambda \to 0} \sum_{i=1}^{n} f(\xi_i, \eta_i, \zeta_i)\,\Delta s_i.$$

二、第一型曲线积分的计算

利用求弧长的公式, 可以将第一型曲线积分转化成定积分来计算.

定理 1.1　设端点分别为 A, B 的曲线 C 由参数方程

$$\begin{cases} x = \varphi(t), \\ y = \psi(t), \end{cases} \quad \alpha \leqslant t \leqslant \beta, \tag{1.4}$$

给出, 并且曲线 C 是光滑的 (即 $\varphi'(t)$ 和 $\psi'(t)$ 均在 $[\alpha, \beta]$ 上连续且不同时为 0), 函数 $f(x,y)$ 在 C 上连续, 则曲线积分 $\displaystyle\int_C f(x,y)\,\mathrm{d}s$ 存在且

$$\int_C f(x,y)\,\mathrm{d}s = \int_{\alpha}^{\beta} f[\varphi(t), \psi(t)]\sqrt{\varphi'^2(t) + \psi'^2(t)}\,\mathrm{d}t. \tag{1.5}$$

证明　在曲线 C 上任意插入一组分点:

$$A = A_0, A_1, A_2, \cdots, A_{n-1}, A_n = B,$$

其分点对应的参数值依次为

$$\alpha = t_0 < t_1 < \cdots < t_{n-1} < t_n = \beta.$$

第 i 个小区间 $[t_{i-1}, t_i]$ 对应曲线 C 上第 i 个小弧度 $\overparen{A_{i-1}A_i}$, 其长度为 Δs_i. 由第一型曲线积分的定义有

$$\int_C f(x, y)\,\mathrm{d}s = \lim_{\lambda \to 0} \sum_{i=1}^n f(\xi_i, \eta_i)\Delta s_i. \tag{1.6}$$

设点 (ξ_i, η_i) 对应的参数值为 τ_i, 即 $\xi_i = \varphi(\tau_i)$, $\eta_i = \psi(\tau_i)$, $t_{i-1} \leqslant \tau_i \leqslant t_i$, 由弧长公式和积分中值定理, 有

$$\Delta s_i = \int_{t_{i-1}}^{t_i} \sqrt{\varphi'^2(t) + \psi'^2(t)}\mathrm{d}t = \sqrt{\varphi'^2(\tau_i^*) + \psi'^2(\tau_i^*)}\Delta t_i,$$

其中 $\Delta t = t_i - t_{i-1}$, $t_{i-1} \leqslant \tau_i^* \leqslant t_i$, 于是

$$\int_C f(x, y)\,\mathrm{d}s = \lim_{\lambda \to 0} \sum_{i=1}^n f[\varphi(\tau_i), \psi(\tau_i)]\sqrt{\varphi'^2(\tau_i^*) + \psi'^2(\tau_i^*)}\Delta t_i. \tag{1.7}$$

公式 (1.7) 右端的表达式 (和式) 不是一个积分和, 由于 $\sqrt{\varphi'^2(t) + \psi'^2(t)}$ 在闭区间 $[\alpha, \beta]$ 上连续 ($t_{i-1} \leqslant \tau_i \leqslant t_i$, $t_{i-1} \leqslant \tau_i^* \leqslant t_i$), 将上式中的 τ_i^* 换成 τ_i (其证明要用到 $\sqrt{\varphi'^2(t) + \psi'^2(t)}$ 在闭区间 $[\alpha, \beta]$ 上的一致连续性, 这里从略) 得

$$\int_C f(x, y)\,\mathrm{d}s = \lim_{\lambda \to 0} \sum_{i=1}^n f[\varphi(\tau_i), \psi(\tau_i)]\sqrt{\varphi'^2(\tau_i) + \psi'^2(\tau_i)}\Delta t_i$$

$$= \int_\alpha^\beta f[\varphi(t), \psi(t)]\sqrt{\varphi'^2(t) + \psi'^2(t)}\mathrm{d}t. \tag{1.8}$$

公式 (1.8) 表明, 计算第一型曲线积分, 只要将 $x, y, \mathrm{d}s$ 依次分别换成 $\varphi(t)$, $\psi(t)$, $\sqrt{\varphi'^2(t) + \psi'^2(t)}\mathrm{d}t$, 然后从 α 到 β 积分即可.

注 此时, 定积分的下限 α 必须小于上限 β, 因为在推导过程中使用的小弧段的长度 Δs 总是正值, 所以 $\Delta t > 0$.

如果曲线 C 由 $y = y(x)\,(a \leqslant x \leqslant b)$ 给出且 $y'(x)$ 在 $[a, b]$ 上连续, 那么公式 (1.8) 为

$$\int_C f(x, y)\,\mathrm{d}s = \int_a^b f[x, y(x)]\sqrt{1 + y'^2(x)}\mathrm{d}x. \tag{1.9}$$

类似可以得到当曲线 C 由 $x = x(y)$ 给出时的情况.

例 1.1 计算曲线积分 $I = \int_C |y|\,\mathrm{d}s$, 其中 C 为右半个单位圆, 如图 9-3 所示.

解法 1 令 $x = \cos t, y = \sin t, -\dfrac{\pi}{2} \leqslant t \leqslant \dfrac{\pi}{2}$, 由公式 (1.8) 得,

$$I = \int_{-\frac{\pi}{2}}^{\frac{\pi}{2}} |\sin t|\,\mathrm{d}t = 2\int_0^{\frac{\pi}{2}} \sin t\,\mathrm{d}t = 2.$$

解法 2 右半圆为 $C: x^2 + y^2 = 1\,(x \geqslant 0)$. 可将 C 分成两部分 $C = C_1 + C_2$,

$$C_1: \quad 0 \leqslant x \leqslant 1, \quad y = -\sqrt{1 - x^2}\,(\leqslant 0);$$

$$C_2: \quad 0 \leqslant x \leqslant 1, \quad y = \sqrt{1 - x^2}\,(\geqslant 0).$$

$$y' = \pm\frac{x}{y}, \mathrm{d}s = \sqrt{1+y'^2}\mathrm{d}x = \sqrt{1+\left(-\frac{x}{y}\right)^2}\mathrm{d}x = \sqrt{\frac{x^2+y^2}{y^2}}\mathrm{d}x = \frac{\mathrm{d}x}{|y|}.$$

$$I = \int_C |y|\,\mathrm{d}s = \int_{C_1}|y|\,\mathrm{d}s + \int_{C_2}|y|\,\mathrm{d}s$$

$$= \int_0^1 (-y)\left(-\frac{1}{y}\right)\mathrm{d}x + \int_0^1 y\frac{1}{y}\mathrm{d}x = 2\int_0^1\mathrm{d}x = 2.$$

例 1.2　求 $I = \displaystyle\int_C (x+y)\,\mathrm{d}s$, 其中 C 为以三点 $O(0,0)$, $A(1,0)$, $B(1,1)$ 为顶点的直角三角形的边界, 如图 9-4 所示.

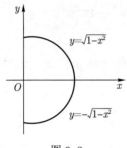

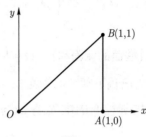

图 9-3　　　　　　　　　　　　　　　图 9-4

解　$I = \displaystyle\int_C (x+y)\,\mathrm{d}s = \left\{\int_{\overline{OA}} + \int_{\overline{AB}} + \int_{\overline{BO}}\right\}(x+y)\,\mathrm{d}s.$ 在直线段 $\overline{OA}$ 上 $y = 0$, $\mathrm{d}s = \mathrm{d}x$, 得

$$\int_{\overline{OA}}(x+y)\,\mathrm{d}x = \int_0^1 x\mathrm{d}x = \frac{1}{2};$$

在直线段 $\overline{AB}$ 上 $x = 1$, $\mathrm{d}s = \mathrm{d}y$, 得

$$\int_{\overline{AB}}(x+y)\,\mathrm{d}s = \int_0^1 (1+y)\,\mathrm{d}y = \frac{3}{2};$$

在直线段 $\overline{BO}$ 上 $y = x$, $\mathrm{d}s = \sqrt{2}\mathrm{d}x$, 得

$$\int_{\overline{BO}}(x+y)\,\mathrm{d}s = \int_0^1 2x\sqrt{2}\mathrm{d}x = \sqrt{2};$$

故

$$I = \frac{1}{2} + \frac{3}{2} + \sqrt{2} = 2 + \sqrt{2}.$$

若空间三维曲线 C 由参数方程 $x = x(t)$, $y = y(t)$, $z = z(t)$, $\alpha \leqslant t \leqslant \beta$ 给出, 其中 $x'(t)$, $y'(t)$, $z'(t)$ 均在 $[\alpha, \beta]$ 上连续且不同时为 0, 则有如下计算公式

$$\int_C f(x,y,z)\,\mathrm{d}s = \int_\alpha^\beta f[x(t), y(t), z(t)]\sqrt{x'^2(t) + y'^2(t) + z'^2(t)}\mathrm{d}t, \tag{1.10}$$

其中 $\mathrm{d}s = \sqrt{x'^2(t) + y'^2(t) + z'^2(t)}\mathrm{d}t$ 为空间曲线 C 的弧长微分.

例 1.3　计算曲线积分 $I = \int_{\Gamma} \left(x^2 + y^2 + z^2 \right) \mathrm{d}s$, 其中 Γ 为螺旋线 $x = a\cos t$, $y = a\sin t$, $z = kt$, 相应于 t 从 0 到 2π 的一段弧.

解　$I = \int_{\Gamma} \left(x^2 + y^2 + z^2 \right) \mathrm{d}s$

$\quad = \int_0^{2\pi} \left[(a\cos t)^2 + (a\sin t)^2 + (kt)^2 \right] \sqrt{(-a\sin t)^2 + (a\cos t)^2 + k^2}\,\mathrm{d}t$

$\quad = \int_0^{2\pi} \left[a^2 + (kt)^2 \right] \sqrt{a^2 + k^2}\,\mathrm{d}t = \sqrt{a^2 + k^2} \int_0^{2\pi} \left[a^2 + (kt)^2 \right] \mathrm{d}t$

$\quad = \sqrt{a^2 + k^2} \left(a^2 t + \dfrac{k^2}{3} t^3 \right) \Big|_0^{2\pi} = \dfrac{2}{3}\pi \sqrt{a^2 + k^2} \left(3a^2 + 4\pi^2 k^2 \right).$

例 1.4 (柱面的侧面积)　设椭圆柱面 $\dfrac{x^2}{5} + \dfrac{y^2}{9} = 1$ 被平面 $z = y$ 与 $z = 0$ 所截, 求位于第一、二卦限内所截下部分的侧面积 A (图 9–5).

解　此椭圆柱面的准线是 xOy 平面上的半个椭圆 C: $\dfrac{x^2}{5} + \dfrac{y^2}{9} = 1 \,(y \geqslant 0)$. 对 C 进行划分, 利用微元法, 在弧微元 $\mathrm{d}s$ 上的一小片柱面面积可近似地看作是以 $\mathrm{d}s$ 为底, 以截线 L 上点 M 的竖坐标 $z = y$ 为高的长方形面积, 从而得侧面积微元 $\mathrm{d}A = y\mathrm{d}s$, 于是所求侧面积为

$$A = \int_C y\mathrm{d}s.$$

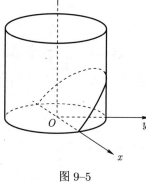

图 9–5

把 C 的方程化成参数方程: $x = \sqrt{5}\cos t$, $y = 3\sin t\,(0 \leqslant t \leqslant \pi)$. 所以

$$A = \int_C y\mathrm{d}s = \int_0^{\pi} 3\sin t \sqrt{5\sin^2 t + 9\cos^2 t}\,\mathrm{d}t$$

$$= -3 \int_0^{\pi} \sqrt{5 + 4\cos^2 t}\,\mathrm{d}\cos t = 9 + \dfrac{15}{4}\ln 5.$$

习题 9–1

(A)

1. 计算下列第一型曲线积分.

(1) $\displaystyle\int_C (x^2 + y^2)\mathrm{d}s$, 其中 C 是以 $O(0,0)$, $\quad A(2,0)$, $\quad B(0,1)$ 为定点的三角形;

(2) $\displaystyle\int_C (x^{\frac{4}{3}} + y^{\frac{4}{3}})\mathrm{d}s$, 其中 C 是星形线 $x^{\frac{2}{3}} + y^{\frac{2}{3}} = a^{\frac{2}{3}}$ 的弧;

(3) $\displaystyle\int_C \mathrm{e}^{\sqrt{x^2+y^2}}\mathrm{d}s$, 其中 C 是由曲线 $x^2+y^2=a^2$, 直线 $y=x$ 和 x 轴在第一象限所围成的图形的边界;

(4) $\displaystyle\int_C y^2\mathrm{d}s$, 其中 C 是摆线 $x=a(t-\sin t),\quad y=a(1-\cos t)$, 在 $0\leqslant t\leqslant 2\pi$ 的一拱;

(5) $\displaystyle\int_C xyz\mathrm{d}s$, 其中 C 是曲线 $x=t, y=\dfrac{1}{3}\sqrt{8t^3}, z=\dfrac{1}{2}t^2$ 上对应于 $0\leqslant t\leqslant 1$ 的一段.

*2. 求 $I=\displaystyle\int_C z\mathrm{d}s$, 其中 C 为曲线 $x^2+y^2=z^2, y^2=ax$ 上从点 $O(0,0,0)$ 到点 $A(a,a,a\sqrt{2})$ 的弧.

3. 设悬链线 $y=\dfrac{a}{2}(\mathrm{e}^{\frac{x}{a}}+\mathrm{e}^{-\frac{x}{a}})$ 上每一点的密度与该点的纵坐标成反比, 且在点 $(0,a)$ 的密度等于 δ, 试求曲线在横坐标 $x_1=0$ 及 $x_2=a$ 之间一段的质量 $(a>0)$.

4. 计算 $\displaystyle\int_C x^2\mathrm{d}s$, 其中 C 是球面 $x^2+y^2+z^2=a^2$ 与平面 $x+y+z=0$ 相交的圆周.

5. 计算 $\displaystyle\int_C xy\mathrm{d}s$, 其中 C 是抛物线 $y^2=2x$ 上从原点到点 $A(2,2)$ 的弧段.

6. 计算 $I=\displaystyle\int_C x\mathrm{d}s$, 其中 C 为对数螺线 $\rho=a\mathrm{e}^{k\theta}(k>0)$ 在圆 $\rho=a$ 内的部分.

7. 求曲线 $x=at, y=\dfrac{a}{2}t^2, z=\dfrac{a}{3}t^3(0\leqslant t\leqslant 1)$ 的一段弧质量, 假定其密度按 $\rho=\sqrt{\dfrac{2y}{a}}$ 的规律变化.

(B)

8. 求曲线密度 $\mu=1$ 的均匀半圆周 $L:\begin{cases} x^2+y^2=a^2, x\geqslant 0,\\ z=0 \end{cases}$ 对位于点 $(0,0,a)$ 处的单位质点的引力.

9. 求平面曲线 $L_1: y=\dfrac{1}{3}x^3+2x\quad(0\leqslant x\leqslant 1)$ 绕直线 $L_2: y=\dfrac{4}{3}x$ 旋转所成的旋转曲面的面积.

第二节　第一型曲面积分——对面积的曲面积分

一、第一型曲面积分概念及性质

第一型曲面积分也是从实际问题中抽象出来的. 例如将上一节求一段曲线弧质量的问题改成求分布在空间的一片曲面的质量问题, 就归结为第一型曲面积分. 可以仿照上一节求曲线质量的方法得到表示求曲面质量的极限形式.

定义 2.1　在三维空间中有一片光滑或逐片光滑的曲面 Σ(注: 光滑曲面即曲面上每一点都有切平面, 当切点连续变动时, 切平面随之连续变动并且是可求面积的), 函数 $f(x,y,z)$ 为定义在曲面 Σ 上的有界函数, 用任意一组曲线网 (或一组分划网 Δ), 将曲面 Σ 分成 n 个小块曲面 $\Sigma^{(1)}, \Sigma^{(2)},\cdots, \Sigma^{(n-1)}, \Sigma^{(n)}$. 用 ΔS_i 表示第 i 小块曲面同时也表示它的面积. 在 $\Sigma^{(i)}$ 上任意取定一点 $(\xi_i,\eta_i,\zeta_i)(i=1,2,\cdots,n)$, 作乘积 $f(\xi_i,\eta_i,\zeta_i)\Delta S_i$ 并作和 $\displaystyle\sum_{i=1}^{n} f(\xi_i,\eta_i,\zeta_i)\Delta S_i$. 设 λ 表示各小块曲面直径的最大者 $\left(\lambda=\displaystyle\max_{1\leqslant i\leqslant n}\{d_i\}\right)$, 如果当 $\lambda\to 0$ 时, 这种和式的极限总存在, 那么称此极限值为 $f(x,y,z)$ 在曲面 Σ 上的**第一型曲面积分** (或称**对面积的曲面积分**),

记为

$$\iint\limits_{\Sigma} f(x,y,z)\,\mathrm{d}S = \lim_{\lambda \to 0} \sum_{i=1}^{n} f(\xi_i, \eta_i, \zeta_i)\,\Delta S_i,$$

其中 $f(x,y,z)$ 为被积函数, $\mathrm{d}S$ 为面积元素, Σ 为积分曲面.

不难得出, 如果曲面 Σ 上任意点处的面密度为 $\rho(x,y,z)$, 那么曲面 Σ 的质量为 $M = \iint\limits_{\Sigma} \rho(x,y,z)\,\mathrm{d}S$.

类似于第一型曲线积分, 第一型曲面积分有以下性质:

(1) 第一型曲线积分满足如下线性性质

$$\iint\limits_{\Sigma} [\alpha f(x,y,z) \pm \beta g(x,y,z)]\,\mathrm{d}S = \alpha \iint\limits_{\Sigma} f(x,y,z)\,\mathrm{d}S \pm \beta \iint\limits_{\Sigma} g(x,y,z)\,\mathrm{d}S;$$

(2) 如果曲面 Σ 是分片光滑 (即 Σ 可以是有限块光滑曲面组成的), 那么函数在 Σ 上的积分等于在各片曲面上积分之和, 例如设曲面 Σ 分成两片 $\Sigma = \Sigma_1 + \Sigma_2$, 则

$$\iint\limits_{\Sigma} f(x,y,z)\mathrm{d}S = \iint\limits_{\Sigma_1} f(x,y,z)\mathrm{d}S + \iint\limits_{\Sigma_2} f(x,y,z)\mathrm{d}S.$$

如果曲面 Σ 是闭曲面, 那么 $f(x,y,z)$ 在 Σ 上的第一型曲面积分记为 $\oiint\limits_{\Sigma} f(x,y,z)\mathrm{d}S$.

二、第一型曲面积分的计算

关于第一型曲面积分的存在性及其计算方法有如下定理:

定理 2.1　设有光滑曲面 Σ 由方程: $z = z(x,y), x,y \in D$ 给出, z_x, z_y 在 D 上连续且不同时为 0, $f(x,y,z)$ 为定义在 Σ 上的连续函数, 则

$$\iint\limits_{\Sigma} f(x,y,z)\,\mathrm{d}S = \iint\limits_{D} f[x,y,z(x,y)]\sqrt{1 + z_x^2 + z_y^2}\mathrm{d}x\mathrm{d}y. \tag{2.1}$$

证明方法与第一型曲线积分类似, 从略.

注 1　要与第一型曲线积分对比来学习和记忆.

第一型曲线积分中, 当曲线 C 由 $y = y(x)\,(a \leqslant x \leqslant b)$ 给出, 曲线的弧长元素

$$\mathrm{d}s = \sqrt{1 + y'^2(x)}\mathrm{d}x.$$

第一型曲面积分中, 当曲面 Σ 由方程 $z = z(x,y), x,y \in D$ 给出, 曲面的面积元素

$$\mathrm{d}S = \sqrt{1 + z_x'^2 + z_y'^2}\mathrm{d}x\mathrm{d}y.$$

只要在各自的积分中将相应的方程表达式和相应的弧长元素或面积元素代入即得到相应的计算公式.

　* 对于由一般参数方程形式表示的曲面, 有如下计算公式.

定理 2.2 设曲面 Σ 是光滑的, 由参数方程 $x = x(u,v)$, $y = y(u,v)$, $z = z(u,v)$, $(u,v) \in D$ 给出, $x = x(u,v)$, $y = y(u,v)$, $z = z(u,v)$ 对 u 与 v 的偏导数在区域 D 上连续, 且矩阵 $\dfrac{\partial(x,y,z)}{\partial(u,v)} = \begin{pmatrix} x_u & y_u & z_u \\ x_v & y_v & z_v \end{pmatrix}$ 的秩为 2, 函数 $f(x,y,z)$ 在 Σ 上连续, 则 $f(x,y,z)$ 在 Σ 上的第一型曲面积分存在, 且有如下公式

$$\iint\limits_{\Sigma} f(x,y,z)\,\mathrm{d}S = \iint\limits_{D} f[x(u,v),y(u,v),z(u,v)]\sqrt{EG-F^2}\,\mathrm{d}u\mathrm{d}v, \tag{2.2}$$

其中 $E = x_u^2 + y_u^2 + z_u^2$, $F = x_u x_v + y_u y_v + z_u z_v$, $G = x_v^2 + y_v^2 + z_v^2$. E, F, G 称为曲面的高斯系数.

令 $A = \begin{vmatrix} y_u & z_u \\ y_v & z_v \end{vmatrix}$, $B = \begin{vmatrix} z_u & x_u \\ z_v & x_v \end{vmatrix}$, $C = \begin{vmatrix} x_u & y_u \\ x_v & y_v \end{vmatrix}$, 在 D 上, $\dfrac{\partial(x,y,z)}{\partial(u,v)}$ 的秩为 2, A, B, C 不全为 0, 且有 $A^2 + B^2 + C^2 = (x_u^2 + y_u^2 + z_u^2)(x_v^2 + y_v^2 + z_v^2) - (x_u x_v + y_u y_v + z_u z_v)^2 = EG - F^2$.

注 2 公式 (2.2) 指出, 第一型曲面积分可变成二重积分来计算, 面积元素为

$$\mathrm{d}S = \sqrt{A^2 + B^2 + C^2}\,\mathrm{d}u\mathrm{d}v.$$

第一型曲线积分, 当 C 由参数方程 $\begin{cases} x = \varphi(t), \\ y = \psi(t) \end{cases}$ 给出时, 弧长元素为 $\mathrm{d}s = \sqrt{\varphi'^2(t) + \psi'^2(t)}\,\mathrm{d}t$.

例 2.1 计算 $I = \iint\limits_{\Sigma} \dfrac{1}{z}\mathrm{d}S$, 其中 Σ 是球面 $x^2 + y^2 + z^2 = R^2$ 被平面 $z = h\,(0 < h < R)$ 所截的顶部 $(z \geqslant h)$ (图 9–6).

解 如图 9–6, 曲面 Σ 的方程为 $z = \sqrt{R^2 - x^2 - y^2}$, 曲面 Σ 在 xOy 平面的投影区域 D 为 $D_{xy}: x^2 + y^2 \leqslant R^2 - h^2$, $z = 0$.

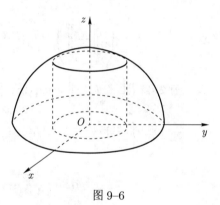

图 9–6

$$\mathrm{d}S = \sqrt{1 + z_x^2 + z_y^2}\,\mathrm{d}x\mathrm{d}y = \frac{R}{\sqrt{R^2 - x^2 - y^2}}\mathrm{d}x\mathrm{d}y,$$

于是 $\quad I = \iint\limits_{\Sigma} \dfrac{1}{z}\mathrm{d}S = \iint\limits_{D} \dfrac{R}{R^2 - x^2 - y^2}\mathrm{d}x\mathrm{d}y$

$$= R \int_0^{2\pi} \mathrm{d}\theta \int_0^{\sqrt{R^2-h^2}} \frac{\rho}{R^2 - \rho^2}\mathrm{d}\rho = 2\pi R \ln\frac{R}{h}.$$

例 2.2 计算 $I = \iint\limits_{\Sigma} (xy + yz + zx)\,\mathrm{d}S$, 其中 Σ 为锥面 $z = \sqrt{x^2 + y^2}$ 被曲面 $x^2 + y^2 = 2ax\,(a > 0)$ 所截得部分.

解 曲面 Σ 在 xOy 平面的投影区域 D 是 $D_{xy}: x^2 + y^2 \leqslant 2ax, z = 0$;

$$\mathrm{d}S = \sqrt{1 + z_x^2 + z_y^2}\,\mathrm{d}x\mathrm{d}y = \sqrt{2}\,\mathrm{d}x\mathrm{d}y.$$

原式 $= \iint\limits_{\Sigma} (xy + yz + zx)\,\mathrm{d}S = \iint\limits_{Dxy} \sqrt{2}\left[xy + (y + x)\sqrt{x^2 + y^2}\right]\mathrm{d}x\mathrm{d}y$

$$= \sqrt{2} \int_{-\frac{\pi}{2}}^{\frac{\pi}{2}} \mathrm{d}\theta \int_0^{2a\cos\theta} \rho^2(\sin\theta\cos\theta + \sin\theta + \cos\theta)\rho\mathrm{d}\rho = \frac{64\sqrt{2}}{15}a^4.$$

例 2.3 计算 $I = \iint\limits_{\Sigma} \left(x^2 + y^2\right) \mathrm{d}S$, 其中 Σ 为锥面 $z = \sqrt{x^2 + y^2}$ 及 $z = 1$ 围成的闭区域的全部边界曲面.

解 令 Σ_1: $z = \sqrt{x^2 + y^2}$, Σ_2: $z = 1$, 则 $\Sigma = \Sigma_1 + \Sigma_2$, 由 $\begin{cases} z = \sqrt{x^2 + y^2}, \\ z = 1 \end{cases}$ 得投影区域 D 的边界曲线为 $\begin{cases} x^2 + y^2 = 1, \\ z = 0, \end{cases}$ 从而

$$
\begin{aligned}
I_1 &= \iint\limits_{\Sigma_1} \left(x^2 + y^2\right) \mathrm{d}S = \iint\limits_{D} \left(x^2 + y^2\right) \sqrt{1 + z_x^2 + z_y^2} \mathrm{d}x\mathrm{d}y \\
&= \iint\limits_{D} \left(x^2 + y^2\right) \sqrt{1 + \left(\frac{x}{\sqrt{x^2 + y^2}}\right)^2 + \left(\frac{y}{\sqrt{x^2 + y^2}}\right)^2} \mathrm{d}x\mathrm{d}y \\
&= \sqrt{2} \iint\limits_{D} \left(x^2 + y^2\right) \mathrm{d}x\mathrm{d}y = \sqrt{2} \int_0^{2\pi} \mathrm{d}\theta \int_0^1 \rho^3 \mathrm{d}\rho = \frac{\sqrt{2}}{2}\pi; \\
I_2 &= \iint\limits_{\Sigma_2} \left(x^2 + y^2\right) \mathrm{d}S = \iint\limits_{D} (x^2 + y^2)\mathrm{d}x\mathrm{d}y = \frac{\pi}{2};
\end{aligned}
$$

故

$$
I = \left(\iint\limits_{\Sigma_1} + \iint\limits_{\Sigma_2}\right) \left(x^2 + y^2\right) \mathrm{d}S = \frac{\sqrt{2}}{2}\pi + \frac{\pi}{2} = \frac{1}{2}\left(\sqrt{2} + 1\right)\pi.
$$

例 2.4 计算 $I = \iint\limits_{\Sigma} |xyz| \,\mathrm{d}S$, 其中 Σ 为曲面 $z = x^2 + y^2$ 被平面 $z = 1$ 所割下部分.

解 由 $\begin{cases} z = x^2 + y^2, \\ z = 1 \end{cases}$ 得到投影区域 D 的边界曲线为 $\begin{cases} x^2 + y^2 = 1, \\ z = 0, \end{cases}$

$$
\mathrm{d}S = \sqrt{1 + z_x^2 + z_y^2}\mathrm{d}x\mathrm{d}y = \sqrt{1 + 4x^2 + 4y^2}\mathrm{d}x\mathrm{d}y.
$$

在 I, III 卦限 $|xyz| = xyz$, 在 II, IV 卦限 $|xyz| = -xyz$, 所以

$$
\begin{aligned}
I &= 4 \iint\limits_{D_1} xy \left(x^2 + y^2\right) \sqrt{1 + 4x^2 + 4y^2}\mathrm{d}x\mathrm{d}y \\
&= 4 \int_0^{\frac{\pi}{2}} \sin\theta\cos\theta\mathrm{d}\theta \int_0^1 \rho^4 \sqrt{1 + 4\rho^2}\rho\mathrm{d}\rho = \frac{125\sqrt{5} - 1}{420},
\end{aligned}
$$

其中 D_1 为区域 D 在第 I 象限的部分.

习题 9–2

(A)

1. 计算下列第一型曲面积分.

(1) $\iint\limits_{\varSigma}\left(z+2x+\dfrac{4}{3}y\right)\mathrm{d}S$, 其中 $\varSigma$ 为平面 $\dfrac{x}{2}+\dfrac{y}{3}+\dfrac{z}{4}=1$ 在第 I 卦限中的部分;

(2) $\iint\limits_{\varSigma}\dfrac{1}{(1+x+y)^2}\mathrm{d}S$, 其中 $\varSigma$ 为四面体 $x+y+z\leqslant 1,\ x\geqslant 0,\ y\geqslant 0,\ z\geqslant 0$ 的边界;

(3) $\iint\limits_{\varSigma}(x+y+z)\mathrm{d}S$, 其中 $\varSigma$ 为球面 $x^2+y^2+z^2=a^2$ 上 $z\geqslant h(0<h<a)$ 的部分;

(4) $\iint\limits_{\varSigma}z\mathrm{d}S$, 其中 $\varSigma$ 为螺旋面 $x=r\cos\varphi,\quad y=r\sin\varphi,\quad z=\varphi(0\leqslant r\leqslant a,0\leqslant\varphi\leqslant 2\pi)$ 的一部分;

(5) 计算 $\iint\limits_{\varSigma}(x^2+y^2)\mathrm{d}S$, 其中 $\varSigma$ 是锥面 $z^2=3(x^2+y^2)$ 被平面 $z=0$ 和 $z=3$ 所截部分;

(6) 计算 $\oiint\limits_{\varSigma}xyz\mathrm{d}S$, 其中 $\varSigma$ 是由曲面 $x=0,\ y=0,\ z=0$ 及 $x+y+z=1$ 所围成的四面体的整个边界曲面;

(7) 计算 $\iint\limits_{\varSigma}\dfrac{\mathrm{d}S}{\rho}$, 其中 $\varSigma$ 是椭球表面, ρ 为椭球中心到与椭球表面的元素 $\mathrm{d}S$ 相切的平面之间的距离;

(8) 计算 $I=\iint\limits_{\varSigma}(xy+yz+zx)\,\mathrm{d}S$, 其中 $\varSigma$ 为锥面 $z=-\sqrt{x^2+y^2}$ 被曲面 $x^2+y^2=2ax\ (a>0)$ 所截得的部分;

(9) 计算 $I=\iint\limits_{\varSigma}\left(x^2+y^2+z^2\right)\mathrm{d}S$, 其中 $\varSigma$ 为球面 $x^2+y^2+z^2=2az\,(a>0)$;

(10) 计算 $\iint\limits_{\varSigma}x^2\mathrm{d}S$, 其中 $\varSigma$ 是圆柱面 $x^2+y^2=a^2$ 介于平面 $z=0$ 和 $z=h$ 之间的部分;

(11) 计算 $\oiint\limits_{\varSigma}(|x|+|y|)^2\mathrm{d}S$, 其中 $\varSigma$ 是八面体 $|x|+|y|+|z|\leqslant 1$ 的表面;

(12) 计算 $\oiint\limits_{\varSigma}(ax+by+cz+d)^2\mathrm{d}S$, 其中 $\varSigma$ 是球面 $x^2+y^2+z^2=R^2$.

(B)

2. 设抛物面 $z=\dfrac{1}{2}(x^2+y^2)\quad(0\leqslant z\leqslant 1)$ 的面密度为 $\rho(x,y,z)=z$, 试求其质量.

第三节   第二型曲线积分——对坐标的曲线积分

一、第二型曲线积分概念及性质

在前面所研究的第一型曲线积分和第一型曲面积分中不需要考虑曲线和曲面的方向. 然而, 正如解析几何学中谈到的有向线段一样, 在许多实际问题中常常要用到有向曲线和有向曲面的概念, 也就是要考虑曲线的 "方向" 和曲面上 "法线的指向". 例如, 研究质点沿曲线运动, 就应弄清楚质点是由曲线的哪一端向另一端移动; 观察流体通过曲面的流动, 就必须搞明白流体是从曲面的哪一侧流往另一侧. 本节和本章后面几节主要讨论向量场沿有向曲线和有向曲面上的积分以及它们和重积分及第一型曲线积分、曲面积分之间的关系.

1. 变力沿曲线做功

设有一质点受到平面力 $\boldsymbol{F}(x,y) = P(x,y)\boldsymbol{i} + Q(x,y)\boldsymbol{j}$ 的作用, 在 xOy 平面沿一条光滑曲线 C 从 A 点移至 B 点, 其中 $P(x,y)$, $Q(x,y)$ 在曲线 C 上连续, 求力 $\boldsymbol{F}$ 所做的功, 如图 9–7 所示.

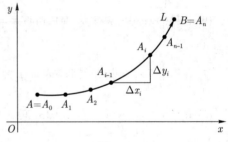

图 9–7

如果力 $\boldsymbol{F}$ 是常力, 且质点沿直线从 A 点移到 B 点, 那么这个常力所做的功 W 等于向量 $\boldsymbol{F}$ 与位移向量 $\overrightarrow{AB}$ 的数量积, 即 $W = \boldsymbol{F} \cdot \overrightarrow{AB}$.

现在 $\boldsymbol{F}$ 是变力, 且质点又沿曲线 C 移动, 应该如何处理呢? 可以借助于第一型曲线积分的思想来解决目前的问题.

如图 9–7, 在曲线 C 上任意取一组分点,

$$A = A_0, A_1, A_2, \cdots, A_{n-1}, A_n = B.$$

将有向曲线 C 分成 n 个小有向弧段, 其中 $\overparen{A_{i-1}A_i}$ 表示第 i 个小有向弧段. 由于 $\overparen{A_{i-1}A_i}$ 为光滑曲线, 当分点很密时, 可以用有向线段 $\overrightarrow{A_{i-1}A_i} = (\Delta x_i)\boldsymbol{i} + (\Delta y_i)\boldsymbol{j}$ 来近似地代替它, 其中 $\Delta x_i = x_i - x_{i-1}$, $\Delta y_i = y_i - y_{i-1}$, 又由于 $P(x,y)$, $Q(x,y)$ 在 C 上连续, 可以用在小有向弧段 $\overparen{A_{i-1}A_i}$ 上任一点 $M_i(\xi_i, \eta_i)$ 处的力 $\boldsymbol{F}(\xi_i, \eta_i) = P(\xi_i, \eta_i)\boldsymbol{i} + Q(\xi_i, \eta_i)\boldsymbol{j}$ 来近似代替这小弧段上各点处的力. 这样, 可以用常力 $\boldsymbol{F}(\xi_i, \eta_i)$ 沿有向线段 $\overrightarrow{A_{i-1}A_i}$ 所做的功近似代替变力 $\boldsymbol{F}(x,y)$ 沿有向弧段所做的功, 即有

$$\Delta W_i \approx \boldsymbol{F}(\xi_i, \eta_i) \cdot \overrightarrow{A_{i-1}A_i} = P(\xi_i, \eta_i)\Delta x_i + Q(\xi_i, \eta_i)\Delta y_i.$$

于是沿整个曲线 C 所做的功可近似表示为

$$W = \sum_{i=1}^{n} \Delta W_i \approx \sum_{i=1}^{n} [P(\xi_i, \eta_i)\Delta x_i + Q(\xi_i, \eta_i)\Delta y_i].$$

令 λ 表示 n 个小弧段的最大长度, 当 $\lambda \to 0$ 时,

$$W = \lim_{\lambda \to 0} \sum_{i=1}^{n} \boldsymbol{F}(\xi_i, \eta_i) \cdot \overrightarrow{A_{i-1}A_i} = \lim_{\lambda \to 0} \sum_{i=1}^{n} [P(\xi_i, \eta_i)\Delta x_i + Q(\xi_i, \eta_i)\Delta y_i]. \tag{3.1}$$

这种和式的极限在很多实际问题中都会遇到, 对其抽象出来就得到第二型曲线积分 —— 对坐标的曲线积分的定义.

2. 第二型曲线积分的定义及性质

定义 3.1 设 C 为 xOy 平面内一条由点 A 到点 B 的有向光滑曲线弧, $\boldsymbol{F}(x, y) = P(x, y)\boldsymbol{i} + Q(x, y)\boldsymbol{j} = (P(x, y), Q(x, y))$ 为定义在 C 上的向量场, $P(x, y)$, $Q(x, y)$ 在 C 上有界, 在曲线 C 上任意插入一组分点

$$A = A_0, A_1, A_2, \cdots, A_{n-1}, A_n = B.$$

将曲线 C 分成 n 个小有向弧段, 设第 i 个小弧段 $\overset{\frown}{A_{i-1}A_i}$ 对应的弦 $\overrightarrow{A_{i-1}A_i}$ 在 x 轴、y 轴上的投影分别为 $\Delta x_i\,(= x_i - x_{i-1})$ 和 $\Delta y_i\,(= y_i - y_{i-1})$, 在第 i 个小弧段上任取一点 $M_i(\xi_i, \eta_i)$, 作积 $P(\xi_i, \eta_i)\Delta x_i$ 及 $Q(\xi_i, \eta_i)\Delta y_i$, 并作和

$$\sum_{i=1}^{n} P(\xi_i, \eta_i)\Delta x_i, \quad \sum_{i=1}^{n} Q(\xi_i, \eta_i)\Delta y_i. \tag{3.2}$$

如果当小弧段长度的最大值 $\lambda \to 0$ 时, 上述和式的极限总存在, 那么分别称之为 $P(x, y)$ 和 $Q(x, y)$ 沿曲线 C 的**第二型曲线积分**, 记为

$$\int_C P(x, y)\mathrm{d}x = \lim_{\lambda \to 0} \sum_{i=1}^{n} P(\xi_i, \eta_i)\Delta x_i;$$

$$\int_C Q(x, y)\mathrm{d}y = \lim_{\lambda \to 0} \sum_{i=1}^{n} Q(\xi_i, \eta_i)\Delta y_i,$$

其中 $P(x, y)$, $Q(x, y)$ 称为**被积函数**, C 称为**积分弧段**, 称

$$\int_C P(x, y)\,\mathrm{d}x + Q(x, y)\mathrm{d}y = \int_C P(x, y)\mathrm{d}x + \int_C Q(x, y)\mathrm{d}y \tag{3.3}$$

为向量场 $\boldsymbol{F}(x, y) = P(x, y)\boldsymbol{i} + Q(x, y)\boldsymbol{j}$ 沿曲线 C 的**第二型曲线积分**.

特别指出, 第二型曲线积分的值与曲线 C 的方向有关, 这是它与第一型曲线积分的一个主要区别, 并且容易看出, 当将有向曲线 $\overset{\frown}{AB}$ 的方向改变为 $\overset{\frown}{BA}$ 时, 它与 x 轴的夹角就要改变一个弧度 π, 积分符号发生改变. 因此有如下公式

$$\int_{\overset{\frown}{BA}} P(x, y)\,\mathrm{d}x + Q(x, y)\mathrm{d}y = -\int_{\overset{\frown}{AB}} P(x, y)\,\mathrm{d}x + Q(x, y)\mathrm{d}y. \tag{3.4}$$

引入向径的概念, 曲线 C 可以看成变动向径 $\boldsymbol{r}$ 的末端移动的轨迹, 这时 $\overrightarrow{A_{i-1}A_i} = \boldsymbol{r}_i - \boldsymbol{r}_{i-1} = \Delta\boldsymbol{r}_i$. 于是, 第二型曲线积分 $\displaystyle\int_C P(x, y)\,\mathrm{d}x + Q(x, y)\mathrm{d}y$ 可以用向量形式表示为 $\displaystyle\int_C \boldsymbol{F}\cdot\mathrm{d}\boldsymbol{r}$, 其中 $\boldsymbol{F} = (P, Q)$ 为定义在曲线 C 上的向量场, 如图 9-8 所示.

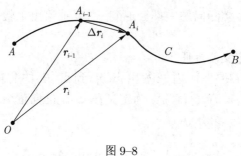

图 9–8

由第二型曲线积分的定义可以导出一些和定积分类似的性质. 例如: 若将曲线 C 分成 $C = C_1 + C_2$, 则

$$\int_C P\mathrm{d}x + Q\mathrm{d}y = \int_{C_1} P\mathrm{d}x + Q\mathrm{d}y + \int_{C_2} P\mathrm{d}x + Q\mathrm{d}y.$$

上述性质可以推广到将曲线 C 分成有限段 $C = C_1 + C_2 + \cdots + C_k$ 的情形.

类似地, 对于定义在空间有向曲线 $\varGamma$ 上的向量场 $\boldsymbol{F} = (P, Q, R)$, 可定义第二型曲线积分如下:

$$\int_\varGamma P\mathrm{d}x + Q\mathrm{d}y + R\mathrm{d}z = \int_\varGamma P\mathrm{d}x + \int_\varGamma Q\mathrm{d}y + \int_\varGamma R\mathrm{d}z. \tag{3.5}$$

二、第二型曲线积分的计算

定理 3.1 设 $\boldsymbol{F}(x, y) = (P(x, y), Q(x, y))$ 为定义在有向光滑曲线 C 上的向量, $P(x, y)$, $Q(x, y)$ 在 C 上连续, 曲线 C 由参数方程

$$\begin{cases} x = \varphi(t), \\ y = \psi(t), \end{cases} \quad \alpha \leqslant t \leqslant \beta$$

给出, 当 t 由 α 单调变到 β 时, 点 $M(x, y)$ 从 A 沿 C 移动到 B, $\varphi(t), \psi(t)$ 在区间 $[\alpha, \beta]$ 上有一阶连续偏导数且不同时为 0, 那么曲线积分 $\displaystyle\int_C P\mathrm{d}x + Q\mathrm{d}y$ 存在且有

$$\int_C P(x, y)\,\mathrm{d}x + Q(x, y)\mathrm{d}y$$
$$= \int_\alpha^\beta \{P[\varphi(t), \psi(t)]\varphi'(t) + Q[\varphi(t), \psi(t)]\psi'(t)\}\mathrm{d}t. \tag{3.6}$$

证明 在曲线 C 上任取一组分点,

$$A = A_0, A_1, A_2, \cdots, A_{n-1}, A_n = B.$$

它们对应一列单调变化的参数值

$$\alpha = t_0, t_1, t_2, \cdots, t_{n-1}, t_n = \beta,$$

由第二型曲线积分的定义有

$$\int_C P(x,y)\mathrm{d}x = \lim_{\lambda \to 0} \sum_{i=1}^n P(\xi_i, \eta_i) \Delta x_i. \tag{3.7}$$

设有向线段 $\overrightarrow{A_{i-1}A_i}$ 的长度为 Δs_i, 它与 x 轴的正向夹角为 τ_i, 因 $\overrightarrow{A_{i-1}A_i} = (\Delta x_i)\boldsymbol{i} + (\Delta y_i)\boldsymbol{j}$, 得 $\Delta x_i = \cos\tau_i \cdot \Delta s_i$, $\Delta y_i = \sin\tau_i \cdot \Delta s_i$, 由 (3.7) 得

$$\int_C P(x,y)\mathrm{d}x = \lim_{\lambda \to 0} \sum_{i=1}^n P(\xi_i, \eta_i) \Delta x_i = \lim_{\lambda \to 0} \sum_{i=1}^n P(\xi_i, \eta_i) \cos\tau_i \Delta s_i$$

$$= \int_C P(x,y)\cos\tau \mathrm{d}s. \tag{3.8}$$

沿曲线 C 在参数 t 单调变化的方向上取割线向量

$$\left(\frac{\varphi(t+\Delta t) - \varphi(t)}{\Delta t}, \frac{\psi(t+\Delta t) - \psi(t)}{\Delta t} \right) \quad (\Delta t \neq 0).$$

当 $\Delta t \to 0$ 时, 它的极限 $(\varphi'(t), \psi'(t))$ 就是与曲线方向一致的切向量. 因此

$$\cos\tau = \frac{\varphi'(t)}{\sqrt{\varphi'^2(t) + \psi'^2(t)}}, \quad \mathrm{d}s = \sqrt{\varphi'^2(t) + \psi'^2(t)}\mathrm{d}t.$$

由于 $P(x,y)\cos\tau$ 在 C 上连续, 它在 C 上的第一型曲线积分存在, 于是

$$\int_C P(x,y)\mathrm{d}x = \int_C P(x,y)\cos\tau \mathrm{d}s$$

$$= \int_\alpha^\beta P[\varphi(t), \psi(t)] \frac{\varphi'(t)}{\sqrt{\varphi'^2(t) + \psi'^2(t)}} \sqrt{\varphi'^2(t) + \psi'^2(t)}\mathrm{d}t$$

$$= \int_\alpha^\beta P[\varphi(t), \psi(t)] \varphi'(t)\mathrm{d}t. \tag{3.9}$$

类似可以证明

$$\int_C Q(x,y)\mathrm{d}y = \int_\alpha^\beta Q[\varphi(t), \psi(t)] \psi'(t)\mathrm{d}t. \tag{3.10}$$

将 (3.9) 和 (3.10) 合并即得 (3.6), 证毕.

公式 (3.6) 表明, 计算第二型曲线积分 $\int_C P(x,y)\mathrm{d}x + Q(x,y)\mathrm{d}y$ 时, 只要把 $x, y, \mathrm{d}x, \mathrm{d}y$ 依次换为 $\varphi(t), \psi(t), \varphi'(t)\mathrm{d}t, \psi'(t)\mathrm{d}t$, 然后从 C 的起点对应的参数值 α 到终点对应的参数值 β 作定积分即可. 这里特别注意, 下限 α 对应于 C 的起点, 上限 β 对应于 C 的终点, α 不一定小于 β.

当曲线 C 由方程 $y = \psi(x)$ 或 $x = \varphi(y)$ 给出时, 可看作上述情况的特殊情形. 例如当 C 由 $y = \psi(x)$ 给出时, 公式 (3.6) 成为

$$\int_C P(x,y)\mathrm{d}x + Q(x,y)\mathrm{d}y = \int_\alpha^\beta \{P[x, \psi(x)] + Q[x, \psi(x)]\psi'(x)\}\mathrm{d}x.$$

公式 (3.6) 可以推广到空间曲线 Γ 由参数方程 $x = \varphi(t), y = \psi(t), z = \omega(t)$ 给出的情形, 有如下公式

$$\int_{\Gamma} P(x,y,z)\,\mathrm{d}x + Q(x,y,z)\mathrm{d}y + R(x,y,z)\,\mathrm{d}z$$

$$= \int_{\alpha}^{\beta} \{P[\varphi(t), \psi(t), \omega(t)]\varphi'(t) + Q[\varphi(t), \psi(t), \omega(t)]\psi'(t) +$$

$$R[\varphi(t), \psi(t), \omega(t)]\omega'(t)\}\,\mathrm{d}t.$$

下限 α 对应于 Γ 的起点, 上限 β 对应于 Γ 的终点.

例 3.1 计算曲线积分 $I = \int_{C} x\mathrm{d}y - y\mathrm{d}x$, 如图 9-9 所示.

(1) C 是以原点为圆心, 以 $a > 0$ 为半径的上半圆, 起点为 $A(a,0)$, 终点为 $B(-a,0)$;

(2) C 为有向线段 $\overrightarrow{AB}$.

解 (1) 上半圆的参数方程可取为 $x = a\cos t, y = a\sin t\,(0 \leqslant t \leqslant \pi)$, 起点 A 和终点 B 分别对应于 $t = 0$ 和 $t = \pi$, 由定理 3.1 即得

$$I = \int_{C} x\mathrm{d}y - y\mathrm{d}x = \int_{0}^{\pi} [a\cos t a\cos t - a\sin t\,(-a\sin t)]\mathrm{d}t$$

$$= \int_{0}^{\pi} a^2\mathrm{d}t = \pi a^2.$$

(2) 有向线段 $\overrightarrow{AB}$ 的参数方程可取为 $C: x = -t, y = 0, -a \leqslant t \leqslant a$, 起点 A 和终点 B 分别对应于 $t = -a, t = a$, 于是

$$I = \int_{C} x\mathrm{d}y - y\mathrm{d}x = \int_{-a}^{a} [(-t) \cdot 0 - 0 \cdot (-1)]\mathrm{d}t = 0.$$

例 3.2 计算曲线积分 $I = \int_{C} (x^2 + y^2)\,\mathrm{d}x + (x^2 - y^2)\,\mathrm{d}y$, 其中 C 为曲线 $y = 1 - |1 - x|$ $(0 \leqslant x \leqslant 2)$, 且从原点 $O(0,0)$ 经点 $P(1,1)$ 到点 $B(2,0)$, 如图 9-10 所示.

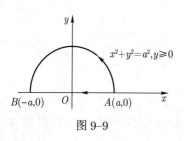

图 9-9

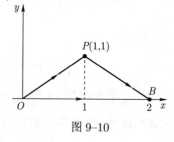

图 9-10

解 当 $0 \leqslant x \leqslant 1$ 时, $y = 1 - |1 - x| = x$, 当 $1 \leqslant x \leqslant 2$ 时, $y = 2 - x$, 由公式 (3.6) 有

$$I = \left(\int_{OP} + \int_{PB}\right)(x^2 + y^2)\mathrm{d}x + (x^2 - y^2)\mathrm{d}y$$

$$= \int_{0}^{1} 2x^2\mathrm{d}x + 0\mathrm{d}x + \int_{1}^{2} \left[x^2 + (2-x)^2\right]\mathrm{d}x + \left[x^2 - (2-x)^2\right](-\mathrm{d}x)$$

$$= \frac{2}{3} + \frac{2}{3} = \frac{4}{3}.$$

例 3.3 计算沿有向闭路 $\overrightarrow{ABCDA}$ (如图 9–11 所示) 的积分

$$I = \int_{\overrightarrow{ABCDA}} (x^2 - 2xy)\mathrm{d}x + (y^2 - 2xy)\mathrm{d}y.$$

解 积分可以写为

$$I = \left(\int_{\overrightarrow{AB}} + \int_{\overrightarrow{BC}} + \int_{\overrightarrow{CD}} + \int_{\overrightarrow{DA}} \right) (x^2 - 2xy)\mathrm{d}x + (y^2 - 2xy)\mathrm{d}y,$$

沿 $\overrightarrow{AB}$, $x = 1$, 故 $\displaystyle\int_{\overrightarrow{AB}} (x^2 - 2xy)\mathrm{d}x = 0.$

同样有

$$\int_{\overrightarrow{BC}} (y^2 - 2xy)\mathrm{d}y = \int_{\overrightarrow{CD}} (x^2 - 2xy)\mathrm{d}x = \int_{\overrightarrow{DA}} (y^2 - 2xy)\mathrm{d}y = 0.$$

于是

$$\begin{aligned}
I &= \int_{-1}^{1} (y^2 - 2y)\mathrm{d}y + \int_{1}^{-1} (x^2 - 2x)\mathrm{d}x + \int_{1}^{-1} (y^2 + 2y)\mathrm{d}y + \int_{-1}^{1} (x^2 + 2x)\mathrm{d}x \\
&= -\int_{-1}^{1} 4y\mathrm{d}y + \int_{-1}^{1} 4x\mathrm{d}x = 0.
\end{aligned}$$

例 3.4 计算 $\displaystyle\int_{C} 2xy\mathrm{d}x + x^2\mathrm{d}y$, 其中 C 为如图 9–12 所示,

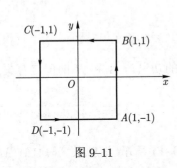

图 9–11

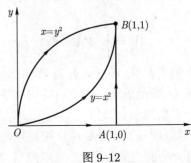

图 9–12

(1) 抛物线 $y = x^2$ 上从 $O(0,0)$ 到 $B(1,1)$ 的一段弧;

(2) 抛物线 $x = y^2$ 上从 $O(0,0)$ 到 $B(1,1)$ 的一段弧;

(3) 有向折线 OAB, 这里 O, A, B 依次是点 $(0, 0)$, $(1, 0)$, $(1, 1)$.

解 (1) 化为对 x 的定积分, $C: y = x^2$, x 从 0 到 1. 所以

$$\int_{C} 2xy\mathrm{d}x + x^2\mathrm{d}y = \int_{0}^{1} (2x \cdot x^2 + x^2 \cdot 2x)\mathrm{d}x = 4\int_{0}^{1} x^3\mathrm{d}x = 1.$$

(2) 化为对 y 的定积分, $C : x = y^2$, y 从 0 到 1. 所以

$$\int_{C} 2xy\mathrm{d}x + x^2\mathrm{d}y = \int_{0}^{1} (2y^2 \cdot y \cdot 2y + y^4)\mathrm{d}y = 5\int_{0}^{1} y^4\mathrm{d}x = 1.$$

(3) $\displaystyle\int_C 2xy\mathrm{d}x + x^2\mathrm{d}y = \int_{OA} 2xy\mathrm{d}x + x^2\mathrm{d}y + \int_{AB} 2xy\mathrm{d}x + x^2\mathrm{d}y,$

在 $\overrightarrow{OA}$ 上, $y = 0$, x 从 0 变到 1, 所以

$$\int_{\overrightarrow{OA}} 2xy\mathrm{d}x + x^2\mathrm{d}y = \int_0^1 (2x\cdot 0 + x^2\cdot 0)\mathrm{d}x = 0.$$

在 $\overrightarrow{AB}$ 上, $x = 1$, y 从 0 变到 1, 所以

$$\int_{\overrightarrow{AB}} 2xy\mathrm{d}x + x^2\mathrm{d}y = \int_0^1 (2y\cdot 0 + 1)\mathrm{d}y = 1.$$

从而

$$\int_C 2xy\mathrm{d}x + x^2\mathrm{d}y = 0 + 1 = 1.$$

从例 3.4 可以看出, 虽然沿不同路径, 但曲线积分的值可以相等. 这说明在一定条件下, 第二型曲线积分可以与积分路径无关.

例 3.5 设有质量为 m 的质点, 在重力的作用下, 沿铅垂面上曲线 C 由点 A 移动到点 B, 求重力 $\boldsymbol{F}$ 所做的功.

解 如图 9–13 所示, 设平面曲线 C 的参数方程为

$$x = x(t), \quad y = y(t), \quad a \leqslant t \leqslant b,$$

这里 $A = A(x(a), y(a))$, $B = B(x(b), y(b))$. 由于作用在质点上的重力为 $\boldsymbol{F} = (0, mg)$, 因此 $\boldsymbol{F}$ 所做之功

$$W = \int_C \boldsymbol{F}\cdot\mathrm{d}\boldsymbol{r} = \int_C mg\mathrm{d}y = \int_a^b mg\cdot y'(t)\mathrm{d}t = mg\left[y(b) - y(a)\right].$$

这个例子表明, 质点从点 A 移动到点 B 时重力所做的功只与 A 和 B 的位置有关, 而与运动路径无关, 因此求重力做的功特别简单.

第一型曲线积分和第二型曲线积分虽然定义不同, 由于都是沿曲线积分, 两者又有一定的关系, 可以证明两类积分是可以相互转化的.

设有一平面光滑曲线 C, 起点为 A, 终点为 B, 如图 9–14 所示, 取弧长 $s = \overset{\frown}{AM}$(M 为 $\overset{\frown}{AB}$ 上的任意一点) 作为参数, 曲线 C 的参数方程为

$$\begin{cases} x = x(s), \\ y = y(s), \end{cases} \quad 0 \leqslant s \leqslant l.$$

这里 l 表示 $\overset{\frown}{AB}$ 的全长, 且 $x(s), y(s)$ 都在 $[0, l]$ 上有连续导数. 取 s 从 0 单调增加到 l 的方向为曲线的正向, 且曲线上每一点的切线的正向取作与曲线的正向一致. 以 $(\widehat{\boldsymbol{T}, x}) = \alpha$, $(\widehat{\boldsymbol{T}, y}) = \beta$ 表示正向切线 T 与两个坐标轴正向的夹角, 则

$$x'(s) = \lim_{\Delta s\to 0}\frac{\Delta x}{\Delta s} = \cos(\widehat{\boldsymbol{T}, x}) = \cos\alpha, \quad y'(s) = \lim_{\Delta s\to 0}\frac{\Delta y}{\Delta s} = \cos(\widehat{\boldsymbol{T}, y}) = \cos\beta.$$

设 $P(x, y), Q(x, y)$ 为定义在曲线 C 上的连续函数, 则由第二型曲线积分的计算公式, 有

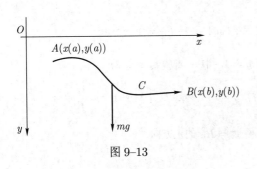

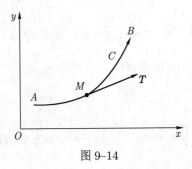

图 9–13　　　　　　　　　　　　　　　图 9–14

$$\int_C P(x,y)\mathrm{d}x + Q(x,y)\mathrm{d}y = \int_0^l \{P\left[x(s),y(s)\right]x'(s) + Q\left[x(s),y(s)\right]y'(s)\}\mathrm{d}s$$

$$= \int_0^l \{P\left[x(s),y(s)\right]\cos\alpha + Q\left[x(s),y(s)\right]\cos\beta\}\mathrm{d}s.$$

由此可见, 平面光滑曲线 C 上两类曲线积分之间有如下关系

$$\int_C P\mathrm{d}x + Q\mathrm{d}y = \int_C (P\cos\alpha + Q\cos\beta)\mathrm{d}s,$$

其中 $\alpha = \alpha(x,y), \beta = \beta(x,y)$ 为有向曲线上点 $M(x,y)$ 处的切线与两个坐标轴正向的夹角.

类似可得, 空间光滑曲线 Γ 上的两类曲线积分之间有如下关系

$$\int_\Gamma P\mathrm{d}x + Q\mathrm{d}y + R\mathrm{d}z = \int_\Gamma (P\cos\alpha + Q\cos\beta + R\cos\gamma)\mathrm{d}s,$$

其中 α, β, γ 分别为有向曲线 Γ 上点 $M(x,y,z)$ 处的切线与 x 轴, y 轴, z 轴正向的夹角.

习题 9–3

(A)

1. 计算下列第二型曲线积分.

(1) $\displaystyle\int_{\widehat{AB}} \frac{y}{x+1}\mathrm{d}x + 2xy\mathrm{d}y$, 其中曲线 $\widehat{AB}$ 是沿 $y=x^2$ 从 $A(0,0)$ 到 $B(1,1)$ 的一段;

(2) $\displaystyle\int_C (x^2 - 2xy)\mathrm{d}x + (y^2 - 2xy)\mathrm{d}y$, 其中 C 是抛物线 $y = x^2(-1 \leqslant x \leqslant 1)$;

(3) $\displaystyle\int_C (x+y)\mathrm{d}x + (x-y)\mathrm{d}y$, 其中 C 为椭圆 $\dfrac{x^2}{a^2} + \dfrac{y^2}{b^2} = 1, C$ 的方向取逆时针方向;

(4) $\displaystyle\int_C y^2\mathrm{d}x + xy\mathrm{d}y + zx\mathrm{d}z$, 其中 C 是从原点 $O(0,0,0)$ 到 $A(1,1,1)$ 的直线段;

(5) $\displaystyle\int_C (y-z)\mathrm{d}x + (z-x)\mathrm{d}y + (x-y)\mathrm{d}z$, 其中 C 为圆柱面 $x^2+y^2=1$ 与平面 $x+z=1$ 的交线, 若从 x 轴的正向看去, C 的方向是顺时针的;

(6) $\displaystyle\oint_C xy^2\mathrm{d}x - x^2y\mathrm{d}y$, 其中 C 为圆周 $x^2+y^2=R^2$ 的正方向;

(7) $\int_C (x^2 + 2xy)\mathrm{d}y$, 其中 C 是逆时针方向进行的上半椭圆 $\dfrac{x^2}{a^2} + \dfrac{y^2}{b^2} = 1$, $y > 0$;

(8) $\int_C (x^2 + y^2)\mathrm{d}x + (x^2 - y^2)\mathrm{d}y$, 其中 C 为曲线 $y = 1 - |1 - x|\ (0 \leqslant x \leqslant 2)$;

(9) $\int_C \dfrac{x\mathrm{d}x}{y} + \dfrac{\mathrm{d}y}{y - a}$, 其中 C 是摆线 $x = a(t - \sin t)$, $y = a(1 - \cos t)$ 上对应于 $t = \dfrac{\pi}{6}$ 到 $t = \dfrac{\pi}{3}$ 的一段弧;

(10) $\oint_C \dfrac{(x + y)\mathrm{d}x - (x - y)\mathrm{d}y}{x^2 + y^2}$, 其中 C 为圆周 $x^2 + y^2 = R^2$ 的正方向.

2. 计算第二型曲线积分 $\oint\limits_{ABCDA} \dfrac{\mathrm{d}x + \mathrm{d}y}{|x| + |y|}$, 其中 $ABCDA$ 是以 $A(1,0), B(0,1), C(-1,0)$ 和 $D(0,-1)$ 为顶点的正方形.

3. 计算 $\oint\limits_C \sqrt{x^2 + y^2 + 1}\,\mathrm{d}x + y[xy + \ln(x + \sqrt{x^2 + y^2 + 1})]\mathrm{d}y$, 其中 C 为正向圆周曲线 $x^2 + y^2 = a^2$.

4. 设一质点处于弹性力场中, 弹性力的方向指向原点, 大小与质点离原点的距离成正比, 若此质点由点 $A(a,0)$ 沿椭圆 $\dfrac{x^2}{a^2} + \dfrac{y^2}{b^2} = 1$ 移动到点 $B(0,b)$, 求弹性力所做的功.

(B)

5. 设力场 $\boldsymbol{F} = (y, -x, x + y + z)$, 求
(1) 质点沿螺线 $x = a\cos t$, $y = a\sin t$, $z = \dfrac{c}{2\pi}t$ 从点 $A(a,0,0)$ 移动到点 $B(a,0,c)$ 时 $\boldsymbol{F}$ 所做的功;

(2) 质点沿直线段 AB 由 A 到 B 时 $\boldsymbol{F}$ 所做的功.

6. 计算第二型曲线积分 $\int_L x\mathrm{d}x + y\mathrm{e}^{2x - x^2}\mathrm{d}y$, 其中曲线 L 为 $y = \sqrt{2x - x^2}$ 由点 $O(0,0)$ 到点 $B(1,1)$ 的一段弧.

第四节　格林公式及其应用

一、格林公式及相关概念

在一元函数积分学中学习过一个非常重要的公式, 即牛顿 – 莱布尼茨公式, 该公式将定义在一个闭区间上的定积分转化成原函数在该闭区间两个端点函数值之差, 深刻揭示了微分与积分的内在联系.

格林公式

$$\int_a^b f(x)\mathrm{d}x = F(b) - F(a), \quad F'(x) = f(x).$$

将上述结果推广到二维平面区域, 如何将平面区域上的二重积分与沿围成该区域边界的闭曲线的曲线积分之间建立起联系?

1. 格林公式

先介绍几个基本概念.

(1) 区域的连通性及其分类

设 D 为一个平面区域, 如果 D 内任一条闭曲线所围的部分都属于 D, 或说 D 内任一闭曲线都可以不经过 D 以外的点而连续地收缩为一点, 那么称 D 为**单连通的**, 否则称为**复连通的**.

例如, 平面区域 $\{(x,y)|x^2+y^2<1\}$, 半平面区域 $\{(x,y)|x>0\}$ 等都是单连通的, 而圆环 $\{(x,y)|0<x^2+y^2<1\}$ 是复连通区域. 单连通区域不包含"洞"甚至"点洞".

(2) 曲线的方向

因为第二型曲线积分与所沿曲线的方向有关, 所以沿平面闭曲线的第二型曲线积分要规定闭曲线的正方向. 规定如下: 当一个人沿平面闭曲线 C 环行时, 若闭曲线所围区域位于此人的左侧, 则规定这个方向是**曲线的正方向**, 如图 9–15 所示. 反之规定为**负方向**, 如图 9–16 所示.

图 9–15　　　　　　　　　　　　　　图 9–16

沿闭曲线 C 的曲线积分, 表示为 $\oint\limits_C P\mathrm{d}x + Q\mathrm{d}y$. 格林公式揭示了平面区域上的二重积分与沿着该区域边界的闭曲线的曲线积分之间的关系.

定理 4.1 (格林公式)　设 D 是以光滑闭曲线 C 为边界的平面区域, 函数 $P(x,y)$ 和 $Q(x,y)$ 在 D 及 C 上对 x 和 y 具有连续偏导数, 则有

$$\iint\limits_{D}\left(\frac{\partial Q}{\partial x}-\frac{\partial P}{\partial y}\right)\mathrm{d}x\mathrm{d}y=\oint\limits_{C} P\mathrm{d}x + Q\mathrm{d}y. \tag{4.1}$$

其中 C 是 D 的取正向的边界曲线, 公式 (4.1) 称为格林公式.

证　先假设穿过区域 D 内部且平行于坐标轴的直线与 D 的边界曲线 C 的交点恰好为两点, 即 D 既是 $X-$ 型区域又是 $Y-$ 型区域, 如图 9–17 所示.

设 $D = \{(x,y)|\psi_1(x)\leqslant y\leqslant\psi_2(x), a\leqslant x\leqslant b\}$. 因 $\dfrac{\partial P}{\partial y}$ 在 D 上连续, 由二重积分的计算方法, 有

$$\iint\limits_{D}\frac{\partial P}{\partial y}\mathrm{d}x\mathrm{d}y=\int_a^b\left(\int_{\psi_1(x)}^{\psi_2(x)}\frac{\partial P}{\partial y}\mathrm{d}y\right)\mathrm{d}x=\int_a^b\{P\left[x,\psi_2(x)\right]-P\left[x,\psi_1(x)\right]\}\mathrm{d}x.$$

另一方面, 由第二型曲线积分的性质及计算方法, 有

$$\begin{aligned}\oint\limits_{C} P\mathrm{d}x &= \int_{C_1} P\mathrm{d}x+\int_{C_2} P\mathrm{d}x\\ &= \int_a^b P\left[x,\psi_1(x)\right]\mathrm{d}x+\int_b^a P\left[x,\psi_2(x)\right]\mathrm{d}x\\ &= \int_a^b\{P\left[x,\psi_1(x)\right]-P\left[x,\psi_2(x)\right]\}\mathrm{d}x.\end{aligned}$$

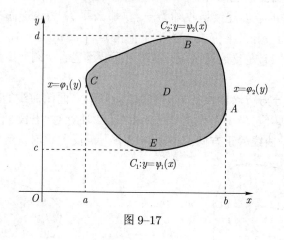

图 9–17

因此得到

$$-\iint\limits_{D}\frac{\partial P}{\partial y}\mathrm{d}x\mathrm{d}y = \oint\limits_{C} P\mathrm{d}x. \tag{4.2}$$

设 $D = \{(x,y)|\varphi_1(y) \leqslant x \leqslant \varphi_2(y), c \leqslant y \leqslant d\}$. 类似可以证明

$$\iint\limits_{D}\frac{\partial Q}{\partial x}\mathrm{d}x\mathrm{d}y = \oint\limits_{C} Q\mathrm{d}y. \tag{4.3}$$

由于 D 既是 $X-$ 型区域又是 $Y-$ 型区域, (4.2), (4.3) 合并后即得公式 (4.1).

　　如果平行于 y 轴 (或 x 轴) 的直线与闭曲线 C 的交点多于两个, 如图 9–18 所示. 用平行于 y 轴的线段 AC 将区域 D 分成三个小区域 D_1, D_2, D_3, 使每个小区域都满足定理 4.1 条件的要求, 格林公式在区域 D_1, D_2, D_3 都成立, 即

$$\iint\limits_{D_1}\left(\frac{\partial Q}{\partial x} - \frac{\partial P}{\partial y}\right)\mathrm{d}x\mathrm{d}y = \oint\limits_{(\varGamma_1+AC)} P\mathrm{d}x + Q\mathrm{d}y;$$

$$\iint\limits_{D_2}\left(\frac{\partial Q}{\partial x} - \frac{\partial P}{\partial y}\right)\mathrm{d}x\mathrm{d}y = \oint\limits_{(\varGamma_2+BA)} P\mathrm{d}x + Q\mathrm{d}y;$$

$$\iint\limits_{D_3}\left(\frac{\partial Q}{\partial x} - \frac{\partial P}{\partial y}\right)\mathrm{d}x\mathrm{d}y = \oint\limits_{(\varGamma_3+CB)} P\mathrm{d}x + Q\mathrm{d}y.$$

上述三个等式左右分别相加, 由重积分与线积分的性质, 有

$$\iint\limits_{D}\left(\frac{\partial Q}{\partial x} - \frac{\partial P}{\partial y}\right)\mathrm{d}x\mathrm{d}y = \oint\limits_{(\varGamma_1+\varGamma_2+\varGamma_3+AC+CB+BA)} P\mathrm{d}x + Q\mathrm{d}y.$$

其中 $\varGamma_1 + \varGamma_2 + \varGamma_3 = C$ 是区域 D 的边界, AC 与 $CB + BA$ 是同一线段但方向相反, 有

$$\int\limits_{AC+CB+BA} P\mathrm{d}x + Q\mathrm{d}y = 0.$$

于是, 有格林公式

$$\iint\limits_{D}\left(\frac{\partial Q}{\partial x}-\frac{\partial P}{\partial y}\right)\mathrm{d}x\mathrm{d}y=\oint_{C}P\mathrm{d}x+Q\mathrm{d}y.$$

如果 D 是由若干互不相交的闭曲线围成的复连通闭区域, 如图 9–19 所示, 用光滑曲线 l 连接 A 与 B 两点, 那么曲线 Γ_1, l, Γ_2 构成闭曲线 (正方向), 有格林公式

$$\iint\limits_{D}\left(\frac{\partial Q}{\partial x}-\frac{\partial P}{\partial y}\right)\mathrm{d}x\mathrm{d}y=\oint_{(\Gamma_1+l(A,B)+\Gamma_2+l(B,A))}P\mathrm{d}x+Q\mathrm{d}y.$$

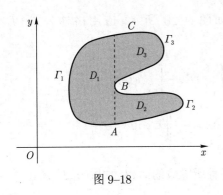

图 9–18

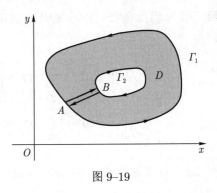

图 9–19

因为

$$\int_{l(A,B)+l(B,A)}P\mathrm{d}x+Q\mathrm{d}y=0,$$

所以

$$\iint\limits_{D}\left(\frac{\partial Q}{\partial x}-\frac{\partial P}{\partial y}\right)\mathrm{d}x\mathrm{d}y=\oint_{\Gamma_1+\Gamma_2}P\mathrm{d}x+Q\mathrm{d}y.$$

为了帮助记忆, 这里介绍符号行列式

$$\begin{vmatrix}\dfrac{\partial}{\partial x} & \dfrac{\partial}{\partial y}\\ P & Q\end{vmatrix}$$ 规定 $\dfrac{\partial}{\partial x}$ 与 Q 之 "乘积" 为 $\dfrac{\partial Q}{\partial x}$, $\dfrac{\partial}{\partial y}$ 与 P 之 "乘积" 为 $\dfrac{\partial P}{\partial y}$, 然后应用普

通行列式的算法, 这样格林公式 (4.1) 就可以记成

$$\iint\limits_{D}\begin{vmatrix}\dfrac{\partial}{\partial x} & \dfrac{\partial}{\partial y}\\ P & Q\end{vmatrix}\mathrm{d}x\mathrm{d}y=\oint_{C}P\mathrm{d}x+Q\mathrm{d}y.$$

2. 格林公式的应用

在格林公式中令 $P(x,y)\equiv 0, Q(x,y)=x$ 得到计算平面图形 D 的一个面积公式

$$A=\iint\limits_{D}\mathrm{d}x\mathrm{d}y=\oint_{C}x\mathrm{d}y. \tag{4.4}$$

同理可得

$$A = -\oint_C y\mathrm{d}x, \tag{4.5}$$

由此两式又有

$$A = \frac{1}{2}\oint_C x\mathrm{d}y - y\mathrm{d}x. \tag{4.6}$$

(4.6) 可在格林公式中令 $P = -y, Q = x$ 得到.

例 4.1　计算 $\displaystyle\int_{AB} x\mathrm{d}y$, 其中曲线 AB 是半径为 r 的圆在第一象限的部分.

解　引入辅助曲线 $L = OA + AB + BO$, 如图 9–20 所示, 应用格林公式, $P = 0$, $Q = x$ 有

$$-\iint\limits_D \mathrm{d}x\mathrm{d}y = \oint_L x\mathrm{d}y = \int_{OA} x\mathrm{d}y + \int_{AB} x\mathrm{d}y + \int_{BO} x\mathrm{d}y.$$

$$\int_{OA} x\mathrm{d}y = \int_{BO} x\mathrm{d}y = 0, \quad \int_{AB} x\mathrm{d}y = -\iint\limits_D \mathrm{d}x\mathrm{d}y = -\frac{\pi}{4}r^2.$$

例 4.2　计算抛物线 $(x+y)^2 = ax(a > 0)$ 与 x 轴所围成的面积, 如图 9–21 所示.

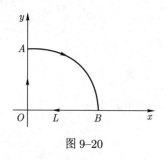

图 9–20

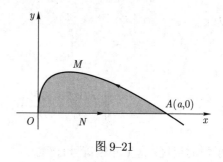

图 9–21

解　如图 9–21, ONA 为直线 $y = 0$, 曲线 AMO 由函数 $y = \sqrt{ax} - x, x \in [0, a]$ 表示. 于是, 面积

$$
\begin{aligned}
A &= \frac{1}{2}\oint_L x\mathrm{d}y - y\mathrm{d}x = \frac{1}{2}\int_{ONA} x\mathrm{d}y - y\mathrm{d}x + \frac{1}{2}\int_{AMO} x\mathrm{d}y - y\mathrm{d}x \\
&= \frac{1}{2}\int_{AMO} x\mathrm{d}y - y\mathrm{d}x = \frac{1}{2}\int_a^0 x(\frac{a}{2\sqrt{ax}} - 1)\mathrm{d}x - (\sqrt{ax} - x)\mathrm{d}x \\
&= \frac{\sqrt{a}}{4}\int_0^a \sqrt{x}\mathrm{d}x = \frac{1}{6}a^2.
\end{aligned}
$$

例 4.3　计算 $\displaystyle\oint_C (x^3 y + \mathrm{e}^y)\mathrm{d}x + (xy^3 + x\mathrm{e}^y - 2y)\mathrm{d}y$, 其中 C 为正向圆周曲线 $x^2 + y^2 = a^2$.

解　$P = x^3 y + \mathrm{e}^y, Q = xy^3 + x\mathrm{e}^y - 2y, \dfrac{\partial P}{\partial y} = x^3 + \mathrm{e}^y, \dfrac{\partial Q}{\partial x} = y^3 + \mathrm{e}^y$, 由格林公式得

$$\text{原式} \;=\; \iint\limits_{D} (y^3 - x^3)\mathrm{d}x\mathrm{d}y$$

$$= \int_0^{2\pi} \mathrm{d}\theta \int_0^a (\rho^3 \sin^3\theta - \rho^3 \cos^3\theta)\rho\,\mathrm{d}\rho$$

$$= \frac{a^5}{5} \int_0^{2\pi} (\sin^3\theta - \cos^3\theta)\mathrm{d}\theta = 0.$$

例 4.4　计算 $A = \oint\limits_{C} xy^2\mathrm{d}y - x^2 y\mathrm{d}x$, 其中 C 为正向圆周曲线 $x^2 + y^2 = a^2$ 的正向.

解　$P = -x^2 y, \quad Q = xy^2; \quad \dfrac{\partial P}{\partial y} = -x^2, \quad \dfrac{\partial Q}{\partial x} = y^2.$ 由格林公式, 有

$$\oint\limits_{C} xy^2\mathrm{d}y - x^2 y\mathrm{d}x \;=\; \iint\limits_{D} (y^2 + x^2)\mathrm{d}x\mathrm{d}y = \int_0^{2\pi}\mathrm{d}\theta \int_0^a \rho^3\mathrm{d}\rho = \frac{\pi}{2}a^4.$$

例 4.5　计算 $\iint\limits_{D} \mathrm{e}^{-y^2}\mathrm{d}x\mathrm{d}y$, 其中 D 为以 $O(0,0), A(1,1), B(0,1)$ 为顶点的三角形闭区域 (如图 9–22 所示).

解　令 $P = 0, Q = x\mathrm{e}^{-y^2}$, 则 $\dfrac{\partial Q}{\partial x} - \dfrac{\partial P}{\partial y} = \mathrm{e}^{-y^2}$, 由格林公式

$$\iint\limits_{D} \mathrm{e}^{-y^2}\mathrm{d}x\mathrm{d}y \;=\; \int_{OA+AB+BO} x\mathrm{e}^{-y^2}\mathrm{d}y = \int_{OA} x\mathrm{e}^{-y^2}\mathrm{d}y$$

$$= \int_0^1 x\mathrm{e}^{-x^2}\mathrm{d}x = \frac{1}{2}(1 - \mathrm{e}^{-1}).$$

例 4.6　设 C 是一条无重点、分段光滑且不经过原点的闭曲线, 方向为逆时针方向, 计算曲线积分 $I = \oint\limits_{C} \dfrac{x\mathrm{d}y - y\mathrm{d}x}{x^2 + y^2}.$

解　令 $P = -\dfrac{y}{x^2 + y^2}, Q = \dfrac{x}{x^2 + y^2}$, 则当 $(x,y) \neq (0,0)$ 时, 有

$$\frac{\partial Q}{\partial x} = \frac{y^2 - x^2}{(x^2 + y^2)^2} = \frac{\partial P}{\partial y}.$$

记 C 所围得闭区域为 D, 分两种情况讨论:

(1) 若坐标原点在闭曲线 C 的外部, 即 $(0,0) \notin D$ 时, 则 P, Q 在 C 和 C 所围成的区域上有连续的一阶偏导数, 则由格林公式得

$$\oint_C \frac{x\mathrm{d}y - y\mathrm{d}x}{x^2 + y^2} = 0.$$

(2) 若坐标原点在闭曲线 C 的内部, 如图 9–23 所示. 因函数 P, Q 在原点不连续, 不能应用格林公式, 但可以以原点为圆心、充分小的 ρ 为半径作圆 γ (顺时针方向), 在介于 C 和 γ 之间的有洞区域 D 上应用格林公式, 得

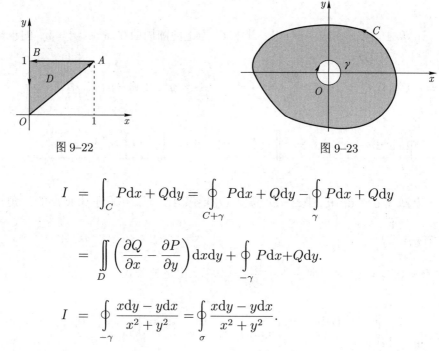

图 9–22　　　　　　　　　　　　　　图 9–23

$$I = \int_C P\mathrm{d}x + Q\mathrm{d}y = \oint_{C+\gamma} P\mathrm{d}x + Q\mathrm{d}y - \oint_\gamma P\mathrm{d}x + Q\mathrm{d}y$$

$$= \iint_D \left(\frac{\partial Q}{\partial x} - \frac{\partial P}{\partial y}\right)\mathrm{d}x\mathrm{d}y + \oint_{-\gamma} P\mathrm{d}x + Q\mathrm{d}y.$$

$$I = \oint_{-\gamma} \frac{x\mathrm{d}y - y\mathrm{d}x}{x^2 + y^2} = \oint_\sigma \frac{x\mathrm{d}y - y\mathrm{d}x}{x^2 + y^2}.$$

其中 γ 的方向取为顺时针方向, 于是 $\sigma = -\gamma$ 为逆时针方向, 利用 σ 的参数表示

$$\begin{cases} x = \rho\cos\theta, \\ y = \rho\sin\theta, \end{cases} \quad 0 \leqslant \theta \leqslant 2\pi.$$

$$I = \oint_C \frac{x\mathrm{d}y - y\mathrm{d}x}{x^2 + y^2} = \oint_\sigma \frac{x\mathrm{d}y - y\mathrm{d}x}{x^2 + y^2} = \int_0^{2\pi} \frac{\rho^2\cos^2\theta + \rho^2\sin^2\theta}{\rho^2}\mathrm{d}\theta = 2\pi.$$

注 1　圆 γ 取顺时针方向, 那么 $C+\gamma$ 为正向边界.

例 4.7　计算曲线积分 $I = \oint_C \frac{xy^2\mathrm{d}y - x^2y\mathrm{d}x}{x^2 + y^2}$, 其中 C 为圆周 $x^2 + y^2 = a^2(a > 0)$ 的顺时针方向.

解　此时积分不能直接使用格林公式, 但注意到 C 上的点 (x, y) 满足 $x^2 + y^2 = a^2$. 故当 (x, y) 在曲线 C 上时, 有

$$I = \frac{1}{a^2} \oint_C -x^2 y \mathrm{d}x + xy^2 \mathrm{d}y.$$

这样, 曲线积分可以应用格林公式, 积分区域为 $D : x^2 + y^2 \leqslant a^2$, C 为负向边界, 故

$$
\begin{aligned}
I &= -\frac{1}{a^2} \iint_D \left(\frac{\partial(xy^2)}{\partial x} - \frac{\partial(-x^2 y)}{\partial y} \right) \mathrm{d}x\mathrm{d}y \\
&= -\frac{1}{a^2} \iint_D (x^2 + y^2) \mathrm{d}x\mathrm{d}y \\
&= -\frac{1}{a^2} \int_0^{2\pi} \mathrm{d}\theta \int_0^a \rho^3 \mathrm{d}\rho = -\frac{\pi}{2} a^2.
\end{aligned}
$$

注 2　对一些不满足格林公式的条件的曲线积分, 有时可以利用曲线 C 的方程将积分简化后应用格林公式, 要注意曲线方向.

例 4.8　计算曲线积分 $I = \displaystyle\int_L (x + \mathrm{e}^{\sin y}) \mathrm{d}y - \left(y - \frac{1}{2} \right) \mathrm{d}x$, 其中 L 是由位于第一象限中的直线段 $x + y = 1$ 与位于第二象限中的圆弧 $x^2 + y^2 = 1$ 构成的曲线, 方向由 $A(1, 0)$ 到 $B(0, 1)$ 再到 $C(-1, 0)$, 如图 9–24 所示.

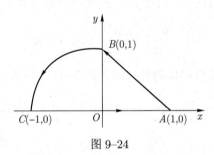

图 9–24

解　这个积分直接计算非常困难, 曲线不封闭, 不能直接应用格林公式, 增加辅助线 $\overrightarrow{CA}$ 使得 $L + \overrightarrow{CA}$ 成为封闭曲线, 记 D 为 $L + \overrightarrow{CA}$ 围线的区域, ∂D^+ 为 D 的边界, 方向取正向. 由格林公式

$$
\begin{aligned}
& \int_L (x + \mathrm{e}^{\sin y}) \mathrm{d}y - \left(y - \frac{1}{2} \right) \mathrm{d}x + \int_{\overrightarrow{CA}} (x + \mathrm{e}^{\sin y}) \mathrm{d}y - \left(y - \frac{1}{2} \right) \mathrm{d}x \\
&= \oint_{\partial D^+} (x + \mathrm{e}^{\sin y}) \mathrm{d}y - \left(y - \frac{1}{2} \right) \mathrm{d}x \\
&= \iint_D 2 \mathrm{d}x\mathrm{d}y = 2 \left(\frac{\pi}{4} + \frac{1}{2} \right).
\end{aligned}
$$

故

$$I = \left(\oint_{\partial D^+} - \int_{CA}\right)(x + e^{\sin y})\mathrm{d}y - \left(y - \frac{1}{2}\right)\mathrm{d}x$$

$$= \left(\frac{\pi}{2} + 1\right) - \int_{\overline{CA}}(x + e^{\sin y})\mathrm{d}y - \left(y - \frac{1}{2}\right)\mathrm{d}x$$

$$= \frac{\pi}{2} + 1 - \int_{-1}^{1}\frac{1}{2}\mathrm{d}x = \frac{\pi}{2}.$$

*二、格林公式的一个物理原型

"人类历史上许多重大科学发现和发明都不是偶然和凭空想象出来的, 客观物质世界为一切想象的数量关系的发现和创造提供了不竭的源泉." 高等数学中许多知识的产生都有其深刻的实际背景, 读者在学习和实际工作中一定要时刻注意对问题进行追溯、联想、论证, 不断培养自己的发现能力和创新能力.

从曲线积分内容谈对知识背景的追踪溯源

下面, 从流体力学中关于流量的计算来讨论格林公式.

考虑平面中一个稳态流动, 其速度场为 $\boldsymbol{V} = (P(x,y), Q(x,y))$, 计算单位时间内流过流场内一条光滑闭曲线 C 的流体面积即流量, 如图 9-25 所示.

引入一组分割, 将曲线 C 分成 n 段小曲线弧, 任取一小段弧线 Δs_i, 在 Δt 时间内流过 Δs_i 的流体面积近似于一个平行四边形, 它的一个边长是 Δs_i, 与 Δs_i 相邻的一个边长是 $\|V\|\Delta t$. 因此, 面积为 $\Delta s_i[\|\boldsymbol{V}\|\Delta t \cos(\widehat{\boldsymbol{V}, \boldsymbol{n}_i})] = \Delta s_i(\boldsymbol{V} \cdot \boldsymbol{n}_i)\Delta t$, 这里 $\boldsymbol{n}_i$ 是曲线 C 在小段弧线 Δs_i 处的单位外法向量. 这样, 单位时间内, 流过 Δs_i 的流体面积近似于

$$\frac{\Delta s_i(\boldsymbol{V} \cdot \boldsymbol{n}_i)\Delta t}{\Delta t} = \Delta s_i(\boldsymbol{V} \cdot \boldsymbol{n}_i).$$

设 $\lambda = \max\{\Delta s_i\}$, 于是单位时间内流过整个闭曲线 C 的流体面积为

$$A = \lim_{\lambda \to 0}\sum_{i=1}^{n}\Delta s_i(\boldsymbol{V} \cdot \boldsymbol{n}_i) = \int_0^l \boldsymbol{V} \cdot \boldsymbol{n}\mathrm{d}s. \tag{4.7}$$

这里 l 是曲线 C 的全长.

设 $\boldsymbol{n} = (\cos\alpha, \cos\beta)$ 为曲线 C 的单位外法向量, 则

$$A = \int_0^l (P\cos\alpha + Q\cos\beta)\mathrm{d}s. \tag{4.8}$$

如图 9-26, 设 τ 为曲线 C 上点的切向量与 x 轴正向的夹角, 则

$$\cos\alpha = \sin\tau, \quad \cos\beta = \sin\alpha = -\cos\tau.$$

于是

$$A = \int_0^l (P\sin\tau - Q\cos\tau)\mathrm{d}s = \oint_C P\mathrm{d}y - Q\mathrm{d}x. \tag{4.9}$$

再从另外一个角度来考虑流量 A 的计算. 可以通过先计算出流场内每个微元 $\mathrm{d}x\mathrm{d}y$ 在单位时间内散发出去的流体面积, 然后求出其总和.

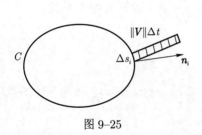

图 9–25

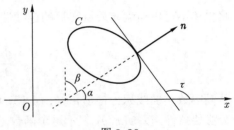

图 9–26

设上述闭曲线 C 所围成的平面区域为 D, 在 D 内任取一个微元 $\mathrm{d}x\mathrm{d}y$, 如图 9–27 所示.

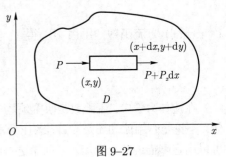

图 9–27

显然, 在单位时间内, 从左边流进这个微元的流体面积近似于 $P\mathrm{d}y$, 而从右边流出的面积近似于 $\left(P+\dfrac{\partial P}{\partial x}\mathrm{d}x\right)\mathrm{d}y$, 因此, 整个微元体在单位时间内沿 x 轴方向 (净) 散发出去的流体的面积近似于

$$\left(P+\frac{\partial P}{\partial x}\mathrm{d}x\right)\mathrm{d}y - P\mathrm{d}y = \frac{\partial P}{\partial x}\mathrm{d}x\mathrm{d}y. \tag{4.10}$$

同理, 它沿 y 轴方向 (净) 散发出去的流体的面积近似于

$$\left(Q+\frac{\partial Q}{\partial y}\mathrm{d}y\right)\mathrm{d}x - Q\mathrm{d}x = \frac{\partial Q}{\partial y}\mathrm{d}x\mathrm{d}y. \tag{4.11}$$

每个微元在单位时间内散发出去的流体的面积, 也就是流量, 近似于

$$\left(\frac{\partial P}{\partial x}+\frac{\partial Q}{\partial y}\right)\mathrm{d}x\mathrm{d}y. \tag{4.12}$$

从而整个区域 D 在单位时间内散发出去的总流量是

$$\iint\limits_{D}\left(\frac{\partial P}{\partial x}+\frac{\partial Q}{\partial y}\right)\mathrm{d}x\mathrm{d}y. \tag{4.13}$$

当然, 这也是在同一时间内通过边界曲线 C 向外流出去的流量 A, 于是从物理上发现和得到了如下等式

$$\oint_{C} P\mathrm{d}y - Q\mathrm{d}x = \iint\limits_{D}\left(\frac{\partial P}{\partial x}+\frac{\partial Q}{\partial y}\right)\mathrm{d}x\mathrm{d}y. \tag{4.14}$$

显然, 上述公式为格林公式的产生提供了一个很好的物理原型. 只要在 (4.14) 将 P,Q 互换后并以 $-P$ 代 P 即得到格林公式 (4.1). 而公式 (4.14) 可以看成格林公式的另外一种表述形式.

格林公式目前广泛应用于物理、力学、电学等许多科学和工程领域, 如电通量、磁通量等各种物理量的计算, 该公式具有巨大的理论价值和应用价值.

将描述不可压缩流体质量守恒的连续性方程 $\dfrac{\partial u}{\partial x} + \dfrac{\partial v}{\partial y} = 0$ 改写为如下形式

$$\frac{\partial u}{\partial x} = -\frac{\partial v}{\partial y}. \tag{4.15}$$

从高等数学曲线积分性质可知, (4.15) 可以看成表达式 $-v\mathrm{d}x + u\mathrm{d}y$ 成为某个函数全微分的充分必要条件, 以 $\psi(x, y)$ 表示这个函数, 有

$$\mathrm{d}\psi = \frac{\partial \psi}{\partial x}\mathrm{d}x + \frac{\partial \psi}{\partial y}\mathrm{d}y = -v\mathrm{d}x + u\mathrm{d}y. \tag{4.16}$$

称 $\psi(x, y)$ 为**流函数**, 由 (4.16) 得

$$u = \frac{\partial \psi}{\partial y}, \quad v = -\frac{\partial \psi}{\partial x}. \tag{4.17}$$

在流体力学中, 流函数是研究流场的重要工具. 一切平面流动, 不论是理想流体, 还是粘性流体, 不论是有旋流动还是无旋流动, 都存在流函数. 流函数与曲线积分之间有着非常密切的联系, 可以用它来描述整个流场. 一旦知道了流场的流函数, 就可以得到流场的速度分布和压强分布等.

在 (4.16) 中令 $\mathrm{d}\psi = 0$, 即 $\psi \equiv$ 常数, 可得

$$\frac{\mathrm{d}y}{\mathrm{d}x} = -\frac{-\dfrac{\partial \psi}{\partial x}}{\dfrac{\partial \psi}{\partial y}} = \frac{v}{u}. \tag{4.18}$$

上式即为流线的微分方程, 说明 $\psi \equiv$ 常数的曲线即等流函数线就是流线, 任意给出一组常数值, 即可以得到流线族.

流函数与流量之间的关系:

对于二维流动, 取连接流场中 A, B 两点的任意曲线, 某瞬间通过曲线上两点间微元段 $\mathrm{d}l$ 的流量为

$$\mathrm{d}Q = V_n \mathrm{d}l \cdot 1 = V_n \mathrm{d}l, \tag{4.19}$$

其中 V_n 表示微元段法线方向上的速度分量, 它与水平和铅直方向上的速度分量 u, v 之间的关系为

$$V_n = u\cos(n, x) + v\cos(n, y).$$

其中 $\cos(n, x) = \dfrac{\mathrm{d}y}{\mathrm{d}l}, \cos(n, y) = -\dfrac{\mathrm{d}x}{\mathrm{d}l}$. 因此, 通过 $\mathrm{d}l$ 之间的流量 $\mathrm{d}Q$ 可以表示为

$$\mathrm{d}Q = \left(u\frac{\mathrm{d}y}{\mathrm{d}l} - v\frac{\mathrm{d}x}{\mathrm{d}l} \right)\mathrm{d}l.$$

将 $u = \dfrac{\partial \psi}{\partial y}, v = -\dfrac{\partial \psi}{\partial x}$, 代入上式得

$$\mathrm{d}Q = \frac{\partial \psi}{\partial y}\mathrm{d}y + \frac{\partial \psi}{\partial x}\mathrm{d}x = \mathrm{d}\psi,$$

将上式两边积分得

$$Q = \int_A^B \mathrm{d}\psi = \psi_B - \psi_A. \tag{4.20}$$

上式表明, 对于不可压缩流体二维流动, 流场中任意两点的流函数值之差, 恰好等于连接这两点的任意曲线的容积流量.

在直角坐标系中二维平面无旋流动的条件为

$$\frac{\partial u}{\partial y} = \frac{\partial v}{\partial x}.$$

利用 (4.17), 可以得到

$$\frac{\partial^2 \psi}{\partial x^2} + \frac{\partial^2 \psi}{\partial y^2} = 0. \tag{4.21}$$

上式即为流函数的方程, 说明平面不可压缩流动的流函数方程满足拉普拉斯方程, 即说明流函数为调和函数.

当流动为无旋流动时, 还存在另一个函数 $\varphi(x, y)$, 称为势函数. 在直角坐标系下, 势函数 $\varphi(x, y)$ 和速度之间有关系: $u = \dfrac{\partial \varphi}{\partial x}, v = \dfrac{\partial \varphi}{\partial y}$. 类似可以推导出势函数方程, 并且可以证明势函数方程满足拉普拉斯方程, 即势函数也为调和函数, 从略.

进一步思考:

(1) 上述定理从流体力学流量的计算导出, 可否考虑从电学中电通量的计算或磁学中磁通量的计算角度导出?

(2) 如果将格林公式中的有向闭曲线围成的一个平面闭区域改成由空间一个闭曲面围成的空间闭区域, 会有什么结果?

(3) 格林公式建立了平面区域上的二重积分和沿该区域边界上的第二型曲线之间的联系, 如果考虑将空间一片曲面上的曲面积分与沿着该曲面的边界曲线积分建立联系, 会有什么结果?

(4) 如果将上述思想方法推广到 n 维空间会有什么情况?

三、平面曲线积分与路径无关的条件

从本章例 3.1 看出, 曲线积分 $\displaystyle\int_C x\mathrm{d}y - y\mathrm{d}x$ 的起点为 $A(a, 0)$, 终点为 $B(-a, 0)$, 当曲线 C 是上半圆周: $x^2 + y^2 = a^2 (y \geqslant 0)$ 时, $\displaystyle\int_C x\mathrm{d}y - y\mathrm{d}x = \pi a^2$, 而当 C 是直线段 $\overrightarrow{AB}$ 时, $\displaystyle\int_C x\mathrm{d}y - y\mathrm{d}x = 0$. 尽管始点和终点都相同, 当曲线 C 不同时, 积分 $\displaystyle\int_C x\mathrm{d}y - y\mathrm{d}x$ 有不同值.

然而, 由本章例 3.4 看出, 曲线积分 $\displaystyle\int_C 2xy\mathrm{d}x + x^2\mathrm{d}y$ 的起点为 $O(0, 0)$, 终点为 $B(1, 1)$, 无论 C 是抛物线 $y = x^2$, 还是 $x = y^2$, 或是折线段 $OAB(O(0, 0) \to A(1, 0) \to B(1, 1))$, 恒有 $\displaystyle\int_C 2xy\mathrm{d}x + x^2\mathrm{d}y = 1$, 即曲线积分的值与路径无关.

相应在物理力学中要研究力场做功, 特别是保守力场做功, 先给出如下定义.

定义 4.1　若向量场 $\boldsymbol{F}$ 沿任何按段光滑曲线的第二型曲线积分, 只与曲线的起点与终点有关, 而与曲线的形状无关, 则称 $\boldsymbol{F}$ 为**保守场**. 由本章例 3.5 知, 保守场是存在的, 重力场就是一个保守场.

设 $\boldsymbol{F} = (P(x,y), Q(x,y))$ 为一平面向量场, 其中 $P(x,y)$, $Q(x,y)$ 为区域 D 上的连续函数, 要 $\boldsymbol{F}$ 为保守场则要求曲线积分 $\displaystyle\int_{C(A,B)} P\mathrm{d}x + Q\mathrm{d}y$ 与路径无关, 只与位于 D 内的始点 A 和终点 B 有关.

定理 4.2　平面向量场 $\boldsymbol{F} = (P,Q)$ 为保守场的充分必要条件是: 沿任何无重点的、按段光滑的闭曲线 C

$$\int_C P\mathrm{d}x + Q\mathrm{d}y = 0.$$

证　必要性. 考虑平面上任意两条有相同起点 A 和终点 B 但别无公共点的分段光滑曲线 $\widehat{ACB}$ 和 $\widehat{ADB}$, 如图 9–28 所示.

于是

$$\left(\int_{\widehat{ACB}} - \int_{\widehat{ADB}}\right) P\mathrm{d}x + Q\mathrm{d}y$$
$$= \left(\int_{\widehat{ACB}} + \int_{\widehat{BDA}}\right) P\mathrm{d}x + Q\mathrm{d}y = \int_{\widehat{ACBDA}} P\mathrm{d}x + Q\mathrm{d}y. \tag{4.22}$$

由此知必要性是显然的.

充分性. 对于形如 9–29 的曲线, 由假设 (4.22) 右边为 0, 故

$$\int_{\widehat{ACB}} P\mathrm{d}x + Q\mathrm{d}y = \int_{\widehat{ADB}} P\mathrm{d}x + Q\mathrm{d}y.$$

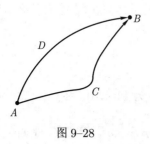

图 9–28

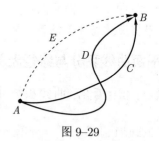

图 9–29

若曲线 $\widehat{ACB}$ 和 $\widehat{ADB}$ 有除 A, B 以外的公共点, 则可作第三条曲线 $\widehat{AEB}$, 使它和 $\widehat{ACB}$, $\widehat{ADB}$ 都没有异于 A, B 的交点, 如图 9–29 所示. 于是, 由上面所证结果

$$\int_{\widehat{ACB}} P\mathrm{d}x + Q\mathrm{d}y = \int_{\widehat{AEB}} P\mathrm{d}x + Q\mathrm{d}y = \int_{\widehat{ADB}} P\mathrm{d}x + Q\mathrm{d}y.$$

亦即关于 $\boldsymbol{F}$ 的第二型曲线积分与路径无关, 故 $\boldsymbol{F}$ 是保守场.

不加证明给出如下定理, 关于它的证明读者可自己给出或参阅数学分析教材.

定理 4.3 若函数 $P(x,y)$, $Q(x,y)$ 在单连通区域 D 上有连续的偏导数, 设 $\boldsymbol{F} = (P, Q)$ 为保守场, 则以下四个条件等价:

(1) 曲线积分 $\displaystyle\int_{C(A,B)} P\mathrm{d}x + Q\mathrm{d}y$ 与路线无关, 只与位于 D 内的始点 A 与终点 B 有关;

(2) 沿位于 D 内的任意光滑或分段光滑的闭曲线 C, 有 $\displaystyle\oint_C P\mathrm{d}x + Q\mathrm{d}y = 0$;

(3) 在 D 内存在一个函数 $U(x,y)$, 使得 $\mathrm{d}U = P\mathrm{d}x + Q\mathrm{d}y$;

(4) $\dfrac{\partial P}{\partial y} = \dfrac{\partial Q}{\partial x}$ 在 D 内处处成立.

由上述定理, 如果函数 $P(x,y)$, $Q(x,y)$ 在单连通区域 D 内具有一阶连续偏导数且满足上述四个条件之一, 那么 $P\mathrm{d}x + Q\mathrm{d}y$ 是某个函数 $U(x,y)$ 的全微分, 这个函数可用如下公式来求

$$U(x,y) = \int_{(x_0,y_0)}^{(x,y)} P(x,y)\mathrm{d}x + Q(x,y)\mathrm{d}y. \tag{4.23}$$

公式 (4.23) 中的曲线积分与路径无关, 为简便, 可选择平行于坐标轴的直线段连线的折线 M_0RM 或 M_0SM 作积分路线, 如图 9–30 所示. 这里假定这些折线完全位于 D.

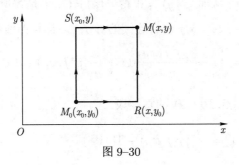

图 9–30

在公式 (4.23) 中取 M_0RM 为积分路线, 得

$$U(x,y) = \int_{x_0}^{x} P(x,y_0)\mathrm{d}x + \int_{y_0}^{y} Q(x,y)\mathrm{d}y.$$

在公式 (4.23) 中取 M_0SM 为积分路线, 则函数 U 可以表示为

$$U(x,y) = \int_{y_0}^{y} Q(x_0,y)\mathrm{d}y + \int_{x_0}^{x} P(x,y)\mathrm{d}x.$$

例 4.9 验证在整个 xOy 面内, $xy^2\mathrm{d}x + x^2y\mathrm{d}y$ 是某个函数的全微分, 并求出一个这样的函数.

解 令 $P = xy^2$, $Q = x^2y$, 因 $\dfrac{\partial P}{\partial y} = 2xy = \dfrac{\partial Q}{\partial x}$ 在整个 xOy 平面内恒成立. 因此在整个 xOy 面内, $xy^2\mathrm{d}x + x^2y\mathrm{d}y$ 是某个函数的全微分. 取积分路线如图 9–31 所示, 由公式 (4.23),

所求函数为

$$
\begin{aligned}
U(x,y) &= \int_{(0,0)}^{(x,y)} xy^2\mathrm{d}x + x^2y\mathrm{d}y \\
&= \int_{OA} xy^2\mathrm{d}x + x^2y\mathrm{d}y + \int_{AM} xy^2\mathrm{d}x + x^2y\mathrm{d}y \\
&= 0 + \int_0^y x^2y\mathrm{d}y = x^2\int_0^y y\mathrm{d}y = \frac{x^2y^2}{2}.
\end{aligned}
$$

除了应用公式 (4.23) 外, 还可以利用如下方法求函数 $U(x,y)$.

因为函数 $U(x,y)$ 满足 $\dfrac{\partial U}{\partial x} = xy^2$, 所以

$$
U = \int xy^2\mathrm{d}x = \frac{x^2y^2}{2} + \varphi(y),
$$

其中 $\varphi(y)$ 是关于 y 的待确定函数, 由此得

$$
\frac{\partial U}{\partial y} = x^2y + \varphi'(y).
$$

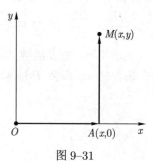

图 9–31

而 U 又必须满足 $\dfrac{\partial U}{\partial y} = x^2y$, 从而 $\varphi'(y) = 0$ 得 $\varphi(y) = C$, 于是得所求函数为 $U = \dfrac{x^2y^2}{2} + C$.

例 4.10 设 $f(x)$ 在 $(-\infty, +\infty)$ 内有连续的导函数, 计算曲线积分

$$
I = \int_C \frac{1+y^2f(xy)}{y}\mathrm{d}x + \frac{x}{y^2}[y^2f(xy) - 1]\mathrm{d}y,
$$

其中 C 为从点 $A\left(3, \dfrac{2}{3}\right)$ 到点 $B(1,2)$ 的直线段.

解 $P = \dfrac{1+y^2f(xy)}{y}$, $Q = \dfrac{x}{y^2}[y^2f(xy) - 1]$, 因

$$
\frac{\partial P}{\partial y} = \frac{y^2f(xy) + xy^3f'(xy) - 1}{y^2} = \frac{\partial Q}{\partial x} \quad (y \neq 0),
$$

由题设条件可知, 只要积分路径不通过 x 轴, 则从点 A 到点 B 的曲线积分与路径无关, 选取积分路径为从点 $A\left(3, \dfrac{2}{3}\right)$ 到点 $C\left(1, \dfrac{2}{3}\right)$ 到点 $B(1,2)$ 的直线段, 从而

$$
\begin{aligned}
I &= \int_3^1 \frac{1+\dfrac{4}{9}f\left(\dfrac{2}{3}x\right)}{\dfrac{2}{3}}\mathrm{d}x + \int_{\frac{2}{3}}^2 \frac{1}{y^2}[y^2f(y) - 1]\mathrm{d}y \\
&= \frac{3}{2}\int_3^1 \mathrm{d}x + \frac{2}{3}\int_3^1 f\left(\frac{2}{3}x\right)\mathrm{d}x + \int_{\frac{2}{3}}^2 f(y)\mathrm{d}y - \int_{\frac{2}{3}}^2 \frac{1}{y^2}\mathrm{d}y \\
&= \frac{3}{2}(1-3) + \int_2^{\frac{2}{3}} f(y)\mathrm{d}y + \int_{\frac{2}{3}}^2 f(y)\mathrm{d}y + \frac{1}{2} - \frac{3}{2} \\
&= -4.
\end{aligned}
$$

习题 9–4

(A)

1. 应用格林公式计算下列曲线积分.

(1) $\oint_C (x^2 + xy)\mathrm{d}x + (x^2 + y^2)\mathrm{d}y$, 其中 C 为由 $x = \pm 1$, $y = \pm 1$ 围成的正方形边界, 方向取逆时针方向;

(2) $\int_C (x^2 - y)\mathrm{d}x - (x + \sin^2 y)\mathrm{d}y$, 其中 C 为圆周 $y = \sqrt{2x - x^2}$ 上由点 $O(0,0)$ 到点 $(1,1)$ 的一段弧;

(3) $\oint_C \dfrac{\mathrm{d}x}{y} + \dfrac{\mathrm{d}y}{x}$, 其中 C 由直线 $y = 1$, $x = 4$ 和曲线 $y = \sqrt{x}$ 围成的闭曲线, 方向取逆时针方向;

(4) $\oint_C (x^2 y \cos x + 2xy \sin x - y^2 \mathrm{e}^x)\mathrm{d}x + (x^2 \sin x - 2y\mathrm{e}^x)\mathrm{d}y$, 其中 C 为正向星形线 $x^{\frac{2}{3}} + y^{\frac{2}{3}} = a^{\frac{2}{3}} (a > 0)$;

(5) $\oint_C \mathrm{e}^x[(1 - \cos y)\mathrm{d}x - (y - \sin y)\mathrm{d}y]$, 其中 C 为区域 $0 < x < \pi$, $0 < y < \sin x$ 的边界, 方向取逆时针方向.

2. 证明曲线积分 $\int_L \dfrac{y}{x^2}\mathrm{d}x - \dfrac{1}{x}\mathrm{d}y$ 在右半平面内与路径无关, 并求 $\int_{(2,1)}^{(1,2)} \dfrac{y}{x^2}\mathrm{d}x - \dfrac{1}{x}\mathrm{d}y$.

3. 已知点 $O(0,0)$ 及点 $A(1,1)$, 且曲线积分

$$I = \int_{OA} (ax \cos y - y^2 \sin x)\mathrm{d}x + (by \cos x - x^2 \sin y)\mathrm{d}y$$

与路径无关, 试确定常数 a, b 并求 I.

4. 已知 $f(x)$ 可微且积分 $I = \int_A^B [\mathrm{e}^x + f(x)]y\mathrm{d}x - f(x)\mathrm{d}y$ 与路径无关, 试确定函数 $f(x)$ 所满足的关系式.

5. 求 $\int_L [y^2 + \sin^2(x + y)]\mathrm{d}x + [x^2 - \cos^2(x + y)]\mathrm{d}y$, 其中 L 为自点 $A(1,0)$ 到点 $B(0,1)$ 的圆弧 $y = \sqrt{1 - x^2}$.

6. 求 $\int_L (x\mathrm{e}^{2y} + y)\mathrm{d}x + (x^2 \mathrm{e}^{2y} - y)\mathrm{d}y$, 其中 L 为自原点至点 $A(2,2)$ 的圆弧 $y = \sqrt{4x - x^2}$.

7. 求 $\int_L \dfrac{(x - y)\mathrm{d}x + (x + y)\mathrm{d}y}{x^2 + y^2}$, 其中 L 为 $y = 1 - 2x^2$ 自点 $A(-1,-1)$ 至点 $B(1,-1)$ 的弧段.

8. 计算曲线积分 $\int_L (1 - \cos y)\mathrm{d}x - x(y - \sin y)\mathrm{d}y$, 其中 L 是沿曲线 $y = \sin x$ 由点 $(0,0)$ 到点 $(\pi,0)$ 的一段弧.

(B)

9. 计算曲线积分 $\oint_L \dfrac{x\mathrm{d}y - y\mathrm{d}x}{x^2 + 4y^2}$, 其中 L 为曲线 $|x| + |y| = 1$ 的正向.

第五节　第二型曲面积分——对坐标的曲面积分

一、第二型曲面积分的概念与性质

1. 流过曲面的流量

在前面曾经讨论过平面稳态流动, 计算出单位时间内流出边界曲线的流量. 现在考虑三维空间情况, 设有一稳态流动, 流体在空间任一点 $M(x, y, z)$ 的流速为

对坐标的曲面积分的概念与性质

$$\boldsymbol{v}(M) = (P(x, y, z), Q(x, y, z), R(x, y, z)).$$

设在速度场内有一块曲面 Σ, 在单位时间内, 流体速度场流过曲面 Σ 的流体体积 V 称为流过曲面 Σ 的流量, 如图 9–32 所示. 下面计算流量.

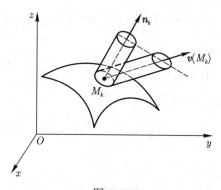

图 9–32

类似于第一型曲面积分, 对 Σ 引入一组分割, 将曲面 Σ 分成 n 个小曲面 $\Delta\sigma_k (k = 1, 2, \cdots, n)$, 其面积也记为 $\Delta\sigma_k$. 在第 k 个小曲面 $\Delta\sigma_k$ 上任取一点 $M_k(x_k, y_k, z_k)$, 以 $\boldsymbol{v}(M_k)$ 近似代替 $\Delta\sigma_k$ 上每一点的流速, 那么流体速度场通过第 k 个小曲面 $\Delta\sigma_k$ 的流量近似等于以 $\Delta\sigma_k$ 为底、以向量 $\boldsymbol{v}(M_k)$ 为母线的斜柱体的体积 V_k. 如图 9–33 所示, 已知斜柱体的体积 V_k 等于同底等高的直柱体的体积, 于是 $V_k = \boldsymbol{v}(M_k) \cdot \boldsymbol{n}_k \Delta\sigma_k$, 其中 $\boldsymbol{n}_k$ 表示 M_k 点的法线正向上的单位向量, 设 $\boldsymbol{n}_k$ 与 x 轴, y 轴, z 轴的正向夹角分别为 $\alpha_k, \beta_k, \gamma_k$, 那么

$$\boldsymbol{n}_k = (\cos\alpha_k, \cos\beta_k, \cos\gamma_k).$$

设小曲面 $\Delta\sigma_k$ 在 yOz 平面, zOx 平面, xOy 平面投影的面积分别为 $\Delta y_k \Delta z_k$, $\Delta z_k \Delta x_k$, $\Delta x_k \Delta y_k$, 由图 9–33 可知

$$\cos\alpha_k \Delta\sigma_k \approx \Delta y_k \Delta z_k,$$
$$\cos\beta_k \Delta\sigma_k \approx \Delta z_k \Delta x_k,$$
$$\cos\gamma_k \Delta\sigma_k \approx \Delta x_k \Delta y_k.$$

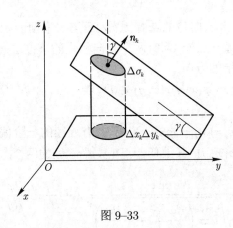

图 9-33

于是流体速度场 $\boldsymbol{V}(M)$ 通过曲面 Σ 的流量 μ 近似等于

$$\mu \approx \sum_{k=1}^{n} V_k = \sum_{k=1}^{n} \boldsymbol{v}(M_k) \cdot \boldsymbol{n}_k \Delta \sigma_k$$

$$= \sum_{k=1}^{n} [P(M_k) \Delta y_k \Delta z_k + Q(M_k) \Delta z_k \Delta x_k + R(M_k) \Delta x_k \Delta y_k]$$

$$= \sum_{k=1}^{n} [P(x_k, y_k, z_k) \cos \alpha_k + Q(x_k, y_k, z_k) \cos \beta_k + R(x_k, y_k, z_k) \cos \gamma_k] \Delta \sigma_k.$$

令 λ 表示各小块曲面 $\Delta \sigma_k$ 的直径的最大值, 当 $\lambda \to 0$ 时, 取上面和式的极限, 即得

$$\mu = \iint\limits_{\Sigma} (P \cos \alpha + Q \cos \beta + R \cos \gamma) \mathrm{d}S$$

$$= \iint\limits_{\Sigma} P \mathrm{d}y \mathrm{d}z + Q \mathrm{d}z \mathrm{d}x + R \mathrm{d}x \mathrm{d}y = \iint\limits_{\Sigma} \boldsymbol{v} \cdot \boldsymbol{n} \mathrm{d}S.$$

舍去如上问题的具体的物理内容, 抽象到数学中, 得到如下第二型曲面积分的定义.

2. 第二型曲面积分的定义及性质

定义 5.1　设 Σ 是空间一个光滑曲面, $\boldsymbol{n} = (\cos \alpha, \cos \beta, \cos \gamma)$ 是 Σ 上的单位法向量, $\boldsymbol{F} = (P(x, y, z), Q(x, y, z), R(x, y, z))$ 是确定在 Σ 上的向量场, 如果下列各式右端的积分存在,

$$\iint\limits_{\Sigma} P(x, y, z) \mathrm{d}y \mathrm{d}z = \iint\limits_{\Sigma} P(x, y, z) \cos \alpha \mathrm{d}S,$$

$$\iint\limits_{\Sigma} Q(x, y, z) \mathrm{d}z \mathrm{d}x = \iint\limits_{\Sigma} Q(x, y, z) \cos \beta \mathrm{d}S,$$

$$\iint\limits_{\Sigma} R(x, y, z) \mathrm{d}x \mathrm{d}y = \iint\limits_{\Sigma} R(x, y, z) \cos \gamma \mathrm{d}S,$$

那么分别称之为 P, Q, R 沿曲面 Σ 的**第二型曲面积分**.

第一型曲面积分与曲面上法向量的选择无关, 而第二型曲面积分完全不同, 定义中涉及了曲面的法向量. 在曲面上的每一点处, 都有两个方向相反的单位法向量, 因此有必要指明积分号下的 $(\cos\alpha, \cos\beta, \cos\gamma)$ 所指的方向.

定义 5.2 对于曲面: $z = \varphi(x, y), (x, y) \in D$, 若 $\varphi(x, y)$ 在 D 上存在连续的一阶偏导数, 则称之为**正则曲面**.

注 同样, 曲面 $x = \varphi(y, z), y = \varphi(z, x)$, 若 φ 有连续的一阶偏导数, 则称之为**正则曲面**.

关于正则曲面 Σ: $z = \varphi(x, y)$, 其上任一点 (x, y, z) 处的两个方向相反的单位法向量为

$$\boldsymbol{n} = \frac{\pm 1}{\sqrt{1 + \left(\dfrac{\partial\varphi}{\partial x}\right)^2 + \left(\dfrac{\partial\varphi}{\partial y}\right)^2}}\left(-\frac{\partial\varphi}{\partial x}, -\frac{\partial\varphi}{\partial y}, 1\right). \tag{5.1}$$

它们与 z 轴正方向夹角 γ 的余弦为

$$\cos\gamma = \pm\frac{1}{\sqrt{1 + \left(\dfrac{\partial\varphi}{\partial x}\right)^2 + \left(\dfrac{\partial\varphi}{\partial y}\right)^2}}. \tag{5.2}$$

若在上式中取正号, 则表示 $\gamma < \dfrac{\pi}{2}$, 法向量指向曲面的上方, 如图 9–34 所示; 若取负号, 则表示 $\gamma > \dfrac{\pi}{2}$, 法向量指向曲面的下方.

通常遇到的曲面都是双侧的, 例如, 上面的由 $z = \varphi(x, y)$ 表示的曲面, 就有上侧与下侧之分, 规定当 $\cos\gamma$ 恒正, 即 (5.2) 式总取正号时叫**曲面的上侧**; 当 $\cos\gamma$ 恒负, 即 (5.2) 式总取负号时叫**曲面的下侧**.

在实际应用中, 还经常需要考虑简单闭曲面, 对于闭曲面若取它的法向量的指向朝外 (内), 则认为取定曲面的外 (内) 侧. 这种取定了法向量即选定了侧的曲面, 就称为**有向曲面**.

对于曲面 Σ_1: $y = \varphi(z, x), (z, x) \in D_1, \Sigma_2$: $x = \varphi(y, z), (y, z) \in D_2$, 还有左侧与右侧、前侧与后侧之分, 等等.

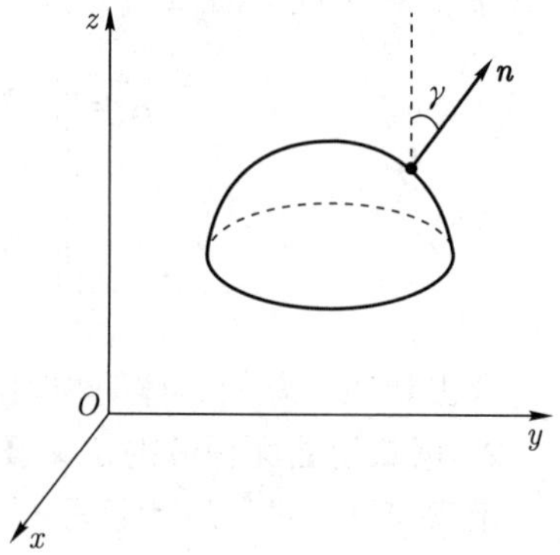

图 9–34

类似于第二型曲线积分

$$\int_{\widehat{AB}} P\mathrm{d}x + Q\mathrm{d}y = -\int_{\widehat{BA}} P\mathrm{d}x + Q\mathrm{d}y.$$

对第二型曲面积分有

$$\iint_{\Sigma_{\text{上}}} = -\iint_{\Sigma_{\text{下}}}, \quad \iint_{\Sigma_{\text{左}}} = -\iint_{\Sigma_{\text{右}}}, \quad \iint_{\Sigma_{\text{前}}} = -\iint_{\Sigma_{\text{后}}}, \quad \iint_{\Sigma_{\text{外}}} = -\iint_{\Sigma_{\text{内}}}.$$

即若将曲面的一侧的第二型积分 $\displaystyle\iint_{\Sigma}$ 换成另一侧记为 Σ^- 或 $(-\Sigma)$, 则法向量要改变符号, 且

$$\iint_{\Sigma} (P\cos\alpha + Q\cos\beta + R\cos\gamma)\mathrm{d}S$$

$$= -\iint_{-\Sigma} (P\cos\alpha + Q\cos\beta + R\cos\gamma)\mathrm{d}S.$$

二、第二型曲面积分的计算

对于第二型曲面积分的计算, 介绍如下定理.

定理 5.1 设 $\Sigma : z = \varphi(x, y)$, $(x, y) \in D_{xy}$ 为正则曲面, $R(x, y, z)$ 是 Σ 上的连续函数, 则

$$\iint_{\Sigma} R(x, y, z)\mathrm{d}x\mathrm{d}y = \iint_{\Sigma} R(x, y, z)\cos\gamma\mathrm{d}S = \pm\iint_{D_{xy}} R[x, y, \varphi(x, y)]\mathrm{d}x\mathrm{d}y. \tag{5.3}$$

(5.3) 右端的符号依所取之侧而定, 如果取上侧, 上式右端取正号; 如果取下侧, 上式右端取负号.

证 考虑分布在 Σ 上侧的积分, 此时 $\cos\gamma = \dfrac{1}{\sqrt{1 + \varphi_x^2 + \varphi_y^2}}$, 于是

$$\iint_{\Sigma} R(x, y, z)\cos\gamma\mathrm{d}S = \iint_{D_{xy}} R[x, y, \varphi(x, y)]\frac{1}{\sqrt{1 + \varphi_x^2 + \varphi_y^2}}\sqrt{1 + \varphi_x^2 + \varphi_y^2}\mathrm{d}x\mathrm{d}y.$$

亦即

$$\iint_{\Sigma} R(x, y, z)\cos\gamma\mathrm{d}S = \iint_{D_{xy}} R[x, y, \varphi(x, y)]\mathrm{d}x\mathrm{d}y.$$

取下侧情况可类似证明, 证毕.

类似地, 设 $\Sigma : x = \psi(y, z)$, $(y, z) \in D_{yz}$ 为正则曲面, $P(x, y, z)$ 是 Σ 上的连续函数, 则

$$\iint_{\Sigma} P(x, y, z)\mathrm{d}y\mathrm{d}z = \pm\iint_{D_{yz}} P(\psi(y, z), y, z)\mathrm{d}y\mathrm{d}z,$$

其中上式右端的符号依所取之侧而定, 如果取前侧, 上式右端取正号; 如果取后侧, 上式右端取负号.

设 $\Sigma : y = h(z, x)$, $(z, x) \in D_{zx}$ 为正则曲面, $Q(x, y, z)$ 是 Σ 上的连续函数, 则

$$\iint_{\Sigma} Q(x, y, z)\mathrm{d}z\mathrm{d}x = \pm\iint_{D_{zx}} Q(x, h(z, x), z)\mathrm{d}z\mathrm{d}x,$$

如果 Σ 取右侧, 上式右端取正号; 如果 Σ 取左侧, 上式右端取负号.

由 (5.1) 还有

$$\cos\alpha = \frac{\mp\dfrac{\partial\varphi}{\partial x}}{\sqrt{1+\left(\dfrac{\partial\varphi}{\partial x}\right)^2+\left(\dfrac{\partial\varphi}{\partial y}\right)^2}}, \quad \cos\beta = \frac{\mp\dfrac{\partial\varphi}{\partial y}}{\sqrt{1+\left(\dfrac{\partial\varphi}{\partial x}\right)^2+\left(\dfrac{\partial\varphi}{\partial y}\right)^2}}.$$

由此可以得出分布在一般正则曲面上的第二型曲面积分

$$\iint\limits_{\varSigma} P\mathrm{d}y\mathrm{d}z + Q\mathrm{d}z\mathrm{d}x + R\mathrm{d}x\mathrm{d}y$$

$$= \iint\limits_{\varSigma} (P\cos\alpha + Q\cos\beta + R\cos\gamma)\mathrm{d}S$$

$$= \pm\iint\limits_{D_{xy}} \left\{ -P[x,y,\varphi(x,y)]\frac{\partial\varphi}{\partial x} - Q[x,y,\varphi(x,y)]\frac{\partial\varphi}{\partial y} + R[x,y,\varphi(x,y)] \right\}\mathrm{d}x\mathrm{d}y.$$

$$(5.4)$$

上式右端当所取之侧为上 (下) 时取正 (负) 号. 对于**分块正则曲面**, 这时若 $\varSigma = \sum\limits_{i=1}^{n}\varSigma_i$, 则

$$\iint\limits_{\varSigma} P\mathrm{d}y\mathrm{d}z + Q\mathrm{d}z\mathrm{d}x + R\mathrm{d}x\mathrm{d}y$$

$$= \iint\limits_{\varSigma} (P\cos\alpha + Q\cos\beta + R\cos\gamma)\mathrm{d}S$$

$$= \sum_{i=1}^{n}\iint\limits_{\varSigma_i} P\mathrm{d}y\mathrm{d}z + Q\mathrm{d}z\mathrm{d}x + R\mathrm{d}x\mathrm{d}y$$

$$= \sum_{i=1}^{n}\iint\limits_{\varSigma_i} (P\cos\alpha + Q\cos\beta + R\cos\gamma)\mathrm{d}S.$$

例 5.1 计算曲面积分 $I = \iint\limits_{\varSigma} xyz\mathrm{d}x\mathrm{d}y$, 其中曲面 $\varSigma$ 是球面 $x^2+y^2+z^2=1, x\geqslant 0, y\geqslant 0$ 部分的外侧.

解 曲面在 xOy 平面上、下两部分的方程分别为

$$\varSigma_1: \quad z = \sqrt{1-x^2-y^2}, \quad \varSigma_2: \quad z = -\sqrt{1-x^2-y^2}.$$

曲面 $\varSigma_1$ 外法线与 z 轴正向为锐角, 曲面 $\varSigma_2$ 外法线与 z 轴正向为钝角, 而曲面 $\varSigma_1$ 与 $\varSigma_2$

在 xOy 平面上的投影都是扇形区域 D: $x^2 + y^2 \leqslant 1(x \geqslant 0, y \geqslant 0)$, 如图 9–35 所示. 于是

$$
\begin{aligned}
\iint\limits_{\Sigma} xyz\mathrm{d}x\mathrm{d}y &= \iint\limits_{\Sigma_1} xyz\mathrm{d}x\mathrm{d}y + \iint\limits_{\Sigma_2} xyz\mathrm{d}x\mathrm{d}y \\
&= \iint\limits_{D} xy\sqrt{1-x^2-y^2}\mathrm{d}x\mathrm{d}y - \iint\limits_{D} xy(-\sqrt{1-x^2-y^2})\mathrm{d}x\mathrm{d}y \\
&= 2\iint\limits_{D} xy\sqrt{1-x^2-y^2}\mathrm{d}x\mathrm{d}y \\
&= \int_0^{\frac{\pi}{2}} \sin 2\varphi\mathrm{d}\varphi \int_0^1 \rho^3\sqrt{1-\rho^2}\mathrm{d}\rho = \frac{2}{15}.
\end{aligned}
$$

例 5.2 计算曲面积分 $I = \iint\limits_{\Sigma} (x+1)\mathrm{d}y\mathrm{d}z + y\mathrm{d}z\mathrm{d}x + \mathrm{d}x\mathrm{d}y$, 其中 Σ 是四面体 $OABC$ 所围成的曲面的外侧, 如图 9–36 所示.

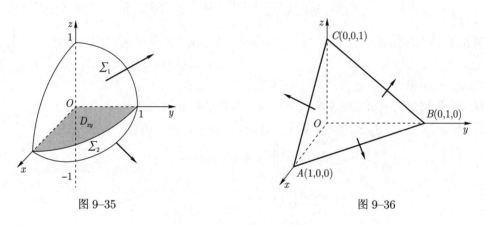

图 9–35　　　　　　　　　　图 9–36

解　因为

$$
I = \left\{ \iint\limits_{OBA} + \iint\limits_{OCB} + \iint\limits_{OAC} + \iint\limits_{ABC} \right\} (x+1)\mathrm{d}y\mathrm{d}z + y\mathrm{d}z\mathrm{d}x + \mathrm{d}x\mathrm{d}y.
$$

$$
\iint\limits_{OBA} (x+1)\mathrm{d}y\mathrm{d}z + y\mathrm{d}z\mathrm{d}x + \mathrm{d}x\mathrm{d}y = \iint\limits_{OBA} \mathrm{d}x\mathrm{d}y = -\iint\limits_{D_{xy}} \mathrm{d}x\mathrm{d}y = -\frac{1}{2};
$$

$$
\iint\limits_{OCB} (x+1)\mathrm{d}y\mathrm{d}z + y\mathrm{d}z\mathrm{d}x + \mathrm{d}x\mathrm{d}y = \iint\limits_{D_{yz}} (x+1)\mathrm{d}y\mathrm{d}z = -\iint\limits_{D_{yz}} \mathrm{d}y\mathrm{d}z = -\frac{1}{2}
$$

$$
(因 x = 0);
$$

$$\iint\limits_{OAC} (x+1)\mathrm{d}y\mathrm{d}z + y\mathrm{d}z\mathrm{d}x + \mathrm{d}x\mathrm{d}y = \iint\limits_{OAC} y\mathrm{d}z\mathrm{d}x = 0 (因 \ y = 0);$$

$$\iint\limits_{ABC} (x+1)\mathrm{d}y\mathrm{d}z = \iint\limits_{D_{yz}} (2-y-z)\mathrm{d}y\mathrm{d}z = \int_0^1 \mathrm{d}y \int_0^{1-y} (2-y-z)\mathrm{d}z = \frac{2}{3};$$

$$\iint\limits_{ABC} y\mathrm{d}z\mathrm{d}x = \iint\limits_{D_{zx}} (1-x-z)\mathrm{d}z\mathrm{d}x = \int_0^1 \mathrm{d}x \int_0^{1-x} (1-x-z)\mathrm{d}z = \frac{1}{6};$$

$$\iint\limits_{ABC} \mathrm{d}x\mathrm{d}y = \iint\limits_{D_{xy}} \mathrm{d}x\mathrm{d}y = \frac{1}{2}.$$

所以

$$I = -\frac{1}{2} + \left(-\frac{1}{2}\right) + 0 + \frac{2}{3} + \frac{1}{6} + \frac{1}{2} = \frac{1}{3}.$$

例 5.3　计算曲面积分 $I = \iint\limits_{\Sigma} (x+z^2)\mathrm{d}y\mathrm{d}z - z\mathrm{d}x\mathrm{d}y$, 其中 Σ 是旋转抛物面 $z = \frac{1}{2}(x^2+y^2)$

介于平面 $z=0$ 和 $z=2$ 之间的部分的下侧.

解　注意到定义中第二型曲面积分与第一型曲面积分的关系

$$\mathrm{d}y\mathrm{d}z = \cos\alpha\mathrm{d}S, \quad \mathrm{d}z\mathrm{d}x = \cos\beta\mathrm{d}S, \quad \mathrm{d}x\mathrm{d}y = \cos\gamma\mathrm{d}S.$$

$$I_1 = \iint\limits_{\Sigma} (x+z^2)\mathrm{d}y\mathrm{d}z = \iint\limits_{\Sigma} (x+z^2)\cos\alpha\mathrm{d}S$$

$$= \iint\limits_{\Sigma} (x+z^2)\frac{\cos\alpha}{\cos\gamma}\mathrm{d}x\mathrm{d}y.$$

在曲面之上 $\cos\alpha = \dfrac{x}{\sqrt{1+x^2+y^2}}$, $\cos\gamma = \dfrac{-1}{\sqrt{1+x^2+y^2}}$,

$$I = \iint\limits_{\Sigma} (x+z^2)\mathrm{d}y\mathrm{d}z - z\mathrm{d}x\mathrm{d}y = \iint\limits_{\Sigma} [(x+z^2)(-x) - z]\mathrm{d}x\mathrm{d}y$$

$$= -\iint\limits_{D_{xy}} \left\{ \left[\frac{1}{4}(x^2+y^2)^2 + x\right](-x) - \frac{1}{2}(x^2+y^2) \right\} \mathrm{d}x\mathrm{d}y.$$

注意到 $\iint\limits_{D_{xy}} \dfrac{1}{4}(x^2+y^2)^2 x\mathrm{d}x\mathrm{d}y = 0$, 得

$$I = \iint\limits_{D_{xy}} \left[x^2 + \frac{1}{2}(x^2+y^2)\right]\mathrm{d}x\mathrm{d}y = \int_0^{2\pi} \mathrm{d}\theta \int_0^2 \left(\varphi^2\cos^2\theta + \frac{1}{2}\varphi^2\right)\varphi\mathrm{d}\varphi = 8\pi.$$

合一投影法: 设曲面 Σ 为 $z = f(x, y)$, 其法向量为 $(-f_x, -f_y, 1)$ 或 $(f_x, f_y, -1)$, 第二型曲面积分

$$
\begin{aligned}
I &= \iint\limits_{\Sigma} P\mathrm{d}y\mathrm{d}z + Q\mathrm{d}z\mathrm{d}x + R\mathrm{d}x\mathrm{d}y \\
&= \iint\limits_{\Sigma} (P\cos\alpha + Q\cos\beta + R\cos\gamma)\mathrm{d}S \\
&= \iint\limits_{\Sigma} (P\cos\alpha + Q\cos\beta + R\cos\gamma)\frac{1}{\cos\gamma}\mathrm{d}x\mathrm{d}y \\
&= \iint\limits_{\Sigma} \left(P\frac{\cos\alpha}{\cos\gamma} + Q\frac{\cos\beta}{\cos\gamma} + R\cdot 1\right)\mathrm{d}x\mathrm{d}y \\
&= \iint\limits_{\Sigma} (P, Q, R)\cdot(-f_x, -f_y, 1)\mathrm{d}x\mathrm{d}y.
\end{aligned}
$$

例 5.4 计算曲面积分 $I = \iint\limits_{\Sigma} y\mathrm{d}y\mathrm{d}z - x\mathrm{d}z\mathrm{d}x + z^2\mathrm{d}x\mathrm{d}y$, Σ 为锥面 $z = \sqrt{x^2 + y^2}$ 介于平面 $z = 1$ 和 $z = 2$ 之间部分的外侧.

解 注意到 $z_x = \dfrac{x}{\sqrt{x^2 + y^2}}, z_y = \dfrac{y}{\sqrt{x^2 + y^2}}$,

$$
\begin{aligned}
I &= \iint\limits_{\Sigma} (y, -x, z^2)\left(\frac{-x}{\sqrt{x^2 + y^2}}, \frac{-y}{\sqrt{x^2 + y^2}}, 1\right)\mathrm{d}x\mathrm{d}y \\
&= \iint\limits_{\Sigma} z^2\mathrm{d}x\mathrm{d}y = -\iint\limits_{Dxy} (x^2 + y^2)\mathrm{d}x\mathrm{d}y \\
&= -\int_0^{2\pi}\mathrm{d}\theta\int_1^2 \rho^2\cdot\rho\mathrm{d}\rho = -\frac{15}{2}\pi.
\end{aligned}
$$

注 若曲面 Σ 为 $y = g(x, z)$, 则无论曲面取左侧还是右侧, 都有

$$
\begin{aligned}
I &= \iint\limits_{\Sigma} P\mathrm{d}y\mathrm{d}z + Q\mathrm{d}z\mathrm{d}x + R\mathrm{d}x\mathrm{d}y \\
&= \iint\limits_{\Sigma} (P, Q, R)\cdot(-g_x, 1, -g_z)\mathrm{d}z\mathrm{d}x.
\end{aligned}
$$

若曲面 Σ 为 $x = h(y, z)$, 则无论曲面取前侧还是后侧, 都有

$$
\begin{aligned}
I &= \iint\limits_{\Sigma} P\mathrm{d}y\mathrm{d}z + Q\mathrm{d}z\mathrm{d}x + R\mathrm{d}x\mathrm{d}y \\
&= \iint\limits_{\Sigma} (P, Q, R)\cdot(1, -h_y, -h_z)\mathrm{d}y\mathrm{d}z.
\end{aligned}
$$

习题 9–5

(A)

1. 计算下列第二型曲面积分.

(1) $\iint\limits_{\Sigma} (x^2 + y^2)\mathrm{d}x\mathrm{d}y$, 其中 Σ 是 xOy 平面上圆面 $x^2 + y^2 \leqslant R^2$ 的下侧;

*(2) $\iint\limits_{\Sigma} xz\mathrm{d}y\mathrm{d}z + x^2 y\mathrm{d}z\mathrm{d}x + y^2 z\mathrm{d}x\mathrm{d}y$, 其中 Σ 是由旋转抛物面 $z = x^2 + y^2$, 柱面 $x^2 + y^2 = 1$ 和坐标平面所围部分在第一卦限的外侧;

(3) $\iint\limits_{\Sigma} x\mathrm{d}y\mathrm{d}z + y\mathrm{d}z\mathrm{d}x + (z^2 - 2z)\mathrm{d}x\mathrm{d}y$, 其中 Σ 为锥面 $z = \sqrt{x^2 + y^2}$ 被平面 $z = 0$ 和 $z = 1$ 所截部分的外侧;

*(4) $\iint\limits_{\Sigma} x^3\mathrm{d}y\mathrm{d}z$, 其中 Σ 是椭球面 $\dfrac{x^2}{a^2} + \dfrac{y^2}{b^2} + \dfrac{z^2}{c^2} = 1$ 的 $x \geqslant 0$ 的部分, 取椭球面外侧为正侧;

(5) $\iint\limits_{\Sigma} [f(x,y,z) + x]\mathrm{d}y\mathrm{d}z + [2f(x,y,z) + y]\mathrm{d}z\mathrm{d}x + [f(x,y,z) + z]\mathrm{d}x\mathrm{d}y$, 其中 $f(x,y,z)$ 为连续函数, Σ 为平面 $x - y + z = 1$ 在第四卦限的上侧;

(6) $\iint\limits_{\Sigma} yz\mathrm{d}y\mathrm{d}z + zx\mathrm{d}z\mathrm{d}x + xy\mathrm{d}x\mathrm{d}y$, 其中 Σ 是四面体 $x \geqslant 0, y \geqslant 0, z \geqslant 0, x + y + z \leqslant a \ (a > 0)$ 的外侧;

(7) $\iint\limits_{\Sigma} x^3\mathrm{d}y\mathrm{d}z + y^3\mathrm{d}z\mathrm{d}x + z^3\mathrm{d}x\mathrm{d}y$, 其中 Σ 是球面 $x^2 + y^2 + z^2 = a^2$ 的外侧;

(8) $\iint\limits_{\Sigma} xyz(y^2 z^2 + z^2 x^2 + x^2 y^2)\mathrm{d}S$, 其中 Σ 是球面 $x^2 + y^2 + z^2 = a^2$ 在第一卦限的部分;

*(9) $\iint\limits_{\Sigma} \dfrac{\mathrm{d}y\mathrm{d}z}{x} + \dfrac{\mathrm{d}z\mathrm{d}x}{y} + \dfrac{\mathrm{d}x\mathrm{d}y}{z}$, 其中 Σ 是椭球面 $\dfrac{x^2}{a^2} + \dfrac{y^2}{b^2} + \dfrac{z^2}{c^2} = 1$ 的外侧.

2. 将第二型曲面积分 $\iint\limits_{\Sigma} P(x,y,z)\mathrm{d}y\mathrm{d}z + Q(x,y,z)\mathrm{d}z\mathrm{d}x + R(x,y,z)\mathrm{d}x\mathrm{d}y$ 化为第一型曲面积分,

(1) Σ 是平面 $3x + 2y + 2\sqrt{3}z = 6$ 在第一卦限的部分的上侧;

(2) Σ 是抛物面 $z = 8 - (x^2 + y^2)$ 在 xOy 面上方部分的上侧.

(B)

3. 计算曲面积分 $I = \iint\limits_{\Sigma} (x^2 \cos\alpha + y^2 \cos\beta + z^2 \cos\gamma)\mathrm{d}S$, 其中 Σ 是锥面 $x^2 + y^2 = z^2 \quad (0 \leqslant z \leqslant h)$ 的一部分, $(\cos\alpha, \cos\beta, \cos\gamma)$ 为外法线 (正向) 的方向余弦.

第六节　高斯公式与斯托克斯公式

格林公式给出了平面闭区域上的二重积分与围成该区域的闭曲线上的积分之间的关系, 如果将格林公式中的有向闭曲线围成的一个平面闭区域改成一个由空间一个闭曲面围成的空间闭区域, 那么会有什么结果? 此时流体流过围成空间闭区域曲面 Σ 的流量如何计算?

如果考虑将空间一片曲面上的曲面积分与该曲面的边界曲线积分建立联系, 那么会有什么结果?

一、高斯公式

高斯公式是格林公式的推广, 它给出了三维空间闭区域上的三重积分与围成该区域的边界闭曲面上的曲面积分之间的关系.

定理 6.1 (高斯公式)　设三维空间闭区域 Ω 是由分片光滑的闭曲面 Σ 围成, 函数 $P(x,y,z)$, $Q(x,y,z)$, $R(x,y,z)$ 在 Ω 上具有一阶连续的偏导数, 则

$$
\begin{aligned}
\iiint\limits_{\Omega}\left(\frac{\partial P}{\partial x}+\frac{\partial Q}{\partial y}+\frac{\partial R}{\partial z}\right)\mathrm{d}v &= \oiint\limits_{\Sigma} P\mathrm{d}y\mathrm{d}z + Q\mathrm{d}z\mathrm{d}x + R\mathrm{d}x\mathrm{d}y \\
&= \oiint\limits_{\Sigma}(P\cos\alpha + Q\cos\beta + R\cos\gamma)\mathrm{d}S,
\end{aligned} \tag{6.1}
$$

其中 Σ 为 Ω 的整个边界曲面的外侧, $(\cos\alpha, \cos\beta, \cos\gamma)$ 为曲面 Σ 上在点 (x,y,z) 处的单位法向量, 方向指向外侧. 公式 (6.1) 称为**高斯公式**.

证　首先证明

$$
\iiint\limits_{\Omega}\frac{\partial R}{\partial z}\mathrm{d}v = \oiint\limits_{\Sigma} R(x,y,z)\mathrm{d}x\mathrm{d}y.
$$

如果平行于三个坐标轴的直线与曲面 Σ 至多有两个交点, 曲面 Σ 的侧面平行于坐标轴的母线除外, 设 Ω 是由定义在 xOy 平面区域 D 上的光滑曲面 $\Sigma_1: z=z_1(x,y)$ 与 $\Sigma_2: z=z_2(x,y)(z_1(x,y)\leqslant z\leqslant z_2(x,y))$ 以及母线平行于 z 轴的柱面 Σ_3 所围成, 如图 9-37 所示.

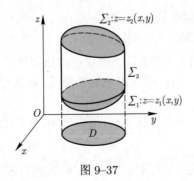

图 9-37

高斯公式

由三重积分的计算公式, 有

$$
\begin{aligned}
\iiint\limits_{\Omega} \frac{\partial R}{\partial z}\mathrm{d}x\mathrm{d}y\mathrm{d}z &= \iint\limits_{D} \mathrm{d}x\mathrm{d}y \int_{z_1(x,y)}^{z_2(x,y)} \frac{\partial R}{\partial z}\mathrm{d}z \\
&= \iint\limits_{D} R(x,y,z)\Big|_{z_1(x,y)}^{z_2(x,y)} \mathrm{d}x\mathrm{d}y \\
&= \iint\limits_{D} \{R\left[x,y,z_2\left(x,y\right)\right] - R\left[x,y,z_1\left(x,y\right)\right]\}\mathrm{d}x\mathrm{d}y. \qquad (6.2)
\end{aligned}
$$

由曲面积分的计算公式, 有

$$
\oiint\limits_{\Sigma} R\mathrm{d}x\mathrm{d}y = \iint\limits_{\Sigma_1} R\mathrm{d}x\mathrm{d}y + \iint\limits_{\Sigma_2} R\mathrm{d}x\mathrm{d}y + \iint\limits_{\Sigma_3} R\mathrm{d}x\mathrm{d}y,
$$

其中 Σ_3 为曲面 Σ 的侧面 (由平行于 z 轴的母线组成), 因为曲面 Σ_3 在 xOy 平面上的投影是区域 D 的边界曲线, 所以由曲面积分的计算公式知 $\iint\limits_{\Sigma_3} R\mathrm{d}x\mathrm{d}y = 0$.

因为曲面 Σ_1 法线正向与 z 轴正向的夹角为钝角, 所以有

$$
\oiint\limits_{\Sigma} R\mathrm{d}y\mathrm{d}z = \iint\limits_{D} \{R\left[x,y,z_2\left(x,y\right)\right] - R\left[x,y,z_1\left(x,y\right)\right]\}\mathrm{d}x\mathrm{d}y. \qquad (6.3)
$$

由公式 (6.2), (6.3) 即得

$$
\iiint\limits_{\Omega} \frac{\partial R}{\partial z}\mathrm{d}x\mathrm{d}y\mathrm{d}z = \oiint\limits_{\Sigma} R(x,y,z)\mathrm{d}x\mathrm{d}y; \qquad (6.4)
$$

同样可以证明

$$
\iiint\limits_{\Omega} \frac{\partial P}{\partial x}\mathrm{d}x\mathrm{d}y\mathrm{d}z = \oiint\limits_{\Sigma} P(x,y,z)\mathrm{d}y\mathrm{d}z; \qquad (6.5)
$$

$$
\iiint\limits_{\Omega} \frac{\partial Q}{\partial y}\mathrm{d}x\mathrm{d}y\mathrm{d}z = \oiint\limits_{\Sigma} Q(x,y,z)\mathrm{d}z\mathrm{d}x. \qquad (6.6)
$$

将 (6.4), (6.5), (6.6) 三式左右两边相加, 即得公式 (6.1).

如果曲面 Σ 与平行于坐标轴的直线的交点多于两个, 那么可以用光滑曲面将 Ω 分为有限个小闭区域, 使围成的每个小闭区域的边界曲面满足上述定理的要求, 高斯公式仍然成立.

注　(1) 如果在上述定理中 Σ 取指向内侧的法向量, 那么有

$$
\iiint\limits_{\Omega} \left(\frac{\partial P}{\partial x} + \frac{\partial Q}{\partial y} + \frac{\partial R}{\partial z}\right)\mathrm{d}v = -\oiint\limits_{\Sigma} P\mathrm{d}y\mathrm{d}z + Q\mathrm{d}z\mathrm{d}x + R\mathrm{d}x\mathrm{d}y.
$$

(2) 曲面 Σ 必须为封闭曲面, 如果不是闭曲面, 那么应该增加曲面使之封闭.

高斯公式在应用上也考虑有 "奇点" (函数和一阶偏导数不连续的点) 或有洞的区域. 如在闭曲面 Σ 所围成的区域内挖了一个边界为 σ 的洞, 对于介于 Σ 和 σ 之间的区域 Ω. 类似于格林公式的证明, 可仿照那里的情况证出

$$\iint\limits_{\Sigma} - \iint\limits_{\sigma} (P\cos\alpha + Q\cos\beta + R\cos\gamma)\mathrm{d}S$$

$$= \iint\limits_{\Sigma} - \iint\limits_{\sigma} (P\mathrm{d}y\mathrm{d}z + Q\mathrm{d}z\mathrm{d}x + R\mathrm{d}x\mathrm{d}y)$$

$$= \iiint\limits_{\Omega} \left(\frac{\partial P}{\partial x} + \frac{\partial Q}{\partial y} + \frac{\partial R}{\partial z}\right)\mathrm{d}x\mathrm{d}y\mathrm{d}z.$$

其中曲面 Σ 的法线仍取向外方向, 而 σ 的法线取向外方向, $(\cos\alpha, \cos\beta, \cos\gamma)$ 为 $\Sigma - \sigma$ 所包围的闭区域上点 (x, y, z) 处的单位外法线向量.

例 6.1 计算曲面积分

$$\oiint\limits_{\Sigma} (x^3 - yz)\mathrm{d}y\mathrm{d}z - 2x^2y\mathrm{d}z\mathrm{d}x + z\mathrm{d}x\mathrm{d}y,$$

其中 Σ 是由平面 $x = 1, y = 1, z = 1$ 及三个坐标平面围成的空间闭区域 Ω 的整个边界曲面的外侧.

解　$P = x^3 - yz, Q = -2x^2y, R = z.$ $\dfrac{\partial P}{\partial x} = 3x^2, \dfrac{\partial Q}{\partial y} = -2x^2, \dfrac{\partial R}{\partial z} = 1.$ 由高斯公式, 得

$$\oiint\limits_{\Sigma} (x^3 - yz)\mathrm{d}y\mathrm{d}z - 2x^2y\mathrm{d}z\mathrm{d}x + z\mathrm{d}x\mathrm{d}y$$

$$= \iiint\limits_{\Omega} (3x^2 - 2x^2 + 1)\mathrm{d}x\mathrm{d}y\mathrm{d}z$$

$$= \int_0^1 \mathrm{d}z \int_0^1 \mathrm{d}y \int_0^1 (x^2 + 1)\mathrm{d}x$$

$$= \frac{4}{3}.$$

例 6.2 计算曲面积分 $I = \iint\limits_{\Sigma} (8y + 1)x\mathrm{d}y\mathrm{d}z + 2(1 - y^2)\mathrm{d}z\mathrm{d}x - 4yz\mathrm{d}x\mathrm{d}y$, 其中 Σ 是由曲线 $\begin{cases} z = \sqrt{y - 1}, \\ x = 0 \end{cases}$ $(1 \leqslant y \leqslant 3)$ 绕 y 轴旋转一周所围成曲面, 它的法线与 y 轴的正向夹角恒大于 $\dfrac{\pi}{2}$.

解　曲线 $\begin{cases} z = \sqrt{y - 1}, \\ x = 0 \end{cases}$ $(1 \leqslant y \leqslant 3)$ 绕 y 轴旋转的旋转面的方程为 $y - 1 = z^2 + x^2$, 如图 9–38 所示. Σ 不是封闭曲面, 不能直接利用高斯公式, 补一曲面 Σ_1: $y = 3$ 方向取右侧, 则 Σ 与 Σ_1 一起构成一个封闭曲面, 方向向外, 由高斯公式得

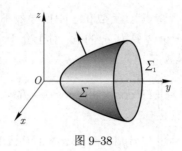

图 9–38

$$I = \left\{ \iint_{\Sigma+\Sigma_1} - \iint_{\Sigma_1} \right\} (8y+1)x\mathrm{d}y\mathrm{d}z + 2(1-y^2)\mathrm{d}z\mathrm{d}x - 4yz\mathrm{d}x\mathrm{d}y,$$

$$I_1 = \iint_{\Sigma+\Sigma_1} (8y+1)x\mathrm{d}y\mathrm{d}z + 2(1-y^2)\mathrm{d}z\mathrm{d}x - 4yz\mathrm{d}x\mathrm{d}y$$

$$= \iiint_{\Omega} \left(\frac{\partial P}{\partial x} + \frac{\partial Q}{\partial y} + \frac{\partial R}{\partial z} \right) \mathrm{d}x\mathrm{d}y\mathrm{d}z$$

$$= \iiint_{\Omega} (8y+1-4y-4y)\mathrm{d}x\mathrm{d}y\mathrm{d}z$$

$$= \iiint_{\Omega} \mathrm{d}x\mathrm{d}y\mathrm{d}z = \iint_{D_{xz}} \mathrm{d}x\mathrm{d}z \int_{1+x^2+z^2}^{3} \mathrm{d}y$$

$$= \int_0^{2\pi} \mathrm{d}\theta \int_0^{\sqrt{2}} \rho\mathrm{d}\rho \int_{1+\rho^2}^{3} \mathrm{d}y$$

$$= 2\pi \int_0^{\sqrt{2}} (2\rho - \rho^3)\mathrm{d}\rho = 2\pi;$$

$$I_2 = \iint_{\Sigma_1} (8y+1)x\mathrm{d}y\mathrm{d}z + 2(1-y^2)\mathrm{d}z\mathrm{d}x - 4yz\mathrm{d}x\mathrm{d}y$$

$$= 2\iint_{\Sigma_1} (1-3^2)\mathrm{d}z\mathrm{d}x = -32\pi;$$

故 $I = 2\pi - (-32\pi) = 34\pi.$

例 6.3   计算曲面积分 $I = \oiint_{\Sigma} \dfrac{x\mathrm{d}y\mathrm{d}z + y\mathrm{d}z\mathrm{d}x + z\mathrm{d}x\mathrm{d}y}{(x^2+y^2+z^2)^{\frac{3}{2}}}$,其中 Σ 为单位球面 $x^2+y^2+z^2 = a^2$ 的外侧.

解   显然, 不能直接应用高斯公式 (因为此时选定的 P, Q, R 在原点不连续). 注意到积分

为曲面积分, 点 (x, y, z) 适合曲面方程, 故有

$$I = \oiint\limits_{\Sigma} \frac{x\mathrm{d}y\mathrm{d}z + y\mathrm{d}z\mathrm{d}x + z\mathrm{d}x\mathrm{d}y}{a^3} = \frac{1}{a^3} \oiint\limits_{\Sigma} x\mathrm{d}y\mathrm{d}z + y\mathrm{d}z\mathrm{d}x + z\mathrm{d}x\mathrm{d}y$$

$$= \frac{1}{a^3} \iiint\limits_{\Omega} 3\mathrm{d}x\mathrm{d}y\mathrm{d}z = \frac{3}{a^3} \iiint\limits_{\Omega} \mathrm{d}x\mathrm{d}y\mathrm{d}z = \frac{3}{a^3} \frac{4}{3}\pi a^3 = 4\pi.$$

* 二、第二型曲面积分与曲面无关的条件

在学习第二型曲线积分时, 曾经发现在一定条件下, 第二型曲线积分与路径无关的条件, 自然联想到第二型曲面积分中是否有类似的问题? 即在什么条件下第二型曲面积分

$$\iint\limits_{\Sigma} P\mathrm{d}y\mathrm{d}z + Q\mathrm{d}z\mathrm{d}x + R\mathrm{d}x\mathrm{d}y = \iint\limits_{\Sigma} (P\cos\alpha + Q\cos\beta + R\cos\gamma)\mathrm{d}S$$

可以与曲面 Σ 无关而只取决于曲面 Σ 的边界曲线? 或者说在什么样条件下, 空间区域内沿任意闭曲面的积分为零?

介绍空间单连通区域的概念: 对于空间区域 Ω, 如果 Ω 内任一闭曲面所围成的区域完全属于 Ω, 那么称 Ω 是空间二维单连通区域, 如果 Ω 内任一条闭曲线总可以张成一片完全属于 Ω 的曲面, 那么称 Ω 是空间一维单连通区域.

对于第二型曲面积分, 利用高斯公式可以得到如下结论:

定理 6.2 设 Ω 是空间二维单连通区域, 函数 $P(x, y, z)$, $Q(x, y, z)$, $R(x, y, z)$ 在 Ω 内具有一阶连续的偏导数, 则第二型曲面积分

$$\iint\limits_{\Sigma} P\mathrm{d}y\mathrm{d}z + Q\mathrm{d}z\mathrm{d}x + R\mathrm{d}x\mathrm{d}y = \iint\limits_{\Sigma} (P\cos\alpha + Q\cos\beta + R\cos\gamma)\mathrm{d}S.$$

在 Ω 内与所取曲面 Σ 无关而只取决于曲面 Σ 的边界曲线的 (沿任意闭曲面的积分为零) 的充分必要条件为

$$\frac{\partial P}{\partial x} + \frac{\partial Q}{\partial y} + \frac{\partial R}{\partial z} = 0$$

在 Ω 内恒成立.

证明从略.

三、斯托克斯公式

格林公式表达了平面闭区域上的二重积分与其边界上的曲线积分之间的关系, 将格林公式由平面推广到曲面, 使在具有光滑边界曲线的光滑曲面上的积分和其边界上的曲线积分联系起来, 就得到斯托克斯公式.

定理 6.3 (斯托克斯公式) 设光滑曲面 Σ 的边界曲线为光滑曲线 C, 函数 $P(x, y, z), Q(x, y, z),$

$R(x, y, z)$ 在曲面 Σ 及曲线 C 上具有对 x, y, z 的连续偏导数, 则成立如下公式:

$$\oint_C P\mathrm{d}x + Q\mathrm{d}y + R\mathrm{d}z$$

$$= \iint_\Sigma \left(\frac{\partial R}{\partial y} - \frac{\partial Q}{\partial z}\right)\mathrm{d}y\mathrm{d}z + \left(\frac{\partial P}{\partial z} - \frac{\partial R}{\partial x}\right)\mathrm{d}z\mathrm{d}x + \left(\frac{\partial Q}{\partial x} - \frac{\partial P}{\partial y}\right)\mathrm{d}x\mathrm{d}y$$

$$= \iint_\Sigma \left[\left(\frac{\partial R}{\partial y} - \frac{\partial Q}{\partial z}\right)\cos\alpha + \left(\frac{\partial P}{\partial z} - \frac{\partial R}{\partial x}\right)\cos\beta + \left(\frac{\partial Q}{\partial x} - \frac{\partial P}{\partial y}\right)\cos\gamma\right]\mathrm{d}S.$$

$$(6.7)$$

曲线积分的方向和曲面的侧按右手法则, $(\cos\alpha, \cos\beta, \cos\gamma)$ 是此侧之法向量, 如图 9–39 所示.

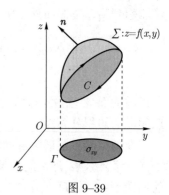

图 9–39

证   设光滑曲面 Σ 在 xOy 平面上的投影为 σ_{xy}, 并假定通过 σ_{xy} 上任一点平行于 z 轴的直线与 Σ 只有一个交点, Γ 是 σ_{xy} 的边界, 即 Σ 的边界曲线 C 在 xOy 平面上的投影. Σ 的法线方向是取与 z 轴正向成锐角的方向, C 的方向和 Σ 的侧符合右手规则 (图 9–39).

设曲面 Σ 的方程为 $z = f(x, y)$, 则 $\dfrac{\partial z}{\partial x} = -\dfrac{\cos\alpha}{\cos\gamma}$, $\dfrac{\partial z}{\partial y} = -\dfrac{\cos\beta}{\cos\gamma}$. 取上侧法线, 则

$$\mathrm{d}x\mathrm{d}y = \frac{\mathrm{d}S}{\sqrt{1 + \left(\dfrac{\partial z}{\partial x}\right)^2 + \left(\dfrac{\partial z}{\partial y}\right)^2}} = \cos\gamma\mathrm{d}S.$$

注意积分

$$\oint_\Gamma P(x, y, f(x, y))\mathrm{d}x = -\iint_{\sigma_{xy}} \frac{\partial}{\partial y}P(x, y, f(x, y))\mathrm{d}x\mathrm{d}y$$

$$= -\iint_{\sigma_{xy}} \left[\frac{\partial P(x, y, z)}{\partial y} + \frac{\partial P(x, y, z)}{\partial z}\frac{\partial z}{\partial y}\right]\mathrm{d}x\mathrm{d}y.$$

由 $\mathrm{d}S$ 和 $\mathrm{d}x\mathrm{d}y$ 的关系知

$$\oint_C P\mathrm{d}x = -\iint_\Sigma \left[\frac{\partial P}{\partial y} + \frac{\partial P}{\partial z}\frac{\partial z}{\partial y}\right]\cos\gamma\mathrm{d}S$$

$$= -\iint_\Sigma \left[\frac{\partial P}{\partial y}\cos\gamma - \frac{\partial P}{\partial z}\cos\beta\right]\mathrm{d}S$$

$$= \iint_\Sigma \left[\frac{\partial P}{\partial z}\cos\beta - \frac{\partial P}{\partial y}\cos\gamma\right]\mathrm{d}S = \iint_\Sigma \frac{\partial P}{\partial z}\mathrm{d}z\mathrm{d}x - \frac{\partial P}{\partial y}\mathrm{d}x\mathrm{d}y;$$

同理可证

$$\oint_C Q\mathrm{d}y = \iint_\Sigma \left[\frac{\partial Q}{\partial x}\cos\gamma - \frac{\partial Q}{\partial z}\cos\alpha \right] \mathrm{d}S = \iint_\Sigma \frac{\partial Q}{\partial x}\mathrm{d}x\mathrm{d}y - \frac{\partial Q}{\partial z}\mathrm{d}y\mathrm{d}z;$$

$$\oint_C R\mathrm{d}z = \iint_\Sigma \left[\frac{\partial R}{\partial y}\cos\alpha - \frac{\partial R}{\partial x}\cos\beta \right] \mathrm{d}S = \iint_\Sigma \frac{\partial R}{\partial y}\mathrm{d}y\mathrm{d}z - \frac{\partial R}{\partial x}\mathrm{d}z\mathrm{d}x,$$

三式相加, 即得斯托克斯公式 (6.7).

如果曲面 Σ 与平行于三个坐标轴的直线交点多于一点, 那么可将曲面 Σ 分成有限多个小曲面块, 使得每一小块曲面都满足上述定理要求, 根据曲面积分与曲线积分的性质, 不难证明此时斯托克斯公式仍然成立.

为便于记忆, 可将斯托克斯公式表示成如下形式

$$\oint_C P\mathrm{d}x + Q\mathrm{d}y + R\mathrm{d}z = \iint_\Sigma \begin{vmatrix} \cos\alpha & \cos\beta & \cos\gamma \\ \dfrac{\partial}{\partial x} & \dfrac{\partial}{\partial y} & \dfrac{\partial}{\partial z} \\ P & Q & R \end{vmatrix} \mathrm{d}S$$

$$= \iint_\Sigma \begin{vmatrix} \mathrm{d}y\mathrm{d}z & \mathrm{d}z\mathrm{d}x & \mathrm{d}x\mathrm{d}y \\ \dfrac{\partial}{\partial x} & \dfrac{\partial}{\partial y} & \dfrac{\partial}{\partial z} \\ P & Q & R \end{vmatrix}.$$

例 6.4 计算 $\oint_C (y-z)\mathrm{d}x + (z-x)\mathrm{d}y + (x-y)\mathrm{d}z$, C 为柱面 $x^2 + y^2 = a^2$ 和 $\dfrac{x}{a} + \dfrac{z}{h} = 1(a>0,\ h>0)$ 的交线, 即 C 是一椭圆边界, 从 Ox 轴正向看去, 椭圆按逆时针方向, 如图 9–40 所示.

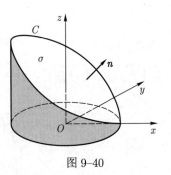

图 9–40

解 把平面 $\dfrac{x}{a} + \dfrac{z}{h} = 1$ 上 C 所包围的区域记为 σ (也表示该区域的面积), 则 σ 的法线方向为 $(h, 0, a)$ (平面方程 $\dfrac{x}{a} + \dfrac{z}{h} = 1$, 可写为 $hx + az = ah$), 将上述积分按照斯托克斯公式化为 σ 上的积分, 则有

$$\oint_C (y-z)\mathrm{d}x + (z-x)\mathrm{d}y + (x-y)\mathrm{d}z = -2\iint_\sigma \mathrm{d}y\mathrm{d}z + \mathrm{d}z\mathrm{d}x + \mathrm{d}x\mathrm{d}y.$$

曲线方向和积分区域的法线方向服从右手法则, 所以积分沿上侧进行, 而 $\displaystyle\iint_\sigma \mathrm{d}y\mathrm{d}z + \mathrm{d}z\mathrm{d}x +$

$\mathrm{d}x\mathrm{d}y$ 就是 σ 在三坐标面上的投影的面积之和 $(\sigma=\pi a\sqrt{a^2+h^2})$, 所以

$$\iint\limits_{\sigma}\mathrm{d}y\mathrm{d}z+\mathrm{d}z\mathrm{d}x+\mathrm{d}x\mathrm{d}y \;=\; \sigma(\cos\alpha+\cos\beta+\cos\gamma)$$

$$=\; \sigma\left[\frac{h}{\sqrt{a^2+h^2}}+\frac{a}{\sqrt{a^2+h^2}}\right]=\pi a^2+\pi ah,$$

于是 $\oint\limits_{C}(y-z)\mathrm{d}x+(z-x)\mathrm{d}y+(x-y)\mathrm{d}z=-2\pi a(a+h).$

例 6.5   计算 $\oint\limits_{C}y^2\mathrm{d}x+z^2\mathrm{d}y+x^2\mathrm{d}z$, C 为球面 $x^2+y^2+z^2=a^2$ 与柱面 $x^2+y^2=ax$ $(z\geqslant 0, a>0)$ 的交线, 从 x 轴正向看去, 曲线按逆时针方向.

解   由斯托克斯公式, 有

$$I=\oint\limits_{C}y^2\mathrm{d}x+z^2\mathrm{d}y+x^2\mathrm{d}z$$

$$=\iint\limits_{\Sigma}\begin{vmatrix} \cos\alpha & \cos\beta & \cos\gamma \\ \dfrac{\partial}{\partial x} & \dfrac{\partial}{\partial y} & \dfrac{\partial}{\partial z} \\ y^2 & z^2 & x^2 \end{vmatrix}\mathrm{d}S$$

$$=\; -2\iint\limits_{\Sigma}(z\cos\alpha+x\cos\beta+y\cos\gamma)\mathrm{d}S,$$

曲面的方程为 $z=\sqrt{a^2-x^2-y^2}$, 所以有 $\cos\alpha=\dfrac{x}{a}$, $\cos\beta=\dfrac{y}{a}$, $\cos\gamma=\dfrac{z}{a}$, $\mathrm{d}S=\sqrt{1+(z_x)^2+(z_y)^2}\mathrm{d}x\mathrm{d}y=\dfrac{a}{z}\mathrm{d}x\mathrm{d}y$, 于是

$$I=-2\iint\limits_{D}\left(z\cdot\frac{x}{a}+x\cdot\frac{y}{a}+y\cdot\frac{z}{a}\right)\cdot\frac{a}{z}\mathrm{d}x\mathrm{d}y$$

$$=-2\iint\limits_{D}\left(x+y+\frac{xy}{z}\right)\mathrm{d}x\mathrm{d}y$$

$$=-2\iint\limits_{D}\left(x+y+\frac{xy}{\sqrt{a^2-x^2-y^2}}\right)\mathrm{d}x\mathrm{d}y$$

$$=-2\int_{-\frac{\pi}{2}}^{\frac{\pi}{2}}\mathrm{d}\theta\int_{0}^{a\cos\theta}\left(\varphi\cos\theta+\varphi\sin\theta+\frac{\varphi^2\sin\theta\cos\theta}{\sqrt{a^2-\varphi^2}}\right)\varphi\mathrm{d}\varphi$$

$$=-\frac{\pi a^3}{4}.$$

*四、 空间曲线积分与路径无关的条件

在学习第二型曲线积分时, 利用格林公式得到了平面第二型曲线积分与路径无关的条件, 自然联想到对于空间曲线积分是否有类似的问题? 即在什么条件下空间曲线积分

$$\int_C P\mathrm{d}x + Q\mathrm{d}y + R\mathrm{d}z.$$

可以与积分路径无关? 或者说在什么条件下, 沿空间任意闭曲线的曲线积分为零?

利用斯托克斯公式, 可以得到如下结论.

定理 6.4　设 Ω 是空间一维单连通区域, 函数 $P(x,y,z)$, $Q(x,y,z)$, $R(x,y,z)$ 在 Ω 内具有一阶连续的偏导数, 则空间曲线积分

$$\int_C P\mathrm{d}x + Q\mathrm{d}y + R\mathrm{d}z$$

与路径无关 (或沿空间任意闭曲线的曲线积分为零) 的充分必要条件为

$$\frac{\partial R}{\partial y} = \frac{\partial Q}{\partial z}, \frac{\partial P}{\partial z} = \frac{\partial R}{\partial x}, \frac{\partial Q}{\partial x} = \frac{\partial P}{\partial y}$$

在 Ω 内恒成立.

证明从略.

习题 9–6

(A)

1. 利用高斯公式计算下列曲面积分.

(1) $\iint\limits_{\Sigma} xz^2\mathrm{d}y\mathrm{d}z + (x^2y - z^3)\mathrm{d}z\mathrm{d}x + (2xy + y^2z)\mathrm{d}x\mathrm{d}y$, 其中 Σ 是由 $z = \sqrt{a^2 - x^2 - y^2}$ 和 $z = 0$ 所围成的半球区域的外侧;

(2) $\iint\limits_{\Sigma} x\mathrm{d}y\mathrm{d}z + y\mathrm{d}z\mathrm{d}x + z\mathrm{d}x\mathrm{d}y$, 其中 Σ 为半球面 $z = \sqrt{R^2 - x^2 - y^2}$ 的下侧;

(3) $\iint\limits_{\Sigma} (y^2 - x)\mathrm{d}y\mathrm{d}z + (z^2 - y)\mathrm{d}z\mathrm{d}x + (x^2 - z)\mathrm{d}x\mathrm{d}y$, 其中 Σ 是曲面 $z = 2 - x^2 - y^2$　$(1 \leqslant z \leqslant 2)$ 的上侧;

(4) $\oiint\limits_{\Sigma} (x^3 - yz)\mathrm{d}y\mathrm{d}z - 2x^2y\mathrm{d}z\mathrm{d}x + z\mathrm{d}x\mathrm{d}y$, 其中 Σ 为 (i) $x = a, y = a, z = a(a > 0)$ 及三个坐标平面围成的立体外侧; (ii) $x^2 + y^2 = R^2, 0 \leqslant z \leqslant 1$ 外侧;

(5) $\iint\limits_{\Sigma} (x^2 - yz)\mathrm{d}y\mathrm{d}z + (y^2 - zx)\mathrm{d}z\mathrm{d}x + 2z\mathrm{d}x\mathrm{d}y$, 其中 Σ 为 $z = 1 - \sqrt{x^2 + y^2}$ 位于 $z \geqslant 0$ 的上侧;

(6) $\iint\limits_{\Sigma} x^2\mathrm{d}y\mathrm{d}z + y^2\mathrm{d}z\mathrm{d}x + z^2\mathrm{d}x\mathrm{d}y$, 其中 Σ 是立方体 $0 < x < a, 0 < y < a, 0 < z < a$ 的边界的外侧;

(7) $\iint\limits_{\Sigma} x^2 \mathrm{d}y\mathrm{d}z + y^2 \mathrm{d}z\mathrm{d}x$, 其中 Σ 是球面 $(x-a)^2 + (y-b)^2 + (z-c)^2 = R^2$ 的外侧;

(8) $\iint\limits_{\Sigma} (-y)\mathrm{d}z\mathrm{d}x + (z+1)\mathrm{d}x\mathrm{d}y$, 其中 Σ 是圆柱面 $x^2 + y^2 = 4$ 被平面 $x + z = 2$ 和 $z = 0$ 所截出的部分的外侧.

2. 应用斯托克斯公式计算下列曲线积分.

(1) $\int_C x^2 y^3 \mathrm{d}x + \mathrm{d}y + \mathrm{d}z$, 其中 C 为圆周 $x^2 + y^2 = a^2$, $z = 0$, 方向为逆时针方向;

(2) $\int_C 3y\mathrm{d}x - xz\mathrm{d}y + yz^2\mathrm{d}z$, 其中 C 为曲线 $x^2 + y^2 = 2z, z = 2$, 从 z 轴正向看去, 取逆时针方向;

(3) $\int_C y^2 \mathrm{d}x + z^2 \mathrm{d}y + x^2 \mathrm{d}z$, 其中 C 为球面 $x^2 + y^2 + z^2 = a^2$ 与柱面 $x^2 + y^2 = ax(a > 0)$ 位于 xOy 面上方的交线, 从 x 轴正向看去, 取逆时针方向;

(4) $\int_C (y^2 + z^2)\mathrm{d}x + (z^2 + x^2)\mathrm{d}y + (x^2 + y^2)\mathrm{d}z$, 其中 C 为曲线 $x^2 + y^2 + z^2 = 2Rx, x^2 + y^2 = 2rx(0 < r < R, z > 0)$, 它的方向与 z 轴构成右手螺旋系;

(5) 计算积分 $\int_{\widehat{AmB}} (x^2 - yz)\mathrm{d}x + (y^2 - xz)\mathrm{d}y + (z^2 - xy)\mathrm{d}z$, 其 $\widehat{AmB}$ 是螺线 $x = a\cos\varphi, y = a\sin\varphi$, $z = \dfrac{h}{2\pi}\varphi$ 上从点 $A(a, 0, 0)$ 到 $B(a, 0, h)$ 那一段;

(6) $\int_C y\mathrm{d}x + z\mathrm{d}y + x\mathrm{d}z$, 其中 C 为球面 $x^2 + y^2 + z^2 = a^2$ 与平面 $x + y + z = 0$ 的交线, 从 x 轴正向看去, 取逆时针方向.

3. 计算曲面积分 $\iint\limits_{\Sigma} 4xz\mathrm{d}y\mathrm{d}z - 2yz\mathrm{d}z\mathrm{d}x + (1-z^2)\mathrm{d}x\mathrm{d}y$, 其中 Σ 为 yOz 平面上的曲线 $z = \mathrm{e}^y(0 \leqslant y \leqslant a)$ 绕 z 轴旋转而成的曲面下侧.

(B)

*4. 计算高斯积分 $I(x, y, z) = \iint\limits_{\Sigma} \dfrac{\cos(\widehat{\boldsymbol{r}, \boldsymbol{n}})}{r^2}\mathrm{d}S$, 其中 Σ 为一光滑的闭曲面, $\boldsymbol{n}$ 为 Σ 上在点 (ξ, η, ζ) 处的外法线, $\boldsymbol{r}$ 为连接点 (x, y, z) 和点 (ξ, η, ζ) 的矢径, 考虑下列两种情况:

(1) Σ 不包围点 (x, y, z);　　　　(2) Σ 包围点 (x, y, z).

第七节 场 论 初 步

"人类生存的特质世界中充满了各种数的规律和量的关系, 如果没有这些数的规律或量的关系, 这个世界只能是一个混乱的世界". 在物理学中常称这些数的规律或关系为场. 物理学中有各种不同的场, 按性质可分为两大类, 即数量场和向量场. 若对于空间区域 G 中每一点 $P(x, y, z)$, 按某种规律都有一个数量函数 $U(x, y, z)$ 与之对应, 则称在区域 G 上定义了一个数量场. 若 G 中每一点 $P(x, y, z)$ 都对应一个向量函数 $\overrightarrow{A}(x, y, z)$, 则称在 G 上定义了一个向量场. 如空间某一区域内大气的温度分布, 流体密度的分布等都形成数量场. 流体流动的速度在给定时刻的分布形成了一个速度向量场, 引力的分布, 电场强度的分布等也都形成向量场. 场具有鲜明的物理意义, 本节利用数学工具来讨论数量场或向量场的一些基本性质.

一、梯度

定义 7.1 设在三维空间区域 G 上定义了一个数量函数 $f(x,y,z)$, 则 $f(x,y,z)$ 构成了一个数量场, 点 $P(x,y,z) \in G$. 若函数 $f(x,y,z)$ 在 G 上对每个变元存在偏导数, 则称向量

$$\left(\frac{\partial f}{\partial x}, \frac{\partial f}{\partial y}, \frac{\partial f}{\partial z}\right) = \frac{\partial f}{\partial x}\boldsymbol{i} + \frac{\partial f}{\partial y}\boldsymbol{j} + \frac{\partial f}{\partial z}\boldsymbol{k} \tag{7.1}$$

为函数 $f(x,y,z)$ 在点 $P(x,y,z)$ 的梯度, 记为 $\mathbf{grad}\, f(P) = \left(\frac{\partial f}{\partial x}, \frac{\partial f}{\partial y}, \frac{\partial f}{\partial z}\right)\Big|_P$ (有时也记为 $\nabla f(P) = \mathbf{grad}\, f(P)$).

梯度性质

(1) 如果 l 是过点 P 的射线, 设 l 的方向余弦为 $\cos\alpha, \cos\beta, \cos\gamma$, 那么函数 $f(x,y,z)$ 在点 P 沿射线 l 的方向导数 $\frac{\partial f}{\partial l}$ 为

$$\frac{\partial f}{\partial l} = \frac{\partial f}{\partial x}\cos\alpha + \frac{\partial f}{\partial y}\cos\beta + \frac{\partial f}{\partial z}\cos\gamma.$$

已知向量 $\boldsymbol{e} = (\cos\alpha, \cos\beta, \cos\gamma)$ 是射线 l 的单位向量, 由向量内积公式有

$$\frac{\partial f}{\partial l} = \left(\frac{\partial f}{\partial x}, \frac{\partial f}{\partial y}, \frac{\partial f}{\partial z}\right)(\cos\alpha, \cos\beta, \cos\gamma) = \mathbf{grad}\, f(P) \cdot \boldsymbol{e}$$

$$= |\mathbf{grad}\, f(P)||\boldsymbol{e}|\cos\theta = |\mathbf{grad}\, f(P)|\cos\theta, \tag{7.2}$$

其中 θ 为点 P 处向量 $\mathbf{grad}\, f(P)$ 与向量 $\boldsymbol{e}$ 之间的夹角.

(2) 设函数 $f(x,y,z)$ 在 G 中存在连续偏导数, G 中的曲面 $f(x,y,z) \equiv C$ (常数) 称为**等值面**. 如气象学中的等温面、等压面等都是等值面. 若取函数 $f(x,y,z) = x^2 + y^2 + z^2$, 则等值面 $x^2 + y^2 + z^2 \equiv C(C \geqslant 0)$ 是以原点为中心的一族同心球面. 过每一点只有一个等值面, 并且等值面彼此不相交. 等值面在点 $P_0(x_0, y_0, z_0)$ 的法线方程为

$$\frac{x - x_0}{\dfrac{\partial f(P_0)}{\partial x}} = \frac{y - y_0}{\dfrac{\partial f(P_0)}{\partial y}} = \frac{z - z_0}{\dfrac{\partial f(P_0)}{\partial z}}.$$

等值面的法线方向向量就是梯度

$$\mathbf{grad}\, f(P_0) = \left(\frac{\partial f}{\partial x}, \frac{\partial f}{\partial y}, \frac{\partial f}{\partial z}\right)\Big|_{P = P_0}.$$

上式表明数量场 $f(x,y,z)$ 在点 P 的梯度方向就是过点 P 的等值面的法线方向. 由数值较小的等值面指向数值较大的等值面.

(3) 运算法则

(i) **grad** $C = \mathbf{0}$ (C 为常数);

(ii) **grad** $(U \pm V) = $ **grad** $U \pm $ **grad** V;

(iii) **grad** $(UV) = U$ **grad** $V + V$ **grad** U, **grad** $CU = C$ **grad** U (C 为常数).

二、散度

设有个流体速度场 $\boldsymbol{v}(M)$, 速度场内有一块有向曲面 $\varSigma$, 由本章第五节讨论知, 单位时间内, 流体速度场 $\boldsymbol{v}(M)$ 通过曲面 $\varSigma$ 的流量 $\mu = \iint\limits_{\varSigma} \boldsymbol{v}(M) \cdot \boldsymbol{n} \mathrm{d}\sigma$, 其中 $\boldsymbol{n}$ 是曲面 $\varSigma$ 的在点 (x, y, z) 处的单位法向量, $\mu = \iint\limits_{\varSigma} \boldsymbol{v}(M) \cdot \boldsymbol{n} \mathrm{d}\sigma$ 表示在单位时间内通过闭曲面 $\varSigma$ 的流量. 因通过曲面 $\varSigma$ 的流量 μ 是流出量与流入量之差, 有如下几种情况:

(1) $\mu > 0$, 即流出量大于流入量, 此时称 $\varSigma$ 内有 "**源**";

(2) $\mu < 0$, 即流出量小于流入量, 此时称 $\varSigma$ 内有 "**洞**";

(3) $\mu = 0$, 即流出量等于流入量, 此时 $\varSigma$ 内可能既无 "源" 也无 "洞", 也可能既有 "源" 又有 "洞", 而 "源" 和 "洞" 的流量相互抵消.

为了讨论流体速度场 $\boldsymbol{v}(M)$ 在曲面 $\varSigma$ 内某一点 M_0 的流量, 在 M_0 附近任意选取包围着 M_0 的闭曲面 σ (当然 σ 包含在 $\varSigma$ 内), 设 σ 所围成的区域 ΔG 的体积为 $\Delta \tau$, 则

$$\frac{1}{\Delta \tau} \iint\limits_{\sigma} \boldsymbol{v} \cdot \boldsymbol{n} \mathrm{d}S = \frac{1}{\Delta \tau} \iint\limits_{\sigma} (P \cos \alpha + Q \cos \beta + R \cos \gamma) \mathrm{d}S \tag{7.3}$$

为单位时间内从 ΔG 的单位体积内散发出的流量, 令闭曲面 $\varSigma$ 缩向定点 M_0, 则极限

$$\lim_{\Delta \tau \to 0} \frac{1}{\Delta \tau} \iint\limits_{\sigma} \boldsymbol{v} \cdot \boldsymbol{n} \mathrm{d}S = \lim_{\Delta \tau \to 0} \frac{1}{\Delta \tau} \iint\limits_{\sigma} (P \cos \alpha + Q \cos \beta + R \cos \gamma) \mathrm{d}S \tag{7.4}$$

表示从 M_0 附近向外散发流量之能力的大小, 称此极限值为速度场 $\boldsymbol{v}(M) = (P, Q, R)$ 的散度, 记为 $\mathrm{div}\, \boldsymbol{v}$. 若在 M_0 处 $\mathrm{div}\, \boldsymbol{v} > 0$, 则表示流体是离开 M_0 向周围扩散; 若 $\mathrm{div}\, \boldsymbol{v} < 0$, 则表示流体是从 M_0 的周围向 M_0 汇集.

下面推广一般向量场的散度概念.

对一般的向量场 $\boldsymbol{F} = (P(x, y, z), Q(x, y, z), R(x, y, z))$ 和定点 M_0, 定义

$$\lim_{\Delta \tau \to 0} \frac{1}{\Delta \tau} \iint\limits_{\sigma} \boldsymbol{F} \cdot \boldsymbol{n} \mathrm{d}S$$
$$= \lim_{\Delta \tau \to 0} \frac{1}{\Delta \tau} \iint\limits_{\sigma} (P \cos \alpha + Q \cos \beta + R \cos \gamma) \mathrm{d}S, \tag{7.5}$$

称为向量场 $\boldsymbol{F}$ 在点 M_0 的 **散度**, 记为 $\mathrm{div}\boldsymbol{F}$. 这里 σ 和 $\Delta \tau$ 的含义如前述.

向量场的散度表征场在 M_0 附近的变化情况可以想象为从 M_0 附近的单位体积向外散发 (或向内汇集) 的 "向量线数目", 因此常将使 $\mathrm{div}\boldsymbol{F} > 0$ 的点叫作 "**源**", 使 $\mathrm{div}\boldsymbol{F} < 0$ 的点叫作 "**汇**".

假定 P, Q, R 都具有一阶连续偏导数, 则由高斯公式可将 (7.5) 改写为

$$\operatorname{div}\boldsymbol{F} = \lim_{\Delta\tau\to 0}\frac{1}{\Delta\tau}\iiint\limits_{\Delta G}\left(\frac{\partial P}{\partial x}+\frac{\partial Q}{\partial y}+\frac{\partial R}{\partial z}\right)\mathrm{d}x\mathrm{d}y\mathrm{d}z. \tag{7.6}$$

由三重积分中值定理, 在 ΔG 内存在一点 (ξ,ζ,η) 使得

$$\iiint\limits_{\Delta G}\left(\frac{\partial P}{\partial x}+\frac{\partial Q}{\partial y}+\frac{\partial R}{\partial z}\right)\mathrm{d}x\mathrm{d}y\mathrm{d}z = \left(\frac{\partial P}{\partial x}+\frac{\partial Q}{\partial y}+\frac{\partial R}{\partial z}\right)\bigg|_{(\xi,\zeta,\eta)}\cdot\Delta\tau.$$

故当 ΔG 缩向一点时, (7.6) 右端存在极限, 且

$$\operatorname{div}\boldsymbol{F} = \frac{\partial P}{\partial x}+\frac{\partial Q}{\partial y}+\frac{\partial R}{\partial z}. \tag{7.7}$$

上式即为散度的微分形式. 利用散度的微分形式, 高斯公式又可以写成

$$\oiint\limits_{\Sigma}\boldsymbol{F}\cdot\boldsymbol{n}\mathrm{d}S = \iiint\limits_{\Delta G}\operatorname{div}\boldsymbol{F}\,\mathrm{d}x\mathrm{d}y\mathrm{d}z. \tag{7.8}$$

利用散度概念, 本章定理 6.2 可以表述成空间二维单连通区域 Ω 上的第二型曲面积分

$$\iint\limits_{\Sigma}P\mathrm{d}y\mathrm{d}z + Q\mathrm{d}z\mathrm{d}x + R\mathrm{d}x\mathrm{d}y = \iint\limits_{\Sigma}(P\cos\alpha+Q\cos\beta+R\cos\gamma)\mathrm{d}S,$$

在 Ω 内与所取曲面 Σ 无关 (沿任意闭曲面的积分为零) 而只取决于曲面 Σ 的边界曲线的充分必要条件为 $\operatorname{div}\boldsymbol{F}=0$ 在 Ω 内恒成立.

易证散度具有如下性质:

(1) $\operatorname{div}(\boldsymbol{A}\pm\boldsymbol{B}) = \operatorname{div}\boldsymbol{A}\pm\operatorname{div}\boldsymbol{B}$;

(2) $\operatorname{div}(\varphi\boldsymbol{A}) = \varphi\operatorname{div}\boldsymbol{A}+\boldsymbol{A}\cdot\mathbf{grad}\,\varphi$, 其中 φ 为数量函数.

例 7.1 设在坐标原点有点电荷 q, 它在周围形成电场, 在场中任意点 $M(x,y,z)$ 的电场强度 (向量) 是 $\boldsymbol{E}=\dfrac{q}{r^2}\boldsymbol{r}_0$, 其中 r 是点 M 到原点的距离 $r=\sqrt{x^2+y^2+z^2}$, $\boldsymbol{r}_0$ 是有向线段 $\overrightarrow{OM}$ 上的单位向量, $\boldsymbol{r}_0=\dfrac{\boldsymbol{r}}{|\boldsymbol{r}|}=\dfrac{1}{r}(x\boldsymbol{i}+y\boldsymbol{j}+z\boldsymbol{k})$, 求

(1) 场强 $\boldsymbol{E}$ 在点 M 的散度;

(2) 通过以原点为心, R 为半径的球面的流量 (电通量).

解 (1) 设 $\boldsymbol{E}=(P,Q,R)$, 则 $P=q\dfrac{x}{r^3}, Q=q\dfrac{y}{r^3}, R=q\dfrac{z}{r^3}$. 已知

$$\frac{\partial r}{\partial x}=\frac{x}{r},\quad \frac{\partial r}{\partial y}=\frac{y}{r},\quad \frac{\partial r}{\partial z}=\frac{z}{r},$$

于是

$$\frac{\partial P}{\partial x}=q\frac{r^2-3x^2}{r^5},\quad \frac{\partial Q}{\partial y}=q\frac{r^2-3y^2}{r^5},\quad \frac{\partial R}{\partial z}=q\frac{r^2-3z^2}{r^5},$$

$$\operatorname{div}\boldsymbol{E}(M) = \frac{\partial P}{\partial x}+\frac{\partial Q}{\partial y}+\frac{\partial R}{\partial z} = 0.$$

上式表明除原点外, 场中任意点的散度恒为 0.

(2) 作以原点为中心, 半径为 R 的球面 Σ, 通过 Σ 的电通量 P_e 是 $P_e = \oiint\limits_{\Sigma} \boldsymbol{E} \cdot \boldsymbol{n} \mathrm{d}\sigma$. 因为 $\boldsymbol{E}$ 的方向 (从原点出发的射线方向) 与 $\boldsymbol{n}$ (球面外法线单位向量) 的方向一致, 即夹角为 0, 所以由向量的内积公式

$$P_e = \oiint\limits_{\Sigma} \boldsymbol{E} \cdot \boldsymbol{n} \mathrm{d}\sigma = \oiint\limits_{\Sigma} |\boldsymbol{E}| \cos 0 \mathrm{d}\sigma = \oiint\limits_{\Sigma} E \mathrm{d}\sigma.$$

在球面 Σ 上, $r = R$, 有

$$E = |\boldsymbol{E}| = \left| \frac{q}{r^2} \boldsymbol{r}_0 \right| = \frac{q}{r^2} = \frac{q}{R^2}.$$

于是

$$P_e = \oiint\limits_{\Sigma} E \mathrm{d}\sigma = \oiint\limits_{\Sigma} \frac{q}{R^2} \mathrm{d}\sigma = \frac{q}{R^2} \oiint\limits_{\Sigma} \mathrm{d}\sigma = 4\pi q.$$

三、旋度

设已知一向量场 $\boldsymbol{A} = (a_x, a_y, a_z)$, 并设在这场中任取一曲线 L, 则沿此曲线 L 的曲线积分

$$\int_L a_x \mathrm{d}x + a_y \mathrm{d}y + a_z \mathrm{d}z = \int_L A_\tau \mathrm{d}l,$$

称为向量 $\boldsymbol{A}$ 沿曲线 L 的线积分, 其中 A_τ 表示向量 $\boldsymbol{A}$ 在曲线 L 的单位切向量 $\boldsymbol{\tau}$ 上的射影, $\boldsymbol{\tau} = (\cos\lambda, \cos\mu, \cos\nu)$, $A_\tau = \boldsymbol{A} \cdot \boldsymbol{\tau} = a_x \cos\lambda + a_y \cos\mu + a_z \cos\nu$, $\mathrm{d}l$ 表示曲线 L 的弧长微分.

当 L 为闭曲线时, 则积分 $\int_L A_\tau \mathrm{d}l$ 称为向量 $\boldsymbol{A}$ 沿闭曲线 L 的环流量.

通常还引用记号

$$\mathrm{d}\boldsymbol{l} = \boldsymbol{\tau}_0 \mathrm{d}l,$$

称为**有向曲线元**, 其中 $\boldsymbol{\tau}_0$ 为单位切向量. 于是上述环流量的积分又可以写成以下的向量形式

$$\int_L \boldsymbol{A} \cdot \mathrm{d}\boldsymbol{l}.$$

设闭曲线 L 为某一曲面 S 的边界, 则由斯托克斯公式, 向量 $\boldsymbol{A}$ 沿闭曲线 L 的环流量可表为曲面积分

$$\int_L A_\tau \mathrm{d}l = \iint\limits_S \left(\left(\frac{\partial a_z}{\partial y} - \frac{\partial a_y}{\partial z} \right) \cos\alpha + \left(\frac{\partial a_x}{\partial z} - \frac{\partial a_z}{\partial x} \right) \cos\beta + \left(\frac{\partial a_y}{\partial x} - \frac{\partial a_x}{\partial y} \right) \cos\gamma \right) \mathrm{d}S. \tag{7.9}$$

称向量 $\left(\dfrac{\partial a_z}{\partial y} - \dfrac{\partial a_y}{\partial z}, \dfrac{\partial a_x}{\partial z} - \dfrac{\partial a_z}{\partial x}, \dfrac{\partial a_y}{\partial x} - \dfrac{\partial a_x}{\partial y} \right)$ 为向量 $\boldsymbol{A}$ 的**旋度**, 记为 $\mathbf{rot}\boldsymbol{A}$, 即

$$\mathbf{rot}\boldsymbol{A}=\begin{vmatrix} \boldsymbol{i} & \boldsymbol{j} & \boldsymbol{k} \\ \dfrac{\partial}{\partial x} & \dfrac{\partial}{\partial y} & \dfrac{\partial}{\partial z} \\ a_x & a_y & a_z \end{vmatrix}. \tag{7.10}$$

利用 $\mathbf{rot}\boldsymbol{A}$ 的定义, 斯托克斯公式可写为向量形式如下:

$$\int_L \boldsymbol{A}\cdot\mathrm{d}\boldsymbol{l}=\iint_S (\,\mathbf{rot}\boldsymbol{A})\cdot\boldsymbol{n}\mathrm{d}S.$$

这个公式指出: 向量 $\boldsymbol{A}$ 沿闭曲线 L 的环流量等于它的涡旋量 $\mathbf{rot}\boldsymbol{A}$ 通过以 L 为边界所张的任意曲面 S 的流量.

利用旋度概念, 本章定理 6.4 可以表述成空间一维单连通区域 Ω 内空间曲线积分

$$\int_C P\mathrm{d}x+Q\mathrm{d}y+R\mathrm{d}z,$$

与路径无关 (或沿空间任意闭曲线的曲线积分为零) 的充分必要条件为 $\mathbf{rot}\boldsymbol{A}=0$ 在 Ω 内恒成立.

与散度一样, 旋度是与坐标的选择无关的, 为了说明这个事实, 来给出另一形式的定义: 过一已知点 M 选定一个方向 $\boldsymbol{n}$ 及以 $\boldsymbol{n}$ 为法线的一块小平面区域 σ, 且设 l 为 σ 的边界, 于是根据向量形式的斯托克斯公式, 得

$$\int_l A_\tau\mathrm{d}l=\iint_\sigma \mathbf{rot}_n\boldsymbol{A}\mathrm{d}\sigma.$$

这里 A_τ 表示向量 $\boldsymbol{A}$ 在曲线 l 的切线方向上的射影. 在上面等式的两端同除以小块平面面积 σ, 并令这小块区域 σ 收缩到定点 M, 亦即令 σ 趋于零. 应用二重积分中值定理, 右端的极限恰等于 $\mathbf{rot}_n\boldsymbol{A}|_M$, 即

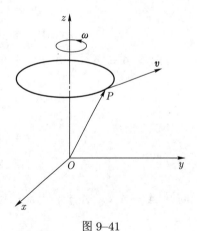

$$\mathbf{rot}_n\boldsymbol{A}|_M=\lim_{\sigma\to M}\frac{\displaystyle\int_l \alpha_l\mathrm{d}l}{\sigma}.$$

这公式给出向量 $\mathbf{rot}\,\boldsymbol{A}$ 在任意方向 $\boldsymbol{n}$ 上的射影的定义, 而且很明显, 它是与坐标选择无关的.

例 7.2　设液体以等角速度 $\boldsymbol{\omega}=\omega_x\boldsymbol{i}+\omega_y\boldsymbol{j}+\omega_z\boldsymbol{k}$ 绕 L 轴旋转, 旋转时液体不扩散, 求液体质点的切线速度 $\boldsymbol{v}$ 的旋度.

图 9–41

解　取 L 轴为 z 轴, 如图 9–41 所示. 点 P 的向径 $\overrightarrow{OP}$ 表为

$$\overrightarrow{OP}=x\boldsymbol{i}+y\boldsymbol{j}+z\boldsymbol{k},$$

已知切线速度

$$\boldsymbol{v}=\boldsymbol{\omega}\times\overrightarrow{OP}=\begin{vmatrix} \boldsymbol{i} & \boldsymbol{j} & \boldsymbol{k} \\ \omega_x & \omega_y & \omega_z \\ x & y & z \end{vmatrix}=(\omega_y z-\omega_z y)\boldsymbol{i}+(\omega_z x-\omega_x z)\boldsymbol{j}+(\omega_x y-\omega_y x)\boldsymbol{k}.$$

由公式 (7.10), 有

$$\mathbf{rot}\boldsymbol{v} = \begin{vmatrix} \boldsymbol{i} & \boldsymbol{j} & \boldsymbol{k} \\ \dfrac{\partial}{\partial x} & \dfrac{\partial}{\partial y} & \dfrac{\partial}{\partial z} \\ \omega_y z - \omega_z y & \omega_z x - \omega_x z & \omega_x y - \omega_y x \end{vmatrix} = 2(\omega_x \boldsymbol{i} + \omega_y \boldsymbol{j} + \omega_z \boldsymbol{k}) = 2\boldsymbol{\omega}.$$

即速度场的旋度等于角速度的 2 倍. 当角速度大时, 旋度也大, 表明液体旋转快. 当角速度为 **0** 时, 旋度也等于 **0**, 表明液体不旋转.

不难证明旋度具有下列性质:

(1) $\mathbf{rot}(\boldsymbol{A}+\boldsymbol{B}) = \mathbf{rot}\boldsymbol{A} + \mathbf{rot}\boldsymbol{B}$;

(2) $\mathbf{rot}(\varphi\boldsymbol{A}) = \varphi\mathbf{rot}\boldsymbol{A} + \mathbf{grad}\,\varphi \times \boldsymbol{A}$ (φ 是数量场);

(3) $\mathrm{div}(\mathbf{rot}\boldsymbol{A}) = 0$;

(4) $\mathrm{div}(\boldsymbol{A} \times \boldsymbol{B}) = \boldsymbol{B} \cdot \mathbf{rot}\boldsymbol{A} - \boldsymbol{A} \cdot \mathbf{rot}\boldsymbol{B}$.

*四、微分算子

在直角坐标系中, 引入向量微分算子

$$\nabla = \frac{\partial}{\partial x}\boldsymbol{i} + \frac{\partial}{\partial y}\boldsymbol{j} + \frac{\partial}{\partial z}\boldsymbol{k}.$$

符号 "∇" 读作 "纳布拉". 有了 ∇ 可将梯度、散度、旋度表示为非常简便的形式.

函数 $f(x, y, z)$ 的梯度

$$\mathbf{grad}\,f = \frac{\partial f}{\partial x}\boldsymbol{i} + \frac{\partial f}{\partial y}\boldsymbol{j} + \frac{\partial f}{\partial z}\boldsymbol{k} = \left(\frac{\partial}{\partial x}\boldsymbol{i} + \frac{\partial}{\partial y}\boldsymbol{j} + \frac{\partial}{\partial z}\boldsymbol{k}\right)f = \nabla f.$$

向量 $\boldsymbol{A} = A_x \boldsymbol{i} + A_y \boldsymbol{j} + A_z \boldsymbol{k}$ 的散度

$$\begin{aligned} \mathrm{div}\boldsymbol{A} &= \frac{\partial A_x}{\partial x} + \frac{\partial A_y}{\partial y} + \frac{\partial A_z}{\partial z} \\ &= \left(\frac{\partial}{\partial x}\boldsymbol{i} + \frac{\partial}{\partial y}\boldsymbol{j} + \frac{\partial}{\partial z}\boldsymbol{k}\right) \cdot (A_x \boldsymbol{i} + A_y \boldsymbol{j} + A_z \boldsymbol{k}) \\ &= \nabla \cdot \boldsymbol{A}. \end{aligned}$$

向量 $\boldsymbol{A} = A_x \boldsymbol{i} + A_y \boldsymbol{j} + A_z \boldsymbol{k}$ 的旋度

$$\begin{aligned} \mathbf{rot}\boldsymbol{A} &= \left(\frac{\partial A_z}{\partial y} - \frac{\partial A_y}{\partial z}\right)\boldsymbol{i} + \left(\frac{\partial A_x}{\partial z} - \frac{\partial A_z}{\partial x}\right)\boldsymbol{j} + \left(\frac{\partial A_y}{\partial x} - \frac{\partial A_x}{\partial y}\right)\boldsymbol{k} \\ &= \left(\frac{\partial}{\partial x}\boldsymbol{i} + \frac{\partial}{\partial y}\boldsymbol{j} + \frac{\partial}{\partial z}\boldsymbol{k}\right) \times (A_x \boldsymbol{i} + A_y \boldsymbol{j} + A_z \boldsymbol{k}) = \nabla \times \boldsymbol{A}. \end{aligned}$$

于是, $\mathbf{grad}\,f = \nabla f$, $\mathrm{div}\boldsymbol{A} = \nabla \cdot \boldsymbol{A}$, $\mathbf{rot}\boldsymbol{A} = \nabla \times \boldsymbol{A}$.

符号 $\Delta = \dfrac{\partial^2}{\partial x^2} + \dfrac{\partial^2}{\partial y^2} + \dfrac{\partial^2}{\partial z^2}$ 称为**拉普拉斯算子**. 显然, $\Delta = \nabla \cdot \nabla$. 于是

(1) $\mathrm{div}(\mathbf{grad}\ f)=\nabla \cdot (\nabla f) = (\nabla \cdot \nabla)f = \Delta f$;

(2) $\nabla \times \nabla f = \mathbf{rot}(\mathbf{grad}\ f) = \mathbf{0}$.

事实上, $\mathbf{rot}(\mathbf{grad}\ f) = \nabla \times \nabla f = (\nabla \times \nabla)f = 0$.

$\mathrm{div}\boldsymbol{A}=\nabla \cdot \boldsymbol{A}$ 是数量场, 且有

$$\nabla(\nabla \cdot \boldsymbol{A}) = \mathbf{grad}\ (\mathrm{div}\boldsymbol{A}).$$

$\mathbf{rot}\boldsymbol{A}=\nabla \times \boldsymbol{A}$ 是向量场, 且有

(1) $\nabla \cdot (\nabla \times \boldsymbol{A}) = \mathrm{div}(\mathbf{rot}\boldsymbol{A}) = 0$.

事实上, $\mathrm{div}(\mathbf{rot}\boldsymbol{A}) = \nabla \cdot (\nabla \times \boldsymbol{A}) = (\nabla \times \nabla) \cdot \boldsymbol{A} = 0$.

(2) $\nabla \times (\nabla \times \boldsymbol{A}) = \mathbf{rot}(\mathbf{rot}\boldsymbol{A})$.

习题 9–7

(A)

1. 设 $\boldsymbol{F}$, $\boldsymbol{G}$ 是向量场, U 为标量场, 证明

(1) $\mathrm{div}(\boldsymbol{F} + \boldsymbol{G}) = \mathrm{div}\boldsymbol{F} + \mathrm{div}\boldsymbol{G}$;

(2) $\mathrm{div}(U\boldsymbol{F}) = U\mathrm{div}\boldsymbol{F} + \boldsymbol{F}\mathbf{grad}\ U$;

(3) $\mathbf{rot}(\boldsymbol{F} + \boldsymbol{G}) = \mathbf{rot}\boldsymbol{F} + \mathbf{rot}\boldsymbol{G}$;

(4) $\mathbf{rot}(U\boldsymbol{F}) = U\mathbf{rot}\boldsymbol{F} + \mathbf{grad}\ U \times \boldsymbol{F}$.

2. 设 $\boldsymbol{F}$ 是向量场, U 为标量场, 求

(1) $\mathrm{div}(\mathbf{grad}\ U)$;

(2) $\mathrm{div}(U\mathbf{grad}\ U)$;

(3) $\mathbf{rot}(\mathbf{grad}\ U)$;

(4) $\mathrm{div}(\mathbf{rot}\ \boldsymbol{F})$.

3. 设函数 $P(x,y,z)$, $Q(x,y,z)$, $R(x,y,z)$ 都在空间区域 Ω 内有一阶连续偏函数, 则对于 Ω 内任何不自交的按片光滑的闭曲面 Σ, 都有

$$\oiint\limits_{\Sigma} P\mathrm{d}y\mathrm{d}z + Q\mathrm{d}z\mathrm{d}x + R\mathrm{d}x\mathrm{d}y = 0$$

的充分必要条件是 $\dfrac{\partial P}{\partial x} + \dfrac{\partial Q}{\partial y} + \dfrac{\partial R}{\partial z} = 0$.

(B)

*4. 化积分形式的安培环路定理

$$\oint\limits_{C} \boldsymbol{H}\cdot\mathrm{d}\boldsymbol{r} = 4\pi \iint\limits_{\Sigma} \boldsymbol{j} \cdot \boldsymbol{n}\mathrm{d}S$$

为微分形式, 其中 Σ 是以任意的按段光滑的闭曲线 C 为边界的光滑曲面, $\boldsymbol{n}$ 是 Σ 上的单位法向量, 它与 C 的方向构成右手螺旋系, $\boldsymbol{H}$ 是磁场强度, $\boldsymbol{j}$ 是电流密度.

*第八节 Mathematica 在线面积分中的应用

例 8.1 作出默比乌斯带 (单侧曲面) 的图像.

输入 `Clear[r, x, y, z];`

`r[t_, v_]=2+0.5*v*Cos[t/2]; x[t_, v_]=r[t, v]*Cos[t];`

`y[t_, v_]=r[t, v]*Sin[t]; z[t_, v_]=0.5*v*Sin[t/2];`

`ParametricPlot3D[{x[t, v], y[t, v], z[t, v]}, {t, 0, 2*Pi}, {v, -1, 1},`

`PlotPoints→{40, 4}]`

输出 如图 9-42 所示.

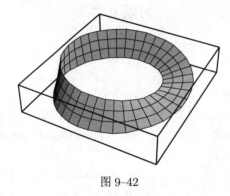

图 9-42

例 8.2 计算 $I = \int_l \sqrt{1 + 30x^2 + 10y}\,\mathrm{d}s$, 积分路径为 $l : x = t, y = t^2, z = 3t^2, 0 \leqslant t \leqslant 2$.

输入 `Clear[x,y,z,f]; f[x_,y_,z_]=Sqrt[1+30*x^2+10*y];`

`tt1={t,t^2,3*t^2};D[tt1,t];`

`ds=Sqrt[D[tt1,t].D[tt1,t]];Integrate[(f[x,y,z]/.{x→t,y→t^2})*ds,{t,0,2}]`

输出

$$\frac{326}{3}$$

例 8.3 计算 $I = \iint\limits_{\Sigma}(xy + yz + xz)\mathrm{d}S$, 并画出 Σ 的图像, 其中 Σ 为曲面 $z = \sqrt{x^2 + y^2}$ 被柱面 $x^2 + y^2 = 2x$ 所截得的有限部分.

输入 `Clear[r,t,g,f];`

`f[x_,y_,z_]=x*y+y*x+z*x; g[x_,y_]=Sqrt[x^2+y^2];`

`ss1 = ParametricPlot3D[{r*Cos[v], r*Sin[v], r}, {r, 0, 2}, {v, 0, 2*Pi},`

`DisplayFunction -> Identity, Mesh -> None];`

`ss2 = ParametricPlot3D[{1 + Cos[t], Sin[t], z}, {z, 0, 2}, {t, 0, 2*Pi},`

`DisplayFunction -> Identity, MeshFunctions -> {Norm[{#1, #2}] & }];`

`Show[ss1,ss2,ViewPoint→{1.3,-2.4,1.0},DisplayFunction->$ DisplayFunction]`

```
dds=Sqrt[1+(D[g[x, y], x])^2+(D[g[x, y], y])^2];
Integrate[((f[x, y, g[x,y]]*dds)/.{x→r*Cos[t],y→r*Sin[t]})*r,{t,-Pi/2,
Pi/2,{r,0,2*Cos[t]}]
```

输出 如图 9-43 所示.

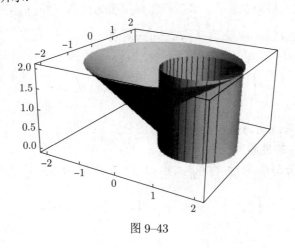

图 9–43

本 章 小 结

本章主要学习了两种类型的曲线积分和两种类型的曲面积分的概念、性质及计算方法, 以及它们之间的联系. 在两类曲线积分计算中, 二者都是利用参数化方法转化成定积分计算, 但在积分的上下限的确定上有差别: 第一型曲线积分要求下限始终小于上限, 第二型曲线积分要求下限对应于起点, 上限对应于终点. 在两类曲面积分计算中, 二者都是利用向坐标平面投影转化成二重积分计算, 但在二重积分的积分符号确定上有差别, 第二型要求根据积分侧的不同选择相应的符号.

两种类型的曲线积分和两种类型的曲面积分都可以利用对称性. 第一型曲线积分对称性和定积分类似, 第一型曲面积分和二重积分类似. 但是对于第二型曲线积分、曲面积分利用对称性和第一型积分有很大的差别, 学习时要引起足够重视.

格林公式、高斯公式和斯托克斯公式是计算第二型积分的有效方法, 应用格林公式、高斯公式时要注意公式成立的条件. 曲线积分 (曲面积分) 要注意积分的路径 (侧), 如果不封闭要注意增加边 (面) 使之封闭, 积分区域内有奇点 (该函数或偏导数不连续) 时, 要用小闭曲线 (闭曲面) 将奇点挖掉.

要求掌握梯度、散度、通量的概念、性质和计算方法, 了解旋度和环流量的概念和计算.

一、第一型曲线积分与第一型曲面积分

1. 第一型曲线积分的定义

设 C 为 xOy 平面内一条光滑曲线弧, $f(x,y)$ 为定义在 C 上的有界函数, 用任意一组分点 $A = A_0, A_1, A_2, \cdots, A_{n-1}, A_n = B$, 将曲线 C 分成 n 个小弧段: $\overset{\frown}{A_0 A_1}, \overset{\frown}{A_1 A_2}, \cdots, \overset{\frown}{A_{n-1} A_n}$,

用 Δs_i 表示第 i 个小弧段 $\overset{\frown}{A_{i-1}A_i}$ 的长; 设 $\lambda = \max\limits_{1 \leqslant i \leqslant n}\{\Delta s_i\}$, 在每个小弧段上任取一点 $P_i\,(\xi_i, \eta_i)$ 作积 $f\,(\xi_i, \eta_i)\,\Delta s_i$ 并作和 $\sum\limits_{i=1}^{n} f\,(\xi_i, \eta_i)\,\Delta s_i$, 如果不论对 C 的如何分法及点 P_i 的如何取法, 当 $\lambda \to 0$ 时, 上述和式的极限总存在, 那么称此极限值为函数 $f\,(x, y)$ 沿曲线 C 的**第一型曲线积分**, 或称为对弧长的曲线积分, 记为 $\int_C f\,(x, y)\,\mathrm{d}s$, 即

$$\int_C f\,(x, y)\,\mathrm{d}s = \lim_{\lambda \to 0} \sum_{i=1}^{n} f\,(\xi_i, \eta_i)\,\Delta s_i,$$

其中 $f\,(x, y)$ 为被积函数, $\mathrm{d}s$ 为弧长微分, C 为积分弧.

2. 第一型曲线积分的性质

(1) 第一型曲线积分与曲线 C 的方向 (由 A 到 B 或由 B 到 A) 无关.

$$\int_{C(A,B)} f\,(x, y)\,\mathrm{d}s = \int_{C(B,A)} f\,(x, y)\,\mathrm{d}s.$$

(2) 第一型曲线积分满足线性性质

$$\int_C [\alpha f\,(x, y) \pm \beta g\,(x, y)]\,\mathrm{d}s = \alpha \int_C f\,(x, y)\,\mathrm{d}s \pm \beta \int_C g\,(x, y)\,\mathrm{d}s.$$

(3) 第一型曲线积分对积分弧满足可加性. 如果 C 是分段光滑曲线 (即 C 可以分成有限段, 而在每一段上都是光滑的), 那么函数在 C 上的积分等于在各段上积分之和, 例如设 C 分成两段光滑曲线弧 $C = C_1 + C_2$, 则

$$\int_C f\,(x, y)\,\mathrm{d}s = \int_{C_1+C_2} f\,(x, y)\,\mathrm{d}s = \int_{C_1} f\,(x, y)\,\mathrm{d}s + \int_{C_2} f\,(x, y)\,\mathrm{d}s.$$

若 C 是闭曲线, 则 $f\,(x, y)$ 在 C 上的第一型曲线积分记为 $\oint_C f\,(x, y)\,\mathrm{d}s$. 上述定义和性质可以类似地推广到积分曲线为空间曲线弧的情况. 函数 $f\,(x, y, z)$ 在空间曲线弧 Γ 上的第一型曲线积分定义为 $\oint_\Gamma f\,(x, y, z)\,\mathrm{d}s = \lim\limits_{\lambda \to 0} \sum\limits_{i=1}^{n} f(\xi_i, \eta_i, \zeta_i)\Delta s_i$.

3. 第一型曲线积分的计算

利用求弧长的公式, 可以将第一型曲线积分转化成定积分来计算. 设曲线 C 由参数方程 $\begin{cases} x = \varphi\,(t), \\ y = \psi\,(t) \end{cases}$ $\alpha \leqslant t \leqslant \beta$ 给出, 并且是光滑的 (即 $\varphi'\,(t)$ 和 $\psi'\,(t)$ 均在 $[\alpha, \beta]$ 上连续且不同时为 0), 函数 $f\,(x, y)$ 在 C 上连续, 则曲线积分 $\int_C f\,(x, y)\,\mathrm{d}s$ 存在且

$$\int_{C(A,B)} f\,(x, y)\,\mathrm{d}s = \int_\alpha^\beta f\,[\varphi\,(t), \psi\,(t)]\,\sqrt{\varphi'^2\,(t) + \psi'^2\,(t)}\,\mathrm{d}t.$$

公式表明, 计算第一型曲线积分, 只要将 $x,y,\mathrm{d}s$ 分别换成其各自的表述形式 $\varphi(t)$, $\psi(t)$, $\sqrt{\varphi'^2(t)+\psi'^2(t)}\mathrm{d}t$ 后从 α 到 β 积分即可.

因为在推导过程中使用的小弧段的长度 Δs 总是正值, 所以定积分的下限 α 必须小于上限 β, 如果曲线 C 由 $y=y(x)$ $(a\leqslant x\leqslant b)$ 给出且 $y'(x)$ 在 $[a,b]$ 上连续, 那么有 $\displaystyle\int_C f(x,y)\,\mathrm{d}s=\int_a^b f[x,y(x)]\sqrt{1+y'^2(x)}\mathrm{d}x$.

4. 第一型曲面积分的定义

在三维空间中有一片光滑或逐片光滑的曲面 Σ (光滑曲面即曲面上每一点都有切平面, 当切点连续变动时, 切平面随之连续变动并且是可求面积的), 函数 $f(x,y,z)$ 为定义在曲面 Σ 上的有界函数, 用任意一组曲线网 (或一组分划网 Δ), 将曲面 Σ 分成 n 个小块曲面 $\Sigma^{(1)}$, $\Sigma^{(2)},\cdots,\Sigma^{(n-1)}$, $\Sigma^{(n)}$. 用 ΔS_i 表示第 i 小块曲面同时也表示它的面积. 在 $\Sigma^{(i)}$ 上任意取定一点 $(\xi_i,\eta_i,\zeta_i)\,(i=1,2,\cdots,n)$, 作积 $f(\xi_i,\eta_i,\zeta_i)\Delta S_i$ 并作和 $\displaystyle\sum_{i=1}^n f(\xi_i,\eta_i,\zeta_i)\Delta S_i$, 设 λ 表示各小块曲面直径的最大者 $\left(\lambda=\max\limits_{1\leqslant i\leqslant n}\{d_i\}\right)$, 如果当 $\lambda\to 0$ 时, 这种和式的极限总存在, 那么称此极限值为 $f(x,y,z)$ 在曲面 Σ 上的**第一型曲面积分** (或称**对面积的曲面积分**), 记为

$$\iint_\Sigma f(x,y,z)\,\mathrm{d}S=\lim_{\lambda\to 0}\sum_{i=1}^n f(\xi_i,\eta_i,\zeta_i)\Delta S_i,\ \text{其中}\ f(x,y,z)\ \text{为被积函数},\ \mathrm{d}S\ \text{为面积微元},\ \Sigma\ \text{为}$$

积分曲面.

5. 第一型曲面积分的性质

(1) 第一型曲线积分满足如下线性性质

$$\iint_\Sigma [\alpha f(x,y,z)\pm\beta g(x,y,z)]\,\mathrm{d}S=\alpha\iint_\Sigma f(x,y,z)\,\mathrm{d}S\pm\beta\iint_\Sigma g(x,y,z)\,\mathrm{d}S.$$

(2) 如果曲面 Σ 是分片光滑 (即 Σ 可以是有限块光滑组成的), 那么函数在 Σ 上的积分等于在各片曲面上积分之和, 设曲面 Σ 分成两片 $\Sigma=\Sigma_1+\Sigma_2$, 则

$$\iint_\Sigma f(x,y,z)\mathrm{d}S=\iint_{\Sigma_1} f(x,y,z)\mathrm{d}S+\iint_{\Sigma_2} f(x,y,z)\mathrm{d}S.$$

若曲面 Σ 是闭曲面, 则 $f(x,y,z)$ 在 Σ 上的第一型曲面积分记为 $\displaystyle\oiint_\Sigma f(x,y,z)\mathrm{d}S$.

6. 第一型曲面积分的计算

设有光滑曲面 Σ 由方程: $z=z(x,y), x,y\in D$ 给出, z_x,z_y 在 D 上连续且不同时为 0, $f(x,y,z)$ 为 Σ 的连续函数, 则

$$\iint_\Sigma f(x,y,z)\,\mathrm{d}S=\iint_D f[x,y,z(x,y)]\sqrt{1+z_x^2+z_y^2}\mathrm{d}x\mathrm{d}y.$$

二、第二型曲线积分与第二型曲面积分

1. 第二型曲线积分的定义

设 C 为 xOy 平面内一条由点 A 到点 B 的有向光滑曲线弧. $\boldsymbol{F}(x,y) = P(x,y)\boldsymbol{i} + Q(x,y)\boldsymbol{j} = (P(x,y), Q(x,y))$ 为定义在 C 上的向量场, $P(x,y)$, $Q(x,y)$ 在 C 上有界, 在曲线 C 上任意插入一组分点或分划 Δ,

$$\Delta: \quad A = A_0, A_1, A_2, \cdots, A_{n-1}, A_n = B,$$

将曲线 C 分成 n 个小有向弧段, 设第 i 个小弧段 $\overset{\frown}{A_{i-1}A_i}$ 对应的弦 $\overrightarrow{A_{i-1}A_i}$ 在 x 轴, y 轴上的投影分别为 $\Delta x_i (= x_i - x_{i-1})$ 和 $\Delta y_i (= y_i - y_{i-1})$, 在第 i 个小弧段上任取一点 $M_i(\xi_i, \eta_i)$, 作积 $P(\xi_i, \eta_i)\Delta x_i$ 及 $Q(\xi_i, \eta_i)\Delta y_i$, 并作和 $\sum\limits_{i=1}^{n} P(\xi_i, \eta_i)\Delta x_i$, $\sum\limits_{i=1}^{n} Q(\xi_i, \eta_i)\Delta y_i$, 如果当小弧段长度的最大值 $\lambda \to 0$ 时, 上述和式的极限总存在, 那么分别称之为 $P(x,y)$ 和 $Q(x,y)$ 沿曲线 C 的**第二型曲线积分**, 记为 $\int_C P(x,y)\mathrm{d}x = \lim\limits_{\lambda \to 0} \sum\limits_{i=1}^{n} P(\xi_i, \eta_i)\Delta x_i$, $\int_C Q(x,y)\mathrm{d}y = \lim\limits_{\lambda \to 0} \sum\limits_{i=1}^{n} Q(\xi_i, \eta_i)\Delta y_i$, 其中 $P(x,y)$, $Q(x,y)$ 称为**被积函数**, C 称为**积分弧段**, 称

$$\int_C P(x,y)\,\mathrm{d}x + Q(x,y)\mathrm{d}y = \int_C P(x,y)\mathrm{d}x + \int_C Q(x,y)\mathrm{d}y$$

为向量场 $\boldsymbol{F}(x,y) = P(x,y)\boldsymbol{i} + Q(x,y)\boldsymbol{j}$ 沿曲线 C 的**第二型曲线积分**.

第二型曲线积分的值与曲线 C 的方向有关, 当将有向曲线 $\overset{\frown}{AB}$ 的方向改变为 $\overset{\frown}{BA}$ 时, 它与 x 轴的夹角就要改变一个弧度 π, 积分符号发生改变. 因此有

$$\int_{\overset{\frown}{BA}} P(x,y)\,\mathrm{d}x + Q(x,y)\mathrm{d}y = -\int_{\overset{\frown}{AB}} P(x,y)\,\mathrm{d}x + Q(x,y)\mathrm{d}y.$$

引入矢径的概念, 曲线 C 可以看成变动矢径 $\boldsymbol{r}$ 的末端移动的轨迹, $\overrightarrow{A_{i-1}A_i} = \boldsymbol{r}_i - \boldsymbol{r}_{i-1} = \Delta \boldsymbol{r}_i$. 于是, 第二型曲线积分 $\int_C P(x,y)\,\mathrm{d}x + Q(x,y)\mathrm{d}y$ 可以用向量形式表示为 $\int_C \boldsymbol{F} \cdot \mathrm{d}\boldsymbol{r}$. 第二型曲线积分的定义有一些和定积分类似的性质. 例如: 若将曲线 C 分成 $C = C_1 + C_2$, 则

$$\int_C P\mathrm{d}x + Q\mathrm{d}y = \int_{C_1} P\mathrm{d}x + Q\mathrm{d}y + \int_{C_2} P\mathrm{d}x + Q\mathrm{d}y.$$

上述性质可以推广到将曲线 C 分成有限段 $C = C_1 + C_2 + \cdots + C_k$ 的情形.

类似地, 对于定义在空间有向曲线 C 上的向量场 $\boldsymbol{F} = (P, Q, R)$, 可定义第二型曲线积分如下:

$$\int_C P\mathrm{d}x + Q\mathrm{d}y + R\mathrm{d}z = \int_C P\mathrm{d}x + \int_C Q\mathrm{d}y + \int_C R\mathrm{d}z.$$

2. 第二型曲线积分的计算

设 $\boldsymbol{F}(x,y) = (P(x,y), Q(x,y))$ 为定义在有向光滑曲线 C 上的向量, $P(x,y)$, $Q(x,y)$

在 C 上连续, 曲线 C 由参数方程 $\begin{cases} x = \varphi(t), \\ y = \psi(t), \end{cases}$ $\alpha \leqslant t \leqslant \beta$ 给出, 当 t 由 α 单调变到 β 时, 点 $M(x,y)$ 从 A 沿 C 移动到 B, $\varphi(t), \psi(t)$ 在区间 $[\alpha, \beta]$ 上有一阶连续偏导且不同时为 0, 则曲线积分 $\int_C P\mathrm{d}x + Q\mathrm{d}y$ 存在且有

$$\int_C P(x,y)\,\mathrm{d}x + Q(x,y)\mathrm{d}y = \int_\alpha^\beta \{P[\varphi(t), \psi(t)]\varphi'(t) + Q[\varphi(t), \psi(t)]\psi'(t)\}\mathrm{d}t.$$

计算第二型曲线积分 $\int_C P(x,y)\,\mathrm{d}x + Q(x,y)\mathrm{d}y$ 时, 只要把 $x, y, \mathrm{d}x, \mathrm{d}y$ 依次换为 $\varphi(t), \psi(t), \varphi'(t)\mathrm{d}t, \psi'(t)\mathrm{d}t$, 然后从 C 的起点对应的参数值 α 到终点对应的参数值 β 作定积分即可. 特别注意, 下限 α 对应于 C 的起点, 上限 β 对应于 C 的终点, α 不一定小于 β. 当曲线 C 由方程 $y = \psi(x)$ 或 $x = \varphi(y)$ 给出时, 可看作上述情况的特殊情形. 例如当 C 由 $y = \psi(x)$ 给出时, 公式成为

$$\int_C P(x,y)\,\mathrm{d}x + Q(x,y)\mathrm{d}y = \int_\alpha^\beta \{P[x, \psi(x)] + Q[x, \psi(x)]\psi'(x)\}\mathrm{d}x.$$

公式可以推广到空间曲线 Γ 由参数方程 $x = \varphi(t), y = \psi(t), z = \omega(t)$ 给出的情形, 有如下公式

$$\int_\Gamma P(x,y,z)\,\mathrm{d}x + Q(x,y,z)\mathrm{d}y + R(x,y,z)\,\mathrm{d}z$$
$$= \int_\alpha^\beta \{P[\varphi(t), \psi(t), \omega(t)]\varphi'(t) + Q[\varphi(t), \psi(t), \omega(t)]\psi'(t) +$$
$$R[\varphi(t), \psi(t), \omega(t)]\omega'(t)\}\mathrm{d}t.$$

下限 α 对应于 Γ 的起点, 上限 β 对应于 Γ 的终点.

3. 定理 (格林公式)

设 D 是以光滑曲线 C 为边界的平面有界闭区域, 函数 $P(x,y)$ 和 $Q(x,y)$ 在 D 及 C 上对 x 和 y 具有连续偏导数, 则有

$$\iint_D \left(\frac{\partial Q}{\partial x} - \frac{\partial P}{\partial y}\right)\mathrm{d}x\mathrm{d}y = \oint_C P\mathrm{d}x + Q\mathrm{d}y,$$

其中 C 是 D 的取正向的边界曲线, 此公式称为格林公式.

4. 曲线积分与路线无关的等价命题

若函数 $P(x,y), Q(x,y)$ 在单连通区域 D 上有连续的偏导数, 则以下四个条件等价

(1) 曲线积分 $\int_{C(A,B)} P\mathrm{d}x + Q\mathrm{d}y$ 与路线无关, 只与位于 D 内的始点 A 与终点 B 有关;

(2) 沿位于 D 内的任意光滑或分段光滑的闭曲线 Γ, 有 $\oint_\Gamma P\mathrm{d}x + Q\mathrm{d}y = 0$;

(3) 在 D 内存在一个函数 $U(x, y)$, 使得 $\mathrm{d}U = P\mathrm{d}x + Q\mathrm{d}y$;

(4) $\dfrac{\partial P}{\partial y} = \dfrac{\partial Q}{\partial x}$ 在 D 内处处成立.

5. 第二型曲面积分的定义及性质

设 Σ 是空间一个光滑曲面, $\boldsymbol{n} = (\cos\alpha, \cos\beta, \cos\gamma)$ 是 Σ 上的单位法向量, $\boldsymbol{F} = (P(x, y, z),$ $Q(x, y, z), R(x, y, z))$ 是确定在 Σ 上的向量场, 如果下列各式右端的积分存在,

$$\iint\limits_{\Sigma} P(x, y, z)\mathrm{d}y\mathrm{d}z = \iint\limits_{\Sigma} P(x, y, z)\cos\alpha\,\mathrm{d}S,$$

$$\iint\limits_{\Sigma} Q(x, y, z)\mathrm{d}z\mathrm{d}x = \iint\limits_{\Sigma} Q(x, y, z)\cos\beta\,\mathrm{d}S,$$

$$\iint\limits_{\Sigma} R(x, y, z)\mathrm{d}x\mathrm{d}y = \iint\limits_{\Sigma} R(x, y, z)\cos\gamma\,\mathrm{d}S,$$

那么分别称之为 P, Q, R 沿曲面 Σ 的**第二型曲面积分**.

第一型曲面积分与曲面上法向量的选择无关. 第二型曲面积分定义中涉及了曲面的法向量, 在曲面上的每一点处, 都有方向相反的法向量, 因此有必要指明积分号下的 $(\cos\alpha, \cos\beta, \cos\gamma)$ 所指的方向.

对于曲面: $z = \varphi(x, y), (x, y) \in D$, 若 $\varphi(x, y)$ 在 D 上存在连续的一阶偏导数, 则称之为正则曲面 (同样, 方程为 $x = \varphi(y, z), y = \varphi(z, x)$ 的曲面, 若 φ 有连续的一阶偏导数, 则称之为正则曲面).

关于正则曲面 Σ, 其上任一点 (x, y, z) 处的两个方向相反的单位法向量为

$$\boldsymbol{n} = \frac{\pm 1}{\sqrt{1 + \left(\dfrac{\partial\varphi}{\partial x}\right)^2 + \left(\dfrac{\partial\varphi}{\partial y}\right)^2}}\left(-\frac{\partial\varphi}{\partial x}, -\frac{\partial\varphi}{\partial y}, 1\right).$$

它们与 z 轴正方向夹角 γ 的余弦为

$$\cos\gamma = \pm\frac{1}{\sqrt{1 + \left(\dfrac{\partial\varphi}{\partial x}\right)^2 + \left(\dfrac{\partial\varphi}{\partial y}\right)^2}}.$$

若在上式中取正号, 则表示 $\gamma < \dfrac{\pi}{2}$, 法向量指向曲面的上方; 若取负号, 则表示 $\gamma > \dfrac{\pi}{2}$, 法向量指向曲面的下方.

通常遇到的曲面都是双侧的, 例如, 上面的由 $z = \varphi(x, y)$ 表示的曲面, 就有上侧与下侧之分, 规定当 $\cos\gamma$ 恒正时叫**曲面的上侧**, 当 $\cos\gamma$ 恒负时叫**曲面的下侧**.

在实际应用中, 常需要考虑简单闭曲面, 对于闭曲面如果取它的法向量的指向朝外 (内), 那么认为取定曲面的外 (内) 侧. 这种取定了法向量即选定了侧的曲面, 就称为**有向曲面**. 对于曲

面 Σ_1: $y = \varphi(z, x), (z, x) \in D_1$, Σ_2: $x = \varphi(y, z), (y, z) \in D_2$, 还有左侧与右侧, 前侧与后侧之分等. 类似于第二型曲线积分

$$\int_{\widehat{AB}} P\mathrm{d}x + Q\mathrm{d}y = -\int_{\widehat{BA}} P\mathrm{d}x + Q\mathrm{d}y.$$

对第二型曲面积分有

$$\iint_{\Sigma_{\text{上}}} = -\iint_{\Sigma_{\text{下}}}, \iint_{\Sigma_{\text{左}}} = -\iint_{\Sigma_{\text{右}}}, \iint_{\Sigma_{\text{前}}} = -\iint_{\Sigma_{\text{后}}}, \iint_{\Sigma_{\text{外}}} = -\iint_{\Sigma_{\text{内}}}.$$

即若将曲面的一侧的第二型积分 $\iint_{\Sigma}$ 换成另一侧记为 Σ^- 或 $(-\Sigma)$, 则法向量的要改变符号, 且

$$\iint_{\Sigma} (P\cos\alpha + Q\cos\beta + R\cos\gamma)\mathrm{d}S = -\iint_{-\Sigma} (P\cos\alpha + Q\cos\beta + R\cos\gamma)\mathrm{d}S.$$

6. 第二型曲面积分的计算

设 $R(x, y, z)$ 为正则曲面, $z = \varphi(x, y), (x, y) \in D$ 上的连续函数, 则

$$\iint_{\Sigma} R(x, y, z)\cos\gamma\,\mathrm{d}S = \pm\iint_{D} R[x, y, \varphi(x, y)]\mathrm{d}x\mathrm{d}y.$$

右端的符号依所取之侧而定, 如果取上侧, 上式右端取正号; 如果取下侧, 上式右端取负号. 若 $\Sigma = \sum_{i=1}^{n} \Sigma_i$, 则

$$\iint_{\Sigma} P\mathrm{d}y\mathrm{d}z + Q\mathrm{d}z\mathrm{d}x + R\mathrm{d}x\mathrm{d}y = \iint_{\Sigma} (P\cos\alpha + Q\cos\beta + R\cos\gamma)\mathrm{d}S$$

$$= \sum_{i=1}^{n}\iint_{\Sigma_i} P\mathrm{d}y\mathrm{d}z + Q\mathrm{d}z\mathrm{d}x + R\mathrm{d}x\mathrm{d}y = \sum_{i=1}^{n}\iint_{\Sigma_i} (P\cos\alpha + Q\cos\beta + R\cos\gamma)\mathrm{d}S.$$

7. 高斯公式

高斯公式给出了三维空间闭区域上的三重积分与围成该区域的边界闭曲面上的曲面积分之间的关系.

定理 (高斯公式) 设三维空间闭区域 Ω 是由分片光滑的闭曲面 Σ 围成, 函数 $P(x, y, z)$, $Q(x, y, z)$, $R(x, y, z)$ 在 Ω 上具有一阶连续的偏导数, 则

$$\iiint_{\Omega} \left(\frac{\partial P}{\partial x} + \frac{\partial Q}{\partial y} + \frac{\partial R}{\partial z}\right)\mathrm{d}v = \oiint_{\Sigma} P\mathrm{d}y\mathrm{d}z + Q\mathrm{d}z\mathrm{d}x + R\mathrm{d}x\mathrm{d}y$$

$$= \oiint_{\Sigma} (P\cos\alpha + Q\cos\beta + R\cos\gamma)\mathrm{d}S,$$

其中 Σ 为 Ω 的整个边界曲面的外侧, $(\cos\alpha, \cos\beta, \cos\gamma)$ 为曲面 Σ 上在点 (x, y, z) 处的单位法向量, 方向指向外侧. 公式称为**高斯公式**.

8. 斯托克斯公式

使在具有光滑边界曲线的光滑曲面上的积分和其边界上的曲线积分联系起来.

定理 (斯托克斯公式) 设光滑曲面 Σ 的边界曲线为光滑曲线 C, 函数 $P(x, y, z), Q(x, y, z),$ $R(x, y, z)$ 在曲面 Σ 及曲线 C 上具有对 x, y, z 的连续偏导数, 则成立如下公式

$$\oint_C P\mathrm{d}x + Q\mathrm{d}y + R\mathrm{d}z$$

$$= \iint_\Sigma \left(\frac{\partial R}{\partial y} - \frac{\partial Q}{\partial z}\right)\mathrm{d}y\mathrm{d}z + \left(\frac{\partial P}{\partial z} - \frac{\partial R}{\partial x}\right)\mathrm{d}z\mathrm{d}x + \left(\frac{\partial Q}{\partial x} - \frac{\partial P}{\partial y}\right)\mathrm{d}x\mathrm{d}y$$

$$= \iint_\Sigma \left[\left(\frac{\partial R}{\partial y} - \frac{\partial Q}{\partial z}\right)\cos\alpha + \left(\frac{\partial P}{\partial z} - \frac{\partial R}{\partial x}\right)\cos\beta + \left(\frac{\partial Q}{\partial x} - \frac{\partial P}{\partial y}\right)\cos\gamma\right]\mathrm{d}S.$$

曲线积分的方向和曲面的侧按右手法则, $(\cos\alpha, \cos\beta, \cos\gamma)$ 是此侧之法向量.

三、梯度、散度、旋度

1. 梯度

设在三维空间区域 G 上定义了一个数量函数 $f(x, y, z)$, 则 $f(x, y, z)$ 构成了一个数量场, 点 $P(x, y, z) \in G$. 若函数 $f(x, y, z)$ 在 G 上对每个变元存在偏导数, 则称向量

$$\left(\frac{\partial f}{\partial x}, \frac{\partial f}{\partial y}, \frac{\partial f}{\partial z}\right) = \frac{\partial f}{\partial x}\boldsymbol{i} + \frac{\partial f}{\partial y}\boldsymbol{j} + \frac{\partial f}{\partial z}\boldsymbol{k}$$

为函数 $f(x, y, z)$ 在点 $P(x, y, z)$ 的**梯度**, 记为 $\mathbf{grad}\, f(P) = \left(\dfrac{\partial f}{\partial x}, \dfrac{\partial f}{\partial y}, \dfrac{\partial f}{\partial z}\right)\Big|_P$ (有时也记为 $\nabla f(P) = \mathbf{grad}\, f(P)$).

运算法则

(1) $\mathbf{grad}\, C = \boldsymbol{0}$ (C 为常数);

(2) $\mathbf{grad}\,(U \pm V) = \mathbf{grad}\, U \pm \mathbf{grad}\, V$;

(3) $\mathbf{grad}\,(UV) = U\mathbf{grad}\, V + V\mathbf{grad}\, U, \mathbf{grad}\, CU = C\mathbf{grad}\, U$ (C 为常数).

2. 散度

设有个流体速度场 $\boldsymbol{v}(M)$, 速度场内有一块有向曲面 Σ, 单位时间内, 流体速度场 $\boldsymbol{v}(M)$ 通过曲面 Σ 的流量 $\mu = \iint_\Sigma \boldsymbol{v}(M) \cdot \boldsymbol{n}\mathrm{d}\sigma$, 其中 $\boldsymbol{n}$ 是曲面 Σ 的在点 (x, y, z) 处的单位法向量, 对一般的向量场 $\boldsymbol{F} = (P(x, y, z), Q(x, y, z), R(x, y, z))$ 和定点 M_0, 定义

$$\lim_{\Delta\tau\to 0}\frac{1}{\Delta\tau}\iint_\sigma \boldsymbol{F}\cdot\boldsymbol{n}\mathrm{d}S = \lim_{\Delta\tau\to 0}\frac{1}{\Delta\tau}\iint_\sigma (P\cos\alpha + Q\cos\beta + R\cos\gamma)\mathrm{d}S,$$

称为向量场 $\boldsymbol{F}$ 在点 M_0 的**散度**, 记为 $\mathrm{div}\boldsymbol{F}$. 这里 σ 和 $\Delta\tau$ 的含义如前述.

向量场的散度表征场在 M_0 附近的变化情况可以想象为从 M_0 附近的单位体积向外散发 (或向内汇集) 的 "向量线数目", 因此常将使 $\text{div}\boldsymbol{F} > 0$ 的点叫作 "**源**", 使 $\text{div}\boldsymbol{F} < 0$ 的点叫作 "**汇**".

假定 P, Q, R 都具有一阶连续偏导数, 则由高斯公式可将上式改写为

$$\text{div}\boldsymbol{F} = \lim_{\Delta\tau\to 0} \frac{1}{\Delta\tau} \iiint\limits_{\Delta G} \left(\frac{\partial P}{\partial x} + \frac{\partial Q}{\partial y} + \frac{\partial R}{\partial z} \right) \mathrm{d}x\mathrm{d}y\mathrm{d}z.$$

利用散度的微分形式, 高斯公式又可以写成 $\oiint\limits_{\Sigma} \boldsymbol{F} \cdot \boldsymbol{n}\mathrm{d}S = \iiint\limits_{\Delta G} \text{div}\boldsymbol{F}\mathrm{d}x\mathrm{d}y\mathrm{d}z.$

散度具有如下性质:

(i) $\text{div}(\boldsymbol{A} \pm \boldsymbol{B}) = \text{div}\boldsymbol{A} \pm \text{div}\boldsymbol{B}$;

(ii) $\text{div}(\varphi\boldsymbol{A}) = \varphi\text{div}\boldsymbol{A} + \boldsymbol{A}\cdot\mathbf{grad}\,\varphi$, 其中 φ 为数量函数.

3. 旋度

设闭曲线 L 为某一曲面 S 的边界, 则由斯托克斯公式, 向量 $\boldsymbol{A}$ 沿闭曲线 L 的环流量可表为曲面积分

$$\int_L A_\tau\mathrm{d}l = \iint\limits_S \left(\left(\frac{\partial a_z}{\partial y} - \frac{\partial a_y}{\partial z} \right) \cos\alpha + \left(\frac{\partial a_x}{\partial z} - \frac{\partial a_z}{\partial x} \right) \cos\beta + \right.$$
$$\left. \left(\frac{\partial a_y}{\partial x} - \frac{\partial a_x}{\partial y} \right) \cos\gamma \right) \mathrm{d}S.$$

称向量 $\left(\dfrac{\partial a_z}{\partial y} - \dfrac{\partial a_y}{\partial z}, \dfrac{\partial a_x}{\partial z} - \dfrac{\partial a_z}{\partial x}, \dfrac{\partial a_y}{\partial x} - \dfrac{\partial a_x}{\partial y} \right)$ 为向量 $\boldsymbol{A}$ 的 **旋度**, 记为 $\mathbf{rot}\boldsymbol{A}$, 即

$$\mathbf{rot}\boldsymbol{A} = \begin{vmatrix} \boldsymbol{i} & \boldsymbol{j} & \boldsymbol{k} \\ \dfrac{\partial}{\partial x} & \dfrac{\partial}{\partial y} & \dfrac{\partial}{\partial z} \\ a_x & a_y & a_z \end{vmatrix}.$$

利用 $\mathbf{rot}\boldsymbol{A}$ 的定义, 斯托克斯公式可写为向量形式如下:

$$\int_L \boldsymbol{A} \cdot \mathrm{d}\boldsymbol{l} = \iint\limits_S (\,\mathbf{rot}\boldsymbol{A} \cdot \boldsymbol{n}\mathrm{d}S.$$

这个公式指出: 向量 $\boldsymbol{A}$ 沿闭曲线 L 的环流量等于它的涡旋量 $\mathbf{rot}\boldsymbol{A}$ 通过以 L 为边界所张的任意曲面 S 的流量.

总 习 题 九

(A)

1. 计算下列曲线积分.

(1) $\displaystyle\int_C \sqrt{2y^2 + z^2}\mathrm{d}s$, 其中 C 为球面 $x^2 + y^2 + z^2 = a^2(a > 0)$ 与平面 $x = y$ 相交的圆周;

(2) $\displaystyle\int_C |y|\mathrm{d}s$, 其中 C 为双纽线 $(x^2+y^2)^2=a^2(x^2-y^2)$;

(3) $\displaystyle\int_C \frac{y}{\sqrt{x}}\mathrm{d}s$, 其中 C 为半立方抛物线 $y^2=\dfrac{4}{9}x^3$ 的一段, 起点为 $A(3,2\sqrt{3})$, 终点为 $B(8,32\sqrt{2}/3)$;

(4) $\displaystyle\int_\Gamma \frac{1}{x^2+y^2+z^2}\mathrm{d}s$, Γ 为空间螺旋线 $x=a\cos t$, $y=a\sin t$, $z=bt(0\leqslant t\leqslant 2\pi$, $a>0,b>0)$;

(5) $\displaystyle\int_C y\mathrm{d}x-(y+x^2)\mathrm{d}y$, C 为抛物线 $y=2x-x^2$ 位于 x 轴上方的弧段, 取逆时针方向;

(6) $\displaystyle\int_C 2x\mathrm{d}y-3y\mathrm{d}x$, 其中 C 是以 $A(1,2)$, $B(3,1)$, $C(2,5)$ 为顶点的三角形, 取逆时针方向;

(7) $\displaystyle\int_C (2a-y)\mathrm{d}x+x\mathrm{d}y$, 其中 C 为摆线 $x=a(t-\sin t)$, $y=a(1-\cos t)$ 从 $t=0$ 到 $t=2\pi$ 的一段弧;

(8) $\displaystyle\int_\Gamma (y^2-z^2)\mathrm{d}x+2yz\mathrm{d}y-x^2\mathrm{d}z$, 其中 Γ 为曲线 $x=t$, $y=t^2$, $z=t^3$ 上由 $t=0$ 到 $t=1$ 的一段;

(9) $\displaystyle\oint_\Gamma xyz\mathrm{d}z$, 其中 Γ 是用平面 $y=z$ 截球面 $x^2+y^2+z^2=1$ 所得截痕, 从 z 轴正向看去, 沿逆时针方向.

2. 求螺旋线 $x=\cos t$, $y=\sin t$, $z=t$ 第一圈的质量, 已知它在每一点的线密度等于该点之向径的长.

3. 设 Γ 是四分之一圆周, $x=\cos t$, $y=\sin t$, $z=1$, $0\leqslant t\leqslant \dfrac{\pi}{2}$, 以参数 t 递增的方向为正向, 求 $\displaystyle\int_\Gamma xy\mathrm{d}x+yz\mathrm{d}y+zx\mathrm{d}z$.

4. 利用格林公式计算曲线积分.
$$\int_C \sqrt{x^2+y^2+1}\mathrm{d}x+y[xy+\ln(x+\sqrt{x^2+y^2+1})]\mathrm{d}y.$$

(1) 设 C 为矩形 $1\leqslant x\leqslant 4$, $0\leqslant y\leqslant 2$ 的边界, 取正向;

(2) C 为圆周 $x^2+y^2=a^2$ 的正向.

5. 计算圆柱面 $x^2+y^2=ax$ 被曲面 $x^2+y^2+z^2=a^2$ 所截的部分的面积.

6. 计算曲线积分 $\displaystyle\oint_C (y-z)\mathrm{d}x+(z-x)\mathrm{d}y+(x-y)\mathrm{d}z$, 其中 C 为圆柱面 $x^2+y^2=a^2$ 与平面 $\dfrac{x}{a}+\dfrac{z}{h}=1$ $(a>0,h>0)$ 的交线, 从 x 轴正向看去, C 为逆时针方向.

7. 计算下列曲面积分.

(1) $\displaystyle\iint_\Sigma (y^2-z)\mathrm{d}y\mathrm{d}z+(z^2-x)\mathrm{d}z\mathrm{d}x+(x^2-y)\mathrm{d}x\mathrm{d}y$, 其中 Σ 为锥面 $z=\sqrt{x^2+y^2}$ $(0\leqslant$

$z \leqslant h)$ 的外侧;

(2) $\iint\limits_{\Sigma} \dfrac{\mathrm{e}^z}{\sqrt{x^2+y^2}}\mathrm{d}S$, 其中 Σ 为锥面 $z=\sqrt{x^2+y^2}$ 介于 $1 \leqslant z \leqslant 2$ 的部分;

(3) $\iint\limits_{\Sigma} \dfrac{x\mathrm{d}y\mathrm{d}z + y\mathrm{d}z\mathrm{d}x + z\mathrm{d}x\mathrm{d}y}{\sqrt{(x^2+y^2+z^2)^3}}$, 其中 Σ 为曲面 $1-\dfrac{z}{5}=\dfrac{(x-2)^2}{16}+\dfrac{(y-1)^2}{9}(z \geqslant 0)$ 的

上侧;

(4) 计算 $\iint\limits_{\Sigma} \dfrac{x^2}{z}\mathrm{d}S$, 其中 Σ 为柱面 $x^2+z^2=2az$ 被锥面 $z=\sqrt{x^2+y^2}$ 所截下的部分;

(5) $\iint\limits_{\Sigma} \dfrac{ax\mathrm{d}y\mathrm{d}z + (z+a)^2\mathrm{d}x\mathrm{d}y}{(x^2+y^2+z^2)^{1/2}}$, 其中 Σ 为下球面 $z=-\sqrt{a^2-x^2-y^2}(a>0)$ 的上侧.

8. 应用斯托克斯公式计算曲面积分.

(1) $I = \int_{\Gamma} y\mathrm{d}x + z\mathrm{d}y + x\mathrm{d}z$, 其中 Γ 为曲线 $\begin{cases} x^2+y^2+z^2=1, \\ x+y+z=1, \end{cases}$ 其方向是从 y 轴正向看取逆时针方向;

(2) $I = \int_{\Gamma} y^2\mathrm{d}x + x^2\mathrm{d}z$, 其中 Γ 为曲线 $\begin{cases} z=x^2+y^2, \\ x^2+y^2=2ay, \end{cases}$ 其方向是从 z 轴正向看取顺时针方向.

(B)

9. 证明 $\iint\limits_{D}\left(\dfrac{\partial^2 f}{\partial x^2}+\dfrac{\partial^2 f}{\partial y^2}\right)\mathrm{d}x\mathrm{d}y = \oint_{C}\dfrac{\partial \boldsymbol{f}}{\partial \boldsymbol{n}}\mathrm{d}s$, 其中 C 为围成区域 D 的边界闭曲线, $\dfrac{\partial \boldsymbol{f}}{\partial \boldsymbol{n}}$ 表示函数 $f(x,y)$ 在曲线 C 上点 $M(x,y)$ 处沿曲线 C 的外法向 $\boldsymbol{n}$ 的方向导数.

10. 证明空间格林第一、第二公式:

(1) $\iiint\limits_{G} V\Delta U\mathrm{d}x\mathrm{d}y\mathrm{d}z = \oiint\limits_{\Sigma} V\dfrac{\partial U}{\partial \boldsymbol{n}}\mathrm{d}S - \iiint\limits_{G}(\mathbf{grad}\ U \cdot \mathbf{grad}\ V)\mathrm{d}x\mathrm{d}y\mathrm{d}z$;

(2) $\iiint\limits_{G}(V\Delta U - U\Delta V)\mathrm{d}x\mathrm{d}y\mathrm{d}z = \oiint\limits_{\Sigma}\left(V\dfrac{\partial U}{\partial \boldsymbol{n}} - U\dfrac{\partial V}{\partial \boldsymbol{n}}\right)\mathrm{d}S$.

其中 G 是由曲面 Σ 围成的空间闭区域, $\boldsymbol{n}$ 是曲面 Σ 的外法线方向, $\dfrac{\partial}{\partial \boldsymbol{n}}$ 表示沿曲面 Σ 的外法线方向 $\boldsymbol{n}$ 的方向导数.

第九章自测题

第十章 常微分方程

微积分学中所研究的函数反映了客观现实世界运动过程中量与量之间的一种关系. 然而, 对于大量实际问题中遇到的稍微复杂的运动过程, 这种反映运动规律的量与量的关系往往不能直接写出来, 却比较容易建立起这些变量和它们的导数 (或微分) 的关系式, 这种联系自变量、未知函数和它们的导数 (或微分) 的关系式, 数学上称为微分方程. 从这些关系式解出所需要的函数关系, 就是所谓的解微分方程. 下面给出了本章的结构框图, 如图 10-1 所示.

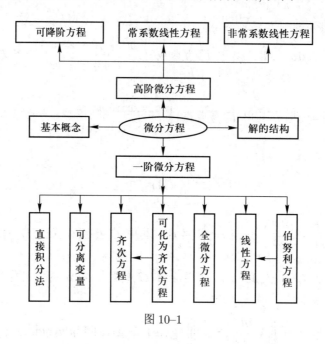

图 10-1

第一节 微分方程的基本概念

一、微分方程问题举例

微分方程是高等数学的重要组成部分, 是数学科学联系实际的主要桥梁之一, 它的理论和方法是研究力学、物理、化学、生物、天文、各种技术科学及社会科学问题的有力工具. 学习微分方程时, 要求将已经掌握的微积分学、解析几何学及普通物理等方面的知识较深入地联系起来, 下面的几个例子是学习微积分时遇到的最简单的微分方程的例子.

例 1.1 设一曲线通过点 (x_0, y_0), 且该曲线上任一点处切线的斜率与该点横坐标成比例, 求此曲线方程.

解 设所求曲线方程为 $y = y(x)$, 且设比例常数为 k. 根据题意可知未知函数应满足如下关系

$$\frac{\mathrm{d}y}{\mathrm{d}x} = kx. \tag{1.1}$$

此外, 未知函数还应满足关系

$$y(x_0) = y_0. \tag{1.2}$$

由 (1.1) 两边积分得

$$y = \frac{k}{2}x^2 + C, \tag{1.3}$$

其中 C 为任意常数.

将条件 $y(x_0) = y_0$ 代入 (1.3) 得 $C = y_0 - \frac{k}{2}x_0^2$, 于是得到所求曲线方程为

$$y = \frac{k}{2}x^2 + y_0 - \frac{k}{2}x_0^2.$$

例 1.2 设一物体以初速度 v_0 铅直上抛, 不计阻力, 求它的运动规律.

解 所谓运动规律, 即指物体的位置关于时间 t 的函数关系, 取坐标轴方向铅直向上, 设物体质量为 m, 物体在抛出时刻 $t = 0$ 时所在位置为 x_0. 在时刻 t 时所在位置为 $x = x(t)$, 由于物体只受重力的影响, 由牛顿第二定律得

$$mx''(t) = -mg.$$

即

$$x''(t) = -g. \tag{1.4}$$

这里 g 为重力加速度. 物体的运动速度 $v = x'(t)$, (1.4) 可化为

$$\frac{\mathrm{d}v}{\mathrm{d}t} = -g.$$

对上式积分一次得

$$v = -gt + C_1 \quad \text{或} \quad \frac{\mathrm{d}x}{\mathrm{d}t} = -gt + C_1, \tag{1.5}$$

再积分一次

$$x = -\frac{1}{2}gt^2 + C_1 t + C_2, \tag{1.6}$$

其中 C_1, C_2 为任意常数.

设物体开始上抛时的高度为 x_0, 依题意有 $v(0) = v_0$, $x(0) = x_0$, 代入 (1.5) 和 (1.6) 可得 $C_1 = v_0, C_2 = x_0$, 于是得到

$$x(t) = -\frac{1}{2}gt^2 + v_0 t + x_0,$$

即为所求的函数关系.

例 1.3 物体冷却过程的数学模型. 将某物体放置于空气中, 在时刻 $t = 0$ 时, 测得它的温度为 $u_0 = 150°C$. 10 min 后测量的温度为 $u_1 = 100°C$, 试确定此物体的温度 u 和时间 t 的函数关系, 并计算 20 min 后物体的温度. 假定空气的温度为 $u_a = 24°C$.

解 为解决上述问题, 需要有关热力学的一些基本知识. 热量总是由温度高的物体向温度低的物体传导的, 由牛顿冷却定律, 在一定温度范围内, 一个物体的温度变化速度与这个物体的温度和其所在介质温度的差值成比例.

设物体在时刻 t 时的温度为 $u = u(t)$, 温度变化速度为 $\dfrac{du}{dt}$, 因热量总是从温度高的物体向温度低的物体传导, 从而 $u_0 > u_a$, 即 $u - u_a$ 恒正; 又因物体随时间逐渐冷却, $\dfrac{du}{dt} < 0$, 由牛顿冷却定律得到

$$\frac{du}{dt} = -k(u - u_a). \tag{1.7}$$

这里 $k > 0$ 为比例常数.

方程 (1.7) 为物体冷却过程的数学模型, 为求出 u 和 t 的关系, 将 (1.7) 改写为

$$\frac{d(u - u_a)}{dt} = -k(u - u_a),$$

或

$$\frac{d(u - u_a)}{u - u_a} = -kdt.$$

积分得

$$\ln(u - u_a) = -kt + C_1,$$

$$u - u_a = e^{-kt + C_1}$$

令 $C = e^{C_1}$ 得

$$u = u_a + Ce^{-kt}.$$

由条件, 当 $t = 0$ 时, $u = u_0$, 代入上式可得 $C = u_0 - u_a$, 于是

$$u = u_a + (u_0 - u_a)e^{-kt}. \tag{1.8}$$

确定出常数 k 就可以得到温度 u 与时间 t 的关系, 根据条件 $t = 10$ 时, $u_1 = 100$,

$$u_1 = u_a + (u_0 - u_a)e^{-10k},$$

解得

$$k = \frac{1}{10}\ln\frac{u_0 - u_a}{u_1 - u_a}.$$

将 $u_0 = 150$, $u_1 = 100$, $u_a = 24$ 代入得

$$k = \frac{1}{10}\ln\frac{150 - 24}{100 - 24} = \frac{1}{10}\ln 1.66 \approx 0.051,$$

于是

$$u = 24 + 126e^{-0.051t}. \tag{1.9}$$

将 $t = 20$ 代入得 $u_2 \approx 70°C$.

从函数关系式 (1.9) 还可以看出, 当 $t \to +\infty$ 时, $u \to 24°C$, 这表明经过一段时间后, 物体的温度将逐渐趋向周围空气的温度.

例 1.4 单摆振动. 一根长度为 l 的线 L, 将其一端固定, 另一端挂一质量为 m 的质点 M, 在重力作用下, 质点 M 在垂直于地表的平面上沿圆周运动, 如图 10-2 所示, 试确定摆的运动方程.

解 取逆时针方向作为计算摆与铅垂线所成的角 φ 的正方向, 质点 M 沿圆周的切向速度 v 可以表为 $v = l\dfrac{\mathrm{d}\varphi}{\mathrm{d}t}$, 作用于质点 M 的重力 mg 将摆拉回平衡位置 A, 将重力分解为两个分量 $\overrightarrow{MQ}$ 和 $\overrightarrow{MP}$, 其中 $\overrightarrow{MQ}$ 沿半径 $\overrightarrow{OM}$ 方向, 和拉力抵消, $\overrightarrow{MP}$ 沿圆周的切线方向, 它引起质点 M 的速度 v 的数值的改变, 且 $\overrightarrow{MP}$ 的数值等于 $-mg\sin\varphi$, 于是得到摆的运动方程

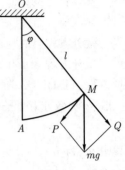

图 10-2

$$m\frac{\mathrm{d}v}{\mathrm{d}t} = -mg\sin\varphi.$$

即

$$\frac{\mathrm{d}^2\varphi}{\mathrm{d}t^2} = -\frac{g}{l}\sin\varphi. \tag{1.10}$$

如果研究摆的微小摄动, 即当 φ 较小时的情况, 这时可以用 φ 作为 $\sin\varphi$ 的近似值代入 (1.10), 得到微小摄动时摆的运动方程

$$\frac{\mathrm{d}^2\varphi}{\mathrm{d}t^2} + \frac{g}{l}\varphi = 0. \tag{1.11}$$

如果假设摆是在黏性介质中摆动, 那么, 沿摆的运动方向存在一个与速度 v 成比例的阻力, 如果阻力系数是 μ, 那么摆的运动方程为

$$\frac{\mathrm{d}^2\varphi}{\mathrm{d}t^2} + \frac{\mu}{m}\frac{\mathrm{d}\varphi}{\mathrm{d}t} + \frac{g}{l}\varphi = 0. \tag{1.12}$$

如果沿摆的运动方向恒有一个外力 $F(t)$ 作用于它, 这时摆的运动方程称为强迫微小摆动, 那么其方程为

$$\frac{\mathrm{d}^2\varphi}{\mathrm{d}t^2} + \frac{\mu}{m}\frac{\mathrm{d}\varphi}{\mathrm{d}t} + \frac{g}{l}\varphi = \frac{1}{m}F(t). \tag{1.13}$$

要确定摆的某一个特定的运动时, 则应该给出摆的初始状态, 即

$$t = 0 \text{ 时}, \varphi = \varphi_0, \frac{\mathrm{d}\varphi}{\mathrm{d}t} = \omega_0. \tag{1.14}$$

这里 φ_0 表示摆的初始位置, ω_0 表示摆的初始角速度.

二、基本概念

前面所举例子中, 都含有未知函数的导数, 它们都是微分方程. 一般地, 凡联系未知函数, 未知函数的导数与自变量之间的关系的方程叫**微分方程**. 未知函数是一元函数的微分方程叫**常**

微分方程, 前面所举的例子都是常微分方程. 未知函数是多元函数的微分方程叫**偏微分方程**, 下面两例为偏微分方程

$$\frac{\partial u}{\partial t} = a^2 \frac{\partial^2 u}{\partial^2 x} \quad (a > 0), \tag{1.15}$$

$$\frac{\partial^2 u}{\partial^2 x} + \frac{\partial^2 u}{\partial^2 y} + \frac{\partial^2 u}{\partial^2 z} = 0. \tag{1.16}$$

微分方程有时也简称方程, 本章只讨论常微分方程.

微分方程中所出现的未知函数的最高阶导数的阶数, 叫做微分方程的阶. 例如 (1.1) 是一阶方程, (1.4) 是二阶方程. 又如, 方程 $y^{(4)} + 3y''' - 10y'' + 7y' - 5y = \mathrm{e}^{2x} \sin 3x$ 是四阶方程. 一般 n 阶微分方程的形式为

$$F\left(x, y, y', y'', \cdots, y^{(n)}\right) = 0. \tag{1.17}$$

其中 F 为 $n+2$ 个变量的函数, 而且一定含有 $y^{(n)}$, 其他各量可以出现, 也可以不出现, y 为 x 的函数.

若方程 (1.17) 的左端为 $y, y', y'', \cdots, y^{(n)}$ 的一次有理整式, 则称 (1.17) 为 n 阶线性微分方程. 例如方程 (1.11) 是二阶线性微分方程, 方程 (1.10) 是二阶非线性方程,

$$\left(\frac{\mathrm{d}y}{\mathrm{d}x}\right)^2 + x\frac{\mathrm{d}y}{\mathrm{d}x} + y = 0 \tag{1.18}$$

为一阶非线性方程. 一般 n 阶线性微分方程具有形式

$$\frac{\mathrm{d}^n y}{\mathrm{d}x^n} + a_1(x)\frac{\mathrm{d}^{n-1}y}{\mathrm{d}x^{n-1}} + \cdots + a_{n-1}(x)\frac{\mathrm{d}y}{\mathrm{d}x} + a_n(x)y = f(x), \tag{1.19}$$

其中 $a_1(x), a_2(x), \cdots, a_n(x), f(x)$ 为 x 的已知函数.

若能够找到函数 $y = \varphi(x)$ 代入方程 (1.17) 后, 使之成为恒等式, 则称函数 $y = \varphi(x)$ 为方程 (1.17) 的解, 确切地说, 设函数 $y = \varphi(x)$ 在区间 I 上有 n 阶连续导数, 在区间 I 上有

$$F\left[x, \varphi(x), \varphi'(x), \cdots, \varphi^{(n)}(x)\right] = 0,$$

则函数 $y = \varphi(x)$ 就称为微分方程 (1.17) 在 I 上的解.

如果 n 阶微分方程的解中含有 n 个独立的任意常数

$$y = \varphi(x, c_1, c_2, \cdots, c_n), \tag{1.20}$$

称 (1.20) 为方程 (1.17) 的通解.

注　所谓函数 $y = \varphi(x, c_1, c_2, \cdots, c_n)$ 含有 n 个独立常数, 是指存在 $(x, c_1, c_2, \cdots, c_n)$ 的某一个邻域, 使得行列式

$$\begin{vmatrix} \dfrac{\partial \varphi}{\partial c_1} & \dfrac{\partial \varphi}{\partial c_2} & \cdots & \dfrac{\partial \varphi}{\partial c_n} \\[2mm] \dfrac{\partial \varphi'}{\partial c_1} & \dfrac{\partial \varphi'}{\partial c_2} & \cdots & \dfrac{\partial \varphi'}{\partial c_n} \\[2mm] \vdots & \vdots & & \vdots \\[2mm] \dfrac{\partial \varphi^{(n-1)}}{\partial c_1} & \dfrac{\partial \varphi^{(n-1)}}{\partial c_2} & \cdots & \dfrac{\partial \varphi^{(n-1)}}{\partial c_n} \end{vmatrix} \neq 0,$$

其中 $\varphi^{(k)}$ 表示 φ 对 x 的 k 阶导数.

为了确定微分方程的一个特定的解, 通常需要给出该解所必须满足的条件, 即所谓定解条件. 常见的定解条件是初值条件, n 阶方程 (1.17) 的初值条件是指下面 n 个条件:

$$当\ x = x_0\ 时,\ y(x_0) = y_0,\ \frac{\mathrm{d}y}{\mathrm{d}x}\bigg|_{x=x_0} = y_0',\cdots,\ \frac{\mathrm{d}^{n-1}y}{\mathrm{d}x^{n-1}}\bigg|_{x=x_0} = y_0^{(n-1)}. \tag{1.21}$$

这里 $x_0, y_0, y_0', \cdots, y_0^{(n-1)}$ 是 $n+1$ 个已知常数.

有时定解条件为边界条件, 如下面微分方程定解问题

$$y'' + a(x)y' + b(x)y = f(x), \quad x_1 < x < x_2, y(x_1) = \alpha, y(x_2) = \beta$$

称为微分方程边值问题.

求微分方程满足定解条件的问题, 就是所谓的定解问题, 当定解条件为初值条件时, 相应的定解问题就称为初值问题, 本书主要研究初值问题.

习题 10–1

(A)

1. 指出下面各微分方程的阶数, 并回答是否为线性方程.

(1) $x^2 y'' - xy' + y = 0$;　　　　　(2) $y'' - (y')^2 + 12xy = 0$;

(3) $xy''' + 2xy' + xy^2 = 0$;　　　　(4) $y' + \cos y + 2xy = 0$;

(5) $xy'' - 5y' + 3xy = \sin x$;　　　(6) $\sin y'' + \mathrm{e}^y = x$.

2. 验证下列各函数是否为所给微分方程的解.

(1) $y = C_1 \cos \omega x (C_1 为常数)$, 方程 $y'' + \omega^2 y = 0 (\omega > 0 为常数)$;

(2) $y = \ln(xy)$, 方程 $(xy - x)y'' + xy'^2 + yy' - 2y' = 0$;

(3) $y = 3\sin x - 4\cos x$, 方程 $y'' + y = 0$;

(4) $y = \dfrac{\sin x}{x}$, 方程 $xy' + y = \cos x$;

(5) $y = x^2 \mathrm{e}^x$, 方程 $y'' - 2y' + y = 0$.

3. 试建立具有下列性质的曲线所满足的微分方程.

(1) 曲线在任意点处的切线的斜率等于该点横坐标的平方;

(2) 曲线上任一点的切线介于两坐标轴之间的部分等于定长 L;

(3) 曲线上任一点的切线在纵轴上的截距 s 和切点的横坐标相等;

(4) 曲线上任一点的切线与两坐标轴所围成的三角形的面积都等于常数 a^2;

(5) 曲线上任一点的切线的纵截距是切点的横坐标和纵坐标的等差中项.

4. 物体在空气中的冷却速度与物体和空气的温差成比例, 如果物体在 20 min 内由 100°C 冷却到 60°C, 那么在多长时间内这个物体的温度达到 30°C? 假设空气的温度为 20°C.

第二节　可变量分离的微分方程

一、可变量分离的方程概念

形如

$$\frac{\mathrm{d}y}{\mathrm{d}x} = f(x)g(y), \tag{2.1}$$

或

$$M_1(x)M_2(y)\mathrm{d}x = N_1(x)N_2(y)\mathrm{d}y, \tag{2.2}$$

的微分方程, 称为可变量分离的微分方程. 当 $g(y) \neq 0$ 或 $N_1(x)M_2(y) \neq 0$ 时, 方程 (2.1) 或 (2.2) 可化为

$$\frac{\mathrm{d}y}{g(y)} = f(x)\mathrm{d}x \quad (g(y) \neq 0), \tag{2.3}$$

或

$$\frac{M_1(x)}{N_1(x)}\mathrm{d}x = \frac{N_2(y)}{M_2(y)}\mathrm{d}y \quad (N_1(x)M_2(y) \neq 0). \tag{2.4}$$

两边积分即可求出它们的通解.

如果存在 y_0, 使 $g(y_0) = 0$, 直接代入可知 $y = y_0$ 也是 (2.1) 的解. 它可能不包含在方程 (2.3) 的通解中, 必须予以补上. 说明微分方程的通解不一定包含该微分方程的全部解.

二、可变量分离的方程的解法

例 2.1　解方程

$$\frac{\mathrm{d}y}{\mathrm{d}x} = -2\frac{x}{y}. \tag{2.5}$$

解　分离变量, 得 $y\mathrm{d}y = -2x\mathrm{d}x$, 两边积分有:

$$\frac{1}{2}y^2 = -x^2 + \frac{1}{2}C.$$

通解为 $2x^2 + y^2 = C$ (C 为任意常数). 也可解出 y, 而写成显式函数为:

$$y = \pm\sqrt{C - 2x^2}. \tag{2.6}$$

例 2.2　解方程

$$\frac{\mathrm{d}y}{\mathrm{d}x} = y\sin x. \tag{2.7}$$

解　当 $y \neq 0$ 时, 分离变量得

$$\frac{\mathrm{d}y}{y} = \sin x\mathrm{d}x.$$

两边积分得

$$\ln|y| = -\cos x + C_1,$$

$$y = \pm\mathrm{e}^{-\cos x + C_1} = \pm\mathrm{e}^{C_1}\mathrm{e}^{-\cos x} = C\mathrm{e}^{-\cos x}, \tag{2.8}$$

其中 $C = \pm e^{C_1}$ 为任意非零常数.

另外, $y = 0$ 也是方程 (2.7) 的解, 若在解 (2.8) 中允许 $C = 0$, 则可合并于上面解之中, 故方程 (2.7) 的通解为 $y = Ce^{-\cos x}$ (C 为任意常数).

三、可化为变量分离的方程

1. 齐次方程

如果方程

$$\frac{\mathrm{d}y}{\mathrm{d}x} = f(x, y) \tag{2.9}$$

右端的函数 $f(x, y)$ 为它的变量的零次齐次函数, 即满足恒等式

$$f(tx, ty) \equiv f(x, y), \tag{2.10}$$

那么称 (2.9) 为齐次方程.

在以上恒等式中, 若令 $t = \dfrac{1}{x}$, 则有 $f(x, y) \equiv f\left(1, \dfrac{y}{x}\right)$, 于是

$$\frac{\mathrm{d}y}{\mathrm{d}x} = g\left(\frac{y}{x}\right), \tag{2.11}$$

再令 $y = u(x)x$, 则

$$\frac{\mathrm{d}y}{\mathrm{d}x} = u + x\frac{\mathrm{d}u}{\mathrm{d}x},$$

代入 (2.11) 得

$$\frac{\mathrm{d}u}{\mathrm{d}x} = \frac{g(u) - u}{x}. \tag{2.12}$$

这是一个变量可分离的方程, 若 $g(u) - u \neq 0$, 其通解为

$$\ln x = \int \frac{\mathrm{d}u}{g(u) - u} + \ln C, \quad \text{或} \quad x = Ce^{\int \frac{\mathrm{d}u}{g(u) - u}} \left(u = \frac{y}{x}\right),$$

其中 C 为任意常数.

若 $g(u) - u = 0$, 即 $g\left(\dfrac{y}{x}\right) = \dfrac{y}{x}$, 方程 (2.11) 已经是可分离变量的方程. 若当 $u = u_0$ 时, 才有 $g(u) - u = 0$, 可看出 $u = u_0$ 是方程 $\dfrac{\mathrm{d}u}{\mathrm{d}x} = \dfrac{g(u) - u}{x}$ 的解, 于是 $y = u_0 x$ 是 (2.11) 的解, 它显然不能包含在通解 $x = Ce^{\int \frac{\mathrm{d}u}{g(u) - u}}$ 中.

例 2.3　解微分方程

$$\frac{\mathrm{d}y}{\mathrm{d}x} = \frac{y^2}{xy - x^2}. \tag{2.13}$$

解　原方程可以写为

$$\frac{\mathrm{d}y}{\mathrm{d}x} = \frac{\left(\dfrac{y}{x}\right)^2}{\dfrac{y}{x} - 1}.$$

它是齐次微分方程, 令 $u = \dfrac{y}{x}$, 得 $x\dfrac{\mathrm{d}u}{\mathrm{d}x} = \dfrac{u^2}{u-1} - u = \dfrac{u}{u-1}$, 分离变量得

$$\frac{u-1}{u}\mathrm{d}u = \frac{\mathrm{d}x}{x}. \tag{2.14}$$

两边积分得

$$u - \ln|u| = \ln|x| + C_1, \quad xu = Ce^u \, (C = \pm e^{-C_1}). \tag{2.15}$$

将 $u = \dfrac{y}{x}$ 代入上式, 得原方程的通解为 $y = Ce^{\frac{y}{x}}$ (C 为任意非零常数).

另外, $y = 0$ 亦为原方程的解. 若在通解中允许 $C = 0$, 则可将其合并于通解之中.

例 2.4　求方程 $x\dfrac{\mathrm{d}y}{\mathrm{d}x} + 2\sqrt{xy} = y(x < 0)$ 的通解.

解　将方程改写为

$$\frac{\mathrm{d}y}{\mathrm{d}x} = 2\sqrt{\frac{y}{x}} + \frac{y}{x} \, (x < 0),$$

此方程为齐次方程. 若令 $u = \dfrac{y}{x}$, 则 $\dfrac{\mathrm{d}y}{\mathrm{d}x} = x\dfrac{\mathrm{d}u}{\mathrm{d}x} + u$, 代入上式, 得

$$x\frac{\mathrm{d}u}{\mathrm{d}x} = 2\sqrt{u}. \tag{2.16}$$

分离变量

$$\frac{\mathrm{d}u}{2\sqrt{u}} = \frac{\mathrm{d}x}{x}.$$

两边积分得到 (2.16) 的通解

$$\sqrt{u} = \ln(-x) + C,$$
$$u = [\ln(-x) + C]^2 \quad (x < 0, \ln(-x) + C > 0), \tag{2.17}$$

其中 C 为任意常数, 此外方程 (2.16) 还有解 $u = 0$, 此解不包括在通解 (2.17) 中. 将 $u = \dfrac{y}{x}$ 代入上式, 即得原方程的通解

$$y = x[\ln(-x) + C]^2 \, (\ln(-x) + C > 0) \quad \text{及解} \quad y = 0.$$

2. 可化为齐次方程的方程

形如

$$\frac{\mathrm{d}y}{\mathrm{d}x} = f\left(\frac{a_1 x + b_1 y + c_1}{a_2 x + b_2 y + c_2}\right) \tag{2.18}$$

的微分方程称为可以化为齐次方程 (其中 $a_1, b_1, c_1, a_2, b_2, c_2$ 均为常数) 的方程.

当 $c_1 = c_2 = 0$ 时, 方程 (2.18) 即为齐次方程, 事实上, 将右端分子分母同除以 x, 即得

$$\frac{\mathrm{d}y}{\mathrm{d}x} = f\left(\frac{a_1 + b_1 \dfrac{y}{x}}{a_2 + b_2 \dfrac{y}{x}}\right).$$

令 $u = \dfrac{y}{x}$ 即化为可变量分离方程.

当 c_1, c_2 中至少有一个不为零时, 分如下两种情形:

(1) 当 $\begin{vmatrix} a_1 & b_1 \\ a_2 & b_2 \end{vmatrix} = 0$ 时, 即 $\dfrac{a_1}{a_2} = \dfrac{b_1}{b_2}$, 设此比值为 k, 则方程可以写成

$$\frac{\mathrm{d}y}{\mathrm{d}x} = f\left(\frac{k\left(a_2 x + b_2 y\right) + c_1}{a_2 x + b_2 y + c_2} \right) = f\left(a_2 x + b_2 y\right).$$

令 $a_2 x + b_2 y = u$, 得 $\dfrac{\mathrm{d}u}{\mathrm{d}x} = a_2 + b_2 f(u)$, 即为可变量分离方程.

(2) 当 $\begin{vmatrix} a_1 & b_1 \\ a_2 & b_2 \end{vmatrix} \neq 0$ 及 c_1, c_2 不全为零时, 方程组

$$\begin{cases} a_1 x + b_1 y + c_1 = 0, \\ a_2 x + b_2 y + c_2 = 0 \end{cases} \tag{2.19}$$

代表平面内两条相交直线, 设交点为 (α, β), 显然有 $\alpha \neq 0$ 或 $\beta \neq 0$ (否则若 $\alpha = \beta = 0$, 则交点为原点, 必有 $c_1 = c_2 = 0$). 从几何上知, 只要将坐标原点 $(0,0)$ 移至 (α, β) 即可. 令

$$\begin{cases} X = x - \alpha, \\ Y = y - \beta, \end{cases} \tag{2.20}$$

方程组 (2.19) 化为

$$\begin{cases} a_1 X + b_1 Y = 0, \\ a_2 X + b_2 Y = 0. \end{cases} \tag{2.21}$$

从而原方程 (2.18) 化为

$$\frac{\mathrm{d}Y}{\mathrm{d}X} = f\left(\frac{a_1 X + b_1 Y}{a_2 X + b_2 Y} \right) = g\left(\frac{Y}{X} \right), \tag{2.22}$$

这是齐次方程.

例 2.5　解方程

$$\frac{\mathrm{d}y}{\mathrm{d}x} = \frac{ax + by}{bx - ay}. \tag{2.23}$$

解　将方程改写为

$$\frac{\mathrm{d}y}{\mathrm{d}x} = \frac{a + b\dfrac{y}{x}}{b - a\dfrac{y}{x}}.$$

令 $u = \dfrac{y}{x}$, 代入方程化为

$$x \frac{\mathrm{d}u}{\mathrm{d}x} = \frac{a\left(u^2 + 1\right)}{b - au}. \tag{2.24}$$

分离变量后积分

$$\int \frac{b-au}{a\left(u^2+1\right)} \mathrm{d}u = \int \frac{\mathrm{d}x}{x}.$$

$$\frac{b}{a}\arctan u - \frac{1}{2}\ln\left(u^2+1\right) = \ln|x| + C_1.$$

代回原变量后可得原方程的通解为

$$\sqrt{x^2+y^2} = C\mathrm{e}^{\frac{b}{a}\arctan\frac{y}{x}}, \tag{2.25}$$

其中 $C = \pm\mathrm{e}^{C_1}$ 为任意非零常数.

例 2.6 解方程

$$(2x+y+1)\mathrm{d}x + (x+2y-1)\mathrm{d}y = 0. \tag{2.26}$$

解 方程化为

$$\frac{\mathrm{d}y}{\mathrm{d}x} = -\frac{2x+y+1}{x+2y-1},$$

注意到 $\Delta = \begin{vmatrix} 2 & 1 \\ 1 & 2 \end{vmatrix} = 3 \neq 0$, 解方程组 $\begin{cases} 2x+y+1=0, \\ x+2y-1=0, \end{cases}$ 得到交点 $\begin{cases} x_0 = \alpha = -1, \\ y_0 = \beta = 1. \end{cases}$

令

$$\begin{cases} x = X + \alpha = X - 1, \\ y = Y + \beta = Y + 1, \end{cases}$$

原方程化为

$$\frac{\mathrm{d}Y}{\mathrm{d}X} = -\frac{2X+Y}{X+2Y} = -\frac{2+\dfrac{Y}{X}}{1+2\dfrac{Y}{X}}.$$

令 $u = \dfrac{Y}{X}$, 代入后积分得通解为 $X\sqrt{u^2+u+1} = C_1$, 代回原变量后整理得

$$x^2 + y^2 + xy + x - y = C, \tag{2.27}$$

其中 $C = C_1^2 - 1$ 为任意常数.

习题 10–2

(A)

1. 求下列方程的通解.

(1) $y' = \tan x \cdot \tan y$;

(2) $\ln(\cos y)\mathrm{d}x + x\tan y\mathrm{d}y = 0$;

(3) $\dfrac{x\mathrm{d}x}{\sqrt{1-y^2}} + \dfrac{y\mathrm{d}y}{\sqrt{1-x^2}} = 0$;

(4) $x\sqrt{1+y^2}\mathrm{d}x + y\sqrt{1+x^2}\mathrm{d}y = 0$;

(5) $yy' = -2x\sec y$;

(6) $5\mathrm{e}^x\tan y\mathrm{d}x + (1-\mathrm{e}^x)\sec^2 y\mathrm{d}y = 0$;

(7) $y' = ay^2 + (a+x)y'$;　　　　(8) $(e^{x+y} - e^x)dx + (e^{x+y} + e^y)dy = 0$;

(9) $(y+1)^2 y' + x^3 = 0$;　　　　(10) $y' + \sin(x+y) = \sin(x-y)$.

2. 求满足初值条件的解.

(1) $y' \sin x = y \ln y, y\big|_{x=\frac{\pi}{2}} = e$;　　　　(2) $\cos y dx + (1 + e^{-x}) \sin y dy = 0, y\big|_{x=0} = \frac{\pi}{4}$;

(3) $y' \cos x = \dfrac{y}{\ln y}, y\big|_{x=0} = 1$;　　　　(4) $(1+x^2)dy + y dx = 0, y\big|_{x=1} = 1$;

(5) $3e^x \tan y dx + (1 + e^x) \sec^2 y dy = 0, y\big|_{x=0} = \dfrac{\pi}{4}$;

(6) $(1+x^2)y' = \arctan x, y|_{x=0} = 0$; (7) $xy' + x + \sin(x+y) = 0, y\big|_{x=\frac{\pi}{2}} = 0$.

3. 已知放射性元素铀的衰变速度与当时未衰变的原子的含量 M 成正比, 设 $t = 0$ 时铀的含量为 M. 求在衰变过程中铀含量 $M(t)$ 随时间 t 变化的规律.

4. 求下列微分方程的通解.

(1) $(x^2 + y^2)dx - xy dy = 0$;　　　　(2) $xy' \sin\left(\dfrac{y}{x}\right) + x = y \sin\left(\dfrac{y}{x}\right)$;

(3) $9yy' - 18xy + 4x^3 = 0$;　　　　(4) $\left(y + x \tan \dfrac{y}{x}\right) dx - x dy = 0$;

(5) $(1 + 2e^{\frac{x}{y}})dx + 2e^{\frac{x}{y}} \left(1 - \dfrac{x}{y}\right) dy = 0$;

(6) $(2x - 5y + 3)dx - (2x + 4y - 6)dy = 0$;

(7) $(x + y - 3)dy + (-x + y - 1)dx = 0$;　　(8) $(x^2 y^2 + 1)dx + 2x^2 dy = 0$.

5. 求满足下列条件的特解.

(1) $(x^2 + 2xy - y^2)dx + (y^2 + 2xy - x^2)dy = 0, y|_{x=1} = 1$;

(2) $y' = \dfrac{y}{x} + \sin \dfrac{y}{x}, y|_{x=1} = \dfrac{\pi}{2}$;　　　　(3) $xy' = xe^{\frac{y}{x}} + y, y|_{x=1} = 0$;

(4) $(x^4 + 6x^2 y^2 + y^4)dx + 4xy(x^2 + y^2) dy = 0, y|_{x=1} = 0$;

(5) $2(x+y)dy + (3x + 3y - 1)dx = 0, \quad y|_{x=0} = 2$.

6. 已知曲线上任意点的横坐标与该点到法线和 x 轴交点的距离之积, 等于该点到原点距离的平方的 2 倍, 求该曲线的方程.

(B)

7. 证明方程 $\dfrac{x}{y} \dfrac{dy}{dx} = f(xy)$ 经变换 $xy = u$ 可化为可变量分离方程, 并由此求解下列方程:

(1) $y(1 + x^2 y^2)dx = x dy$;　　　　(2) $\dfrac{x}{y} \dfrac{dy}{dx} = \dfrac{2 + x^2 y^2}{2 - x^2 y^2}$.

第三节　一阶线性微分方程与常数变易法

一、一阶线性方程

形如

$$\frac{dy}{dx} + P(x)y = Q(x) \tag{3.1}$$

的方程称为一阶线性微分方程 (关于 y 及 y 的导数是一次的), 其中 $P(x), Q(x)$ 均为连续函数. 当 $Q(x) \equiv 0$ 时, 方程 (3.1) 化为

$$\frac{dy}{dx} + P(x)y = 0. \tag{3.2}$$

方程 (3.2) 称为一阶齐次线性方程, 当 $Q(x) \neq 0$ 时, (3.1) 称为一阶非齐次线性方程.

方程 (3.2) 为可变量分离方程, 容易求得它的通解为

$$y = C\mathrm{e}^{-\int P(x)\mathrm{d}x} \quad (C \text{ 为任意常数}). \tag{3.3}$$

现在讨论非齐次线性方程 (3.1) 的通解的求法, 显然方程 (3.2) 是方程 (3.1) 的特殊情况, 方程 (3.1) 比方程 (3.2) 多了一项 $Q(x)$, 当 $Q(x) = 0$ 时, 即为方程 (3.2), 其解为 (3.3); 当 $Q(x) \neq 0$ 时, 设想其解应该和方程 (3.2) 的解既有联系又有区别. 可以考虑采用常数变易法来解决.

将方程 (3.2) 的通解中的常数 C 变易为待定函数 $C(x)$, 代入方程 (3.1), 试探是否可以确定出 $C(x)$. 设方程 (3.1) 的解具有形式

$$y = C(x)\mathrm{e}^{-\int P(x)\mathrm{d}x}, \tag{3.4}$$

两边求导得

$$y' = C'(x)\mathrm{e}^{-\int P(x)\mathrm{d}x} - C(x)P(x)\mathrm{e}^{-\int P(x)\mathrm{d}x}. \tag{3.5}$$

将 (3.4), (3.5) 代入 (3.1) 后合并同类项得

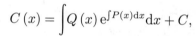

$$C'(x) = Q(x)\mathrm{e}^{\int P(x)\mathrm{d}x}.$$

积分得

$$C(x) = \int Q(x)\mathrm{e}^{\int P(x)\mathrm{d}x}\mathrm{d}x + C,$$

一阶线性
微分方程

其中 C 为任意常数, 代入 (3.4) 得

$$y = \mathrm{e}^{-\int P(x)\mathrm{d}x}\left(\int Q(x)\mathrm{e}^{\int P(x)\mathrm{d}x}\mathrm{d}x + C\right). \tag{3.6}$$

此解即为非齐次线性方程 (3.1) 的通解.

若将 (3.6) 分解成两项之和

$$y = C\mathrm{e}^{-\int P(x)\mathrm{d}x} + \mathrm{e}^{-\int P(x)\mathrm{d}x}\int Q(x)\mathrm{e}^{\int P(x)\mathrm{d}x}\mathrm{d}x.$$

上式第一项对应齐次方程 (3.2) 的通解, 第二项是非齐次线性方程 (3.1) 的一个特解, 由此可知, 一阶非齐次线性微分方程的通解等于其对应的齐次方程的通解与非齐次方程的一个特解之和.

例 3.1　求方程 $(x+1)\dfrac{\mathrm{d}y}{\mathrm{d}x} - ny = \mathrm{e}^x(x+1)^{n+1}$ 的通解 (n 为常数).

解　将方程改写为

$$\frac{\mathrm{d}y}{\mathrm{d}x} - \frac{n}{x+1}y = \mathrm{e}^x(x+1)^n. \tag{3.7}$$

先求对应齐次方程

$$\frac{\mathrm{d}y}{\mathrm{d}x} - \frac{n}{x+1}y = 0 \tag{3.8}$$

的通解, 分离变量后积分可得齐次方程 (3.8) 的通解为

$$y = C (x+1)^{n}.$$

应用常数变易法, 令

$$y = C (x) (x+1)^{n}. \tag{3.9}$$

则

$$\frac{\mathrm{d}y}{\mathrm{d}x} = C' (x) (x+1)^{n} + n (x+1)^{n-1} C (x). \tag{3.10}$$

将 (3.9), (3.10) 代入 (3.7) 得 $C' (x) = \mathrm{e}^{x}$. 积分后得 $C (x) = \mathrm{e}^{x} + C_1$, 代入 (3.9) 即得原非齐次方程 (3.7) 的通解

$$y = (x+1)^{n} (\mathrm{e}^{x} + C_1), \quad \text{其中 } C_1 \text{ 为任意常数.} \tag{3.11}$$

例 3.2　求方程

$$\frac{\mathrm{d}y}{\mathrm{d}x} = \frac{x^4 + y^3}{xy^2} \tag{3.12}$$

的通解.

解　本题不是线性方程, 但可以通过代换化为线性方程, 以 y^2 乘等式两边, 并令 $u = y^3$ 得

$$\frac{1}{3} \frac{\mathrm{d}u}{\mathrm{d}x} = x^3 + \frac{u}{x} \quad \text{或} \quad \frac{\mathrm{d}u}{\mathrm{d}x} - \frac{3u}{x} = 3x^3.$$

上式为一阶非齐次线性微分方程, 其中

$$P (x) = -\frac{3}{x}, \quad Q (x) = 3x^3.$$

由公式 (3.6) 立即可得

$$u = y^3 = \mathrm{e}^{\int \frac{3}{x} \mathrm{d}x} \left[\int 3x^3 \mathrm{e}^{-\int \frac{3}{x} \mathrm{d}x} \mathrm{d}x + C \right]$$

$$= x^3 \left[\int 3 \mathrm{d}x + C \right] = Cx^3 + 3x^4. \tag{3.13}$$

二、伯努利方程

形如

$$\frac{\mathrm{d}y}{\mathrm{d}x} + P (x) y = Q (x) y^n \tag{3.14}$$

的方程称为伯努利 (Bernoulli) 方程, 其中 n 为不等于 0, 1 的实常数, $P (x)$, $Q (x)$ 为连续函数.

利用变换可将伯努利方程化为一阶线性方程, 事实上, 对 $y \neq 0$, 用 y^{-n} 乘方程 (3.14) 两边, 得

$$y^{-n} \frac{\mathrm{d}y}{\mathrm{d}x} + P (x) y^{1-n} = Q (x). \tag{3.15}$$

令 $z = y^{1-n}$, 则将方程 (3.14) 化为

$$\frac{\mathrm{d}z}{\mathrm{d}x} + (1-n)\,P\,(x)\,z = (1-n)\,Q\,(x).$$

这是一阶线性方程, 解出 z 后代回原变量, 即得原方程 (3.14) 的解, 此外, 当 $n > 0$ 时, 方程还有解 $y = 0$.

例 3.3   求方程

$$\frac{\mathrm{d}y}{\mathrm{d}x} = 6\frac{y}{x} - xy^2 \tag{3.16}$$

的通解.

解   这是 $n = 2$ 时的伯努利方程, 令 $z = y^{-1}$ 得

$$\frac{\mathrm{d}z}{\mathrm{d}x} = -y^{-2}\frac{\mathrm{d}y}{\mathrm{d}x},$$

代入原方程得

$$\frac{\mathrm{d}z}{\mathrm{d}x} = -\frac{6}{x}z + x.$$

这是线性方程, 它的通解为

$$z = \frac{C}{x^6} + \frac{x^2}{8},$$

代回原变量得

$$\frac{1}{y} = \frac{C}{x^6} + \frac{x^2}{8} \quad \text{或} \quad \frac{x^6}{y} - \frac{x^8}{8} = C \quad (C \text{ 为任意常数}). \tag{3.17}$$

此外, $y = 0$ 也是原方程的解.

例 3.4   解方程

$$\frac{\mathrm{d}y}{\mathrm{d}x} + xy^2 - x^3y - 2x = 0. \tag{3.18}$$

解   方程可写为

$$\frac{\mathrm{d}y}{\mathrm{d}x} + xy\,(y - x^2) - 2x = 0,$$

令 $u = x^2 - y$, 则原方程化为

$$\frac{\mathrm{d}u}{\mathrm{d}x} + x^3u = xu^2.$$

这是一个伯努利方程, 可求得

$$\frac{1}{u} = \mathrm{e}^{\frac{x^4}{4}} \left(-\int x\mathrm{e}^{-\frac{x^4}{4}}\,\mathrm{d}x + C\right),$$

从而通解为

$$\frac{1}{x^2 - y} = \mathrm{e}^{\frac{x^4}{4}} \left(-\int x\mathrm{e}^{-\frac{x^4}{4}}\,\mathrm{d}x + C\right), \tag{3.19}$$

其中 C 为任意常数.

例 3.5 求方程

$$\frac{\mathrm{d}y}{\mathrm{d}x} = \frac{1}{x^3 y^3 + xy} \tag{3.20}$$

的通解.

解 将 y 看成自变量, x 为未知数, 方程化为

$$\frac{\mathrm{d}x}{\mathrm{d}y} = yx + x^3 y^3.$$

这是伯努利方程, 令 $z = x^{-2}$ 可将其化为线性方程

$$\frac{\mathrm{d}z}{\mathrm{d}y} + 2yz = -2y^3. \tag{3.21}$$

(3.21) 的通解为 $z = 1 - y^2 + Ce^{-y^2}$, 故原方程的通解为

$$\frac{1}{x^2} = 1 - y^2 + Ce^{-y^2}. \tag{3.22}$$

习题 10–3

(A)

1. 求下列方程的通解.

(1) $y' + y\cos x = \mathrm{e}^{-\sin x}$;

(2) $(x^2 - 1)y' + 2xy - \cos x = 0$;

(3) $y = xy' + y'\ln y$;

(4) $(x^2 \ln y - x)y' = y$;

(5) $y' = \dfrac{y}{2x - y^2}$;

(6) $y' + xy = x^3 y^3$;

(7) $xy' + y = a(x\ln x)y^2$;

(8) $2r\cot\theta\mathrm{d}\theta + \mathrm{d}r = -2\sin 2\theta\mathrm{d}\theta$;

(9) $\dfrac{1}{\sqrt{y}}(x^2 - 1)y' + 4x\sqrt{y} = x^3 - x$;

(10) $y'\cos y - \cos x \sin^2 y = \sin y$;

(11) $y' + yg' = gg'$ (其中 $g(x)$ 为 x 的已知函数);

(12) $y' + xy^2 - x^3 y - 2x = 0$.

2. 求满足下列初值条件的特解.

(1) $xy' + y - \mathrm{e}^x = 0, y(1) = \mathrm{e}$;

(2) $y' + \dfrac{y}{x} = \dfrac{\sin x}{x}, y\big|_{x=\pi} = 1$;

(3) $y' + y\cot x = 5\mathrm{e}^{\cos x}, y\big|_{x=\frac{\pi}{2}} = -4$;

(4) $y'\cos^2 x + y = \tan x, y(0) = 0$;

(5) $y' + y = \mathrm{e}^{\frac{x}{2}}\sqrt{y}, y(0) = \dfrac{9}{4}$;

(6) $y' + \dfrac{3x^2 y}{x^3 + 1} = y^2(x^3 + 1)\sin x, y(0) = 1$.

(B)

3. 设 $y = y_1(x), y = y_2(x)$ 为方程

$$y' = P(x)y + Q(x) \tag{$*$}$$

的两个互异解. 求证对 (∗) 的任一解 $y(x)$ 成立恒等式

$$\frac{y(x) - y_1(x)}{y_2(x) - y_1(x)} = C,$$

其中 C 为某一常数.

4. 设有一质量为 m 的质点作直线运动, 从速度等于 0 的时刻起, 有一个与运动方向一致、大小与时间成正比 (比例系数为 k_1) 的力作用于它, 此外还受一与速度成正比 (比例系数为 k_2) 的阻力作用, 求质点运动的速度与时间的函数关系.

第四节　全微分方程

一、全微分方程的概念

从前几节的学习中看出, 求解一阶常微分方程时, 自变量和因变量完全处于平等的地位, 可以将方程写成如下形式

$$M(x,y)\,\mathrm{d}x + N(x,y)\,\mathrm{d}y = 0. \tag{4.1}$$

当微分方程被写成 (4.1) 的形式时, 立刻可以想起二元函数的全微分表达式

$$\mathrm{d}u(x,y) = \frac{\partial u}{\partial x}\mathrm{d}x + \frac{\partial u}{\partial y}\mathrm{d}y. \tag{4.2}$$

可以看出, 微分方程 (4.1) 的左边正好为函数 $u = u(x,y)$ 的全微分, 对等式 $\mathrm{d}u(x,y) = 0$ 求积分, 可立即得到

$$u(x,y) = C \quad (C \text{ 为任意常数}). \tag{4.3}$$

定义 4.1　若方程 (4.1) 的左端恰好为某个二元函数 $u(x,y)$ 的全微分

$$M(x,y)\,\mathrm{d}x + N(x,y)\,\mathrm{d}y \equiv \mathrm{d}u(x,y) \equiv \frac{\partial u}{\partial x}\mathrm{d}x + \frac{\partial u}{\partial y}\mathrm{d}y, \tag{4.4}$$

称方程 (4.1) 为全微分方程 (亦称恰当方程).

容易看出, 当方程 (4.1) 为全微分方程时, 它的通解即为 (4.3).

通过以上分析自然提出如下问题:

(1) 当方程 (4.1) 的左边满足什么条件时, 它才能是全微分方程?

(2) 如果方程 (4.1) 是全微分方程, 那么如何确定出函数 $u(x,y)$?

(3) 如果方程 (4.1) 不是全微分方程, 那么能否设法使它变成全微分方程?

多元函数曲线积分理论已经解决了问题 (1), (2).

定理 4.1　设 $M(x,y), N(x,y)$ 在某个单连通区域 G 内具有一阶连续偏导数, 使 (4.1) 成为全微分方程的充分必要条件是:

$$\frac{\partial M}{\partial y} \equiv \frac{\partial N}{\partial x} \tag{4.5}$$

在 G 内恒成立, 且当此条件满足时, 全微分方程 (4.1) 的通解为

$$
\begin{aligned}
u\left(x,y\right) &\equiv \int_{(x_0,y_0)}^{(x,y)} M\left(x,y\right) \mathrm{d}x + N\left(x,y\right)\mathrm{d}y \\
&\equiv \int_{x_0}^{x} M\left(x,y\right)\mathrm{d}x + \int_{y_0}^{y} N\left(x_0,y\right)\mathrm{d}y \equiv C,
\end{aligned} \tag{4.6}
$$

其中 (x_0, y_0) 为区域 G 内的点 $P_0\left(x_0, y_0\right)$ 的坐标.

二、全微分方程的解法

例 4.1　解方程 $\left(3x^2 + 6xy^2\right)\mathrm{d}x + \left(6x^2y + 4y^3\right)\mathrm{d}y = 0$.

解　$M = 3x^2 + 6xy^2$, $N = 6x^2y + 4y^3$, 因 $\dfrac{\partial M}{\partial y} = \dfrac{\partial N}{\partial x} = 12xy$, 方程为全微分方程. 取 $x_0 = 0$, $y_0 = 0$, 由公式 (4.6) 得

$$
u\left(x,y\right) = \int_0^x \left(3x^2 + 6xy^2\right)\mathrm{d}x + \int_0^y 4y^3 \mathrm{d}y = x^3 + 3x^2y^2 + y^4.
$$

于是方程的通解为

$$
x^3 + 3x^2y^2 + y^4 = C.
$$

亦可求解如下. 由全微分的定义, 有

$$
\frac{\partial u}{\partial x} = M = 3x^2 + 6xy^2, \tag{4.7}
$$

$$
\frac{\partial u}{\partial y} = N = 6x^2y + 4y^3. \tag{4.8}
$$

(4.7) 对 x 积分得

$$
u = x^3 + 3x^2y^2 + \varphi\left(y\right). \tag{4.9}
$$

为确定 $\varphi\left(y\right)$, 将 (4.9) 两边对 y 求导, 并使之满足 (4.8) 得

$$
\frac{\partial u}{\partial y} = 6x^2y + \varphi'\left(y\right) = 6x^2y + 4y^3.
$$

于是 $\varphi'\left(y\right) = 4y^3$, 积分之得 $\varphi\left(y\right) = y^4$, 代入 (4.9) 得

$$
u\left(x,y\right) = x^3 + 3x^2y^2 + y^4.
$$

原方程的通解为

$$
x^3 + 3x^2y^2 + y^4 = C \quad (C\text{为任意常数}).
$$

在判断方程是全微分方程后, 通常亦可采用分项组合的办法, 将那些本来已经构成全微分的项分出, 再将剩余的项凑成全微分, 这种办法要求熟记一些简单的二元函数的全微分, 如:

$$
x\mathrm{d}y + y\mathrm{d}x = \mathrm{d}\left(xy\right), \quad \frac{x\mathrm{d}y - y\mathrm{d}x}{x^2} = \mathrm{d}\left(\frac{y}{x}\right), \quad \mathrm{e}^x\left(\mathrm{d}y + y\mathrm{d}x\right) = \mathrm{d}\left(y\mathrm{e}^x\right),
$$

$$\frac{y\mathrm{d}x - x\mathrm{d}y}{xy} = \mathrm{d}\left(\ln\left|\frac{x}{y}\right|\right), \quad xy\mathrm{d}x + \left(\frac{x^2}{2} + \frac{1}{y}\right)\mathrm{d}y = \mathrm{d}\left(\frac{x^2 y}{2}\right) + \mathrm{d}(\ln|y|),$$

$$\frac{y\mathrm{d}x - x\mathrm{d}y}{x^2 + y^2} = \mathrm{d}\left(\arctan\frac{x}{y}\right), \quad \frac{y\mathrm{d}x - x\mathrm{d}y}{x^2 - y^2} = \frac{1}{2}\mathrm{d}\left(\ln\left|\frac{x-y}{x+y}\right|\right).$$

例 4.2 解方程 $\left(\cos x + \dfrac{1}{y}\right)\mathrm{d}x + \left(\dfrac{1}{y} - \dfrac{x}{y^2}\right)\mathrm{d}y = 0.$

解 因 $\dfrac{\partial M}{\partial y} = -\dfrac{1}{y^2} = \dfrac{\partial N}{\partial x}$，方程为全微分方程，将方程重新分项组合为

$$\cos x\mathrm{d}x + \frac{1}{y}\mathrm{d}y + \left(\frac{1}{y}\mathrm{d}x - \frac{x}{y^2}\mathrm{d}y\right) = 0,$$

$$\mathrm{d}\sin x + \mathrm{d}\ln|y| + \frac{y\mathrm{d}x - x\mathrm{d}y}{y^2} = 0. \tag{4.10}$$

式 (4.10) 可等价变形为

$$\mathrm{d}\left(\sin x + \ln|y| + \frac{x}{y}\right) = 0,$$

从而得到原方程的通解为 $\sin x + \ln|y| + \dfrac{x}{y} = C$ (C 为任意常数).

积分因子: 当条件 (4.5) 不能满足时, 方程 (4.1) 不是全微分方程, 这时如果能找到一个适当的连续可微函数 $u = \mu(x, y) \neq 0$, 使方程 (4.1) 乘 $\mu(x, y)$ 后得到的方程

$$\mu(x, y) M(x, y)\mathrm{d}x + \mu(x, y) N(x, y)\mathrm{d}y = 0 \tag{4.11}$$

为一全微分方程, 那么称 $\mu(x, y)$ 为方程 (4.1) 的积分因子. 这时 (4.1) 的通解仍可求得, 即可找到函数 $\nu(x, y)$, 使

$$\mu M\mathrm{d}x + \mu N\mathrm{d}y \equiv \mathrm{d}\nu. \tag{4.12}$$

而 $\nu(x, y) = C$ 即为 (4.1) 的通解.

由 (4.10) 可以看出, 同一方程 $y\mathrm{d}x - x\mathrm{d}y = 0$ 可以有不同的积分因子:

$$\frac{1}{x^2}, \quad \frac{1}{y^2}, \quad \frac{1}{xy}, \quad \frac{1}{x^2 \pm y^2}.$$

可以证明, 只要方程有解存在, 则必有积分因子存在, 并且不是唯一的 (证明超出本书范围, 略), 因此, 在具体解题过程中, 由于积分因子的不同, 方程的通解可以有不同的形式.

例 4.3 解方程 $(1 + xy)y\mathrm{d}x + (1 - xy)x\mathrm{d}y = 0.$

解 验算可知, 方程不是全微分方程, 将方程重新整理为

$$(y\mathrm{d}x + x\mathrm{d}y) + xy(y\mathrm{d}x - x\mathrm{d}y) = 0,$$

$$\mathrm{d}(xy) + x^2 y^2\left(\frac{\mathrm{d}x}{x} - \frac{\mathrm{d}y}{y}\right) = 0.$$

易见因式 $\dfrac{1}{x^2y^2}$ 为积分因子, 乘上积分因子后, 方程化为

$$\frac{\mathrm{d}\,(xy)}{x^2y^2} + \frac{\mathrm{d}x}{x} - \frac{\mathrm{d}y}{y} = 0.$$

积分得

$$-\frac{1}{xy} + \ln\left|\frac{x}{y}\right| = C_1.$$

故方程的通解为: $\dfrac{x}{y} = C\mathrm{e}^{\frac{1}{xy}}(C = \pm\mathrm{e}^{C_1})$.

　　一般来讲, 求积分因子不是一件容易的工作, 在一些特殊情况下, 可以按如下方法求得.

　　方程 (4.1) 存在只与 x 有关的积分因子 $\mu = \mu(x)$ 的充分必要条件为

$$\frac{\dfrac{\partial M}{\partial y} - \dfrac{\partial N}{\partial x}}{N} = \psi(x). \tag{4.13}$$

这里 $\psi(x)$ 仅为 x 的函数, 并且可以按如下公式求出 (4.1) 的一个积分因子

$$\mu = \mathrm{e}^{\int \psi(x)\mathrm{d}x}. \tag{4.14}$$

同理, 方程 (4.1) 存在只与 y 有关的积分因子 $\mu = \mu(y)$ 的充分必要条件为

$$\frac{\dfrac{\partial M}{\partial y} - \dfrac{\partial N}{\partial x}}{-M} = \varphi(y).$$

这里 $\varphi(y)$ 仅为 y 的函数, 且可以按如下公式来求得积分因子

$$\mu = \mathrm{e}^{\int \varphi(y)\mathrm{d}y}. \tag{4.14$'$}$$

例 4.4　试用积分因子法求解线性方程

$$\frac{\mathrm{d}y}{\mathrm{d}x} + P(x)y = Q(x).$$

解　方程改写为

$$[P(x)y - Q(x)]\mathrm{d}x + \mathrm{d}y = 0. \tag{4.15}$$

$M = P(x)y - Q(x), N = 1$, 因 $\dfrac{\dfrac{\partial M}{\partial y} - \dfrac{\partial N}{\partial x}}{N} = P(x)$.

方程有且仅有关于 x 的积分因子 $\mu = \mathrm{e}^{\int P(x)\mathrm{d}x}$, 以 $\mu(x)$ 乘方程 (4.15) 两边得

$$\mathrm{e}^{\int P(x)\mathrm{d}x}[P(x)y - Q(x)]\mathrm{d}x + \mathrm{e}^{\int P(x)\mathrm{d}x}\mathrm{d}y$$
$$= \mathrm{d}[y\mathrm{e}^{\int P(x)\mathrm{d}x}] - Q(x)\mathrm{e}^{\int P(x)\mathrm{d}x}\mathrm{d}x = 0.$$

解方程, 得

$$ye^{\int P(x)dx} - \int Q(x)e^{\int P(x)dx}dx = C,$$

$$y = e^{-\int P(x)dx}\left[\int Q(x)e^{\int P(x)dx} + C\right].$$

和上一节推导的结果完全相同.

例 4.5　求方程

$$(x\cos y - y\sin y)dy + (x\sin y + y\cos y)dx = 0$$

的通解.

解　$M = x\sin y + y\cos y$, $N = x\cos y - y\sin y$,

$$\frac{\dfrac{\partial M}{\partial y} - \dfrac{\partial N}{\partial x}}{N} = \frac{x\cos y - y\sin y}{x\cos y - y\sin y} = 1.$$

方程有仅与 x 有关的积分因子 $\mu = e^{\int 1dx} = e^x$, 以 $\mu = e^x$ 乘原方程两端, 即得全微分方程, 容易求得其通解为

$$e^x(x\sin y + y\cos y - \sin y) = C.$$

习题 10–4

(A)

1. 验证下列方程中哪些为全微分方程, 并求出全微分方程的解.

(1) $(x^2 + y)dx + (x - 2y)dy = 0$;

(2) $\left[\dfrac{y^2}{(x-y)^2} - \dfrac{1}{x}\right]dx + \left[\dfrac{1}{y} - \dfrac{x^2}{(x-y)^2}\right]dy = 0$;

(3) $\left(\dfrac{1}{y}\sin\dfrac{x}{y} - \dfrac{y}{x^2}\cos\dfrac{y}{x} + 1\right)dx + \left(\dfrac{1}{x}\cos\dfrac{y}{x} - \dfrac{x}{y^2}\sin\dfrac{x}{y} + \dfrac{1}{y^2}\right)dy = 0$;

(4) $y(x - 2y)dx - x^2dy = 0$;　　　　　(5) $(1 + e^{\frac{x}{y}})dx + e^{\frac{x}{y}}\left(1 - \dfrac{x}{y}\right)dy = 0$;

(6) $(x^2 + y^2)dx + xydy = 0$;

(7) $(x\cos y + \cos x)y' - y\sin x + \sin y = 0$;

(8) $\left(xy + \dfrac{1}{4}y^4\right)dx + \left(\dfrac{1}{2}x^2 + xy^3\right)dy = 0$.

2. 求下列方程的通解.

(1) $\dfrac{2x}{y^3}dx + \dfrac{y^2 - 3x^2}{y^4}dy = 0$;　　　　(2) $(3x^2 + y)dx + (2x^2y - x)dy = 0$;

(3) $(x + y^2)dx - 2xydy = 0$;　　　　　(4) $(x^2 + y^2 + y)dx - xdy = 0$;

(5) $y(3x^2 - ay)dx - x(3x^2 - 2ay)dy = 0$;　　(6) $(x^3 + xy^2)dx + (x^2y + y^3)dy = 0$;

(7) $(e^x + 3y^2)dx + 2xydy = 0$.

3. 验证齐次方程 $M(x,y)\mathrm{d}x + N(x,y)\mathrm{d}y = 0$, 当 $xM + yN \neq 0$ 时, 有积分因子 $\mu = \dfrac{1}{xM + yN}$.

(B)

4. 设函数 $f(u), g(u)$ 连续、可微, 且 $f(u) \neq g(u)$, 证明方程

$$yf(xy)\mathrm{d}x + xg(xy)\mathrm{d}y = 0$$

有积分因子 $\mu = \dfrac{1}{xy[f(xy) - g(xy)]}$, 并求解方程 $y(2xy + 1)\mathrm{d}x + x(1 + 2xy - x^3y^3)\mathrm{d}y = 0$.

5. 设 $\mu_1(x,y), \mu_2(x,y)$ 为方程 $M(x,y)\mathrm{d}x + N(x,y)\mathrm{d}y = 0$ 的两个积分因子且 $\dfrac{\mu_1}{\mu_2} \neq$ 常数, 求证 $\dfrac{\mu_1}{\mu_2} = C$ 是该方程的通解, 其中 C 为任意常数.

第五节　　某些特殊类型的高阶方程

当方程的阶数 $n \geqslant 2$ 时, 称为高阶微分方程. 一般的高阶微分方程没有普遍的解法, 处理问题的基本原则之一是降阶, 利用变换将高阶方程的求解问题化为较低阶的方程来求解. 特别, 对于二阶 (变系数) 齐次线性方程, 如果能够知道它的一个非零特解, 那么可利用降阶法求得与它线性无关的另一个特解, 从而得到方程的通解. 对于非齐次线性方程, 只需运用常数变易法求出它的一个特解. 另外要注意, 只有在某些特殊的情形才能完整地求出 n 阶方程的解.

一、形如 $y^{(n)} = f(x)$ 的方程

微分方程

$$y^{(n)} = f(x) \tag{5.1}$$

两边积分 n 次, 即有

$$y^{(n-1)} = \int f(x)\mathrm{d}x + C_1 = f_1(x) + C_1,$$

$$y^{(n-2)} = \int [f_1(x) + C_1]\mathrm{d}x + C_2 = f_2(x) + C_1 x + C_2,$$

$$\cdots\cdots\cdots\cdots$$

$$y = f_n(x) + \frac{C_1}{(n-1)!}x^{n-1} + \frac{C_2}{(n-2)!}x^{n-2} + \cdots + C_{n-1}x + C_n.$$

其中 $f_n(x) = \underbrace{\iiint \cdots \int}_{n\ 次} f(x)\mathrm{d}x^n$.

注意到 $\dfrac{C_1}{(n-1)!}, \dfrac{C_2}{(n-2)!}, \cdots, C_n$ 都是常数, 可令 $C_1^* = \dfrac{C_1}{(n-1)!}$, $C_2^* = \dfrac{C_2}{(n-2)!}$, $\cdots$, 方程 (5.1) 的通解可以写成

$$y = f_n(x) + C_1^* x^{n-1} + C_2^* x^{n-2} + \cdots + C_{n-1}^* x + C_n^*. \tag{5.1$'$}$$

例 5.1　求微分方程 $y''' = e^{2x} - \cos x$ 的通解.

解　对所给的方程连续积分三次, 得

$$y'' = \frac{1}{2}e^{2x} - \sin x + C,$$

$$y' = \frac{1}{4}e^{2x} + \cos x + Cx + C_2,$$

$$y = \frac{1}{8}e^{2x} + \sin x + C_1 x^2 + C_2 x + C_3 \quad \left(C_1 = \frac{C}{2}\right),$$

即为所求通解.

可降阶的高
阶微分方程

二、形如 $F(x, y^{(k)}, y^{(k+1)}, \cdots, y^{(n)}) = 0$ 的方程

方程的特点是不含未知函数 $y, y', y'', \cdots, y^{(k-1)}$, 如果以方程中所含最低阶导数作为新未知数, 令 $z = y^{(k)}$, 那么可以降低此方程的阶数

$$F(x, z, z', \cdots, z^{(n-k)}) = 0. \tag{5.2}$$

例 5.2　求方程 $\dfrac{\mathrm{d}^5 y}{\mathrm{d}x^5} - \dfrac{1}{x}\dfrac{\mathrm{d}^4 y}{\mathrm{d}x^4} = 0$ 的通解.

解　令 $\dfrac{\mathrm{d}^4 y}{\mathrm{d}x^4} = z$, 方程化为 $\dfrac{\mathrm{d}z}{\mathrm{d}x} - \dfrac{1}{x}z = 0$, 这是一阶微分方程, 积分后为 $z = Cx$, 即 $\dfrac{\mathrm{d}^4 y}{\mathrm{d}x^4} = Cx$, 再连续积分四次即得原方程的通解

$$y = C_1 x^5 + C_2 x^3 + C_3 x^2 + C_4 x + C_5,$$

其中 $C_1, C_2, \cdots, C_5$ 为任意常数.

例 5.3　质量为 m 的物体自某个高度自由下落 (初速度为 0), 物体在下落过程中所受空气阻力与它下落的速度的平方成正比, 求该物体的运动规律.

解　引进记号: s 表示物体所经过的路径, $v = \dfrac{\mathrm{d}s}{\mathrm{d}t}$ 表示物体的速度, $a = \dfrac{\mathrm{d}^2 s}{\mathrm{d}t^2}$ 表示物体的加速度, $p = mg$ 表示重力 (沿运动方向, 向下), $F = kv^2 = k\left(\dfrac{\mathrm{d}s}{\mathrm{d}t}\right)^2$ 表示空气阻力 (与运动方向相反, 方向向上), 由牛顿第二定律可以写出物体的运动方程 (图 10–3)

$$m\frac{\mathrm{d}^2 s}{\mathrm{d}t^2} = mg - k\left(\frac{\mathrm{d}s}{\mathrm{d}t}\right)^2. \tag{5.3}$$

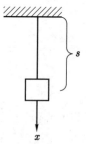

图 10–3

初值条件: $t = 0, s_0 = 0, v_0 = 0$, 因 $v = \dfrac{\mathrm{d}s}{\mathrm{d}t}$, (5.3) 可写为

$$\frac{\mathrm{d}v}{\mathrm{d}t} = g - \frac{k}{m}v^2. \tag{5.4}$$

由此有

$$\frac{\mathrm{d}v}{b^2 - v^2} = \frac{k}{m}\mathrm{d}t,$$

其中 $b^2 = \frac{mg}{k}$.

对所得方程两边积分 $(v \leqslant b)$ 得

$$\frac{1}{2b}\ln\left|\frac{b+v}{b-v}\right| = \frac{k}{m}t + C_1.$$

当 $t = 0$ 时, 有 $v = 0$, 故 $C_1 = 0$, 因而 $\ln\left|\frac{b+v}{b-v}\right| = \frac{2bk}{m}t.$

$$v = b\frac{\mathrm{e}^{\frac{2bk}{m}t} - 1}{\mathrm{e}^{\frac{2bk}{m}t} + 1} = b\frac{\mathrm{e}^{\frac{bk}{m}t} - \mathrm{e}^{-\frac{bk}{m}t}}{\mathrm{e}^{\frac{bk}{m}t} + \mathrm{e}^{-\frac{bk}{m}t}} = b\operatorname{th}\frac{bk}{m}t.$$

由于

$$\frac{bk}{m} = \sqrt{\frac{mg}{k}} \cdot \frac{k}{m} = \sqrt{\frac{kg}{m}}, \quad v = \frac{\mathrm{d}s}{\mathrm{d}t},$$

得 $\frac{\mathrm{d}s}{\mathrm{d}t} = b\operatorname{th}\sqrt{\frac{kg}{m}}t.$ 解方程得

$$s = \sqrt{\frac{m}{kg}}b\ln\operatorname{ch}\sqrt{\frac{kg}{m}}t + C_2 = \frac{m}{k}\ln\operatorname{ch}\sqrt{\frac{kg}{m}}t + C_2.$$

当 $t = 0$ 时 $s = 0$, 得 $C_2 = 0$, 于是得到, 如果物体自由下落所受空气的阻力与它下落的速度的平方成正比, 它的运动规律为

$$s = \frac{m}{k}\ln\operatorname{ch}\sqrt{\frac{kg}{m}}t.$$

而运动的速度 $v = b\operatorname{th}\sqrt{\frac{kg}{m}}t\ \left(b = \sqrt{\frac{mg}{k}}\right).$

说明物体下落的速度不会无限增大, 因 $\lim\limits_{t \to \infty} v = b = \sqrt{\frac{p}{k}}\ \left(\lim\limits_{t \to \infty}\operatorname{th}\sqrt{\frac{kg}{m}}t = 1\right)$, 其中 p 是下落物体的重力, 实际上, 下落的速度很快就会达到其极限值. 例如, 自高处跳伞, 实际上就是这里所描绘的情形.

三、形如 $F(y, y', y'', \cdots, y^{(n)}) = 0$ 的方程

此种方程的特点是不显含自变量 x, 如果将 y 看成自变量并引进新的未知数 $z = y'$, 那么可降低方程的阶. 由复合函数求导公式可得

$$y'' = z\frac{\mathrm{d}z}{\mathrm{d}y}, y''' = z\left[z\frac{\mathrm{d}^2z}{\mathrm{d}y^2} + \left(\frac{\mathrm{d}z}{\mathrm{d}y}\right)^2\right], \cdots.$$

代入原方程即可降低一阶.

例 5.4 解方程 $1 + y'^2 = yy''$.

解 令 $y' = z$, $y'' = z\dfrac{\mathrm{d}z}{\mathrm{d}y}$, 原方程化为 $1 + z^2 = yz\dfrac{\mathrm{d}z}{\mathrm{d}y}$, 为可分离变量的方程. 分离变量求解

$$\frac{z}{1+z^2}\mathrm{d}z = \frac{\mathrm{d}y}{y}, \quad \ln(1+z^2) = 2\ln|y| + 2\ln C_1,$$

得到

$$z = \pm\sqrt{C_1^2 y^2 - 1}.$$

代回原变量, $y' = \pm\sqrt{C_1^2 y^2 - 1}$, 即 $\dfrac{\mathrm{d}y}{\sqrt{C_1^2 y^2 - 1}} = \pm\mathrm{d}x$, 积分后可得

$$y = \frac{1}{2C_1}(\mathrm{e}^{\pm(x+C_2)C_1} + \mathrm{e}^{\mp(x+C_2)C_1}) = C_1^* \mathrm{ch}\frac{x+C_2}{C_1^*},$$

其中 $C_1^* = \dfrac{1}{C_1}$.

例 5.5 解方程 $3y'^2 = 4yy'' + y^2$.

解 方程两边同除 y^2, 得

$$3\left(\frac{y'}{y}\right)^2 - 4\frac{y''}{y} = 1.$$

令 $\dfrac{y'}{y} = z$, 则

$$\frac{y''}{y} - \frac{y'^2}{y^2} = z' \quad \text{或} \quad \frac{y''}{y} = z' + z^2,$$

得到方程

$$-4z' = z^2 + 1,$$

即

$$\frac{\mathrm{d}z}{1+z^2} = -\frac{1}{4}\mathrm{d}x.$$

两边积分得

$$\arctan z = C_1 - \frac{1}{4}x \quad \text{或} \quad \frac{y'}{y} = \tan\left(C_1 - \frac{1}{4}x\right).$$

解此方程得

$$\ln y = 4\ln\cos\left(C_1 - \frac{1}{4}x\right) + \ln C_2,$$

$$y = C_2 \cos^4\left(C_1 - \frac{1}{4}x\right).$$

习题 10–5

(A)

1. 求下列方程的通解.

(1) $yy'' + (y')^2 = 0$;　　　　　　(2) $yy'' = (y')^2 - (y')^3$;

(3) $y'' = y' + x$;　　　　　　　(4) $ay'' + [1 + (y')^2]^{\frac{3}{2}} = 0$ (常数 $a \neq 0$);

(5) $y(1 - \ln y)y'' + (1 + \ln y)y'^2 = 0$;

(6) $y'' + \dfrac{(y')^2}{1 - y} = 0$;　　　　(7) $2xy'''y'' = y''^2 - a^2$.

2. 求下列方程满足初值条件的特解.

(1) $y'' + (y')^2 = 1, y|_{x=0} = 0, y'|_{x=0} = 0$;

(2) $yy'' - y'^2 = 0, y|_{x=0} = 1, y'|_{x=0} = 2$;

(3) $yy'' = 2(y'^2 - y'), y|_{x=0} = 1, y'|_{x=0} = 2$;

(4) $y'' = 2y^3, y|_{x=0} = 1, y'|_{x=0} = 1$;

(5) $y'' + (y')^2 + 1 = 0, y|_{x=0} = 0, y'|_{x=0} = 1$.

3. 设一质量为 m 的物体在空气中由静止开始下落, 若空气阻力 $k = c^2 v^2$ (c 为常数, v 为物体的速度), 试求物体下落的距离 s 与时间 t 的函数关系.

(B)

4. 试证对二阶齐次线性方程 $y'' + P(x)y' + Q(x)y = 0$, 其中 $P(x), Q(x)$ 为连续函数.

(1) 若 $P(x) = -xQ(x)$, 则 $y = x$ 为方程的解;

(2) 若存在常数 a 使得 $a^2 + aP(x) + Q(x) \equiv 0$, 则方程有解 $y = e^{ax}$.

第六节　高阶线性微分方程

在微分方程理论研究中, 线性微分方程是非常值得重视的内容, 这不仅因为线性方程的一般理论已经被研究得非常清楚, 而且也是研究非线性微分方程的基础, 它在自然科学和工程技术的许多领域都有着广泛的应用.

一、线性微分方程的一般理论

形如

$$\frac{\mathrm{d}^n y}{\mathrm{d} x^n} + a_1(x)\frac{\mathrm{d}^{n-1} y}{\mathrm{d} x^{n-1}} + \cdots + a_{n-1}(x)\frac{\mathrm{d} y}{\mathrm{d} x} + a_n(x)y = f(x) \tag{6.1}$$

的方程称为 n 阶线性微分方程, 其中 $a_i(x)(i = 1, 2, \cdots, n)$ 及 $f(x)$ 均为定义在区间 I 上的连续函数.

如果 $f(x) \neq 0$, 方程 (6.1) 称为非齐次线性方程, 如果 $f(x) \equiv 0$, 即

$$\frac{\mathrm{d}^n y}{\mathrm{d} x^n} + a_1(x)\frac{\mathrm{d}^{n-1} y}{\mathrm{d} x^{n-1}} + \cdots + a_{n-1}(x)\frac{\mathrm{d} y}{\mathrm{d} x} + a_n(x)y = 0. \tag{6.2}$$

那么, 称 (6.2) 为对应于 (6.1) 的 n 阶齐次线性微分方程, 简称齐次线性方程.

下面不加证明给出如下定理.

定理 6.1 如果 $a_i(x)$ $(i = 1, 2, \cdots, n)$ 及 $f(x)$ 都在区间 I 上连续, 那么对任一 $x_0 \in I$ 及任意的 $y_0, y_0', y_0'', \cdots, y_0^{(n-1)}$, 方程 (6.1) 存在定义在 I 上的唯一解 $y = \varphi(x)$, 且满足初值条件

$$\varphi(x_0) = y_0, \varphi'(x_0) = y_0', \cdots, \varphi^{(n-1)}(x_0) = y_0^{(n-1)}. \tag{6.3}$$

二、齐次线性方程通解的结构

定理 6.2 (齐次线性方程解的叠加原理) 设 $y_1(x), y_2(x), \cdots, y_k(x)$ 为齐次线性方程 (6.2) 的 k 个解, 则它们的线性组合 $C_1 y_1(x) + C_2 y_2(x) + \cdots + C_k y_k(x)$ 也是 (6.2) 的解, 这里 $C_1, C_2, \cdots, C_k$ 为任意常数, 特别当 $k = n$ 时方程 (6.2) 有解

$$y = C_1 y_1(x) + C_2 y_2(x) + \cdots + C_n y_n(x). \tag{6.4}$$

证明 将 $y = C_1 y_1(x) + C_2 y_2(x) + \cdots + C_k y_k(x)$ 代入方程 (6.2), 利用求导数的线性性质得到

$$\begin{aligned}
&\frac{\mathrm{d}^n y}{\mathrm{d}x^n} + a_1(x)\frac{\mathrm{d}^{n-1} y}{\mathrm{d}x^{n-1}} + \cdots + a_{n-1}(x)\frac{\mathrm{d}y}{\mathrm{d}x} + a_n(x)y \\
= &\sum_{i=1}^{n} C_i \left(\frac{\mathrm{d}^n y_i}{\mathrm{d}x^n} + a_1(x)\frac{\mathrm{d}^{n-1} y_i}{\mathrm{d}x^{n-1}} + \cdots + a_{n-1}(x)\frac{\mathrm{d}y_i}{\mathrm{d}x} + a_n(x)y_i \right) \\
= &\sum_{i=1}^{n} C_i 0 = 0.
\end{aligned}$$

特别指出, 尽管可以将方程 (6.2) 的解表示成 (6.4) 的形式 (解中含有 n 个常数), 但 (6.4) 不一定能表示 (6.2) 的通解. 要说明这一点需引进函数线性相关与线性无关的概念.

设给定定义在区间 I 上的函数 $y_1(x), y_2(x), \cdots, y_k(x)$, 若存在不全为 0 的常数 $C_1, C_2, \cdots, C_k$, 使恒等式 $C_1 y_1(x) + C_2 y_2(x) + \cdots + C_k y_k(x) \equiv 0$ 对所有 $x \in I$ 成立, 则称这些函数在 I 上线性相关, 否则称这些函数在所给区间上线性无关.

例如函数 $\sin t$ 和 $\cos t$ 在任何区间上线性无关, 而函数 $\sin^2 t$ 和 $\cos^2 t - 1$ 在任何区间上线性相关.

由定义在区间 I 上的 k 个 $k-1$ 次可微函数 $y_1(x), y_2(x), \cdots, y_k(x)$ 作成的行列式

$$W[y_1(x), y_2(x), \cdots, y_k(x)] \equiv \begin{vmatrix} y_1(x) & y_2(x) & \cdots & y_k(x) \\ y_1'(x) & y_2'(x) & \cdots & y_k'(x) \\ \vdots & \vdots & & \vdots \\ y_1^{(k-1)}(x) & y_2^{(k-1)}(x) & \cdots & y_k^{(k-1)}(x) \end{vmatrix} \equiv W(x) \tag{6.5}$$

称为这些函数的朗斯基行列式.

定理 6.3 设函数 $y_1(x), y_2(x), \cdots, y_n(x)$ 在区间 I 上线性相关, 则在 I 上它们的朗斯基行列式恒为零.

这里指出, 定理的逆一般不成立. 事实上, 容易给出这样的函数组, 由其构成的朗斯基行列式恒为零, 然而它们却都是线性无关的. 如函数

$$y_1(x) = \begin{cases} x^2, & -1 \leqslant x < 0, \\ 0, & 0 \leqslant x \leqslant 1, \end{cases} \quad \text{和} \quad y_2(x) = \begin{cases} 0, & -1 \leqslant x < 0, \\ x^2, & 0 \leqslant x \leqslant 1, \end{cases}$$

在 $[-1, 1]$ 上 $W[y_1(x), y_2(x)] \equiv 0$, 但它们却是线性无关的.

定理 6.4　如果方程 (6.2) 的解 $y_1(x), y_2(x), \cdots, y_n(x)$ 在区间 $[a, b]$ 上线性无关, 那么 $W[y_1(x), y_2(x), \cdots, y_n(x)]$ 在这区间上任意点都不等于零.

定理 6.5　n 阶齐次线性方程 (6.2) 一定存在 n 个线性无关的解 $y_1(x), y_2(x), \cdots, y_n(x)$, 且其通解可以表为

$$y = C_1 y_1(x) + C_2 y_2(x) + \cdots + C_n y_n(x), \tag{6.6}$$

其中 $C_1, C_2, \cdots, C_n$ 为任意常数, 且通解 (6.6) 包括了方程 (6.2) 的所有解.

三、非齐次线性方程解的结构

利用齐次线性方程 (6.2) 的通解的结构, 可以得到非齐次线性方程的通解的结构, 首先易证如下性质:

(1) 若 $\tilde{y}(x)$ 是方程 (6.1) 的解, $y(x)$ 是方程 (6.2) 的解, 则 $\tilde{y}(x) + y(x)$ 也为方程 (6.1) 的解;

(2) 方程 (6.1) 的任意两个解之差一定为方程 (6.2) 的解.

事实上, 利用求导数的线性性质, 令 $Y_1 = \tilde{y}(x) + y(x)$, 则

$$\frac{\mathrm{d}^n Y_1}{\mathrm{d}x^n} + a_1(x) \frac{\mathrm{d}^{n-1} Y_1}{\mathrm{d}x^{n-1}} + \cdots + a_{n-1}(x) \frac{\mathrm{d}Y_1}{\mathrm{d}x} + a_n(x) Y_1$$

$$= \left(\frac{\mathrm{d}^n \tilde{y}}{\mathrm{d}x^n} + a_1(x) \frac{\mathrm{d}^{n-1} \tilde{y}}{\mathrm{d}x^{n-1}} + \cdots + a_{n-1}(x) \frac{\mathrm{d}\tilde{y}}{\mathrm{d}x} + a_n(x) \tilde{y} \right) +$$

$$\left(\frac{\mathrm{d}^n y}{\mathrm{d}x^n} + a_1(x) \frac{\mathrm{d}^{n-1} y}{\mathrm{d}x^{n-1}} + \cdots + a_{n-1}(x) \frac{\mathrm{d}y}{\mathrm{d}x} + a_n(x) y \right)$$

$$= f(x) + 0 = f(x).$$

令 $Y_2 = \tilde{y}_1(x) - \tilde{y}_2(x)$, 则

$$\frac{\mathrm{d}^n Y_2}{\mathrm{d}x^n} + a_1(x) \frac{\mathrm{d}^{n-1} Y_2}{\mathrm{d}x^{n-1}} + \cdots + a_{n-1}(x) \frac{\mathrm{d}Y_2}{\mathrm{d}x} + a_n(x) Y_2$$

$$= \left(\frac{\mathrm{d}^n \tilde{y}_1}{\mathrm{d}x^n} + a_1(x) \frac{\mathrm{d}^{n-1} \tilde{y}_1}{\mathrm{d}x^{n-1}} + \cdots + a_{n-1}(x) \frac{\mathrm{d}\tilde{y}_1}{\mathrm{d}x} + a_n(x) \tilde{y}_1 \right) -$$

$$\left(\frac{\mathrm{d}^n \tilde{y}_2}{\mathrm{d}x^n} + a_1(x) \frac{\mathrm{d}^{n-1} \tilde{y}_2}{\mathrm{d}x^{n-1}} + \cdots + a_{n-1}(x) \frac{\mathrm{d}\tilde{y}_2}{\mathrm{d}x} + a_n(x) \tilde{y}_2 \right)$$

$$= f(x) - f(x) = 0.$$

定理 6.6　设 $y_1(x), y_2(x), \cdots, y_n(x)$ 为方程 (6.2) 的 n 个无关解, $\tilde{y}(x)$ 为方程 (6.1) 的某一解, 则方程 (6.1) 的通解可以表示为 $y = C_1 y_1(x) + C_2 y_2(x) + \cdots + C_n y_n(x) + \tilde{y}(x)$, 其中 $C_1, C_2, \cdots, C_n$ 为任意常数, 且这个通解包括了方程 (6.1) 的所有解.

定理 6.7　如果方程 (6.2) 中所有系数 $a_i(x)(i = 1, 2, \cdots, n)$ 均为实值函数, $y = z(x) = \varphi(x) + \mathrm{i}\psi(x)$ 为方程 (6.2) 的复值解, 那么它的实部 $\varphi(x)$, 虚部 $\psi(x)$ 和共轭复值函数 $\bar{z}(x)$ 也都是方程 (6.2) 的解.

定理 6.6 和定理 6.7 的证明留给读者完成, 这里从略.

习题 10–6

(A)

1. 指出下列函数组在定义区间内哪些线性相关、哪些线性无关?

(1) $\mathrm{e}^{x^2}, x\mathrm{e}^{x^2}$; (2) $\sin 2x, \sin x, \cos x$;

(3) $\mathrm{e}^x, \mathrm{e}^{-x}$; (4) $\arcsin x, \pi - 2\arccos x$;

(5) $2x^2 + 1, x^2 - 1, x + 2$; (6) $\ln 2x, \ln 3x, \ln 4x$.

2. 设 $y_1(x), y_2(x)$ 是区间 $a \leqslant x \leqslant b$ 上的连续函数, 证明如果在区间 $[a, b]$ 上有 $\dfrac{y_1(x)}{y_2(x)} \neq$ 常数, 或 $\dfrac{y_2(x)}{y_1(x)} \neq$ 常数, 那么 $y_1(x)$ 与 $y_2(x)$ 在 $[a, b]$ 上线性无关 (提示: 反证法).

3. 证明非齐次线性方程的叠加原理. 设 $y_1(x), y_2(x)$ 分别是非齐次线性方程

$$\frac{\mathrm{d}^n y}{\mathrm{d}x^n} + a_1(x)\frac{\mathrm{d}^{n-1}y}{\mathrm{d}x^{n-1}} + \cdots + a_n(x)y = f_1(x),$$

$$\frac{\mathrm{d}^n y}{\mathrm{d}x^n} + a_1(x)\frac{\mathrm{d}^{n-1}y}{\mathrm{d}x^{n-1}} + \cdots + a_n(x)y = f_2(x)$$

的解, 则 $y_1(x) + y_2(x)$ 是方程

$$\frac{\mathrm{d}^n y}{\mathrm{d}x^n} + a_1(x)\frac{\mathrm{d}^{n-1}y}{\mathrm{d}x^{n-1}} + \cdots + a_n(x)y = f_1(x) + f_2(x)$$

的解.

*4. 已知齐次线性方程 $y'' + y = 0$ 有基本解组 $\sin x, \cos x$, 求非齐次线性方程 $y'' + y = \sec x$ 的通解.

5. 已知方程 $y''' - y = 0$ 有解 $\mathrm{e}^x, \mathrm{e}^{-x}, \mathrm{ch}x$, 问这三个函数在定义区间内是否是线性无关的?

第七节　常系数线性微分方程

一、常系数齐次线性微分方程

形如

$$\frac{\mathrm{d}^n y}{\mathrm{d}x^n} + a_1\frac{\mathrm{d}^{n-1}y}{\mathrm{d}x^{n-1}} + \cdots + a_{n-1}\frac{\mathrm{d}y}{\mathrm{d}x} + a_n y = 0 \tag{7.1}$$

常系数齐
次线性方程

的方程 (其中 a_i, $i = 1, 2, \cdots, n$ 为实常数) 称为 n 阶常系数齐次线性微分方程, 它的求解问题可归结为代数方程求根问题. 现在介绍它的解法.

先看一阶方程 $\dfrac{\mathrm{d}y}{\mathrm{d}x} + ay = 0$, 它有形如 $y = \mathrm{e}^{\lambda x}$ 的解, 指数函数 $y = \mathrm{e}^{rx}$ 和它的各阶导数都

只相差一个常数因子, 而微分方程 (7.1) 的各个系数都是常数, 由此启发对方程 (7.1) 也尝试去寻求形如 $y = \mathrm{e}^{\lambda x}$ 形式的解, 其中 λ 为待定常数, 可为实数或复数.

将 $y = \mathrm{e}^{\lambda x}$ 代入 (7.1) 得

$$\frac{\mathrm{d}^n \mathrm{e}^{\lambda x}}{\mathrm{d}x^n} + a_1 \frac{\mathrm{d}^{n-1}\mathrm{e}^{\lambda x}}{\mathrm{d}x^{n-1}} + \cdots + a_{n-1}\frac{\mathrm{d}\mathrm{e}^{\lambda x}}{\mathrm{d}x} + a_n \mathrm{e}^{\lambda x}$$
$$= (\lambda^n + a_1 \lambda^{n-1} + \cdots + a_{n-1}\lambda + a_n)\mathrm{e}^{\lambda x} \equiv I(\lambda)\mathrm{e}^{\lambda x}, \tag{7.2}$$

其中 $I(\lambda) = \lambda^n + a_1\lambda^{n-1} + \cdots + a_{n-1}\lambda + a_n$ 为 λ 的 n 次多项式, 容易看出 $y = \mathrm{e}^{\lambda x}$ 为方程 (7.1) 的解的充分必要条件是 λ 为代数方程

$$I(\lambda) = 0 \tag{7.3}$$

的根, 称此代数方程为 (7.1) 的特征方程. 它的根称为特征根. 由代数学基本定理知, 方程 (7.3) 在复数域内一定有 n 个根, 现分别讨论如下:

1. 特征根均为单根

设 $\lambda_1, \lambda_2, \cdots, \lambda_n$ 为 (7.3) 的 n 个不同根, 那么方程 (7.1) 对应有如下 n 个线性无关解

$$\mathrm{e}^{\lambda_1 x}, \mathrm{e}^{\lambda_2 x}, \cdots, \mathrm{e}^{\lambda_n x}. \tag{7.4}$$

(事实上, 可以证明由这 n 个解构成的朗斯基行列式 $W(x) = W[\mathrm{e}^{\lambda_1 x}, \mathrm{e}^{\lambda_2 x}, \cdots, \mathrm{e}^{\lambda_n x}] \neq 0$.)

如果 $\lambda_1, \lambda_2, \cdots, \lambda_n$ 均为实数, 那么 (7.4) 是方程 (7.1) 的 n 个线性无关解, 从而 (7.1) 的通解可表为

$$y = C_1 \mathrm{e}^{\lambda_1 x} + C_2 \mathrm{e}^{\lambda_2 x} + \cdots + C_n \mathrm{e}^{\lambda_n x},$$

其中 $C_1, C_2, \cdots, C_n$ 为任意常数.

如果特征方程有虚根, 因方程的系数为实数, 由代数学知识知虚根将成对出现, 设 $\lambda_1 = \alpha + \beta\mathrm{i}$ 为一特征根, 则 $\lambda_2 = \alpha - \beta\mathrm{i}$ 也为特征根, 那么方程 (7.1) 有两个复值解

$$y_1 = \mathrm{e}^{(\alpha+\beta\mathrm{i})x} = \mathrm{e}^{\alpha x}(\cos\beta x + \mathrm{i}\sin\beta x),$$
$$y_2 = \mathrm{e}^{(\alpha-\beta\mathrm{i})x} = \mathrm{e}^{\alpha x}(\cos\beta x - \mathrm{i}\sin\beta x).$$

由解的叠加原理知: $\bar{y}_1 = \dfrac{1}{2}(y_1 + y_2) = \mathrm{e}^{\alpha x}\cos\beta x$, $\bar{y}_2 = \dfrac{1}{2\mathrm{i}}(y_1 - y_2) = \mathrm{e}^{\alpha x}\sin\beta x$ 还是微分方程 (7.1) 的解, 且 $\bar{y}_1$ 与 $\bar{y}_2$ 线性无关, 于是对应 $\lambda = \alpha \pm \beta\mathrm{i}$ 得到两个线性无关解:

$$\mathrm{e}^{\alpha x}\cos\beta x, \quad \mathrm{e}^{\alpha x}\sin\beta x. \tag{7.5}$$

2. 特征根有重根

特征根有重根的情况比较复杂, 仅就二阶常系数线性方程 $(n = 2)$

$$\frac{\mathrm{d}^2 y}{\mathrm{d}x^2} + a_1 \frac{\mathrm{d}y}{\mathrm{d}x} + a_2 y = 0 \tag{7.6}$$

说明如下. 设特征方程有两个相等的实根 $\lambda_1 = \lambda_2$, 这时只得到微分方程 (7.6) 的一个解 $y_1 = \mathrm{e}^{\lambda_1 x}$, 为求方程 (7.6) 的通解, 还需求另外一个与 y_1 无关的解 y_2, 下面采用常数变易法来求 y_2, 令

$$y_2 = C(x)y_1 = C(x)\mathrm{e}^{\lambda_1 x}. \tag{7.7}$$

对 y_2 求一、二阶导数并将 y_2, y_2', y_2'' 代入微分方程 (7.6), 得

$$e^{\lambda_1 x}[(C''(x) + 2\lambda_1 C'(x) + \lambda_1^2 C(x)) + a_1(C'(x) + \lambda_1 C(x)) + a_2 C(x)] = 0.$$

约去 $e^{\lambda_1 x}$ 并整理得

$$C''(x) + (2\lambda_1 + a_1)C'(x) + (\lambda_1^2 + a_1\lambda_1 + a_2)C(x) = 0. \tag{7.8}$$

由于 λ_1 为特征方程 (7.3) 的二重根, 因此 $\lambda_1^2 + a_1\lambda_1 + a_2 = 0$ 且 $2\lambda_1 + a_1 = 0$, 于是得到 $C''(x) = 0$, 积分得 $C(x) = C_1 x + C_2 (C_1, C_2$ 为任意常数); 因为只求与 $y_1(x)$ 无关的一个解, 不妨取 $C_1 = 1, C_2 = 0$, 即 $C(x) = x$, 由此得到方程 (7.6) 的与 $y_1(x)$ 无关的另一解

$$y_2(x) = xe^{\lambda_1 x}.$$

于是可得到方程 (7.6) 的通解为

$$y = C_1 e^{\lambda_1 x} + C_2 x e^{\lambda_1 x} = (C_1 + C_2 x)e^{\lambda_1 x},$$

其中 C_1, C_2 为任意常数.

类似可以得到当方程有一对二重虚根 $(n = 4)\lambda_{1,2} = \alpha + \beta i, \lambda_{3,4} = \alpha - \beta i$ 时, 方程 (7.1) 有如下四个线性无关解

$$e^{\alpha x}\cos\beta x, \quad xe^{\alpha x}\cos\beta x, \quad e^{\alpha x}\sin\beta x, \quad xe^{\alpha x}\sin\beta x.$$

于是方程的通解为

$$y = e^{\alpha x}[(C_1 + C_2 x)\cos\beta x + (C_1' + C_2' x)\sin\beta x],$$

其中 C_1, C_2, C_1', C_2' 为任意常数.

综上分析, 根据特征方程的根, n 阶常系数线性微分方程 (7.1) 的解如表 10–1 所示:

表 10–1　特征方程的根与微分方程对应的解

特征方程的根	微分方程对应的解
(i) 单实根 λ	对应微分方程的一个解 $e^{\lambda x}$
(ii) 一对单虚根 $\lambda_{1,2} = \alpha \pm \beta i$	对应微分方程的两个解 $y_1 = e^{\alpha x}\cos\beta x, y_2 = e^{\alpha x}\sin\beta x$
(iii) k 重实根 λ	对应微分方程的 k 个无关解 $y_1 = e^{\lambda x}, y_2 = xe^{\lambda x}, \cdots, y_k = x^{k-1}e^{\lambda x}$
(iv) 一对 k 重虚根 $\lambda_{1,2} = \alpha \pm \beta i$	对应微分方程的 $2k$ 个无关解 $y_1 = e^{\alpha x}\cos\beta x, y_2 = e^{\alpha x}\sin\beta x,$ $y_3 = xe^{\alpha x}\cos\beta x, y_4 = xe^{\alpha x}\sin\beta x, \cdots, y_{2k-1} = x^{k-1}e^{\alpha x}\cos\beta x,$ $y_{2k} = x^{k-1}e^{\alpha x}\sin\beta x$

例 7.1 解方程 $\dfrac{\mathrm{d}^3 y}{\mathrm{d}x^3} + y = 0$.

解　特征方程为 $\lambda^3 + 1 = 0$, 解得特征根为 $\lambda_1 = -1$, $\lambda_{2,3} = \dfrac{1}{2} \pm \dfrac{\sqrt{3}}{2}\mathrm{i}$, 因此方程的通解为

$$y = C_1 \mathrm{e}^{-x} + \mathrm{e}^{\frac{1}{2}x}\left(C_2 \cos\frac{\sqrt{3}}{2}x + C_3 \sin\frac{\sqrt{3}}{2}x\right),$$

其中 C_1, C_2, C_3 为任意常数.

例 7.2　解方程 $\dfrac{\mathrm{d}^4 y}{\mathrm{d}x^4} + 2\dfrac{\mathrm{d}^2 y}{\mathrm{d}x^2} + y = 0$.

解　特征方程 $\lambda^4 + 2\lambda^2 + 1 = (\lambda^2 + 1)^2 = 0$, 得二重特征根 $\lambda = \pm\mathrm{i}$, 因此方程有四个无关解 $\cos x, x\cos x, \sin x, x\sin x$, 方程的通解为

$$y = (C_1 + C_2 x)\cos x + (C_3 + C_4 x)\sin x,$$

其中 C_1, C_2, C_3, C_4 为任意常数.

二、常系数非齐次线性微分方程

现在研究常系数非齐次线性微分方程

$$\frac{\mathrm{d}^n y}{\mathrm{d}x^n} + a_1 \frac{\mathrm{d}^{n-1} y}{\mathrm{d}x^{n-1}} + \cdots + a_{n-1}\frac{\mathrm{d}y}{\mathrm{d}x} + a_n y = f(x) \tag{7.9}$$

的求解方法, 其中 a_i, $i = 1, 2, \cdots, n$ 为实常数, $f(x)$ 为连续函数.

由上一节的知识知, 求非齐次线性方程 (7.9) 的通解可以归结为先求所对应的齐次方程的通解和非齐次方程 (7.9) 本身的一个特解, 因为常系数齐次线性方程的通解的求法已经解决, 所以这里只需讨论非齐次方程 (7.9) 的一个特解的求法. 非齐次方程 (7.9) 的特解可以通过对齐次线性方程的通解进行常数变易法而得到, 但一般情况下求解步骤非常繁琐, 下面介绍当方程 (7.9) 右端 $f(x)$ 具有某些特殊形式时, 求某一个特解 y^* 时的方法, 这种方法的一个特点是不用积分就可以求出 y^*, 称为 "待定系数法".

(I) $f(x) = \mathrm{e}^{\gamma x}P_m(x)$ 型, 其中 γ 为常数, $P_m(x)$ 为 x 的一个 m 次多项式

$$P_m(x) = a_0 x^m + a_1 x^{m-1} + \cdots + a_{m-1}x + a_m.$$

注意到此时方程 (7.9) 的右端是一个多项式与 $\mathrm{e}^{\gamma x}$ 的乘积, 推测方程 (7.9) 可能有形如 $y^* = Q(x)\mathrm{e}^{\gamma x}$ ($Q(x)$ 为某个多项式) 的特解. 将 $y^*, y^{*\prime}, \cdots, (y^*)^{(n-1)}, (y^*)^{(n)}$ 代入方程 (7.9) 得

$$(\gamma^n + a_1\gamma^{n-1} + \cdots + a_{n-1}\gamma + a_n)Q(x) + (\mathrm{C}_n^1\gamma^{n-1} + $$
$$a_1\mathrm{C}_{n-1}^1\gamma^{n-2} + \cdots + a_{n-1})\,Q'(x) + \cdots + Q^{(n)}(x) = P_m(x). \tag{7.10}$$

其中 $\mathrm{C}_n^k = \dfrac{n!}{k!(n-k)!}$ (注: 若 $\gamma = 0$, 则取 $Q(x) = Q_m(x) = b_0 x^m + b_1 x^{m-1} + \cdots + b_{m-1}x + b_m$).

(1) 如果 γ 不是方程 (7.9) 对应的齐次方程的特征方程

$$I(\lambda) = \lambda^n + a_1\lambda^{n-1} + \cdots + a_{n-1}\lambda + a_n = 0$$

的根, 即 $I(\gamma) \neq 0$, 由于 $P_m(x)$ 为 m 次多项式, 要使 (7.10) 的两端成为恒等式, 那么可令 $Q(x)$ 为另一 m 次多项式

$$Q_m(x) = b_0 x^m + b_1 x^{m-1} + \cdots + b_{m-1} x + b_m.$$

代入 (7.10) 式, 比较等式两边 x 的同次幂的系数作为未知数的 $m+1$ 个方程联立的方程组, 从中解出 $b_i(i = 1, 2, \cdots, m)$, 即可得到所求特解 $y^* = Q_m(x)\mathrm{e}^{\gamma x}$.

(2) 如果 γ 是方程 (7.9) 对应的特征方程的单根, 即 $I(\gamma) = 0, I'(\gamma) \neq 0$, 要使式 (7.10) 两边相等, 那么 $Q'(x)$ 必须取为 m 次多项式, 此时可令 $Q(x) = xQ_m(x)$, 可以用同样的方法来确定 $Q_m(x)$ 的系数 $b_i(i = 1, 2, \cdots, m)$.

对于重根的次数 $k > 1$ 情况可类似讨论.

综上所述, 有如下结论: 如果 $f(x) = P_m(x)\mathrm{e}^{\gamma x}$, 那么 n 阶常系数非齐次线性方程 (7.9) 具有形如

$$y^* = x^k Q_m(x)\mathrm{e}^{\gamma x} \tag{7.11}$$

的特解, 其中 $Q_m(x)$ 为与 $P_m(x)$ 同次数 $(m$ 次$)$ 的多项式, k 为特征方程 $I(\lambda) = 0$ 的根 γ 的重数. 当 γ 不是特征根时 k 取零, γ 是单根时 k 取 1, γ 是 s 重根 $(s \geqslant 2)$ 时 k 取 s.

例 7.3　解方程 $y'' - 2y' + y = (x^2 + x)\mathrm{e}^x$.

解　特征方程为 $\lambda^2 - 2\lambda + 1 = 0$, 得 $\lambda_1 = \lambda_2 = 1$, 对应齐次方程的通解为 $\tilde{y} = (C_1 + C_2 x)\mathrm{e}^x$.

因为 $\gamma = 1$ 为特征方程的二重根, 令

$$y^* = x^2(b_0 x^2 + b_1 x + b_2)\mathrm{e}^x.$$

于是

$$y^{*\prime} = (4b_0 x^3 + 3b_1 x^2 + 2b_2 x + b_0 x^4 + b_1 x^3 + b_2 x^2)\mathrm{e}^x,$$

$$y^{*\prime\prime} = (12b_0 x^2 + 6b_1 x + 2b_2 + 8b_0 x^3 + 6b_1 x^2 + 4b_2 x + b_0 x^4 + b_1 x^3 + b_2 x^2)\mathrm{e}^x,$$

将 $y^*, y^{*\prime}, y^{*\prime\prime}$ 代入原方程得

$$12b_0 x^2 + 6b_1 x + 2b_2 = x^2 + x.$$

比较两端系数得 $b_0 = \dfrac{1}{12}, b_1 = \dfrac{1}{6}, b_2 = 0$, 所以方程有一特解 $y^* = \left(\dfrac{1}{12}x^4 + \dfrac{1}{6}x^3\right)\mathrm{e}^x$, 从而原非齐次方程的通解为

$$y = (C_1 + C_2 x)\mathrm{e}^x + \left(\frac{1}{12}x^4 + \frac{1}{6}x^3\right)\mathrm{e}^x.$$

(II) $f(x) = [A(x)\cos\beta x + B(x)\sin\beta x]\mathrm{e}^{\alpha x}$ 型, 其中 α, β 为实数, $A(x), B(x)$ 是关于 x 的实系数多项式, 其中一个次数为 m, 另一个次数不超过 m, 那么方程 (7.9) 具有形如

$$y^* = x^k[P(x)\cos\beta x + Q(x)\sin\beta x]\mathrm{e}^{\alpha x} \tag{7.12}$$

的特解, 这里 k 为特征方程 $I(\lambda) = 0$ 的根 $\alpha + \mathrm{i}\beta$ 的重数, 而 $P(x), Q(x)$ 均为待定的关于 x 的次数不超过 m 次的多项式, 可以通过比较系数法来确定.

例 7.4 求方程 $\dfrac{\mathrm{d}^2y}{\mathrm{d}x^2} + 4\dfrac{\mathrm{d}y}{\mathrm{d}x} + 4y = \cos 2x$ 的通解.

解 特征方程 $\lambda^2 + 4\lambda + 4 = 0$ 有重根 $\lambda_1 = \lambda_2 = -2$, 因此对应的齐次线性方程通解为

$$\tilde{y} = (C_1 + C_2x)\mathrm{e}^{-2x},$$

其中 C_1, C_2 为任意常数. 再求非齐次方程的一个特解. 因 $\pm 2\mathrm{i}$ 不是特征根, 可设特解形式为 $y^* = a\cos 2x + b\sin 2x$, 代入方程化简得

$$8b\cos 2x - 8a\sin 2x = \cos 2x.$$

比较系数得 $a = 0$, $b = \dfrac{1}{8}$, 故 $y^* = \dfrac{1}{8}\sin 2x$, 从而得到原方程的通解为

$$y = (C_1 + C_2x)\mathrm{e}^{-2x} + \frac{1}{8}\sin 2x.$$

例 7.5 求方程 $y'' + 4y = x\sin^2 x$ 的通解.

解 原方程可化为

$$y'' + 4y = \frac{1}{2}x - \frac{1}{2}x\cos 2x.$$

特征方程为 $\lambda^2 + 4 = 0$, 解得 $\lambda = \pm 2\mathrm{i}$, 故得对应齐次方程的通解为

$$y = C_1\cos 2x + C_2\sin 2x,$$

其中 C_1, C_2 为任意常数. 再求原方程的一个特解, 因 $\lambda = 0$ 不是特征根, $\lambda = \pm 2\mathrm{i}$ 为一重特征根, 故可设

$$y^* = b_0x + b_1 + x(A_0x + A_1)\cos 2x + x(B_0x + B_1)\sin 2x.$$

将 $y^*, y^{*\prime\prime}$ 代入原方程并整理得

$$4b_0x + 4b_1 + (2A_0 + 8B_0x + 4B_1)\cos 2x + (2B_0 - 8A_0x - 4A_1)\sin 2x$$
$$= \frac{1}{2}x - \frac{1}{2}x\cos 2x.$$

比较两端系数, 得 $b_0 = \dfrac{1}{8}$, $b_1 = 0$, $A_0 = 0$, $A_1 = -\dfrac{1}{32}$, $B_0 = -\dfrac{1}{16}$, $B_1 = 0$, 所以

$$y^* = \frac{1}{8}x - \frac{1}{16}x^2\sin 2x - \frac{1}{32}x\cos 2x.$$

于是得到原方程的通解为

$$y = C_1\cos 2x + C_2\sin 2x + \frac{1}{8}x - \frac{1}{16}x^2\sin 2x - \frac{1}{32}x\cos 2x.$$

习题 10-7

(A)

1. 求下列常系数齐次线性方程的通解.

(1) $y^{(4)} - y = 0$;

(2) $y^{(4)} - 2y^{(3)} + 5y'' = 0$;

(3) $y^{(4)} - 5y^{(3)} + 6y'' + 4y' - 8y = 0$;

(4) $y^{(5)} + 2y^{(3)} + y' = 0$;

(5) $y^{(4)} - 13y'' + 36y = 0$;

(6) $y^{(4)} + \alpha^2 y = 0 (\alpha > 0$ 常数$)$.

常微分方程
边值问题的
解法

2. 求下列常系数非齐次线性微分方程的通解.

(1) $y'' - 2y' - 3y = 3x + 1$;

(2) $y^{(3)} + 3y'' + 3y' + y = e^{-x}(x - 5)$;

(3) $y'' + y = (x - 2)e^{3x}$;

(4) $y'' - 3y' + 2y = \sin x + x^3$;

(5) $y'' - 2y' + 2y = xe^x \cos x$;

(6) $y'' - 2y' + 3y = e^{-x} \cos x$;

(7) $y''' - y = \cos x$;

(8) $y'' + 2ay' + a^2 y = e^x$;

(9) $y^{(3)} - 4y'' + 4y' = x^2 - 1 + e^{2x}$.

3. 求满足下列初值条件的解.

(1) $y'' - 4y' + 13y = 0$, $\quad y|_{x=0} = 0, y'|_{x=0} = 3$;

(2) $4y'' + 4y' + y = 0$, $\quad y|_{x=0} = 2, y'|_{x=0} = 0$;

(3) $y'' + y' - 2y = \cos x - 3\sin x$, $\quad y|_{x=0} = 1, y'|_{x=0} = 2$;

*(4) $y'' - y' = \text{ch}2x$, $\quad y|_{x=0} = 0, y'|_{x=0} = 0$;

(5) $y'' - 4y' + 3y = e^{5x}$, $\quad y|_{x=0} = 3, y'|_{x=0} = 9$;

(6) $y^{(4)} + 2y'' + y = \sin x, y|_{x=0} = 1, y'|_{x=0} = -2, y''|_{x=0} = 3, y^{(3)}|_{x=0} = 0$;

(7) $y'' - y = 4xe^x, y|_{x=0} = 0$, $\quad y'|_{x=0} = 1$;

(8) $y'' - 10y' + 9y = e^{2x}$, $\quad y|_{x=0} = \dfrac{6}{7}, y'|_{x=0} = \dfrac{33}{7}$;

(9) $y'' + 4y = \dfrac{1}{2}(x + \cos 2x)$, $\quad y|_{x=0} = y'|_{x=0} = 0$.

4. 设函数 $y(x)$ 具有二阶导数, 并且满足方程

$$y'(x) + 3\int_0^x y'(t)\mathrm{d}t + 2x\int_0^1 y(\alpha x)\mathrm{d}\alpha + e^{-x} = 0, y(0) = 1,$$

求 $y(x)$.

5. 设 $y(x)$ 为连续函数, 满足方程 $y(x) = e^x - \int_0^x (x - u)y(u)\mathrm{d}u$, 求 $y(x)$.

6. 火车沿水平道路运动, 火车质量为 P, 机车牵引力为 F, 运动时阻力 $W = a + bV$, 其中 a, b 为常数, V 是火车的速度, S 是走过的路程, 试确定火车的运动规律, 设 $t=0$ 时, $S=0$, $V=0$.

(B)

7. 设一链条悬挂在一钉子上, 起动时一端离开钉子 8 m, 另一端离开钉子 12 m. 分别在以下两种情况下求链条滑下来所需要的时间.

(1) 若不计钉子对链条产生的摩擦力;

(2) 若摩擦力为 1 m 长链条所受重力.

*第八节   常微分方程幂级数解法

由前面几节的学习可知, 对于高阶常系数线性微分方程, 可以利用代数方法求解, 但对于变系数微分方程的求解往往比较困难, 有时甚至方程的解不能用初等函数或积分表示. 由微分学的知识知道, 在满足某些特定条件下, 可以用幂级数来表示一个函数, 因此自然想到, 能否利用幂级数来表示某个微分方程的解? 本节以线性微分方程为例, 介绍微分方程的幂级数解法.

例 8.1   求方程 $y'' - 2xy' - 4y = 0$ 满足初值条件 $y(0) = 0$ 及 $y'(0) = 1$ 的解.

解   设方程具有如下形式的幂级数解

$$y = a_0 + a_1 x + a_2 x^2 + \cdots + a_n x^n + \cdots, \tag{8.1}$$

则

$$y' = a_1 + 2a_2 x + 3a_3 x^2 + \cdots + na_n x^{n-1} + \cdots,$$
$$y'' = 2a_2 + 3 \cdot 2a_3 x + \cdots + n(n-1)a_n x^{n-2} + \cdots.$$

将 y, y', y'' 表达式代入原方程, 合并 x 同次幂的项, 比较各项同次幂的系数及利用初值条件, 得

$$\begin{cases} a_0 = 0, a_1 = 1, \\ 2a_2 = 0, \\ 3 \cdot 2a_3 - 2 - 4 = 0, \\ 4 \cdot 3a_4 - 4a_2 - 4a_2 = 0, \\ \cdots\cdots\cdots\cdots \\ n(n-1)a_n - 2(n-2)a_{n-2} - 4a_{n-2} = 0, \\ \cdots\cdots\cdots\cdots \end{cases}$$

由上面方程组得

$$a_0 = 0, a_1 = 1, a_2 = 0, a_3 = 1, a_4 = 0, \cdots, a_n = \frac{2}{n-1} a_{n-2} (n \geqslant 2), \cdots,$$

因而, $a_5 = \dfrac{1}{2!}, a_6 = 0, a_7 = \dfrac{1}{3!}, a_8 = 0, a_9 = \dfrac{1}{4!}, \cdots, a_{2k} = 0, a_{2k+1} = \dfrac{1}{k!}.$

利用数学归纳法可以证明, 上面式子对一切正整数 k 成立. 将 $a_i (i = 0, 1, 2, \cdots)$ 代入解的表达式 (8.1) 得

$$\begin{aligned} y &= x + x^3 + \frac{1}{2!} x^5 + \cdots + \frac{1}{k!} x^{2k+1} + \cdots \\ &= x(1 + x^2 + \frac{1}{2!} x^4 + \cdots + \frac{1}{k!} x^{2k} + \cdots) \\ &= x\mathrm{e}^{x^2} \end{aligned}$$

为方程的满足初值条件的解.

值得注意的是, 并不是所有方程的解都可以表示成关于 x 的幂级数, 其原因或者是因为它们的函数无法确定, 或者是因为所得的级数不收敛. 下面以一个一阶方程为例来说明.

例 8.2　解方程 $x\dfrac{\mathrm{d}y}{\mathrm{d}x} = y - x$, $y(1) = 0$.

解　假设方程有形如

$$y = a_0 + a_1 x + a_2 x^2 + \cdots + a_n x^n + \cdots$$

的解, 将 y, y' 代入方程, 由初值条件并比较 x 同次幂的系数得

$$a_0 = 0, a_1 = a_1 - 1, na_n = a_n, \quad n \geqslant 2,$$

因为不可能找到有限的 a_1, 故方程没有形如 (8.1) 的级数解.

直接解方程, 可得通解为

$$y = Cx - x\ln|x|.$$

若令 $x = t + 1$, 将上述初值问题转化为

$$(1 + t)\frac{\mathrm{d}y}{\mathrm{d}t} = y - (t + 1), \quad y(0) = 0.$$

仿前面的做法可求得　$y = (1 + t) \displaystyle\sum_{n=1}^{\infty} (-1)^n \frac{t^n}{n} = -(1 + t)\ln(1 + t)$, $|t| < 1$.

于是

$$y = x \sum_{n=1}^{\infty} (-1)^n \frac{(x-1)^n}{n} = -x\ln x, x > 0.$$

这即为原方程的特解, 相当于通解中取 $C = 0$.

对于二阶线性微分方程

$$y'' + p(x)y' + q(x)y = f(x), \tag{8.2}$$

给出如下定理.

定理 8.1　若在方程 (8.2) 中, $p(x), q(x)$ 和 $f(x)$ 都可以展开为 $x - x_0$ 的幂级数, 且它们都在 $|x - x_0| < k$ 内收敛, 对任意给定的初值条件

$$y(x_0) = y_0, y'(x_0) = y_0'. \tag{8.3}$$

方程 (8.2) 存在唯一的解满足条件 (8.3), 且该解可在 $|x - x_0| < k$ 中展开为 $(x - x_0)$ 的幂级数.

证明超出本书范围, 从略.

习题 10–8

(A)

1. 利用幂级数求下列微分方程的通解.

(1) $y' + xy = 0$;　　　　　　　　(2) $y'' - xy' + 2y = 0$;

(3) $y'' + xy' + y = 0$;　　　　　(4) $y'' - xy = 0$;

(5) $y'' + y\sin x = \mathrm{e}^{x^2}$.

2. 利用幂级数求满足初值条件的特解.

(1) $y'' + xy' + y = 0, y(0) = 0, y'(0) = 1$;

(2) $y'' - xy = 0, y(0) = 1, y'(0) = 0$;

(3) $y'' + x^2 y = 0, y(0) = 0, y'(0) = 1$.

* 第九节　Mathematica 在微分方程中的应用

一、基本命令

命令形式 1: DSolve[eqn,y[x],x]

功能: 求出常微分方程 eqn 的未知函数 $y(x)$ 的解析通解.

命令形式 2: DSolve[{eqn1,eqn2,⋯},{y1[x],y2[x],⋯},x]

功能: 求出常微分方程组 $\{eqn1, eqn2, \cdots\}$ 的所有未知函数 $\{y_1(x), y_2(x), \cdots\}$ 的解析通解.

分数阶微分
方程积分变换
解法

命令形式 3: NDSolve[eqns,y,{x,xmin,xmax}]

功能: 求出自变量范围为 $[xmin, xmax]$ 且满足给定常微分方程及初值条件 $eqns$ 的未知函数 y 的数值解.

命令形式 4: NDSolve[eqns,{y1,y2,⋯},{x,xmin,xmax}]

功能: 求出自变量范围为 $[xmin, xmax]$ 且满足给定常微分方程及初值条件 $eqns$ 的未知函数 $y_1, y_2, \cdots$ 的数值解.

二、实验举例

例 9.1　求常微分方程 $y' = 2ax$ 的通解, a 为常数.

输入　DSolve[y'[x]==2ax,y[x],x]

输出　{{y[x]->ax^2+C[1]}}

即得本问题的通解为 $y = c_1 + ax^2$.

例 9.2　求常微分方程 $y'' + y = 0$ 的通解.

输入　DSolve[y"[x]+y[x]==0,y[x],x]

输出　{{y[x]->C[1]Cos[x]+C[2]Sin[x]}}

即得本问题的通解为 $y = c_2\cos x - c_1\sin x$, 其中 c_1, c_2 是任意常数.

例 9.3　求范德波尔方程 $y'' + (y^2 - 1)y' + y = 0, y|_{x=0} = 1, y'|_{x=0} = -0.5$ 在区间 $[0, 20]$ 上的近似解并作图.

输入　f1=NDSolve[{y"[x]+(y[x]*y[x]-1)*y'[x]+y[x]==0,y[0]==1,y'[0]==-0.5}, y,{x,0,20}];Plot[Evaluate[y[x]/.f1],{x,0,20}]

输出　如图 10-4 所示.

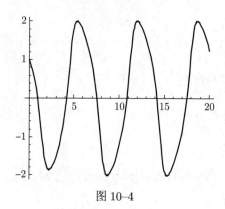

图 10-4

例 9.4　已知常微分方程组 $\begin{cases} x' = -y - x^2, \\ y' = 2x - y, \\ x(0) = y(0) = 1, \end{cases}$ 　求函数 $x(t)$ 和 $y(t)$ 在 $[0,\,10]$ 上的数值解

并作图.

　　输入　`Clear[x,y,t];`
`q=NDSolve[{x'[t]==-x[t]^2-y[t],y'[t]==2x[t]-y[t],x[0]==y[0]==1},{x,y},{t,0,10}];`
`f=Evaluate[x/.q[[1]]];g=Evaluate[y/.q[[1]]];`
`ParametricPlot[{f[t],g[t]},{t,0,10}]`

　　输出　如图 10-5 所示.

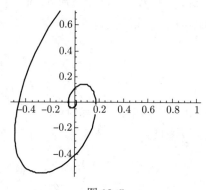

图 10-5

例 9.5　已知洛伦兹方程组 $\begin{cases} x' = 16y - 16x, \\ y' = -xz + 45x - y, \\ z' = xy - 4z, \\ x(0) = 12, y(0) = 4, z(0) = 0, \end{cases}$ 　求数值解并作图.

　　输入　`Clear[x,y,z,q,f,g,h];`
`q=NDSolve[{x'[t]==-16*x[t]+16*y[t],y'[t]==-x[t]*z[t]+45*x[t]-y[t],`
`z'[t]==x[t]*y[t]-4*z[t],x[0]==12,y[0]==4,z[0]==0},{x[t],y[t],z[t]},{t,0,16},`
`MaxSteps->10 000];f=Evaluate[x[t]/.q[[1]]];g=Evaluate[y[t]/.q[[1]]];`

```
h=Evaluate[z[t]/.q[[1]]];ParametricPlot3D[{f,g,h},{t,0,16},PlotPoints->14 400,
Boxed->False,Axes->None]
```

输出 如图 10−6 所示.

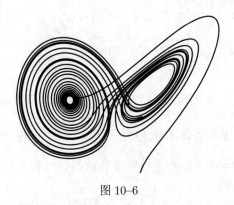

图 10−6

本 章 小 结

本章主要介绍了微分方程的一些基本概念和常见的常微分方程的初等解法.

第二节至第四节介绍了一阶微分方程 $F(x,y,y')=0$ 的若干类型的初等解法, 主要包括可分离变量的方程, 齐次方程, 一阶线性微分方程, 伯努利方程, 全微分方程等. 事实上, 所有的一阶微分方程都可以归结为形如

$$y'=f(x,y) \quad \text{或} \quad M(x,y)\mathrm{d}x+N(x,y)\mathrm{d}y=0$$

的求解问题, 而作为基础的是分离变量方程和全微分方程, 其他类型的方程均可借助于变量变换或积分因子将其化成这两种类型的方程求解, 读者在学习中要时刻注意如上解题技巧.

第五节至第八节主要介绍了某些特殊类型的高阶微分方程的解法, 主要包括可以降阶的微分方程, 齐次线性微分方程解的叠加原理, 非齐次线性方程的解的结构, 常系数齐次及非齐次线性方程的解法等.

n 阶齐次线性方程的所有解构成一个 n 维解空间, 它的通解可由 n 个线性无关解的线性组合来表出. 非齐次线性方程的通解可表为它的一个特解与对应的齐次线性方程的通解之和. 关于求解方法主要包括: 求常系数齐次线性方程基本解的特征根法, 求常系数非齐次线性方程的比较系数法, 求一般二阶线性方程的特解的幂级数解法等.

一、一般的 n 阶微分方程

一般的 n 阶微分方程的形式为

$$F\left(x,y,y',y'',\cdots,y^{(n)}\right)=0,$$

其中 F 为 $n+2$ 个变量的函数, 而且一定含有 $y^{(n)}$, 其他各阶导数可以出现, 也可以不出现, y 为 x 的函数.

如果方程的左端为 $y, y', y'', \cdots, y^{(n)}$ 的一次有理整式, 那么称为 n 阶线性微分方程. 一般 n 阶线性微分方程具有形式

$$\frac{\mathrm{d}^n y}{\mathrm{d}x^n} + a_1(x)\frac{\mathrm{d}^{n-1}y}{\mathrm{d}x^{n-1}} + \cdots + a_{n-1}(x)\frac{\mathrm{d}y}{\mathrm{d}x} + a_n(x)y = f(x),$$

其中 $a_1(x), a_2(x), \cdots, a_n(x), f(x)$ 为 x 的已知函数.

1. 一阶线性方程

形如 $\dfrac{\mathrm{d}y}{\mathrm{d}x} + P(x)y = Q(x)$ 的方程称为一阶线性微分方程 (因为它关于 y 及 y 的导数是一次的), 其中 $P(x), Q(x)$ 均为连续函数. 当 $Q(x) \equiv 0$ 时, 方程化为 $\dfrac{\mathrm{d}y}{\mathrm{d}x} + P(x)y = 0$, 称为一阶齐次线性方程, 当 $Q(x) \neq 0$ 时, 称为一阶非齐次线性方程. 非齐次线性方程的通解:

$$y = \mathrm{e}^{-\int P(x)\mathrm{d}x}\left(\int Q(x)\mathrm{e}^{\int P(x)\mathrm{d}x}\mathrm{d}x + C\right).$$

2. 伯努利方程

形如 $\dfrac{\mathrm{d}y}{\mathrm{d}x} + P(x)y = Q(x)y^n$ 的方程称为伯努利方程, 其中 n 为不等于 $0, 1$ 的实常数, $P(x), Q(x)$ 为连续函数. 利用变换可将伯努利方程化为一阶线性方程, 事实上, 对 $y \neq 0$, 用 y^{-n} 乘方程两边, 得 $y^{-n}\dfrac{\mathrm{d}y}{\mathrm{d}x} + P(x)y^{1-n} = Q(x)$. 令 $z = y^{1-n}$, 将方程化为

$$\frac{\mathrm{d}z}{\mathrm{d}x} + (1-n)P(x)z = (1-n)Q(x),$$

此为一阶线性方程, 解出 z 后代回原变量, 即得原方程的解, 此外, 当 $n > 0$ 时, 方程还有解 $y = 0$.

二、全微分方程的概念

将微分方程写成如下形式 $M(x,y)\mathrm{d}x + N(x,y)\mathrm{d}y = 0$. 如果方程的左端恰好为某个二元函数 $u(x,y)$ 的全微分, 即

$$M(x,y)\mathrm{d}x + N(x,y)\mathrm{d}y \equiv \mathrm{d}u(x,y) \equiv \frac{\partial u}{\partial x}\mathrm{d}x + \frac{\partial u}{\partial y}\mathrm{d}y,$$

称方程为全微分方程 (亦称恰当方程).

三、某些特殊类型的高阶方程的解法, 主要有三种类型

(i) 形如 $y^{(n)} = f(x)$ 的方程;

(ii) 形如 $F(x, y^{(k)}, y^{(k+1)}, \cdots, y^{(n)}) = 0$ 的方程;

(iii) 形如 $F(y, y', y'', \cdots, y^{(n)}) = 0$ 的方程.

四、高阶线性微分方程

形如

$$\frac{\mathrm{d}^n y}{\mathrm{d}x^n} + a_1(x)\frac{\mathrm{d}^{n-1}y}{\mathrm{d}x^{n-1}} + \cdots + a_{n-1}(x)\frac{\mathrm{d}y}{\mathrm{d}x} + a_n(x)y = f(x) \tag{1}$$

的方程称为 n 阶线性微分方程, 其中 $a_i(x)(i=1,2,\cdots,n)$ 及 $f(x)$ 均为定义在区间 I 上的连续函数. 如果 $f(x) \neq 0$, 方程 (1) 称为非齐次线性方程, 如果 $f(x) \equiv 0$, 即

$$\frac{\mathrm{d}^n y}{\mathrm{d}x^n} + a_1(x)\frac{\mathrm{d}^{n-1}y}{\mathrm{d}x^{n-1}} + \cdots + a_{n-1}(x)\frac{\mathrm{d}y}{\mathrm{d}x} + a_n(x)y = 0, \tag{2}$$

称 (2) 为对应于 (1) 的 n 阶齐次线性微分方程, 简称齐次线性方程.

定理 1 如果 $a_i(x)(i=1,2,\cdots,n)$ 及 $f(x)$ 都在区间 I 上连续, 那么对任一 $x_0 \in I$ 及任意的 $y_0, y_0', y_0'', \cdots, y_0^{(n)}$, 方程 (1) 存在唯一解 $y = \varphi(x)$, 定义在 I 上且满足初值条件

$$\varphi(x_0) = y_0, \varphi'(x_0) = y_0', \cdots, \varphi^{(n)}(x_0) = y_0^{(n)}. \tag{3}$$

1. 齐次线性方程通解的结构

定理 2 (齐次线性方程解的叠加原理) 设 $y_1(x), y_2(x), \cdots, y_k(x)$ 为齐次线性方程 (2) 的 k 个解, 则它们的线性组合 $C_1 y_1(x) + C_2 y_2(x) + \cdots + C_k y_k(x)$ 也是 (2) 的解, 这里 $C_1, C_2, \cdots, C_k$ 为任意常数, 特别当 $k=n$ 时方程 (2) 有解

$$y = C_1 y_1(x) + C_2 y_2(x) + \cdots + C_n y_n(x). \tag{4}$$

定理 3 设函数 $y_1(x), y_2(x), \cdots, y_n(x)$ 在区间 I 上线性相关, 则在 I 上它们的朗斯基行列式恒为零. 定理的逆一般不成立.

定理 4 如果方程 (2) 的解 $y_1(x), y_2(x), \cdots, y_n(x)$ 在区间 $[a, b]$ 上线性无关, 那么 $W[y_1(x), y_2(x), \cdots, y_n(x)]$ 在这区间上任意点都不等于零.

定理 5 n 阶齐次线性方程 (2) 一定存在 n 个线性无关的解 $y_1(x), y_2(x), \cdots, y_n(x)$, 并且其通解可以表为

$$y = C_1 y_1(x) + C_2 y_2(x) + \cdots + C_n y_n(x), \tag{5}$$

其中 $C_1, C_2, \cdots, C_n$ 为任意常数, 且通解 (5) 包括了方程 (2) 的所有解.

2. 非齐次线性方程解的结构

利用齐次线性方程 (2) 的通解的结构, 可以得到非齐次线性方程的通解的结构具有如下性质:

(i) 如果 $\tilde{y}(x)$ 是方程 (1) 的解, $y(x)$ 是方程 (2) 的解, 那么 $\tilde{y}(x) + y(x)$ 也为方程 (1) 的解;

(ii) 方程 (1) 的任意两个解之差一定为方程 (2) 的解.

定理 6 设 $y_1(x), y_2(x), \cdots, y_n(x)$ 为方程 (2) 的 n 个无关解, $\tilde{y}(x)$ 为 (1) 的某一解, 则方程 (1) 的通解可以表示为 $y = C_1 y_1(x) + C_2 y_2(x) + \cdots + C_n y_n(x) + \tilde{y}(x)$, 其中 $C_1, C_2, \cdots, C_n$ 为任意常数, 且这个通解包括了方程 (1) 的所有解.

定理 7 如果方程 (2) 中所有系数 $a_i(x)(i=1,2,\cdots,n)$ 均为实值函数, $z(x) = \varphi(x) + \mathrm{i}\psi(x)$ 为方程的复值解, 那么它的实部 $\varphi(x)$、虚部 $\psi(x)$ 和共轭复值函数 $\bar{z}(x)$ 也都是 (2) 的解.

五、常系数线性微分方程

1. 常系数齐次线性微分方程

形如

$$\frac{\mathrm{d}^n y}{\mathrm{d}x^n} + a_1 \frac{\mathrm{d}^{n-1}y}{\mathrm{d}x^{n-1}} + \cdots + a_{n-1}\frac{\mathrm{d}y}{\mathrm{d}x} + a_n y = 0 \tag{6}$$

的方程 (其中 a_i, $i = 1, 2, \cdots, n$ 为实常数) 称为 n 阶常系数齐次线性微分方程, 它的求解问题可归结为代数方程求根问题. 其特征方程 $I(\lambda) = \lambda^n + a_1\lambda^{n-1} + \cdots + a_{n-1}\lambda + a_n = 0$ 是关于 λ 的 n 次多项式, $y = \mathrm{e}^{\lambda x}$ 为方程 (6) 的解的充分必要条件是 λ 为代数方程 $I(\lambda) = 0$ 的根, 称此代数方程为 (6) 的特征方程, 它的根称为特征根. 微分方程解的情况见表 10–1.

2. 常系数非齐次线性微分方程

常系数非齐次线性微分方程

$$\frac{\mathrm{d}^n y}{\mathrm{d}x^n} + a_1 \frac{\mathrm{d}^{n-1}y}{\mathrm{d}x^{n-1}} + \cdots + a_{n-1}\frac{\mathrm{d}y}{\mathrm{d}x} + a_n y = f(x), \tag{7}$$

其中 a_i, $i = 1, 2, \cdots, n$ 为实常数, $f(x)$ 为连续函数.

求非齐次线性方程 (7) 的通解可以归结为先求所对应的齐次方程 (6) 的通解和非齐次方程本身的一个特解, 因为常系数齐次线性方程的通解的求法已经解决, 所以这里只需讨论非齐次方程 (7) 的一个特解的求法. 非齐次方程 (7) 的特解可以通过对齐次线性通解进行常数变易法而得到, 但一般情况下求解步骤非常繁琐, 下面介绍当方程 (7) 右端 $f(x)$ 具有某些特殊形式时, 求某一个特解 y^* 时的方法, 这种方法的一个特点是不用积分就可以求出 y^*, 称为 "待定系数法".

(i) $f(x) = \mathrm{e}^{\gamma x}P_m(x)$ 型, 其中 γ 为常数, $P_m(x)$ 为 x 的一个 m 次多项式

$$P_m(x) = a_0 x^m + a_1 x^{m-1} + \cdots + a_{m-1}x + a_m.$$

注意到此时方程 (7) 的右端是一个多项式与指数函数的乘积, 推测方程 (7) 可能有形如 $y^* = Q(x)\mathrm{e}^{\gamma x}$($Q(x)$ 为某个多项式) 的特解. 将 $y^*, y^{*\prime}, \cdots, (y^*)^{(n-1)}, (y^*)^{(n)}$ 代入方程 (7) 得

$$\begin{aligned}
(\gamma^n + a_1\gamma^{n-1} + \cdots + a_{n-1}\gamma + a_n)Q(x) + \big(\mathrm{C}_n^1\gamma^{n-1} + \\
a_1\mathrm{C}_{n-1}^1\gamma^{n-2} + \cdots + a_{n-1}\big)Q'(x) + \cdots + Q^{(n)}(x) = P_m(x),
\end{aligned} \tag{8}$$

其中 $\mathrm{C}_n^k = \dfrac{n!}{k!(n-k)!}$ ($\gamma = 0$ 则取 $Q(x) = Q_m(x) = b_0 x^m + b_1 x^{m-1} + \cdots + b_{m-1}x + b_m$).

(ii) 如果 γ 不是方程 (7) 对应的齐次方程 (6) 的特征方程

$$I(\lambda) = \lambda^n + a_1\lambda^{n-1} + \cdots + a_{n-1}\lambda + a_n = 0$$

的根, 即 $I(\gamma) \neq 0$, 由于 $P_m(x)$ 为 m 次多项式, 要使 (8) 的两端成为恒等式, 可令 $Q(x)$ 为另一 m 次多项式

$$Q_m(x) = b_0 x^m + b_1 x^{m-1} + \cdots + b_{m-1}x + b_m.$$

代入 (8) 式, 比较等式两边 x 的同次幂的系数作为未知数的 $m+1$ 个方程联立的方程组, 从中解出 $b_i(i = 1, 2, \cdots, m)$, 即可得到所求特解 $y^* = Q_m(x)\mathrm{e}^{\gamma x}$.

(iii) 如果 γ 是方程 (7) 对应的齐次方程 (6) 的特征方程的单根, 即 $I(\gamma) = 0, I'(\gamma) \neq 0$, 要 (8) 式两边相等, 那么 $Q'(x)$ 必须取为 m 次多项式, 此时可令 $Q(x) = xQ_m(x)$, 并且可以用同样的方法来确定 $Q_m(x)$ 的系数 $b_i(i = 1, 2, \cdots, m)$.

对于重根的次数 $k > 1$ 的情况可类似讨论.

综述: 如果 $f(x) = P_m(x)\mathrm{e}^{\gamma x}$, 那么 n 阶常系数非齐次线性方程 (7) 具有形如

$$y^* = x^k Q_m(x)\mathrm{e}^{\gamma x} \tag{9}$$

的特解, 其中 $Q_m(x)$ 为与 $P_m(x)$ 同次数 $(m$ 次) 的多项式, k 为特征方程 $I(\lambda) = 0$ 的根 γ 的重数. 当 γ 不是特征根时 k 取零, 是单根时 k 取 1, 是 s 重根 $(s \geqslant 2)$ 时 k 取 s.

总 习 题 十

(A)

1. 求下列方程的通解.

再论函数方程 (组) 兼谈 PTN 数学 竞赛

(1) $\dfrac{\mathrm{d}y}{\mathrm{d}x} = 4\mathrm{e}^{-y}\sin x - 1$;

(2) $(xy\mathrm{e}^{\frac{x}{y}} + y^2)\mathrm{d}x - x^2\mathrm{e}^{\frac{x}{y}}\mathrm{d}y = 0$;

(3) $\dfrac{\mathrm{d}y}{\mathrm{d}x} = \dfrac{y}{x} + \dfrac{y^2}{x^2}$;

(4) $yy'' - y'^2 - 1 = 0$;

(5) $y'' + 2y' + 5y = \sin 2x$;

(6) $(y^4 - 3x^2)\mathrm{d}y + xy\mathrm{d}x = 0$;

(7) $\left(2xy + x^2y + \dfrac{1}{3}y^3\right)\mathrm{d}x + (x^2 + y^2)\mathrm{d}y = 0$;

(8) $x\dfrac{\mathrm{d}y}{\mathrm{d}x} - y = 2x^2y(y^2 - x^2)$;

(9) $\dfrac{\mathrm{d}y}{\mathrm{d}x} + \dfrac{1 + xy^3}{1 + x^3y} = 0$;

(10) $y''' + y'' - 2y' = x(\mathrm{e}^x + 4)$.

2. 求下列方程满足初值条件的特解.

(1) $y'' + 2y' + y = \cos x$, $\quad y|_{x=0} = 0, y'|_{x=0} = \dfrac{3}{2}$;

(2) $y'' + y = x + 3\sin 2x + 2\cos x$, $\quad y|_{x=0} = 0, y'|_{x=0} = 0$;

(3) $y''' + 6y'' + 11y' + 6y = 1 - \mathrm{e}^{-4x}$, $\quad y|_{x=0} = 5, y'|_{x=0} = y''|_{x=0} = 0$;

(4) $y'' - \dfrac{y'}{x-1} = x(x-1)$, $\quad y(2) = 1, y'(2) = -1$;

(5) $(x-1)y''' - y'' = 0$, $\quad y|_{x=2} = 2, y'|_{x=2} = 1, y''|_{x=2} = 1$.

*3. 设 $\varphi(x)$ 为方程 $y'' + k^2y = f(x)$ 的解, 其中 k 为常数, 函数 $f(x)$ 在 $0 \leqslant x \leqslant +\infty$ 连续, 证明

(1) 当 $k \neq 0$ 时, 能够选取常数 C_1, C_2, 使得

$$\varphi(x) = C_1\cos kx + \dfrac{C_2}{k}\sin kx + \dfrac{1}{k}\int_0^x \sin k(x-s) \cdot f(s)\mathrm{d}s, 0 \leqslant x < +\infty;$$

(2) 当 $k = 0$ 时, 方程的通解可以表示为

$$y = C_1 + C_2 x + \int_0^x (x - s)f(s)\mathrm{d}s \quad (0 \leqslant x < +\infty),$$

其中 C_1, C_2 为任意常数.

(B)

*4. 设 $y_i(x)(i = 1, 2, \cdots, n)$ 是齐次线性方程

$$\frac{\mathrm{d}^n y}{\mathrm{d}x^n} + a_1(x)\frac{\mathrm{d}^{n-1}y}{\mathrm{d}x^{n-1}} + \cdots + a_{n-1}(x)\frac{\mathrm{d}y}{\mathrm{d}x} + a_n(x)y = 0$$

的任意 n 个解, 它们构成的朗斯基行列式为 $W(x)$, 试证明 $W(x)$ 满足一阶线性方程

$$W'(x) + a_1(x)W = 0,$$

因而有 $W(x) = W(x_0)\mathrm{e}^{-\int_{x_0}^x a_1(s)\mathrm{d}s}$ $x_0, x \in (a, b)$.

*5. 设 $y_1(x) \neq 0$ 是二阶齐次线性方程 $y''(x) + a_1(x)y'(x) + a_2(x)y = 0$ 的解, $a_1(x), a_2(x)$ 在区间 $[a, b]$ 连续, 试证

(1) $y_2(x)$ 为方程解的充分必要条件是

$$W'[y_1, y_2] + a_1 W[y_1, y_2] = 0;$$

(2) 方程的通解可以表示为

$$y = y_1 \left[C_1 \int \frac{1}{y_1^2} \exp\left(-\int_{x_0}^x a_1(s)\mathrm{d}s \right) \mathrm{d}x + C_2 \right],$$

其中 C_1, C_2 为任意常数, $x_0, x \in [a, b]$.

正交多项式与
特殊函数

数据的曲线
拟合——
最小二乘法

第十章自测题

部分习题答案与提示

第 六 章

习题 6–1 (A)

1. (1) D; (2) C. 2. $8\boldsymbol{a} - 11\boldsymbol{b} + 7\boldsymbol{c}$.

4. $\overrightarrow{D_1A} = -\dfrac{1}{5}(5\boldsymbol{a} + \boldsymbol{b}), \overrightarrow{D_2A} = -\dfrac{1}{5}(5\boldsymbol{a} + 2\boldsymbol{b}), \overrightarrow{D_3A} = -\dfrac{1}{5}(5\boldsymbol{a} + 3\boldsymbol{b}), \overrightarrow{D_4A} = -\dfrac{1}{5}(5\boldsymbol{a} + 4\boldsymbol{b})$. 10. 2.

习题 6–2 (A)

1. (1) C; (2) D. 2. I(A), II(B), IV (C), III(D), VII(E).

3. A 到 x 轴、y 轴和 z 轴的距离分别为 $\sqrt{29}$、$\sqrt{34}$ 和 $\sqrt{13}$; A 到 xOy 面、yOz 面和 zOx 面的距离分别为 5,3 和 2.

4. $M(0, 1, -2)$.

5. (1) $(-3, 2, -1)$; (2) $(3, 2, -1), (-3, -2, -1), (-3, 2, 1)$;

   (3) $(3, -2, -1), (-3, -2, 1), (3, 2, 1)$.

6. $(-2, 3, 0)$. 7. $2; -\dfrac{1}{2}, -\dfrac{\sqrt{2}}{2}, \dfrac{1}{2}; \dfrac{2}{3}\pi, \dfrac{3}{4}\pi, \dfrac{1}{3}\pi; \left(-\dfrac{1}{2}, -\dfrac{\sqrt{2}}{2}, \dfrac{1}{2}\right)$.

8. $\dfrac{\pi}{4}$ 或 $\dfrac{3\pi}{4}$. 9. $\left(\dfrac{1}{3}, \dfrac{7}{3}, \dfrac{4}{3}\right)$. 10. $\sqrt{249}, \sqrt{161}$. 11. $(3, 2, -4)$. 12. $A(3, 3\sqrt{2}, 3)$.

习题 6–3 (A)

1. (1) A; (2) C. 2. $18, \dfrac{\pi}{3}$.

3. (1) -6; (2) $(-30, -18, 6)$; (3) -15; (4) $(-15, -9, 3)$; (5) 20.

4. $\sqrt{29}$. 5. 2. 6. (1) $\dfrac{3}{\sqrt{14}}$; (2) $\dfrac{3}{\sqrt{6}}$; (3) $\arccos \dfrac{3}{2\sqrt{21}}$.

7. (1) $\dfrac{1}{2}\sqrt{115}$; (2) $\sqrt{115}$; (3) $\pm\dfrac{1}{\sqrt{115}}(5, 9, 3)$.

8. $\dfrac{1}{7}$.

(B)

13. (1) $(|\boldsymbol{a}||\boldsymbol{b}|)^2$; (2) $\boldsymbol{a} \times \boldsymbol{c}$. 14. $\dfrac{\pi}{3}$. 17. $-\dfrac{3}{2}$.

习题 6–4 (A)

1. (1) A; (2) D; (3) C; (4) D; (5) B.

2. (1) $y = 3z$; (2) $3x - 6y + 2z - 49 = 0$; (3) $2x - 3y + 2z - 10 = 0$.

3. $\dfrac{1}{3}, \dfrac{2}{3}, \dfrac{2}{3}.$ 4. $(1, -1, 3).$ 5. $2x - 3y + 5z + 1 = 0.$

6. $x - z + 4 = 0$ 或 $x + 20y + 7z - 12 = 0.$

7. $x - 3y + 7z = 0.$ 8. $\dfrac{x+3}{-6} = \dfrac{y-2}{7} = \dfrac{z-3}{8},$ $\begin{cases} x = -3 - 6t, \\ y = 2 + 7t, \\ z = 3 + 8t. \end{cases}$

9. $\begin{cases} 7x - 9y - 9 = 0, \\ z = 0, \end{cases}$ $\begin{cases} 10y - 7z - 18 = 0, \\ x = 0, \end{cases}$ $\begin{cases} 10x - 9z - 36 = 0, \\ y = 0. \end{cases}$

10. $\begin{cases} 7x + 14y + 5 = 0, \\ 2x - y + 5z - 3 = 0. \end{cases}$

(B)

*11. $7x - 11y - 5z + 10 = 0$ 或 $2x - y + 5z + 5 = 0.$

*13. $\begin{cases} x - 2y + 5z - 8 = 0, \\ x + y - z - 1 = 0. \end{cases}$ 14. $\dfrac{9}{\sqrt{91}}.$

*15. $\begin{cases} x - 9y + 5z + 20 = 0, \\ x - 2y - 5z + 9 = 0. \end{cases}$ *16. $\dfrac{x+1}{13} = \dfrac{y}{16} = \dfrac{z-1}{25}.$

习题 6–5 (A)

1. (1) D;   (2) C;   (3) A;   (4) B;   (5) C.

2. (1) 母线平行于 z 轴的双曲柱面;   (2) 母线平行于 x 轴的椭圆柱面;
   (3) 母线平行于 y 轴的抛物柱面;   (4) 球心在点 $(0, 0, 1)$, 半径为 1 的球面;
   (5) 以 $(0, 0, 1)$ 为顶点, 对称轴为 z 轴, 半顶角为 $\dfrac{\pi}{4}$ 的下半锥面;
   (6) 旋转单叶双曲面.

4. (1) $4x^2 + 9y^2 + 9z^2 = 36;$ (2) $x^2 + y^2 = 6z;$ (3) $-x^2 + y^2 - z^2 = 1.$

6. $4x^2 + 7y^2 = 8,$ $\begin{cases} 4x^2 + 7y^2 = 8, \\ z = 0. \end{cases}$

7. (1) $\begin{cases} x = \sqrt{2}\cos t, \\ y = \sqrt{2}\cos t, t \in [0, 2\pi], \\ z = 2\sin t; \end{cases}$ (2) $\begin{cases} x = (1 + \sqrt{3})\cos t, \\ y = \sqrt{3}\sin t, \qquad t \in [0, 2\pi]. \\ z = 0, \end{cases}$

8. $x^2 + 2y^2 \leqslant 4,\ x^2 \leqslant z \leqslant 4,\ 2y^2 \leqslant z \leqslant 4.$ 9. $x^2 + y^2 + z^2 = Rz.$

(B)

11. $\dfrac{x^2}{2} + \dfrac{2z^2}{3} = 1.$ 12. $4x^2 - (y - z)^2 = 1.$

*13. $x^2 + y^2 - 13z^2 - 4x - 6y - 18z + 3 = 0.$ *14. $6x^2 - 3y^2 + 8z^2 = 0.$

总习题六

1. (1) D;   (2) A;   (3) C;   (4) B.

2. (1) $2x + 2y - 3z = 0;$ (2) $-\dfrac{6}{25};$ (3) 3;   (4) 共面.

3. $\arccos \dfrac{2}{\sqrt{7}}$.　　4. $\boldsymbol{c} = 5\boldsymbol{a} + \boldsymbol{b}$.　　6. $C\left(0, 0, \dfrac{1}{5}\right)$.

7. $3x + 4z - 15 = 0$ 或 $3x - 4z - 15 = 0$.　　8. $\dfrac{5}{4}$.

10. 异面, $d = \dfrac{\sqrt{3}}{3}$.　　11. 11.　　12. $\dfrac{1}{2}$.

*14. $\dfrac{x + \dfrac{1}{4}}{3} = \dfrac{y + \dfrac{11}{2}}{-5} = \dfrac{z - \dfrac{1}{4}}{1}$ 或 $\begin{cases} x - 3z + 1 = 0, \\ 37x + 20y - 11z + 122 = 0. \end{cases}$

15. $l : \begin{cases} x - y + 2z - 1 = 0, \\ x - 3y - 2z + 1 = 0, \end{cases}$　$4x^2 - 17y^2 + 4z^2 + 2y - 1 = 0$.

16. $x - y - z - 3 = 0$.

17. $\begin{cases} x^2 + y^2 - x - y = 0, \\ z = 0, \end{cases}$　$\begin{cases} 2y^2 + 2yz + z^2 - 4y - 3z + 2 = 0, \\ x = 0, \end{cases}$

　　$\begin{cases} 2x^2 + 2xz + z^2 - 4x - 3z + 2 = 0, \\ y = 0. \end{cases}$

18. $xy + yz + zx = 0$.

第 七 章

习题 7–1 (A)

1. $f(-y, x) = \dfrac{x^2 - y^2}{xy}$, $f\left(\dfrac{1}{x}, \dfrac{1}{y}\right) = \dfrac{y^2 - x^2}{xy}$, $f(x, f(x, y)) = \dfrac{x^4 y^2 - (x^2 - y^2)^2}{x^2 y(x^2 - y^2)}$.

2. $f(x, y) = x^3 - 2xy + 3y^2$, $f\left(\dfrac{1}{x}, \dfrac{2}{y}\right) = \dfrac{1}{x^3} - \dfrac{4}{xy} + \dfrac{12}{y^2}$.

3. $f(tx, ty) = t\left(x + y - txy \tan \dfrac{x}{y}\right)$.　　4. $f(x + y, x - y, xy) = (x + y)^{xy} + (xy)^{2x}$.

5. $f(x) = x(x + 2)$, $z = \sqrt{y} + x - 1$.

6. (1) $\{(x, y) \mid 0 < x^2 + y^2 < 1, y^2 \leqslant 4x\}$;　　(2) $\{(x, y) \mid x \geqslant 0, y \geqslant 0, x^2 \geqslant y\}$;

　(3) $\{(x, y) \mid a^2 \leqslant x^2 + y^2 \leqslant 2a^2\}$;　　(4) $\{(x, y) \mid -y^2 \leqslant x \leqslant y^2, 0 < y < 1\}$;

　(5) $\{(x, y, z) \mid x^2 + y^2 - z^2 \geqslant 0, x^2 + y^2 \neq 0\}$.

习题 7–2 (A)

1. (1) 1;　(2) $\dfrac{1}{2}$;　(3) $\dfrac{1}{2}$;　(4) e^2.

3. 抛物线 $y^2 = 3x$ 上所有的点.　　4. $x^2 + y^2 = \left(k + \dfrac{1}{2}\right)\pi$.

(B)

7. (1) 0;　(2) $\ln 2 - 1$;　(3) 0;　(4) 0;　(5) 1;　(6) 0.

9. (1) 不存在;   (2) 不存在;   (3) 不存在.

习题 7–3 (A)

1. (1) e;   (2) 0; 1;   (3) $2x\sec^2(x^2 - y^2)$;   (4) 0;

   (5) $\mathrm{e}^{\sin\frac{x}{y}}\cos\frac{x}{y}\cdot\frac{y\mathrm{d}x - x\mathrm{d}y}{y^2}$;   (6) $\mathrm{d}x + \mathrm{d}y$;   (7) $2\mathrm{e}\mathrm{d}x + (2 + \mathrm{e})\mathrm{d}y$.

2. (1) A;   (2) C;   (3) D;   (4) B;   (5) D ;   (6) B;   (7) B.

3. (1) $\dfrac{\partial z}{\partial x} = \dfrac{1}{\sqrt{x^2 + y^2}}$; $\dfrac{\partial z}{\partial y} = \dfrac{y}{\sqrt{x^2 + y^2}(x + \sqrt{x^2 + y^2})}$.

   (2) $\dfrac{\partial z}{\partial x} = y^2(1 + xy)^{y-1}$; $\dfrac{\partial z}{\partial y} = (1 + xy)^y\left(\ln(1 + xy) + \dfrac{xy}{1 + xy}\right)$.

   (3) $\dfrac{\partial z}{\partial x} = \dfrac{1}{\sqrt{y}}\cot\dfrac{x + a}{\sqrt{y}}$; $\dfrac{\partial z}{\partial y} = -\dfrac{x + a}{2y\sqrt{y}}\cot\dfrac{x + a}{\sqrt{y}}$.

   (4) $\dfrac{\partial u}{\partial x} = yzx^{yz-1}$; $\dfrac{\partial u}{\partial y} = zx^{yz}\ln x$; $\dfrac{\partial u}{\partial z} = yx^{yz}\ln x$.

4. $2x$.   5. 0.

6. (1) $\mathrm{d}u = y^2x^{y^2-1}\mathrm{d}x + 2yx^{y^2}\ln x\mathrm{d}y$;   (2) $\mathrm{d}u = x^{yz}\left(\dfrac{yz}{x}\mathrm{d}x + z\ln x\mathrm{d}y + y\ln x\mathrm{d}z\right)$;

   (3) $\mathrm{d}u = \left(\dfrac{x}{y}\right)^{\frac{y}{z}}\left(\dfrac{y}{xz}\mathrm{d}x + \dfrac{1}{z}\left(\ln\dfrac{x}{y} - 1\right)\mathrm{d}y - \dfrac{y}{z^2}\ln\dfrac{x}{y}\mathrm{d}z\right)$.

7. $\mathrm{d}z = \dfrac{1}{36}$.   8. 1.08.

9. $\dfrac{\partial^2 z}{\partial x^2} = \dfrac{2(y - x^2)}{(x^2 + y)^2}$, $\dfrac{\partial^2 z}{\partial x\partial y} = \dfrac{-2x}{(x^2 + y)^2}$, $\dfrac{\partial^2 z}{\partial y^2} = \dfrac{-1}{(x^2 + y)^2}$.

10. 0.   13. $\dfrac{\pi}{6}$.

(B)

14. 不可微.   15. 当 $\varphi(0,0) = 0$ 时, 可微; 当 $\varphi(0,0) \neq 0$ 时, 不可微.   17. (2) 不可微

习题 7–4 (A)

1. $\dfrac{\partial z}{\partial x} = 4x$, $\dfrac{\partial z}{\partial y} = 4y$.

2. $\dfrac{\partial z}{\partial x} = 3x^2\sin y\cos y(\cos y - \sin y)$,

   $\dfrac{\partial z}{\partial y} = -2x^3\sin y\cos y(\sin y + \cos y) + x^3(\sin^3 y + \cos^3 y)$.

3. $\dfrac{\mathrm{d}z}{\mathrm{d}t} = \dfrac{3(1 - 4t^2)}{1 + (3t - 4t^3)^2}$.   4. $\dfrac{\mathrm{d}z}{\mathrm{d}t} = (4t - 3\sin t)\mathrm{e}^{3\cos t + 2t^2}$.

5. $\dfrac{\partial z}{\partial x} = y\mathrm{e}^{x+y^2} + xy\mathrm{e}^{x+y^2} + \dfrac{1}{y^2}\cos\dfrac{x}{y^2}$.

6. $\mathrm{d}u = (2xf_1' + yf_2' + yzf_3')\mathrm{d}x + (xf_2' + xzf_3')\mathrm{d}y + xyf_3'\mathrm{d}z$.

7. $f_{xx}(1,-1) = (2a-2)\mathrm{e}^{-(1-a)^2} + 2\mathrm{e}^{-1}$. 9. $\dfrac{\partial^2 z}{\partial x^2} = f''_{11} + 2yf''_{12} + y^2 f''_{22}$.

10. $\dfrac{\partial^2 z}{\partial x \partial y} = 2xf'_1 - \dfrac{2x}{y^2}f'_2 + x^2 y f''_{11} - \dfrac{x^2}{y^3}f''_{22}$.

12. (1) $\dfrac{\partial^2 z}{\partial x^2} = 2yf'_2 + y^4 f''_{11} + 4xy^3 f''_{12} + 4x^2 y^2 f''_{22}$,

$\dfrac{\partial^2 z}{\partial x \partial y} = 2yf'_1 + 2xf'_2 + 2xy^3 f''_{11} + 5x^2 y^2 f''_{12} + 2x^3 y f''_{22}$,

$\dfrac{\partial^2 z}{\partial y^2} = 2xf'_1 + 4x^2 y^2 f''_{11} + 4x^3 y f''_{12} + x^4 f''_{22}$.

(2) $\dfrac{\partial^2 z}{\partial x^2} = \mathrm{e}^{x+y}f'_3 - f'_1 \sin x + f''_{11} \cos^2 x + 2\mathrm{e}^{x+y} f''_{13} \cos x + \mathrm{e}^{2(x+y)} f''_{33}$,

$\dfrac{\partial^2 z}{\partial x \partial y} = \mathrm{e}^{x+y}f'_3 - f''_{12} \cos x \sin y + \mathrm{e}^{x+y} f''_{13} \cos x - \mathrm{e}^{x+y} f''_{32} \sin y + \mathrm{e}^{2(x+y)} f''_{33}$,

$\dfrac{\partial^2 z}{\partial y^2} = \mathrm{e}^{x+y}f'_3 - f'_2 \cos y + f''_{22} \sin^2 y - 2\mathrm{e}^{x+y} f''_{23} \sin y + \mathrm{e}^{2(x+y)} f''_{33}$.

(B)

13. $a^2 u_{xx} = u_{yy}$. 14. $\dfrac{\partial z}{\partial \eta} = 0$. 15. $\begin{cases} \dfrac{\mathrm{d}\rho}{\mathrm{d}t} = k\rho^3, \\ \dfrac{\mathrm{d}\theta}{\mathrm{d}t} = -1. \end{cases}$

习题 7–5 (A)

1. $\dfrac{\mathrm{d}y}{\mathrm{d}x} = \dfrac{y^2 - \mathrm{e}^x}{\cos y - 2xy}$. 2. $\dfrac{\mathrm{d}y}{\mathrm{d}x} = \dfrac{x+y}{x-y}$, $y = \dfrac{2(x^2+y^2)}{(x-y)^3}$.

3. $\dfrac{\partial z}{\partial x} = \dfrac{z}{x+z}$; $\dfrac{\partial z}{\partial y} = \dfrac{z^2}{y(x+z)}$. 4. $\dfrac{\partial z}{\partial x} = \dfrac{yz - \sqrt{xyz}}{\sqrt{xyz} - xy}$; $\dfrac{\partial z}{\partial y} = \dfrac{xz - 2\sqrt{xyz}}{\sqrt{xyz} - xy}$.

6. $\mathrm{d}z = -\dfrac{z}{x}\mathrm{d}x + \dfrac{z(2xyz - 1)}{y(2xz - 2xyz + 1)}\mathrm{d}y$. 7. $\dfrac{\partial z}{\partial x} = \dfrac{xF'_1}{zF'_2}$, $\dfrac{\partial z}{\partial y} = \dfrac{y(F'_2 - F'_1)}{zF'_2}$.

9. $\dfrac{\partial u}{\partial x} = f_x - \dfrac{y}{z^4 + 1}f_z$. 12. $\dfrac{\partial^2 z}{\partial x \partial y} = -\dfrac{y^2}{x^2(1+y^2)}$. 13. $\dfrac{\partial^2 z}{\partial x \partial y} = \dfrac{z(z^4 - 2xyz^2 - x^2 y^2)}{(z^2 - xy)^3}$.

14. $\dfrac{\partial^2 z}{\partial x^2} = \dfrac{2(y+z)}{(x+y)^2}$, $\dfrac{\partial^2 z}{\partial y^2} = -\dfrac{2(x+z)}{(x+y)^2}$, $\dfrac{\partial^2 z}{\partial x \partial y} = \dfrac{2z}{(x+y)^2}$.

15. (1) $\dfrac{\mathrm{d}y}{\mathrm{d}x} = -\dfrac{x(6z+1)}{2y(3z+1)}$, $\dfrac{\mathrm{d}z}{\mathrm{d}x} = \dfrac{x}{3z+1}$; (2) $\dfrac{\mathrm{d}x}{\mathrm{d}z} = \dfrac{y-z}{x-y}$, $\dfrac{\mathrm{d}y}{\mathrm{d}z} = \dfrac{z-x}{x-y}$.

(3) $\dfrac{\partial z}{\partial x} = (v\cos v - u\sin v)\mathrm{e}^{-u}$, $\dfrac{\partial z}{\partial y} = (u\cos v + v\sin v)\mathrm{e}^{-u}$.

(4) $\dfrac{\partial u}{\partial x} = \dfrac{\sin v}{\mathrm{e}^u(\sin v - \cos v) + 1}$, $\dfrac{\partial u}{\partial y} = \dfrac{-\cos v}{\mathrm{e}^u(\sin v - \cos v) + 1}$,

$\dfrac{\partial v}{\partial x} = \dfrac{\cos v - \mathrm{e}^u}{u\mathrm{e}^u(\sin v - \cos v) + u}$, $\dfrac{\partial v}{\partial y} = \dfrac{\sin v + \mathrm{e}^u}{u\mathrm{e}^u(\sin v - \cos v) + u}$.

(B)

16. $\dfrac{\mathrm{d}y}{\mathrm{d}x} = \dfrac{1}{1 - \varepsilon\cos y}$, $\dfrac{\mathrm{d}^2 y}{\mathrm{d}x^2} = \dfrac{-\varepsilon\sin y}{(1 - \varepsilon\cos y)^3}$.　　17. $\dfrac{\partial^2 z}{\partial x\partial y} = 0$.

18. $\dfrac{\mathrm{d}u}{\mathrm{d}x} = \dfrac{\partial f}{\partial x} + \dfrac{y^2}{1 - xy}\cdot\dfrac{\partial f}{\partial y} + \dfrac{z}{xz - x}\cdot\dfrac{\partial f}{\partial z}$.

19. $\dfrac{\partial^2 z}{\partial x\partial y} = yf''(xy) + \varphi'(x + y) + y\varphi''(x + y)$.　　20. $\dfrac{x}{y}\dfrac{\partial^2 f}{\partial x^2} - 2\dfrac{\partial^2 f}{\partial x\partial y} + \dfrac{y}{x}\dfrac{\partial^2 f}{\partial y^2} = -2\mathrm{e}^{-x^2 y^2}$.

21. $\dfrac{\partial u}{\partial x} = \cos\dfrac{v}{u}$, $\dfrac{\partial v}{\partial x} = \dfrac{v}{u}\cos\dfrac{v}{u} - \sin\dfrac{v}{u}$, $\dfrac{\partial u}{\partial y} = \sin\dfrac{v}{u}$, $\dfrac{\partial v}{\partial y} = \dfrac{v}{u}\sin\dfrac{v}{u} + \cos\dfrac{v}{u}$.

22. $\dfrac{\partial u}{\partial x} = f_x - \dfrac{\varphi_x f_z + \varphi_t\psi_x f_z}{\varphi_t\psi_z}$; $\dfrac{\partial u}{\partial y} = f_y + \dfrac{f_z}{\varphi_t\psi_z}$.

习题 7–6 (A)

1. $\dfrac{\partial u}{\partial l}\Big|_{P_0} = \dfrac{5}{3}$.　　2. $\dfrac{10}{3}$.

3. $\dfrac{\partial u}{\partial l}\Big|_{(1,1)} = \sqrt{2}\sin\left(\alpha + \dfrac{\pi}{4}\right)$;　(1) $\alpha = \dfrac{\pi}{4}$ 时最大;　(2) $\alpha = \dfrac{5\pi}{4}$ 时最小;

　　(3) $\alpha = \dfrac{3\pi}{4}, \dfrac{7\pi}{4}$ 时等于 0.

4. (1) $(16, 18)$;　(2) $\left(\dfrac{1}{2}, 0, \dfrac{1}{2}\right)$;　(3) $\left(-\dfrac{9\sqrt{3}}{2}, -\dfrac{3\sqrt{3}}{2}\right)$;　(4) $\left(-\dfrac{\sqrt{2}}{4}, \dfrac{\sqrt{2}}{4}, 0\right)$;

　　(5) $(1, 1, 1)$.

5. $\dfrac{\partial z}{\partial l}\Big|_{(-1,1)} = -\dfrac{3}{\sqrt{5}}$; $\mathbf{grad}\, f(-1, 1) = (-3, 3)$; 减小最快的方向是 $\left(\dfrac{1}{\sqrt{2}}, -\dfrac{1}{\sqrt{2}}\right)$; 变化率为零的方向

　　是 $\left(\dfrac{\sqrt{2}}{2}, \dfrac{\sqrt{2}}{2}\right)$ 或 $\left(-\dfrac{\sqrt{2}}{2}, -\dfrac{\sqrt{2}}{2}\right)$.

6. $\dfrac{\sqrt{2}}{3}$ 或 $-\dfrac{\sqrt{2}}{3}$.

(B)

7. $\mathbf{grad}\, U = -\dfrac{q}{4\pi\varepsilon r^3}(x, y, z)$.　　8. $\dfrac{\partial f}{\partial l} = \cos\alpha\cdot\sin\alpha$.

9. $4(x_0^2 y_0^2 + x_0(x_0 - 2y_0) - 1)(y_0 - x_0 - x_0 y_0^2, x_0 - x_0^2 y_0)$.

10. 在球面 $(x - a)^2 + (y - b)^2 + (z - c)^2 = 1$ 上所有点.　　11. $\dfrac{\pi}{2}$.

习题 7–7 (A)

1. $\dfrac{x}{-1} = \dfrac{y - 1}{0} = \dfrac{z - 1}{1}$, $-x + z - 1 = 0$.

2. $\dfrac{x - x_0}{1} = \dfrac{y - y_0}{\dfrac{m}{2y_0}} = \dfrac{z - z_0}{-\dfrac{1}{2z_0}}$, $(x - x_0) + \dfrac{m}{2y_0}(y - y_0) - \dfrac{1}{2z_0}(z - z_0) = 0$.

3. $P_1(-1,1,-1)$, $P_2\left(-\dfrac{1}{3},\dfrac{1}{9},-\dfrac{1}{27}\right)$. 　4. $\dfrac{x-1}{-1}=\dfrac{y+2}{0}=\dfrac{z-1}{1}$, $x-z=0$.

5. $\dfrac{3\pi}{4}$. 　6. $4(x-2)+2(y-1)-(z-4)=0$, $\dfrac{x-2}{4}=\dfrac{y-1}{2}=\dfrac{z-4}{-1}$.

7. $\dfrac{x-2}{0}=\dfrac{y-1}{1}=\dfrac{z-1}{1}$. 　8. $P(-3,-1,3)$, $\dfrac{x+3}{1}=\dfrac{y+1}{3}=\dfrac{z-3}{1}$.

9. $\cos\gamma=\dfrac{3}{\sqrt{22}}$. 　10. $\lambda=\pm 2$.

(B)

11. $\dfrac{x}{1}=\dfrac{y-1}{2}=\dfrac{z-2}{3}$, $x+2y+3z-8=0$. 　12. $(\pm 1,\pm 2,\pm 2)$, $x+4y+6z\pm 21=0$.

13. $4x+y-z=0$. 　14. $6x+y+2z=5$ 或 $10x+5y+6z=5$.

习题 7–8 (A)

1. (1) 极限值 $z(1,0)=-1$; 　　　　(2) 极大值 $z(3,2)=108$;

(3) 极大值 $z(0,0)=1$; 　　　　(4) 极小值 $z(4,2)=6$.

2. $a=-5$. 　3. 极大值 $z(1,-1)=6$, 极小值 $z(1,-1)=-2$.

4. 最小值 $f(4,2)=-64$, 最大值 $f(2,1)=4$. 　5. 极大值 $f(2,-2)=8$.

6. 极大值 $z\left(\dfrac{1}{2},\dfrac{1}{2}\right)=\dfrac{1}{4}$. 　7. 矩形的边长分别为 $\dfrac{2}{3}p$ 及 $\dfrac{1}{3}p$.

(B)

8. 最大值 $f\left(-\dfrac{\sqrt{3}}{2},-\dfrac{1}{2}\right)=1+\dfrac{3}{2}\sqrt{3}$, 最小值 $f\left(\dfrac{\sqrt{3}}{2},-\dfrac{1}{2}\right)=1-\dfrac{3}{2}\sqrt{3}$.

9. $\left(\dfrac{1}{2},\dfrac{1}{2},\sqrt{2}\right)$. 　10. $(2,2\sqrt{2},2\sqrt{3})$, 最短距离为 $\sqrt{6}$.

11. $V=\dfrac{8}{27}R^2 h$. 　12. 长半轴 $\sqrt{\dfrac{11+\sqrt{13}}{6}}$, 短半轴 $\sqrt{\dfrac{11-\sqrt{13}}{6}}$.

13. 切点 $\left(\dfrac{a}{\sqrt{3}},\dfrac{b}{\sqrt{3}},\dfrac{c}{\sqrt{3}}\right)$, $V_{\min}=\dfrac{\sqrt{3}}{2}abc$.

习题 7–9(A)

1. $f(x,y)=5+2(x-1)^2-(x-1)(y+2)-(y+2)^2$.

2. $\sin(x^2+y^2)=x^2+y^2+R_2$, 其中

$$R_2=-\frac{2}{3}\left(3\theta(x^2+y^2)^2\sin(\theta^2 x^2+\theta^2 y^2)+\right.$$
$$\left.2\theta^3(x^2+y^2)^3\cos(\theta^2 x^2+\theta^2 y^2)\right),\quad 0<\theta<1.$$

3. $e^x \ln(1+y) = y + \dfrac{1}{2!}(2xy - y^2) + \dfrac{1}{3!}(3x^2y - 3xy^2 + 2y^3) + R_3$, 其中

$$R_3 = \frac{e^{\theta x}}{4!}\left(x^4\ln(1+\theta y) + \frac{4x^3 y}{1+\theta y} - \frac{6x^2 y^2}{(1+\theta y)^2} + \frac{8xy^3}{(1+\theta y)^3} - \frac{6y^4}{(1+\theta y)^4}\right), \quad 0 < \theta < 1.$$

4. $e^{x+y} = 1 + (x+y) + \dfrac{1}{2!}(x+y)^2 + \cdots + \dfrac{1}{n!}(x+y)^n + R_n$, 其中

$$R_n = \frac{e^{\theta(x+y)}}{(n+1)!}(x+y)^{n+1}, \quad 0 < \theta < 1.$$

总习题七

1. (1) 0; (2) 不存在.

3. $dz = e^{-\arctan\frac{y}{x}}((2x+y)dx + (2y-x)dy)$; $\dfrac{\partial^2 z}{\partial x \partial y} = e^{-\arctan\frac{y}{x}}\dfrac{y^2 - xy - x^2}{x^2 + y^2}$.

4. $\dfrac{\partial u}{\partial x} = y^z x^{y^z - 1}$; $\dfrac{\partial u}{\partial y} = z x^{y^z} y^{z-1}\ln x$; $\dfrac{\partial u}{\partial z} = y^z x^{y^z}\ln x \cdot \ln y$.

5. $\dfrac{\partial z}{\partial x} = 2f' + g_1' + y g_2'$, $\dfrac{\partial^2 z}{\partial x \partial y} = -2f'' + x g_{12}'' + xy g_{22}'' + g_2'$.

6. $\dfrac{\partial u}{\partial x} = -\dfrac{z}{2uz+1}$, $\dfrac{\partial v}{\partial x} = \dfrac{1}{2uz+1}$, $\dfrac{\partial u}{\partial z} = \dfrac{z-v}{2uz+1}$.

7. $\dfrac{x-1}{16} = \dfrac{y-1}{9} = \dfrac{z-1}{-1}$; $16x + 9y - z - 24 = 0$.

8. 极小值 $z(0,1) = 1$; 极大值 $z(0,1) = 3$.

9. $\mathbf{grad}\, U = (3x^2 - 3yz, 3y^2 - 3xz, 3z^2 - 3xy)$; (1) 在直线 $y = x = z$ 上梯度平行于 z 轴;
  (2) 在曲面 $z^2 = xy$ 上梯度垂直于 z 轴; (3) 在直线 $x = y = z$ 上梯度为零.

10. $f(x,y,z)|_{(r,r,\sqrt{3}r)} = \ln(3\sqrt{3}r^5)$, 取 $x^2 = a, y^2 = b$, $z^2 = c$, 便得要证的不等式.

11. $\dfrac{\sqrt{2}}{2}$.   12. $V\left(\dfrac{3p}{4}, \dfrac{p}{2}, \dfrac{3p}{4}\right) = \dfrac{\pi}{12}p^3$.

13. (1) $g(x_0, y_0) = \sqrt{5x_0^2 + 5y_0^2 - 8x_0 y_0}$; (2) 可作为攀登的起点为 $M_1(5, -5)$ 或 $M_2(-5, 5)$.

15. 点 M 到三边的距离分别为 $\dfrac{2S}{3a}, \dfrac{2S}{3b}, \dfrac{2S}{3c}$ 时, 乘积最大, 其中 S 为三角形的面积.

第 八 章

习题 8–1 (A)

1. $\rho g \iint\limits_{D} x\,dx\,dy$, ρ 为水的密度.   2. (1) $\dfrac{2}{3}\pi R^3$; (2) $\dfrac{1}{3}\pi R^2 H$.

3. (1) $\iint\limits_{D} \sin^2(x+y)\mathrm{d}\sigma < \iint\limits_{D}(x+y)^2\mathrm{d}\sigma$;　　(2) $\iint\limits_{D}\ln(x+y)\mathrm{d}\sigma > \iint\limits_{D}[\ln(x+y)]^2\mathrm{d}\sigma$;

　(3) $\iint\limits_{D}[\ln(x+y)]^2\mathrm{d}\sigma > \iint\limits_{D}\ln(x+y)\mathrm{d}\sigma$;　　(4) $\iint\limits_{D}\mathrm{e}^{x^2+y^2}\mathrm{d}\sigma > \iint\limits_{D}(1+x^2+y^2)\mathrm{d}\sigma$.

4. (1) $0 \leqslant I \leqslant \pi^2$;　　(2) $2 \leqslant I \leqslant 8$;　　(3) $0 \leqslant I \leqslant 8$;　　(4) $12\pi \leqslant I \leqslant 204\pi$.

(B)

5. 提示: 用反证法及连续函数的局部保号性.　　6. $\pi f(0,0)$.

习题 8–2 (A)

1. (1) $\dfrac{8}{3}$;　(2) $-\dfrac{3}{2}\pi$;　(3) $\dfrac{1}{2}(\mathrm{e}^{19} - \mathrm{e}^{17} - \mathrm{e}^3 + \mathrm{e})$;　(4) $\dfrac{\pi^2}{16}$;

2. (1) $\dfrac{7}{24}$;　(2) $\dfrac{6}{55}$;　(3) $\dfrac{32}{3}$;　(4) $\dfrac{64}{15}$.

3. (1) $\displaystyle\int_0^4 \mathrm{d}x \int_{\frac{x}{2}}^{\sqrt{x}} f(x,y)\mathrm{d}y$;　　　　　(2) $\displaystyle\int_0^1 \mathrm{d}y \int_{2-y}^{1+\sqrt{1-y^2}} f(x,y)\mathrm{d}x$;

　(3) $\displaystyle\int_0^1 \mathrm{d}y \int_{\mathrm{e}^y}^{\mathrm{e}} f(x,y)\mathrm{d}x$;

　(4) $\displaystyle\int_{-1}^0 \mathrm{d}y \int_{-2\arcsin y}^{\pi} f(x,y)\mathrm{d}x + \int_0^1 \mathrm{d}y \int_{\arcsin y}^{\pi-\arcsin y} f(x,y)\mathrm{d}x$;

　(5) $\displaystyle\int_0^1 \mathrm{d}x \int_{\sqrt{x}}^{2-x^2} f(x,y)\mathrm{d}y$;　　　　　(6) $\displaystyle\int_0^1 \mathrm{d}x \int_{-\sqrt{x}}^{x} f(x,y)\mathrm{d}y$.

4. (1) 1;　　(2) $1 - \mathrm{e}^{-1}$;　　(3) $\dfrac{4}{\pi^3}(\pi+2)$;　　(4) $\dfrac{1}{8}(3\mathrm{e} - 4\sqrt{\mathrm{e}})$.

5. 略.　　6. (1) $\dfrac{7}{2}$;　　(2) $\dfrac{17}{6}$;　　(3) 6π.

7. (1) $\displaystyle\int_0^{2\pi} \mathrm{d}\theta \int_1^2 f(\rho\cos\theta, \rho\sin\theta)\rho\,\mathrm{d}\rho$;

　(2) $\displaystyle\int_0^{\frac{\pi}{2}} \mathrm{d}\theta \int_0^{(\cos\theta+\sin\theta)^{-1}} f(\rho\cos\theta, \rho\sin\theta)\rho\,\mathrm{d}\rho$;

　(3) $\displaystyle\int_{-\frac{\pi}{4}}^{\frac{3}{4}\pi} \mathrm{d}\theta \int_0^{2(\cos\theta+\sin\theta)} f(\rho\cos\theta, \rho\sin\theta)\rho\,\mathrm{d}\rho$;

　(4) $\displaystyle\int_{-\frac{\pi}{2}}^{\frac{\pi}{2}} \mathrm{d}\theta \int_{2\cos\theta}^2 f(\rho\cos\theta, \rho\sin\theta)\rho\,\mathrm{d}\rho + \int_{\frac{\pi}{2}}^{\frac{3\pi}{2}} \mathrm{d}\theta \int_0^2 f(\rho\cos\theta, \rho\sin\theta)\rho\,\mathrm{d}\rho$;

　(5) $\displaystyle\int_{\frac{\pi}{4}}^{\frac{\pi}{3}} \mathrm{d}\theta \int_0^{2\sec\theta} f(\rho\cos\theta, \rho\sin\theta)\rho\,\mathrm{d}\rho$;

　(6) $\displaystyle\int_0^{\frac{\pi}{4}} \mathrm{d}\theta \int_{\sec\theta\tan\theta}^{\sec\theta} f(\rho\cos\theta, \rho\sin\theta)\rho\,\mathrm{d}\rho$.

8. (1) $\dfrac{3}{4}\pi$, (2) $\dfrac{1}{6}a^3[\sqrt{2}+\ln(1+\sqrt{2})]$; (3) $\sqrt{2}-1$; (4) $\dfrac{1}{8}\pi a^4$.

9. (1) $\dfrac{\pi}{4}(2\ln 2-1)$; (2) $\dfrac{3\pi^2}{64}$; (3) $2-\dfrac{\pi}{2}$; (4) $\dfrac{\pi}{4}\left(\dfrac{\pi}{2}-1\right)$.

10. (1) $\dfrac{3}{32}\pi a^4$; (2) $\dfrac{\pi}{3}(2-\sqrt{2})$.

*11. (1) $\dfrac{\pi^4}{3}$; (2) $\dfrac{1}{2}\pi ab$. 提示: 作变换 $x=a\rho\cos\theta, y=b\rho\sin\theta$; (3) $\dfrac{7}{3}\ln 2$; (4) $\dfrac{\mathrm{e}-1}{2}$.

*12. (1) $\dfrac{1}{8}$; (2) 3π. *13. (2) 提示: 作变换 $x=\dfrac{au-bv}{\sqrt{a^2+b^2}}, y=\dfrac{bu+av}{\sqrt{a^2+b^2}}$.

(B)

14. $\dfrac{1}{4}\pi R^4\left(\dfrac{1}{a^2}+\dfrac{1}{b^2}\right)$.   15. $xy+\dfrac{1}{8}$.   16. (1) $\dfrac{\pi}{2}a^4$; (2) 0.   17. $543\dfrac{11}{15}$.

习题 8–3 (A)

1. (1) $\displaystyle\int_{-1}^{1}\mathrm{d}x\int_{-\sqrt{1-x^2}}^{\sqrt{1-x^2}}\mathrm{d}y\int_{x^2+2y^2}^{2-x^2}f(x,y,z)\mathrm{d}z$;

 (2) $\displaystyle\int_{0}^{1}\mathrm{d}x\int_{0}^{\sqrt{\frac{1-x^2}{2}}}\mathrm{d}y\int_{0}^{\frac{1}{2}xy}f(x,y,z)\mathrm{d}z$;

 (3) $\displaystyle\int_{0}^{1}\mathrm{d}x\int_{0}^{1-x}\mathrm{d}y\int_{0}^{x^2+y^2}f(x,y,z)\mathrm{d}z$;

 (4) $\displaystyle\int_{-1}^{1}\mathrm{d}x\int_{-\sqrt{1-x^2}}^{\sqrt{1-x^2}}\mathrm{d}y\int_{\sqrt{x^2+y^2}}^{2-x^2-y^2}f(x,y,z)\mathrm{d}z$.

3. (1) 0; (2) $\dfrac{1}{2}\left(\ln 2-\dfrac{5}{8}\right)$; (3) $\dfrac{1}{48}$; (4) $\dfrac{\pi}{4}h^2R^2$; (5) $\dfrac{4}{5}\pi abc$.

4. (1) $\dfrac{243}{2}\pi$; (2) $\dfrac{7}{12}\pi$; (3) $\dfrac{512}{3}\pi$.   5. (1) $\dfrac{\pi}{8}a^4$; (2) $\dfrac{\pi}{10}$; (3) $\dfrac{7}{6}\pi a^4$.

6. $\dfrac{4}{5}\pi(\sqrt{2}-1)$.   7. (1) $\pi^3-4\pi$; (2) $\pi(2-\sqrt{2})(\mathrm{e}-2)$; (3) 8π; (4) $\dfrac{4\pi}{15}(A^5-a^5)$.

8. (1) $\dfrac{32}{3}\pi$; (2) πa^3; (3) $\dfrac{2}{3}\pi(5\sqrt{5}-4)$.

(B)

9. $\dfrac{11}{30}\pi R^5$.   10. 用先二后一的方法, 最后对 z 积分.

习题 8–4 (A)

1. (1) $\sqrt{2}\pi$; (2) $\sqrt{7}\pi$; (3) $(\pi-2)a^2$.

2. (1) $\left(0,\dfrac{4b}{3\pi}\right)$; (2) $\left(0,0,\dfrac{3\left(A^4-a^4\right)}{8\left(A^3-a^3\right)}\right)$; (3) $\left(\dfrac{2}{5}a,\dfrac{2}{5}a,\dfrac{7}{30}a^2\right)$.

3. (1) $\left(\dfrac{35}{48},\dfrac{35}{54}\right)$;   (2) $\left(0,0,\dfrac{5}{4}R\right)$.

4. (1) $\dfrac{\pi}{4}a^3b$;   (2) $\dfrac{1}{4}Mb^2,\dfrac{1}{4}Ma^2$;   (3) $\dfrac{3}{10}MR^2$.

5. (1) $F=\left(0,2G\rho\left(\ln\dfrac{a+\sqrt{a^2+b^2}}{b}-\dfrac{a}{\sqrt{a^2+b^2}}\right),\pi Gb\rho\left(\dfrac{1}{\sqrt{a^2+b^2}}-\dfrac{1}{b}\right)\right)$;

   (2) $F=\left(0,0,-2\pi G\rho(\sqrt{(h-a)^2+R^2}-\sqrt{R^2+a^2}+h)\right)$;

   (3) $F=\left(0,0,\dfrac{6GmM}{h^2\tan^2\alpha}(1-\cos\alpha)\right)$.

(B)

6. $\dfrac{5\pi}{12}$.   7. 24π.

习题 8–5 (A)

1. $\left(3y+\dfrac{1}{y^2}\right)\mathrm{e}^{-y^3}-\left(2+\dfrac{1}{y^2}\right)\mathrm{e}^{-y^2}$.   2. (1) $\dfrac{\pi}{4}$; (2) 4.   3. $\dfrac{\pi}{8}\ln 2$. 提示: 考虑含参量积分 $\varphi(\alpha)=$

$\displaystyle\int_0^1\dfrac{\ln(1+\alpha x)}{1+x^2}\mathrm{d}x$, 显然 $\varphi(0)=0,\varphi(1)=I$.   4. (1) $\dfrac{\pi}{2}\ln(1+\sqrt{2})$;   (2) $\arctan(1+b)-\arctan(1+a)$. 提

示: (1) $\dfrac{\arctan x}{x}=\displaystyle\int_0^1\dfrac{1}{1+x^2y^2}\mathrm{d}y$; (2) $\dfrac{x^b-x^a}{\ln x}=\displaystyle\int_a^b x^y\mathrm{d}y$.

总习题八

1. A; A; C; A; D; A; C; D.   2. (1) $\dfrac{41}{2}\pi$;   (2) $\dfrac{\pi}{2}-1$;   (3) $\dfrac{49}{32}\pi a^4$;   (4) 0.

3. 提示: 交换积分次序并换元.   4. 4.   5. (1) $\dfrac{59}{480}\pi R^5$;   (2) 0;   (3) $\dfrac{250}{3}\pi$.

6. 利用切片法.   7. $\dfrac{1}{2}\sqrt{a^2b^2+b^2c^2+c^2a^2}$.   8. $\dfrac{1}{6}\pi a^2(6\sqrt{2}+5\sqrt{5}-1)$.

9. 形心的位置在锥体高线上距锥顶 $\dfrac{3}{4}h$ 处.   10. $\dfrac{368}{105}\mu$.

11. $F_x=0,\ F_y=\dfrac{4GmM}{\pi R^2}\left(\ln\dfrac{R+\sqrt{R^2+a^2}}{a}-\dfrac{R}{\sqrt{R^2+a^2}}\right)$,

   $F_z=-\dfrac{2GmM}{R^2}\left(1-\dfrac{a}{\sqrt{R^2+a^2}}\right)$.

12. $F'(t)=2\pi t\left[\dfrac{h^3}{3}+hf(t^2)\right]$.   13. 球带面积 $2\pi ah$.

第 九 章

习题 9–1 (A)

1. (1) $3+\dfrac{5\sqrt{5}}{3}$;   (2) $4a^{\frac{7}{3}}$;   (3) $2(\mathrm{e}^a-1)+\dfrac{\pi}{4}a\mathrm{e}^a$;   (4) $\dfrac{256}{15}a^3$;   (5) $\dfrac{16\sqrt{2}}{143}$.

2. $\dfrac{a^2}{256\sqrt{2}}\left[100\sqrt{38} - 72 - 17\ln\dfrac{25 + 4\sqrt{38}}{17}\right]$.

4. 因为曲线 C 关于 x 轴,y 轴,z 轴对称, 故 $\displaystyle\int_C x^2 \mathrm{d}s = \int_C y^2 \mathrm{d}s = \int_C z^2 \mathrm{d}s$, 即

$$\int_C x^2 \mathrm{d}s = \frac{1}{3}\int_C (x^2 + y^2 + z^2)\mathrm{d}s = \frac{1}{3}\int_C a^2 \mathrm{d}s = \frac{a^2}{3}\int_C \mathrm{d}s = \frac{2}{3}\pi a^3.$$

5. $\dfrac{1}{15} + \dfrac{5\sqrt{5}}{3}$.   6. $\dfrac{2ka^2\sqrt{1 + k^2}}{1 + 4k^2}$.

7. $\dfrac{a}{16}\left(6\sqrt{3} - 2 + 3\ln\dfrac{3 + 2\sqrt{3}}{3}\right)$.

(B)

8. 质点所受到的引力为 $\boldsymbol{F} = \dfrac{K}{\sqrt{2}a}\boldsymbol{i} - \dfrac{\pi K}{2\sqrt{2}a}\boldsymbol{k}$.   9. $A = \dfrac{\sqrt{5}(2\sqrt{2} - 1)}{3}\pi$.

习题 9–2 (A)

1. (1) $4\sqrt{61}$;   (2) $(\sqrt{3} - 1)\left(\dfrac{\sqrt{3}}{2} + \ln 2\right)$;   (3) $\pi a(a^2 - h^2)$;

(4) $\mathrm{d}S = \sqrt{EG - F^2}\mathrm{d}r\mathrm{d}\varphi = \sqrt{1 + r^2}\mathrm{d}r\mathrm{d}\varphi$, $I = \pi^2[a\sqrt{1 + a^2} + \ln(a + \sqrt{1 + a^2})]$;

(5) 9π;   (6) $\dfrac{\sqrt{3}}{120}$;   (7) $\dfrac{4\pi}{3}abc\left(\dfrac{1}{a^2} + \dfrac{1}{b^2} + \dfrac{1}{c^2}\right)$;   (8) $-\dfrac{64}{15}\sqrt{2}a^4$;   (9) $8\pi a^4$;

(10) $\pi a^3 h$;   (11) $2\sqrt{3}$;   (12) $\dfrac{4}{3}\pi R^4(a^2 + b^2 + c^2) + 4\pi R^2 d^2$.

(B)

2. $\dfrac{2\pi}{15}(6\sqrt{3} + 1)$.

习题 9–3 (A)

1. (1) $\dfrac{3}{10} + \ln 2$;   (2) $-\dfrac{14}{15}$;   (3) 0;   (4) 1;   (5) 4π;

(6) 0;   (7) $\dfrac{4}{3}ab^2$;   (8) $\dfrac{4}{3}$;   (9) $\left(\dfrac{\pi^2}{24} + \dfrac{1 - \sqrt{3}}{2}\right)a - \dfrac{1}{2}\ln 3$;   (10) -2π.

2. $I = \displaystyle\oint_{ABCDA}\dfrac{\mathrm{d}x + \mathrm{d}y}{|x| + |y|} = \oint_{ABCDA}\mathrm{d}x + \mathrm{d}y = 0$.   3. $\dfrac{\pi}{4}a^4$.   4. $\dfrac{k}{2}(a^2 - b^2)$.

(B)

5. (1) $-2\pi a^2 + \dfrac{c^2}{2}$;   (2) $ac + \dfrac{c^2}{2}$.   6. $\dfrac{1}{2}\mathrm{e}$.

习题 9–4 (A)

1. (1) 0;   (2) $\dfrac{1}{4}\sin 2 - \dfrac{7}{6}$;   (3) $\dfrac{3}{4}$;   (4) 0;   (5) $\dfrac{1}{5}(1 - \mathrm{e}^\pi)$.

2. $-\dfrac{3}{2}$.　　3. $a = 2, b = 2, 2\cos 1$.　　4. $f'(x) + f(x) = -\mathrm{e}^x$.　　5. -1.

6. $\pi + 2\mathrm{e}^4 - 2$.　　7. $-\dfrac{3}{2}\pi$.　　8. $\dfrac{\pi}{4}$.

(B)

9. π.

习题 9–5 (A)

1. (1) $-\dfrac{\pi}{2}R^4$;　*(2) $\dfrac{\pi}{8}$;　(3) $\dfrac{3\pi}{2}$;　*(4) $\dfrac{2\pi}{5}a^3bc$;　(5) $\dfrac{1}{2}$;　(6) 0;

　(7) $\dfrac{12\pi a^5}{5}$;　(8) $\dfrac{1}{32}a^9$;　*(9) $\dfrac{4\pi}{abc}(a^2b^2 + a^2c^2 + b^2c^2)$.

2. (1) $\displaystyle\iint\limits_{\Sigma} \left(\dfrac{3}{5}P + \dfrac{2}{5}Q + \dfrac{2\sqrt{3}}{5}R\right)\mathrm{d}S$;　(2) $\displaystyle\iint\limits_{\Sigma} \dfrac{2xP + 2yQ + R}{\sqrt{1 + 4x^2 + 4y^2}}\mathrm{d}S$.

(B)

3. $\displaystyle\iint\limits_{\Sigma} (x^2\cos\alpha + y^2\cos\beta + z^2\cos\gamma)\mathrm{d}S = -\dfrac{\pi}{2}h^4$.

习题 9–6 (A)

1. (1) $\dfrac{2}{5}\pi a^5$;　(2) $-2\pi R^3$;　(3) $-\dfrac{9}{4}\pi$;　(4) (i) $\dfrac{1}{3}a^5 + a^3$; (ii) $\dfrac{1}{4}\pi R^4 + \pi R^2$;

　(5) 提示: Σ 不是闭曲面, 加上 $\Sigma_1 : z = 0$, 即成闭曲面 $I = \dfrac{2}{3}\pi$;　(6) $3a^4$;

　(7) $\dfrac{8}{3}\pi R^3(a + b)$;　(8) -8π.

2. (1) $-\dfrac{\pi}{8}a^6$;　(2) -20π;　(3) $-\dfrac{1}{4}a^3\pi$;　(4) $2\pi r^2 R$;　(5) $\dfrac{1}{3}h^3$;　(6) $-\sqrt{3}a^2\pi$.

3. $(\mathrm{e}^{2a} - 1)\pi a^2$.

(B)

*4. (1) 0;　(2) 4π.

习题 9–7 (A)

2. (1) $\nabla^2 U$;　(2) $U\Delta U + \mathbf{grad}\,U \cdot \mathbf{grad}\,U$;　(3) $\boldsymbol{O} = (0, 0, 0)$;　(4) 0.

(B)

*4. $\mathbf{rot}\,H = 4\pi\boldsymbol{j}$.

总习题九

1. (1) $2\pi a^2$;　(2) $4a^2\left(1 - \dfrac{\sqrt{2}}{2}\right)$;　(3) $2\,152/45$;　(4) $\dfrac{\sqrt{a^2 + b^2}}{ab}\arctan\dfrac{2\pi b}{a}$;

(5) -4;　(6) 17.5;　(7) $-2\pi a^2$;　(8) $\dfrac{1}{35}$;　(9) $\dfrac{\sqrt{2}}{16}\pi$.

2. $\sqrt{2}[\pi\sqrt{1+4\pi^2}+0.5\ln(2\pi+\sqrt{1+4\pi^2})]$.　3. $\dfrac{1}{6}$.　4. (1) 8;　(2) $\dfrac{a^4}{4}\pi$.　5. $4a^2$.

6. $-2\pi a(a+h)$.　7. (1) $-\dfrac{\pi}{4}h^4$;　(2) $2\sqrt{2}\mathrm{e}(\mathrm{e}-1)$;　(3) 2π;　(4) $\dfrac{\sqrt{2}}{2}\pi a^3$;　(5) $-\dfrac{\pi}{2}a^3$.

8. (1) $-\dfrac{2\sqrt{3}}{3}\pi$;　(2) $2\pi a^3$.

第 十 章

习题 10–1

1. (1) 二阶, 是;　　　　(2) 二阶, 否;　　　　(3) 三阶, 否;

　 (4) 一阶, 否;　　　　(5) 二阶, 是;　　　　(6) 二阶, 否.

2. (1) 是;　(2) 是;　(3) 是;　(4) 是;　(5) 否.

3. (1) $y'=x^2$;　(2) $\left(x-\dfrac{y}{y'}\right)^2+(y-xy')^2=l^2$;　(3) $xy'=y-x$;

　 (4) $\left|(y-xy')\left(x-\dfrac{y}{y'}\right)\right|=2a^2$;　(5) $y-xy'=\dfrac{x+y}{2}$.　　4. 1 h.

习题 10–2 (A)

1. (1) $\sin y\cdot\cos x=C(C\ 为任意常数)$;　(2) $y=\arccos\mathrm{e}^{Cx}(C\ 为任意常数)$;

　 (3) $\left(1-x^2\right)^{\frac{3}{2}}+\left(1-y^2\right)^{\frac{3}{2}}=C$;　　(4) $\sqrt{1+x^2}+\sqrt{1+y^2}=C$;

　 (5) $x^2+y\sin y+\cos y=C$;　　(6) $y=\arctan C\left(1-\mathrm{e}^x\right)^5$;

　 (7) $\dfrac{1}{y}=a\ln|x+a-1|+C$;　　(8) $(\mathrm{e}^x+1)(\mathrm{e}^y-1)=C$;

　 (9) $3x^4+4(y+1)^3=C$;　　(10) $2\sin x+\ln\left|\tan\dfrac{y}{2}\right|=C$.

2. (1) $\ln y=\tan\dfrac{x}{2}$;　　　　　(2) $(1+\mathrm{e}^x)\sec y=2\sqrt{2}$;

　 (3) $\dfrac{1}{2}\ln^2 y=\ln\left|\tan\left(\dfrac{x}{2}+\dfrac{\pi}{4}\right)\right|$;　(4) $y=\mathrm{e}^{\frac{\pi}{4}-\arctan x}$;

　 (5) $(1+\mathrm{e}^x)^3\tan y=8$;　　　(6) $y=\dfrac{1}{2}(\arctan x)^2$;

　 (7) $\dfrac{1-\cos(x+y)}{\sin(x+y)}=\dfrac{\pi}{2x}$.

3. $M(t)=M_0\mathrm{e}^{-\lambda t}$ (其中 λ 为衰变系数).

4. (1) $y^2 = x^2 (2\ln|x| + C)$;　　　　(2) $Cx = \mathrm{e}^{\cos\frac{y}{x}}$;

(3) $\dfrac{(3y - 2x^2)^2}{3y - x^2} = C$;　　　　(4) $\sin\dfrac{y}{x} = Cx$;

(5) $x + 2y\mathrm{e}^{\frac{x}{y}} = C$;　　　　(6) $(4y - x - 3)(y + 2x - 3)^2 = C$;

(7) $y^2 + 2xy - x^2 - 6y - 2x = C$;

(8) 令 $u = xy$, 通解为 $x = C\mathrm{e}^{\frac{2}{xy-1}}$, 此外方程还有解 $y = \dfrac{1}{x}$.

5. (1) $x + y = x^2 + y^2$;　　　　(2) $y = 2x\arctan x$;

(3) $y = -x\ln|1 - \ln x|$;　　　　(4) $x^5 + 10x^3y^2 + 5xy^4 = 1$;

(5) $3x + 2y - 4 + 2\ln^{|x+y-1|} = 0$.

6. $y = \pm x\sqrt{C^2x^2 - 1}$.

(B)

7. (1) $y = Cx\sqrt{x^2y^2 + 2}$;　　　　(2) $\ln\left|\dfrac{y}{x}\right| = \dfrac{1}{4}x^2y^2 + C$.

习题 **10–3 (A)**

1. (1) $y = (x + C)\mathrm{e}^{-\sin x}$;　　　　(2) $y = \dfrac{\sin x + C}{x^2 - 1}$;

(3) $x = Cy - 1 - \ln y$ (提示 x, y 互换, 将 y 作自变量);

(4) $x = -\dfrac{1}{\ln y + 1 - Cy}$;　　　　(5) $x = y^2(C - \ln y)$;

(6) $\dfrac{1}{y^2} = C\mathrm{e}^{x^2} + x^2 + 1$;　　　　(7) $yx\left[C - \dfrac{a}{2}(\ln x)^2\right] = 1$;

(8) $r = -\sin^2\theta + \dfrac{C}{\sin^2\theta}$;　　　　(9) $y = \left[\dfrac{x^2(x^2 - 2) + C}{8(x^2 - 1)}\right]^2$;

(10) $\dfrac{2}{\sin y} + \cos x + \sin x = C\mathrm{e}^{-x}$;　　(11) $y = g(x) - 1 + C\mathrm{e}^{-g(x)}$;

(12) $(x^2 - y)\mathrm{e}^{\frac{x^2}{4}}\left(-\displaystyle\int x\mathrm{e}^{-\frac{x^2}{4}}\,\mathrm{d}x + C\right) = 1$.

2. (1) $y = \dfrac{\mathrm{e}^x}{x}$;　　　　(2) $y = \dfrac{\pi - 1 - \cos x}{x}$;

(3) $y\sin x + 5\mathrm{e}^{\cos x} = 1$;　　　　(4) $y = \tan x - 1 + \mathrm{e}^{-\tan x}$;

(5) $y = \mathrm{e}^{-x}\left(\dfrac{1}{2}\mathrm{e}^x + 1\right)^2$;　　　　(6) $y = \dfrac{\sec x}{x^3 + 1}$.

(B)

4. $V = \dfrac{k_1}{k_2} t - \dfrac{k_1 m}{k_2^2} \left(1 - \mathrm{e}^{-\frac{k_2}{m} t} \right)$.

习题 10–4 (A)

1. (1) $x^3 + 3xy - 3y^2 = C$;

    (2) $\ln \left| \dfrac{y}{x} \right| - \dfrac{xy}{x - y} = C$;

    (3) $\sin \dfrac{y}{x} - \cos \dfrac{x}{y} + x - \dfrac{1}{y} = C$;

    (4) 不是全微分方程;

    (5) $x + y \mathrm{e}^{\frac{x}{y}} = C$;

    (6) 不是全微分方程;

    (7) $x \sin y + y \cos x = C$;

    (8) $xy^4 + 2x^2 y = C$.

2. (1) $\dfrac{x^2}{y^3} - \dfrac{1}{y} = C$;

    (2) $3x + y^2 - \dfrac{y}{x} = C$;

    (3) $x = C \mathrm{e}^{\frac{y^2}{x}}$;

    (4) $x + \arctan \dfrac{x}{y} = C$;

    (5) $x^3 - axy = Cy^3$;

    (6) $(x^2 + y^2)^2 = C$;

    (7) $(x^2 - 2x + 2)\mathrm{e}^x + x^3 y^2 = C$.

(B)

4. $\dfrac{3xy + 1}{x^3 y^3} + 3 \ln |y| = C$.

习题 10–5 (A)

1. (1) $y^2 = C_1 x + C_2$;

    (2) $y + C_1 \ln |y| = x + C_2, x = C$;

    (3) $y = C_1 \mathrm{e}^x - \dfrac{1}{2} x^2 - x + C_2$;

    (4) $(x - C_1)^2 + (y - C_2)^2 = a^2$;

    (5) $y = \mathrm{e}^{\frac{x + C_2}{x + C_1}}$;

    (6) $y = 1 + C_2 \mathrm{e}^{C_1 x} (C_2 \neq 0)$;

    (7) $y = C_2 x + C_3 \pm \dfrac{4(C_1 x + a^2)^{\frac{5}{2}}}{15 C_1^2}$.

2. (1) $y = \ln \mathrm{ch} x$;

    (2) $y = \mathrm{e}^{2x}$;

    (3) $y = \tan \left(x + \dfrac{\pi}{4} \right)$;

    (4) $y = \dfrac{1}{1 - x}$;

    (5) $y = \ln \left| \cos \left(\dfrac{\pi}{4} - x \right) \right| + 1 + \dfrac{1}{2} \ln 2$.

3. $s = \dfrac{m}{c^2} \ln \mathrm{ch} \left(\sqrt{\dfrac{y}{m}} ct \right)$.

习题 10–6 (A)

1. (1) 线性无关;　　(2) 线性无关;　　(3) 线性无关;

(4) 线性相关;　　(5) 线性无关;　　(6) 线性相关.

*4. $y = c_1 \cos x + c_2 \sin x + x \sin x + \cos x \ln |\cos x|$.　5. 否.

习题 10–7 (A)

1. (1) $y = C_1 e^x + C_2 e^{-x} + C_3 \cos x + C_4 \sin x$;

(2) $y = C_1 + C_2 x + e^x (C_3 \cos 2x + C_4 \sin 2x)$;

(3) $y = c_1 e^{-x} + e^{2x}(c_2 + c_3 x + c_4 x^2)$;

(4) $y = C_1 + (C_2 + C_3 x) \cos x + (C_4 + C_5 x) \sin x$;

(5) $y = C_1 e^{3x} + C_2 e^{-3x} + C_3 e^{2x} + C_4 e^{-2x}$;

(6) $y = e^{\sqrt{\frac{\alpha}{2}}x}\left(C_1 \cos\sqrt{\frac{\alpha}{2}}x + C_2 \sin\sqrt{\frac{\alpha}{2}}x\right) + e^{-\sqrt{\frac{\alpha}{2}}x}\left(C_3 \cos\sqrt{\frac{\alpha}{2}}x + C_4 \sin\sqrt{\frac{\alpha}{2}}x\right)$.

2. (1) $y = C_1 e^{3x} + C_2 e^{-x} - x + \dfrac{1}{3}$;

(2) $y = (C_1 + C_2 x + C_3 x^2)e^{-x} + \dfrac{1}{24}x^3(x - 20)e^{-x}$;

(3) $y = C_1 \cos x + C_2 \sin x + \left(\dfrac{1}{10}x - \dfrac{13}{50}\right)e^{3x}$;

(4) $y = C_1 e^x + C_2 e^{2x} + \dfrac{3}{10}\cos x + \dfrac{1}{10}\sin x + \dfrac{1}{2}x^3 + \dfrac{9}{4}x^2 + \dfrac{21}{4}x + \dfrac{45}{8}$;

(5) $y = e^x(C_1 \cos x + C_2 \sin x) + \dfrac{1}{4}xe^x(\cos x + x \sin x)$;

(6) $y = e^x\left(C_1 \cos\sqrt{2}x + C_2 \sin\sqrt{2}x\right) + \dfrac{1}{41}(5\cos x - 4\sin x)e^{-x}$;

(7) $y = e^{-\frac{1}{2}x}\left(C_1 \cos\dfrac{\sqrt{3}}{2}x + C_2 \sin\dfrac{\sqrt{3}}{2}x\right) + C_3 e^x - \dfrac{1}{2}(\cos x + \sin x)$;

(8) $a \neq -1$ 时, $y = e^{-ax}(C_1 + C_2 x) + \dfrac{1}{(a+1)^2}e^x$; $a = -1$ 时 $y = e^x\left(C_1 + C_2 x + \dfrac{1}{2}x^2\right)$;

(9) $y = C_1 + (C_2 + C_3 x)e^{2x} + \dfrac{1}{8}x + \dfrac{1}{12}x^3 + \dfrac{1}{4}x^2(1 + e^{2x})$.

3. (1) $y = e^{2x}\sin 3x$;　　　　　　(2) $y = (2 + x)e^{-\frac{x}{2}}$;

(3) $y = e^x + \sin x$;　　　　　*(4) $y = -\dfrac{1}{3}e^x + \dfrac{1}{3}\text{ch}2x + \dfrac{1}{6}\text{sh}2x$;

(5) $y = \dfrac{1}{8}\left(e^{5x} + 22e^{3x} + e^x\right)$;　(6) $y = \left(1 + \dfrac{5}{8}x\right)\cos x - \left(\dfrac{21}{8} - 2x + \dfrac{1}{8}x^2\right)\sin x$;

(7) $y = e^x - e^{-x} + e^x(x^2 - x)$;　(8) $y = \dfrac{1}{2}(e^{9x} + e^x) - \dfrac{1}{7}e^{2x}$;

(9) $y = -\dfrac{1}{16}\sin 2x + \dfrac{1}{8}x + \dfrac{1}{8}x\sin 2x$.

4. $y(x) = e^{-2x} + xe^{-x}$.　　　5. $y(x) = \dfrac{1}{2}(\cos x + \sin x + e^x)$.

6. $S = \dfrac{F-a}{b}t - \dfrac{(F-a)}{b^2 g}\left[1 - \exp\left(-\dfrac{bg}{P}t\right)\right]$.

(B)

7. (1) $t = \sqrt{\dfrac{10}{g}}\ln(5 + 2\sqrt{6})\,\mathrm{s}$;　　(2) $t = \sqrt{\dfrac{10}{g}}\ln\left(\dfrac{19 + 4\sqrt{22}}{3}\right)\,\mathrm{s}$.

习题 10–8 (A)

略.

总习题十 (A)

1. (1) $e^y = 2(\sin x - \cos x) + Ce^{-x}$;　　　　(2) $e^{\frac{x}{y}} = \ln|x| = C$;

(3) $y = \dfrac{x}{C - \ln|x|}$; $y = 0$;　　　　(4) $\ln|C_1 y + \sqrt{C_1^2 y^2 - 1}| = C_1 x + C_2$;

(5) $y = e^{-x}(C_1 \cos 2x + C_2 \sin 2x) - \dfrac{4}{17}\cos 2x + \dfrac{1}{17}\sin 2x$;

(6) $x^2 = Cy^6 + y^4$;　　　　(7) $(3x^2 y + y^3)e^x = C$;

(8) 提示: 令 $u = x^2 y$, 通解 $x^2 - y^2 = Cy^2 e^{x^4}$;

(9) 提示: 令 $u = x + y, v = xy$, 通解 $\sqrt{x^2 y^2 - 1} = C(x + y)$; $x + y = 0$;

(10) $y = C_1 + C_2 e^x + C_3 e^{-2x} + \left(\dfrac{1}{6}x^2 - \dfrac{4}{9}x\right)e^x - x^2 - x$.

2. (1) $y = xe^{-x} + \dfrac{1}{2}\sin x$;　　　　(2) $y = x + \sin x - \sin 2x + x\sin x$;

(3) $y = \dfrac{1}{6} + \dfrac{43}{3}e^{-x} - 14e^{-2x} + \dfrac{13}{3}e^{-3x} + \dfrac{1}{6}e^{-4x}$;

(4) $y = (3x^4 - 4x^3 - 36x^2 + 72x + 8)/24$;

(5) $y = (x^3 - 3x^2 + 6x + 4)/6$.

参 考 文 献

[1] 同济大学数学系. 高等数学. 7 版. 北京: 高等教育出版社, 2014.

[2] 吉米多维奇. 数学分析习题集. 李荣冻, 译. 北京: 人民教育出版社, 1958.

[3] 邹本腾, 漆毅, 王奕倩. 高等数学辅导. 北京: 机械工业出版社, 2002.

[4] 刘玉琏, 傅沛仁, 刘伟, 等. 数学分析讲义. 6 版. 北京: 高等教育出版社, 2019.

[5] 王高雄, 周之铭, 朱思铭, 等. 常微分方程. 4 版. 北京: 高等教育出版社, 2020.

[6] 吉林大学数学系. 数学分析. 北京: 人民教育出版社, 1978.

[7] 复旦大学数学系. 数学分析. 2 版. 北京: 高等教育出版社, 1983.

[8] 华东师范大学数学科学学院. 数学分析. 5 版. 北京: 高等教育出版社, 2019.

[9] 王绵森, 马知恩. 工科数学分析基础. 3 版. 北京: 高等教育出版社, 2017.

[10] 陈纪修, 於崇华, 金路. 数学分析. 3 版. 北京: 高等教育出版社, 2019.

[11] Finney, Weir, Giordano. 托马斯微积分. 10 版. 叶其孝, 王耀东, 唐兢, 译. 北京: 高等教育出版社, 2003.

[12] 边馥萍, 杨则燊. 高等数学. 天津: 天津大学出版社, 2005.

[13] 赵更生, 王学理, 黄己立. 高等数学. 沈阳: 东北大学出版社, 2006.

[14] 孙永华, 王孝喜, 陈万义. 高等数学: 第一册理工类. 天津: 南开大学出版社, 2006.